L'AGRICULTURE

ET

LES INSTITUTIONS AGRICOLES DU MONDE

AU COMMENCEMENT DU XXᵉ SIÈCLE

PAR

L. GRANDEAU

RAPPORTEUR GÉNÉRAL DE L'AGRICULTURE A L'EXPOSITION UNIVERSELLE DE 1900
DIRECTEUR DE LA STATION AGRONOMIQUE DE L'EST
MEMBRE DE LA SOCIÉTÉ NATIONALE D'AGRICULTURE DE FRANCE
INSPECTEUR GÉNÉRAL DES STATIONS AGRONOMIQUES
PROFESSEUR AU CONSERVATOIRE NATIONAL DES ARTS ET MÉTIERS
RÉDACTEUR EN CHEF DU « JOURNAL D'AGRICULTURE PRATIQUE »

AVEC LA COLLABORATION DE

Charles de SAINT-CYR

ANCIEN CHARGÉ DE MISSIONS DU MINISTÈRE DE L'AGRICULTURE

TOME V

(ORNÉ D'UN PORTRAIT DE LOUIS GRANDEAU ET DE 62 PHOTOTYPIES, GRAPHIQUES ET CARTES)

LA FRANCE ET LE MONDE DE 1900 A 1910
COUP D'ŒIL SUR LES ENGRAIS MINÉRAUX
L'ACIDE NITRIQUE ET L'AGRICULTURE

PARIS

LIBRAIRIE DES SCIENCES POLITIQUES ET SOCIALES

Marcel RIVIÈRE et Cⁱᵉ

31, Rue Jacob et 1, Rue Saint-Benoît

L'AGRICULTURE

ET

LES INSTITUTIONS AGRICOLES DU MONDE

AU COMMENCEMENT DU XXᵉ SIÈCLE

L'AGRICULTURE

ET

LES INSTITUTIONS AGRICOLES DU MONDE

AU COMMENCEMENT DU XXᵉ SIÈCLE

PAR

L. GRANDEAU

RAPPORTEUR GÉNÉRAL DE L'AGRICULTURE A L'EXPOSITION UNIVERSELLE DE 1900
DIRECTEUR DE LA STATION AGRONOMIQUE DE L'EST
MEMBRE DE LA SOCIÉTÉ NATIONALE D'AGRICULTURE DE FRANCE
INSPECTEUR GÉNÉRAL DES STATIONS AGRONOMIQUES
PROFESSEUR AU CONSERVATOIRE NATIONAL DES ARTS ET MÉTIERS
RÉDACTEUR EN CHEF DU « JOURNAL D'AGRICULTURE PRATIQUE »

AVEC LA COLLABORATION DE

CHARLES DE SAINT-CYR

ANCIEN CHARGÉ DE MISSIONS DU MINISTÈRE DE L'AGRICULTURE

TOME V

(ORNÉ D'UN PORTRAIT DE LOUIS GRANDEAU ET DE 62 PHOTOTYPIES, GRAPHIQUES ET CARTES)

LA FRANCE ET LE MONDE DE 1900 A 1910
COUP D'ŒIL SUR LES ENGRAIS MINÉRAUX
L'ACIDE NITRIQUE ET L'AGRICULTURE

PARIS

LIBRAIRIE DES SCIENCES POLITIQUES ET SOCIALES
MARCEL RIVIÈRE ET Cⁱᵉ
31, Rue Jacob et 1, Rue Saint-Benoit

AVANT-PROPOS DU TOME V

Au mois de Mars 1905, je terminai l'avant-propos des quatre premiers tomes de cet ouvrage par ces lignes : « Si les agronomes, les agriculteurs et les économistes trouvent dans cet ouvrage quelques documents utiles pour leurs travaux, nous en éprouverons une satisfaction qui nous rémunérera, M. de Saint-Cyr et moi, du temps et des soins consacrés à ce travail de longue haleine avec le désir de le rendre aussi complet que possible. » On a bien voulu nous affirmer que, ces documents, on les avait trouvés, et tandis que la presse, les agronomes, les agriculteurs, les économistes accueillaient favorablement notre effort, la Société Nationale d'Agriculture de France lui attribuait en 1907 la plus précieuse de ses récompenses, la Grande Médaille d'Or de la Société, attribution dont nous lui sommes infiniment reconnaissants.

C'est ainsi que nous avons été encouragés à compléter notre ouvrage par ce cinquième tome où nous avons traité des sujets qu'il ne nous avait pas été donné d'étudier au cours des premiers volumes ; où, en outre, nous avons réuni les documents concernant l'agriculture dans les divers pays du monde, du jour où nous avons étudié ces pays jusqu'à l'année 1910. Ainsi sera achevée cette œuvre à laquelle nous avons consacré de longs efforts.

Je tiens à remercier à son terme M. Marcel Rivière, son excellent et très distingué éditeur, et les personnes qui ont bien voulu mettre à ma disposition la plupart des nombreuses cartes et phototypies qui accompagnent le texte. Je tiens surtout à remercier une fois encore M. Charles de Saint-Cyr, qui m'a continué une collaboration de chaque jour, de chaque ligne, aussi intelligente que dévouée. C'est grâce à son concours actif et averti que j'ai pu achever l'œuvre que j'ai entreprise, heureux de contribuer par elle à accroître le renom de l'agronomie française, à laquelle j'ai consacré toute ma vie.

1911.   L. GRANDEAU.

Les dernières lignes de cet ouvrage étaient écrites quand mourut celui dont je m'honore infiniment d'avoir été le collaborateur. « La mort vient comme un voleur », dit la parole évangélique. Telle ne fut pas sa façon d'agir à l'égard de M. Louis Grandeau. Il ne s'illusionnait pas sur la gravité du mal qui l'avait atteint, et qui limitait son activité auparavant infatigable. Mais son courage simple ne s'effrayait pas du mystérieux au-delà ; sa bienveillante bonhommie ne s'en ressentait pas. Et à évoquer le souvenir de cette intelligence restée si lucide dans un âge avancé, à songer à tous les services qu'elle aurait pu rendre encore, on déplore doublement la disparition de ce grand homme de bien.

Ce savant perspicace et persévérant, ce maître à l'esprit clair et persuasif, cet écrivain disert, ce bon Lorrain qui voulait que ses découvertes comme ses efforts de vulgarisation fissent remporter des victoires morales à son pays, ce véritable et très utile Français, en un mot, était par excellence un modeste. Il fallait que les honneurs lui fussent en quelque sorte imposés pour qu'il les acceptât. Cependant, au seuil de cette œuvre, je crois, malgré cette modestie, qu'il est de mon devoir de rappeler brièvement ce qu'il fut et ce qu'il fit.

Ce qu'il fut? Docteur en médecine, docteur ès sciences, chimiste, ancien doyen de la Faculté des Sciences de l'Université de Nancy, inspecteur général des stations agronomiques, professeur au Conservatoire national des Arts et Métiers, membre de la Société nationale d'Agriculture, de la Société d'encouragement à l'Industrie nationale (groupements qui l'un et l'autre le comptèrent plusieurs fois au nombre de leurs dirigeants les plus écoutés), membre du Conseil supérieur de l'Agriculture, de l'Académie des Sciences de Suède, des Académies royales d'Agriculture de Suède et de Turin, de la Société impériale libre de Saint-Pétersbourg, de la Société d'Agriculture de Moscou, de la Société royale d'Agriculture d'Angleterre, etc., rapporteur général de l'Agriculture à l'Exposition universelle de 1900, rédacteur en chef du *Journal*

d'Agriculture pratique, collaborateur du journal le *Temps,* etc.
Autant d'occasions pour lui de rendre d'éminents services !

Ce qu'il fit? Énumérer tous les ouvrages, toutes les monographies, toutes les notices qu'il a publiés, allongerait par trop cette préface. Mais je veux rappeler son *Traité d'analyse des*

LOUIS GRANDEAU
(1834-1911)

matières agricoles paru en 1877 et les quatre volumes de ses études agronomiques publiées de 1886 à 1889. Si je ne puis de même, signaler ici tous les champs scientifiques où se plut l'activité bienfaisante de M. Grandeau, du moins veux-je citer ses recherches — couronnées de succès — sur l'alimentation du cheval de trait (en collaboration avec M. H. Leclerc), sur l'épuisement du sol et des récoltes, et surtout sur les engrais chimiques. Il fut l'un des précurseurs de l'utilisation, dans ce but, des phosphates et de la fixation de l'azote de l'air par l'arc électrique. Son rôle fut ensuite prépondérant pour diffuser et il lui fallut un véritable courage civique pour entreprendre et soutenir contre les marchands d'engrais falsifiés le terrible combat dans lequel il triompha pour le plus grand bonheur de la France agricole.

Trouver ainsi un principe nouveau, le rendre pratique, puis le répandre : telles furent les trois phases de l'apostolat de cet homme éminent, dont son compatriote lorrain et ami M. A. Mézières a fait le plus justifié des éloges en écrivant ces quelques lignes qui seront la conclusion de cet hommage : « Si l'hectare de terre ensemencé en blé donne dans l'ensemble de la France des produits de plus en plus rémunérateurs on le doit en grande partie à l'activité, à la ténacité que Grandeau déployait pour vaincre les résistances et pour propager les méthodes nouvelles. »

CHARLES DE SAINT-CYR.

Juin 1912.

L'AGRICULTURE

ET

LES INSTITUTIONS AGRICOLES DU MONDE
(1900-1910)

LIVRE XII

LA FRANCE (1900-1910) [1]

CHAPITRE LXVII

COOPÉRATION ET ENSEIGNEMENT

A. CONSIDÉRATIONS GÉNÉRALES

L'ABANDON DES CAMPAGNES : LA SITUATION ACTUELLE ; CONGRÈS ET ASSOCIA-
TIONS ; MOYENS DE COMBATTRE CHEZ LE CULTIVATEUR LE DÉSIR D'ÉMIGRER
A LA VILLE ; NÉCESSITÉ DU RELÈVEMENT DES INDUSTRIES RURALES. —
LA PETITE PROPRIÉTÉ. — IMPORTANCE D'UN BON SERVICE DE RENSEIGNE-
MENTS AGRICOLES ; ATTACHÉS AGRICOLES A L'ÉTRANGER. — LA COOPÉRATION.
— LE WARRANTAGE. — LA MUTUALITÉ. — LA PARTICIPATION AUX
BÉNÉFICES.

Bien qu'au tome III de cet ouvrage nous ayons longuement
traité (pp. 1 à 210) de ce qui concerne la coopération et l'enseignement agricoles dans notre pays, nous tenons à y revenir dès
le début de ce cinquième volume, tant pour compléter certains
points que nous avons précédemment étudiés que pour signaler
les modifications et les innovations qui ont pu se produire
depuis. Nous tenons également à examiner quelques problèmes
sociaux qui présentent, pour l'agriculture, une importance
vitale. Ce sont eux notamment dont la solution peut influer
sur le mouvement d'abandon des campagnes.

---

(1) Nous croyons inutile de revenir ici sur l'agriculture et l'élevage que nous avons très longuement étudiés au tome II de cet ouvrage ; on pourra se renseigner sur la situation actuelle par la lecture des appendices IV à VI (Tome VI).

Nous ne disconvenons pas que le mouvement d'exode vers les villes soit en partie arrêté (1) ; mais il n'en reste pas moins que la situation, qui se complique du faible chiffre de la natalité française, de l'*absentéisme* d'importants propriétaires, d'une émigration des capitaux vers les villes, doit retenir l'attention des esprits prévoyants, et que l'on doit s'attacher à multiplier les moyens de combattre ce mouvement. En juin 1904, un intéressant Congrès a été organisé à ce sujet à Paris par la Société d'économie sociale et des groupements ont été également constitués ; nous citerons tout particulièrement la *Société française d'émulation agricole contre l'abandon des campagnes* (2).

(1) Il faut, du reste, reconnaître que ce mouvement n'avait pas atteint des limites extrêmes comme le prétendaient certains pessimistes, et on peut rappeler, à ce sujet, ce qu'écrivait M. Tisserand, l'éminent rapporteur de l'enquête agricole de 1882 : « La diminution de la population de la campagne n'est pas arrivée à un point tel qu'elle puisse être envisagée comme un péril... elle oblige l'agriculteur à mieux utiliser les bras, à diminuer ses frais de main-d'œuvre ; elle conduit à l'emploi de l'outillage perfectionné tout en permettant de donner de meilleurs salaires ; en un mot, elle force à mieux cultiver. Le laboureur devient de son côté plus actif et son intelligence se développe pour la conduite des machines et pour les travaux qu'il est obligé de mieux soigner, en même temps que son bien-être s'augmente ; l'ouvrier rural voit ainsi sa condition s'élever au point de vue matériel et intellectuel, et c'est là un résultat auquel on ne peut qu'applaudir. »

(2) Ce très intéressant groupement, actuellement subventionné par l'Etat, a été fondé en 1902 ; il compte près de mille membres. Placée sous la présidence d'honneur du Ministre de l'Agriculture, et présidée effectivement par M. J. Noulens, député du Gers, rapporteur du budget de l'agriculture en 1908 et 1909, et par M. Guy Moussu, le très actif et intelligent bibliothécaire-archiviste du ministère de l'agriculture, la Société française d'émulation agricole contre l'abandon des campagnes, dont le secrétaire général est M. L.-E. Robert, ingénieur des Arts et Manufactures, et qui a son siège social 3, rue Baillif, à Paris, exerce notamment son action par des publications, des conférences, des encouragements honorifiques, par des concours et congrès spéciaux, par la discussion des questions sociales agricoles. Son bulletin mensuel, *L'Emulation agricole*, est fort intéressant. Le quatrain du poète Joseph Autran, qu'il porte en épigraphe, devrait être inscrit sur les murs de toutes nos écoles communales de campagne :

Aux voix qui vous diront : « La ville a ses merveilles »,
N'ouvrez pas votre cœur, paysans, mes amis !
A l'appel des cités, n'ouvrez pas vos oreilles :
Elles donnent, hélas ! moins qu'elles n'ont promis.

Nous croyons qu'une chose particulièrement importante, c'est de tendre, par tous les moyens, à rendre agréable le séjour de la campagne. La « brute » attachée à la glèbe, dont parlait un des plus grands et des plus précis écrivains du grand Siècle, tend de plus en plus, en France tout au moins, à disparaître. Le jeune paysan d'aujourd'hui, qu'au demeurant le service militaire fait inéluctablement vivre un certain temps à la ville, s'ennuie trop souvent aux champs ; il se figure que l'uniformité de vie qui lui pèse n'existe pas dans les cités, et que la chaîne, contre laquelle il aspire trop souvent changer celle qu'il lui faut porter, est moins lourde. Il est incontestable que c'est là un des motifs de l'abandon des campagnes. Le développement des sports et des jeux locaux peut avoir, à ce sujet, la plus heureuse influence. Il importe de distraire, durant ses heures de liberté, le jeune campagnard, et de combattre, par tous les moyens, l'ennui qui trop souvent s'empare de lui, surtout après le séjour que le service militaire lui fait faire à la ville. En distrayant ainsi le paysan et en diffusant le sport à la campagne, on se trouvera combattre l'alcoolisme qui, dans certaines régions, du Nord et de l'Ouest principalement, exerce de si terribles ravages.

Un autre moyen que nous croyons excellent pour combattre l'abandon des campagnes, est de favoriser le développement des petites industries rurales. Une ligue nationale s'est formée dans ce but ; elle peut rendre de très grands services. Fondée en 1908 sous le titre d' « Association pour le relèvement des industries rurales », elle vient d'étendre son objet et a pris le titre de *Ligue nationale pour le développement des industries rurales et agricoles* (1) ; nous croyons intéressant et utile de reproduire la circulaire que ses dirigeants ont répandue à cette occasion (septembre 1904) :

La *Société pour le relèvement des petites industries rurales* s'est attachée à venir au secours de ces petits ateliers, où se fabriquent, à l'aide

______

(1) Siège social, 25, rue Denfert-Rochereau, Paris.

d'outils très simples, des objets souvent pleins de cachet pittoresque et artistique, et qui ont, pendant des siècles, contribué à la vie et à la stabilité de la population locale, comme à la physionomie et à la richesse de la contrée. Notamment par des expositions, qui ont obtenu un brillant succès tant à Paris qu'en province, elle s'est efforcée, de conjurer la disparition de ces industries et de défendre, avec le salaire des ouvriers qu'elles alimentent, les produits, les traditions d'art, les vieilles coutumes qui font partie du patrimoine de la France.

Sans rien abandonner de ce programme, ses promoteurs ont pensé qu'on pourrait avantageusement le dilater, en y comprenant, à côté de ces anciennes industries qu'il s'agit de sauver et de ressusciter, des industries nouvelles à créer de toutes pièces et sur une échelle bien autrement vaste.

Pour de telles créations, on pourra utiliser les progrès mêmes de cette mécanique qui semblait être l'ennemie implacable de nos industries rurales et les condamner à une disparition fatale. Si la vapeur a centralisé la force, l'électricité permet de la décentraliser et de la distribuer à domicile par un fil à de petits moteurs domestiques, qui donnent du travail, non seulement au père, mais encore à la femme, à la fille, associés au chef de famille, puisque la conduite des métiers mécaniques exige une simple surveillance, sans déploiement de force musculaire.

Grâce aux ressources considérables de la « houille blanche » et de la « houille verte », il est possible d'obtenir cette force à très bas prix et de s'en armer, pour ramener, avec le travail, la vie au village et combattre efficacement ce grand fléau social qu'est la désertion des campagnes.

Dans cette croisade, nous pouvons compter sur l'intérêt et la clairvoyance des industriels, qui reconnaîtront l'avantage de faire « finir » dans des villages entourant leur usine centrale les produits ébauchés dans cette usine et d'avoir affaire à des ouvriers disséminés et stables, plutôt qu'à des travailleurs agglomérés, embrigadés et agités.

Pour enraciner au sol les populations rurales par le travail, il n'importe pas seulement de développer cette activité industrielle, latérale et extérieure à l'agriculture ; il convient encore de former la fermière à la bonne fabrication et à l'utilisation de tous les produits de la basse-cour, de la ruche, du verger, du potager, dont on ne soupçonne pas assez l'importance.

Ce n'est pas tout enfin que de savoir multiplier ces produits accessoires, aujourd'hui en partie gaspillés ; il s'agit encore de les bien présenter au public et de les bien vendre, pour leur assurer de fructueux débouchés.

De ce côté encore, il y a des progrès considérables à réaliser. Des enquêtes récentes ont fait connaître des localités dont la situation, jusque là misérable, a été heureusement transformée par des modifications apportées à l'emballage, à l'expédition de leurs produits, à des ententes entre les producteurs, d'une part, et de l'autre, les grands marchés consommateurs de France et même de l'Etranger.

C'est une éducation à faire, indispensable, urgente : elle aura pour résultat de procurer à la population rurale des ressources supplémentaires, des aubaines inattendues qui, en assurant son bien-être, lui permettront de supporter aisément les charges de la prévoyance contre les crises de la vie, et de résister victorieusement au mirage décevant des villes.

Pour atteindre ce but, il a été jugé que le meilleur moyen était de recourir à l'organisation qui a déjà fait ses preuves contre les diverses misères sociales : la tuberculose, l'alcoolisme, le taudis, la maladie..., c'est-à-dire de grouper, dans un effort commun, toutes les sociétés qui veulent combattre l'exode des champs en fournissant du travail aux familles rurales.

Combattre par tous les moyens l'abandon des campagnes, c'est fort bien ; mais cela ne suffit pas. On sait que notre pays compte, fort heureusement, de nombreux petits propriétaires (1) : ces petits propriétaires, il faut les mettre dans les meilleures

(1) Nous avons, à plus d'une reprise au cours de cet ouvrage, indiqué cette favorable situation de notre pays. Nous tenons à signaler ici la récente enquête faite au sujet de la petite propriété rurale, par les soins du Ministère de l'agriculture, qui vient d'en publier les résultats *(La petite propriété rurale en France,* enquête monographique, publiée par le Ministère de l'agriculture. Berger-Levrault, édit., 1904). M. Ruau, ministre de l'agriculture, a prononcé à ce sujet un très remarquable discours, véritable étude d'une grande clarté de plan et d'un style attrayant, que nous reproduisons à l'appendice vii (t. VI) et que tout ami de l'agriculture doit lire. Voici aussi la conclusion d'un intéressant discours de M. J. Méline : « La valeur des terres ne remontera jamais au tarif ancien, mais l'agriculture commence à remonter la pente, et l'émigration des campagnes est déjà arrêtée : la valeur de la terre ne descend plus ; elle se relève sur certains points. Un autre fait significatif est que le nombre des propriétés a augmenté de 3.000, malgré la diminution générale de la population rurale. C'est la preuve que l'on cultive avec beaucoup moins de bras. Les nouveaux propriétaires ont été pris parmi des journaliers et des domestiques. La conclusion, au point de vue social, est que la propriété se démocratise de plus en plus. Le jour est proche où chaque travailleur de la terre aura son lopin. Le législateur pourra activer le mouvement par la constitution des biens de famille. Le progrès social n'est pas dans la suppression du capital et de la propriété individuelle, mais dans la participation de plus en plus grande des travailleurs à la propriété. La petite propriété est en train de conquérir la France. »

conditions possibles, pour leur faciliter une mise en valeur productive de leurs terres.

Nous avons longuement traité au tome III (pp. 6 à 33) de l'enseignement agricole dont la diffusion est si souhaitable au point de vue de l'augmentation des rendements du sol par l'amélioration des procédés de culture ; nous revenons un peu plus loin sur une partie de la question : l'enseignement ménager. Mais l'enseignement ne suffit pas ; il y faut joindre les renseignements. Au chapitre LXXIX, nous étudions l'organisation de l'excellent service créé dans cet esprit aux Etats-Unis. Combien il serait désirable qu'il en soit créé un semblable en France et combien cela serait profitable pour nos agriculteurs ! M. Jean Cruppi, le distingué député de la Haute-Garonne, l'écrivait tout récemment (octobre 1909), au sujet du Ministère du Commerce qu'il venait d'occuper brillamment pendant dix-neuf mois : « On voit une direction des affaires commerciales et industrielles dénuée, au delà de ce qu'on peut croire, d'instruments d'enquête et de préparation. » Nous ne savons à quel point le commerce et l'industrie français manquent de ces utiles organismes, mais nous savons qu'ils font totalement défaut à l'agriculture.

Un premier pas a été fait dans ce sens par la création d'agents spéciaux (agricoles et commerciaux) à l'étranger. Cette création (1), édictée par un décret en date du 3 novembre 1906, aurait besoin de recevoir une rapide et large extension. L'agent commercial (ou agricole, lorsque le pays se prête mieux aux productions de cette nature) devra, ainsi que l'écrivait justement M. J.-R. Bonhomme, « seconder ou même faire naître l'initiative de nos producteurs. Grâce à sa connaissance du pays et de ses besoins généraux, aux informations directes qu'il recevra des consuls, qu'il centralisera et sélectionnera, tout en conservant,

____

(1) Notons que cette création est, en fait, le retour à un état de choses déjà ancien. Il y a quelque quinze ans, l'ambassade de France à Berlin comptait un agent agricole dont les services à cette époque furent hautement appré-ciés. Nous ignorons pourquoi cette intéressante création ne fut pas maintenue. Des fonctionnaires de ce genre existent d'ailleurs en France auprès de quelques ambassades étrangères.

vis-à-vis de nos nationaux, son rôle d'informateur sagace et désintéressé, cet organe permettra de coordonner les efforts épars, d'agglomérer cette poussière de bonnes volontés en vue d'une action déterminée et d'agir au moment opportun, avec des moyens librement choisis. Que ce soit alors par la création d'une représentation méthodique des diverses branches de la production industrielle, commerciale ou agricole, que ce soit par une correspondance directe avec les intéressés ou avec les groupes, déjà nombreux en France, d'expansion commerciale, (syndicats de production, de vente, coopératives de toute sorte), l'agent spécial seul peut nouer des relations avantageuses, indiquer la meilleure marche à suivre pour conquérir les marchés étrangers et secouer l'apathie regrettable de beaucoup de commerçants ou d'agriculteurs français... Hiérarchiquement supérieurs aux consuls, ayant pour mission « d'aider de tout leur effort à l'exportation française, par les moyens que l'expérience indiquera comme les plus pratiques et les plus efficaces (1) », nul plus qu'eux ne sera qualifié pour contrôler la puissance de consommation des peuples étrangers, suivre attentivement les fluctuations de l'offre et de la demande, pour, à un moment donné, lancer sur le marché des produits nouveaux, capables de se substituer à ceux qu'une longue habitude ou des raisons d'ordre économique avaient jusqu'alors fait préférer. Il appartiendrait alors aux consuls de collaborer à l'action commune, et de réaliser ensuite dans le détail ce que l'agent aurait conçu et préparé dans l'ensemble... La complexité du rôle que les attachés agricoles auront à remplir exige des titulaires, non seulement des connaissances étendues en matière de commerce des produits agricoles, mais encore et surtout, une activité méthodique servie par une intelligence très sûre des affaires. Il est entendu, en outre, que, dans leur zone d'action, rien ne doit leur être inconnu de tout ce qui touche à la production ou à la consommation des principaux objets d'échanges. Suivant la

(1) Instructions de M. Delcassé, ministre des affaires étrangères, à M. Jean Périer, attaché commercial à l'ambassade de France à Londres.

tendance dominante des pays où ils seront accrédités, la nature et l'importance des débouchés à développer ou à créer pour nos produits nationaux, ils auront à rechercher quelles sont, parmi les ressources·offertes par la mère-patrie, celles qui alimenteraient le plus efficacement ces courants d'échange et conviendraient le mieux aux goûts de la clientèle à satisfaire. C'est ce que, dans une formule heureuse, M. Delcassé appelle : « Remonter le courant commercial français, s'engager dans ses affluents, atteindre les sources mêmes qui l'alimentent. » Pour réaliser ce programme, parfois bien ardu, il sera nécessaire de faire un choix éclairé, et d'exiger des candidats un ensemble de qualités qui ne peut s'acquérir que dans l'exercice quotidien, sur un terrain d'abord restreint, des fonctions auxquelles ils aspirent. Ce serait une excellente méthode de leur imposer, avant toute nomination définitive, un stage d'assez longue durée dans les divers consulats du pays où l'on désire les affecter, et de leur demander, durant cette sorte de mission, quelques preuves d'initiative et de compétence. Afin de rendre de suite leur effort productif, il serait utile enfin de ne choisir, pour un pays donné, que des jeunes gens auxquels leurs études antérieures donneraient une aptitude réelle à juger rapidement de la situation de ce pays et de l'importance relative de ses diverses productions. N'y aurait-il pas, en effet, une anomalie évidente à lancer dans un milieu nettement agricole, comme le sont, par exemple, les Etats balkaniques ou les Républiques sud-américaines, un jeune homme ignorant tout des choses de la terre ? »

Instruire et renseigner l'agriculteur, tel est l'un des deux grands buts auxquels on doit s'attacher aujourd'hui ; le second est de l'inciter à s'associer, de simplifier les formalités qu'il a à faire à ce propos et de rendre aussi profitables que possible les résultats de cette association. Nous avons montré au tome III (notamment pp. 140 à 187) les magnifiques et heureux efforts faits dans ce sens tant par les pouvoirs publics que par des groupements de bonne volonté et des individualités dévouées. Nous voulons y revenir et compléter l'exposé de la question, tellement elle est vitale !

Le premier Congrès international de la coopération s'est réuni en août 1895 (à Londres), il consacra une de ses séances à la coopération en agriculture et vota, sur la proposition de son président, Lord Grey, l'excellente résolution suivante :

« Reconnaissant l'extrême gravité de la crise agricole qui « sévit dans toute l'Europe et sympathisant aux épreuves que « traversent toutes les classes dont le revenu ou le salaire « dépend de l'exploitation du sol ;

« Recommande à toute leur attention l'adoption des méthodes « coopératives comme un moyen pratique d'atténuer le mal « présent et de préparer un meilleur avenir. »

1895-1910 : que de progrès réalisés au profit de la coopération agricole pendant cette période de quinze années! Déjà, nous avons montré au tome III la diversité des objets à laquelle celle-ci peut s'appliquer (1) et nous avons signalé que dans l'industrie laitière (2) notamment, elle donne les meilleurs résultats. Nous n'y reviendrons pas. De même, nous ne traiterons pas à nouveau de la nécessité que chacun se persuade que l'association de l'ancienne forme — le comice — association en quelque sorte passive, ne suffit plus, qu'il faut aujourd'hui le groupement actif, agissant, audacieux : la coopération !

Si nous croyons inutile de revenir à nouveau sur ces généralités, nous tenons, par contre, à montrer les nouveaux progrès accomplis par le crédit et les assurances agricoles, ainsi que les efforts tentés pour organiser en France la vente en commun du blé, et consacrons à ces questions les sous-chapitres suivants. Nous eussions volontiers agi de même à l'égard du warrantage agricole ; mais, malgré les modifications heureuses résultant pour lui de la loi du 30 avril 1906 — loi dont on trouvera une étude à l'appendice ix (t. VI) — il n'est pas encore en France dans une situation qui permette de porter à son sujet un jugement caté-

---

(1) Notons ici qu'elle convient particulièrement lorsqu'il s'agit de relever une culture peu prospère, telle que celle de l'olivier, par exemple.

(2) Voir appendice viii (t. VI).

gorique et surtout nous risquerions de répéter ce que nous avons écrit à son sujet au tome III (pp. 181 à 183).

Il est une autre forme de coopération dont la diffusion dans les milieux ruraux (où elle serait cependant très profitable) laisse à désirer : ce sont les sociétés de secours mutuels. C'est fort justement que M. Ruau, ministre de l'agriculture, écrivait à ce sujet dans une circulaire aux professeurs d'agriculture :

« Nous ne pouvons perdre de vue que la plupart des communes rurales n'ont pas de sociétés de secours mutuels. En attendant la solution nécessaire et prochaine de la question des retraites ouvrières, par voie législative, je vous demandais, dans ma précédente circulaire, d'indiquer aux cultivateurs la façon de se constituer une pension de retraite avec les moyens qui se trouvent actuellement à leur disposition. Je crois utile de revenir sur ces instructions pour les préciser. La Caisse nationale des retraites pour la vieillesse est d'un accès facile pour tous les déposants, pour les travailleurs des champs comme pour les ouvriers de l'usine. Aux termes du décret du 28 décembre 1886, les versements à cette caisse, de 1 franc au moins et sans fraction de francs, sont reçus : à Paris, à la Caisse des dépôts et consignations; dans les départements, par les trésoriers-payeurs généraux et receveurs particuliers des finances, chez les percepteurs et chez les receveurs des postes. Malgré cela, bien peu de livrets appartiennent aux ouvriers agricoles, et c'est à peine si les agriculteurs savent qu'il est possible de se constituer une retraite pour la vieillesse. Cette ignorance ne résulte pas seulement d'un défaut d'éducation économique, mais du manque de publicité des opérations de la caisse de retraites. Les affiches apposées dans les bureaux de poste et de perception, pour renseigner le public, contiennent des instructions trop détaillées, à peine compréhensibles pour un cultivateur. Il y aurait donc lieu d'indiquer aux intéressés, d'une manière simple et précise, les avantages de la Caisse nationale des retraites. L'organisation des retraites met d'ailleurs en jeu des principes nouveaux qui requièrent une étude préalable. Aussi convient-il d'exposer, dans vos conférences aux agriculteurs, en tenant compte de leur mentalité, les différentes modalités et les avantages de la mutualité et des retraites. Cet enseignement, d'un caractère essentiellement pratique, rentre bien dans votre rôle d'éducateur social, et c'est pourquoi je laisse à votre esprit d'initiative le soin de vous tracer, suivant les circonstances et les milieux, un programme d'action. »

Enfin, il est encore un autre point que nous eussions volontiers traité avec quelque détail : c'est celui de la participation aux bénéfices (qui se confond en partie avec le métayage) (1). Mais il nous a paru qu'une pareille étude ne pourrait être abordée qu'avec une série de documents récents qui font encore défaut ; qu'il nous soit donc permis de signaler le très vif intérêt qu'aurait une enquête faite à ce sujet dans toutes les régions agricoles de la France : notre époque désirant chaque jour plus d'égalité, plus de justice, la participation aux bénéfices peut lui apporter plus d'une satisfaction !

B. LE CRÉDIT AGRICOLE

CE QUE C'EST EXACTEMENT QUE LE CRÉDIT AGRICOLE ; SES CARACTÉRISTIQUES. — SCHULTZE-DELITZCH ET RAIFFEISEN ; APPLICATION DE LEURS SYSTÈMES EN ALLEMAGNE ET EN ITALIE. — LA LÉGISLATION FRANÇAISE : UTILISATION DES SYNDICATS. — LA RESPONSABILITÉ LIMITÉE ET LA RESPONSABILITÉ ILLIMITÉE. — SOCIÉTÉS RÉGIES PAR LA LOI DE 1867 ET SOCIÉTÉS RÉGIES PAR LA LOI DE 1894 (CAISSES LOCALES). — LA LOI DE 1899 : LES CAISSES RÉGIONALES. — COMMENT ON FONDE UNE CAISSE LOCALE, UNE CAISSE RÉGIONALE ; COMMENT ON OBTIENT UN PRÊT. — LE CRÉDIT AGRICOLE A LONG TERME. — L'OEUVRE ACCOMPLIE PAR LA FRANCE. — LE CRÉDIT AGRICOLE EN ALGÉRIE.

Parmi les institutions destinées à venir en aide à l'agriculteur et à donner à la petite propriété toutes les facilités que la grande tient de sa situation, à permettre, par suite, à cette petite propriété de lutter à armes égales dans le grand et nécessaire combat de la concurrence, il faut incontestablement placer au premier rang le Crédit agricole. Au tome III de cet ouvrage (pp. 140 à 162), nous en avons déjà traité, mais telle est l'importance de la question que nous tenons, d'une part, à donner à son sujet quelques détails complémentaires et, d'autre part, à signaler ce qui s'est produit ces dernières années (2).

(1) A ce sujet, on lira avec intérêt à l'appendice x (t. VI) une très intéressante étude parue dans le *Journal d'agriculture pratique*, sous la signature de M. H. Hitier.

(2) On pourra également, sur ce dernier point, consulter avec profit (appendice xi, t. VI) le Rapport adressé par le Ministre de l'Agriculture au Président de la République sur le fonctionnement

Bien qu'ayant indiqué en quoi consiste exactement le vrai crédit agricole, ce qui le caractérise, nous voulons rappeler ici, en quelques mots, que c'est le crédit fait à un agriculteur pour lui faciliter une spéculation agricole courante, telle qu'augmenter en temps opportun son bétail, donner une fumure intensive à ses terres, acheter à un prix normal de bonnes semences, ou encore lui permettre d'éviter la vente de sa récolte au-dessous de sa valeur réelle. Autrement dit, le crédit agricole a pour but d'assurer, en cas de besoin, un fonds de roulement au cultivateur.

Le crédit agricole est un crédit personnel. Il ne doit pas être confondu avec un crédit réel, tel que le crédit foncier, dont, non sans quelque raison, Dupin a pu dire qu' « il soutient le paysan comme la corde soutient le pendu ». De fait, le cultivateur ne doit contracter un crédit à long terme qu'autant qu'il s'agit pour lui de réaliser des améliorations très importantes et n'ayant pas seulement un bon effet plus ou moins éphémère, améliorations telles que reconstruction de bâtiments agricoles, remplacement par l'ardoise ou les tuiles des toitures en chaume qui se détériorent trop rapidement et sont une proie facile pour les incendies, participation aux opérations de réfection du cadastre ou de remembrement, etc. Dans les autres cas, l'emprunt à long terme — qui convient, ainsi que nous le verrons, à des collectivités — est dangereux pour un cultivateur, puisqu'il risque de peser lourdement sur lui alors que l'amélioration réalisée n'aura été qu'éphémère.

De ce qui précède, il résulte que, dans l'intérêt même de celui qui veut emprunter, le crédit agricole ne doit être consenti

des caisses de crédit agricole mutuel et les résultats obtenus en 1908. Ce rapport, paru au *Journal Officiel* du 3 septembre 1909, est le dernier en date. La loi prévoit qu'un tel rapport doit être établi et publié chaque année. On ne saurait trop applaudir à cette disposition. Elle permettra de suivre, année par année, les changements survenus — et de constater la diffusion constamment croissante du crédit agricole, diffusion dont il faut en partie faire honneur au service du Crédit agricole du Ministère de l'Agriculture et à son chef, M. Pierre Decharme.

qu'avec circonspection, pour ne pas inciter l'emprunteur à des spéculations hasardeuses, voire même qu'il faut vérifier l'emploi de l'argent, la somme ne devant être prêtée que pour un besoin agricole défini.

Les banques ne sont pas outillées pour une telle surveillance. Malheureusement, du reste, elles n'acceptent pas d'une façon générale le papier du cultivateur, parce qu'elles sont mal renseignées sur ce cultivateur, qu'elles ne le connaissent pas, qu'en un mot, il n'a pas de surface à leurs yeux. Pour consentir en connaissance de cause un prêt à un paysan, il faut vivre dans la même sphère que lui. Or, il n'existe pas de banque dans les campagnes et l'on ne peut, d'autre part, espérer qu'il y ait dans chaque commune un philanthrope ayant coffre ouvert pour ses voisins. Mais cette banque qui fait défaut, ce philanthrope absent, la solidarité peut les remplacer ; le crédit agricole reposera donc sur la confiance et l'assistance réciproques : il sera mutuel, organisé pour, par, et près des cultivateurs. Ce sera ainsi pour la caisse mutuelle de crédit agricole une condition vitale que d'être placée aussi près que possible des agriculteurs avec lesquels elle sera appelée à faire des opérations. Des échecs retentissants ont montré qu'il ne saurait y avoir de doute sur ce point.

D'autre part, le taux de l'intérêt ne devra être ni trop élevé ni trop bas. Trop élevé, le prêt deviendrait de l'usure ; trop bas, il engendrerait des abus : tel riche fermier associé d'une caisse mutuelle où l'on ne paierait qu'un taux très bas, n'hésiterait pas à y contracter des emprunts pour payer ses achats d'engrais et de semences et, tandis qu'il ne verserait à la caisse que le taux prévu, il trouverait pour son propre argent un placement beaucoup plus rémunérateur. En outre, cette caisse subirait une perte en repassant ses effets, la banque lui prenant un escompte supérieur à celui qu'elle prendrait elle-même. On en pourrait donner plus d'un exemple.

Au total, les caractères du crédit agricole peuvent donc se résumer ainsi : nécessité de surveiller l'emploi du prêt ; mutualité ;

obligation de ne fixer le taux de l'intérêt ni trop haut, ni trop bas. Ces caractères disent d'eux-mêmes en quoi le crédit agricole se distingue de tout autre crédit. Dupin avait, par suite, incontestablement tort quand, prétendant que le crédit agricole n'était pas une modalité particulière du crédit en général, il s'écriait, en 1848, à la tribune de l'Assemblée nationale : « Je ne connais qu'un seul crédit et c'est toujours le même ; habillez-le du nom que vous voudrez. On ne prête qu'à celui dont on a chance d'obtenir le remboursement et c'est là tout le crédit. » Certes, tout crédit suppose que le prêteur se libérera : un crédit fait sciemment à fonds perdus est un don déguisé. Le crédit agricole, comme tout autre forme de crédit, présume donc le remboursement ; mais il n'en est pas moins une modalité particulière et, à ce titre, demande une organisation spéciale. Nous n'hésiterons même pas à ajouter que la réalisation, dans de bonnes conditions, de cette organisation spéciale a une importance primordiale (surtout dans un pays essentiellement agricole comme est le nôtre) parce que le cultivateur est, plus que tout autre, « exploité ». Il est fréquent qu'il ait momentanément besoin de capitaux ; les usuriers abusent de cette situation avec une âpreté toute particulière. Ils se présentent au paysan sous des défroques diverses : tantôt lui offrant une somme d'argent qu'ils ne lui réclameront qu'au moment où ils le sauront gêné, d'autres fois lui vendant à crédit des semences de qualité inférieure ou de mauvais engrais chimiques facturés fort cher, ou encore achetant sa récolte moyennant une somme très basse payée comptant. Prêteurs, acheteurs ou vendeurs, ces usuriers sont, par leur rapacité, une des causes réelle de la dépopulation des campagnes. Pour leur arracher le cultivateur, qu'ils considèrent comme leur proie, il n'est qu'un moyen : offrir à ce cultivateur le crédit raisonnable et honnête ; il fallait donc organiser le crédit agricole.

C'est à deux philanthropes allemands : Raiffeisen et Schultze-Delitzch qu'il faut faire honneur d'avoir les premiers pensé à cette organisation appuyée sur la solidarité : plusieurs cultivateurs s'associant, et leur apport servant à consentir des prêts à ceux d'entre eux qui en font la demande.

Au tome I, en traitant de l'Allemagne (p. 652 et suiv.), nous avons eu l'occasion de dire quelques mots sur ce point, nous tenons à y revenir ici et à indiquer les mobiles qui ont guidé les deux philanthropes allemands et la réalisation de leurs idées.

Schultze naquit à Delitzsch (Saxe) en 1808. Indigné de voir les ravages que causait autour de lui l'usure, il voulut mettre le crédit à la disposition des petits producteurs. Les *Vorchuss-Vereine* (Sociétés d'avances, plus communément dites caisses Schultze-Delitzch), qu'il fonda, s'adressent, à vrai dire, plus aux petits industriels qu'aux cultivateurs. Malgré les violentes attaques dont elles furent l'objet, notamment de la part du fameux socialiste Lassalle, elles se multiplièrent rapidement ; leur nombre dépasse aujourd'hui trois mille. Elles sont basées sur le principe de la responsabilité illimitée entre tous les associés. Il me paraît inutile de donner des détails à leur sujet car elles ont, de plus en plus, tendance à devenir de véritables sociétés mutuelles de crédit industriel. Tout au contraire, les caisses Raiffeisen sont essentiellement agricoles.

De dix ans plus jeune que Schultze, Raiffeisen était, comme lui, un philanthrope. On ne saurait trop rendre honneur à son œuvre. En effet, non seulement il existe aujourd'hui en Allemagne plus de 4.000 caisses de son système, comptant un chiffre supérieur à 300.000 membres et intéressant directement une population de 7 millions d'habitants ; non seulement le chiffre d'affaires de ces caisses dépasse annuellement 600 millions de marks pour un capital-actions versé de 8 millions de marks, mais encore bon nombre d'autres pays ont adopté les principes de ce grand économiste allemand et s'en trouvent bien.

Comme les caisses Schultze, les caisses Raiffeisen établissent la responsabilité entre leurs associés ; mais elles ont un correctif excellent à ce redoutable principe : le peu d'étendue du cercle de leurs opérations. Cela leur permet de faire des enquêtes sérieuses et de ne consentir de prêt qu'avec sagesse d'autant que, tout caractère spéculatif leur étant interdit, elles n'ont pas intérêt à augmenter à tout prix le chiffre de leurs affaires.

Il y a entre les statuts de telle ou telle caisse Raiffeisen des différences assez notables. Voici les caractères communs. Toute caisse ne s'étend que sur un rayon habité par 300 à 400 âmes ; dans ce rayon, chacun peut être admis en qualité de sociétaire. On ne verse, à l'admission, que de 10 à 20 marks en argent ; le véritable apport, c'est la responsabilité illimitée, tous les associés répondant solidairement sur tous leurs biens des engagements de la société. Les fonctions d'administrateurs sont gratuites ; seul, le comptable est payé.

Les caisses locales sont groupées en douze Unions régionales ; chacune d'elles règle la circulation des capitaux entre ses caisses affiliées. Au-dessus de ces douze unions, il y a l'Union générale *(Général-Verband)*, dont le siège social est sis à Neuwied-sur-le-Rhin, et qui, propriétaire d'une importante imprimerie, poursuit une fort louable tâche de vulgarisation.

Sans vouloir étudier les applications du système Raiffeisen partout où il a été adopté, nous noterons ici, en passant, l'excellent parti qui en a été tiré dans la haute Italie. La consciencieuse enquête agricole de 1885 avait montré la pitoyable situation de ce pays, dont la fertilité naturelle était rendue inutile par suite du manque d'argent et d'une invraisemblable usure. Dix ans après, grâce aux efforts des Luzatti, des Wollemborg, des Cerrutti, tout est changé. Des caisses ont été créées et, par elles, la souplesse du génie italien est mise en mesure de remédier à la rareté de l'argent. Il y en a peu encore, mais ce peu on le fait tellement circuler qu'il sert à tous. Un réseau d'épargne et de crédit est constitué ainsi, qui ne rend pas de moins grands services que ce réseau de canaux d'irrigation, le plus fameux d'Europe, qui, portant les eaux du Pô et de ses affluents à travers le Piémont et les plaines lombardes, assure leur merveilleuse fertilité.

Ce n'est qu'assez récemment que nous avons abordé en France le problème du crédit agricole ; mais, de suite, nous avons compris qu'il était intimement lié à la prospérité syndicale, que de ces deux rouages l'un est le complément de l'autre, et que, isolés, l'on ne saurait les concevoir parfaits. Les membres d'un syndicat agricole ne sont-ils pas, en effet, mieux que tous autres, susceptibles de se connaître, de s'apprécier, de juger le crédit qu'ils peuvent mutuellement se faire et de vérifier l'emploi de l'emprunt consenti. Le syndicat évite, en outre, à la caisse, la période préparatoire, si longue souvent et toujours délicate. Il remplit ainsi, suivant le mot de Waldeck-Rousseau, « son rôle d'association primaire, d'où doivent essaimer des associations secondaires ».

Pour lutter contre les marchands marrons qui, à crédit, vendent fort cher des engrais de qualité inférieure, le syndicat ne doit-il pas, par exemple, se doubler d'une caisse qui prêtera, à tels de ses associés momentanément gênés, la somme nécessaire pour payer les engrais chimiques dont lui, syndicat, se sera chargé de faire l'achat pour tous ses membres. Ainsi, tous les syndiqués, riches ou moins fortunés, auront, sans majoration de prix, d'excellents produits.

La première société française de crédit mutuel date de 1885 ; elle fut fondée par l'initiative de M. Louis Milcent, à Poligny (Jura), berceau de l'un des premiers syndicats agricoles français. Nous avons déjà donné (tome III, pp. 144 et 145) des détails sur la doyenne de nos caisses agricoles, nous y renvoyons donc. Notons seulement ici qu'elle n'a subi aucune perte du fait de billets impayés et qu'elle a considérablement développé ses opérations et consent aujourd'hui des prêts même aux fruitières de l'arrondissement afin de leur permettre de faire des avances à leurs sociétaires, en attendant la vente des fromages produits en commun. Rappelons aussi qu'elle remplit le rôle de banque régionale à l'égard des caisses rurales de type Raiffeisen, ayant leur siège dans sa circonscription, caisses dont elle a, elle-même, fondé une trentaine.

Il n'y a que peu de sociétés du type de Poligny (société anonyme à capital variable régie par les dispositions de la loi du

24 juillet 1807). Ce type exige, en effet, des formalités nombreuses et délicates ; il s'accommode, par suite, assez mal, des besoins de l'agriculture ; d'une façon générale, il convient même peu à une œuvre de mutualité.

M. Louis Durand (*Union des caisses rurales et ouvrières à responsabilité illimitée,* siège social à Lyon), et MM. Eugène Rostand et Charles Rayneri (*Centre fédératif du crédit populaire en France),* ne se sont mis à l'œuvre qu'après M. L. Milcent, le fondateur de Poligny. Leur création date de moins de quinze ans. Ils ont adopté le système Raiffeisen. Tandis que le second groupement, le moins important, du reste, est assez souple dans ses applications, allant jusqu'à s'adapter parfois à la loi de 1894, M. Louis Durand ne change rien à la forme qu'il a adoptée : Caisse sans capital, mais à responsabilité illimitée. Le distingué avocat de Lyon est donc tout particulièrement qualifié pour défendre cette forme Raiffeisen qu'il a répandue dans plusieurs régions de notre pays.

Quand les administrateurs d'une caisse, écrit-il, ont besoin d'argent pour faire un prêt à un associé ou pour rembourser un prêteur, ils trouvent sans peine dans la commune ou aux environs des petits capitalistes ou épargnistes-agriculteurs disposant d'un excédent, rentiers retirés à la campagne, domestiques ou ouvriers ayant amassé un petit pécule — qui sont ravis de pouvoir faire de leur argent un emploi sûr et rémunérateur. Les garanties que présente la caisse ne se rencontrent, en effet, dans aucune autre société de crédit. Voici, à titre d'exemple, une statistique dressée dans le groupe régional du Doubs : 52 caisses rurales comprenant 1428 membres présentaient ensemble une garantie immobilière de 14.700.000 francs dont 4.200.000 francs en immeubles bâtis et 10.500.000 francs en terres de toute nature et, cela, sans préjudice de la fortune mobilière des associés : bétail, instruments, récoltes, etc. Ces caisses ayant eu à demander à leurs prêteurs 185.000 francs se sont donc trouvées offrir des garanties foncières couvrant 75 fois leurs emprunts. »
Il est certain que, au point de vue de la garantie, la responsa-

bilité illimitée présente des avantages ; ne constitue-t-elle pas, par contre, une menace éventuelle pour les associés ? Nous savons bien que la caisse rurale restreint ses opérations à un champ peu étendu, qu'ainsi les associés se connaissant parfaitement peuvent se rendre exactement compte du crédit qu'on peut faire à chacun d'eux et que la caisse ne distribuant pas de bénéfices, personne n'a intérêt à ce qu'elle fasse beaucoup d'affaires ; nous savons bien aussi qu'en cas de débiteur insolvable, la caisse peut se retourner contre la caution que tout emprunteur est tenu de fournir ; il n'en reste pas moins le principe de la responsabilité illimitée, et que ce principe peut entraîner les administrateurs de la société à un excès de prudence rendant ainsi illusoires les services qu'on attend du crédit agricole : en un mot, il est à craindre qu'effrayés de la responsabilité qu'ils encourent, les associés oublient souvent que le crédit agricole est essentiellement un crédit personnel et qu'il faut le consentir dès que celui qui le sollicite a des capacités professionnelles et une valeur morale, alors même qu'il ne représente pas une surface réelle.

La question reste fort controversée et quelles que soient les préférences personnelles que l'on puisse avoir, on doit convenir qu'elle ne peut pas être résolue théoriquement, mais pratiquement, qu'il y a là une question d'espèce : Ainsi, dans le Sud-Ouest et dans le Centre, la responsabilité solidaire entraverait toute organisation et même provoquerait la dissolution des caisses existantes, et l'expérience a montré que la responsabilité individuelle, limitée au capital souscrit par chaque sociétaire, s'y prêtait parfaitement au fonctionnement du crédit agricole, tandis que dans le Midi et dans le Sud-Est, la clause de responsabilité solidaire a rendu les plus grands services.

En somme, il faut, avec le premier Congrès national du crédit agricole (1907), proclamer « qu'il y a lieu de laisser aux organisations régionales la plus grande liberté dans le choix des mesures susceptibles de donner au crédit agricole mutuel les garanties nécessaires de sécurité complète et de large extension ».

Les caisses rurales de M. Durand et la plupart des caisses agricoles coopératives de M. Rayneri, sociétés en nom collectif à capital variable, sont régies par la loi de 1867, de même que les sociétés anonymes du type de Poligny. Mais cette loi de 1867, n'ayant pas été faite en vue du crédit agricole, ne pouvait aider puissamment à sa diffusion. Il fallait donc que le législateur fît œuvre nouvelle. Cette œuvre répondant réellement aux besoins du jour, c'est la loi du 5 novembre 1894, dont il faut, en grande partie, faire honneur à M. Méline.

Après avoir renvoyé nos lecteurs à ce que nous en avons dit au tome III (pp. 147 à 149), nous signalerons qu'une loi du 14 janvier 1908 a légèrement modifié la loi de 1894, dont l'article premier se trouve actuellement rédigé de la façon suivante :

« Des sociétés de crédit agricole peuvent être constituées par la totalité ou par une partie des membres d'un ou plusieurs syndicats professionnels agricoles, soit par la totalité ou par une partie des membres d'une ou plusieurs sociétés d'assurances mutuelles agricoles régies par la loi du 4 juillet 1900 ; elles ont exclusivement pour objet de faciliter et même de garantir les opérations concernant l'industrie agricole et effectuées par ces syndicats et ces sociétés d'assurances ou par des membres de ces syndicats ou de ces sociétés d'assurances (1). »

(1) Auparavant — c'est-à-dire sous l'empire de la loi de 1894 — seuls les membres des syndicats agricoles avaient le droit de participer à la constitution d'une caisse de crédit agricole. Voici comment M. Ruau, ministre de l'agriculture, s'est exprimé, en proposant d'étendre cette facilité aux adhérents des sociétés d'assurances mutuelles régies par la loi du 4 juillet 1900 : « Ces sociétés, a-t-il dit, ont pris un développement considérable dans nos campagnes depuis quelques années, grâce à l'active propagande faite, en leur faveur, par les professeurs d'agriculture, sous l'impulsion incessante de mon Département, grâce aux crédits importants mis chaque année par le Parlement à la disposition de mon administration pour leur être distribués sous forme de subventions. Elles étaient, à la date du 1er mai dernier, au nombre de 7.824, groupant 432.607 sociétaires et assurant un capital supérieur à 700 millions. Par la simplicité de leur fonctionnement et l'immensité des services qu'elles sont appelées à rendre, elles ont rapidement séduit tout ce que notre agriculture nationale compte d'hommes intelligents et prévoyants ; elles constituent donc un groupement de mutualistes convaincus et dignes de tous les encouragements. »

Ces syndicats peuvent recevoir des dépôts de fonds en comptes courants avec ou sans intérêts, se charger, relativement aux opérations concernant l'industrie agricole, des recouvrements et des paiements à faire pour les syndicats ou pour les membres de ces syndicats. Ils peuvent, notamment, contracter les emprunts nécessaires pour constituer ou augmenter leur fonds de roulement.

Le capital social ne peut être formé par des souscriptions d'actions. Il pourra être constitué à l'aide de souscriptions personnelles des membres de la société. Ces souscriptions formeront des parts qui pourront être de valeur inégale ; elles seront nominatives et ne seront transmissibles que par voie de cession aux membres des syndicats et avec l'agrément de la société.

La société ne pourra être constituée sous la forme de société à capital variable ; le capital ne pourra être réduit par les reprises des apports des sociétaires sortants au-dessous du montant du capital de fondation.

Les articles suivants règlent la question des statuts, édictent un certain nombre de prescriptions, interdisent la répartition de dividendes, exonèrent ces sociétés du droit de patente ainsi que de l'impôt des valeurs mobilières et établissent la responsabilité des administrateurs. Sur ce dernier point, la loi de 1894 a été modifiée par une loi du 20 juillet 1901.

Les avantages très importants consentis par la loi de 1894 en faveur des caisses de crédit agricole sont donc : 1º la possibilité de fonctionner non seulement au profit de leurs sociétaires souscripteurs de parts, mais encore au profit de tous les membres du syndicat ou des syndicats qui ont contribué à leur fondation ; 2º l'exemption de la patente et de l'impôt sur les valeurs mobilières ; 3º la simplification des formalités de publicité.

Les sociétés formées sous l'empire de la loi de 1894 peuvent, si elles le désirent, adopter le principe de la responsabilité illimitée pour leurs associés, mais la très grande majorité d'entre elles préfère limiter cette responsabilité, soit à la part souscrite, soit à un multiple de cette part (1).

La loi de 1894 marqua un grand progrès, mais les caisses dont elle réglemente la fondation restaient malheureusement isolées et les fonds de roulement leur faisaient souvent défaut. Elles pouvaient bien recevoir des dépôts en comptes courants de la part de leurs associés, escompter leur portefeuille (quelques-unes se servent de leur capital versé comme d'un capital de garantie et le déposent dans un établissement financier où elles se font ouvrir un compte courant d'escompte applicable à leurs opérations au fur et à mesure de leurs besoins) et contracter des emprunts. La loi du 20 juillet 1895 autorise même les caisses d'épargne ordinaires, autonomes ou municipales, à consacrer le cinquième de leur capital et la totalité de leurs revenus en prêts à des sociétés de crédit agricole. Malgré tout, les fonds de roulement étaient insuffisants. La loi du 31 mars 1899 (modifiée sur un point par la loi du 25 décembre 1900) fut faite pour améliorer cette situation et pour remédier à l'état d'isolement où étaient les caisses locales.

Nous avons parlé de cette loi au tome III (pp. 149 et 150), mais nous tenons à rappeler qu'elle a établi, au-dessus des caisses locales, des caisses régionales qui, réescomptant le papier de leurs caisses affiliées et leur constituant le fonds de roulement qui leur manquait si souvent, devaient leur permettre de rendre tous les services qu'on attendait d'elles. L'avance de quarante millions et la redevance annuelle à verser au Trésor par la Banque de France furent mises à la disposition du gouvernement pour être attribuées à titre d'avance sans intérêts, aux caisses régionales, étant établi que le montant des avances ne doit pas excéder le quadruple du montant du capital versé en espèces ; que ces avances — allouées par le Ministre de l'Agriculture après avis d'une commission qui se réunit trimestriellement — ne peuvent être faites pour une durée de plus de cinq

(1) Voir tome III, pp. 146 et 147, l'ingénieux système adopté par la caisse de Courcelles (Indre-et-Loire).

ans, mais sont renouvelables, et qu'elles deviennent immédiatement remboursables en cas de violation ou de modification des statuts. Enfin, il fut organisé un contrôle des caisses régionales et prescrit la rédaction annuelle d'un rapport indiquant de façon détaillée les opérations faites dans le courant de l'année — excellente mesure qui permet de suivre exactement les progrès faits dans notre pays par le crédit agricole.

La loi de 1899, qu'a commentée une circulaire ministérielle du 18 août de la même année, est essentiellement libérale ; elle se montre soucieuse de respecter l'initiative privée. C'est ainsi que, pourvu qu'elle soit mutuelle et purement agricole, toute société locale peut coopérer à la constitution d'une caisse régionale : on n'exige pas que cette société soit régie par la loi de 1894 et on admet au bénéfice de la participation à une caisse régionale les sociétés régies par la loi de 1867. La plus grande latitude est laissée, du reste, aux fondateurs de caisses régionales qui, dit la circulaire, « ayant à répondre à des besoins différents, à tenir compte de situations locales spéciales, ne peuvent être enserrés dans des cadres de statuts-types uniformes ». De même, les caisses régionales déterminent librement dans leurs statuts le périmètre sur lequel elles étendront leur action « et cela sans avoir à tenir compte des périmètres désignés par d'autres caisses de même nature, les sociétés locales étant libres, d'autre part, de s'affilier à la caisse de leur région qui leur convient le mieux. »

Bien entendu, cette grande latitude laissée aux fondateurs d'une caisse, tant dans la rédaction des statuts que dans la limitation du périmètre et dans le chevauchement des sphères d'action d'une caisse sur l'autre a un correctif dans l'examen auquel se livre la commission chargée de la répartition des avances, dès l'instant où la caisse a recours à l'Etat pour la constitution de son capital.

Les sociétés locales étant la véritable base du crédit agricole, et les caisses régionales n'en étant que le complément, ayant en quelque sorte pour seule mission de diffuser une vie plus active dans ce vaste organisme, de servir de trait d'union entre les sociétés et l'État, il se trouve tout naturellement que, le plus souvent, société et caisse ont membres communs ; du reste, les deux tiers au moins des parts des caisses régionales sont réservées aux sociétés locales.

Nous croyons intéressant d'indiquer ici comment, pratiquement, on doit s'y prendre pour fonder une caisse locale, une caisse régionale.

La création d'une caisse locale est chose facile. Dresser tout d'abord la liste des membres du syndicat agricole susceptibles de s'intéresser au projet. Les voir séparément est préférable à les réunir pour une conférence. Au cours de ces visites, des objections vous seront faites. On vous dira notamment qu'il n'y a dans la commune que deux catégories de paysans ; les riches qui n'emprunteront pas, et les besogneux qui ne rendront pas l'argent prêté. Vous répondrez que dans les communes où il existe une caisse, le nombre des personnes ne méritant pas d'y être accueillies est toujours minime. Vous combattrez également l'opinion, à tort répandue, que, seul, le cultivateur dans une mauvaise situation financière se sert du crédit. Donnez l'exemple du commerce, où les maisons les plus importantes font escompter leur papier. Dites à tous que nul n'est maître de l'avenir : que, si grande soit la prudence présidant à l'établissement du budget annuel d'une exploitation, un de ces accidents fortuits, si nombreux dans la vie des champs, peut en rompre l'équilibre. Qui est certain qu'une épidémie, une gelée, des cours désavantageux ne viendront fausser les calculs les plus sérieux. S'affilier, grâce à un modeste versement, à une caisse de crédit, c'est s'assurer, en somme, contre ces éventualités fâcheuses. Pourquoi le cultivateur modeste, mais honnête et laborieux, hésiterait-il à demander une avance à la caisse quand, sur tant de points, le gros agriculteur lui donne l'exemple.

Il n'est pas utile d'avoir au début un nombre très grand de souscripteurs : sept suffisent, à la rigueur, pour procéder à la constitution définitive de la caisse locale. Chacun d'eux devra souscrire une ou plusieurs parts. La part pouvant n'être que de

20 francs, dont il suffit de ne verser que le quart, soit 5 francs, l'accès des plus petits cultivateurs aux caisses locales est possible. Ce premier versement constitue un lien très utile entre la caisse et le cultivateur; dès qu'il a dépensé pour elle, il sent qu'elle est un peu sa chose et s'en occupera à l'avenir. Tous les souscripteurs sont convoqués à une assemblée générale constitutive, qui délibère valablement pourvu que les adhérents présents ou représentés possèdent la moitié plus une des parts émises. Pour le constater, faites signer à chaque assistant une feuille qui mentionne le nom des personnes présentes et le nombre des parts souscrites par chacune d'elles. La séance déclarée ouverte, l'assemblée désigne un président et deux assesseurs. Le président rappelle l'ordre du jour, constate que les conditions exigées pour délibérer valablement sont réunies et que le quart du capital souscrit a été versé, ainsi que l'exige la loi (ces constatations doivent figurer au procès-verbal). Puis un projet de statuts est soumis à l'approbation des souscripteurs, qui élisent ensuite un conseil d'administration et une commission de surveillance. La caisse locale se trouve ainsi constituée. Il ne reste plus qu'à déposer au greffe de la justice de paix deux exemplaires des statuts, la liste des souscripteurs (avec mention de leur affiliation à un syndicat agricole) et celle des administrateurs. Ces pièces peuvent être sur papier libre. Le greffier en délivre récépissé sur timbre du prix de 0 fr. 60.

Les professeurs départementaux d'agriculture seront utilement consultés par les fondateurs de caisses, qui pourront également écrire au Service des caisses régionales de crédit agricole mutuel (Ministère de l'agriculture). Ce service leur enverra un guide pratique fort bien conçu contenant notamment un modèle de statuts, dans la rédaction desquels il a été tenu compte des diverses dispositions dont l'expérience a démontré l'utilité. La loi de 1894 laisse toute liberté aux fondateurs de caisses pour la rédaction des statuts, mais il est préférable pour eux de prendre tout au moins comme canevas, le modèle conseillé par le Ministère.

Les caisses régionales sont constituées comme les caisses locales, sauf que pour la constitution du capital il est fait appel non seulement aux souscriptions des individualités, mais encore à celles des caisses locales auxquelles les trois quarts des parts sont, nous l'avons indiqué, réservés de préférence. Les caisses locales sont même tenues de souscrire à la caisse régionale à laquelle elles désirent se faire affilier. Cette affiliation est pour ainsi dire indispensable pour elles ; en effet, les caisses régionales ont pour mission de réescompter le papier de leurs caisses locales. Elles leur constituent ainsi le fonds de roulement qui leur manque si souvent.

Il n'est pas indispensable qu'une caisse régionale possède un capital de fondation très important pour pouvoir rendre des services. Généralement, avec une partie de son capital, avances de l'Etat comprises, elle achète des valeurs sûres qu'elle place en dépôt à la Banque de France et qui, tout en lui procurant un revenu, lui constituent un fonds de garantie d'escompte. Elle conserve son papier en portefeuille aussi longtemps que ses disponibilités le lui permettent ; puis, elle réescompte à la Banque ceux de ses effets qui ne sont pas à plus de 90 jours.

Les caisses qui reçoivent des avances de l'Etat doivent, ainsi que nous l'avons dit, se soumettre aux visites et au contrôle des inspecteurs du service agricole. Leur comptabilité devra être tenue suivant les usages du commerce et en conformité des instructions très détaillées données dans les circulaires ministérielles.

Il faut enfin noter qu'une caisse locale doit, quand elle sollicite son affiliation à une caisse régionale, joindre à sa demande, ses statuts, la liste de ses sociétaires, des membres de son conseil d'administration et de sa commission de surveillance, ainsi qu'une note sur son organisation et le fonctionnement de sa caisse. Suivant le cas et l'importance de sa disponibilité, la caisse locale souscrit plus ou moins de parts de la caisse régionale.

La question que nous avons à traiter maintenant est celle-ci : Comment obtient-on un prêt ?

Toutes les caisses n'ont pas adopté le même système pour les demandes de prêts. Le plus souvent, ces demandes sont reçues le dimanche ou le jour de marché hebdomadaire, le Conseil se réunissant ce même jour pour les examiner et se prononçant au scrutin secret sur leur admission. Ces demandes doivent, je le rappelle, indiquer l'emploi projeté de l'avance sollicitée. Il sera bon d'y mentionner aussi les garanties spéciales offertes, telles que caution ou warrant. La demande accueillie, le sociétaire souscrit un billet, qui est envoyé aussitôt pour escompte à la caisse régionale. Dans le plus court délai, celle-ci adresse les fonds à la caisse locale pour que l'emprunteur puisse sans tarder entrer en possession de l'avance demandée. Les billets souscrits sont, pour faciliter leur escompte, à trois ou à six mois, renouvelables au besoin après versement d'un acompte ; ils sont payables au siège de la caisse régionale le 15 et le 30.

Autre système : les caisses locales reçoivent de petites avances des caisses régionales et délivrent immédiatement le montant des prêts. Cette méthode est plus rapide, mais laisse de l'argent improductif dans les caisses locales et complique les opérations de ces dernières ; opérations qui doivent être toujours aussi simplifiées que possible. (Toutes indications à ce sujet sont données par les caisses régionales.)

Nous avons expliqué plus haut pourquoi le crédit à long terme n'est pas une force souhaitable du crédit agricole s'adressant à des individus. Il en va tout autrement du crédit s'adressant à des collectivités. En effet, le fonds de roulement nécessaire à ces dernières n'est plus seulement destiné à une seule affaire courante, mais à une suite d'affaires faites avec des syndiqués différents. En outre, les associations agricoles ont souvent : soit à acheter des reproducteurs ou des machines agricoles (il faut leur laisser le temps de l'amortissement), soit à construire des greniers coopératifs, des canaux d'irrigation, etc., constructions destinées à rendre aux cultivateurs d'inappréciables services et dont on ne saurait trop souhaiter la diffusion. Du reste, s'il faut craindre qu'un emprunt à long terme pèse trop lourdement sur un individu, tel inconvénient n'est pas à redouter pour une collectivité : ses moyens sont généralement supérieurs à ceux d'un quelconque de ses membres et ses ressources présentant une stabilité beaucoup plus grande, un changement dans sa situation est peu à craindre, même pendant une longue période.

Ainsi le crédit à court terme convient pour les individualités tandis que le crédit à long terme répond mieux aux besoins d'une collectivité. Malheureusement le crédit agricole à court terme était déjà en plein fonctionnement que l'on manquait encore d'une loi facilitant le crédit agricole à long terme. Frappés de cette lacune, MM. Clémentel et Ruau, députés, déposèrent en 1903 une excellente proposition de loi, que, devenu ministre, M. Ruau reprit, et qu'a réalisée la loi du 29 décembre 1906.

Cette loi a autorisé des avances sans intérêts, pour une durée maximum de 25 ans — sur les redevances annuelles versées par la Banque de France en faveur du crédit agricole — aux sociétés coopératives agricoles affiliées à une caisse du crédit mutuel, à la condition que ces sociétés n'aient pas pour but de réaliser des bénéfices commerciaux. Un décret du 30 mai 1907 a énuméré les opérations qui, seules, peuvent donner lieu aux avances de l'Etat ; ce sont : la production, la transformation, la conservation et la vente des produits agricoles ; l'acquisition, la construction, l'installation et l'appropriation des bâtiments, ateliers, magasins, matériels de transport ; l'achat et l'utilisation des machines et instruments nécessaires aux opérations agricoles d'intérêt collectif.

Après avoir noté qu'un Congrès national du crédit agricole se réunit annuellement, depuis 1907 (1), et que les caisses régionales se sont groupées en Fédération nationale, il ne nous restera plus qu'à conclure. Notre conclusion sera pleinement optimiste, et d'un optimisme justifié. Nous pouvons, en effet, être fiers de l'œuvre que nous avons accomplie. Certes, nous

(1) Il s'est réuni à Bordeaux en 1907, à Blois en 1908, à Montpellier en 1909. Son titre officiel est actuellement « Con- grès national de crédit agricole, de mutualité et de coopération agricoles. »

avons commencé assez tard. Mais, s'il est vrai que nous avons profité de l'expérience allemande, du moins avons-nous su perfectionner notablement le merveilleux outil qu'avaient forgé Schultze et Raiffeisen. Notre sage individualisme nous a permis d'éviter le redoutable principe de la responsabilité illimitée entre les associés. Avec la clarté inhérente à notre esprit, nous avons fortement établi notre crédit mutuel, lui donnant dans les syndicats une base solide. L'ingérence de l'Etat, qui ne s'est pas produite en ces matières dans les autres pays, a été excellente chez nous par sa modération même. Tout en respectant la liberté de chacun et en permettant la formation de caisses indépendantes, les lois de 1894 et de 1899 ont, en effet, créé un organisme où le contrôle de l'Etat, sans gêner les initiatives personnelles heureuses, empêche qu'on tente des opérations dangereuses. Grâce à l'inspection, nous avons évité à nos caisses de crédit mutuelles agricoles les graves déboires financiers qui ont plus d'une fois, et dernièrement encore, éprouvé les caisses mutuelles allemandes. Cette absence de perte d'une part et, d'autre part, la facilité de fonctionnement, sont les meilleurs stimulants pour le cultivateur ; elles le mettent en confiance, elles l'incitent à se servir du crédit. Par les chiffres, j'ai montré combien la réussite est complète. Aussi notre organisation du crédit mutuel agricole provoque-t-elle aujourd'hui l'admiration de l'étranger, et c'est une opinion admise maintenant, que dans une publication officielle, le distingué économiste suisse, P. Gilliéron-Duboux, exprimait en ces termes : « La législation française peut servir de modèle pour les pays qui n'ont pas chez eux le crédit agricole (1). »

(1) Signalons ici que les Caisses régionales de crédit agricole mutuel ont été instituées en Algérie par la loi du 8 juillet 1901, et que, par analogie avec ce qui avait été fait dans la métropole, la Banque d'Algérie, au moment du renouvellement de son privilège, le 5 juillet 1900, s'est engagée à mettre à la disposition du Trésor une avance de 3 millions pour le Crédit agricole ; elle verse en outre une redevance annuelle qui est de 200.000 francs pour la période du 1er janvier 1900 au 31 décembre 1905 ; de 250.000 francs du 1er janvier 1906 au 31 décembre 1912 et de 300.000 francs à partir du 1er janvier

C. LES ASSURANCES AGRICOLES.

DÉVELOPPEMENT DES SOCIÉTÉS D'ASSURANCES MUTUELLES. — L'ASSURANCE CONTRE LA GRÊLE : SOCIÉTÉS D'ASSURANCES MUTUELLES ; COMPAGNIES ANONYMES ; CAISSES DÉPARTEMENTALES. — L'ASSURANCE CONTRE LA MORTALITÉ DES CHEVAUX ; COMPARAISON AVEC L'ASSURANCE BOVINE ; CONCLUSIONS A EN TIRER. — ASSURANCES MUTUELLES AGRICOLES CONTRE L'INCENDIE ; CAISSE RÉGIONALE DE L'EST.

Après avoir traité du crédit, il nous paraît tout indiqué d'étudier les assurances mutuelles, cette autre forme du crédit mutuel serait-on presque tenté d'écrire. Déjà, nous avons étudié la question au tome III (pp. 162 à 166). Il nous y faut revenir, d'autant que le développement, depuis quelques années, des sociétés d'assurances agricoles est très remarquable. On trouvera à l'appendice XII (t. VI) des chiffres l'indiquant. Ici, nous voulons présenter seulement quelques commentaires.

L'ASSURANCE CONTRE LA GRÊLE. — Nous avons déjà signalé (tome III, p. 163) les difficultés très grandes que présente l'assurance contre la grêle, et les causes qui rendent la solution si difficile. Elles n'ont cependant pas rebuté les efforts. C'est à une étude, publiée par M. Paul Messin dans le *Journal d'Agriculture pratique,* que nous empruntons l'exposé des diverses méthodes appliquées :

La Mutualité fut la première forme sous laquelle se présenta l'assurance contre la grêle. Théoriquement, elle offrait aux sociétaires de nombreux avantages, dont le principal semblait être la certitude de payer une cotisation qui, variant en raison directe des sinistres annuels constatés, pouvait être considérée comme la valeur réelle du risque couru.

La pratique montra que les cotisations, croissant avec l'intensité des dégâts, pouvaient, dans les années calamiteuses, atteindre des taux tels

1913 jusqu'au 31 décembre 1920. La somme de 3 millions et les redevances annuelles sont portées à un compte spécial du Trésor pour être attribuées à titre d'avances sans intérêts aux Caisses régionales de crédit agricole mutuel. L'établissement des premières Caisses régionales algériennes remonte à 1901. L'institution a prospéré. N'était-elle pas, du reste, appelée à rendre des services d'autant plus grands à l'agriculture algérienne que celle-ci était particulièrement pressurée par l'usure.

qu'ils exigeaient un sacrifice d'argent trop considérable pour celui qui avait heureusement échappé au fléau, sans compter que l'indemnité perçue, diminuée de la cotisation payée, ne donnait au cultivateur sinistré qu'une répartition insuffisante.

On fut donc conduit à déterminer les limites dans lesquelles devaient varier les cotisations, en en fixant le minimum et le maximum.

Afin d'obvier à la trop grande variabilité annuelle des cotisations, certaines mutuelles ont adopté le principe des cotisations fixes.

Quoi qu'il en soit, dans les sociétés mutuelles contre la grêle, les sommes annuelles encaissées sont réparties, soit sur l'ensemble des régions assurées, soit par département ou circonscription, par nature de récoltes ou par classe, proportionnellement aux dommages constatés.

Si les sommes perçues sont insuffisantes pour indemniser entièrement les sinistrés, la société n'est, dans aucun cas, tenue de payer les pertes intégrales ; elle peut pourtant répartir ce paiement sur plusieurs exercices ; tout sociétaire démissionnaire perd le droit aux répartitions qui peuvent être faites ultérieurement.

Lorsque l'exercice est bénéficiaire, le solde en est porté à un fonds de réserve, lequel ne doit pas dépasser un maximum statutaire et dont on ne peut disposer, lors des mauvaises années, que d'une partie, variant avec les sociétés et fixée par leurs statuts.

Les sociétés mutuelles furent bientôt concurrencées par la création des compagnies anonymes.

Moyennant le paiement d'une prime fixe annuelle, ces dernières s'engageaient à indemniser intégralement les dommages causés par la grêle aux récoltes assurées.

Fidèles à leurs engagements, ces sociétés furent toujours avantageuses pour les assurés, mais restèrent longtemps onéreuses pour leurs actionnaires ; nombre d'entre elles durent liquider, soit conformément à leurs statuts, par suite de la perte d'une partie de leur capital ; soit qu'elles considéraient comme trop aléatoire la rémunération de leurs capitaux.

A l'heure actuelle, profitant des leçons du passé et de l'expérience acquise, elles sont arrivées, par le remaniement de leurs tarifs, le choix et la division des risques, la limitation des pleins, à entrer dans une ère de prospérité qui fut chèrement acquise.

Lié avec elle par un contrat de durée conventionnelle, l'assuré paye un pourcentage annuel, variant avec les communes et les natures de récoltes et établi pour toute la durée de la police.

Quels que soient les résultats financiers de l'exercice, le paiement intégral des indemnités est dû quelques jours après la date choisie par l'assuré, pour l'échéance de sa prime. Certaines compagnies ont inauguré le paiement par anticipation, moyennant un léger escompte, l'assuré sinistré peut toucher son indemnité dès le règlement de son sinistre.

Conformément à leurs statuts et à la loi de 1867 sur les sociétés, il est prélevé annuellement sur les bénéfices un pourcentage qui concourt à la formation d'un fonds de réserve, dont l'accroissement, pour certaines compagnies, est illimité.

La totalité des réserves, parallèlement au capital social, assure dans les exercices déficitaires le paiement intégral des indemnités dues.

Il nous reste maintenant à étudier un mode tout spécial, qui se rapproche plus d'une forme de secours que d'un type d'assurance : nous voulons parler des « Caisses départementales ».

En les instituant, on s'était proposé comme but, non seulement de secourir le cultivateur contre les dommages causés par la grêle, mais aussi d'expérimenter le système d'assurance administratif, d'en examiner et le fonctionnement et les résultats, afin de pouvoir aborder ultérieurement l'étude d'un projet de création d'une caisse nationale d'assurances mutuelles, gérée et administrée par l'Etat.

Un arrêté préfectoral, en les constituant, détermine, par des statuts, les conditions de leur fonctionnement.

Leurs ressources sont alimentées, d'une part, par un droit d'entrée et par le versement annuel d'une somme dont le montant est facultatif pour le cultivateur, c'est-à-dire que ce dernier verse à la caisse une somme quelconque, qui n'est point obligatoirement proportionnelle aux valeurs des récoltes assurées ; d'autre part, par les dons et legs, augmentés des subventions d'Etat, de département ou de communes, qui peuvent leur être faits ou accordés.

Les indemnités sont distribuées au prorata des fonds disponibles, après le prélèvement des frais d'administration et, s'il y a lieu, des sommes destinées à la constitution des réserves ; elles sont réparties aux cultivateurs, proportionnellement aux sommes versées par eux, au début de la campagne, sans toutefois que cette répartition puisse dépasser un taux, qui est généralement de 90 0/0 des pertes reconnues.

Les réserves sont constituées par un prélèvement annuel fixe, soit sur la totalité des encaissements, soit sur les bénéfices.

Importants dans les années clémentes, relativement faibles dans les années moyennes, les secours qu'elles apportent aux cultivateurs deviennent, par suite de leurs faibles encaissements et de l'étroitesse de leur rayon d'action, insuffisants lorsque la grêle, dans les années calamiteuses, ravage entièrement, même une seule partie des régions assurées.

L'ASSURANCE CONTRE LA MORTALITÉ DES CHEVAUX. — Nous ne reviendrons pas sur l'assurance contre la mortalité du bétail et renverrons à ce sujet nos lecteurs aux pages 164 à 166 de notre tome III, mais nous tenons à dire quelques mots de l'assurance contre la mortalité des chevaux.

On s'est souvent demandé, dans les sociétés locales d'assurances contre la mortalité du bétail, si le risque encouru du fait de cette assurance était plus considérable que du fait de l'assurance bovine. Le tableau suivant met en évidence les résultats financiers obtenus dans chacune de ces catégories, durant les cinq premières années d'exercice par l'importante Fédération Haut-Marnaise :

Exercices	I Prime moyenne par tête		II Indemnités par sinistre	
	Chevaux	Bovins	Chevaux	Bovins
	fr. c.	fr. c.	fr. c.	francs
1901-1902	6 73	2 24	297 60	130
1902-1903	6 10	2 21	262 60	135
1903-1904	5 56	2 16	300 »	228
1904-1905	6 40	2 62	294 »	180
1905-1906	7 65	2 83	301 »	170
				à raison de 66 0/0

Exercices	III Valeur moyenne d'estimation		IV Balance des opérations	
	Chevaux	Bovins	Chevaux	Bovidés
	francs	francs	fr. c.	fr. c.
1901-1902	472	232	+ 293 55	— 386 55
1902-1903	470	255	+ 2.533 50	+ 1.577 50
1903-1904	493	285	+ 1.711 20	+ 3.580 85
1904-1905	520	290	+ 6.554 20	— 109 25
1905-1906	520	292	+ 4.777 85	— 4.928 45
			+ 3.173	— 50

La colonne IV, obtenue en faisant la différence des primes versées à la Société et des indemnités payées en cas de sinistre, montre que l'assurance chevaline laisse chaque année un bénéfice qui s'élève en moyenne à 3.173 francs, tandis que l'assurance bovine met, en définitive, la Société en perte, d'environ 50 francs par an. Il y a là une indication précieuse pour l'avenir et un enseignement pour les sociétés qui hésiteraient à se fonder. Le tableau qui précède fait ressortir également l'action bienfaisante de l'assurance sur le bien-être des animaux et les progrès accomplis dans leur élevage. Pour les chevaux comme pour les bœufs et vaches, la valeur moyenne d'estimation n'a cessé d'augmenter, indice d'une sélection meilleure des sujets et d'une plus grande sollicitude de la part des propriétaires.

On peut conclure, avec M. R. Olry :

I. — L'assurance contre la mortalité des chevaux ne semble pas devoir être, en temps normal, plus dangereuse pour les Sociétés mutuelles que l'assurance bovine, si l'on a soin de prendre comme base de mortalité un coefficient voisin de 2,50 0/0.

Avant toute création de ce genre, il faudra procéder à une étude approfondie des facteurs secondaires, races, milieu, méthodes d'élevage et d'entretien, de façon à asseoir sur des bases certaines la valeur des différents facteurs. Les organisations d'assurances mutuelles, en se développant, fourniraient un ensemble de documents statistiques d'une importance considérable, actuellement inexistants.

II. — La moyenne des pertes, prises au début de l'existence des caisses locales, lorsque celles-ci ne comptent qu'un nombre restreint d'animaux, n'est pas toujours conforme à la moyenne générale du pays. Il est, par suite, nécessaire, au fur et à mesure que les opérations s'étendent, de surveiller de très près les bilans pour constituer un fonds de réserve qui permette de faire face aux sinistres exceptionnels.

III. — L'assurance sera certainement onéreuse si elle comprend des poulains âgés de moins d'un an, à moins qu'elle ne comporte un système de primes différentielles ou une indemnité fixe en cas de sinistres, quelle que soit la valeur de l'animal.

IV. — Le taux d'indemnité ne doit jamais être assez haut pour que l'assuré retire avantage d'un sinistre. Ce serait la négation de l'assurance. Mais il serait bon, par contre, d'étudier le fonctionnement d'une caisse locale qui accorderait aux assurés le droit d'opter pour un taux déterminé d'indemnité, d'après une échelle de primes qui serait fixée par les statuts.

L'ASSURANCE MUTUELLE AGRICOLE CONTRE L'INCENDIE. — C'est dans le domaine agricole que l'on comprend que l'assurance contre l'incendie possède la forme mutuelle. Le développement qu'elle a, depuis quelques années, reçu dans diverses régions de notre pays est, à ce sujet, caractéristique. Généralement, elle est à trois degrés : Caisses locales à la base, caisse régionale ou fédérale au milieu et caisse de réassurance au sommet.

La plus importante des caisses régionales est celle de l'Est, dont le titre exact est « Mutuelle Agricole Incendie de l'Est ». Elle étend nominalement son action sur plusieurs départements ; mais, en réalité, la très grande majorité de ses caisses affiliées sont situées dans la Haute-Marne. Le fait que plus de cinq cents délégués ont assisté à sa dernière assemblée générale (18 avril 1909, à Chaumont) est particulièrement caractéristique de sa prospérité. Voici quelques chiffres que nous empruntons au rapport présenté à cette occasion par son secrétaire général, M. Cassez, professeur départemental d'agriculture. La Mutuelle régionale réassure 590 sociétés communales, étendant leur action sur 630 communes rurales et groupant 18.000 propriétaires, qui possèdent un capital assurable d'environ 200 millions de francs. Ces 590 sociétés se répartissent ainsi : 432 en Haute-Marne, 78 dans les Vosges, 37 en Meurthe-et-Moselle, 28 en Haute-Saône, 9 en Saône-et-Loire, 6 dans le Jura. En 1905, on ne comptait que 10 sociétés. Les sinistres indemnisés depuis la création s'élèvent à 76.088 fr. 87 ; toutes les sociétés sinistrées ont exprimé leur satisfaction pour la célérité et la scrupuleuse exactitude du règlement de leurs indemnités.

D. LA VENTE EN COMMUN DU BLÉ (GRENIERS A GRAINS)

IMPORTANCE DE LA QUESTION. — LES « KORNHAÜSER » ALLEMANDS ; EXCELLENCE DES RÉSULTATS QU'ILS DONNENT. — CE QUI CONSTITUE L'AVANTAGE DU MEUNIER, ACHETEUR, SUR L'AGRICULTEUR, VENDEUR. — L'HISTORIQUE DE LA QUESTION EN FRANCE ; L'ŒUVRE DE M. ALFRED PAISANT. — LE COMITÉ PERMANENT DE LA VENTE DU BLÉ ET SON ŒUVRE. — LE CRÉDIT AGRICOLE A LONG TERME. — LA PARTICIPATION DES SYNDICATS AUX ACHATS FAITS PAR L'ADMINISTRATION MILITAIRE.

« Le problème, écrivions-nous au tome IV de cet ouvrage, (page 180), le problème que soulèvent ces ventes en commun est plus difficile à résoudre que celui qui concerne les achats collectifs. » Le fait est indiscutable. Cette difficulté même nous faisait un devoir de consacrer quelques pages à cette question, et de montrer les efforts qui ont été récemment faits dans ce sens, d'autant qu'ainsi qu'on l'a fort justement écrit, « la coopération de vente des produits agricoles s'imposera de plus en plus à tous les pays, et plus particulièrement à ceux où, comme en France, la propriété est très divisée » (1).

A la vente en commun se rattache le warrantage, dont nous venons de parler, signalant qu'en France cette institution n'avait pas fait les progrès qu'on était légitimement en droit d'espérer. En Allemagne, au contraire, les *Kornhaüser* (c'est le nom que l'on donne à l'œuvre similaire) ont fait un grand et rapide pas en avant. « Pendant que la France, a fort justement écrit à ce propos M. Félix Nicolle, pendant que la France se contentait de sentir le besoin d'organisation, et de prêter l'oreille aux discours de ceux qui en parlaient, l'Allemagne s'organisait avec l'aide des gouvernements confédérés ; elle construisait des kornhaüser dans lesquels les agriculteurs allemands amenaient leurs grains ; les petits cultivateurs en abandonnaient la propriété à l'administration du kornhaus qui pouvait le vendre

(1) *La vente coopérative des céréales à l'étranger et en France,* par Socrates Bouillon ; préface du président Alfred Paisant, 1909. — On aura tout intérêt à lire cette intéressante étude.

comme bon lui semblait, à la condition de le payer ensuite au cultivateur au prix moyen obtenu, déduction faite des frais de traitement et de conservation. Le kornhaus faisait d'ailleurs des avances au cultivateur. A cet effet, les caisses locales de crédit mettaient des fonds à leur disposition sur des titres analogues à nos warrants agricoles. Quant aux gros cultivateurs ou aux grands propriétaires, le blé qu'ils amenaient aux kornhaüser restait en général leur propriété ; il comportait des lots assez importants pour être logé et traité à part, et il n'était mis en vente que lorsque le propriétaire en donnait l'ordre ; de sorte qu'il servait seulement de garantie à une avance plus ou moins importante, faite à l'exploitant du sol. » De M. Socrates Bouillon, qui a, de son côté, fort ingénieusement étudié la question, je citerai ici ces lignes qui compléteront, le tableau tracé par M. F. Nicolle des services rendus par le kornhaus. « Il est, écrit M. Bouillon, devenu le régulateur des cours des céréales dans sa circonscription, et a obligé les marchands à élever les prix qu'ils offrent au cultivateur au niveau des siens. »

Voici encore, à ce sujet, quelques excellentes considérations de M. Albert Dulac (1) :

« En Bavière, les paysans sont parvenus, grâce à la coopération, à obtenir de leur grain 1 à 2 marks, c'est-à-dire 1 fr. 25 à 2 fr. 50 par quintal, de plus qu'autrefois. Ils étaient, avant qu'ils aient su s'organiser, à la merci de petits marchands très nombreux et âpres au gain, qui n'avaient d'autre souci ni d'autre intérêt que de s'enrichir à leurs dépens. Maintenant, en réunissant leurs grains qu'ils peuvent nettoyer, trier et offrir en quantités importantes aux minotiers et aux brasseurs directement, ils ont réussi à garder pour eux toute la différence qui faisait autrefois le bénéfice du petit commerce. Et les minotiers et les brasseurs eux-mêmes sont satisfaits de ce progrès qui leur permet un approvisionnement plus sûr et plus régulier. Comme on classe les grains des membres associés en qualités qui sont payées chacune à sa valeur, on a vu les paysans soigner mieux leurs cultures, employer des semences meilleures pour obtenir les

______

(1) *Manuel de la vente coopérative des grains*, par Albert Dulac, lauréat de la Société nationale d'Agriculture de France. (Edition du Comité permanent de la vente des grains.)

plus hauts prix, — ce dont, auparavant, quand les marchands leur donnaient pour tous la même somme, *grosso modo*, selon les cours, ils n'avaient jamais songé à s'inquiéter. Tout le monde y a gagné, sauf peut-être les commerçants, qui gagnaient tout autrefois. En Poméranie, où les exploitations agricoles sont de grande étendue, et où les ventes se font par marchés importants, c'était autrefois les cours de Stettin qui réglaient le prix du seigle, et de la façon bien originale que voici : Après la moisson, quand les marchands achetaient aux agriculteurs leur récolte, ils la leur payaient d'après les cours, en déduisant simplement, sous le prétexte qu'ils devraient livrer à Stettin, les prix de transport jusqu'à cette place. A la fin de la saison, au contraire, quand ils vendaient aux meuniers, ils prétendaient qu'il leur fallait majorer le cours de Stettin du prix de transport, puisque c'était de Stettin qu'il leur fallait faire livrer leur seigle. Maintenant, agriculteurs et meuniers ont organisé la vente. Il y a des magasins où le grain peut attendre sa consommation, tout le long de l'année, dans la région où on le récolte. Et les commerçants, devenus inutiles, y ont seuls perdu. Ces deux exemples suffisent à montrer tout l'intérêt qu'il y a dans l'organisation de la vente des céréales par les agriculteurs. Les sociétés qui ont cette vente pour principal objet sont nombreuses aujourd'hui en Allemagne et en Autriche, et on peut dire que, dans l'immense majorité des cas, leurs résultats ont été excellents. Partout elles ont réalisé un progrès. Et il est très instructif de rappeler ce témoignage de la « Commission allemande des magasins à céréales » (1) *(Deutsche Kornhauskommission)* que « c'est un fait que les sociétés de vente ont « émancipé les petits et les moyens agriculteurs de leur dépendance des « commerçants et supprimé l'influence que ces commerçants exerçaient « sur les prix locaux ; que l'élévation moyenne des prix locaux a été ainsi « de 0 fr. 60 à 1 fr. 20 par quintal »... Quand on se souvient comment à Riom, par exemple, la disparition d'un spéculateur important de la Limagne faisait baisser subitement d'un franc le cours du blé, ou comment, dans le Périgord, malgré les plus grandes facilités d'échange et de transport, une différence de 3 francs par 80 kilos pouvait être constatée sur des places distantes de 25 kilomètres (2). »

Ceci dit, voyons ce qui a été fait en France de plus caractéristique pour l'organisation de la vente en commun des céréales. Mais, tout d'abord, demandons-nous ce qui, dans le marché

---

(1) *Deutsche landwirtschaftliche Genossenschaftspresse*, 30 janvier 1904.

(2) Faits recueillis par le Comité permanent de la vente du blé.

libre, tend à constituer l'avantage du meunier acheteur sur l'agriculteur vendeur ? C'est que le meunier sait et peut diriger ses opérations d'après l'état de ce marché. Il importe donc de mettre l'agriculteur dans la même situation. Il faut, ainsi que l'a dit excellemment M. A. Dulac, « qu'il ne se contente plus de se laisser acheter son grain, mais qu'il le vende, et le vende dans les conditions où il a sa plus grande valeur, à celui qui lui offre le plus haut prix. »

Ce ne fut qu'en 1900, à la suite d'une campagne très vive, menée par les représentants du monde agricole contre la spéculation à terme pratiquée dans les Bourses de commerce, que l'organisation de la vente collective des céréales fut entreprise dans notre pays d'une façon méthodique. La campagne anti-termiste fut notamment menée par M. Alfred Paisant, alors président du tribunal civil de Versailles. Déjà, cette campagne avait, en 1896 et en 1898 notamment, amené le dépôt de diverses propositions de loi destinées à remédier aux inconvénients de la spéculation. Celles-ci tardant à sortir des dossiers, on songea que le mieux était de grouper, sous une direction centralisée, les forces, jusque là isolées, des agriculteurs, et d'organiser la vente en commun, en écartant, entre producteurs et consommateurs, les intermédiaires. C'est à M. Paisant qu'il faut faire honneur de cette tentative : Sur son initiative, se réunit à Versailles — en 1900, année par excellence des congrès — le premier Congrés de la vente du blé, dont il fut secrétaire général (1). (Le président était le baron de Courcel.) Voici quelle fut la résolution votée par ce Congrès :

Il y a lieu :

1° D'organiser la vente du blé de manière à assurer aux agriculteurs un prix rémunérateur, et de créer à cet effet des sociétés coopératives ayant

(1) Notons ici qu'il existait deux précédents pouvant fournir d'utiles indications : les syndicats agricoles d'Anjou et du Périgord — l'un et l'autre aujourd'hui dissous — avaient entrepris et réalisé la vente collective du blé récolté par leurs adhérents.

une existence distincte de celle des syndicats ou unions de syndicats, mais constituées sous les auspices de ces syndicats.

2° D'établir le mode de fonctionnement de ces sociétés à leur choix sur les bases suivantes :

a) Achat aux associés, contre payement d'acomptes, avec règlement définitif des comptes au prix moyen par qualité, des ventes effectuées dans l'année ;

b) Achat ferme, au cours du jour, pour le compte des associés ;

c) Vente, en qualité d'intermédiaire, pour le compte individuel des associés moyennant une commission, avec faculté de procurer aux associés des avances sur le prix par voie de warrantage.

3° De favoriser l'établissement, par ces sociétés, de greniers ruraux et de magasins régionaux destinés à emmagasiner, conserver, soigner, mélanger les blés et à les classer suivant les types adoptés, notamment dans les gares de chemins de fer des centres de production, à proximité des canaux et, si possible, à proximité des magasins militaires.

4° D'apporter à la législation les modifications nécessaires pour que les caisses régionales de crédit agricole établies en exécution de la loi du 31 mars 1899, puissent avancer aux sociétés coopératives et aux caisses locales, les fonds nécessaires pour établir ces greniers et magasins.

5° De faire fonctionner, au côté de ces sociétés, des caisses locales de crédit agricole.

6° De solliciter les mesures fiscales, s'il y a lieu, de nature à faciliter le fonctionnement des sociétés formées.

7° De solliciter du gouvernement la publication, en temps utile, des statistiques et renseignement propres à éclairer les agriculteurs sur la production du blé, l'état des récoltes, les cours de vente dans chaque région et dans chaque pays.

8° De nommer, en réunion générale, comme conclusion du Congrès, un comité permanent élu par les membres français du congrès, dont le siège serait à Paris, chargé d'étudier et de prendre les résolutions nécessaires pour l'organisation de la vente du blé en s'inspirant des vœux émis par le Congrès et de se mettre en relations avec les organisations syndicales et coopératives qui existent déjà.

Ce comité, élu dans la dernière séance du Congrès, est le *Comité permanent de la Vente du Blé*. Il avait reçu du Congrès la mission « de poursuivre, utilisant les lois actuellement existantes, — en attendant que les syndicats reçoivent de lois nouvelles le complément de droits qui leur sont nécessaires, — la création de sociétés coopératives pour la vente du blé. Ces coopératives s'appuieront sur le crédit des caisses régionales et locales déjà existantes et dont le Comité permanent de la vente du blé cherchera aussi à favoriser l'extension. » Il a son siège à Paris, 83, rue de Monceau, est présidé par M. le baron de Courcel; il a pour secrétaire général M. Alfred Paisant et pour secrétaire général adjoint, M. Rieul Paisant.

La propagande du Comité a surtout visé à faire l'éducation économique des producteurs de céréales, à les persuader que c'était à eux que devait revenir la fixation des cours de leurs marchandises. Il leur a montré le danger de l'isolement des producteurs en face de spéculateurs bien renseignés et riches, leur a recommandé d'abandonner, avec l'aide des caisses de crédit, la déplorable habitude de vendre dès la récolte, et a préconisé de vendre par fractions à peu près égales réparties sur les douze mois de l'année. Pour faire pénétrer dans les campagnes des informations exactes sur les cours des céréales, ainsi que sur l'état des marchés et des récoltes, il a entrepris la centralisation des renseignements que lui adressent des agriculteurs, désignés la plupart par leurs syndicats, et créé une feuille d'informations : *La Correspondance du Comité permanent de la Vente du Blé et de la Coopération Agricole,* qu'il envoie gratuitement aux journaux qui lui en font la demande. Enfin, en vue de mettre à la disposition des agriculteurs des informations sur les cours de leurs produits, plus rapides que celles qui résultent de la reproduction dans les journaux de sa *Correspondance,* il organise, depuis janvier 1904, un Service de renseignements mutuels entre les Syndicats, Sociétés d'agriculture, Coopératives agricoles, etc., qui désirent, à charge de revanche, recevoir d'un certain nombre de points de la France des données précises et prises à bonne source sur les prix des denrées, la tendance des marchés et la situation des récoltes (1).

(1) Voici comment il procède : Il a fait établir des bulletins de renseignements qui doivent être chaque semaine, autant que possible le jour du marché local, remplis par chacune des Sociétés adhérentes au service et envoyés à

Le Comité, désireux d'étendre son action, a ajouté aujourd'hui à son titre ces mots : « et de la Coopération agricole », et il se prépare à tourner également son activité sur le lait ; on ne peut que l'en louer, dans l'intérêt de nos agriculteurs. M. A. Paisant avait, en 1900, en ces termes, défini le programme du Congrès dont il était le rapporteur : « Soustraire, dans la mesure du possible, la fixation des cours du blé aux caprices de la spéculation et, sans prétendre supprimer tout intermédiaire, écarter les influences étrangères au véritable commerce. » Il est très souhaitable que d'autres branches de notre production agricole profitent de l'initiative d'un groupement dont nous venons de voir avec quelle méthode elle se produit.

Notons, à ce dernier propos, que nous n'avons, bien entendu, pas pu étudier par le détail toutes les directions dans lesquelles le Comité a exercé son activité. C'est ainsi qu'il a pris une part notable dans la préparation des dispositions législatives concernant la création de sociétés coopératives en vue de la conservation, de la transformation et de la vente des produits agricoles (proposition Clémentel de 1903, devenue après modification la loi Ruau de 1906, dont nous avons parlé plus haut, et qui, établissant le crédit agricole à long terme, met au premier rang les opérations que peuvent entreprendre les sociétés coopératives susceptibles de recevoir des avances : la production, la transformation, la conservation et la vente des produits agricoles). Le Comité n'a pas négligé non plus la si

celles avec lesquelles l'échange a été convenu ; ces bulletins sont adressés par le Comité, en nombre suffisant, aux Associations affiliées qui en font la demande au Secrétariat général, 83, rue de Monceau, à Paris. Le Comité publie la liste des Sociétés adhérentes au service, ainsi que l'indication des régions d'où chacune d'entre elles désire recevoir des bulletins ; il transmet à chaque Société les demandes d'échanges de renseignements qui lui parviennent. Ce service n'entraîne à la charge des Sociétés adhérentes d'autres dépenses que des frais de correspondance (0 fr. 05 par bulletin) ; il a l'avantage de leur permettre de fournir à leurs membres, à tout instant, des renseignements précieux pour la vente de leurs produits ; il crée entre toutes les Sociétés adhérentes des relations constantes, et contribue ainsi à l'entente nécessaire entre tous les agriculteurs pour l'organisation meilleure de la vente de leurs produits.

intéressante question de la participation des Syndicats agricoles aux achats faits par l'administration militaire.

Ces quelques pages auront montré au lecteur le grand intérêt soulevé par le problème de la vente en commun qui est incontestablement un de ceux qui doivent le plus retenir l'attention du législateur et celle du cultivateur. Certes, il reste à notre temps, beaucoup encore à faire à ce sujet ; mais, du moins, a-t-on pu voir l'importance des rapides progrès réalisés, et que là aussi, nous commençons à savoir user de l'œuvre merveilleuse qu'est, surtout pour une nation de petits propriétaires, la coopération !

E. L'ENSEIGNEMENT AGRICOLE FÉMININ ;
L'ENSEIGNEMENT MÉNAGER.

IMPORTANCE DE L'ENSEIGNEMENT MÉNAGER ET INSUFFISANCE DE CE QUI EST FAIT CHEZ NOUS. — CE QUE DIT A CE SUJET LE RAPPORT DU BUDGET DE L'AGRICULTURE POUR 1908 ; RÉSUMÉ DE CE QUI EXISTE. — EFFORT GÉNÉRAL A PRODUIRE. — COUP D'ŒIL SUR CE QUI EST FAIT A L'ÉTRANGER ; LOUABLE SOUCI D'UNE FORMATION ESTHÉTIQUE DE L'AME PAYSANNE. — CONCLUSION.

Quand, au tome III, nous avons traité de l'enseignement agricole, nous avons tenu à signaler (pp. 32 et 33), combien cet enseignement était encore chez nous défectueux pour les femmes et nous avons cité à ce sujet les si justes observations de l'éminent publiciste français Pierre Joigneaux, se plaignant que l'école, au lieu de faire « une fermière modeste et intelligente », fasse « une jeune fille présomptueuse et ennemie de la terre ». On n'a pas assez remédié à cet inconvénient et il reste encore beaucoup à faire pour l'enseignement agricole féminin. C'est ce qu'a reconnu dans son intéressant rapport, M. Noulens, le très distingué rapporteur du budget de l'agriculture pour 1908, dont nous tenons à citer ces quelques pages :

Malgré la nécessité, dès longtemps reconnue, de préparer par des cours théoriques, et surtout pratiques, les jeunes filles des campagnes à leur future profession de ménagères agricoles, cet enseignement a été négligé jusqu'à ces dernières années. On commence avec raison, aujourd'hui, à se préoccuper de l'organiser sur des bases étendues.

A côté des écoles ménagères fixes du type de celles de Coëtlogon, de Kerliner et du Monastier (1), des sections ménagères agricoles ont été ouvertes dans quelques pensionnats de jeunes filles et dans certains orphelinats. Ces exemples sont encore malheureusement isolés, alors que l'enseignement ménager devrait se généraliser au point de devenir, en quelque sorte, le complément moral de l'éducation donnée à l'école primaire.

En attendant qu'il en soit ainsi, un progrès sérieux a été accompli dans plusieurs départements par l'organisation d'écoles ménagères agricoles ambulantes dont nous croyons intéressant d'indiquer le fonctionnement pour aider à les faire connaître et à les multiplier. Les matières qui y sont enseignées sont les suivantes :

1° *Hygiène des êtres humains et des animaux.* — Premiers soins à donner aux malades et aux blessés en attendant l'arrivée du médecin ;

2° *Ménage.* — Tenue d'un intérieur, cuisine, conserves de fruits et de légumes, coupe et confection de la lingerie et des vêtements, lavage, repassage et raccommodage ;

3° *Agriculture et élevage.* — Tenue du jardin potager, des étables, de la basse-cour et des différentes parties de la ferme. Suivant les régions : industrie laitière, soins à donner au lait destiné à être vendu, crème, fabrication du beurre, des fromages frais et affinés ; aviculture : étude des races, incubation naturelle et artificielle ; élevage des veaux et des porcs ; apiculture, sériciculture (suivant la région).

L'institution d'une école de ce genre appartient exclusivement aux conseils généraux et comporte des dépenses relativement minimes. Ce sont :

1° Les frais nécessaires à l'acquisition du matériel d'enseignement ;

2° Les frais annuels de fonctionnement.

Comme matériel d'enseignement, je citerai pour exemple celui qui existe dans l'école du département du Nord et qui est ainsi composé :

---

(1) Ce fut en 1886 que, pour continuer la tradition de vulgarisation agricole dont s'honorait la famille de son mari, Mme veuve Bodin et l'une de ses filles, après un voyage d'études en Bretagne et en Normandie, fondèrent à Rennes l'école pratique de laiterie de Coëtlogon, la première des institutions ménagères agricoles françaises. Son programme était, avant tout, agricole et comprenait la laiterie, l'horticulture, le ménage, tel qu'il doit être tenu à la campagne. En 1891, l'école de Kerliver (Finistère) adopta un programme voisin et, en 1902, une école semblable fut fondée à Monastier (Haute-Loire).

1° *Matériel de travaux pratiques :*

a) Appareils de chauffage et d'éclairage nécessaires à la cuisine, à la fromagerie, à la salle d'études et au logement des maîtresses ;

b) Batterie de cuisine, vaisselle et lingerie suffisantes pour la préparation d'un repas simple de 25 personnes environ. Appareils et flacons servant à la préparation des confitures, des conserves de fruits et de légumes. Buffet de salle à manger ;

c) Machine à coudre et ustensiles employés au blanchissage et au repassage du linge ;

d) Instruments d'analyse et de contrôle du lait : acidimètre, densimètres, thermomètres, crémomètres, lactobutyromètre, acidobutyromètre. Microscope, table d'analyses, bascule, seau mesureur, récipients à lait ;

e) Pour la fabrication du beurre : écrémeuses diverses, réfrigérant, barattes, malaxeurs plat et rotatif, table à beurre, moules, balance ;

f) Pour la fromagerie : chaudière, cuve à fromages, tranche-caillé, moules divers : Petits-Suisses, Bondons, Brie, Coulommiers, Camembert, Pont-l'Evêque, Maroiles, Port-Salut, Gouda, Edam ; Presses à fromages, étagères à moules, séchoirs, armoires et étagères à fromages, thermomètres à maxima et minima, psychromètres ;

g) Pour l'aviculture ; couveuse et éleveuse artificielles.

2° *Matériel d'enseignement :* six tables d'écoliers à 3 places, 4 au besoin (Isolées, elles servent aussi de tables à repasser ; groupées, elles remplacent la table de salle à manger) ; vingt-quatre chaises pliantes ; un bureau pour la maîtresse ; tableaux noirs ardoisés ; tableaux divers d'enseignement ; armoire-bibliothèque ; collections diverses.

Deux grandes voitures sont nécessaires pour le transport de tout le matériel de l'école ménagère et de laiterie du Nord, qui a une valeur d'environ 4.000 francs.

Il y a lieu de tenir compte que divers instruments y ont été mis en dépôt par leurs constructeurs et y restent leur propriété. Plusieurs font double emploi. Aussi, semble-t-il qu'avec une somme maximum de 2.800 francs, on peut se procurer un matériel très convenable.

Les écoles ménagères, toujours placées sous la direction du professeur départemental d'agriculture, comprennent généralement comme personnel : une directrice et une sous-maîtresse. Des cours techniques d'agriculture et de zootechnie y sont professés par des professeurs spéciaux à l'arrondissement dans lequel se trouve l'école.

Les dépenses de fonctionnement peuvent être ainsi résumées :

a) Indemnité de direction au professeur départemental....... 600 fr.
b) Traitement annuel de la directrice............. 2.100 à 2.400 fr.
c) Traitement annuel de la sous-maîtresse........ 1.500 à 1.800 fr.
d) Indemnité au professeur chargé de l'enseignement de l'agriculture et de la zootechnie (150 francs par session), soit 600 fr.
e) Frais d'entretien et de déplacement du matériel .... 1.600 fr.

Total............. 7.000 fr.

La création d'une école de ce genre coûterait donc au budget départemental, la première année, une somme de 9.800 francs se décomposant ainsi que nous l'avons dit plus haut :

1º Acquisition du matériel....................... 2.800 fr.
2º Frais de fonctionnement...................... 7.000 fr.

Total............. 9.800 fr.

Les années suivantes, une somme de 7.000 francs serait suffisante pour assurer le fonctionnement de l'école.

Reconnaissant l'utilité de ces écoles, M. Bouctot a sollicité et obtenu l'inscription au budget du ministère de l'Agriculture, pour l'année 1908, d'une somme de 40.000 francs destinée à favoriser la création de semblables institutions. Des subventions sont ainsi allouées, sur les crédits du chapitre 17, aux départements qui décident la création d'une école ambulante ménagère agricole, en vue de les aider à faire face aux frais d'acquisition du matériel. Les frais de fonctionnement sont toujours à la charge des départements.

Dans la pratique, les écoles ambulantes ont trois sessions par an. Chacune d'elles est de trois mois, les trois mois d'hiver étant considérés comme période de vacances. La liste des communes où l'école devra fonctionner dans l'année est arrêtée en janvier par le préfet qui se base sur les demandes des maires garantissant un nombre minimum de 15 élèves âgées d'au moins quatorze ans (1). Les cours sont gratuits ; les jeunes filles des environs y sont admises. Toutes sont externes. Chaque élève apporte le matin une certaine quantité de lait qui est transformé dans la journée et dont le produit lui est rendu. Pour les repas, celui de midi est pris en commun par maîtresses et élèves et se trouve constitué par le produit du cours de cuisine professé chaque jour. Les élèves peuvent ainsi

(1) Notons que l'âge varie beaucoup selon les milieux. Certains cours n'ont que des jeunes filles de 15 à 20 ans, tandis que d'autres sont fréquentés par des femmes mariées, voire déjà d'un certain âge.

avoir un repas avec pain, vin, viande, légumes et fruits pour une somme variant de 0 fr. 40 à 0 fr. 75, selon les mets qui figurent au menu.

On voit, par ce rapide exposé qu'une telle école rend de réels services au département qui en décide la création. Le jour où chaque département en possédera une ou plusieurs, la question du bien-être de nos agriculteurs aura fait un grand pas.

Il faut espérer que les Conseils généraux mettront à profit les facilités qui leur sont offertes, grâce aux subventions de l'Etat, et que le nombre des écoles ménagères s'accroîtra rapidement.

On ne saurait trop souscrire à la conclusion de M. Noulens. Mais il ne faut pas s'en tenir là; il faut que chacun, dans sa sphère, travaille à la réalisation du vœu du distingué rapporteur du budget de l'agriculture de 1908. Récemment, MM. A. de Céris et H. Sagnier écrivaient dans leur intéressante chronique agricole du *Journal d'Agriculture pratique :* « Nous saisissons toutes les occasions pour signaler et encourager les efforts qui sont poursuivis pour la propagation de l'enseignement ménager agricole. » C'est en agissant ainsi, en mettant en valeur tous les efforts que l'on suscitera des initiatives fécondes et qu'on empêchera les découragements.

Il faut, en outre, montrer franchement combien nous sommes en retard sous ce rapport. Ainsi, tandis que nous n'avons que trois écoles ménagères agricoles fixes et quelques écoles ménagères ambulantes, la Belgique dispose d'une organisation complète, comprenant : une école supérieure, véritable institut agricole féminin, dix écoles fixes du degré moyen, cinq sections spéciales ménagères faisant partie d'autres établissements, dix écoles ambulantes ou temporaires, et cela, sans compter de nombreuses conférences populaires, non plus que les leçons données dans les simples écoles primaires rurales, conférences et leçons qui portent, jusque dans les villages les plus reculés, l'enseignement agricole, horticole et ménager (1) ; le Luxem-

_____

(1) Il nous paraît intéressant de signaler ici le louable souci de formation esthétique de l'âme paysanne qui commence à se marquer dans les écoles ménagères de Belgique. Voici, à ce sujet, quelques renseignements que nous empruntons à une étude publiée par M. Rodolphe Fornerod, dans la

bourg, resté en très grande partie de langue française, malgré l'envahissement des Allemands, est mieux partagé encore : pour une population de 245.000 habitants, il compte quinze écoles ménagères ayant d'ordinaire un caractère agricole accentué ; la Suisse n'est pas moins bien dotée ; l'Allemagne, l'Autriche, l'Angleterre, le Canada, les Etats-Unis, sont également pourvus d'une manière très satisfaisante.

On voit combien, dans notre pays où l'enseignement agricole des garçons est en progrès, celui des femmes laisse à désirer, et

série des *Mémoires et Documents du Musée social* (octobre 1909) :

Dans les écoles ménagères rurales, l'effort n'est pas moindre. A Celles-lez-Tournai, l'école est établie dans une ancienne petite ferme qu'on a aménagée en respectant un style de bon goût approprié à la région : c'est une leçon de choses, un exemple qui prouve, mieux que les théories, combien la maison du cultivateur peut revêtir un cachet agréable qui attire et retient ses hôtes au foyer. A Berlaer-lez-Lierre, l'on a construit une petite ferme véritablement bien conçue au point de vue de l'économie de la construction, de la facilité de la surveillance et de la main-d'œuvre, de l'hygiène, du confortable et du bon goût. Une ferme plus importante va être construite à l'école ménagère d'Oosterloo. « Il n'est pas toujours possible, dit à ce sujet M. Th. Boudroit, de supporter des frais aussi élevés, mais on pourrait, sans grandes dépenses, se meubler peu à peu, acheter tantôt une table typique, tantôt une chaise pratique, tantôt des ustensiles simples, mais beaux, hygiéniques et artistiques. L'art peut être hygiénique, on le sait, et l'hygiène, on le sait aussi, peut être artistique. L'art doit être à la portée de toutes les bourses ; il y a une ornementation « de milieu » qui n'est

ni trop luxueuse ni trop pauvre, et qui n'est ni trop ancienne ni trop neuve : c'est l'art populaire. Dans toute école ménagère, il serait bon de réunir en un petit musée les vieux objets : vieilles lampes, plats et cruchons d'étain, vieux « tournais », et tant de petites merveilles que nos pères aimaient et qui ont aujourd'hui cédé la place aux ferblanteries des bazars. L'ère serait passée des brocanteurs, des « chercheurs » de bénitiers en cuivre ou en étain, des acheteurs à vil prix de « Vierges » en bois ou en ivoire… Peut-on oublier, dans nos écoles, que les objets d'usage quotidien, assiettes, meubles, verres, que sais-je, ont une autre mission que celle de leur utilité immédiate et qu'ils peuvent réserver à l'œil et à l'âme quelque chose d'aimable et de réjouissant ? Il y aura donc de beaux verres et de belles assiettes — dans les prix doux, s'entend — que l'on fera valoir, ne fût-ce qu'en les comparant aux banalités de notre étalage moderne. La jeune fille apprendra que tout ce qui mérite d'être fait mérite d'être bien fait et que, comme il y a un art de ciseler une belle broche, il y en a un autre plus utile de faire ou de choisir une belle fourchette et un beau plat. L'ordre et la propreté sont le commencement de la beauté. Si tout reluit à sa place, c'est de l'art, et combien nous sommes en retard dans une matière où nous avons été quelque peu les initiateurs. Aussi, voulons-nous terminer ce chapitre par une citation de l'éminent Pierre Joigneaux, dont nous parlions en commençant. Nous souhaitons, nous espérons que l'on fera enfin bon profit de ses sagaces *Conseils à la jeune fermière :* « Celle-ci, écrit-il, est l'âme de la maison. Elle a besoin, elle aussi, de souplesse d'esprit, d'intelligence, d'activité, d'esprit d'ordre, d'entente aux affaires, de tact dans le commandement et de toutes les connaissances spéciales qui forment une ménagère accomplie. Non seulement la laiterie, mais encore la basse-cour, la cuisine, le potager, sont naturellement à sa charge. Pour nos garçons, il y a des écoles d'agriculture, et aussi des maîtres, qui vont au canton, à la commune, jusque chez eux, leur enseigner des choses utiles. Pour toi, fille de cultivateur, il n'y a ni écoles, ni maîtres comme il en faudrait. On dit proverbialement que les femmes font et défont les maisons ; mais on n'enseigne pas à nos filles ce qu'elles devraient savoir pour *les faire toujours et ne les défaire jamais ;* on ne leur apprend rien de ce qui passionne pour la vie des champs... *On veut des cultivateurs qui pensent et raisonnent ; on ne sait point leur préparer des compagnes dignes d'eux et capables de les*

du meilleur ; et voilà ce qui fait la grâce de la vie intime au foyer domestique.

« Nos jeunes ménagères sauront aussi combien la toilette fait valoir les charmes des mouvements et la beauté du corps ; elles sauront qu'il y a une toilette qui convient à la ville, une autre aux campagnes, qu'un fermier est ridicule sous le costume des bourgeois et que c'est vraiment de l'art que de savoir choisir une étoffe, l'adapter à tel ou tel vêtement, nouer une riante ceinture, enfiler de jolies perles, plier de gais rubans, coiffer les figures poupines, chausser les petits pieds. C'est de l'art que de distinguer les couleurs fines, les papiers élégamment peints, les encadrements qui relèvent les gravures, les bonnes nappes, et c'est encore de l'art que de se plaire au linge blanc ! »

Ces lignes revêtent une importance d'autant plus grande qu'elles émanent du vice-président de la ligue belge de « l'Art à l'école et au foyer ».

Cette société, dont la France s'est inspirée récemment pour une création analogue, met à la disposition des professeurs et des instituteurs des gravures qui, après avoir orné leur classe pendant un mois, passent à un autre membre, tandis qu'eux-mêmes reçoivent de nouvelles images.

seconder. Nous voudrions, pour nos filles, des écoles spéciales : quand les aurons-nous ?... »

Souhaitons que ce vœu soit enfin réalisé ! L'agriculture française y trouverait le plus grand intérêt et, sans doute, l'abandon des campagnes en serait-il notablement diminué !

CHAPITRE LXVIII

LE BIEN DE FAMILLE [1]

IMPORTANCE DE CETTE INSTITUTION. — NATURE DES SERVICES QU'ELLE PEUT RENDRE ; SERVICES RENDUS PAR LE " HOMESTEAD " ; QUELQUES OPINIONS. — OBJECTIONS FAITES ; COMMENT ON Y PEUT RÉPONDRE. — EN QUOI LA NOUVELLE LOI CONTREDIT AUX PRINCIPES DE NOTRE CODE. — SES PRE-MIERS INITIATEURS ; LES PROPOSITIONS LEMIRE ET LEVEILLÉ. — LA LOI RIBOT. — CE QUE L'ON EST EN DROIT D'ESPÉRER DE LA LOI DE 1909.

C'est avec une vive satisfaction que nous écrivons ce chapitre consacré à l'excellente loi du 12 juillet 1909, dont nous donnons, d'autre part (tome IV, appendices), le texte complet, ainsi que celui du décret relatif à son exécution (26 mars 1910). On y verra comment cette loi a établi — enfin ! — dans notre pays le bien de famille insaisissable, et quel tempérament elle a apporté au principe de la division des héritages. Telle est, par suite, son importance que quelques considérations générales s'imposent ici.

Au début de ce tome V (pp. 2 à 5), nous avons indiqué l'indis-cutable urgence qu'il y a à combattre l'abandon des campagnes. Nous croyons fermement que la nouvelle loi sera, sous ce rapport, d'une très grande utilité, et pour le prouver, bien qu'ayant déjà signalé (tome IV, pp. 101 et 102) les services rendus aux États-Unis par le *homestead* (2), nous voulons reve-nir sur ce point sur lequel on ne saurait trop insister.

Un rapport de la légation anglaise — à Washington — adressé au gouvernement anglais les résume excellemment en ces termes :

« Il existe indubitablement dans les États-Unis des milliers de familles qui ont été sauvées d'une misère complète par ces hu-maines précautions... Les avantages provenant de cette législa-

---

(1) Voir tome II, pp. 191 et suiv.

(2) Voir également, concernant l'*hus-* *mandsbrug* danois, tome I, pp. 372 et suiv.

tion sont très grands et rencontrent l'assentiment général, comme le prouve la tendance à étendre plutôt qu'à restreindre les exemptions offertes ; toute tentative pour diminuer ou rapporter par la loi les privilèges accordés serait repoussée de tous côtés avec indignation. »

Or, l'expérience faite aux États-Unis est particulièrement caractéristique. Souvenons-nous, en effet, de ce qu'écrivait, il y a plus d'un demi-siècle, l'éminent économiste Michel Chevalier : « Le Yankee n'a pas de racine dans le sol ; il est étranger au culte de la terre natale et de la maison paternelle ; il est toujours en humeur d'émigrer... Il est dans sa destinée de pionnier de ne s'attacher à aucun lieu, à aucun édifice, à aucun objet. » Rapprochons-en cet extrait d'un rapport de M. Lejall, consul anglais au Texas : « Le *homestead* encourage le peuple à se marier, à être industrieux, à acquérir des biens ; il empêche les gens qui sont malheureux d'être ruinés et expulsés par leurs créanciers. » On comprend donc à quel point de vue s'est placé le jurisconsulte américain Rufus Waples écrivant : « On ne répétera jamais assez que le but de la loi est de protéger la famille dans l'intérêt de l'État. »

Qu'est-ce, en effet, que le bien de famille ? C'est exactement, suivant la définition aussi concise que claire de M. E. Levasseur, l'institution qui consiste à « donner à la petite propriété rurale une assiette stable en garantissant le propriétaire contre l'éviction et à mettre un obstacle à la dépopulation des campagnes en fixant la famille sur un domaine inaliénable. »

M. Robert de la Sizeranne (1) en a, de son côté, donné ce pittoresque commentaire : « Le socialisme, c'est le tout à l'État ! Le *homestead*, c'est le quelque chose à l'individu ! Le socialisme, c'est tout le monde prolétaire ; le *homestead*, c'est beaucoup de gens propriétaires. C'est non pas la seule, mais une des lois bienfaisantes et sagement protectrices qui pour-

____

(1) De M. de la Sizeranne, nous noterons également ici une opinion fort juste et que bien des gens auraient intérêt à méditer : « Le bastion le plus solide, le plus immuable de la conservation sociale, c'est la petite propriété. »

raient consolider la barrière que la petite propriété oppose à la Révolution. »

Quant à nous, songeant à l'impitoyable brutalité avec laquelle tant d'usuriers, tant de riches éperviers pressurent le paysan, le tout petit propriétaire qu'ils ont adroitement amené à venir se placer bénévolement entre leurs serres, et songeant que cette brutalité n'est pas inférieure à celle que pouvaient montrer au moyen âge les pires des gens de guerre, nous comparons volontiers ce bien de famille à ces refuges, comme l'Église en avait établi alors, refuges où le pauvre cultivateur pouvait venir chercher asile et où, dès lors, il était intangible.

Est-ce à dire que le bien de famille n'ait pas vu certaines objections soulevées contre lui ? On pense bien qu'une telle création ne pouvait être acceptée unanimement. Voire plus, par les principes nouveaux qu'il inscrivait dans notre code, principes incontestablement en opposition avec les règles générales de ce même code, le bien de famille devait effrayer, ou tout au moins faire réfléchir plus d'un esprit parmi les plus distingués. Ne retire-t-il pas, en effet, de la circulation, pour le maintenir indivis (1) et insaisissable, le domaine familial ? Toutes ces objections se trouvent condensées dans cette phrase de M. E. Levasseur : « L'immunité que cette institution confère a, incontestablement, l'avantage de conserver un asile à une famille dont le chef a été imprudent ou malheureux et d'aider la veuve à élever ses enfants : avantage, il est vrai, qui n'est obtenu qu'au détriment d'un créancier ; mais elle a, d'autre part, l'inconvénient d'aider les malhonnêtes gens à faire des dupes. » Il convient d'ajouter que l'éminent

---

(1) Au sujet de la question successorale voir tome II, note des pp. 190 et suiv. Voici aussi à ce propos une phrase de M. Fouillée, phrase digne d'être méditée : « Nos lois civiles et fiscales dévorent et émiettent la substance du sol. » Les citations à ce sujet pourraient, du reste, être multipliées. En voici une extraite d'une proposition de loi faite en 1882 par M. Jametel, député de la Somme : « Dans notre société démocratique, issue de 1789, la *division* des héritages a fini par en amener la *dispersion*. Ils se sont fractionnés, enchevêtrés, groupés en damiers irrégulièrement découpés, bizarrement déchiquetés. C'est un mal qui est sorti d'un bien. »

économiste regrette, en outre, que disparaisse la possibilité d'hypothéquer. Il est certain que ce peut parfois être là un inconvénient, mais que la diffusion du crédit mutuel agricole le tempère singulièrement puisqu'il a justement pour but de permettre au cultivateur de contracter un emprunt (pour un but agricole) sans devoir recourir à l'hypothèque. Il nous paraît, d'autre part, que la possibilité de faire des dupes laissée (jusqu'à un certain point) au propriétaire du bien de famille n'est pas à redouter et que le plus souvent la malhonnêteté sera, non pas du côté du paysan qui emprunte, mais de celui qui lui prête — hélas ! à quel taux ! Voici du reste, ce que dans son rapport — cité par nous plus haut — note M. Lejall, consul anglais au Texas : « Tout le monde sachant que la propriété foncière de chacun (jusqu'à une certaine somme) ne peut servir de garantie, les affaires s'opèrent sur cette base et par conséquent il ne s'ensuit aucune injustice. »

Ces quelques pages jointes à ce que nous avons, d'autre part (tome IV, pp. 101 et 102), écrit du *homestead* et la lecture de la loi au tome VI (appendices) (1) permettent de se rendre un compte suffisant de la question, qu'on peut condenser en disant que le régime du bien de famille se résume dans cette trilogie : « insaisissabilité, incapacité relative d'hypothéquer, capacité restreinte d'aliéner, en ce sens que le mari ne peut vendre soit son bien personnel, soit l'immeuble commun, sans le consentement de sa femme. » Ce sont les propres expressions dont s'est servi dans l'exposé des motifs du projet de loi le ministre de l'agriculture, M. Ruau. Est-il besoin d'insister encore sur l'immensité — le mot n'est pas exagéré — des services que pourra rendre cette loi qui est destinée à rattacher à la terre le paysan qui s'en détachait (2) ?

---

(1) Voir également les institutions allemandes (tome VI, appendices).

(2) A ce sujet nous avons plaisir à citer les conclusions d'un excellent article consacré au bien de famille, paru au *Journal des Débats* lors du vote de la loi (juillet 1909) : « On peut, y est-il écrit, espérer beaucoup de cette modeste réforme. Elle se compléterait très heureusement si, dans toutes les affaires de partage, à la campagne, sur des biens de faible valeur, les personnes intéres-

Devant l'importance du résultat que l'on peut espérer voir atteint, il nous semble de toute justice de rechercher ici quels en furent les initiateurs.

Bien des propositions de loi furent faites à ce sujet. Les deux plus anciennes remontent à 1894 (1) ; elles émanaient, l'une de M. Leveillé, le distingué professeur à la Faculté de droit de Paris, député de Paris ; l'autre de l'abbé Lemire, député d'Hazebrouck, dont on sait les patients et constants efforts pour attacher le paysan (et l'ouvrier) à son coin de terre et à son pays, et dont nous expliquons au tome VI (appendices) la belle œuvre dite des *jardins ouvriers*. « Aujourd'hui, disait dans l'exposé des motifs de sa proposition l'abbé Lemire, le capitaliste peut, chez nous, sans aucune limitation de somme, se constituer une fortune insaisissable en achetant des rentes sur l'État. Aujourd'hui, la Française riche peut, en se mariant, jusqu'à concurrence de plusieurs millions, s'il lui plaît, frapper d'insaisissabilité tous les immeubles dotaux. Le projet actuel propose que, par un acte de prévoyance et de dévouement éclairés, qui n'imposera aucune charge au trésor, qui réduira au contraire les ravages du paupérisme, les humbles et les laborieux puissent à leur tour assurer d'une façon simple, économique et solide, l'existence de leurs jeunes enfants. » C'était placer fort nettement — et qu'on nous

sées prenaient l'habitude de demander la taxe des frais judiciaires : une loi du 26 décembre 1897 décide que les officiers ministériels ne pourront poursuivre le recouvrement de leurs frais qu'après taxe ; or, certaines procédures de partage qui ne devraient donner lieu qu'au tarif minime de ce qu'on appelle les matières sommaires, servent, par l'ignorance des héritiers, à la perception, au profit de l'avoué, d'une somme beaucoup plus importante et à laquelle il n'a aucun droit : si la taxe était exigée, cela ne se produirait pas. Peut-être un avertissement sévère du garde des sceaux arrêterait-il ces abus, qui sont fréquents dans les petits tribunaux. Nous nous permettons de lui signaler cette observation. Il y va d'un intérêt qui ne peut manquer de le toucher. Rien ne doit être négligé de ce qui aidera au maintien de la petite propriété rurale. Le bien de famille d'une part, des partages à prix très réduits d'autre part sont, à coup sûr, parmi les mesures qui la peuvent le mieux favoriser. »

(1) La première proposition de bien de famille insaisissable est contenue dans une pétition adressée au Sénat en date du 1er décembre 1886 par M. Jules Fourdinier, propriétaire dans le Pas-de-Calais.

permette d'ajouter fort justement — la question sur le terrain social. Aussi M. Lemire résumait-il au mieux sa proposition en écrivant : « La politique du *homestead* n'a pas que des effets privés : elle a des effets publics. Elle multiplie dans un pays la classe des petits propriétaires, elle leur procure le pain de chaque jour, elle leur donne, avec une situation indépendante, la dignité de la vie. »

Allant de suite jusqu'au bout de la question, l'abbé Lemire ne se contentait pas de l'insaisissabilité du bien de famille ; il demandait, en outre, qu'il échappât aux règles du code civil en ce qui concerne le partage forcé. M. Leveillé, au contraire, se bornait à proposer que l'on préservât le bien de famille de la saisie des créanciers.

Je ne saurais énumérer les propositions de loi qui suivirent, mais il me faut indiquer que le vote de la loi de 1909 a été précédé par la loi du 10 avril 1908, dite « loi Ribot » et qui avait eu pour objet, en même temps que d'augmenter, pour le travailleur, les facilités de construction et d'acquisition d'une maison saine (1), de lui fournir, en outre, des facilités identiques pour acquérir un champ. C'était un grand pas fait en avant ; mais cela ne suffisait pas. Il importait, en même temps qu'on cherchait à diffuser la petite propriété, de supprimer les causes qui ne pouvaient que l'anéantir : c'est ce qu'a fait la loi de 1909. Elle permet les plus vastes espoirs ; nous sommes certains qu'elle les réalisera.

(1) La construction d'habitations salubres pour les non-fortunés a fait l'objet de la loi du 30 novembre 1894 ; elle a été encouragée et facilitée une première fois dans une assez large mesure par la loi du 12 avril 1906.

CHAPITRE LXIX

LA RÉPRESSION DES FRAUDES

NÉCESSITÉ D'ORGANISER LA RÉPRESSION DES FRAUDES. — LOI DU 1ᵉʳ AOUT 1905 SUR LA RÉPRESSION DES FRAUDES DANS LA VENTE DES MARCHANDISES ET DES FALSIFICATIONS DES DENRÉES ALIMENTAIRES ET DES PRODUITS AGRICOLES. — LOI DU 29 JUIN 1907 TENDANT A PRÉVENIR LE MOUILLAGE DES VINS ET LES ABUS DU SUCRAGE. — LOI DU 15 JUILLET 1907 CONCERNANT LE MOUILLAGE ET LA CIRCULATION DES VINS ET LE RÉGIME DES SPIRITUEUX. — DÉCRET DU 31 JUILLET 1906 (APPLICATION DE LA LOI DU 1ᵉʳ AOUT 1905) ; OBSERVATIONS A SON SUJET. — ARRÊTÉ DU 1ᵉʳ AOUT 1906 (MESURES A PRENDRE POUR LE PRÉLÈVEMENT DES ÉCHANTILLONS). — COMPLEXITÉ DE LA QUESTION. — RÈGLEMENTS GÉNÉRAUX DE PROCÉDURE. — RÈGLEMENTS SPÉCIAUX. — COMMISSIONS. — DIFFICULTÉS ENTRE L'ADMINISTRATION ET LES PARQUETS. — LES TROIS PHASES PRINCIPALES DE LA PROCÉDURE NOUVELLE. — FACULTÉS DONNÉES AUX INCULPÉS POUR LES CONTRE-EXPERTISES. — LE LABORATOIRE CENTRAL DE RECHERCHES ET D'ANALYSES DU SERVICE DES FRAUDES ; DÉCRET DU 17 JANVIER 1908. — LES LABORATOIRES DÉPARTEMENTAUX ET MUNICIPAUX ; NATURE DES ANALYSES QU'ILS FONT ; REMARQUES EN CE QUI CONCERNE L'ANALYSE DES RÉSINES ET ESSENCES DE TÉRÉBENTHINE, DES SEMENCES ET TOURTEAUX DESTINÉS A L'ALIMENTATION DU BÉTAIL ; DIFFICULTÉS EN CE QUI CONCERNE L'APPLICATION DE LA LOI AUX SEMENCES ; NOMBRE, SIÈGE, BUDGET, PERSONNEL, ORGANISATION, FONCTIONNEMENT TECHNIQUE DES LABORATOIRES. — EXPERTS ACCRÉDITÉS AUPRÈS DES LABORATOIRES PARTICULIERS. — STATISTIQUES DES RÉSULTATS OBTENUS. — ORGANISATION DU SERVICE A PARIS, NOTAMMENT EN CE QUI CONCERNE LE LAIT. — LA DÉLIMITATION DES RÉGIONS VITICOLES ; DIFFICULTÉS QU'ELLE SOULÈVE ; PRÉCIEUX SERVICES QU'ELLE RENDRA. — LA « CROIX-BLANCHE DE GENÈVE » ; SES CONGRÈS ; SES « ANNALES ».

S'il est une nécessité que chacun conçoit et sur laquelle il est inutile de s'appesantir, c'est incontestablement celle de réprimer les fraudes alimentaires. En effet, le temps est déjà bien loin où l'agriculteur livrait directement au consommateur le produit qu'il avait récolté et qui était toujours d'une incontestable pureté. Aujourd'hui certains agriculteurs, et un nombre, hélas! assez élevé d'intermédiaires n'hésitent pas, pour augmenter leur gain, à frauder les produits qu'ils vendent ; les progrès de la chimie leur ont facilité la tâche. Mais ces mêmes progrès mettent aux mains des autorités chargées de veiller à la salubrité publique le moyen de découvrir ces fraudes, de déjouer ces manœuvres délictueuses ! Fort heureusement, le Parlement a compris qu'il était de son devoir d'armer le ministère de l'agriculture, d'y créer même un rouage nouveau : c'est ce qui a inspiré les lois du 1er août 1905, du 29 juin 1907 et du 15 juillet 1907, lois qui ont donné naissance à l'utile service de la répression des fraudes.

Ces dates indiquent qu'il s'agit de décisions nouvelles, et dont nous n'avons, par suite, pu nous occuper au cours des quatre premiers tomes de cet ouvrage. Aussi tenons-nous à traiter ici, avec tout le détail désirable, cette question si importante, et tout d'abord à mettre sous les yeux de nos lecteurs les trois lois dont nous venons de parler. En voici le texte

LOI DU 1er AOUT 1905

sur la répression des fraudes dans la vente des marchandises et des falsifications des denrées alimentaires et des produits agricoles

---

Le Sénat et la Chambre des députés ont adopté,

Le Président de la République promulgue la loi dont la teneur suit :

Article premier

Quiconque aura trompé ou tenté de tromper le contractant :

Soit sur la nature, les qualités substantielles, la composition et la teneur en principes utiles de toutes marchandises ;

Soit sur leur espèce ou leur origine lorsque, d'après la convention ou les usages, la désignation de l'espèce ou de l'origine faussement attribuées aux marchandises, devra être considérée comme la cause principale de la vente ;

Soit sur la quantité des choses livrées ou sur leur identité par la livraison d'une marchandise autre que la chose déterminée qui a fait l'objet du contrat.

Sera puni de l'emprisonnement pendant trois mois au moins, un an au plus, et d'une amende de 100 francs (100 fr.) au moins, de cinq mille francs (5.000 fr.) au plus, ou de l'une de ces deux peines seulement.

Art. 2

L'emprisonnement pourra être porté à deux ans, si le délit ou la tentative de délit prévus par l'article précédent ont été commis :

Soit à l'aide de poids, mesures et autres instruments faux ou inexacts ;

Soit à l'aide de manœuvres ou procédés tendant à fausser les opérations de l'analyse ou du dosage, du pesage ou du mesurage, ou bien à modifier frauduleusement la composition, le poids ou le volume des marchandises, même avant ces opérations ;

Soit enfin, à l'aide d'indications frauduleuses tendant à faire croire à une opération antérieure et exacte.

Art. 3

Seront punis des peines portées par l'article premier de la présente loi :

1° Ceux qui falsifieront des denrées servant à l'alimentation de l'homme ou des animaux, des substances médicamenteuses, des boissons et des produits agricoles ou naturels destinés à être vendus ;

2° Ceux qui exposeront, mettront en vente ou vendront des denrées servant à l'alimentation de l'homme ou des animaux, des boissons et des produits agricoles ou naturels qu'ils sauront être falsifiés ou corrompus ou toxiques ;

3° Ceux qui exposeront, mettront en vente ou vendront des substances médicamenteuses falsifiées ;

4° Ceux qui exposeront, mettront en vente ou vendront, sous forme indiquant leur destination, des produits propres à effectuer la falsification des denrées servant à l'alimentation de l'homme ou des animaux, des boissons et des produits agricoles ou naturels et ceux qui auront provoqué à leur emploi par le moyen de brochures, circulaires, prospectus, affiches, annonces ou instructions quelconques.

Si la substance falsifiée ou corrompue est nuisible à la santé de l'homme ou des animaux ou si elle est toxique, de même si la substance médicamenteuse falsifiée est nuisible à la santé de l'homme ou des animaux, l'emprisonnement devra être appliqué. Il sera de trois mois à deux ans et l'amende de cinq cents francs (500 fr.) à dix mille francs (10.000 fr.).

Ces peines seront applicables même au cas où la falsification nuisible serait connue de l'acheteur et du consommateur.

Les dispositions du présent article ne sont pas applicables aux fruits frais et légumes frais fermentés ou corrompus.

Art. 4

Seront punis d'une amende de cinquante francs (50 fr.) à trois mille francs (3.000 fr.) et d'un emprisonnement de six jours au moins et de trois mois au plus, ou de l'une de ces deux peines seulement :

Ceux qui, sans motifs légitimes, seront trouvés détenteurs dans leurs magasins, boutiques, ateliers, maisons ou voitures servant à leur commerce ainsi que dans les entrepôts, abattoirs et leurs dépendances et dans les gares ou dans les halles, foires et marchés :

Soit de poids ou mesures faux ou autres appareils inexacts servant au pesage ou au mesurage des marchandises ;

Soit de denrées servant à l'alimentation de l'homme ou des animaux, de boissons, de produits agricoles ou naturels qu'ils savaient être falsifiés, corrompus ou toxiques ;

Soit de substances médicamenteuses falsifiées ;

Soit de produits, sous forme indiquant leur destination, propres à effectuer la falsification des denrées servant à l'alimentation de l'homme ou des animaux, ou des produits agricoles et naturels.

Si la substance alimentaire falsifiée ou corrompue est nuisible à la santé de l'homme ou des animaux ou si elle est toxique, de même si la substance médicamenteuse falsifiée est nuisible à la santé de l'homme ou des animaux, l'emprisonnement devra être appliqué.

Il sera de trois mois à un an et l'amende de cent francs (100 fr.) à cinq mille francs (5.000 fr.).

Les dispositions du présent article ne sont pas applicables aux fruits frais et légumes frais fermentés ou corrompus.

Art. 5

Sera considéré comme étant en état de récidive légale quiconque ayant été condamné par application de la présente loi ou par application des lois sur les fraudes dans la vente :

1° Des engrais (loi du 4 février 1888) ;

2° Des vins, cidres et poirés (lois des 14 août 1889, 11 juillet 1891, 24 juillet 1894, 6 avril 1897) ;

3° Des sérums thérapeutiques (loi du 25 avril 1895) ;

4° Des beurres (loi du 16 avril 1897) ;

5° De la saccharine (art. 49 et 53 de la loi du 30 mars 1902) ;

6° Des sucres (loi du 28 janvier 1903, art. 7 ; loi du 31 mars 1903 ; art. 32);

Aura, dans les cinq ans qui suivront la date à laquelle cette condamnation sera devenue définitive, commis un nouveau délit tombant sous l'application de la présente loi ou des lois susvisées.

Au cas de récidive, les peines d'emprisonnement et d'affichage devront être appliquées.

Art. 6

Les objets dont les vente, usage ou détention constituent le délit, s'ils appartiennent encore au vendeur ou détenteur seront confisqués ; les poids et autres instruments de pesage, mesurage ou dosage, faux ou inexacts, devront être aussi confisqués et, de plus, seront brisés.

Si les objets confisqués sont utilisables, le tribunal pourra les mettre à la disposition de l'administration, pour être attribués aux établissements d'assistance publique.

S'ils sont inutilisables ou nuisibles, les objets seront détruits ou répandus aux frais du condamné.

Le tribunal pourra ordonner que la destruction ou effusion aura lieu devant l'établissement ou le domicile du condamné.

Art. 7

Le tribunal pourra ordonner, dans tous les cas, que le jugement de condamnation sera publié intégralement ou par extraits dans les journaux qu'il désignera et affiché dans les lieux qu'il indiquera, notamment aux portes du domicile, des magasins, usines et ateliers du condamné, le tout aux frais du condamné, sans toutefois que les frais de cette publication puissent dépasser le maximum de l'amende encourue.

Lorsque l'affichage sera ordonné, le tribunal fixera les dimensions de l'affiche et les caractères typographiques qui devront être employés pour son impression.

En ce cas et dans tous les autres cas où les tribunaux sont autorisés à ordonner l'affichage de leur jugement à titre de pénalité pour la répression des fraudes, ils devront fixer le temps pendant lequel cet affichage sera maintenu, sans que la durée en puisse excéder sept jours.

Au cas de suppression, de dissimulation ou de lacération totale ou partielle des affiches ordonnées par le jugement de condamnation, il sera procédé de nouveau à l'exécution intégrale des dispositions du jugement relatives à l'affichage.

Lorsque la suppression, la dissimulation ou la lacération totale ou partielle aura été opérée volontairement par le condamné, à son instigation ou par ses ordres, elle entraînera contre celui-ci l'application d'une peine d'amende de cinquante francs (50 fr.) à mille francs (1.000 fr.).

La récidive de suppression, de dissimulation ou de lacération volontaire d'affiches par le condamné, à son instigation ou par ses ordres sera punie d'un emprisonnement de six jours à un mois et d'une amende de cent francs (100 fr.) à deux mille francs (2.000 fr.).

Lorsque l'affichage aura été ordonné à la porte des magasins du condamné, l'exécution du jugement ne pourra être entravée par la vente du fonds de commerce réalisée postérieurement à la première décision qui a ordonné l'affichage.

Art. 8

Toute poursuite exercée en vertu de la présente loi devra être continuée et terminée en vertu des mêmes textes.

L'article 463 du Code pénal sera applicable même au cas de récidive, aux délits prévus par la présente loi.

Le tribunal, en cas de circonstances atténuantes, pourra ne pas ordonner l'affichage et ne pas appliquer l'emprisonnement.

Le sursis à l'exécution des peines d'amende édictées par la présente loi ne pourra être prononcé en vertu de la loi du 26 mars 1891.

Art. 9

Les amendes prononcées en vertu de la présente loi seront réparties d'après les règles tracées à l'article 11 de la loi de finances du 26 décembre 1890, modifiée par l'article 45 de la loi de finances du 29 avril 1893 et par l'article 83 de la loi de finances du 13 avril 1898.

Les délinquants condamnés aux dépens auront à acquitter, de ce chef, en dehors des frais ordinaires et au profit des communes, les frais d'expertises engagés par ces dernières lorsqu'elles auront pris l'initiative de déceler la fraude et d'en saisir la justice (laboratoires municipaux).

La commission départementale peut, sur la proposition du préfet, accorder aux communes qui auront organisé une police municipale alimentaire, des subventions prélevées sur le reliquat disponible du fonds commun.

Art. 10

En cas d'action pour tromperie ou tentative de tromperie sur l'origine des marchandises, des denrées alimentaires ou des produits agricoles et naturels, le magistrat instructeur ou les tribunaux pourront ordonner la production des registres et documents des diverses administrations, et notamment celles des contributions indirectes et des entrepreneurs de transports.

Art. 11

Il sera statué par des règlements d'administration publique sur les mesures à prendre pour assurer l'exécution de la présente loi, notamment en ce qui concerne :

1° La vente, la mise en vente, l'exposition et la détention des denrées, boissons, substances et produits qui donneront lieu à l'application de la présente loi ;

2° Les inscriptions et marques indiquant soit la composition, soit l'origine des marchandises, soit les appellations régionales et de crus particuliers que les acheteurs pourront exiger sur les factures, sur les emballages ou sur les produits eux-mêmes, à titre de garantie de la part des vendeurs, ainsi que les indications extérieures ou apparentes nécessaires pour assurer la loyauté de la vente et de la mise en vente ;

3° Les formalités prescrites pour opérer des prélèvements d'échantillons et procéder contradictoirement aux expertises sur les marchandises suspectes ;

4° Le choix des méthodes d'analyses destinées à établir la composition, les éléments constitutifs et la teneur en principes utiles des produits ou à reconnaître leur falsification ;

5° Les autorités qualifiées pour rechercher et constater les infractions à la présente loi, ainsi que les pouvoirs qui leur seront conférés pour recueillir des éléments d'information auprès des diverses administrations publiques et des concessionnaires de transports.

Art. 12

Toutes les expertises nécessitées par l'application de la présente loi seront contradictoires et le prix des échantillons reconnus bons sera remboursé d'après leur valeur le jour du prélèvement.

Art. 13

Les infractions aux prescriptions des règlements d'administration publique, pris en vertu de l'article précédent, seront punies d'une amende de seize francs (16 fr.) à cinquante francs (50 fr.).

Au cas de récidive dans l'année de la condamnation, l'amende sera de cinquante francs (50 fr.) à cinq cents francs (500 fr.).

Au cas de nouvelle infraction constatée dans l'année qui suivra la deuxième condamnation, l'amende sera de cinq cents francs (500 fr.) à mille francs (1.000 fr.) et un emprisonnement de six jours à quinze jours pourra être prononcé.

Art. 14

L'article 423, le paragraphe 2 de l'article 477 du Code pénal, la loi du 27 mars 1851 tendant à la répression plus efficace de certaines fraudes dans la vente des marchandises, la loi des 5 et 9 mai 1855 sur la répression des fraudes dans la vente des boissons sont abrogés.

Néanmoins, les incapacités électorales édictées par la loi du 24 janvier 1889 continueront à être appliquées comme conséquence des peines prononcées en vertu de la présente loi.

Art. 15

Les pénalités de la présente loi et ses dispositions en ce qui concerne l'affichage et les infractions aux règlements d'administration publique rendus pour son exécution sont applicables aux lois spéciales concernant la répression des fraudes dans le commerce des engrais, des vins, cidres et poirés, des sérums thérapeutiques, du beurre et la fabrication de la margarine. Elles sont substituées aux pénalités et dispositions de l'article 423 du Code pénal et de la loi du 27 mars 1851 dans tous les cas où des lois postérieures renvoient aux textes desdites lois, notamment dans les :

Article premier de la loi du 28 juillet 1824 sur altérations de noms ou suppositions de noms sur les produits fabriqués ;

Articles premier et 2 de la loi du 4 février 1888 concernant la répression des fraudes dans le commerce des engrais ;

Articles 7 de la loi du 14 août 1889, 2 de la loi du 11 juillet 1891 et premier de la loi du 24 juillet 1894 relatives aux fraudes commises dans la vente des vins ;

Article 3 de la loi du 25 avril 1895 relative à la vente de sérums thérapeutiques ;

Article 3 de la loi du 6 avril 1897 concernant les vins, cidres et poirés ;

Articles 17, 19 et 20 de la loi du 16 avril 1897 concernant la répression de la fraude dans le commerce du beurre et la fabrication de la margarine.

La pénalité d'affichage est rendue applicable aux infractions prévues et punies par les articles 49 et 53 de la loi de finances du 30 mars 1902, 7 de la loi du 28 janvier 1903, 32 de la loi de finances du 31 mars 1903 et par les articles 2 et 3 de la loi du 18 juillet 1904.

Art. 16

La présente loi est applicable à l'Algérie et aux colonies.

La présente loi, délibérée et adoptée par le Sénat et par la Chambre des députés, sera exécutée comme loi de l'État.

Fait à Paris, le 1er Août 1905.

Signé : ÉMILE LOUBET.

Par le Président de la République :
   Le Ministre de l'Agriculture,
      Signé : Ruau.

LOI DU 29 JUIN 1907

tendant à prévenir le mouillage des vins et les abus du sucrage

LE SÉNAT ET LA CHAMBRE DES DÉPUTÉS ONT ADOPTÉ,
LE PRÉSIDENT DE LA RÉPUBLIQUE PROMULGUE LA LOI dont la teneur suit :

ARTICLE PREMIER

Chaque année, après la récolte, tout propriétaire, fermier, métayer, récoltant du vin, devra déclarer à la mairie de la commune où il fait son vin :

1° La superficie des vignes en production qu'il possède ou exploite ;

2° La quantité totale du vin produit et celle des stocks antérieurs restant dans ses caves ;

3° S'il y a lieu, le volume ou le poids de vendanges fraîches qu'il aura expédiées ou le volume ou le poids de celles qu'il aura reçues ;

4° S'il y a lieu, la quantité de moûts qu'il aura expédiée ou reçue.

Ces déclarations seront inscrites, sous le nom du déclarant, sur un registre restant à la mairie et qui devra être communiqué à tout requérant. Elles seront signées par le déclarant sur le registre ; il en sera donné récépissé.

Copie sera transmise, par les soins de la mairie, au receveur buraliste de la localité, qui ne pourra délivrer au nom du déclarant de titres de mouvement pour une quantité de vin supérieure à la quantité déclarée.

Le relevé nominatif des déclarations sera affiché à la porte de la mairie.

Dès le début de la récolte, au fur et à mesure des nécessités de la vente, des déclarations partielles pourront être faites dans les conditions précédentes, sauf l'affichage qui n'aura lieu qu'après la déclaration totale.

Dans chaque département, le délai dans lequel devront être faites les déclarations sera fixé, annuellement, à une époque aussi rapprochée que possible de la fin des vendanges et écoulages, par le préfet, après avis du Conseil général.

Toute déclaration frauduleuse sera punie d'une amende de cent francs (100 fr.) à mille francs (1.000 fr.).

ART. 2

Toute personne recevant des moûts ou des vendanges fraîches sera assimilée au propriétaire récoltant et tenue à la déclaration dans les trois jours de la réception et aux autres obligations de l'article 1er.

Toute déclaration frauduleuse sera punie des mêmes peines.

Art. 3

L'article 8 de la loi du 6 août 1905 est modifié ainsi qu'il suit :

« Tout expéditeur de marcs de raisins, de lies sèches et de levures alcooliques sera tenu de se munir, à la recette buraliste la plus proche, d'un passavant de 10 centimes indiquant le poids expédié et l'adresse du destinataire. »

Art. 4

Sont interdites la fabrication, l'exposition, la mise en vente et la vente des produits ou mélanges œnologiques de composition secrète ou indéterminée, destinés soit à améliorer et à bouqueter les moûts et les vins, soit à les guérir de leurs maladies, soit à fabriquer des vins artificiels.

Les délinquants seront punis des peines portées par l'article 1er de la loi du 1er août 1905.

Art. 5

Le premier paragraphe de l'article 7 de la loi du 28 janvier 1903 est complété comme suit :

« Le sucre ainsi employé sera frappé d'une taxe complémentaire de quarante francs (40 fr.) par 100 kilogrammes de sucre raffiné. Cette taxe est due au moment de l'emploi. »

Art. 6

Le paragraphe 2 de l'article 7 de la loi du 8 janvier 1903 est modifié de la façon suivante :

« Quiconque voudra se livrer à la fabrication du vin de sucre pour sa consommation familiale est tenu d'en faire la déclaration dans le même délai. La quantité de sucre employée ne pourra pas être supérieure à 20 kilogrammes par membre de la famille et par domestique attaché à la personne, ni à 20 kilogrammes par 3 hectolitres de vendanges récoltées, ni au total à 200 kilogrammes pour l'ensemble de l'exploitation.

« La fabrication des piquettes n'est autorisée que pour la consommation familiale et jusqu'à concurrence de 40 hectolitres par exploitation. » .

Art. 7

Les contraventions à l'article précédent sont punies d'une amende de cinq cents francs (500 fr.) à cinq mille francs (5.000 fr.) et de la confiscation des boissons, sucres et glucoses saisis.

L'amende est doublée dans le cas de fabrication, de circulation ou de détention de vins de sucre ou de vins de marcs en vue de la vente. Dans ce cas, les contrevenants sont, en outre, punis d'une peine de six jours à six mois d'emprisonnement ; cette dernière pénalité est doublée en cas de récidive.

Les mêmes peines sont applicables aux complices des contrevenants.

Art. 8

Tout commerçant qui voudra vendre du sucre ou du glucose par quantités supérieures à 25 kilogrammes est tenu d'en faire préalablement la déclaration à l'Administration des contributions indirectes.

Il devra inscrire ses réceptions de sucre et de glucose sur un carnet conforme au modèle qui sera établi par l'Administration. Il mentionnera sur le même carnet les livraisons supérieures à 25 kilogrammes. Ce registre sera représenté à toute réquisition du service des contributions indirectes, qui procédera à toutes vérifications nécessaires pour le contrôle des réceptions et des livraisons.

Toute contravention aux dispositions du présent article sera punie des peines édictées par l'article 3 de la loi du 30 décembre 1873.

Est substitué le chiffre de 25 kilogrammes au chiffre de 50 kilogrammes dans les articles 2, 3 et 4 de la loi du 6 août 1905.

Art. 9

Tous syndicats, formés conformément à la loi du 21 mars 1884 pour la défense des intérêts généraux de l'agriculture ou de la viticulture, ou du commerce et trafic des vins, pourront exercer, sur tout le territoire de la France et des colonies, les droits reconnus à la partie civile par les articles 182, 63, 64, 66, 67 et 68 du Code d'instruction criminelle, relativement aux faits de fraudes et falsifications des vins, prévus par les lois des 14 août 1889, 11 juillet 1891, 24 juillet 1894, 6 avril 1897, 1er août 1905, 6 août 1905 et par la présente loi, ou recourir, s'ils le préfèrent, à l'action ordinaire devant le tribunal civil, en vertu des articles 1382 et suivants du Code civil.

Art. 10

Des règlements d'administration publique détermineront les conditions de l'application de la présente loi à l'Algérie et aux colonies.

La présente loi, délibérée et adoptée par le Sénat et par la Chambre des Députés, sera exécutée comme loi de l'État.

Fait à Paris, le 29 juin 1907.

Signé : A. FALLIÈRES.

Par le Président de la République.
Le Ministre des Finances,
Signé : J. CAILLAUX.

LOI DU 15 JUILLET 1907

concernant le mouillage et la circulation des vins et le régime des spiritueux

----

Le Sénat et la Chambre des Députés ont adopté,
Le Président de la République promulgue la loi dont la teneur suit :

Article premier

Les marchands de vins en gros subsistant à l'intérieur de Paris, en vertu de l'article 9 de la loi du 6 août 1905, ne pourront disposer des boissons reçues par eux qu'après qu'elles auront été vérifiées par le service de la régie et reconnues entièrement conformes à l'expédition.

Les infractions aux prescriptions du présent article donneront lieu à l'application des peines édictées par l'article 1er de la loi du 28 février 1872.

Art. 2

L'article 12 de la loi du 6 août 1905 est modifié ainsi qu'il suit :

« Les dispositions du premier paragraphe de l'article 8 de la loi du 16 décembre 1897 sont étendues aux chargements de vins de plus de 5 hectolitres. »

Art. 3

A partir du 1er janvier 1908, les eaux-de-vie et alcools naturels provenant uniquement de la distillation des vins, cidres, poirés, marcs, cerises et prunes, ne pourront bénéficier du titre de mouvement sur papier blanc prévu par l'article 23 de la loi du 31 mars 1903 que s'ils sont emmagasinés dans des locaux séparés par la voie publique de tous locaux qui contiendraient des spiritueux n'ayant droit qu'au titre de mouvement sur papier rose prévu par le même article.

Les eaux-de-vie et alcools naturels provenant de la distillation des vins, cidres, poirés, marcs, cerises et prunes, et admis au bénéfice de l'article 24 de la loi du 31 mars 1903, ne pourront, à dater du 1er janvier 1908, continuer à profiter de ce bénéfice que sous la condition prévue au paragraphe précédent.

Les eaux-de-vie et alcools naturels visés au premier paragraphe du présent article et les eaux-de-vie et alcools naturels visés au deuxième paragraphe devront être emmagasinés dans des locaux distincts.

ART. 4

Pour les eaux-de-vie et alcools naturels envoyés à destination d'entrepositaires, les bulletins d'origine accompagnant les acquits-à-caution seront retirés par le service au moment de la prise en charge et détruits par ses soins.

ART. 5

En cas de faillite ou de liquidation judiciaire, le concordat ne peut être opposé à la régie des contributions indirectes en ce qui concerne la contrainte par corps exercée pour le recouvrement des amendes à elles adjugées par les tribunaux.

ART. 6

Le troisième paragraphe de l'article 5 de la loi du 1er août 1905 est modifié ainsi qu'il suit :

« 2° Des vins, cidres et poirés (lois des 14 août 1889, 11 juillet 1891, 24 juillet 1894, 6 avril 1897, 6 août 1905, 29 juin 1907). »

La présente loi, délibérée et adoptée par le Sénat et par la Chambre des Députés, sera exécutée comme loi de l'État.

Fait à Paris, le 15 juillet 1907.

Signé : A. FALLIÈRES.

Par le Président de la République :

Le Ministre des Finances,

Signé : J. CAILLAUX.

Nous avons tenu à grouper les trois lois intervenues au sujet de la répression des fraudes. Voici maintenant le décret qui a réglé les modes d'application de la loi du 1er août 1905 :

DÉCRET DU 31 JUILLET 1906

portant règlement d'administration publique pour l'application de la loi du 1er août 1905

TITRE PREMIER

Organisation et fonctionnement du service des prélèvements

ARTICLE PREMIER

Le service chargé de rechercher et de constater les infractions à la loi du 1er août 1905 est organisé par l'État, avec le concours éventuel des départements et des communes.

Le fonctionnement de ce service est assuré, sous l'autorité du Ministre de la justice, du Ministre de l'agriculture et du Ministre du commerce, de l'industrie et du travail, dans les départements par les préfets, à Paris et dans le ressort de la préfecture de police par le préfet de police.

Art. 2

Les autorités qui ont qualité pour opérer les prélèvements sont :

Les commissaires de police ;

Les commissaires de la police spéciale des chemins de fer et des ports;

Les agents des contributions indirectes et des douanes agissant à l'occasion de l'exercice de leurs fonctions ;

Les inspecteurs des halles, foires, marchés et abattoirs.

Les agents des octrois et les vétérinaires sanitaires peuvent être individuellement désignés par les préfets pour concourir à l'application de la loi du 1er août 1905 et commissionnés par eux à cet effet.

Dans le cas où des agents spéciaux seraient institués par les départements ou les communes pour concourir à l'application de ladite loi, ces agents devront être agréés et commissionnés par les préfets.

Art. 3

Une Commission permanente est instituée près les Ministères de l'agriculture et du commerce, de l'industrie et du travail, pour l'examen des questions d'ordre scientifique que comporte l'application de la loi du 1er août 1905. Cette commission est obligatoirement consultée pour la détermination des conditions matérielles des prélèvements, l'organisation des laboratoires et la fixation des méthodes d'analyse à imposer à ces établissements.

Art. 4

Des prélèvements d'échantillons peuvent, en toutes circonstances, être opérés d'office dans les magasins, boutiques, ateliers, voitures servant au commerce, ainsi que dans les entrepôts, les abattoirs et leurs dépendances, les halles, foires et marchés, et dans les gares ou ports de départ et d'arrivée.

Les prélèvements sont obligatoires dans tous les cas où les boissons, denrées ou produits paraissent falsifiés, corrompus ou toxiques.

Les administrations publiques sont tenues de fournir aux agents désignés à l'article 2 tous les éléments d'information nécessaires à l'exécution de la loi du 1er août 1905.

Les entrepreneurs de transports sont tenus de n'apporter aucun obstacle aux réquisitions pour prises d'échantillons et de représenter les titres de mouvement, lettres de voiture, récépissés, connaissements et déclarations dont ils sont détenteurs.

Art. 5

Tout prélèvement comporte quatre échantillons, l'un destiné au laboratoire pour analyse, les trois autres éventuellement destinés aux experts.

Art. 6

Tout prélèvement donne lieu, séance tenante, à la rédaction sur papier libre d'un procès-verbal.

Ce procès-verbal doit porter les mentions suivantes :

1° Les nom, prénoms, qualité et résidence de l'agent verbalisateur ;

2° La date, l'heure et le lieu où le prélèvement a été effectué ;

3° Les nom, prénoms, profession, domicile ou résidence de la personne chez laquelle le prélèvement a été opéré. Si le prélèvement a lieu en cours de route, les noms et domiciles des personnes figurant sur les lettres de voiture ou connaissements comme expéditeurs et destinataires ;

4° La signature de l'agent verbalisateur.

Le procès-verbal doit, en outre, contenir un exposé succinct des circonstances dans lesquelles le prélèvement a été opéré, relater les marques et étiquettes apposées sur les enveloppes ou récipients, l'importance du lot de marchandise échantillonné, ainsi que toutes les indications jugées utiles pour établir l'authenticité des échantillons prélevés et l'identité de la marchandise.

Le propriétaire ou détenteur de la marchandise, ou, le cas échéant, le représentant de l'entreprise de transport, peut, en outre, faire insérer au procès-verbal toutes les déclarations qu'il juge utiles. Il est invité à signer le procès-verbal ; en cas de refus, mention en est faite par l'agent verbalisateur.

Art. 7

Les prélèvements doivent être effectués de telle sorte que les quatre échantillons soient, autant que possible, identiques.

A cet effet, des arrêtés ministériels, pris de concert entre le Ministre de l'agriculture et le Ministre du commerce, de l'industrie et du travail, sur la proposition de la Commission permanente, déterminent, pour chaque produit ou marchandise, la quantité à prélever, les procédés à employer pour obtenir des échantillons homogènes, ainsi que les précautions à prendre pour le transport et la conservation de ces échantillons.

Art. 8

Tout échantillon prélevé est mis sous scellés. Ces scellés sont appliqués sur une étiquette composée de deux parties pouvant se séparer et être ultérieurement rapprochées, savoir :

1° Un talon qui ne sera enlevé que par le chimiste au laboratoire après vérification du scellé. Ce talon ne doit porter que les indications suivantes : nature du produit, dénomination sous laquelle il est mis en vente, date du prélèvement et numéro sous lequel les échantillons sont enregistrés au moment de leur réception par le service administratif ;

2° Un volant qui porte ces mêmes mentions, mais où sont inscrits, en outre, les nom et adresse du propriétaire ou détenteur de la marchandise, ou, en cas de prélèvement en cours de route, ceux des expéditeurs et destinataires.

Ce volant est signé par l'auteur du procès-verbal.

Art. 9

Aussitôt après avoir scellé les échantillons, l'agent verbalisateur, s'il est en présence du propriétaire ou détenteur de la marchandise, doit le mettre en demeure de déclarer la valeur des échantillons prélevés.

Le procès-verbal mentionne cette mise en demeure et la réponse qui a été faite.

Un récépissé, détaché d'un livre à souche, est remis au propriétaire ou détenteur de la marchandise. Il y est fait mention de la valeur déclarée.

En cas de prélèvement en cours de route, le représentant de l'entreprise de transport reçoit, pour sa décharge, un récépissé indiquant la nature et la quantité des marchandises prélevées.

Art. 10

Le procès-verbal et les échantillons sont, dans les vingt-quatre heures, envoyés par l'agent verbalisateur à la préfecture du département où le prélèvement a été effectué et, à Paris ou dans le ressort de la préfecture de police, au préfet de police.

Toutefois, en vue de faciliter l'application de la loi, des décisions ministérielles pourront autoriser l'envoi des échantillons aux sous-préfectures ou à tout autre service administratif.

Le service administratif qui reçoit ce dépôt l'enregistre, inscrit le numéro d'entrée sur les deux parties de l'étiquette que porte chaque échantillon et, dans les vingt-quatre heures, transmet l'un de ces échantillons au laboratoire dans le ressort duquel le prélèvement a été effectué.

Le talon seul suit l'échantillon au laboratoire.

Le volant, préalablement détaché, est annexé au procès-verbal. Les trois autres échantillons sont conservés par la préfecture.

Toutefois, si la nature des denrées ou produits exige des mesures spéciales de conservation, les quatre échantillons sont envoyés au laboratoire, où ces mesures sont prises conformément aux arrêtés ministériels prévus à l'article 7. Dans ce cas, les quatre volants sont détachés des talons et annexés au procès-verbal.

Art. 11

Les laboratoires créés par les départements et les communes peuvent être admis, concurremment avec ceux de l'État, à procéder aux analyses lorsqu'ils ont été reconnus en état d'assurer ce service et agréés par une décision ministérielle prise sur l'avis conforme de la Commission permanente.

TITRE II

Fonctionnement des laboratoires

Art. 12

Des arrêtés ministériels, pris de concert entre le Ministre de l'agriculture et le Ministre du commerce, de l'industrie et du travail, déterminent le ressort des laboratoires admis à procéder à l'analyse des échantillons.

Pour l'examen des échantillons, les laboratoires ne peuvent employer que les méthodes indiquées par la Commission permanente.

Ces analyses sont à la fois d'ordre qualitatif et quantitatif. L'examen comprend notamment les recherches microscopiques, spectroscopiques, polarimétriques, réfractométriques, cryoscopiques, susceptibles de fournir des indications sur la pureté des produits, la recherche des antiseptiques et des colorants étrangers.

Ces méthodes sont décrites en détail par des arrêtés pris de concert entre le Ministre de l'agriculture et le Ministre du commerce, de l'industrie et du travail, après avis de la Commission permanente.

Art. 13

Le laboratoire qui a reçu pour analyse un échantillon dresse, dans les huit jours de la réception, un rapport où sont consignés les résultats de l'examen et des analyses auxquels cet échantillon a donné lieu.

Ce rapport est adressé au préfet du département d'où provient l'échantillon ; à Paris et dans le ressort de la préfecture de police, le rapport est adressé au préfet de police.

Art. 14

Si le rapport du laboratoire ne révèle aucune infraction à la loi du 1er août 1905, le préfet en avise sans délai l'intéressé.

Dans ce cas, si le remboursement des échantillons est demandé, il s'opère d'après leur valeur au jour du prélèvement, aux frais de l'État, au moyen d'un mandat délivré par le préfet, sur représentation du récépissé prévu à l'article 9.

Art. 15

Dans le cas où le rapport du laboratoire signale une infraction à la loi du 1er août 1905, le préfet transmet sans délai ce rapport au procureur de la République.

Il y joint le procès-verbal et les trois échantillons réservés.

S'il s'agit de vins, bières, cidres, alcools ou liqueurs, avis doit être donné par le préfet au directeur des contributions indirectes du département.

Art. 16

Des arrêtés ministériels pris de concert entre le Ministre de l'agriculture et le Ministre du commerce, de l'industrie et du travail, déterminent dans quelle forme les laboratoires doivent rendre compte périodiquement aux préfets du nombre des échantillons analysés, du résultat de ces analyses et signaler les nouveaux procédés de fraude révélés par l'examen des échantillons.

TITRE III

Fonctionnement de l'expertise contradictoire

Art. 17

Le procureur de la République informe l'auteur présumé de la fraude qu'il est l'objet d'une poursuite. Il l'avise qu'il peut prendre communication du rapport du directeur du laboratoire et qu'un délai de trois jours francs lui est imparti pour faire connaître s'il réclame l'expertise contradictoire prévue à l'article 12 de la loi du 1er août 1905.

Art. 18

S'il y a lieu à expertise, il est procédé à la nomination de deux experts, l'un désigné par le juge d'instruction, l'autre par la personne contre laquelle l'instruction est ouverte. Celle-ci a toutefois le droit de renoncer à cette désignation et de s'en rapporter aux conclusions de l'expert désigné par le juge.

Les experts sont choisis sur les listes spéciales de chimistes experts dressées, dans chaque ressort, par les cours d'appel ou les tribunaux civils.

L'inculpé pourra toutefois choisir son expert sur les listes dressées par la cour d'appel ou le tribunal civil du ressort d'où il aura déclaré que provient la marchandise suspecte.

Art. 19

Chaque expert est mis en possession d'un échantillon.

Le juge d'instruction donne communication aux experts des procès-verbaux de prélèvement ainsi que des factures, lettres de voiture, pièces de régie, et, d'une façon générale, de tous les documents que la personne mise en cause à jugé utile de produire ou que le juge s'est fait remettre.

Aucune méthode officielle n'est imposée aux experts. Ils opèrent à leur gré, ensemble ou séparément, chacun d'eux étant libre d'employer les procédés qui lui paraissent les mieux appropriés.

Leurs conclusions sont formulées dans des rapports qui sont déposés dans le délai fixé par l'ordonnance du juge.

Art. 20

Si les experts sont en désaccord, ils désignent un tiers expert pour les départager. A défaut d'entente pour le choix de ce tiers expert, il est désigné par le président du tribunal civil.

Le tiers expert peut être choisi en dehors des listes officielles.

Art. 21

Sur la demande des experts ou sur celle de la personne mise en cause, des dégustateurs, choisis dans les mêmes conditions que les autres experts, sont commis pour examiner les échantillons.

Art. 22

Lorsque des poursuites sont décidées, s'il s'agit de vins, bières, cidres, alcools ou liqueurs, le procureur de la République devra faire connaître au directeur des contributions indirectes ou à son représentant, dix jours au moins à l'avance, le jour et l'heure de l'audience à laquelle l'affaire sera appelée.

Art. 23

Il n'est rien innové quant à la procédure suivie par l'administration des douanes et par l'administration des contributions indirectes pour la constatation et la poursuite de faits constituant à la fois une contravention fiscale et une infraction aux prescriptions de la loi du 1er août 1905.

Art. 24

En cas de non-lieu ou d'acquittement, le remboursement de la valeur des échantillons s'effectue dans les conditions prévues à l'article 14 ci-dessus.

Art. 25

Il sera statué ultérieurement sur les conditions d'application de la loi du 1ᵉʳ août 1905 à l'Algérie et aux colonies.

Art. 26

Le Ministre de la justice, le Ministre de l'intérieur, le Ministre des finances, le Ministre de l'agriculture, le Ministre du commerce, de l'industrie et du travail sont chargés, chacun en ce qui le concerne, de l'exécution du présent décret, qui sera publié au *Journal officiel* et inséré au *Bulletin des lois*

Fait à Rambouillet, le 31 juillet 1906.

Signé : A. FALLIÈRES.

Par le Président de la République :
Le Président du Conseil, Ministre de la Justice,
Signé : F. Sarrien.

Le Ministre de l'Intérieur,,
Signé : G. Clemenceau.

Le Ministre des Finances,
Signé : R. Poincaré.

Le Ministre de l'Agriculture,
Signé : J. Ruau.

Le Ministre du Commerce,
de l'Industrie et du Travail,
Signé : Gaston Doumergue.

Il nous a paru d'autant plus utile de mettre in-extenso ce règlement sous les yeux de nos lecteurs que les agriculteurs, si souvent lésés dans leurs achats d'engrais et d'aliments concentrés du bétail, par les agissements de certains négociants peu scrupuleux, ont intérêt à prendre une connaissance attentive des garanties dont l'application de la loi du 5 août 1905 entoure les transactions. Ils auront certainement remarqué combien il est explicite, aussi peut-il se passer de commentaires. Nous nous contenterons donc de rappeler les quelques observations que, dès son élaboration, nous présentions pour louer les principes qui ont guidé la rédaction de l'article 18 :

Cet article, écrivions-nous, relatif aux expertises contradictoires, contient une disposition qui nous paraît excellente ; il n'impose aucune méthode officielle aux experts, ceux-ci étant libres d'employer les procédés scientifiques qui leur paraîtront les mieux appropriés. Ce correctif apporté à la règlementation des laboratoires chargés de l'examen des produits saisis, permettra dans beaucoup de cas, sans doute, de pallier à l'insuffisance des méthodes officielles, soit par défaut de concordance dans leur application, soit par l'introduction de falsifications non prévues, en attendant les modifications nécessaires à apporter aux méthodes dites officielles, pour déceler les fraudes nouvelles. Il se présente en effet des cas où la limitation des méthodes d'examen et d'analyse, indispensable d'une façon générale, peut faire passer inaperçues des falsifications que des procédés de recherches laissés au libre choix de l'expert lui feront découvrir. Il y a tout lieu de croire que l'application de l'article 18 concourra dans certains cas à l'amélioration des méthodes obligatoires en révélant des faits que la stricte application de celles-ci n'aurait pas mis en lumière.

Voici maintenant les mesures qui ont été prescrites pour le prélèvement des échantillons :

ARRÊTÉ DU 1ᵉʳ AOUT 1906

fixant les mesures à prendre pour le prélèvement des échantillons en exécution de la loi du 1ᵉʳ août 1905 et du décret du 31 juillet 1906

ARTICLE PREMIER

Chaque prélèvement comporte toujours la prise de quatre échantillons. Ces quatre échantillons doivent être identiques.

ART. 2

Les échantillons prélevés doivent remplir les conditions suivantes :

I. — **Liquides**

A. — **Liquides vendus en litres, demi-litres, bouteilles, demi-bouteilles, flacons, cruchons, portant des cachets, marques et étiquettes d'origine**

1. *Vins, vinaigres, cidres, poirés.* — Un litre ou une bouteille par échantillon.

2. *Bières.* — Une bouteille ou une canette.

3. *Eaux-de-vie, cognac, armagnac, rhum, kirsch, apéritifs divers, liqueurs, sirops.* — Une bouteille de 75 centilitres ou un demi-litre par échantillon.

4. *Huiles.* — Une bouteille ou une carafe d'un demi-kilogramme par échantillon.

5. *Lait stérilisé.* — Une bouteille ou une carafe d'un demi-litre par échantillon.

6. *Eau-de-vie blanche, esprit-de-vin, alcool dénaturé, alcool à brûler.* (Ces produits sont généralement vendus en litres.)

Déboucher l'un de ces litres et en partager le contenu dans quatre flacons d'un quart de litre propres et secs qu'on bouchera avec des bouchons neufs.

On mentionnera au procès-verbal la disposition et le libellé des étiquettes portées sur le litre ainsi employé ; si possible, décoller ces étiquettes et les joindre au procès-verbal.

B. — Liquides contenus dans des fûts, réservoirs, bidons, estagnons, intacts ou en vidange

Les quatre échantillons devront provenir d'un même récipient. Si celui-ci n'est pas encore entamé, s'il est intact, on devra relever minutieusement toutes les marques, cachets ou inscriptions dont le récipient est revêtu, pour les mentionner au procès-verbal, avant de procéder au prélèvement, lequel se fera, soit en piquant le fût avec un foret ou une vrille, soit par tout autre moyen approprié.

On tirera dans un vase quelconque, sec et propre (baquet, terrine, broc, etc.), une quantité de liquide suffisante pour constituer les quatre échantillons, puis on répartira ce liquide entre les quatre bouteilles de prélèvement.

Si l'on ne dispose pas d'un vase sec et propre, et qu'on soit dans l'obligation de remplir les quatre bouteilles de prélèvement en tirant directement au fût, par exemple, on devra s'y prendre à deux reprises, c'est-à-dire qu'on commencera par remplir les quatre bouteilles à moitié seulement, puis on les reprendra dans le même ordre, pour achever de les remplir.

On indiquera soigneusement au procès-verbal la nature du récipient d'où l'on aura tiré le liquide prélevé, sa contenance approximative et s'il était en vidange, la quantité de liquide qu'il contenait encore au moment du prélèvement.

Dans le cas où le liquide a été mis en bouteilles prêtes à la vente, par le détaillant, on débouchera un nombre suffisant de bouteilles dont on mélangera le contenu dans un vase sec et propre ; on remplira avec ce liquide les quatre bouteilles de prélèvement.

Les précautions spéciales à chaque cas, ainsi que les quantités à prélever pour chaque échantillon, sont indiquées ci-après :

Les bouteilles de prélèvement devront toujours être propres et sèches, complètement remplies et bouchées avec des bouchons de liège neufs.

7. *Vins*. — Bouteille d'un litre ou de 800 centimètres cubes au moins, autant que possible en verre blanc, entièrement propres, sèches, sans aucune odeur.

Elles seront, si elles ont déjà servi, lavées à l'eau de cristaux à 5 p. 100, rincées à l'eau froide, puis complètement égouttées. Si elles doivent servir aussitôt après le lavage, elles subiront un nouveau rinçage avec un centilitre de vin prélevé.

Sur wagon-réservoir, la prise du volume nécéssaire se fera par le robinet de tirage après avoir laissé écouler et rejeter le premier centilitre.

Sur fût, la prise se fera à l'aide d'un trou de fausset fait au foret sur l'un des fonds, à 10 centimètres environ des bords ; le trou sera garni d'un ajustage métallique d'écoulement et celui-ci assuré par un trou de fausset fait à la partie supérieure du fût.

On devra avoir soin que les bouteilles ne soient pas plus froides que le vin au moment de l'embouteillage.

8. *Laits*. — Un quart de litre par échantillon, soit un litre pour les quatre échantillons. On prélèvera dans des bouteilles de verre blanc propres, sèches et sans odeur. Avant de les boucher, on introduira dans chacune d'elles une pastille rouge spéciale de bichromate de potasse.

Lorsque le prélèvement portera sur du lait en cours de débit, c'est-à-dire placé dans une terrine, sur le comptoir ou dans un pot ouvert, on mélangera soigneusement avec une louche le lait avec la crème montée à la surface avant de remplir les bouteilles de prélèvement.

Si le prélèvement porte sur des pots ou bidons intacts, on relèvera la nature des cachets et des marques dont ils sont revêtus avant de procéder à leur ouverture ; on en fera mention au procès-verbal.

On transvasera le lait du pot sur lequel on se propose de faire un prélèvement dans un pot vide semblable, puis on le reversera dans le premier ; ce double transvasement n'a d'autre but que de rendre le liquide homogène, c'est-à-dire de mélanger le lait avec sa crème. On prélèvera alors le lait au moyen d'une louche et, en se servant d'un entonnoir, on remplira les quatre bouteilles.

Si l'on ne dispose pas d'un pot vide pour effectuer le transvasement favorable au mélange du lait avec sa crème, on agitera fortement le pot avant de l'ouvrir, puis on s'efforcera d'en rendre le contenu homogène en le brassant avec une louche ; on devra alors en verser quelques litres dans un vase quelconque sec et propre et se servir de ce liquide pour remplir les quatre fioles de prélèvement. Si l'on ne dispose d'aucun vase sec et propre convenable, on prendra directement dans le pot avec la louche et on remplira tout d'abord les bouteilles de prélèvement à moitié seulement, puis on les reprendra dans le même ordre pour achever de les remplir.

On pourra faire autant de prélèvements, c'est-à-dire prélever autant de fois quatre échantillons qu'il y a de pots.

On pourra aussi faire un prélèvement moyen sur plusieurs pots. Dans ce cas, après avoir agité soigneusement ceux-ci, on versera quelques litres de chacun d'eux dans un pot vide ou dans un vase sec et propre et on remplira les fioles de prélèvement avec ce mélange.

On indiquera au procès-verbal le nombre de pots ainsi employés à ce prélèvement moyen, ainsi que les marques et cachets dont ils étaient revêtus. On devra se munir, pour les prélèvements de laits, d'une louche et d'un entonnoir.

9. *Bières, cidres et poirés.* — Prélever un litre environ par échantillon, dans des bouteilles résistantes (les bouteilles du genre Vichy suffisent). Le bouchon devra être maintenu soit avec une ficelle, soit avec du fil de fer.

Dans le cas de la bière, si celle-ci est tirée au fût au moyen d'une pompe, on aura soin de laisser perdre le liquide qui a séjourné dans les tuyaux de la pompe, soit un quart ou un demi-litre, avant de faire le prélèvement.

10. *Vinaigre.* — Un litre.

11. *Eaux-de-vie, cognac, armagnac, rhum, kirsch, marcs, apéritifs divers* (absinthe, vermout, bitter, amers, quinquinas, etc.), *liqueurs, sirops.* — Un demi-litre.

12. *Huiles.* — Un quart de litre.

Si on constate la présence d'un dépôt ou si l'huile s'est épaissie, ce qui est le cas pour certaines huiles en hiver, on devra mélanger et prélever l'huile trouble. On devra prélever les échantillons dans des fioles d'un quart de litre, en verre blanc autant que possible.

13. *Eau-de-vie blanche, esprit-de-vin, alcool à brûler, alcool dénaturé.* — Un quart de litre.

II. — **Matières grasses, pâteuses, semi-fluides**
(à prélever en pots ou bocaux)

Pour les produits vendus en pots ou bocaux d'origine, on prélèvera quatre échantillons semblables, après s'être assuré que leurs marques, étiquettes ou cachets sont identiques.

14. *Moutardes.* — Pots de 75 grammes environ.

15. *Confitures, miels.* — Pots de 250 grammes environ.

Pour les produits vendus au détail, on placera les échantillons dans des pots de verre, de porcelaine, de terre vernissée du genre des pots employés habituellement pour les confitures ; on s'assurera qu'ils sont propres et secs. La matière prélevée sera recouverte d'un disque de papier paraffiné, parcheminé ou même de papier blanc ordinaire, puis on recouvrira le pot d'un papier propre, solide, que l'on liera avec une ficelle.

16. *Beurres, graisses alimentaires diverses, saindoux, fromages mous.* — 200 grammes environ par échantillon.

Pour les beurres, quand le prélèvement se fera sur la motte, on se servira du fil, du couteau ou de la sonde, et on aura soin de prendre en tous les points, en se rappelant que certaines mottes sont fourrées, c'est-à-dire que le milieu n'a pas la même qualité que l'extérieur. On prendra ainsi environ 800 grammes de matières qu'on malaxera au couteau, sur une feuille de papier, et dont on fera quatre parts semblables, qui seront placées dans des pots de prélèvement.

17. *Confitures, compotes, miels.* — 200 grammes par échantillon.

Prendre toutes précautions pour assurer la ressemblance des échantillons.

18. *Gâteaux mous (éclairs, tartes, etc.).* — 125 grammes par échantillon.

On constituera les échantillons par un même nombre de gâteaux semblables, si ceux-ci sont petits. S'il s'agit d'une pâtisserie, on prendra des tranches semblables.

19. *Moutarde en pâte.* — 75 grammes environ par échantillon.

Dans ce cas, le prélèvement ne se fera plus en pots du genre des pots à confiture, comme précédemment : on emploiera de petits pots de 100 grammes qui pourront être bouchés au liège.

On recouvrira le bouchon d'une feuille de papier qui sera fixée au moyen de ficelle.

III. — **Matières à prélever en bocaux pour éviter la dessiccation**

Ces produits seront prélevés dans des bocaux propres et secs qui seront bouchés avec un bouchon de liège propre et sans odeur. Le bouchon sera recouvert d'une feuille de papier qu'on liera sur le col du bocal avec de la ficelle.

On prélèvera environ un kilogramme de matières qu'on étalera sur une feuille de papier propre, puis, après avoir bien mélangé, on fera quatre tas semblables, égaux, qui constitueront les échantillons de prélèvement de 250 grammes environ.

20. *Cafés verts et grillés, en graines ou moulus.* — Dans le cas d'un café

en poudre, on prélèvera en même temps, quand cela sera possible, le café grillé en grains dont le café moulu est dit provenir.

21. *Farines.* — Si le prélèvement porte sur un sac scellé, on prendra à la sonde dans toutes les parties du sac ; on recueillera le produit des sondages sur une feuille de papier jusqu'à ce que l'on ait obtenu la quantité nécessaire aux quatre échantillons.

22. *Sels de table, sel marin, sel raffiné, sel blanc.* — S'ils sont en boîtes ou en flacons d'origine, on en prélèvera quatre échantillons semblables de 250 grammes.

IV. — **Produits solides ou en poudre**

Lorsque ces produits seront vendus en paquets, sacs, boîtes, tubes, flacons d'origine, on prélèvera quatre échantillons semblables après s'être assuré qu'ils sont identiques.

23. *Cacaos et chocolats en poudre ou granulés.* — Boîtes de 250 grammes.

24. *Thés.* — Boîtes ou paquets de 125 grammes.

25. *Chicorées.* — Paquets de 125 grammes.

26. *Produits de la confiserie.* — Boîtes, paquets ou flacons de 125 grammes.

27. *Pâtes alimentaires, tapioca, sagou, salep, arrow-root.* — Paquets ou boîtes de 125 grammes.

28. *Sucre vanillé ou à la vanilline.* — Sachets ou boîtes de 25 grammes.

29. *Moutarde en poudre.* — Boîte de 125 grammes.

Lorsque l'on prélèvera des produits en poudre, en grains ou en petits fragments, vendus au détail, on prendra la quantité nécessaire à constituer les quatre échantillons, on la placera sur une feuille de papier propre, puis on mélangera avec soin et on partagera en quatre tas semblables formant les quatre échantillons, chacun d'eux sera placé dans un sac de papier qui ne devra pas porter de marques.

30. *Poivres en grains.* — 100 grammes par échantillon.

31. *Poivre en poudre, quatre épices, piment, gingembre, cannelle, muscade, girofle.* — Échantillon de 50 grammes.

Dans le cas où le produit aura été moulu par le débitant, on fera un prélèvement sur le produit en grains, ou entier, qui aura servi à préparer la poudre.

32. *Safran.* — 10 grammes par échantillon.

33. *Sucre en poudre.* — 125 grammes par échantillon.

34. *Thés.* — 125 grammes par échantillon.

35. *Pastilles et bonbons de chocolat, bonbons divers, boules de gomme, dragées, pastilles diverses.* — 125 grammes environ par échantillon.

36. *Pâtes alimentaires, semoules.* — 100 grammes par échantillon.

37. *Fleurages.* — 250 grammes par échantillon.

Pour les produits en tablettes, en bâtons, en pains, en pièces pouvant être débitées en les vendant à l'unité, on relèvera les marques, cachets et étiquettes dont ils sont revêtus et on en mentionnera au procès-verbal le texte et la disposition. Chaque échantillon sera enveloppé d'une feuille de papier sans marques ou placé dans un sac de papier sans marques.

38. *Chocolat en tablettes, bâtons, croquettes, objets en chocolat.* — 125 grammes par échantillon.

39. *Pâtisseries sèches, petits fours, biscuits.* — 250 grammes par échantillon.

40. *Suc de réglisse.* — 50 grammes par échantillon.

41. *Vanille en gousses.* — Ce produit est généralement vendu en tubes de deux à trois gousses ; on prélèvera quatre tubes semblables.

Les produits suivants seront soigneusement enveloppés dans une feuille de papier parcheminé ou paraffiné, puis enfermés dans un sac de papier sans marques.

42. *Pain d'épice.* — 250 grammes par échantillon.

43. *Fruits secs, fruits confits ou glacés.* — 125 grammes par échantillon.

44. *Produits de la charcuterie : saucisses, cervelas, saucissons, andouilles, andouillettes, pâtés de foie, galantine, rillettes, fromage de cochon, jambon, salaisons, lard fumé ou salé, poissons fumés ou salés.* — 150 grammes par échantillon.

Prendre toutes les précautions pour que les échantillons soient semblables.

45. *Fromages secs* (gruyère, hollande, roquefort, parmesan, etc.). — Prélever quatre morceaux aussi identiques que possible, dans un même pain ou dans deux pains semblables.

V. — **Conserves**

On prélèvera quatre échantillons identiques, c'est-à-dire qu'on s'assurera qu'ils portent les mêmes inscriptions, qu'ils sont du même modèle et du même prix.

47. *Conserves de viande, gibier, volaille, poisson, légumes, fruits, à l'huile, au vinaigre, au vin blanc, au sirop, au sel, etc., en boîtes en ferblanc, terrines, bocaux ou flacons.* — On prélèvera quatre boîtes, terrines, bocaux ou flacons du plus petit modèle.

Paris, 1ᵉʳ août 1906.

Le Ministre du Commerce, de l'Industrie et du Travail,
Signé : Gaston DOUMERGUE.

Le Ministre de l'Agriculture,
Signé : J. RUAU.

Nous le répétons : la question est d'une telle importance que nous avons estimé utile d'en mettre tous les éléments sous les yeux de nos lecteurs. On aura certainement remarqué sa grande complexité. Ce qui convient, en effet, pour tel produit ne convient pas pour tel autre ; ce que tel intérêt particulier réclame nuira à tel autre ; bien entendu nous parlons ici d'intérêts également défendables ; on voit les difficultés en résultant et pourquoi d'excellents esprits ont été amenés à critiquer telle ou telle partie des lois, des règlements, de l'arrêté que nous venons de citer. C'est ainsi que M. Maurice Beau, dont on connaît la grande compétence en industrie laitière, écrivait au lendemain du décret : « Les dispositions de ce règlement sont, en ce qui concerne les fraudes du lait, en partie inapplicables, en partie très complexes. » Nous ne suivrons pas le distingué ingénieur-agronome dans le détail des critiques, ni n'entrerons dans le détail d'autres critiques faites au sujet d'autres produits. Déjà l'usage a amené certains perfectionnements ; il en amènera d'autres qui auront pour résultat de rendre de plus en plus utile le service de la répression des fraudes (ministère de l'Agriculture) que dirige, avec compétence et dévouement, M. E. Roux. Ainsi que le notait le distingué rapporteur du budget de l'agriculture à la Chambre, en 1908, M. Noulens, « au fur et à mesure que la pratique journalière révèle des difficultés d'interprétation ou des omissions, le Gouvernement et les Chambres, pour donner à la loi toute son efficacité, mettront en vigueur des dispositions nouvelles ».

Ces règlements peuvent se répartir en deux groupes :

1° *Règlements généraux de procédure.* — (Outre le décret du 31 juillet 1906, décret de procédure d'ordre général, dont nous avons donné plus haut le texte.)

Le décret du 5 juin 1908 désigne les autorités qui ont qualité pour opérer des prélèvements sur les denrées et boissons servant à l'alimentation des armées de terre et de mer. Pour le reste, c'est-à-dire pour l'analyse administrative et l'expertise contradictoire, les règles tracées par le décret précédent sont applicables.

Le décret du 9 novembre 1897, modifié par le décret du 29 août 1907 relatif à la répression des fraudes sur les beurres, rend applicable à ces matières la procédure générale du 31 juillet 1906. Cette unification n'a pu être faite que grâce à une modification apportée, sur la proposition du Gouvernement, par la loi du 23 juillet 1907 à celle du 16 avril 1897.

Deux décrets datent, l'un du 5, l'autre du 6 août 1908.

Le premier de ces décrets porte règlement d'administration publique pour l'exécution de la loi du 21 germinal an XI, modifiée par loi du 25 juin 1908. Il désigne les autorités qualifiées pour assurer l'application des lois et règlements sur l'exercice de la pharmacie et sur la répression des fraudes en matière médicamenteuse.

Le second fixe la procédure à suivre pour l'application de la loi du 1er août 1905 aux substances médicamenteuses ; il ne diffère du décret du 31 juillet 1906 que sur un certain nombre de points de détail qu'explique la nature particulière des produits auxquels il s'applique et par la désignation d'agents spéciaux d'exécution. Ce sont d'ailleurs les mêmes qui figurent déjà dans le décret précédent du 5 août.

2° Règlements spéciaux. — Décret du 3 septembre 1907 relatif aux vins, vins mousseux, eaux-de-vie et spiritueux.

Décret du 11 mars 1908 relatif aux graisses et huiles comestibles.

Décret du 28 juillet 1908 relatif aux cidres et poirés.

Décret du 28 juillet 1908 relatif aux vinaigres.

Décret du 28 juillet 1908 relatif aux liqueurs et sirops. (Ce dernier complété par l'arrêté du 4 août 1908 relatif aux matières colorantes pouvant être employées dans la fabrication des sirops et liqueurs.)

Décrets des 5 et 6 août 1908 relatifs aux produits pharmaceutiques et aux eaux minérales.

Etc...

Pour préparer ces divers règlements et ceux à intervenir, des commissions spéciales ont été constituées, commissions dans lesquelles les représentants des administrations publiques intéressées se rencontrent avec les techniciens les plus autorisés et avec les personnalités du commerce et de l'industrie les mieux qualifiées par leur compétence. Voici comment on procède : Ces commissions font une enquête et recueillent les dépositions des représentants des syndicats, par exemple, qui demandent à être entendus, et dont, au cas où ils ne le demanderaient pas, la déposition est provoquée quand il y a lieu. Des projets sont ainsi élaborés qui sont ensuite mis au point par une Commission interministérielle avant d'être envoyés au Conseil d'État.

Nous signalerons : la commission des boissons, la commission des denrées, la commission des pharmacies, la commission dite des viandes.

Comme on le pense bien, un certain nombre de difficultés, relatives à l'interprétation des règlements, se sont élevées. Entrer dans le détail des solutions qui ont été adoptées par l'Administration et les Parquets nous entraînerait trop loin ; nous rappellerons seulement qu'il convenait, ainsi que le note fort exactement M. Noulens, dans le rapport du budget de l'agriculture de l'exercice de 1909, de préciser le véritable caractère de la procédure nouvelle et d'indiquer le sens de ses trois grandes phases :

1° Le prélèvement qui, en lui-même, n'implique pas nécessairement la suspicion et qui ne doit jeter aucune défaveur sur celui dont la marchandise en est l'objet ;

2° L'analyse du Laboratoire (toute différente d'une expertise), simple triage destiné à dénoncer tous les produits anormaux, sans préjuger de la cause réelle de l'anomalie trouvée ; cette cause peut être ou naturelle ou frauduleuse ; le laboratoire est tenu d'opérer dans des conditions telles qu'il doit laisser aux experts le soin de se prononcer à cet égard ;

3° L'expertise contradictoire ; cette dernière mesure, rouage essentiel de la loi, avait besoin d'être définie ; certains parquets se méprenant sur son objet, au lieu d'obtenir le résultat cherché, c'est-à-dire une collaboration de deux hommes de science unis dans la recherche de conclusions communes, on aboutissait à des rapports antagonistes déposés par des chimistes dont les travaux n'avaient entre eux aucun lien.

Une circulaire du Ministre de la Justice, élaborée d'accord avec le Ministre de l'Agriculture, et datée de 1908, a invité les magistrats compétents à autoriser l'inculpé à choisir librement son contre-expert, à moins toutefois qu'un inconvénient grave ne s'y oppose. Cette faculté, accordée malgré la rigueur du texte de l'article 17 du décret du 31 juillet 1906, a donné satisfaction à des désirs plusieurs fois formulés aux tribunes du Parlement, et dont on ne saurait méconnaître le bien fondé. C'est fort justement qu'un membre distingué de la Chambre a pu écrire que de telles instructions ont « permis de donner à la législation et à la réglementation nouvelles leur sens véritable qui est de protéger autant le commerce honnête que le consommateur et la production nationale » et que, « grâce aux interprétations libérales qui ont été données aux textes par les services compétents, il n'y a pas à craindre que des rigueurs excessives viennent compromettre une œuvre de répression effectuée avec fermeté sans doute, mais avec prudence et justice ».

Est-ce à dire que tout soit, dès aujourd'hui, parfait ? Certes pas. Nous l'avons dit plus haut et nous tenons à le répéter, la question est difficile et complexe et il importe de tenir un égal compte des intérêts du commerce honnête et de ceux des consommateurs.

Voyons maintenant quels sont les laboratoires, c'est-à-dire le rouage technique chargé d'assurer le difficile service que nous venons d'exposer. On a vu que l'article 3 du décret du 31 juillet 1906 (que nous avons reproduit plus haut) a institué auprès du ministère de l'Agriculture et de celui du Commerce et de l'Industrie une commission permanente pour l'examen des questions d'ordre scientifique que comporte l'application de la loi du 1er août 1905. Cette commission, qui compte parmi ses membres les chimistes spécialistes les plus compétents, a fait une très utile besogne. La création du Laboratoire central du service de la répression des fraudes, installé 42 *bis*, rue de Bourgogne, et inauguré le 19 juin 1908, lui permet d'entreprendre toutes les études nécessaires.

Voici ce que dit le décret du 17 janvier 1908 qui a ordonné cette création :

« ARTICLE PREMIER. — Il a été créé un laboratoire central de recherches et d'analyses dont le siège est à Paris.

« Ce laboratoire a pour mission :

« 1° D'exécuter les recherches d'ordre scientifique relatives à la répression des fraudes et, notamment, de procéder aux expériences indiquées par la commission technique permanente ;

« 2° De procéder à l'analyse des échantillons prélevés dans la région de Paris.

« ART. 2. — Le laboratoire central est placé sous la direction du chef de service de la répression des fraudes.

« Son personnel comprend :

« 1 chimiste, chef de laboratoire, dont le traitement varie de 6.000 à 8.000 francs ;

« 2 chimistes principaux, dont le traitement varie de 4.500 à 5.500 francs ;

« 10 chimistes, dont le traitement varie de 2.400 à 4.000 francs ;

« 4 secrétaires, dont le traitement varie de 1.800 à 3.600 francs ;

« 3 garçons de laboratoire, dont le traitement varie de 1.200 à 1.800 francs.

« ART. 3. — Trois élèves, sortant de l'Institut agronomique, peuvent être désignés chaque année par le Ministère de l'agriculture, pour faire au laboratoire central un stage d'études pratiques d'une durée maxima d'un an. Chacun d'eux reçoit une indemnité mensuelle de 100 francs. »

L'examen des échantillons prélevés est effectué dans des laboratoires départementaux et municipaux agréés à cet effet. Chacun d'eux est installé et outillé de façon à ce que l'analyse des échantillons puisse se faire avec rapidité et exactitude. Il est placé dans un local spécial, indépendant, et non dans un endroit servant à d'autres usages, à l'enseignement par exemple. L'étendue du ressort qui, sur l'avis de la commission permanente, lui est attribué est établi d'après les moyens d'action dont il dispose. Après qu'un arrêté ministériel l'a agréé et a fixé son ressort, une subvention annuelle à forfait lui est attribuée, subvention calculée à raison de 5 francs par prélèvement prévu dans l'étendue de son ressort, soit environ 2 prélèvements par 1.000 habitants. D'autre part, une somme de 5 francs est allouée au laboratoire pour chacun des prélèvements supplémentaires que les préfets peuvent faire opérer au moyen des fonds de concours mis, à cet effet, à leur disposition par les syndicats, les communes ou les départements. Enfin toutes les communes du ressort ont la faculté de s'abonner aux dits établissements pour l'exécution du nombre d'analyses chimiques dont elles ont besoin, au prix de 5 francs l'une.

Ces analyses sont de deux sortes :

1° Analyse chimique des échantillons de produits susceptibles d'être prélevés en vue de la répression des fraudes et sur la qualité desquels les habitants des dites communes veulent être renseignés. Les échantillons dont il s'agit sont envoyés franco au laboratoire par la mairie de la commune abonnée. Le résultat seul de l'analyse est donné par le laboratoire sous forme d'un bulletin d'appréciation portant que l'échantillon numéro X est bon, altéré ou falsifié, altéré par...

2° Analyses chimiques quelconques nécessaires aux services municipaux (bureau d'hygiène, octroi, cantines, etc.).

Le laboratoire est ouvert au public pour l'analyse détaillée des produits, mais alors les dites analyses doivent être payées suivant un tarif au moins égal à celui qui est en usage dans les laboratoires privés.

Dans ces conditions, le laboratoire fonctionne à l'égard des communes abonnées comme leur propre laboratoire municipal, tant au point de vue de la répression des fraudes qu'en ce qui concerne l'exécution des lois concernant l'hygiène.

En raison des difficultés rencontrées à Paris, le Ministre de l'Agriculture a préféré renoncer au concours du laboratoire municipal de cette ville et, grâce aux crédits mis à sa disposition par le Parlement, il a créé un laboratoire central de la répression des fraudes pour l'analyse des échantillons prélevés dans la région de Paris (Seine, Seine-et-Oise, Seine-et-Marne). Ce laboratoire est également chargé d'effectuer des études et des recherches sur la composition des denrées.

Les laboratoires régionaux et le laboratoire central en tant que laboratoire de la région de Paris, examinent toutes les substances prélevées dans leur ressort.

En ce qui concerne certains produits : essences de térébenthine et résines d'une part ; semences où tourteaux destinés à l'alimentation du bétail d'autre part, on a estimé préférable d'en confier l'analyse à des établissements spéciaux. Disons-en quelques mots :

La falsification des résines et essences de térébenthine prenant une extension inquiétante pour la prospérité de l'industrie landaise, l'administration s'est adressée à un laboratoire spécialement outillé et dirigé par un savant : celui de la Faculté des Sciences de Bordeaux ; l'analyse des échantillons prélevés dans les départements y est faite en vertu d'un arrêté l'agréant à cet effet, arrêté en date du 21 mars 1908.

Pour les semences et les tourteaux destinés à l'alimentation du bétail, on a recours au laboratoire de la Station d'essais de semence qui, installée naguère dans les bâtiments de l'Institut agronomique, a été transportée à cet effet rue Platon, n° 4, dans un immeuble loué par l'Administration ; ce laboratoire est muni des appareils les plus perfectionnés. Conformément à l'arrêté du 21 mars 1908, tous les échantillons de semences, tourteaux, fourrages concentrés et issues servant à l'alimentation du bétail, prélevés dans les départements, sont adressés par les préfectures à la Station d'essais au moyen de sachets et de sacs mis, par l'administration, à la disposition des services administratifs. Le nombre de ces échantillons ne peut dépasser la proportion de 5 p. 100 du total des prélèvements de toute nature prévus pour chaque département.

Avant de poursuivre l'exposé qui concerne les laboratoires, nous voulons nous arrêter ici, pour noter, au sujet des fraudes sur les semences, que l'application de la loi à leur sujet a soulevé de nombreuses et véhémentes protestations. Nous croyons intéressant de reproduire ce passage d'une lettre adressée à leur propos, le 1er août 1908, par le Ministre de l'Agriculture au Préfet des Basses-Pyrénées :

« ...Il importe de faire observer tout d'abord aux pétitionnaires que, si les cultivateurs et même les syndicats s'adressent aux commerçants, marchands grainiers, et non aux producteurs eux-mêmes, c'est qu'ils savent que ces derniers ne peuvent leur donner que des semences souillées de leurs impuretés naturelles, la cuscute notamment. Aussi ne peut-on assimiler le cultivateur, qui vend la graine qu'il récolte, au négociant qui, lui, ne vend qu'après avoir fait subir à ses achats les opérations de triage et de nettoyage pour lesquelles il dispose, d'ailleurs, d'un outillage spécial.

« Ces traitements d'épuration sont, et la raison d'être de l'intermédiaire du marchand grainier, et la justification de la majoration du prix de vente ; l'épuration dont il s'agit produisant un déchet d'autant plus important que l'opération est plus soigneusement faite.

« C'est donc surtout parce que le négociant offre de telles garanties que le cultivateur s'adresse à lui de préférence, consentant à payer plus cher ses semences que s'il se fournissait chez le producteur.

« La petite et la grosse cuscute font courir à notre agriculture le plus grand danger. La loi du 21 janvier 1908 prohibe l'importation des semences cuscutées. Par tous les moyens dont elle dispose, l'Administration a essayé d'enrayer l'extension de ce véritable fléau, et certains préfets ont pris, en exécution de la loi du 24 décembre 1888, des arrêtés rendant obligatoire la destruction de la cuscute. Malgré cela, le danger n'en reste pas moins grand.

« J'estime que les marchands grainiers contreviennent aux dispositions de la loi, non parce qu'il y a falsification, mais parce qu'il y a tromperie sur la qualité de la marchandise lorsqu'ils vendent sous le nom de trèfle ou de luzerne des graines infestées de cuscute, à moins qu'ils ne mettent leur responsabilité à couvert, en les vendant comme graines non décuscutées ; toutefois, cette restriction ne vise que la vente faite aux agriculteurs et non les transactions faites entre négociants.

« Quant aux semences vendues expressément comme graines décuscutées, il est évident que cette dénomination n'a pas un caractère absolu, et que ces produits peuvent renfermer quelques graines de cuscute (soit 10 graines par kilogramme). Ce chiffre est encore relativement énorme, car les appareils appelés décuscuteurs peuvent enlever la totalité de la petite cuscute dans le trèfle et la luzerne et la totalité de la grande dans la luzerne.

« J'ajouterai que cette obligation de spécifier que la semence n'est pas décuscutée est d'autant plus nécessaire que l'acheteur est dans l'impossibilité presque absolue de découvrir, à la simple vue, la présence de la cuscute. Il est besoin, en effet, pour la reconnaître, de se servir d'une loupe et d'un tamis, alors que nombre de graines étrangères ou les matières terreuses apparaissent immédiatement. »

Mais revenons aux laboratoires, et donnons à leur sujet quelques chiffres. Voici les laboratoires qui étaient agréés au 1ᵉʳ septembre 1908 :

1° Onze laboratoires municipaux de chimie : Amiens, Brest, Lille, Lyon, Nîmes, Rennes, Reims, Rodez, Saint-Étienne, Toulouse, Rouen ;

2° Quatre laboratoires municipaux de chimie et de bactériologie : Clermont-Ferrand, Grenoble, Le Havre, Toulon ;

3° Onze stations agronomiques départementales : Arras, Auxerre, Bordeaux, Caen, Chartres, Châteauroux, Marseille, Nancy, Nantes, Poitiers, Tours :

4° Une station agronomique universitaire : Dijon ;

5° Deux stations œnologiques (appartenant à l'État) : Beaune et Montpellier ;

6° Deux laboratoires du Ministère des Finances : Bayonne, Port-Vendres ;

7° Trois laboratoires spéciaux : Paris (laboratoire central), Paris (laboratoire d'essais de semences), Bordeaux (laboratoire des produits résineux).

Soit au total, trente-quatre établissements, dont vingt-six appartenant à des villes ou à des départements.

Les dépenses d'entretien représentent, à la charge de ces villes ou départements, une dépense annuelle d'environ 320.000ᶠʳ. Quant au budget d'ensemble, il s'élève, pour 1908, exception faite du laboratoire central de Paris et des laboratoires du Ministère des Finances à Port-Vendres et à Bayonne, à près de sept cent mille francs, se répartissant ainsi :

Les trente-et-un laboratoires dont il s'agit comprennent un

personnel de soixante-quinze directeurs et chimistes et trente employés et garçons de laboratoire.

Les villes qui, au début, paraissaient craindre la mainmise sur leurs laboratoires se sont rendu compte que l'agrément de l'État, tout en leur donnant le moyen d'assurer à leurs établissements une plus grande importance, ne touche pas à l'autonomie municipale scrupuleusement respectée. Les garanties prises par l'État à l'égard des laboratoires agréés sont, en effet, presque exclusivement d'ordre technique.

Toutefois, afin d'intéresser les chimistes à la bonne exécution des analyses, les maires ont été priés de donner l'assurance que les subventions accordées par l'État, ainsi que toutes les recettes nouvelles qui résulteraient du service régional, seraient affectées au laboratoire et ne constitueraient pas, même en partie, des bénéfices pour la ville. Les trois quarts, doivent être consacrés à l'amélioration de la situation du personnel, en l'intéressant au développement de l'institution par une participation aussi large que possible aux recettes, dont l'accroissement dépend surtout de l'activité du directeur et de ses collaborateurs. Les mêmes dispositions ont été prises à l'égard du personnel des stations agronomiques agréées.

Les chiffres de 1909 ne sont arrivés à notre connaissance qu'après que ce chapitre était déjà écrit et imprimé ; nous indiquerons cependant brièvement les adjonctions qui se sont produites :

Ont été agréés en 1909 le laboratoire municipal de Lezignan, le laboratoire de la station agronomique de Blois, le laboratoire de la station agronomique de Franche-Comté, à Besançon. En outre, un laboratoire spécial de contrôle des produits pharmaceutiques a été organisé à l'Ecole supérieure de Pharmacie de Paris.

Au total, le service de la répression des fraudes disposait donc à la fin de l'année 1909, de trente-neuf laboratoires, se subdivisant ainsi :

32 laboratoires municipaux ou départementaux ;

2 laboratoires du Ministère des Finances ;

1 laboratoire spécial pour les semences ;

1 laboratoire spécial pour les résines ;

1 laboratoire spécial pour les produits pharmaceutiques ;

1 laboratoire spécial pour les conserves ;

1 laboratoire central pour les recherches.

De plus, à Nice, au Mans, à Saintes des laboratoires municipaux sont en voie de réorganisation dans le but d'être agréés pour le service de la répression des fraudes.

Nous n'aurons donc pas ainsi, en France, moins de quarante-deux laboratoires concourant à la répression des fraudes. On peut estimer que ce sera là un nombre suffisant, et ce n'est pas sans raison que le distingué rapporteur à la Chambre du budget de l'agriculture pour 1910 écrit : « Il n'y aurait que des inconvénients à l'accroître, car, pour permettre le fonctionnement de quelques laboratoires nouveaux, on risquerait de désorganiser les établissements qui assurent actuellement le service d'une façon satisfaisante, puisque leur subvention se trouverait diminuée d'autant. »

Venons-en maintenant à ce qui concerne le fonctionnement technique. C'est au rapport du budget, présenté à la Chambre pour l'exercice 1909, que nous empruntons les lignes suivantes :

Les laboratoires ont reçu des notices contenant la description des méthodes officielles d'analyse de la plupart des matières alimentaires et des instructions sur la façon dont les conclusions doivent être prises.

Le rôle des laboratoires est de faire un triage parmi les échantillons qu'ils reçoivent ; aussi l'examen qui leur est demandé n'a-t-il aucun des caractères d'une expertise véritable.

L'appréciation donnée par le laboratoire constitue, pour l'autorité judiciaire, une indication, une présomption, qui justifie, sinon dans tous les cas, l'ouverture d'une instruction, du moins une enquête préalable ordonnée par le procureur de la République, afin de rechercher si quelques circonstances, ignorées du laboratoire, ne permettent pas d'expliquer, par des causes non délictueuses, l'anomalie constatée.

Il appartient aux directeurs des laboratoires agréés d'interpréter les résultats analytiques et d'établir les conclusions sous leur responsabilité. Aucune règle fixe ne peut leur être imposée à cet égard.

Toutefois, le Ministre de l'agriculture leur transmet, par voie de circulaires appropriées, des indications émanant de la commission technique permanente, de nature à faciliter leur tâche, et notamment les données analytiques sur lesquelles ils pourront s'appuyer.

Autrement dit, l'administration s'est bien gardée d'établir les moyennes de composition auxquelles, d'une manière inflexible, les aliments doivent correspondre. Outre que de semblables règles ne tiendraient nul compte de variations naturelles qui font que chaque conclusion est une question d'espèce, les fraudeurs y auraient trouvé la sécurité en y ramenant chimiquement toutes les matières alimentaires aux types officiels.

Le rôle des directeurs de laboratoire est donc forcément très délicat ; ils peuvent néanmoins apporter une grande sévérité dans leurs jugements, puisque, d'une part, tout échantillon fraudé qu'ils laisseraient passer ne saurait être incriminé, et que, d'autre part, nulle condamnation ne résulte directement de leur appréciation, la réalité ne pouvant être établie que par l'expertise contradictoire ultérieure, laquelle est faite dans des conditions qui donnent toute garantie aux intéressés.

Dans le cas où les indications portées sur l'étiquette paraissent insuffisantes, les directeurs doivent demander au service administratif expéditeur les renseignements complémentaires qu'ils jugent utiles et susceptibles de préciser la nature du produit, ainsi que la dénomination et les conditions dans lesquelles il est mis en vente. A l'exception du nom et de l'adresse du propriétaire de la marchandise prélevée et du lieu du prélèvement, toutes les circonstances mentionnées au procès-verbal de prélèvement peuvent leur être communiquées dans le but de reconnaître les infractions à la loi du 1er août 1905.

En effet, le délit consiste le plus souvent dans la tromperie sur la nature de la marchandise vendue. Ainsi, une huile formée d'un mélange d'huile d'olives et d'huile de coton doit être signalée comme fraudée si elle est vendue comme « huile d'olives », tandis qu'elle ne peut être incriminée si elle est vendue comme huile de table, huile blanche, etc., par exemple.

A cet égard, les services administratifs ont reçu des instructions précises qui seront complétées peu à peu par l'indication d'exemples, afin que les agents chargés des prélèvements s'attachent, avec un soin tout particulier, à établir, d'une manière indiscutable, le nom sous lequel le produit est offert à la vente et pour qu'ils n'opèrent point de prélèvements inutiles.

Les relevés mensuels adressés au Ministre par les préfets portent l'indication des conclusions des laboratoires, des délais dans lesquels l'analyse et la transmission au Parquet ont été effectuées. Il est donc facile de contrôler les opérations des laboratoires d'une façon complète. Il y a lieu de remarquer, de plus, que l'anonymat des échantillons permet au service central de faire analyser par les laboratoires des échantillons intentionnellement fraudés, ce qui permet de vérifier la sincérité de leurs conclusions et l'exécution régulière des analyses.

Le fonctionnement du laboratoire central assure, dorénavant, l'étude des questions litigieuses d'ordre scientifique, qui sont soumises au service par les laboratoires agréés et que ceux-ci ne sauraient eux-mêmes trancher.

Enfin, un arrêté du Ministre de l'agriculture, en date du 19 novembre 1907, a institué des experts du service de la répression des fraudes accrédités auprès des laboratoires. La plupart des grandes associations se sont empressées de demander au Ministre la nomination de quelques-uns de leurs membres, témoignant ainsi de leur désir d'apporter à l'Administration une collaboration dévouée (1). C'est à bon droit qu'à la Chambre le rapporteur du budget de l'agriculture, pour l'exercice 1909, se félicite d'un « tel concours, précieux, car il indique de la part du commerce en général une confiance qu'il paraissait ne pas avoir au début de l'application de la loi ».

Il peut paraître un peu prématuré de vouloir établir le bilan du nouveau service. Voici pourtant quelques chiffres. Tout d'abord ceux de 1907, année où le service a commencé de fonctionner (au 1er avril). Le total des prélèvements pendant ces neuf derniers mois a été de 30.730, se répartissant en 24.669 échantillons bons et 6.061 suspects, soit une moyenne de 19,7 p. 100. La répartition en est la suivante :

(1) A ce sujet notons, parmi d'autres, les deux catégories de faits suivants, toutes deux en faveur de la lutte contre la fraude et qui ont été inspirées par la dernière crise viticole :

D'une part, de nombreuses associations ont offert des primes pour la poursuite des fraudes sur les vins ;

D'autre part, les ouvriers se sont montrés absolument opposés aux fraudes par le sucrage que pourraient commettre des négociants ou des viticulteurs malhonnêtes, se rendant compte que l'augmentation artificielle de la récolte provoquait la baisse des prix du vin et s'opposait à la hausse des salaires, et que, par suite, leurs intérêts concordent avec ceux des propriétaires.

	VINS	BOISSONS DIVERSES	LAITS	BEURRES	HUILES	VINAIGRES	DIVERS	TOTAUX
Départements	3.626	1.114	5.609	1.281	1.739	428	9.262	23.059
Seine	2.169	232	2.497	216	145	64	2.338	7.661
Totaux..	5.795	1.346	8.106	1.497	1.884	492	11.600	30.720
Suspects.....	989	146	2.872	175	743	126	1.010	6.061
Pour cent....	17,06	10,84	35,43	11,69	39,44	25,60	8,70	19,72

Pendant ces neuf mois également (1ᵉʳ avril-31 décembre 1909) les condamnations se sont élevées au chiffre de 1.188, soit 3,8 pour 100 prélèvements ; le montant des amendes a été de 272,082 francs et le total des jours de prison de 13.323.

Il est intéressant de comparer la moyenne, par mois, des condamnations pour fraudes prononcées par les tribunaux avant l'organisation du service, pendant les deux années 1905 et 1906, à la même moyenne pendant l'année 1907 :

Condamnations mensuelles pour fraude ou falsification de boissons et denrées alimentaires

(Les condamnations pour fraudes fiscales ne sont pas comprises)

MOYENNES MENSUELLES	NOMBRES des CONDAMNATIONS	AMENDES	JOURS de PRISON
En 1905 et 1906	48	9.808	370
Premier trimestre de 1907 ..	97	25.042	898
Moyenne de l'année 1907....	132	30.292	1.480

Il est intéressant de comparer à ces chiffres ceux de 1908, qui portent sur une année entière, et ceux du premier trimestre de 1909 (les derniers connus alors que nous écrivons ces lignes) :

MOYENNES MENSUELLES	NOMBRES des CONDAMNATIONS	AMENDES	JOURS de PRISON
En 1908...................	264	44.144	2.207
En 1909 (1er trimestre)......	242	45.943	1.531

Voici également un tableau de statistique générale indiquant la répartition, par catégorie de produits, des échantillons prélevés :

NATURE des PRODUITS PRÉLEVÉS	ÉCHANTILLONS PRÉLEVÉS					
	En 1907		En 1908		En 1909 (1er semestre)	
	NOMBRES	% DE SUSPECTS	NOMBRES	% DE SUSPECTS	NOMBRES	% DE SUSPECTS
Laits	8.106	35,4	17.504	21,5	10.117	24,6
Vins..............	5.795	17	10.911	17,7	6.360	15,2
Vinaigres	492	25,6	849	15,2		
Cidres et bières....	753	12	1.520	15,6		
Spiritueux........	593	9,2	2.015	16,5		
Beurres...........	1.497	11,6	2.882	12,9	16.461	7,3
Huiles	1.884	34,1	3.872	19		
Semences et tour-teaux	»	»	1.991	12,2		
Autres produits....	11.600	8,6	26.182	7,6		
Totaux et moyennes.	30.720	19,8	67.726	14,4	32.938	14,1

Il faut noter que le service a adopté la dénomination de « suspects » pour tout produit dont l'analyse est transmise au parquet, quand bien même le résultat de l'examen administratif ne laisserait aucun doute sur l'existence d'une falsification.

Si parfois on est guidé dans les prélèvements par une suspicion, le plus souvent ils portent indifféremment sur toutes les boissons et denrées alimentaires. A Paris, ce service est confié à des agents spéciaux, dits commissaires-inspecteurs des denrées alimentaires, dirigés par le commissaire spécial des halles, et qui, grâce à leurs connaissances techniques, arrivent, après des enquêtes, à prélever pour ainsi dire à coup sûr. Cela est si vrai que, pour l'ensemble, 60,7 p. 100 des échantillons prélevés dans la Seine ont été transmis au parquet pendant le premier semestre de 1909, et que, par conséquent, 39,3 p. 100 seulement des produits n'ont fait l'objet d'aucune observation du laboratoire. Les échantillons transmis au parquet sont, non seulement ceux qui sont suspects, mais encore ceux qui ont été prélevés pour servir de témoins. Par comparaison, la falsification peut être établie avec rigueur et, dans ce but, les agents du service de la Seine s'efforcent de prélever des échantillons qui conviennent à ces comparaisons. C'est ainsi que la comparaison entre le vin prélevé dans un fût encore intact, dans la cave du détaillant, et celui pris sur le comptoir permet d'établir le mouillage avec une rigueur mathématique dans bien des cas ; alors les intéressés ne songent même pas à contester le fait, ce qui simplifie le travail du parquet.

Il en est de même en ce qui concerne le lait ; mais, ici, le prélèvement des termes de comparaison exige parfois, avec une grande habileté, beaucoup d'activité. Pour une même affaire, il arrive que les échantillons doivent être pris aux points suivants :

1° Échantillons pris sur les laits livrés par les cultivateurs aux dépôts des sociétés laitières. Les pots sont déposés dans la campagne à des endroits déterminés, sur le passage des voitures de ramassage. C'est là que les prélèvements doivent être effectués.

2° Échantillons prélevés aux dépôts ; ils représentent la moyenne de composition des laits ramassés dans le rayon du dépôt.

3° Échantillons prélevés sur le quai d'embarquement où à l'arrivée à Paris ; ils représentent la moyenne de composition des laits expédiés à Paris.

4° Échantillons prélevés sur les voitures des garçons livreurs, sur le parcours de leur itinéraire de livraison dans Paris.

5° Échantillons prélevés sur les pots encore pourvus des cachets des fournisseurs, à la porte ou dans la boutique du détaillant.

6° Enfin, échantillons prélevés dans les bassines ou les pots en cours de débit.

La carte du bassin laitier de Paris a été dressée. Elle comprend les départements suivants dans lesquels se fait l'approvisionnement de Paris : Seine-et-Oise, Seine-et-Marne, Yonne, Aisne, Aube, Loir-et-Cher, Somme, Loiret, Eure-et-Loir, Eure, Seine-Inférieure, Oise et Marne.

Plusieurs agents du service de Paris, ainsi que l'agent syndical des crémiers de Paris, ont été commissionnés par les préfets de ces départements pour pouvoir prélever, à l'endroit convenable, les échantillons de lait destiné à la consommation parisienne. Grâce aux fonds de concours donnés par ce syndicat (1.200 fr.), ainsi que par la Chambre syndicale de la laiterie en gros (6.500 fr.), le service de Paris dispose d'une automobile qui lui permet de se transporter rapidement sur les lieux d'approvisionnement et de revenir à Paris avant même l'arrivage, par chemin de fer, des laits dont les échantillons types ont été prélevés sur place.

Cette organisation a été décrite à l'Exposition internationale de Budapest (1909), et le jury lui a décerné le grand prix.

« Il est bon de signaler à cette occasion, écrit fort justement M. Noulens, rapporteur du budget de l'agriculture pour l'exercice 1910 (à la Chambre), que l'organisation dont il s'agit n'a pu être réalisée que parce que la répression des fraudes est un service d'État. Elle n'aurait pu se faire sous le régime antérieur. En raison de l'indépendance administrative des villes et des départements, les droits de surveillance du Préfet de police, par exemple, ne pouvaient s'étendre au delà des limites de sa préfecture ; ce qui vient d'être exposé montre l'intérêt qu'il y avait à pouvoir remonter à la source afin d'établir les responsabilités. Cette organisation offre au commerce honnête de Paris des garanties qui expliquent l'empressement avec lequel son concours est acquis au service de la répression des fraudes. »

S'il peut être, ainsi que nous le disons plus haut, quelque peu prématuré de vouloir établir le bilan des résultats de la loi nouvelle, à plus forte raison est-il trop tôt pour pouvoir porter *un jugement basé sur les faits* à propos du dernier point qui nous reste à examiner au sujet de la loi de la répression des fraudes, je veux dire la délimitation des régions de production (viticoles notamment).

Toute récente, puisque les premiers décrets datent du 17 décembre 1908 (Champagne), du 1er mai 1909 (Cognac), du 25 mai 1909 (Armagnac), du 18 septembre 1909 (Banyuls), cette délimitation a soulevé bien des protestations, et notre souci d'impartialité dans l'étude de toutes les questions veut que nous en reproduisions une ici : elle est due à M. Daniel Zolla, le distingué professeur de l'École nationale de Grignon.

Tout le monde sait, écrivait-il dans le *Journal des Débats*, à la date du 8 septembre 1909, que l'on désigne certains vins en se servant de dénominations générales rappelant leur origine et plus spécialement la « région » dans laquelle ils ont été *produits*, c'est-à-dire fabriqués avec des raisins récoltés sur place. On dit : les vins de Bourgogne, les vins de Champagne, les vins d'Anjou, du Roussillon, etc., etc… Ce baptême a eu visiblement pour explication un ensemble de caractères, de qualités et de goûts correspondant à la fois à l'espèce des cépages cultivés, à la nature du sol, au climat, aux méthodes de vinification employées traditionnellement, etc., etc… En somme, l'appellation adoptée correspondait a une sorte de *famille* de vins se distinguant des autres *familles* voisines, bien que chacune d'elles fût constituée par des individualités ou des « variétés » très fortement caractérisées. C'est ainsi que parmi les vins dits de Bourgogne, on a toujours admis des divisions et reconnu l'existence de certains groupes : vins de la Côte-d'Or, vins de la côte châlonnaise, par exemple, puis enfin des « crus » obtenus par certaines terres privilégiées dont l'étendue ne dépassait pas quelques hectares !

Il en est de même pour les vins dits de Bordeaux parmi lesquels on distingue les vins de Médoc (Haut et Bas), les Graves, les Sauternes, les Côtes, les Palus, les Entre-deux-Mers, sans compter les « crus » appelés « Châteaux » du nom des domaines qui les produisent.

Parfois, enfin, la dénomination générale rappelle simplement le nom d'une commune sur le territoire de laquelle se trouvent des « crus » estimés, ou qui est le centre du commerce des vins de la région. On dit des vins de Bordeaux, de Beaune et de Mâcon pour cette double raison : production locale et commerce des vins produits dans la région.

A coup sûr, la loyauté commerciale paraît exiger que l'on ne donne pas abusivement le nom de Bourgogne et de Champagne à des vins produits en dehors de ces anciennes provinces. La délimitation de ces circonscriptions est donc assez justifiée. *Mais* deux conditions doivent être remplies ou deux règles doivent être observées : 1º Il faut fixer les anciennes limites des provinces d'autrefois, tâche malaisée même pour les érudits et à plus forte raison pour des agents du ministère de l'agriculture ; 2º Il faut, de plus, que la « région » viticole corresponde exactement à une ancienne circonscription administrative, et tel n'est pas toujours le cas.

Pour le Bordelais, notamment, les avis sont certainement partagés. De là des réclamations, des compétitions, des protestations violentes qui nous paraissent, à vrai dire, tout à fait compréhensibles. La volonté d'être juste et de prévenir des fraudes ne justifie pas des délimitations contraires aux traditions et aux réalités : aux traditions, quand certains vins se sont vendus depuis longtemps sous un nom générique qui leur serait désormais refusé ; aux réalités, quand les qualités des vins les assimilent exactement à ceux d'une région très voisine dont les limites ne peuvent pas être fixées administrativement, et dont le sol, le climat, les cépages ne diffèrent pas de ceux de la circonscription limitrophe.

Au fond, il est clair que les propriétaires bourguignons, champenois ou girondins, par exemple, entendent bénéficier d'une « marque » spéciale qui donne quelque plus-value à leurs produits. Leurs voisins immédiats qui fabriquent sur des sols semblables, chacun les mêmes variétés de raisins, des vins identiques ou peut-être supérieurs, sont naturellement amenés à contester les mérites d'une délimitation qui froisse leurs intérêts sans protéger le consommateur auquel ils sont capables de fournir un vin d'égale qualité.

Les anciennes dénominations — survivance actuelle d'un passé disparu — ont visiblement perdu beaucoup de leur valeur : 1º parce qu'on connaît exactement aujourd'hui les formations géologiques sur lesquelles sont cultivées les vignes de telle ou telle région et que l'on peut trouver plus loin — sous un même climat — à une même exposition, les mêmes terres et les exploiter de la même façon ; 2º parce que les cépages employés ici peuvent être utilisés là ; 3º parce que les mêmes procédés de vinification mieux connus sont usités dans des régions différentes et viennent encore réduire les différences de caractères et de qualités des vins fabriqués en deçà ou au delà des limites d'une ancienne région.

Juste dans son objet, qui est la protection du consommateur contre une fraude, et favorable, d'ailleurs, à certains producteurs qui sont légitimes propriétaires d'une sorte de marque d'origine, la délimitation des régions viticoles ne peut être, cependant, que d'une faible utilité tant pour les acheteurs que pour les vignerons.

Dans l'intérieur d'une même province comme la Bourgogne ou la Champagne, il est clair que les qualités des vins fabriqués sont très diverses et que leur valeur marchande varie par suite dans les limites les plus étendues.

Les mélanges faits par le commerce ou pratiqués à la propriété même entre « cuvées » de clos voisins, l'âge des vins, l'influence des saisons, etc., etc..., viennent encore modifier les caractères de la « famille » des vins portant même légitimement une dénomination générale. Enfin, la délimitation ne restreint pas la concurrence, celle des vins d'autres régions, bien entendu, ni même celle de la circonscription envisagée. Par suite, les prix ne sauraient être relevés par la fixation des limites territoriales, et si, par impossible, les cours se trouvaient en hausse, la production augmenterait au bout de peu de temps pour que le propriétaire profitât de cette plus-value.

Quant aux centres de production des vins communs, Languedoc, Provence, etc., etc., il est évident que la délimitation, plus difficile encore, ne servirait à rien.

A la vérité, nous ne voyons donc pas les avantages de cette opération délicate, et nous ne croyons pas qu'elle puisse sérieusement remédier aux maux résultant de l'abondance extraordinaire des vins, seule cause certaine de l'avilissement ruineux des cours depuis seize ans !

Certes, nous ne disconvenons pas de l'importance des difficultés que signale M. Daniel Zolla ; mais croit-on que leur résolution soit plus délicate ou plus complexe que celles surgies au sujet de l'application de la loi pour la répression des fraudes ? Or, nous venons de voir qu'un grand nombre de celles-là sont en bonne voie de solution, et nous espérons qu'il en ira de même ici et qu'on réussira à distinguer, parmi les usages locaux constants concernant la plus ou moins grande extension donnée aux territoires ayant pour leurs produits le droit exclusif à telle appellation régionale ; nous pensons qu'on réussira à distinguer parmi ces usages ceux qui sont légitimes de ceux qui sont abusifs afin de pouvoir, par la prohibition expresse de ces derniers, donner aux premiers une consécration réelle ; afin, également, d'éviter aux producteurs, propriétaires collectifs d'une appellation régionale, d'être obligés d'avoir, pour défendre leur propriété, recours aux tribunaux qui n'établissaient une jurisprudence que très lentement et avec beaucoup d'incertitude.

Ce ne sont pas là les seuls services que rendra la délimitation et, quant à nous, nous estimons que le commerce d'exportation français en éprouvera d'heureux effets : Quand on saura dans l'Univers entier que les vrais vins français sont authentiqués, n'en résultera-t-il pas, par cela même, la presque impossibilité de continuer la fraude qui, hors de nos frontières, se fait à notre détriment sur une si vaste échelle : qui paiera encore d'un prix élevé des champagnes, des bourgognes, des bordeaux, des cognacs fabriqués un peu partout, quand par leur manque d'authentification ces crus frauduleux renieront franchement la valeur qu'on voudrait leur prêter ?

Nous tenons, enfin, à signaler la société universelle dite « Croix-Blanche de Genève » qui fut fondée, en août 1907, sur l'initiative de MM. François Deloncle et Paul Bolo, et tient des congrès annuels internationaux. Les discussions qui se produisent au cours des séances de ces congrès sont fort intéressantes. Bien entendu, les difficultés que nous signalions au sujet de la répression des fraudes existent au sujet des résolutions votées par ces congrès, et l'imperfection humaine est cause que des alliances d'intérêts entre congressistes de régions ou de pays différents font, un instant, passer au second plan les questions utilitaires et sanitaires (1). Nous le répétons, c'est là un fait dont seuls sauraient s'étonner les utopistes qui se refusent à voir telle qu'elle est la nature humaine. N'est-ce pas déjà beaucoup que

(1) Signalons par exemple au deuxième congrès, qui s'est tenu en octobre 1909 à Paris (le premier eut lieu en 1908 à Genève), la vive protestation des représentants des pays français producteurs d'huiles d'olives pures.

cette question de la répression soit ainsi, une fois l'an, à l'ordre du jour de l'opinion publique, à qui les journaux en montrent l'importance, et quand bien même — ce qui est au demeurant l'exception — les congressistes se laisseraient, dans quelques votes, influencer par des intérêts de clocher, qui donc oserait nier que de la discussion même ne résultera pas — dans un délai plus ou moins rapide — la meilleure décision.

Ces légères difficultés signalées, nous avons plaisir à reconnaître que d'une façon générale les commerçants et les producteurs honnêtes du monde entier, ont compris qu'actuellement ils devaient faire trêve un moment à leurs rivalités interprofessionnelles pour s'unir contre l'ennemi commun, le fraudeur, et qu'ils ont répondu avec enthousiasme à l'appel de la « Croix-Blanche », qui leur fournissait l'occasion, depuis si longtemps désirée, de pouvoir s'unir assez nombreux, assez résolus pour opposer à jamais une barrière aux manœuvres frauduleuses qui paralysent leurs efforts, menacent le bon renom de leurs produits et, nous ne saurions trop le répéter, constituent pour la santé publique un danger chaque jour grandissant (1) !

---

(1) Les annales de la « Croix-Blanche » sont publiées mensuellement sous le titre d'*Annales des falsifications (Bulletin international de la répression des fraudes alimentaires et pharmaceutiques)*. Cette excellente revue nous semble appelée à rendre de réels services. Son siège est au siège même de la « Croix-Blanche », 42, rue du Rhône à Genève ; mais la rédaction et l'administration sont 16, place Vendôme, à Paris. Les annales sont publiées sous la direction du Dr F. Bordas, chef du service des laboratoires du Ministère des Finances, membre du Conseil supérieur d'hygiène de France, et de M. Eug. Roux, docteur ès sciences, chef du service de la répression des fraudes au Ministère de l'Agriculture. Elles ont pour rédacteur en chef M. Ch. Franche.

CHAPITRE LXX

LES AMÉLIORATIONS AGRICOLES

CONSIDÉRATIONS GÉNÉRALES. — IMPORTANCE DES SERVICES RENDUS PAR LE COMITÉ D'ÉTUDES SCIENTIFIQUES ; LOUABLE SOUPLESSE DE SES MÉTHODES DE TRAVAIL. — IRRIGATIONS. — DRAINAGE ET ASSAINISSEMENT DES TERRES. — CHEMINS RURAUX, CHEMINS D'EXPLOITATION, CABLES PORTEURS. — REMEMBREMENT, ABORNEMENT GÉNÉRAL, RENOUVELLEMENT DU CADASTRE. — MISE EN VALEUR DES TERRES INCULTES. — CONSTRUCTIONS RURALES. — BIEN DE FAMILLE, PETITE PROPRIÉTÉ RURALE. — INSTALLATIONS D'INDUSTRIES ANNEXES ET D'ATELIERS RURAUX. — INSTALLATIONS HYDRO-ÉLECTRIQUES. — AMENÉES D'EAU POTABLE POUR USAGES AGRICOLES. — LES EAUX SOUTERRAINES. — NÉCESSITÉ DE FAIRE DE PLUS EN PLUS CONNAITRE LE SERVICE DES AMÉLIORATIONS AGRICOLES ; EXCELLENTE CIRCULAIRE DU PRÉFET DE LA MEUSE.

Nous avons au tome III (p. 99) donné un court historique de la question si importante des améliorations agricoles, et nous avons indiqué (pp. 99 à 105) comment le Service de l'Hydraulique, qui dépendait tout d'abord du Ministère des Travaux publics, fut rattaché, à fort juste titre, au Ministère de l'Agriculture lors de la création de ce dernier par Gambetta (1881), comment ce service est devenu « la Direction de l'Hydraulique et des Améliorations agricoles », l'impulsion tout particulièrement heureuse que le directeur actuel de ce service, M. L. Dabat, lui a donnée ; comment, enfin, près de cette direction, M. Ruau, ministre de l'agriculture, a créé, en 1905, un comité d'études scientifiques dont nous avons indiqué les attributions, de même que nous citions la partie la plus importante du rapport (du Ministre au Président de la République) qui précédait le texte de ce décret ; nous ne reviendrons pas sur ce que nous avons écrit, mais en raison de l'importance particulière de la question, nous tenons à insister avec plus de détails sur certains points ; en outre, l'intelligente et inlassable activité du Service des Améliorations nous offre plus d'un nouvel aspect à mettre en lumière.

Le comité d'études scientifiques. — Alors qu'en plus d'un pays, en Europe centrale notamment, il existe des services d'améliorations, nulle part on n'a, comme chez nous, songé à placer à côté d'eux un comité d'études scientifiques. Il ne s'agit pas, on le sait (tome III, p. 103), d'un comité temporaire, mais bien d'un comité permanent, et ce comité rend les plus grands services. Toute une série de problèmes délicats, dont certains inétudiés jusqu'ici, retient son attention. On peut citer ceux se rapportant à la perméabilité des sols, aux tourbières, aux terrains salés, aux tirs contre la grêle, à l'évaluation des réserves glaciaires qui présentent un intérêt primordial pour les industriels, chaque jour plus nombreux, utilisant la houille blanche.

Les méthodes de travail sont excellentes et se distinguent par une grande souplesse (qu'on rencontre trop rarement dans les services administratifs). Il se divise, en effet, en sections qui choisissent, pour les aider dans les enquêtes qu'elles ont à faire, telles personnes qui leur paraissent le mieux convenir sans avoir à se préoccuper si ces personnalités appartiennent à l'Administration ou si elles ont des titres universitaires. Il s'agit, en somme, de sortes de missions dont les sections ont toute liberté de charger qui bon leur semble et qu'elles rétribuent par des indemnités. Exemple : une section ayant eu à étudier la régression des glaciers dans une région, s'est adressée à un archiviste paléographe le priant de rechercher dans les archives départementales tous les renseignements anciens concernant les conditions climatériques et glaciaires. Est-il besoin d'insister sur le fait qu'un archiviste paléographe était incontestablement beaucoup plus qualifié qu'un ingénieur du Service des Améliorations pour procéder à une telle enquête, dans laquelle il s'agissait de se baser, non sur des phénomènes de l'ordre physique, mais sur des documents à retrouver dans les archives. Une autre section, s'occupant de l'étude des eaux souterraines susceptibles d'être utilisées soit pour l'alimentation des communes, soit pour l'irrigation, a chargé M. Martel, le spéologue bien connu, de faire des explorations de gouffres et de rivières souterraines dans plusieurs régions de la France. Ces quelques indications données sur le Comité d'études scientifiques, passons en revue les principales opérations qui s'offrent à l'activité du Service des Améliorations.

IRRIGATIONS. — On sait l'importance primordiale des irrigations pour l'agriculture, les prairies notamment (1). Dans les régions méridionales, l'insuffisance des pluies, la durée de la saison

(Cliché de la Librairie agricole.)

FIG. 557. — Prise d'eau du canal d'irrigation de la Bourne
et barrage en aval de Pont-en-Royan.

sèche, la puissance de l'action solaire les rendent absolument indispensables. Autrefois, les encouragements de l'État étaient strictement limités aux canaux et rigoles principales et le soin de

(1) Bien que l'utilité des irrigations soit chose reconnue de tous, pour indiquer la vraie richesse créée de ce chef, donnons un exemple : Dans le département de la Haute-Garonne, M. Fontès, ingénieur en chef, a relevé les résultats fournis par l'arrosage d'environ 1.200 hectares de terrains placés dans des situations très diverses. Une moitié de ces terres est arrosée par le canal de Saint-Martory ; l'autre, avec des eaux d'origines différentes, provenant de sources, de dérivations de diverses rivières, etc. Pour le premier groupe de terrains, le revenu annuel avant l'arrosage était de 119 fr. par hectare ; après l'irrigation, il s'élève à 229 francs, soit une augmentation

tirer parti de l'eau amenée en tête des propriétés était abandonné à l'initiative individuelle. Il en résultait que chaque petit riverain irriguait à son gré sa parcelle et trop souvent gaspillait (à son détriment et à celui des autres intéressés) l'eau dont il pouvait disposer. Pour remédier à ce fâcheux état de choses, le service des améliorations agricoles dresse des projets complets comprenant les travaux de prise et d'amenée de l'eau sur le périmètre arrosable, l'étude des dispositifs nécessaires à la répartition et à la meilleure utilisation de cette eau.

Nous avons en France une longueur d'environ 273.000 kilomètres de cours d'eau, roulant chaque année 180 milliards de mètres cubes. Si l'on en déduit la quantité d'eau nécessaire aux besoins de l'alimentation et aux usages domestiques, on trouve, ainsi que l'a démontré M. Bechmann, professeur d'hydraulique agricole à l'Ecole des Ponts et Chaussées, que le volume d'eau restant est susceptible d'arroser à peu près 12 millions d'hectares, soit un quart de la superficie totale de notre territoire, alors que 250.000 hectares seulement sont arrosés aujourd'hui d'une manière convenable. On voit, par suite, l'importance d'un aménagement rationnel.

Une fort intéressante question concernant l'arrosage a été étudiée en collaboration par M. Ach. Müntz, membre de l'Académie des Sciences, et M. Faure, le si regretté inspecteur du Service des Améliorations agricoles. En voici le résumé :

annuelle de 110 francs, déduction faite de la redevance de 30 francs payée à la compagnie concessionnaire et d'une somme de 36 francs représentant l'intérêt et l'amortissement calculés à 10 0/0 des frais de premier établissement. Pour le second groupe de terrain, M. Fontès estimait la plus-value à 169 fr. 63 par hectare.

Une autre estimation présentant une grande valeur peut être tirée des conclusions officielles formulées par la Commission supérieure pour l'aména-gement et l'utilisation des eaux, instituée en 1878 par M. de Freycinet, alors ministre des Travaux publics. D'après le rapport de cette commission, l'irrigation augmente en moyenne le revenu net du sol de 200 francs par hectare et par an, déduction faite de tous les frais qui peuvent provenir de l'arrosage. Cette énorme augmentation de revenu assure une plus-value considérable à la propriété foncière, spécialement aux prairies irriguées.

1° La méthode d'abonnement adoptée en France, qui consiste à faire payer les cultivateurs en proportion de l'étendue de leurs terrains, est, d'ailleurs, complètement inexacte, car elle ne tient aucun compte de la perméabilité plus ou moins grande des terrains. Il faudrait faire payer les cultivateurs en raison de l'eau absorbée par leurs terres. Ainsi, les terrains plus absorbants, et également plus productifs, paieraient davantage, sans léser les possesseurs de terrains moins absorbants et moins fertiles. « On calcule ordinairement, dit à ce sujet M. Ach. Müntz, qu'il faut un débit d'un litre par seconde pour arroser un hectare. Mais nos expériences ont démontré que des terrains contigus et semblables en apparence absorbaient cent fois plus d'eau les uns que les autres. Si l'on fournit la même quantité d'eau à ces terrains, l'un en absorbera cent fois plus que l'autre. Pour rendre la distribution équitable et faire payer en proportion des bienfaits, c'est-à-dire pour faciliter la construction des grands canaux d'arrosage, il faudrait établir une échelle de perméabilité. Et c'est ce que nous allons essayer de faire dès maintenant, M. Faure et moi. Si nous contribuons ainsi au développement de la richesse française, nous serons suffisamment récompensés de nos efforts. »

Drainage et assainissement des terres. — On désigne sous le nom « d'assainissement agricole des terres », l'évacuation des eaux, soit par un réseau de fossés, soit au moyen de rigoles ; mais ces deux procédés ne sauraient être mis en comparaison avec le drainage qui modifie la structure du terrain, augmente l'importance et la qualité des récoltes. On a pu écrire qu'il « constitue un art spécial, doué d'une technique savante ». Aux termes d'un rapport fait au nom de la Commission supérieure pour l'aménagement des eaux en 1879, il y aurait en France 4 millions d'hectares susceptibles d'être utilement drainés.

Pour le département de la Meuse, où l'Administration a procédé à une enquête rigoureuse, M. Poincaré, ingénieur des Ponts et Chaussées, a trouvé que le nombre d'hectares susceptibles d'être drainés s'élevait à 200.000 environ. D'après ce même ingénieur, la plus-value moyenne constatée sur les terrains drainés était, par hectare, de 715 francs en capital et de 77 fr. 63 en revenu.

Est-il besoin de noter que les petits propriétaires ne pouvant guère entreprendre des opérations de drainage, tant à cause de l'importance des frais que cela leur occasionnerait que par suite des litiges que soulève l'utilisation des eaux, le rôle du Service des Améliorations agricoles est, en pareille matière, capital.

Chemins ruraux, chemins d'exploitation, cables porteurs. — L'ouverture, le redressement, l'élargissement et l'entretien des chemins présentent, pour la population de nos campagnes, un grand intérêt et permettent notamment de supprimer la servitude de passage — servitude dont nous avons d'autre part dit quelques mots (tome III, p. 123) — qui est parfois aussi gênante pour le fonds dominant que pour le fonds servant, et assurent la mise en culture des enclaves.

De l'établissement des chemins, rapprochons l'installation, dans les hautes vallées des montagnes, de câbles-porteurs qui, entre autres services, facilitent grandement le transport des fourrages, et du lait aux laiteries centrales.

Remembrement, abornement général, renouvellement du cadastre. — Les remembrements ont sollicité et retenu l'attention du directeur et des agents du Service des Améliorations. De louables efforts ont été faits dans ce sens et de bons résultats ont été atteints. Tout en renvoyant, en ce qui concerne l'étude uniforme de cette question, à ce que nous avons déjà longuement écrit tant à son sujet qu'à celui des opérations d'abornement général, complément logique (presque toujours très utile quand il n'est même pas indispensable) du remembrement (tome III, pp. 115 à 140), nous rappelons ici la marche générale des opérations.

Notons d'abord que, même accompagné de l'abornement général, le remembrement n'est vraiment complet que s'il s'accompagne d'une révision du cadastre, et, à ce sujet, il nous semble que quelques mots sur le cadastre lui-même ne sont pas inutiles. On a défini celui-ci « le recensement des propriétés immobilières ». L'expression est juste. Elle indique bien l'utilité de cet ensemble d'opérations relevées sur des registres spéciaux, ayant pour but d'établir la contenance et la valeur de toutes les parcelles de biens-fonds d'un pays qui, seules, peuvent donner une base équitable à la répartition de l'impôt territorial.

Demandée dans les cahiers des assemblées électorales aux membres des Etats généraux et décidée par la Convention, la création d'un cadastre parcellaire ne fut réalisée qu'à la suite des innombrables réclamations suscitées par la répartition des nouveaux impôts. Commencée en 1807, l'opération fut terminée vers 1850. Elle coûta 160 millions environ.

Que valut ce cadastre initial? Beaucoup et peu, tout à la fois. Suivant la disposition des lieux, le savoir des agents techniques, le caractère des propriétaires fonciers, l'opération donna tel ou tel résultat. Il est des régions où le cadastre fut fort bien établi ; d'autres où il laissa toujours beaucoup à désirer. Il faut tenir compte que des passions violentes étaient mal éteintes et que certaines vengeances trouvèrent moyen de se satisfaire, tandis que des amitiés complaisantes se manifestèrent. Aussi combien souvent le rapport fut-il faussé entre les évaluations cadastrales et les revenus !

Quand bien même la première évaluation eût été exacte, que demeurerait-il aujourd'hui de cette exactitude initiale ? Un géomètre distingué, M. Jules Colas, a fort bien exprimé la situation en écrivant que « le cadastre, ayant subi la double action corrosive du temps et des hommes, a cessé d'être ressemblant ». De fait, depuis cent ou même soixante ans, que de rivières dont le cours s'est déplacé, de landes défrichées, de routes, de canaux, de voies ferrées établis ! Que d'erreurs, aussi — voulues souvent — dans les mutations ! Du reste, non tenu à jour, le cadastre primitif demandait déjà une révision dans les premières communes cadastrées, avant même que l'opération ne fût achevée pour toute la France.

Révision ou renouvellement, tel est le problème qui se pose aujourd'hui. La commission du cadastre, qui a été instituée en 1891, au Ministère des Finances, a procédé à une vaste enquête dont il résulte que, dans 82 0/0 des communes, le cadastre devrait être renouvelé intégralement, tandis que dans 18 0/0, il suffirait de le reviser.

Ce renouvellement intégral ne semble pas, à vrai dire, bien pratique. Il demanderait, suivant les meilleurs juges, un demi-siècle et entraînerait, d'après les calculs de la Commission elle-même, une dépense de 600 millions.

Il est préférable de procéder à une série d'opérations locales, d'autant que la loi du 17 mars 1898 a prévu les mesures destinées à assurer l'entretien du cadastre revisé. Désormais, il sera tenu à jour, il se modifiera avec les événements; il vivra. L'article 9 de ladite loi est, en effet, rédigé ainsi :

« Afin d'assurer la conservation des plans et des registres cadastraux dans les communes où ils auront été renouvelés ou révisés, tout changement de limite devra, pour être opéré sur les plans du nouveau cadastre, être préalablement constaté par un procès-verbal de délimitation ou de bornage dressé en présence des parties ou de leurs mandataires et certifié par elles.

« Dans ces communes, la désignation des immeubles d'après les données du cadastre deviendra obligatoire dans tous les actes authentiques et sous-seings privés des jugements translatifs ou déclaratifs de propriété en droits réels immobiliers. »

Des amendes sont prévues pour le cas où ces utiles prescriptions ne seraient pas suivies.

Nous voulons également dire quelques mots du bornage.

L'incertitude actuelle au sujet du bornage suscite des débats judiciaires et, par suite, inflige à la propriété des frais estimés en moyenne un million et demi par an. C'est, en partie, pour remédier à une telle situation que le cadastre avait été établi. Napoléon, en effet, s'adressait en ces termes au Conseil d'Etat : « Un bon cadastre sera le complément de mon code. Il faut que les plans soient assez exacts et assez développés pour servir à fixer les limites des propriétés et empêcher les procès. » Le seul but du cadastre n'est donc pas de servir de base à la répartition de l'impôt. Il doit, en outre, fournir des titres clairs et certains ; il faut, pour cet objet, le compléter par des opérations d'abornement général.

La loi de 1898 permet bien aux commissions et aux syndicats qui se forment pour la révision du cadastre de ne pas effectuer le bornage, la délimitation seule étant obligatoire. Mais la délimitation non suivie de bornage constitue une mesure qu'on ne saurait trop déconseiller. Cela fait penser à quelqu'un qui bâtirait sur du sable.

Il est prudent d'employer, pour le bornage, des bornes en pierre dure. Haies, talus et fossés constituent bien des clôtures, mais on ne saurait s'en contenter, surtout si l'on est quelque peu négligent et si l'on a un voisin peu scrupuleux : il empiétera sur votre terre en curant son fossé ; il changera la situation d'un talus, en cultivant le pied ; enfin, en élaguant les branchages très souvent et en toute saison de son côté, en coupant habituellement au pied certaines souches, il refoulera la sève de votre côté et fera dévier la haie. La constance de certains vents a le même résultat. En sorte que le dicton rural est vrai qui prétend que les « haies marchent ».

Après avoir rappelé que le grand projet de réfection complète du cadastre n'a pas été réalisé et que c'est seulement dans les communes qui en font la demande que l'on peut y procéder, résumons brièvement quelle doit être la conduite des opérations : La loi du 17 mars 1908 (1) permet d'allouer une subvention aux communes qui, cadastrées depuis trente ans au moins, demandent le renouvellement ou la révision du ca-

---

(1) Cette loi est due à l'initiative de M. Boudenoot. La précédente (7 août 1850) laissait à la charge des communes toutes les dépenses relatives à la réfection du cadastre.

dastre et s'engagent à en assurer la conservation. Le département doit contribuer à la dépense au moins dans la même proportion que l'Etat. Le surplus est fourni par la commune ou par les particuliers intéressés, mais il faut d'abord constituer — soit pour la commune entière, soit pour une portion — un syndicat ou une commission de délimitation ou de bornage, à laquelle il est sage d'adjoindre un géomètre. Son comité recherche les propriétaires apparents. Si l'accord se fait entre eux, il le constate ; au cas contraire, il tâche de les concilier ; quand il n'y réussit pas ou que les propriétaires ne se sont pas présentés, il arrête provisoirement les limites. Puis, il effectue les remembrements dont il a été convenu lors de la constitution du syndicat. Le syndicat arrête ensuite le montant des frais, et quand tout est fini, remet toutes les pièces aux archives de la commune.

Lorsque la délimitation provisoire est portée à la connaissance des intéressés, ceux-ci ont un an, soit pour s'entendre, soit pour introduire une action devant la juridiction compétente ; passé ce délai, les limites provisoires deviennent définitives. D'autre part, après l'achèvement des travaux techniques, le plan cadastral est déposé pendant trois mois à la mairie où les intéressés sont admis à en prendre connaissance ; à dater du troisième mois, les résultats des arpentages sont réputés conformes à la délimitation. Les réclamations ne sont dès lors plus valables qu'au cas d'erreurs matérielles.

Il reste à rédiger les bulletins de propriété, en double : l'un pour l'administration des contributions directes, l'autre pour le propriétaire. Ils doivent indiquer la longueur et la largeur de chaque parcelle.

Quelle dépense les différentes opérations que je viens d'indiquer entraînent-elles ? On ne saurait, bien entendu, établir un « tarif omnibus ». Mais voici un exemple excellent.

En Meurthe-et-Moselle, de 1860 à 1890, M. Gorce, géomètre, a opéré sur 16.314 hectares, divisés en 74.858 parcelles, appartenant à 4.773 propriétaires : l'opération a entraîné l'établissement de 310 kilomètres de chemins d'exploitation ; la réunion des parcelles a été effectuée dans près de moitié des communes (8 sur 19). Les dépenses, tant cadastrales que de bornage, se sont élevées à 298.282 francs, soit à 18 fr. 28 par hectare.

Veut-on un exemple plus restreint ? Dans la commune de Tantonville (Meurthe-et-Moselle), par un acte du 28 mai 1886, les propriétaires fonciers se constituèrent en syndicat libre aux fins d'obtenir à leurs frais : 1° le bornage de toutes leurs propriétés ; 2° la création des chemins reconnus nécessaires ; 3° la réunion des parcelles. M. Gorce fut chargé du travail qui, commencé en 1887, demanda environ deux ans. L'opération portait sur 797 hectares divisés entre 215 propriétaires. Un boni de 10 hectares fut constaté. 17 kilom. 121 mètres de chemins d'une largeur de 4 à 5 mètres furent créés, désenclavant environ 1.500 parcelles. Enfin, par suite d'échanges, le nombre de celles-ci fut réduit de 3.167 à 2.691. Les honoraires du géomètre s'élevèrent à 7.210 fr. 79, et la dépense totale fut de 13.884 fr. 61, ce qui ne donne par hectare que 17 fr. 42.

Nous venons d'indiquer quelle est la dépense à effectuer ; voyons maintenant le profit réalisé. D'une façon générale, on estime au moins à un cinquième la plus-value que le désenclavement donne à une parcelle. Dans certaines grandes cultures, la valeur de la terre a presque doublé. Pour la vaste opération effectuée en Meurthe-et-Moselle de 1860 à 1890, la plus-value a été, suivant d'excellents juges, de 300 francs par hectare.

La valeur locative augmente, bien entendu, sensiblement elle aussi. Des fermiers du Nord-Est s'expriment ainsi à ce sujet dans une lettre lue, en 1884, à la tribune du Sénat : « La différence qui existe entre une ferme d'un seul tenant et une autre de même contenance et de même qualité de terrain, mais composée de 80 et même parfois 100 et 120 parcelles, comme cela ne se voit que trop fréquemment dans notre contrée, peut être évaluée à 20 ou même 30 francs en valeur locative par hectare. »

On ne saurait s'étonner qu'en telle matière toutes les évaluations ne concordent pas exactement entre elles. Mais il résulte indiscutablement des divers chiffres que j'ai donnés que le profit certain l'emporte de beaucoup sur la dépense.

La révision du cadastre et le bornage complètent donc le remembrement. Ces trois opérations constituent un tout, et la mise en œuvre des moyens de réalisation de l'une facilite grandement l'accomplissement de l'autre. Il faut, en outre, redresser les parcelles courbes dans tous les cas où cette courbure n'est pas nécessitée par la configuration du sol ou pour l'écoulement des eaux et — ceci est indispensable — désenclaver tous les lots par la création de chemins ruraux. Après seulement, chacun sera réellement devenu maître chez soi.

Une telle œuvre porte rapidement ses fruits. Feu E. Chevalier a même noté que le bénéfice, bientôt palpable, qui en résulte pour les cultivateurs, les rend plus amis du progrès et les familiarise avec l'idée de grouper leurs terres ; ils éviteront, par la suite, de morceler dans les partages et n'hésiteront plus à recourir aux échanges, en un mot, ils s'appliqueront à faire de belles pièces.

L'initiative individuelle suffit pour obtenir ces heureux résultats, et il n'est pas utile d'imposer au libre tempérament de notre race le principe de l'obligation.

Ce qu'il faut — et la Direction des Améliorations agricoles l'a fort bien compris — c'est expliquer à tous les avantages des vastes opérations que je viens d'indiquer. Dès qu'un propriétaire a compris leur incontestable et primordiale utilité, qu'il s'attache à faire pénétrer sa conviction dans l'esprit de ses concitoyens. Certes, il en est qu'il ne pourra persuader. Toujours, il aura contre lui les gens peu scrupuleux que l'on désigne sous le nom pittoresque de retourneurs, cultivateurs qui, à chaque labour, empiètent par une habile direction de leur charrue sur le bien du voisin et n'hésitent pas à sortir leur propre récolte à travers la récolte d'autrui. Mais de telles gens ne sont qu'une faible minorité qui ne saurait faire longtemps obstacle à l'œuvre entreprise. Non ! ceux qu'il faut persuader, ce sont les absents. Eloignés de leurs biens, vivant toute l'année dans les villes et ne s'occupant guère de leurs terres durant les quelques mois de vacances qu'ils viennent y passer, ces propriétaires redoutent toute dépense nouvelle. Il faut leur donner la preuve que la somme qu'on leur demande de débourser constituera pour eux, à brève échéance, un très rémunérateur placement.

Non seulement la Direction des Améliorations agricoles se fait un plaisir de donner aux cultivateurs ses conseils éclairés, mais encore elle considère que c'est son devoir de leur porter une aide efficace, et ne manque jamais de le remplir. C'est ainsi qu'ont été obtenus les heureux résultats que nous signalons plus haut.

Beaucoup de bons esprits souhaitent que le rôle de ces agents très compétents soit élargi, et que la direction de la réfection du cadastre leur soit confiée. Cette direction appartient actuellement aux agents de l'Administration des contributions directes et il est hors de doute que, dans plus d'une commune, la réfection n'a pas répondu aux desiderata des propriétaires fonciers. Non seulement ce nouveau cadastre n'est dans certaines communes qu'un simple lever de plan de territoire communal donnant, comme l'ancien, l'image des parcelles sans définir les limites des biens-fonds ; mais encore, ce qui est plus grave, puisqu'il devait remédier à ces inconvénients, le nouveau cadastre consacre des limites courbes de parcelles que ne justifient ni les accidents, ni la pente du terrain, ainsi que les enchevêtrements de propriétés peu à peu créés par les mutations successives, les échanges, les ventes, et ainsi le côté agricole de la question est complètement négligé. Il importe, cependant, de ne pas oublier que l'opération du cadastre est demandée par les communes, surtout en raison des services multiples qu'elle doit rendre à l'agriculture. Or, le service technique du cadastre ne s'occupe pas toujours assez des questions agricoles ; si parfois il le fait, à force de sollicitations de la part des populations rurales, son travail ne pourra être effectué dans de bonnes conditions, car il n'est pas compétent en matières agricoles. Le but principal de l'opération, le remembrement et les opérations connexes qui l'accompagnent, se trouvent donc sacrifiés à l'opération secondaire du cadastre.

Il n'est pas exagéré d'estimer que c'est à la défectuosité de ces conditions qu'il faut s'en prendre du fait que soixante-dix-sept communes seulement ont profité des subventions accordées par la loi de 1898, et encore, ainsi que le note le rapport du budget de l'Agriculture à la Chambre pour la session de 1910, « à peine l'opération est-elle achevée que beaucoup d'entre ces communes se sont demandé quel profit elles en ont tiré », c'est que, « pour renouveler le cadastre en lui donnant une orientation nettement agricole, il importe que le service qui y procède connaisse les besoins actuels de l'agriculture et n'ignore aucune des lois qui régissent la production agricole ».

Réclamons, enfin, du législateur une modification dans la législation des hypothèques, car actuellement l'existence d'hypothèques légales, la présence de biens de mineurs entravent l'opération du remembrement.

Mise en valeur des terres incultes. — La mise en valeur des terrains pauvres ou incultes : landes, pâtis, bruyères, marécages, sols tourbeux, donne souvent des résultats qu'on a pu qualifier d'inespérés. Après assainissement ou drainage, on peut pratiquer des cultures nouvelles très rémunératrices. Si le drainage est trop coûteux, après avoir creusé de simples fossés d'écoulement, on peut planter sur butte ou remblai des arbres fruitiers ou des peupliers, des aulnes, des résineux. Le boisement est peu onéreux en plaine et assure le dégrèvement des 3/4 de l'impôt foncier pendant 30 ans.

Devant la constatation d'indiscutables plus-values acquises par les terrains ainsi améliorés, les propriétaires n'hésitent le plus souvent pas à entreprendre des travaux de plus grande envergure. Exemple : l'amélioration de la vallée de la Troësne dans l'Oise (superficie de 1.100 hectares), dont l'étude est poursuivie par le Service des Améliorations agricoles.

Pour la mise en valeur de ces terres pauvres, maigres, l'engrais est indispensable. J'ai calculé que l'ensemble des fumiers produits en France chaque année représente une valeur d'environ 3 milliards de francs. D'après l'opinion exprimée par M. Müntz et par moi-même, près de la moitié des principes fertilisants du fumier se perd, tant par les causes naturelles que par l'incurie des cultivateurs. Si les causes de déperdition évitables étaient supprimées partiellement, le bénéfice obtenu atteindrait près d'un milliard. L'établissement de fosses à fumier et de citernes à purin étanches permettrait de supprimer ces causes de déperdition, mais telles sont, chez de trop nombreux cultivateurs, l'apathie ou l'ignorance, quand ce n'est pas l'une et l'autre, qu'il semble bien que seule l'inertie de certains cultivateurs et le manque de connaissances les empêchent de réaliser cette importante amélioration par eux-mêmes. On est en droit d'espérer que l'intervention du Service des Améliorations pourra permettre d'arriver à ce si désirable résultat. Il est entré dans une très bonne voie en établissant une notice relative aux fosses à purin ; cette notice, qui contient des plans de fosses et le devis de la dépense, est sur le point, au moment où nous écrivons ces lignes, d'être envoyée gratuitement à toutes les associations agricoles qui seront chargées de la signaler aux agriculteurs.

Constructions rurales. — Dans un pays de petite propriété comme le nôtre, les conseils d'ingénieurs compétents sont particulièrement utiles pour l'établissement, l'aménagement, l'amélioration, l'assainissement des locaux destinés soit à l'habitation des hommes, et des animaux, soit à l'installation des industries annexes de la ferme. Les agents du Service des Améliorations s'occupent de ces questions qui compliquent souvent le régime de la propriété foncière. Il importe que des avis désintéressés — qu'il sait désintéressés — rassurent le cultivateur qui pourrait, dans bien des cas, douter si les constructions qu'il va élever lui profiteront ou non. Le service prête également son concours pour la constitution des sociétés coopératives agricoles et il leur établit gratuitement tous les plans relatifs aux constructions que comporte l'industrie agricole choisie.

BIEN DE FAMILLE, PETITE PROPRIÉTÉ RURALE. — Nous avons étudié dans des précédents chapitres ces deux questions qui sont d'un intérêt si considérable. Nous signalons ici la voie qu'elles ouvrent à l'activité du Service des Améliorations, voie dans laquelle il est résolument entré. C'est ainsi qu'il vient d'établir un guide sommaire et une notice qui seront répandus à profusion dans toute la France.

INSTALLATIONS D'INDUSTRIES ANNEXES ET D'ATELIERS RURAUX. — La diffusion de la coopération est en train de donner une grande extension à ces industries, et il l'en faut louer doublement, parce qu'outre les bénéfices qu'elles assurent à l'agriculture, elles peuvent alimenter la main-d'œuvre féminine et créer, durant les saisons où la culture proprement dite ne requiert pas les bras, une ressource supplémentaire qui ne peut que combattre l'exode vers les villes (1). Le Service des Améliorations encourage ces installations.

INSTALLATIONS HYDRO-ÉLECTRIQUES. — L'utilisation des chutes sur les cours d'eau non navigables, ni flottables, en vue de la production de l'énergie électrique et de son application aux usages agricoles et à la petite industrie locale, rend toutes sortes de services, dont les uns sont très importants. On peut citer, outre l'éclairage des divers bâtiments ruraux, la mise en mouvement de petits ateliers et de nombreux appareils agricoles, tels que : tarares, trieurs, concasseurs, laveurs de

---

(1) D'après la statistique agricole de 1862, dressée par M. Legoyt, chef de la division de statistique, le total des salaires industriels des journaliers agricoles, hommes, femmes et enfants, s'élevait à 237.082.582 francs. C'est précisément la perte d'une grande partie de ces salaires supplémentaires, soit pendant la durée des travaux agricoles, soit à l'époque des chômages, par suite des déplacements de l'industrie, de sa transformation, qui a été le principal facteur de l'émigration des ouvriers ruraux.

racines, barattes, malaxeurs, écrémeuses, moulins à farine, broyeurs de pommes, machines à battre, scies à ruban, forges, meules à repasser les outils, pompes puisant l'eau nécessaire à tous les besoins de l'exploitation. De ces installations également, le Service des Améliorations est loin de se désintéresser et, comme on le pense bien, il y a là pour ses ingénieurs, matière à appliquer leurs connaissances techniques — connaissances qui, cela va sans dire, manquent encore presque toujours totalement aux cultivateurs.

AMENÉES D'EAU POTABLE POUR USAGES AGRICOLES. — On sait que par suite d'une disposition législative, un prélèvement supplémentaire, opéré sur les fonds du pari mutuel, est destiné à subventionner les travaux d'adduction d'eau potable effectués par les communes. Le Service des Améliorations dresse, pour le compte des petites agglomérations rurales, des projets d'amenée d'eau destinée aux usages agricoles. Cette eau est d'autant plus utile que trop souvent celle que les populations rurales ont à leur disposition est contaminée (ce qui est très nocif pour le bétail); il arrive même qu'en été, elle fasse totalement défaut.

LES EAUX SOUTERRAINES. — Disons, enfin, ce que le Service des Améliorations a entrepris de faire concernant les eaux souterraines. M. E.-A. Martel, le distingué spéologue a, on le sait, étudié la science, tout récemment encore si ignorée, de la vie souterraine de l'eau, et de cette étude il est résulté que notre législation — et celle, du reste, de tous les pays — est encore à ce sujet dans l'enfance. Et pourtant combien la question est intéressante ! Un premier point se pose concernant la propriété : A qui est-elle ? Qu'est-ce qui l'emporte du fonds et de la surface, ou plutôt dans quelles conditions l'un doit-il primer l'autre ? Comment s'opposer au détournement ? Peut-on empêcher la contamination ? Questions dont, on le voit, nous avons raison de dire qu'elles sont fort intéressantes. De même, il importe d'établir le recensement de nos richesses aquifères souterraines : vaste enquête, mais enquête qui s'imposait, et qu'avec le concours de M. Martel, le Service des Améliorations a courageusement entreprise. Une section du Comité d'études scientifiques a été spécialement formée; elle est présidée par M. Michel-Lévy, membre de l'Institut.

On voit le nombre, la diversité, l'importance des services rendus par le Service des Améliorations agricoles ; aussi, est-ce le devoir de tout bon Français de le faire connaître, et d'amener les cultivateurs, dont certains sont, on le sait, méfiants devant toute innovation, à faire appel à ses services. Il constitue une des plus utiles parmi les institutions récemment créées. Au sujet de la diffusion de son influence, il y a lieu de signaler l'excellente circulaire adressée, en date du 20 janvier 1909, par M. Aubert, préfet de la Meuse, aux maires du département qu'il administre. Cette circulaire a onze pages, dont cinq consacrées aux Améliorations agricoles et les six autres aux associations mutuelles. Il faut souhaiter que d'autres préfets, que tous les préfets suivent l'exemple que leur a donné leur distingué collègue de la Meuse.

CHAPITRE LXXI

LA QUESTION FORESTIÈRE

A. — QUELQUES CONSIDÉRATIONS GÉNÉRALES

LA LOI DU 12 MARS 1909. — LES COMPAGNIES D'ASSURANCES ET LES PLACE-
MENTS FORESTIERS. — LA LEÇON DES FAITS : LES INONDATIONS. —
COMMENT IL FAUT REBOISER, LES TERRAINS INCULTES NOTAMMENT. —
L'ACTION DE L'ÉTAT, ACTIVE POUR LE REBOISEMENT, EST PRESQUE NULLE
CONTRE LE DÉBOISEMENT ; TRISTES EXEMPLES DE LA SITUATION QUI EN
RÉSULTE. — L'OEUVRE DU '' TOURING-CLUB DE FRANCE '' ; M. HENRY DEFERT ;
RUDIMENTS D'UN ENSEIGNEMENT PRIMAIRE SYLVO-PASTORAL ; LE '' MANUEL
DE L'ARBRE '' ; LA '' CAISSE FORESTIÈRE '' ET LE LEGS JANSSEN. — LA
'' SOCIÉTÉ FORESTIÈRE FRANÇAISE DES AMIS DES ARBRES ''. — L' '' ASSO-
CIATION CENTRALE POUR L'AMÉNAGEMENT DES MONTAGNES ''. — IMPOR-
TANCE DU ROLE QUE PEUT JOUER LE DÉVELOPPEMENT DES PETITES INDUS-
TRIES DU BOIS ; L'EXEMPLE DE LA MONTAGNE NOIRE.

Bien que nous ayons au Tome II de cet ouvrage (pages 633
à 650) longuement traité de la question des forêts, nous tenons
à y revenir ici tant c'est une question importante. Nous
signalerons ce qui s'est produit de nouveau et traiterons avec plus
d'ampleur certains points que nous n'avions qu'effleurés. Ainsi
nous aurons la patriotique satisfaction d'avoir étudié sous toutes
ses faces — sans bien entendu entrer dans le détail trop technique — un problème dont nul bon Français ne saurait se
désintéresser.

Notons tout d'abord qu'un incontestable progrès a été réalisé
sur un point : les populations des montagnes, même — ce qui
est bien rare ! — quand elles ont compris l'importance de la
forêt, n'étant généralement pas assez fortunées pour entreprendre les travaux de gazonnement et de reboisement qui
s'imposent et les populations des plaines ne s'en souciant guère,
l'action gouvernementale en faveur du reboisement ne recevait
aucun concours l'aidant dans sa tâche (tout ce qu'on peut
demander à des particuliers, c'est de ne point continuer à détruire

ce qui existe). Il se trouvait, en effet, qu'une malheureuse

(Cliché de la Librairie agricole)

FIG. 558. — Orme de la Vieille-Verrerie, à Vénérand (Charente) (1).

disposition législative de la loi du 1er juillet 1901 défendait aux

(1) Il nous a paru intéressant de reproduire dans ce chapitre, crité pour la
défense des forêts, quelques uns de
nos plus beaux spécimens d'arbres.

associations — dont plus d'une était cependant toute qualifiée pour prêter son concours à l'État, dont certaines même eussent été fondées à cette intention — de posséder des immeubles et par suite des forêts ou des terrains à boiser. En vain lors de la discussion annuelle du budget de l'agriculture, en vain dans les vœux de la Société nationale d'agriculture, des assemblées savantes, des groupements agricoles, des conseils généraux, réclamait-on que l'on autorisât les associations à posséder et forêts et terrains destinés au reboisement, qu'on leur permît en outre de soumettre volontairement leurs bois au régime forestier. Rien n'était fait dans ce sens. Enfin, une loi est heureusement intervenue. Déposée sur le bureau de la Chambre des députés par MM. Fernand David et Pierre Baudin, fusionnée avec deux autres projets, et adoptée d'urgence par la Chambre dans sa séance du 12 mars 1909, cette loi, dont le but est de favoriser tout à la fois le reboisement et la conservation des forêts privées, autorise l'achat de forêts ou terrains à boiser par les Associations d'utilité publique, par les Caisses d'épargne, avec une partie de leur fortune personnelle, et permet aux propriétaires et aux Sociétés qui en auront fait la demande de charger l'administration forestière, en tout ou en partie, de la conservation et de la régie de leurs bois.

J'aurai, en parlant de l'œuvre du Touring-Club de France (pp. 135 à 144), à signaler quelques-uns des avantages de la nouvelle législation. Je tiens à signaler ici que la seconde de ses dispositions a, parmi ses résultats heureux, celui de donner aux compagnies d'assurances de grandes facilités pour le placement forestier d'une partie importante de réserves statutaires qui dépassent un demi-milliard. Malgré l'exemple déjà ancien de plusieurs compagnies françaises et celui tout récent de l'« Utrecht » pour le reboisement de 1.500 hectares en Hollande (1), bien des compagnies d'assurances hésitaient à

(1) « Le 18 avril 1899, la compagnie hollandaise d'assurances sur la vie *L'U-trecht* a acheté, à raison d'environ 50 fr. l'hectare, 700 hectares de landes de bruyères. Des acquisitions ultérieures ont porté la superficie de ce domaine

s'engager dans le placement forestier en raison des difficultés techniques d'administration réclamant une compétence et une honnêteté incontestables. Elles peuvent maintenant en toute sécurité aborder ce genre de placement toutes les fois qu'elles le trouveront fructueux (1).

à 1.415 hectares et sa valeur d'acquisition à moins de cent mille francs. Cette propriété a été confiée pour l'exécution des travaux de mise en valeur, à la *Compagnie Néerlandaise pour l'exploitation des bruyères*. Les travaux ont été immédiatement commencés. Ils ont compris à la fois des travaux forestiers et des travaux agricoles, notamment dans les parties humides ou marécageuses susceptibles d'êtres tranformées avantageusement en prés ou pâturages. « Ces travaux agricoles ont, dit le rap- « port présenté aux actionnaires de la « compagnie, pour avantage de donner « une rémunération immédiate *qui* « *assure sans aucun risque, une bonne* « *rente pour le capital initial.* » C'est ainsi qu'en se basant sur les chiffres de rendement donnés par les prairies et pâturages créés déjà par la compagnie néerlandaise sur une surface de 48 hectares, on peut estimer qu'avant peu d'années l'intérêt du capital représenté par les frais d'acquisition et par les travaux, sera entièrement récupéré sur le domaine, de telle sorte que la compagnie *L'Utrecht* aura, dans 35 ou 40 ans, comme bénéfice net, le produit intégral de la plus grande partie de la surface, soit de plus de 1.000 hectares, qui auront été mis en valeur par des plantations forestières. En évaluant au bas mot, dans une région située *sur la frontière de Belgique*, à 3.000 fr. l'hectare le produit des exploitations qui seront faites à cette époque, c'est peut-être à une somme de 3 millions de francs que

s'élèvera le bénéfice réalisé. » (E. CARDOT. »

(1) Dès que la loi nouvelle eut été votée, l'Association centrale pour l'aménagement des montagnes (voir p. 144) se mit en rapport avec diverses Compagnies d'assurances et vit surgir une objection : le décret du 9 juin 1906, qui autorise les Compagnies d'assurances sur la vie à placer en *immeubles* les deux cinquièmes de leur réserve, parlant ailleurs d'*immeubles urbains bâtis*; on pouvait craindre que le contrôle du Ministère du Travail n'établît une identité entre ces deux catégories différentes d'immeubles et il importait d'élucider ce point au plus tôt. La lettre suivante de M. le Ministre du Travail a résolu la question en déclarant licite les achats forestiers :

RÉPUBLIQUE FRANÇAISE

MINISTÈRE DU TRAVAIL
ET
DE LA PRÉVOYANCE SOCIALE

Direction de l'Assurance et de la Prévoyance sociales   Paris, le 1er mai 1909.

Contrôle des Sociétés d'assurances sur la Vie.

Monsieur,

Par lettre du 27 mars 1909, vous m'avez demandé de vous faire connaître si les immeubles à acquérir par les Compagnies d'assurances pouvaient comprendre des forêts, bois ou terrains à reboiser.

J'ai l'honneur de vous informer qu'en ce qui concerne les entreprises sur la vie assujetties à la surveillance et au contrôle de mon administration, par la loi du 17 mars 1905, rien ne paraît s'opposer à ce qu'elles opèrent, dans les limites fixées par le décret du 9 juin 1906, le placement

Si nous avons à porter à l'actif des forêts la récente loi que je viens d'indiquer dont on peut beaucoup attendre, il nous faut par contre signaler, ou plutôt rappeler, les terribles inondations qui depuis 1907 ont ravagé tout le Midi de notre pays, inondations qui provinrent indubitablement de l'excès du déboisement. Que se produit-il, en effet, sur les pentes déboisées ? Les innombrables éléments résultant de la lente désagrégation du sol s'accumulent et, aux pluies, constituent avec les eaux un torrent dévastateur. Éviter et cette accumulation et l'écoulement trop rapide des eaux, tel est le but des gazonnements et surtout des reboisements (1) : par leurs racines les arbres donnent au sol la cohésion nécessaire ; par leurs feuilles et par leurs branches ainsi que par l'humus qui se forme à leur pied, ils s'opposent à l'action directe de la pluie et de la grêle ; en outre, cet humus absorbe une partie des eaux et d'autre part les feuilles, les tiges, les troncs s'opposent à leur concentration trop rapide. Ainsi les ravages des pluies d'orage sont évités. Les forêts sont donc, en même temps que les régulatrices des pluies, la seule protection contre les ravinements, les glissements, les éboulements des terrains de montagne. Ces vérités, que chacun devrait savoir, les inondations depuis 1907 en ont fait faire à nouveau la cruelle expérience. Il importe que la conclusion que l'on a tiré des sinistres dont le Midi fut le théâtre ne soit pas oubliée (2) et que

de leur actif en immeubles de la nature ci-dessus spécifiée.

Recevez, Monsieur, l'assurance de ma parfaite considération.

Le Ministre du Travail
et de la Prévoyance sociale.
Signé : René Viviani.

(1) Au sujet de la belle œuvre de la restauration des terrains en montagne, œuvre actuellement en cours de réalisation en France, voir tome II, p. 640 à 643.

(2) Il est à noter que ce furent déjà les inondations qui, il y a une soixantaine d'années, furent cause que la question du reboisement des montagnes

préoccupât l'opinion publique de notre pays, devant laquelle elle fut notamment portée par une remarquable étude de Surell parue en 1842, sous le titre « Étude sur les torrents des hautes Alpes ». Hélas ! si on s'enthousiasma pour le reboisement, ce ne fut qu'à la façon d'un feu de paille et il fallut les inondations de 1856 — qui causèrent en quelques jours plus de 250 millions de dégâts — pour galvaniser l'opinion et réveiller les pouvoirs. Ceux-ci se décidèrent enfin à intervenir — sans grande rapidité du reste ! — et quatre ans après (1860) fut promulguée la première loi

chacun se pénètre bien de cet axiome : les déboisements ont comme lendemain inévitable les inondations.

Les reboisements sont le plus souvent entrepris soit sur des

Fig. 559. — Cormier géant, situé dans la prairie des Humeaux (Vendée).

terrains appartenant à l'État et par suite sous la direction de l'administration forestière qui, presque toujours, fait preuve

sur le reboisement des montagnes. Cette loi, ayant soulevé parmi les populations une vive opposition qui en rendait l'application difficile, fut remplacée en 1862 par la loi encore en vigueur aujourd'hui.

d'une grande prudence dans la conduite de ses opérations, soit volontairement placés sous la direction de cette administration — aujourd'hui surtout qu'une loi, que nous venons d'étudier, permet ce fait. Il peut se faire pourtant que des reboisements soient entrepris hors la direction de l'administration forestière.

Quelques considérations sur la façon dont il faut reboiser s'imposent donc ici — notamment pour ceux de nos lecteurs qui, habitant hors de France, n'ont par suite pas la possibilité de s'adresser à notre excellente administration forestière. Il importe, en effet, que tous ceux qui se décident à entrer dans la voie si utile du reboisement s'assurent, par une étude approfondie de la question — et surtout bien entendu par des conseils éclairés — le plus grand nombre possible de chances de succès. Nous ne saurions pourtant traiter ici avec tous détails de cette question, dont l'étude nous entraînerait trop loin ; mais nous en résumerons les principes en nous reportant à ce qu'en a écrit M. A. Fron (1), le distingué professeur de l'École forestière des Barres.

Lorsqu'il s'agit, écrit-il, de reboiser une serra stérile, de couvrir d'une végétation protectrice un sol pauvre et ruiné, de lutter contre l'envahissement de la bruyère, de remédier enfin par le boisement des terrains à de multiples causes d'appauvrissement et de stérilité, il est des principes généraux qu'on ne peut méconnaître :

1º Là où la terre végétale n'existe plus, la stérilité des sols peut être complète, et il est alors impossible de supprimer la phase très lente de restauration naturelle par les lichens, les mousses, la végétation herbacée et la végétation buissonnante et de songer à effectuer de prime abord, avec quelque chance de succès, un boisement, même en essences résineuses;

2º Souvent on ne peut pas boiser directement en essences feuillues, à moins de provoquer, mais alors assez lentement, le processus de reconstitution naturelle.

3º Dans la plupart des cas, quand il s'agit de boiser des terrains nus, incultes et généralement très pauvres, on doit utiliser, tout au moins à titre transitoire, les essences résineuses, car ces essences sont les moins exigeantes et les plus rustiques.

(1) Voir notamment : *Forêts, pâturages et prés bois*, par A. Fron, (Hachette et Cie, Paris, 1907).

4° L'herbe d'une part, ainsi que les essences feuillues d'autre part, réapparaissent en général spontanément, ou sont facilement introduites sous des peuplements résineux qui s'éclaircissent avec l'âge.

Dès lors la constitution, la plus prompte possible, d'un manteau protec-

FIG. 560. — Chêne à feuilles de saule (Parc de M. Cremière,
à Bouscat, près Bordeaux).

teur du sol s'impose ; très souvent elle apparaît comme le seul moyen de chasser la bruyère, cette lèpre des reboiseurs ; elle se montre comme le seul moyen de désacidifier le sol stérilisé par la lèpre et de le rendre apte à porter des essences précieuses. Les résineux, les pins en particulier, sont à cet égard des essences remarquables ; parfois ce sont les seules possibles.

En France, dans les pignadas landaises, le *Pinus pinaster Soland.* est doublement précieux ; d'une part la réussite facile du semis, la croissance rapide des arbres, la prompte constitution d'un manteau protecteur, orgueil des forestiers, font de cet arbre le « reboiseur idéal » qu'aucune autre essence, tout au moins jusqu'à présent, ne peut supplanter pour la régénération des sables stériles du Sud-Ouest et la fixation des dunes ; d'autre part, l'extraction de la résine et la vente du bois sous des formes multiples, font classer aujourd'hui le pin maritime comme l'essence principale à adopter pour le boisement définitif de la région (1). Ailleurs, encore en France, en montagne ou dans la plaine, dans les Alpes, dans le Plateau Central et dans les Cévennes, dans le Morvan, dans les Vosges, en Sologne, en Champagne et ailleurs, les pins (spécialement *Pinus sylvestris, L. Pinus laricio austriaca Math., Pinus laricio corsica Hort.*) ont fait leurs preuves sur les terrains les plus divers et les plus stériles, et le succès des reboisements déjà effectués encourage à persévérer ; la réussite possible des semis et des plantations dans des conditions difficiles, et la prompte constitution d'un couvert complet sur le sol, sont parfois les seuls arguments à invoquer en leur faveur, mais ces arguments sont sérieux ; les pins ont poussé, de prime abord, rapidement et presque sans frais, là où il n'est pas démontré qu'on aurait toujours pu, sans eux, rétablir l'état boisé. Ailleurs, en Autriche, sur les côteaux calcaires qui dominent Trieste, l'importante société des reboiseurs du Karst demande au *Pinus laricio austriaca* seul la prompte constitution du couvert ; les bienfaisants dépôts d'aiguilles et de matière végétale en décomposition de ce premier boisement créent rapidement, sur un sol presque stérile, une couche d'humus et de terre végétale, suffisante pour permettre alors l'introduction d'essences variés, en mélange ou en sous-étage, suivant l'âge ou l'état plus ou moins éclairci des premiers peuplements.

Sous les pins, parfois même au travers de pins encore jeunes et suffisamment éclaircis, partout où il est possible de reconstituer la forêt feuillue,

---

(1) Aujourd'hui que le sol des forêts de pin, par la décomposition des détritus de toutes sortes qu'elles ont apportés, s'est profondément enrichi et transformé, la culture des *feuillus* est possible ; le chêne et en particulier le *chêne blanc*, vient bien dans les Landes. Qu'il nous soit donc permis de souhaiter que sa culture soit propagée par tous les moyens possibles ! Par une introduction raisonnée du chêne, on diminuera les chances d'incendie, les dangers de l'invasion des insectes ou des champignons, tout en enrichissant la forêt de pins maritimes elle-même.

les chênes, hêtres, noyers, châtaigniers, et tous arbres ou arbustes de
valeur à un titre quelconque qui conviennent au sol et à la station,

Fig. 561. — Gros platane de Grignon (Hauteur : 32 mètres ; circonférence
du tronc à 1 mètre du sol : 5 mètres).

viendront mieux et plus vite sur des sols primitivement infertiles, que si
l'on cherchait à les obtenir directement en suivant les phases très lentes
d'une reconstitution naturelle ; sous les pins suffisamment éclaircis, partout

où le climat s'y prête, l'introduction artificielle des feuillus les plus précieux sera pratiquement possible, alors que souvent elle est difficile, très lente et par suite trop onéreuse autrement.

Certes, la question est délicate, et il ne s'agit pas de la trancher — d'un trait de plume — en tous lieux, sur tous les sols et en toute circonstance ; mais on peut dire qu'il existe aujourd'hui, parmi les terrains à reboiser, bien des sols qui ne sont plus susceptibles, pour de multiples causes, de se prêter, d'une façon commode, à la réinstallation directe des arbres feuillus ; que par contre, sur ces sols, le résineux moins exigeant, le pin surtout, se présente comme l'arbre de boisement par excellence, pouvant être *l'essence transitoire* qui réinstalle rapidement la végétation sur les pentes où elle est immédiatement nécessaire, qui chasse la bruyère et qui cède peu à peu et très facilement sa place à l'essence feuillue plus précieuse, si les conditions économiques ou les circonstances locales de station l'exigent, et pouvant être ailleurs *l'essence définitive*, si le pin, par ses aptitudes et ses produits, a acquis sans conteste son droit de place (1).

Certes le champ est vaste qui s'offre à l'activité des reboiseurs : rien qu'en communaux six millions sont incultes aujourd'hui ! Mais activer le reboisement ne suffit pas ; avec cette œuvre il faut mener de front celle qui consiste à combattre, à empêcher le déboisement. Malheureusement l'État, qui a énergiquement entrepris l'œuvre de reboisement, ne fait que très peu pour empêcher le déboisement. Certes, nous sommes les premiers à reconnaître que quelques-unes des mesures législatives qui ont été prises rendront de grands services. Mais elles ne suffisent point. Il faudrait que les communes et à défaut des communes l'État, puissent, en certains cas, se rendre acquéreur

---

(1) Il est même des sols se prêtant à la croissance immédiate des arbres feuillus, que le propriétaire particulier soucieux de jouir (car les reboisements particuliers sont toujours faits dans ce but d'intérêt privé) reboise en résineux. La pineraie, dans bien des situations, fonctionne dans des conditions économiques de placement que ne dédaigne pas le reboiseur ; avec le pin, la reconstitution est peu coûteuse, elle est rapide, elle promet à la génération qui l'entreprend le bénéfice du résultat de l'entreprise, elle n'oblige pas enfin les capitaux engagés à rester indéfiniment inertes pendant plusieurs générations d'hommes, pour avoir fonctionné, en fin de compte, à un taux extrêmement faible.

des bois et les sauver. A diverses reprises, des propositions ont été faites pour faciliter la chose : de bons esprits ont notamment réclamé la création d'une « Caisse des forêts domaniales » (1). On objecte, il est vrai, que l'argent manque ; quand une question vitale se pose pour un pays comme la France, le sentiment public ne saurait accepter un tel… faux-fuyant. Non seulement

(Cliché de la Librairie agricole)

Fig. 562. — Fourré continu de chênes et de hêtres sous un peuplement clair
de pins Sylvestres (Forêt de Tronçais, dans l'Allier).

l'État prussien — qui a consacré par an jusqu'à huit millions de francs à des achats de forêts — mais encore la petite Belgique nous donnent l'exemple : au prix de 1.935.000 francs elle s'est, en 1907, rendue acquéreur des forêts de Chimay et de Colfontaine (1.400 hectares). Nous, pendant ce temps, nous avons laissé déboiser la Corse (2), nous avons permis qu'on appauvrît les Alpes, les Pyrénées, le Massif Central, nous avons perdu

(1) Voir plus loin, à ce sujet, la « capitalisation forestière » proposée par M. E. Cardot. — Voir également (p. 143) ce qu'a réalisé dans cet esprit le Touring-Club de France.

(2) Au sujet de l'affreux avenir que la déforestation prépare en Corse, voir tome VI, aux appendices.

l'ancienne forêt domaniale d'Amboise. Voici un exemple de notre inconséquence sur ce point : on a dans l'Est réalisé, depuis un quart de siècle, de remarquables opérations de reboisement. Hélas ! pendant ce temps, et en quelque sorte parallèlement, des déboisements importants ont été faits. M. Marin, député de Nancy, a notamment signalé que les Allemands se montrent, dans toute cette région, les ennemis acharnés de nos forêts. Désireux, en effet, de se procurer les gros chênes qui leur font défaut, nos voisins de l'Est incitent, par tous les moyens, les propriétaires à des déboisements excessifs. Ils auraient même tenté d'acheter des forêts, non seulement dans un but industriel, mais encore parce que les forêts, particulièrement celles qui couronnent les plateaux, offrent un intérêt militaire de premier ordre. Je pourrais multiplier les exemples. Ceux-ci suffisent à expliquer l'indignation de M. Henry Defert (1) s'écriant :

« Dès aujourd'hui, l'administration forestière ne pourrait-elle pas faire quelque chose pour acquérir quelques-unes au moins des forêts en péril ? (2) Que ne prend-elle au moins l'initiative de proposer au Parlement des mesures propres à lui procurer, le cas échéant, des ressources pour acheter ? Sans doute, elle ne saurait tout acheter ! Mais demeurer toujours figée dans une impassibilité de commande, et surtout très commode, et imperturbablement se croiser les bras devant l'œuvre néfaste de destruction forestière, ce ne serait plus de l'administration, cela : ce serait du *sabotage* ! »

Ainsi donc, à l'égard du déboisement, l'État se montre trop souvent, pour employer un mot bien juste, « un soldat endormi » (3). Heureusement, quelques associations de bons citoyens se sont décidées à monter la faction pendant ce sommeil. Au premier rang il faut mettre le Touring-Club de France (T.-C. F.) dont chacun connaît en France l'œuvre si

(1) Au sujet de M. H. Defert, voir p. 138.
(2) A ce sujet, voir plus loin la Capitalisation Forestière.
(3) Ce mot nous fut dit par M. Henry Defert.

féconde et si heureusement variée dans sa fécondité (1). Il importait grandement qu'un groupement aussi puissant et aussi

(1) Certes, nous ne disconvenons pas que les avantages matériels attachés au titre de membre du T.-C. F., surtout le service de l'excellente *Revue Mensuelle du Touring-Club de France,* aient leur prix, mais comme ils sont relativement peu de chose à côté de la satisfaction intime que l'on éprouve à contribuer, dans sa modeste sphère, à une des plus belles, à une des plus fécondes initiatives individuelles réalisées dans notre beau pays de France, où l'on a souvent trop tendance à tout attendre de l'action des pouvoirs publics ! De la large quote-part d'impôts que chacun de nous verse soit à l'État, soit à sa municipalité, combien est gaspillé ou dépensé au seul profit de quelques intérêts particuliers ! Lorsqu'il veut bien y songer, avec quelle véritable joie chaque técéfiste verse l'impôt volontaire que constitue son écu de cotisation annuelle. C'est qu'il a la certitude que ce petit écu, joint aux écus de tous les autres técéfistes, formera une somme importante qui sera utilisée au mieux de l'intérêt national. De cela, on ne saurait du reste avoir meilleure preuve que l'activité et la méthode avec laquelle le T.-C. F. s'est attaqué à la réalisation de la question forestière.

Comment le T.-C. F. en vint-il là ? Voici, si nous nous en rapportons à une note que nous a fournie son secrétariat, les divers mobiles qui l'auraient guidé.

« Fidèle à la mission qu'il s'est donné, dit cette note, le Touring-Club de France ne pouvait rester indifférent au spectacle de la dégradation croissante de nos régions montagneuses. La ruine des forêts et des pelouses détruit le charme et l'agrément de leurs paysages. La dénudation, le ravinement et l'aridité de leurs versants ou plateaux dé-

pouillés affligent le regard. La transformation de leurs cours d'eau en torrents rend difficile ou dangereuse la circulation sur les sentiers, routes et parfois même sur les voies ferrées qui les traversent. Leurs populations, privées des moyens d'existence que leur offraient les richesses naturelles du sol, deviennent de plus en plus misérables, et ne peuvent dès lors offrir aux touristes qui viennent les visiter l'hospitalité confortable qu'ils recherchent. Le devoir du Touring-Club était donc de s'associer, dans la mesure de ses forces, à l'œuvre de restauration forestière et pastorale de nos montagnes. »

Vous avouerons-nous que certaines de ces raisons nous font l'effet de « bonnes raisons » trouvées après coup, sans doute pour contenter les esprits étroits — il y en a même au T.-C. F. ! — qui n'admettent pas que l'Association dont il font partie sorte de son rôle initial : diffuser le tourisme ? Nous pensons, quant à nous, que le président du T.-C. F., M. Baillif, qui réunit en lui ces deux qualités si rarement assemblées : savoir voir et savoir vouloir, a, un jour qu'il touristait dans une région dévastée, eu la vision très nette des véritables catastrophes que nous préparaient les déboisements à outrance et qu'il voulut de toute sa force s'opposer au mal.

Quoiqu'il en soit des raisons qui ont poussé le T.-C. F. dans cette bonne voie, et quelles que soient les étapes par lesquelles passa l'esprit de M. Baillif, le principal est que l'œuvre ait été entreprise avec ardeur et méthode et qu'elle donne de bons résultats. Sous ce rapport, la satisfaction des vrais amis de la forêt est complète.

résolu dans toutes ses entreprises, se décidât à entrer carrément dans la voie de la lutte pour la forêt : c'est tout à l'honneur du T.-C. F. de l'avoir compris.

Avant de voir quelle tactique adopta le T.-C F., comment il dirigea ses efforts, il faut vous indiquer quel fut le rouage dont il se servit : rouage nouveau qu'il créa dans le sein de son « Comité des Sites et Monuments pittoresques » et qu'il baptisa *Commission des pelouses et forêts.*

C'est incontestablement en ces sortes de choses qu'on peut par excellence dire : tel président, telle commission. Un entretien avec M. Henry Defert, président de la Commission des pelouses et forêts, s'imposait donc tout d'abord. Homme distingué et fort aimable, il s'y prêta avec la meilleure grâce. À peine ce convaincu a-t-il commencé de vous exposer ses idées qu'on est pleinement rassuré sur l'avenir de l'œuvre à laquelle il se consacre avec une activité aussi louable que désintéressée, avec une méthode aussi judicieusement choisie qu'énergiquement suivie.

« Peu de promesses, pas trop de brochures, beaucoup d'actes », telle, en effet, s'affirme de suite sa devise. Joignez-y qu'il sait réellement, délicatement, noblement chérir la forêt. Comme nous prenions congé de lui : « Comment, nous demanda-t-il, ne pas l'aimer quand on la comprend ! N'est-il pas vrai qu'il n'est pas de beauté plus poignante que celle d'un bel arbre ? » Mot d'une grande noblesse ! Hélas ! pour combien le sens en restera toujours mystérieux. Ce sont ceux-là qui sont les déboiseurs. Car, la notion de l'émotivité devant la nature joue un rôle primordial dans la qualité des sentiments que chacun de nous nourrit à l'égard de la forêt. Plus même, — nous avons déjà eu l'occasion de l'écrire, mais nous tenons à l'écrire à nouveau (1) — il y a relation directe entre la douceur que l'on montre aux animaux et l'attachement que l'on porte aux arbres — autrement dit, les déboiseurs sont des brut... aux !

(1) Voir tome II, page 646, note 1.

Quelle fut l'œuvre de la « Commission des Pelouses et Forêts » ?

(Cliché de la Librairie agricole)

FIG. 563. — Peuplier-tremble.

On peut suivre pas à pas ses travaux dans la *Revue mensuelle du Touring-Club*. Nous n'avons pas moins tenu à demander au

T.-C. F. de bien vouloir nous faire établir dans ses bureaux un résumé de l'activité de la Commission depuis sa fondation. Pour la rédaction de cet article, nous nous en sommes servis concurremment avec les résultats de l'enquête que nous avons faite, avec pour objectif, non de nous arrêter à tel ou tel détail, mais de dégager les grandes lignes d'une œuvre si éminemment nécessaire, et dont l'urgente réalisation s'imposait, grandes lignes qui consistent à :

1° Étudier les mesures législatives nécessaires à la protection des forêts et à la reconstitution des pâturages en montagne ;

2° Créer une mentalité publique favorable à l'idée ;

3ᵉ Décerner des subventions aux sociétés scolaires forestières, des récompenses aux instituteurs et aux élèves qui font du reboisement.

Voyons comment, sur chacun de ces points, le T.-C. F a accompli la tâche patriotique qu'il s'était donnée :

A. *Réforme législative : élaboration d'une proposition de loi permettant aux associations déclarées ou reconnues d'utilité publique (le T.-C.-F., par exemple) ainsi qu'à divers établissements, tels que les caisses d'épargne et la Caisse nationale de retraite, de coopérer à l'œuvre du reboisement.* — Nous avons parlé plus haut (p. 126) de cette loi, à l'élaboration de la proposition de laquelle le T.-C. F. prit une large part et nous avons indiqué l'importance des services qu'elle paraît appelée à rendre.

B. *Propagande : Rudiments d'un enseignement primaire sylvo-pastoral ; « Manuel de l'arbre » ; conférences ; clichés de démonstration ; affiches.* — Persuadé que le point de départ du mouvement à créer dans notre pays en faveur des forêts est d'éclairer la jeunesse — et montrant par cette persuasion même combien il comprend justement la question — le T.-C. F. soumit, dès 1906, aux Ministres de l'Instruction publique et de l'Agriculture un programme d'enseignement primaire sylvo-pastoral destiné à permettre aux instituteurs de donner à leurs

élèves, après entente avec les agents des Eaux et Forêts, des
notions d'économie forestière et pastorale. Certes, bien des
instituteurs se refusent encore à un tel programme, si grande
est leur méconnaissance du but auquel doit tendre l'enseignement qu'ils sont chargés de donner, si totale est leur incompré-
hension des généralités que leur a inculquées une instruction
qu'ils n'ont pas su s'assimiler. Il n'en reste pas moins qu'il
importait que les bons maîtres fussent mis en mesure de faire
profiter leurs élèves du programme élaboré — autrement dit, il
fallait qu'un livre clair, illustré de façon tout à la fois élégante et
particulièrement démonstrative, fût rédigé. Ce livre que l'on
ne saurait trop louer, et qu'a, heureusement, complété un *Manuel
de l'Eau*, dû à M. Onésime Reclus, est intitulé *Manuel de
l'Arbre*. Il est signé d'un nom que connaissent tous les amis de
la forêt, celui de M. E. Cardot, inspecteur des Eaux et Forêts.
M. Cardot, qui s'est notamment efforcé de faire comprendre
aux montagnards que, loin d'être l'ennemi de l'industrie laitière
et de l'élevage, la forêt est nécessaire à l'un et à l'autre, et que
la faire reculer encore, ce serait condamner la montagne à une
stérilité qui ne tarderait pas à entraîner l'abandon des villages
(ce qui ne s'est déjà que trop réalisé) — M. Cardot, dis-je, a
donné à son œuvre les subdivisions suivantes : l'Arbre ; la Forêt ;
la Montagne et les Cours d'eau ; la Restauration des Montagnes ;
Résumé général et applications pratiques. Il a ajouté à son livre
un appendice contenant un très bon choix de paroles à retenir,
des sujets de dictées, une étude des mutuelles scolaires forestières,
des renseignements pratiques, le texte des lois et décrets destinés
à favoriser en France le reboisement et les améliorations pastorales. Cette énumération suffit à indiquer tous les services que
peut rendre la diffusion d'un tel ouvrage. Dès aujourd'hui, le
T.-C. F. a distribué, tant du *Manuel de l'Arbre* que du *Manuel
de l'Eau*, plus de 60.000 exemplaires qui ont été ainsi porter la
bonne parole dans les écoles. Le T.-C. F. complète ce don par
celui de tableaux de démonstration, parfaitement conçus, et qui
ne présentent pas ce caractère d'images d'Épinal quelque peu

niaises, qui... distingue trop souvent ces sortes de tableaux.
Enfin, il met gracieusement à la disposition des personnes qui
veulent bien lui prêter leur concours, un texte de conférences
forestières et des clichés de démonstration. La somme consacrée,
de 1906 à fin 1909, par le T.-C. F. aux ouvrages de propagande
que nous venons d'énumérer, s'élève à 74.000 francs.

C. *Actions : Travaux de reboisement ; Fête de l'Arbre ;
Création d'une « Caisse forestière ».* — Outre le budget de
propagande indiqué plus haut, le T.-C. F. a consacré une somme
de 36.000 francs en subventions pour plantations. Voici la façon
dont il procède : Il suscite la création de « Sociétés scolaires
forestières » (on en comptait fin 1909 environ quatre cents), qui
ont pour but de faire faire par les enfants de nos écoles, sous la
direction de leurs maîtres, des travaux de reboisement et d'améliorations pastorales. A la fin de chaque campagne sylvicole,
des fêtes dites « de l'Arbre » sont organisées (1). Il crée des
champs d'expérience (2). Enfin, dans le courant de 1909, le

(1) Voir au sujet des « Fêtes de l'Arbre », voir en appendice, tome VI.

(2) A ce sujet, nous avons plaisir à
reproduire ici ces quelques lignes publiées par M. Henry Defert, dans le
numéro d'août 1909 de la *Revue du
T.-C. F.* :

« La Chiquette ! c'est un nom de
terre, pas très reluisant peut-être, mais
qui ne s'en recommande pas moins à
l'attention de tous les amis du reboisement. Il s'agit d'un premier champ
d'expérience entrepris par le Touring-
Club, dans une région très fréquentée
des touristes, où il existe plus de 2.000
hectares de friches improductives, de
terrains, communaux et autres, également incultes, voire des plus misérables.
La Chiquette est une petite parcelle de
1 hectare 25 ares, située sur le territoire
de la commune de Mercurey (Saône-et-
Loire), à une altitude de 350 mètres

environ, en bordure de la route nationale n° 78 de Châlon-sur-Saône à Autun.
Le Conseil municipal en a consenti bail
au Touring-Club pour soixante années,
à partir du 11 novembre 1907. On y a
aussitôt planté 5.000 plants d'essences
diverses : 2.000 chênes, charmes, érables, sycomores, merisiers, noisetiers,
et 3.000 pins noirs. Plantation assurément fort modeste ! mais il y a commencement à tout, et ce qui importe dans
la circonstance, au point de vue de la
démonstration à faire, c'est moins l'étendue de la surface boisée que le résultat
obtenu. Or, la plantation, exécutée
d'après la méthode de M. Mathey,
inspecteur des forêts à Dijon, a merveilleusement réussi. L'enclos fait
l'étonnement de tous et l'admiration
des sylviculteurs de la région. Il est
pour beaucoup un but de promenade,
et, ce qui vaut mieux, une excitation.

T.-C. F. a reçu, par legs d'un de ses anciens membres, M. Janssen, la nue-propriété d'un capital d'environ 250.000 francs, « destiné à lui permettre de poursuivre son œuvre de restauration forestière, par le moyen d'achat de forêts, de reboisement et d'opérations similaires ». Quand il en aura la pleine jouissance, il constituera un domaine forestier dont les recettes seront destinées à acheter d'autres forêts. C'est de cette façon qu'il sera

(Cliché de la Librairie agricole)

Fig. 564. — Chêne de Lajaud, planté au commencement du XVIᵉ siècle, dans la propriété de M. Nanot, près Aixe (Haute-Vienne) (photographié au 4/1000ᵉ).

procédé pour toutes les sommes qui seront données ou léguées à la « Caisse forestière » fondée en 1909 par le T.-C. F. Ainsi, ce qui viendra de la forêt retournera à la forêt. En n'en faisant pas tomber les bénéfices dans son budget général, le T.-C. F., dont les opérations sont très judicieusement conduites, fera une

La contagion de l'exemple commence déjà à produire ses fruits, et le temps n'est pas loin peut-être où les coteaux voisins, dénudés et stériles, se couvriront peu à peu de verdoyants massifs qui seront pour le pays un nouvel élément de richesse et de beauté. Dès que les circonstances le permettront, nous donnerons une première photographie des lieux, que nous renouvellerons de cinq en cinq ans, de façon à tenir les lecteurs de la *Revue* au courant des progrès de notre plantation et à leur permettre d'apprécier les résultats acquis. Et puis, est-il besoin de le dire ? nous ne nous en tiendrons pas là !... »

démonstration claire, de ce fait que reboiser n'est pas seulement une œuvre patriotique, mais constitue, en outre, un placement donnant des revenus normaux (1).

Il y a quelques années, le T.-C. F. a institué, en faveur des cantonniers et éclusiers, une caisse de secours immédiats ; il a décidé, en 1907, d'en étendre le bénéfice aux préposés des Eaux et Forêts. Ces utiles agents n'ont pas une situation très rénumérée et la besogne qu'ils accomplissent est aussi rude que féconde : ils méritaient donc à tous égards que de vrais amis de la forêt s'intéressassent ainsi à leur sort. C'est par cette constatation que nous terminerons les pages que nous avons estimé de notre devoir de consacrer à la belle initiative du T.-C. F.

Bien entendu, nous ne saurions énumérer ici toutes les associations locales créées en faveur de la forêt. Mais après avoir parlé du Touring-Club de France, nous voulons dire les grands services rendus dans l'Est par la « Société forestière française des Amis des Arbres » (2). Ce groupement, qui a su limiter sa sphère d'action et la tenir en rapport avec ses forces, a obtenu d'excellents résultats et des réalisations particulièrement intéressantes. Nous tenons à le mentionner ici.

Nous tenons également à dire quelques mots de l'Association centrale pour l'Aménagement des Montagnes, dont la devise fort belle est : « Sauver la terre de la patrie ». Ce groupement, qui a été fondé en 1904, dont le siège social est à Bordeaux, et dont le président est l'actif M. Paul Descombes, directeur honoraire des manufactures de l'État, a pour but de :

A. Affermer par des baux à longs termes des terrains communaux dans les hautes vallées et les plateaux que les troupeaux de la plaine, affamés par une longue route, dévastent dès leur arrivée ; améliorer les conditions de la vaine-pâture pour les usagers ; créer des chemins, des abris pour les bergers, des prairies dont les fourrages faciliteront la stabulation ; reboiser les pentes abruptes ; embroussailler les rochers ; ménager des

(1) Nous revenons plus loin sur ce sujet. (2) Secrétaire-général, M. E. Cardot.

pâturages boisés où le bétail sera protégé et le sol consolidé ; favoriser la substitution des vaches aux brebis par l'organisation d'associations fruitières ; faire cesser les indivisions désastreuses de la propriété entre communes françaises et étrangères ; remettre, enfin, aux communes un domaine pastoral amélioré, avec des forêts en plein rapport qui prouveront aux

(Cliché de la Librairie agricole)

Fig. 565. — Cupressus Lambertiana situé dans la cour d'honneur
de l'École Nationale d'Agriculture de Montpellier.

populations la solidarité des industries forestières et pastorales ;

B. Propager par des publications, des conférences et des congrès, les moyens les plus efficaces pour régulariser le régime des eaux et résoudre le double problème, identique comme solution, de conserver aux montagnes leurs terres et leurs populations ;

C. Aider de ses subventions les entreprises particulières, collectives ou communales concourant au même but.

Ce programme est incontestablement très intéressant ; tout au plus a-t-on pu parfois reprocher à l'Association d'abuser des brochures et de dépenser ainsi des sommes qui, tout en rendant de la sorte d'incontestables services, pourraient peut-être — dépensées autrement — en rendre de plus grands encore. J'ai entendu également regretter que certains baux signés par l'Association soient de trop courte durée. Ces légères réserves faites, il faut reconnaître bien haut que dans les Pyrénées, où s'est presque exclusivement cantonnée son action, l'Association pour l'aménagement des montagnes a réussi à obtenir d'excellents résultats et il faut la louer très vivement de son action ainsi que proclamer l'intelligent dévouement de son président, M. P. Descombes, et la constance de ses efforts. Je veux dire également que dans le but de faciliter la mise en rapport des offres et des demandes de propriétés forestières ou de terrains à boiser, l'office des renseignements de l'Association fait parvenir des formules imprimées aux propriétaires qui lui en font la demande pour y consigner les renseignements de nature à en faciliter la vente. Voilà incontestablement une très heureuse initiative.

J'ai indiqué plus haut, en traitant de l'œuvre du Touring-Club de France, l'importance du rôle que l'instituteur peut et doit jouer en expliquant aux enfants l'utilité des forêts, en lui inculquant le respect de l'arbre, en lui faisant sentir la barbarie qu'il y a à détruire en une heure ce que la nature a souvent mis un siècle à parfaire. Malheureusement, alors même que l'instituteur — ce qui n'est hélas ! pas toujours le cas — est décidé à remplir son rôle, combien de fois ne trouve-t-il pas à la mairie une sourde opposition. C'est que la municipalité craint trop souvent, en prenant fait et cause pour les arbres, de s'aliéner tant d'électeurs qui, par suite d'intérêts privés mal entendus, se déclarent les adversaires de la forêt (1). On voit donc que l'on

(1) L'aversion, que généralement la population des pays de montagnes porte aux forêts, est pour celles-ci le plus grave des périls. Les pâtres leur causent des dommages plus terribles que les incendies quand ce ne sont pas eux-mêmes qui les allument (voir en appendice, tome VI).

revient toujours à ceci, qu'il importe primordialement de créer

(Cliché de la Librairie agricole)

Fig. 566. — Bouleau.

une ambiance favorable au reboisement. La propagande faite par les groupements dont je viens de parler, peut évidemment beaucoup faire pour créer cette ambiance désirable ; mais il ne faut pas se dissimuler que le plus souvent cette propagande ne parvient pas au montagnard, ou, quand par hasard elle pénètre jusqu'à lui, elle ne le convainc pas. Ce qui seul peut le frapper, c'est ce qui parle à son intérêt de façon tangible et immédiate : il faut lui donner des preuves irréfutables que, rationnellement exploitée, la forêt lui est d'un fructueux rapport.

A ce point de vue, le développement des petites industries du bois — que favorise justement la proximité de la matière première : les arbres — peut rendre de réels services, outre qu'il présente par lui-même le précieux avantage de combattre la dépopulation des montagnes. Fabrication de parquet, de sabots, de jouets, d'articles de menuiserie, d'ébénisterie, de tonnellerie, de boissellerie, etc., les industries du bois sont extrêmement nombreuses, et certaines, ne nécessitant que des installations très rudimentaires, peuvent s'exercer à domicile ou dans de tout petits établissements. C'est au développement de celles-là qu'il faut surtout s'attacher en leur assurant des débouchés. Pour que ces débouchés soient rémunérateurs, les articles doivent être d'une fabrication parfaite : d'où nécessité de créer de petites écoles professionnelles ou mieux encore d'organiser des cours temporaires. Un enseignement nomade suffit, en effet, pour beaucoup de petites industries, la boissellerie notamment. Il existe en Belgique et en Frioul (Haute-Italie) (1) et y a donné des résultats très satisfaisants ; il vient à l'appui de ce que je disais au sujet de la lutte contre la dépopulation des montagnes, en ce sens, qu'il permet aux jeunes gens de ne pas quitter leur village avant l'époque du service militaire, et que par suite il y a plus de chances qu'ils y reviennent.

Qu'on ne croie pas que nous exagérons ici le rôle des petites industries du bois. Il est tel exemple, notamment celui que donne le dernier contre-fort des Cévennes, la Montagne Noire, bien fait pour nous prouver l'importance des services

(1) Voir plus loin les chapitres consacrés à ces deux pays.

qu'elles peuvent rendre : « La forêt, où n'entre jamais le bétail, écrit
à ce sujet M. Ph. Bauvy, inspecteur-adjoint des Eaux et Forêts,
y est l'objet de la sollicitude de tous comme donnant à la fois
de beaux revenus aux communes et du travail à une nombreuse
population. Lors de la grande sécheresse de 1893, lorsque
l'Administration ouvrit largement au parcours les forêts communales et même domaniales, aucune commune de la Montagne-

(Cliché de la Librairie agricole.)

Fig. 567. — Chêne-chapelle d'Allouville (au 1/200°).

Noire ne songea à profiter de cette autorisation : elles tenaient
trop à préserver leurs forêts contre le bétail. Les reboisements
facultatifs sont très en honneur chez elles, et, dans cette petite
région où la forêt est représentée par un massif de 20.000 hectares,
se partageant entre l'État, les particuliers et les communes,
celles-ci, aidées par des subventions, ont reboisé à elles seules
environ 1.000 hectares ». C'est là, on en conviendra, un exemple
éloquent qu'il importait de donner.

B. — LA CAPITALISATION FORESTIÈRE

INTÉRÊT FINANCIER DU PROJET ; OPINION DE M. RISLER. — PROGRÈS FAITS DANS L'OPINION PUBLIQUE PAR L'IDÉE FORESTIÈRE. — RAISONS QUI FONT QUE LES FORÊTS DOIVENT ÊTRE PAR EXCELLENCE UN DOMAINE NATIONAL. — MÉCANISME FINANCIER DU PROJET; DIVERSES SOLUTIONS POSSIBLES. — IMPORTANCE DES TRAVAUX QUE L'ON POURRAIT EFFECTUER CHAQUE ANNÉE. — RÔLE DES COMMUNES. — LA DESTRUCTION FORESTIÈRE ET LE " MILLION SAUVEUR " ; COMMENT EMPÊCHER LA DESTRUCTION DE NOS GRANDES FORÊTS. — LE RÔLE DES COMPAGNIES D'ASSURANCES. — PEU D'IMPORTANCE DES ALÉAS D'UNE SPÉCULATION FINANCIÈRE.

Encore qu'en traitant les divers sujets dont nous nous occuperons dans ce chapitre nous risquions de répéter certaines choses dites précédemment, nous tenons à présenter, groupés, tous les arguments que M. E. Cardot, le distingué inspecteur des eaux et forêts, secrétaire général de la *Société forestière française des Amis des Arbres*, a réunis en faveur d'un projet qui lui est cher et dont la réalisation aurait, pour notre pays, les plus heureux, les plus féconds résultats, projet qu'il a intitulé *la Capitalisation forestière*, et qui a pour objet la constitution d'un important domaine forestier national et communal. Ce n'est pas d'aujourd'hui que M. E. Cardot lutte dans ce but ; il publia notamment en 1902 et en 1903, dans la *Revue des Eaux et Forêts*, une série d'articles forts intéressants destinés à attirer l'attention sur l'intérêt primordial que présenterait la mise en valeur, par une reconstitution forestière ou pastorale, des terrains incultes ou improductifs qui existent encore sur notre territoire. On sait que de grands travaux en ont, depuis un quart de siècle, notablement diminué la superficie ; nous avons d'autre part, traité de cette question et avons signalé les merveilleux résultats obtenus sur certains points, notamment par la fixation des dunes de Gascogne (1). Nous ne reviendrons donc pas aujourd'hui sur ce point, sinon pour rappeler quelques chiffres se rapportant aux dunes de Gascogne, et qui peuvent être donnés en exemple.

(1) Au sujet des dunes de Gascogne, voir tome II, pages 639 et 640.

Les travaux qui y furent exécutés ont entraîné une dépense totale de 13 millions de francs (y compris tous frais préparatoires et accessoires), mais la vente de 17.000 hectares (sur 79.000 qui furent bonifiés) produisit, à elle seule, 13.726.315 francs, soit un chiffre dépassant de près d'un million le montant de la dépense faite, et il reste à l'État, défalcation faite des routes, maisons, etc., plus de 51.000 hectares représentant au bas mot une valeur de cinquante millions de francs. Voilà donc des chiffres catégoriques et qui prouvent que le projet de M. Cardot présente, non seulement un intérêt national de premier ordre, mais aussi toute chance financière de succès. N'oublions, du reste, pas que le distingué E. Risler, ancien directeur de l'Institut agronomique, dont nul ne saurait mettre en doute la haute compétence, a écrit : « Les reboisements bien faits sont des placements à 6 ou 7 p. 100, quelquefois 10 p. 100. Il est vrai que ce sont des placements de longue haleine dont on ne peut toucher aucun intérêt pendant un certain nombre d'années. Ils ne peuvent, par suite, convenir qu'à des propriétaires qui n'ont pas un besoin immédiat de leurs revenus. Mais ce sont des « caisses d'épargne » qui conviendraient précisément aux Caisses d'épargne proprement dites ou encore aux Sociétés d'assurance sur la vie. Ces sociétés, qui ont pris un si grand développement depuis vingt ou trente ans, immobilisent une grande partie de leurs capitaux en construction de maisons à Paris ou ailleurs. Elles ont raison de·le faire tant que ces constructions leur rapportent plus de 5 p. 100. Mais ces placements ne tarderont pas à devenir moins avantageux, et il faudra en chercher d'autres. Les reboisements leur sont tout indiqués pour l'avenir ».

Nous tenions à citer de suite ces quelques lignes, car elles ne sont pas moins remarquables par l'autorité qui s'attache à tout ce qu'a écrit E. Risler que par la netteté, la précision avec lesquelles le problème est ici posé. Nous devons, du reste — et ce nous est une grande satisfaction, — reconnaître que ces idées ont fait depuis quelques années en France de très grands progrès.

La presse les a diffusées ; des associations ont fait à leur sujet une très vive et très heureuse propagande, dont nous venons de parler ; enfin, dans certaines assemblées annuelles (notamment celles du Touring-Club de France, de l'Association pour l'Aménagement des Montagnes, et dans quelques congrès, tels que ceux de la Loire et du Sud-Ouest naviguables) des vœux ont été émis en faveur de ce que M. Descombes a appelé l'orientation des capitaux vers le reboisement. Certes, nous savons que trop souvent de tels vœux restent platoniques. Mais le mouvement d'opinion qui s'est manifesté en faveur de ceux-ci permet d'espérer qu'il n'en sera pas de même cette fois. La Caisse forestière du Touring-Club de France n'est-elle pas déjà une première opération de capitalisation forestière, opération que l'on peut espérer voir prendre dans un délai assez bref un plus grand développement encore. Nous souhaitons que l'étude que nous allons faire de la question aide de son côté à la réalisation prochaine du séduisant projet de M. Cardot.

Deux solutions se présentent : La loi peut imposer, au nom de l'intérêt public, le boisement de certains terrains ou leur conservation à l'état boisé. Ou bien elle peut, par une série d'intelligentes mesures, se borner à favoriser le développement des travaux de reboisement et d'améliorations forestières, en mettant à la disposition de l'État, des communes, des Associations, des moyens d'exécution, moyens financiers notamment, plus importants et surtout plus souples, moins compliqués que par le passé (1). Ce sont ces mesures gracieuses

---

(1) Bien entendu donnant, en outre, à la propriété forestière privée certains avantages ou privilèges légaux (à ce sujet, voir notamment tome II, p. 648). Hélas ! au lieu d'entrer dans cet ordre d'idées on continue à charger les forêts d'impôts. Nous ne saurions citer des détails à ce sujet ; mais signalons avec M. Cardot le cas d'une grande forêt particulière des environs de Paris qui paie actuellement au fisc environ 30 p. 100 de son revenu. Ce chiffre de 30 p. 100 serait, si nous nous en rapportons à un article très documenté publié par le journal *Le Bois* en 1907, le plus favorable de ceux payés dans le Morvan par les propriétaires fonciers de forêts ; pour certains l'impôt atteindrait 60, 80 et même 100 p. 100, il est certain que ce n'est pas ainsi qu'on favorisera le reboisement ni même qu'on luttera contre le déboisement.

auxquelles il nous semble que doive surtout s'appliquer le titre de *Capitalisation forestière*; ce sont elles que nous allons étudier ici.

E. Risler, dans les quelques lignes que nous avons citées plus haut, a très justement montré que reboiser — surtout reboiser de façon intelligente et fructueuse, c'est-à-dire en bois d'œuvre — ne peut le plus souvent être que le fait d'un propriétaire impérissable, car seul un tel propriétaire est capable d'établir et d'appliquer avec suite des aménagements ou des règlements d'exploitation portant sur une durée de cinquante à deux cents ans; seul aussi, il est capable de s'interdire des réalisations hâtives commandées par un intérêt pécuniaire immédiat. La propriété forestière doit donc être par excellence une propriété communale, une propriété d'État notamment, et nous devons surtout tendre à agrandir notre domaine forestier national. Mais comment ?

M. Cardot se demande s'il ne serait pas dans l'avenir plus avantageux pour l'État, au lieu d'employer ses ressources disponibles au remboursement de rentes 3 p. 100 d'en affecter une partie à des capitalisations forestières, c'est-à-dire à la création de jeunes peuplements forestiers qui, par leur croissance naturelle, décupleraient vraisemblablement de valeur en moins d'un demi-siècle ; si l'on veut bien calculer qu'une dépense de 250 à 500 francs l'hectare, dépense comprenant les frais d'acquisition et de reboisement nous vaudrait, à condition bien entendu que les conditions techniques fussent réunies, des peuplements forestiers qui à l'âge de quarante à soixante ans auraient une valeur de 2.500 à 5.000 francs l'hectare, on conviendra que le point de vue de M. Cardot est non seulement très défendable mais encore que sa réalisation s'imposerait... si l'élasticité de nos budgets comprenait encore un important chapitre affecté à l'amortissement. On sait qu'hélas ! les budgets des pays d'Europe sont au contraire très surchargés et qu'on n'assure leur équilibre que par l'emprunt ou des impôts nouveaux. Ce n'est donc point de ce côté que l'on peut espérer trouver les ressources nécessaires pour la réalisation si éminemment souhaitable du projet de M. Cardot (1).

On ne saurait donc s'en remettre à l'affectation au reboisement d'une partie de ce qui est destiné à l'amortissement. Un autre moyen se présente : l'inscription chaque année au budget d'un crédit de un à deux millions, qui serait affecté à l'acquisition ou au reboisement des terrains improductifs, landes, friches, bois ruinés, appartenant à des communes et à des particuliers et susceptibles de donner lieu à une restauration forestière rémunératrice, étant bien entendu que ce crédit ne devrait pas faire double emploi avec celui d'un peu plus de trois millions affecté chaque année à la restauration et à la conservation des terrains en montagne, en application de la loi du 4 avril 1882. Cette loi ayant, en effet, un but de sécurité et de protection, les crédits inscrits au budget pour son application s'appliquent pour la plus large part à l'acquisition et à la consolidation de versants très dégradés ou de combes en ruines, et c'est justement que M. Cardot

---

(1) Qu'on nous permette de signaler ici combien il est regrettable que l'État n'ait pas conservé tous les bois vendus à vil prix au moment de la Révolution. Ce n'est, d'autre part, point la moindre faute de la Restauration que d'avoir aliéné, de 1814 à 1826, environ 164 000 hectares de bois à raison de 763 francs l'hectare. Non seulement l'existence d'un tel domaine forestier aurait actuellement pour notre pays les plus heureux effets, mais encore il est certain qu'elle représenterait un capital extrêmement important et dont le revenu fournirait au budget un appoint qui ne serait pas à dédaigner. En voulez-vous un exemple ? Sous la Révolution, dans le département du Doubs, une petite forêt résineuse d'une contenance de 226 hectares, appartenant précédemment à l'abbaye de Montbenoit, fut mise en vente au prix de 30.000 francs (lequel prix pouvait, remarquez-le, être payé en assignats dépréciés). Fort heureusement, la forêt resta invendue et par suite entre les mains de l'État. Elle lui donne aujourd'hui un revenu annuel d'environ 30.000 francs et a une valeur capitale susceptible de réalisation presque immédiate qui dépasse certainement un million de francs ; sa valeur totale, y compris sol et jeunes bois, doit être d'environ 1.500.000 francs. Ceci indique l'immense plus-value acquise en un siècle et cependant dans la seule période allant de 1861 à 1895, il a été exploité dans cette forêt 67.067 mètres cubes de bois d'une valeur de 1.079.380 francs. Nous ne donnons pas seulement cet exemple pour ajouter au regret qu'on peut avoir des aliénations de forêts faites pendant la Restauration, mais aussi pour montrer combien il est de l'intérêt bien entendu de notre pays d'entrer résolument dans la voie de la capitalisation forestière.

note que les « reboisements qui sont effectués sur ces terrains pour les fixer et atténuer les effets du ruissellement dans les régions montagneuses souvent très éloignées des centres de consommation et même des voies de communication, n'auront de longtemps, pour la plupart, qu'un intérêt économique médiocre ». Il s'agirait, au contraire, par le nouveau crédit proposé, d'assurer le développement et le perfectionnement de notre outillage forestier dans nos régions de coteaux et de plaines, aussi bien qu'en montagne, et de faire des entreprises de reboisement et de mises en valeur du sol, avantageuses au Trésor, en même temps que profitables à l'intérêt général.

Au cas où l'on se fixerait à prélever annuellement sur le budget une somme variant entre un et deux millions de francs, une seconde solution est possible : l'affectation à la capitalisation forestière d'avances qui seraient consenties à l'État par l'un des grands établissements de crédit qui fonctionne sous sa garantie (Crédit Foncier, Caisse des Dépôts et Consignations, Caisse des Retraites, Caisse d'Épargne), ces avances devant être remboursées par annuités comprenant l'intérêt et l'amortissement et qui auraient une durée assez longue, cinquante à soixante ans par exemple. Cette solution présente deux avantages : d'une part elle diminuerait sensiblement les sacrifices immédiats à consentir et d'autre part elle retarderait le paiement de moitié des dépenses jusqu'au moment où celles-ci seraient, pour une large part, compensées par le produit même des forêts créées, qui — dès l'âge de vingt-cinq ans, ne l'oublions pas ! — commenceraient, en effet, à pouvoir être mises en exploitation et dont la valeur croissante des produits arriverait bientôt à égaliser le montant des annuités. Enfin, l'État bénéficierait de la différence entre le taux de l'intérêt de la dette contractée et le taux de capitalisation forestière infiniment plus élevé des jeunes bois en croissance.

Il n'est pas nécessaire d'insister sur le fait qu'une telle opération rentre tout à fait dans le cadre de celles pour la réalisation desquelles le Crédit Foncier a été fondé : n'a-t-il pas, en effet, pour mission de faire crédit à la terre ? Nous n'entrerons pas ici dans le mécanisme qui serait donné à ces avances.

La Caisse des Retraites pourrait également entrer dans cette voie. En effet, dans la séance de la Chambre du 25 janvier 1906, M. Cazeneuve appuyant l'idée précédemment émise par M. Méline qu'une partie des fonds versés en vue de leur capitalisation pour le service des retraites pourrait être affectée à des reboisements et demandant que « l'article autorisant les placements en valeurs d'État fût complété de telle sorte que toutes les mesures suscep-tibles de donner à la propriété de l'État une plus-value certaine et un rapport certain, puissent par exception participer aux fonds disponibles », M. Millerand, président de la Commission, lui répondit qu'il était allé au-devant de ses intentions et avait demandé au Ministre de l'Agriculture « de fournir à la Commis-sion un travail sur la qualité de fonds qui pourrait être employée au reboisement et sur l'utilisation qui pourrait être faite dans cet ordre d'idées ». Il est, du reste, évident que la capitalisation forestière s'adapte merveilleusement aux opérations d'une Caisse de Retraites. En quoi consistent, en effet, les opérations qu'elle fait ? A accumuler pendant trente ans, quarante ans, cinquante ans, autrement dit pendant toute la durée de la vie active d'un homme, des épargnes servant à édifier un capital viager dont il touchera la rente quand il sera arrivé à l'âge du repos. Or — et je laisse ici la parole à M. E. Cardot — « la forêt est une accumulatrice d'épargnes végétales qui s'accroissent d'année en année à la fois en volume et en valeur, et cette capitalisation qui se fait sans frais, par le simple jeu des forces naturelles, a encore ceci de remarquable, c'est qu'elle est particulièrement intensive dans les jeunes bois, de telle sorte que, si on réalise le matériel ligneux à l'âge de trente-cinq, quarante, cinquante et même soixante ans, précisément l'âge de nos retraites humaines, on peut obtenir un taux de capitalisation très supérieur à celui de l'argent placé dans les caisses financières ».

La question de l'étendue à acquérir et à reboiser annuellement est naturellement subordonnée, d'une part, aux ressources financières, d'autre part, aux disponibilités en terrains susceptibles d'être achetés dans des conditions convenables. On peut estimer que les frais, tant d'acquisition que de reboisement, s'élèveraient de 300 à 500 francs l'hectare, ce qui donnerait un total de 5.000 hectares pour une somme de deux millions. Au cas où l'on adopterait la solution consistant à obtenir des grandes sociétés de crédit des avances annuelles remboursables, un sacrifice annuel moindre, représenté par les annuités d'intérêt-amortissement, permettrait d'accroître sensiblement l'importance des travaux à entreprendre chaque année, voire même de la doubler, c'est-à-dire de reboiser annuellement jusqu'à 10.000 hectares, soit pour chaque décennie un accroissement de notre domaine forestier national de cent mille hectares. Certes, ce ne sont pas là des chiffres excessivement importants surtout si l'on veut bien se souvenir qu'il existe en France six millions d'hectares de terres incultes et que si l'on ajoute à ce chiffre la superficie des forêts ruinées et des terres peu ou presque pas en culture, on arriverait à un total de terres susceptibles d'une restauration forestière assez avantageuse, que certains n'hésitent pas à estimer à dix millions d'hectares. Mais si ces chiffres sont relativement modestes, que l'on veuille bien ne pas oublier, d'autre part, que le capital que demande l'auteur du projet de la capitalisation forestière est fort modeste lui-même et que ces 10.000, voire même (au cas de la simple inscription d'une somme de deux millions au budget annuel, sans recours aux emprunts) ces 5.000 hectares constitués chaque année en belles forêts de feuillus (nous insistons sur ce point) serait un immense progrès réalisé sur la situation actuelle. Il ne faut non plus oublier que, du fait de l'application de la loi du 4 avril 1882, l'Administration forestière achète chaque année — dans, il est vrai, un nombre assez restreint de départements — environ 7.000 hectares de terrain.

Reste la question du personnel technique. Sa résolution ne présente pas les difficultés qu'on pourrait supposer. En effet, les agents des Eaux et Forêts gérant dès aujourd'hui plus de trois millions d'hectares de forêts domaniales et communales, il n'y aurait lieu d'augmenter ce personnel que lorsque, par le jeu des acquisitions annuelles, le nouveau domaine forestier national aurait pris une certaine étendue ; mais à ce moment les premières acquisitions seraient bien près d'être déjà d'un bon rapport.

Arrêtons-nous ici pour résumer quelle serait au point de vue de l'État la situation résultant de son entrée dans la voie de la capitalisation forestière : « La création annuelle de 10.000 hectares de forêts productives aboutirait, écrit M. Cardot, au boût d'un siècle, à la formation d'un capital forestier qui, nonobstant les réalisations, pourrait avoir une valeur-capital de deux à trois milliards. Ainsi on aurait renforcé le crédit de l'État tout en contribuant à assurer le succès d'une œuvre sociale, telle que l'œuvre des retraites ouvrières, et à développer un des éléments les plus essentiels de la prospérité publique. »

La commune qui est comme l'État un être impérissable doit également « avoir pour fonction de maintenir autour d'elle, par sa prévoyance, des conditions économiques indispensables à la prospérité des générations qui doivent se succéder sur son territoire et, par suite, de créer des massifs forestiers susceptibles de donner à elle-même des revenus constants et réguliers, à ses habitants des éléments de travail et d'activité industrielle, au pays tout entier l'inappréciable bienfait de travaux concourant à son embellissement, à l'amélioration de ses conditions climatériques, à la régularisation de ses cours d'eau ». Comme on le pense bien le problème se pose ici de la même façon que pour l'État, sauf cependant à noter que les communes ont tout à la fois moins et plus de liberté d'action que lui. Plus : en ce sens qu'elles peuvent agir sans avoir à mettre en mouvement la lourde machine qu'est un budget national ; moins : en ce sens qu'elles sont trop souvent prisonnières de petits intérêts particuliers et que des considérations électorales viennent juguler les meilleures volontés. L'obstacle pastoral, c'est-à-dire l'aversion que les propriétaires et gardiens de troupeaux portent à la forêt, joue malheureusement ici un rôle primordial et néfaste. Nous avons déjà eu l'occasion d'indiquer qu'il fallait s'attacher à persuader les esprits arriérés de leur véritable intérêt qui est, comme nous l'avons déjà dit à plusieurs reprises, non point de détruire la forêt, mais de sauver ce qui en reste et de recréer ce qui en a été détruit. Une solution serait que les communes entreprissent à la fois des travaux pastoraux et forestiers. Nous ne traiterons pas la question financière, renvoyant à ce sujet à ce que nous avons dit un peu plus haut pour les travaux que l'État devrait effectuer. Ajoutons seulement que les Caisses régionales agricoles pourraient ici jouer un rôle (1).

Nous voici arrivés à ce que, dans son très intéressant projet, M. E. Cardot appelle les destructions forestières et le million sauveur. Il ne suffit pas, en effet, de constituer des richesses nouvelles ; il faut sauver celles que nous possédons aujourd'hui. Cette question emprunte un nouvel et très grave intérêt aux destructions qui s'accomplissent actuellement ou menacent de s'accomplir dans nos forêts particulières. « Il semble véritablement, note avec peine M. Cardot, qu'un glas de mort ait sonné pour ces vieilles et magnifiques forêts qui, en même temps qu'elles sont une des parures de la France, rendent au pays de si grands, de si incontestables services. » Bon nombre d'entre elles furent détachées autrefois du domaine royal et concédées à titre d'apanage à des princes français ; combien M. Cardot a raison quand il soutient que l'État ne doit reculer devant aucun sacrifice — nous avons vu au demeurant que de tels sacrifices sont en réalité bien minimes et ne tardent pas à se changer en sources de bénéfices — combien, disons-nous, M. Cardot a raison de demander que le gouvernement français, l'État, fasse rentrer ses forêts dans son domaine dès qu'elles sont menacées de destruction ! Il doit agir de même avec les grandes propriétés forestières constituées par des siècles de possession dans une

(1) Voir en appendice, tome VI, l'exemple de ce qu'ont réussi certaines communes du Jura ; y lire également la façon dont pourrait être tourné l'obstacle pastoral.

même famille et que l'instabilité actuelle des fortunes fait si souvent vendre aujourd'hui. « Les domaines, s'écrie éloquemment M. Cardot, s'effritent par le gaspillage, les licitations, les partages, les ventes, et les forêts suivent le mouvement. Les feuilles vertes s'envolent comme les feuilles d'automne. L'arbre n'a plus de racines. Son tronc se résout en quelques rouleaux d'or promptement dispersés. Et l'on entend les plaintes d'alentour : Adieu ces grands rideaux sombres qui rompaient la monotonie des plaines et donnaient de l'abri aux moissons ! Adieu les fraîches rosées et les brumes légères que la forêt répandait au loin autour d'elle sur les champs et les prés ! Adieu les antiques ombrages, leurs bruissements de feuilles, leurs concerts d'oiseaux ! Adieu les délicieuses promenades, où l'on retrouve les sensations héréditaires, le souvenir des vieux temps écoulés, en même temps que s'éveillent les impressions du renouveau et d'éternelle jeunesse sous les frondaisons printanières ! Adieu encore tous ces profits industriels et commerciaux dérivés de la forêt, et cette manne précieuse des salaires, qui se répandait dans les villages voisins et faisait vivre bûcherons et paysans condamnés au chômage hivernal. Quelques années suffiront à détruire cette belle harmonie qui depuis si longtemps régnait entre la culture et la forêt, entre la forêt et l'homme. »

J'ai indiqué plus haut l'importance des charges que l'on fait sans prévoyance peser sur les propriétaires de forêts. C'est incontestablement un des principaux motifs du développement inaccoutumé qu'ont pris les ventes des bois particuliers. Il y a également lieu de tenir compte de l'instabilité dans les fortunes et de ce détachement des terres qui a inspiré à M. Cardot les éloquentes lignes que l'on vient de lire. Enfin, il faut placer au premier rang, parmi les facteurs d'une situation que nous déplorons, le besoin croissant de bois d'œuvre qui se manifeste non seulement en France mais encore à l'étranger (1), et a provoqué une hausse ne pouvant qu'inciter bien des propriétaires

(1) Notamment en Allemagne.

forestiers à vendre et — c'est là le plus grave ! — a incité bien des spéculateurs étrangers à envahir notre marché, à devenir par tous les moyens possibles les maîtres de nos bois qu'ils exploitent ou pour parler plus exactement qu'ils saccagent sans merci. Cette situation ne saurait se prolonger, et il est inadmissible que, suivant l'expression de M. Cardot, « on assiste les bras croisés à cette hécatombe de nos grandes forêts françaises ».

Le seul moyen d'assurer d'une façon prompte et définitive le salut et la conservation de ces forêts serait le rachat par l'État. Sur ce point chacun sera d'accord, mais de suite une question se pose : un tel rachat exige des millions : où les trouver ? Il semble que le Crédit Foncier serait tout désigné pour faire une avance de fonds dont le remboursement serait effectué en cinquante annuités, comprenant l'amortissement et l'intérêt. « Dès lors, écrit M. Cardot, l'opération se présenterait sous l'aspect suivant : Supposons un domaine de 10.000 hectares mis en vente au prix de dix millions de francs ; le Crédit Foncier avance la somme à l'État et celui-ci le rembourse par annuités comprenant intérêts et amortissements et calculés à un taux de 3 à 3,50 p. 100 (1). L'intérêt ainsi calculé ressort à environ 4 p. 100 du capital avancé. Donc l'État paiera chaque année, pendant cinquante ans, au Crédit Foncier une somme de 400.000 francs. Mais il bénéficiera des exploitations et autres produits de la forêt. Leur rendement, défalcation faite des frais d'impôt de gestion, de surveillance, etc., s'élève à environ 30 francs l'hectare, soit à 300.000 francs. Reste à rembourser chaque année 100.000 francs. Ces chiffres ne sont pas hypothétiques. Ils sont basés sur les valeurs estimatives en capital et rendements obtenus pour des peuplements de taillis sous futaie très analogues. D'où il ressort que, pour une opération de cette importance, la dépense à couvrir annuellement par l'État pendant

______

(1) Le Crédit Foncier prête aux communes au taux d'intérêt de 3,65 p. 100. Il en résulte que l'annuité calculée pour une durée du prêt de 50 ans ressort à 4,522 p. 100. Elle pourrait être abaissée à 4 p. 100, soit en abaissant le taux de l'intérêt, soit en prolongeant la durée du prêt.

cinquante ans ne dépasserait pas 100.000 francs. C'est là vraiment une somme qui n'est pas de nature à compromettre l'équilibre d'un budget de 4 milliards. »

Mais, dira-t-on, si une seule opération n'est pas de nature à compromettre l'équilibre du budget, en serait-il de même s'il s'agissait de plusieurs, autrement dit : une forêt achetée, ne sera-ce pas le tour d'une autre forêt ? Objection en réalité spécieuse : on n'est jamais obligé d'acheter et l'État pourrait s'en tenir à tel chiffre d'opérations qu'il aurait décidé. Oui, continue notre contradicteur, mais si les propriétaires de forêts, ou tout au moins un bon nombre d'entre eux, tentent une pression en disant à l'État : vous achetez ou nous déboisons, l'État serait obligé d'acheter pour empêcher l'irréparable de se produire. Nous sommes les premiers à reconnaître qu'il y a dans cette façon de voir quelque chose de vrai ; il ne faudrait pourtant pas s'exagérer une telle crainte, les grandes forêts d'un seul tenant dont la conservation est éminemment souhaitable, n'étant malheureusement pas très nombreuses en France ; il en existe tout au plus une vingtaine qui peuvent, à elles vingt, couvrir, au maximum, 100.000 hectares. Admettons que ces 100.000 hectares soient à vendre. Constitués, comme ils le sont, principalement en taillis sous futaie, ils ne représentent pas une valeur-capital supérieure à 100 millions de francs. En recourant au système d'emprunt que nous indiquions plus haut cela représenterait, défalcation faite du revenu net des forêts acquises (1), une somme maxima d'un million à inscrire annuellement pendant cinquante ans. « Ainsi, s'écrie M. Cardot, sur un budget de 4 milliards, c'est au maximum un pauvre million dont il faudrait, pendant un demi-siècle, grever chaque année notre budget pour sauver à tout jamais les principales forêts menacées, et ce million ne serait pas vraiment une dépense, mais bien au contraire une épargne soustraite au gouffre budgétaire, une

---

(1) Les forêts de cette nature donnent le plus souvent à 3,50 p. 100 et parfois un revenu égal au minimum à 3 p. 100, à 4 p. 100 de leur valeur-capital.

réserve d'avenir, comme un gros bas de laine que l'on serait heureux de retrouver plus tard prodigieusement grossi (1). »

M. Cardot pense, et nous partageons jusqu'à un certain point cet optimiste espoir, que ce qu'il appelle le million sauveur « aurait bientôt à sa suite tout un cortège de petits millions satellites », autrement dit que l'initiative prise par l'État susciterait des imitateurs, notamment dans la personne des départements et des communes. Il est fort possible même que les bons effets de l'exemple donné par l'État ne s'arrêteraient pas là. Nous avons vu ce qu'a fait le Touring-Club de France ; pourquoi d'autres associations, certains grands établissements, d'importantes compagnies financières ne voudraient-ils pas avoir chacun leur forêt, de sorte que, dans un esprit peut-être quelque peu « réclamiste », mais dont les bons effets ne seraient pas moins grands, une véritable émulation naîtrait, chacun d'eux voulant avoir la forêt la plus belle, la plus utile, la plus judicieusement exploitée et celle qui serait le meilleur rapport (2).

(1) « Je connais, écrit M. Cardot, quelques-unes des forêts à acquérir; je sais avec quel soin et quelle intelligence elles ont été traitées par les forestiers distingués qui en avaient la gestion. Si elles ne sont pas aussi riches que nos forêts domaniales en gros bois, en vieilles futaies, en revanche elles renferment d'importantes réserves de jeunes arbres susceptibles de produire une capitalisation très active et par suite d'accroître rapidement leurs revenus et leur valeur-capital. Si, à cette constatation de fait, on ajoute cette prévision certaine qu'en raison de l'épuisement des réserves de bois d'œuvre approvisionnant actuellement les marchés européens, le prix des bois de cette catégorie ne pourra que s'élever dans l'avenir, on est en droit de conclure que dans cinquante ans, quand l'État aura payé ces cinquantes annuités, et qu'il fera l'inventaire de ses domaines affranchis désormais de toute obligation, on peut affirmer, dis-je, qu'il éprouvera une agréable surprise. Ce n'est pas à cent millions de francs que pourra s'évaluer alors la valeur-capital des forêts acquises, mais à cent cinquante millions, deux cents millions peut-être. Je ne sache pas que le Ministre des Finances, dans les recherches qu'il entreprendra en vue de constituer des réserves pour les retraites ouvrières, puisse trouver des formes de capitalisation beaucoup plus avantageuses. »

(2) « Ainsi pourrait se réaliser peu à peu, en France, l'application d'une idée qui a eu le privilège peu ordinaire de rallier à la fois les économistes (J.-B. Say et Play, entre autres) et les socialistes, à savoir: que le régime de la propriété individuelle s'adapte mal aux exigences de la culture des forêts et qu'il est préférable de laisser ou de

Notons, enfin, que les Compagnies d'assurance peuvent jouer un rôle capital dans la question de la capitalisation forestière. Nous avons indiqué plus haut l'intérêt qu'il y aurait pour elles à placer en forêts une partie de leurs réserves puisque cette partie augmenterait chaque jour de valeur et serait d'un revenu croissant alors que tout au contraire les valeurs de tout repos dans lesquelles elles placent leurs réserves de garantie (fonds d'État ou garantis par l'État) ont une tendance à rapporter de moins en moins. Nous ne reviendrons point ici sur la question, mais nous tenions à citer les Compagnies d'assurance parmi les facteurs qui peuvent agir d'une façon particulièrement efficace dans cette question, entre toutes primordiale, de la capitalisation forestière.

Prenant pour guide M. E. Cardot, nous venons d'exposer en détail le projet qu'il a conçu, dont la réalisation aurait une telle importance sur l'avenir de notre pays. Nous renvoyons ceux de nos lecteurs qui croiraient trop élevés les chiffres de revenus forestiers que nous avons donnés, à nos appendices (tome VI). Une dernière objection peut cependant être présentée encore : celle des aléas d'une spéculation forestière ; nous n'hésitons pas à répondre que ces aléas n'existent en réalité pas. En effet, d'une part, des invasions d'insectes et les gelées ne sont pas à redouter dans nos pays, dès l'instant qu'on a planté des espèces bien appropriées (1). D'autre part, les incendies n'éclatent, on peut le dire, presque jamais dans les

remettre celles-ci entre les mains des collectivités intéressées à les conserver. Elles seules peuvent s'affranchir de la considération de l'intérêt immédiat et régler les exploitations d'après les prévisions d'avenir. Enfin, s'il est bien admis que les grandes forêts sont d'intérêt général ou collectif, c'est logiquement à la collectivité nationale ou aux collectivités locales ou secondaires qu'il convient d'en confier la propriété et la gestion. » (E. Cardot.)

(1) On a pu lire au tome III, note des pages 107 à 110, que même alors qu'une gelée détruit des plants d'une espèce qui n'était nullement appropriée à la région dans laquelle on avait tenté de les acclimater, on peut tirer parti du désastre qui, je le répète, ne se serait pas produit si l'on n'avait pas voulu constituer en Sologne des pineraies avec le pin maritime, lequel n'était nullement approprié au climat de la région.

forêts de feuillus, qui sont celles que la capitalisation forestière aurait le plus d'intérêt à entreprendre. On le voit donc, les aléas des spéculations forestières sont presque illusoires, en tout cas nettement moins importants que ceux que l'on risque avec toute autre opération. Voilà donc une raison de plus de souhaiter la réalisation du projet de M. E. Cardot, où l'intérêt financier est si complètement conforme avec l'intérêt national.

C. — DÉGATS CAUSÉS AUX FORÊTS PAR LES TIRS DE L'ARMÉE

LEUR IMPORTANCE. — ÉTENDUE DU PÉRIMÈTRE DANS LEQUEL LA FORÊT EST EXPOSÉE AUX PLEINS-FOUETS ET AUX RICOCHETS ; INSUFFISANCE DES MESURES DE PROTECTION PRISES. — OU ET COMMENT LES ARBRES SONT FRAPPÉS. — NATURE DES ALTÉRATIONS PRODUITES DANS LE CHÊNE, DANS LE HÊTRE. — CONSÉQUENCES DES DÉGATS SUIVANT LE RÉGIME AUQUEL EST SOUMISE LA FORÊT : TAILLIS SIMPLE, TAILLIS SOUS FUTAIE, FUTAIE RÉGULIÈRE. — TABLEAU DES DÉGATS CAUSÉS ; LEUR CHIFFRE ÉLEVÉ. — DIFFICULTÉ D'EXPLOITATION DES COUPES SITUÉES DANS LE VOISINAGE DES CHAMPS DE TIR. — INSUFFISANCE DE LA LÉGISLATION CONCERNANT LES INDEMNITÉS.

Il est une question intéressant les forêts et dont nous n'avons pas eu l'occasion de parler encore dans cet ouvrage, c'est celle des dégâts causés aux arbres par les tirs de l'armée. M. J. George, garde général des forêts, a écrit à ce sujet un remarquable mémorial (1), que nous prendrons pour guide dans la rédaction de ce chapitre.

On sait combien la forêt a de périls à redouter. Contre ses ennemis habituels l'arbre réagit de bien des manières et parvient souvent à réparer complètement le dommage qui lui a été causé ; mais lorsque le danger auquel il est exposé et les dégâts qui en résultent deviennent un fait constant, établi et causé par l'homme d'une façon permanente, l'arbre ne peut résister longtemps. Tel

(1) *Dégâts causés aux forêts par les balles du fusil de l'armée, l'indemnité qu'ils exigent et son règlement.* Grand in-8°, 84 pages, avec 10 planches en phototypie, par M. J. George, garde général des forêts. Extrait du *Bulletin de la Société des sciences de Nancy.* Berger-Levrault et Cⁱᵉ, 1903.

est le cas pour les balles ; même sain, l'arbre ne peut lutter avec avantage contre une attaque aussi directe. A plus forte raison s'il a déjà une prédisposition à devenir malade, s'il est dans un état de végétation languissante, s'il a des tares, s'il est dans des conditions défectueuses de milieu : sa maladie poursuivra d'une façon bien plus rapide son cours fatal, et sa mort arrivera prématurément.

Avec les blessures ordinaires, telles qu'en reçoivent généralement les arbres, blessures qui sont presque toujours très superficielles, l'arbre arrive assez souvent à se garantir contre la maladie par une cicatrisation active consistant dans la formation d'un bourrelet cicatriciel de recouvrement, ou par une cicatrisation passive résultant du dessèchement des tissus mis à nu et de leur imprégnation de tanin, de résine ou de gomme formant une couche isolante et protectrice. Mais pour les blessures causées par les balles, qui sont des blessures pénétrantes, consistant dans l'arbre en des fentes et en une galerie creusée aux dépens des tissus qui sont hachés et tués, l'arbre ne peut pour ainsi dire rien, et ces blessures inguérissables deviennent le siège d'un foyer d'infection par tous les organismes inférieurs qui y ont libre entrée. La décomposition des tissus s'accroît de jour en jour ; l'arbre incapable de réagir est livré, sans défense, à tous les autres ennemis ; il reste exposé à être frappé par de nouvelles balles, perd toutes ses qualités marchandes et industrielles et sa mort survient, prématurée, dans un délai plus ou moins court, suivant les circonstances.

L'administration des eaux et forêts s'est émue, avec juste raison, de ces dégâts qui — joints à d'autres conséquences encore des dommages causés (adjudications des chasses, etc.) — ont pour résultat une diminution sensible du revenu des forêts en France. Leur étude s'imposait et l'administration le prescrivit en 1901. C'est cette étude qu'a entreprise M. J. George, qui a pris, comme exemples, un champ de tir permanent et un champ de tir de circonstance, tous deux à portée de son service, et y a étudié les dégâts causés aux arbres et aux peuplements après avoir envisagé, en s'appuyant sur des renseignements techniques sur le tir, la façon dont les arbres peuvent être frappés par les balles et dans quelles conditions. Il a ainsi, notamment, déterminé les limites de la zone des arbres les plus atteints et hors d'atteinte en pleine forêt : la zone la plus battue ; les variations de ces limites ; l'insuffisance de la protection de la forêt due au défaut de hauteur et de largeur de la butte. Il a ensuite mis en évidence les graves conséquences qui, provenant de ces dégâts, consistent dans la diminution de la richesse forestière, la dépréciation de la valeur des coupes et des lots de chasse, finalement la baisse du revenu forestier, et montré la nécessité impérieuse pour le propriétaire forestier de voir ces dégâts compensés par une indemnité équivalente, ce qui n'a pas lieu jusqu'ici. Dans la troisième partie de son mémoire, il étudie la législation actuelle relative aux exercices de tir et au règlement des indemnités qui en résultent, et indique combien cette législation est défectueuse et à quel point s'imposent sa modification et sa révision. Enfin, dans le dernier chapitre, il traite de l'insuffisance de protection des forêts dans les zones dangereuses.

Après avoir décrit les champs de tir qu'il avait pris comme sujet d'étude, M. Georges établit sur le terrain les limites auxquelles les arbres sont le plus exposés aux pleins-fouets et aux ricochets. Il détermine les écarts probables dus au défaut d'adresse de la moyenne des tireurs et les écarts maxima réalisés dans le tir par les plus mauvais d'entre eux. A la distance de 300 mètres l'écart vertical probable est de 1 m. 20 pour la moyenne des tireurs. Le centre de la cible étant à 1 mètre au-dessus du sol, les balles de ces tireurs passent donc à 2 m. 20 au-dessus du pied de la cible, presque toujours au-dessus de la butte de tir. Les écarts extrêmes pour les plus mauvais tireurs vont, à 300 mètres, à 3 m. 80 au-dessus du pied de la cible. Les écarts horizontaux sont en moyenne des 8/10 des écarts verticaux. D'après cela, presque toujours les buttes ne protègent pas les arbres situés derrière elles. La hauteur minimum réglementaire d'une butte est de 6 mètres ; elle est tout à fait insuffisante, car les écarts extrêmes verticaux des coups les plus mal tirés, sont de 6 m. 40, à 400 mètres, et 9 m. 60 à la distance de 600 mètres. M. George étudie ensuite avec grand soin la loi des ricochets sur le terrain : nous ne pouvons le suivre dans cette partie très documentée de son mémoire, d'où résulte que les arbres, situés très loin et dans une direction très différente de celle du tir, pourront être atteints sur une face quelconque ; qu'ils pourront même être frappés par derrière sur la face opposée au côté des tireurs par une balle revenant en avant, après plusieurs ricochets successifs. De même ces ricochets des projectiles sur les arbres peuvent devenir très dangereux pour les abords latéraux d'un champ de tir. D'une façon générale, lorsqu'une forêt située soit en plaine, soit sur une colline, se trouve dans la zone dangereuse d'un champ de tir, les chances qu'ont les arbres d'être frappés sur n'importe quelle face et à n'importe quelle hauteur sont très grandes.

On peut déduire de ce qui précède que les blessures des arbres doivent présenter différentes formes et que les dégâts causés au peuplement doivent être considérables. Ce sont ces différentes blessures et ces dégâts que M. George a étudiés avec le plus grand soin : de nombreuses et très belles photographies permettent de suivre les descriptions techniques des désordres causés par la balle chez les arbres des principales essences forestières, chêne, hêtre, charme, érable champêtre, etc.

L'altération produite dans un chêne par une seule balle est considérable et inguérissable ; il en est à peu près de même, ajoute l'auteur, pour les autres essences. Le dégât et l'altération sont d'autant plus considérables et plus immédiats que l'arbre est plus jeune, que le nombre de balles qui ont frappé l'arbre est plus élevé et que les hauteurs des blessures sont plus grandes, l'altération gagnant plus vite les parties inférieures que les régions supérieures de l'arbre. Ces altérations décrites et figurées avec tous leurs détails, dans le mémoire de M. George peuvent se résumer en un mot : pourriture plus ou moins rapide de l'arbre sur pied. Chaque galerie de balle est un foyer d'infection et de désorganisation profond, qui s'étend de plus en plus avec le temps et qu'on ne peut arrêter. Les parties restées saines au début sont envahies à leur tour complètement, plus ou moins rapidement par cette altération et par les organismes qui y ont pénétré et qui continuent à se développer de plus en plus, au détriment de la substance ligneuse qui se décompose. L'arbre devient ainsi impropre aux usages les plus communs. Il dépérit et les nombreux ennemis qu'il compte parmi les insectes s'y précipitent, l'attaquent et se multiplient en creusant de nombreuses galeries, trouvant là une nourriture excellente.

Outre ces dégâts causés au fût, il en est d'autres qui sont des plus importants par leurs conséquences et se produisent quelle que soit l'essence frappée. Ce sont les dégâts causés par les balles dans le houpier, plus exposé encore que le fût, puisque la cime peut toujours être atteinte par les ricochets si elle ne l'est pas par des pleins-fouets. Les grosses branches qui sont frappées se comportent comme le fût, la même altération s'y produit et se propage. Les petites branches dont la circonférence n'excède pas 0 m. 20 ou 0 m. 25 de tour sont brisées ou coupées et se dessèchent. Enfin, fait beaucoup plus grave encore, la plupart des arbres observés ont leur pousse terminale elle-même atteinte, brisée ou coupée par les balles et, finalement, morte. L'arbre ainsi frappé meurt en tête, la surface foliacée diminue, les branches blessées se dessèchent, sont cassées par le vent ; ces blessures et ces

(Cliché de la Librairie agricole)

Fig. 568. — Cime de chêne détruite par les balles.

cassures sont autant de nouvelles portes ouvertes aux invasions des organismes inférieurs et des insectes ; enfin, il y a pénétration des tissus par les matières humiques entraînées dans le corps de l'arbre par les eaux pluviales. La cime prend un aspect lamentable (fig. 568) présentant de nombreux bouts de branches sectionnées et de nombreuses branches mortes, et le dépérissement de l'arbre devient alors très rapide.

Le hêtre est une essence à écorce lisse sur laquelle les balles sont plus sujettes à ricocher que sur une écorce épaisse et crevassée. Toutes choses égales, d'ailleurs, le hêtre est donc exposé à recevoir moins de blessures pénétrantes que le chêne par des balles dont l'angle d'arrivée est faible, mais il n'est pas plus épargné que lui par les autres balles. La cicatrisation des blessures chez le hêtre se fait plus difficilement que chez le chêne : les lèvres du bourrelet ne se rejoignent que rarement, et l'altération à l'intérieur paraît avoir, de ce fait, une marche rapide, comme le montrent les figures 569 et 570 représentant la blessure d'un hêtre de 0 m. 40 de diamètre, âgé de trente ans. La blessure remonte à deux ans et demi. Le hêtre, comme le chêne, est appelé à voir ses tissus se décomposer complètement au bout d'un temps plus ou moins rapide, variable selon son âge, la profondeur de la blessure, le nombre des balles reçues et le dégât commis dans le houpier. Comme le chêne, il perd progressivement de sa valeur au fur et à mesure de son séjour sur pied ; il devient impropre aux usages les plus communs et à un bon chauffage.

Les conséquences des dégâts varient suivant le régime auquel la forêt est soumise. C'est avec celui du taillis simple, dans lequel les bois ne restent sur pied que pendant une révolution, qu'elle subira le moindre dommage. On n'aura à redouter que la mort de quelques souches et la régénération restera assurée. Mais le rendement soit en écorce, soit en bois de chauffage ou d'industrie, sera diminué dans une proportion d'autant plus grande que la révolution est plus longue et que le taillis est plus longtemps exposé aux balles. Dans le taillis sous futaie, au contraire, le taillis a un grand avenir ; c'est qu'il doit fournir les brins destinés à remplacer les futaies qui tomberont sous la hache ; c'est par lui que se perpétue la forêt, indépendamment des semis naturels qui peuvent se produire. Les dégâts causés par les balles seront beaucoup plus graves : la perpétuation du régime de taillis sous futaie est non seulement grandement compromise, mais devient impossible sur l'espace des terrains exposés au feu du tir. Le taillis sous futaie peut être détruit au bout de deux révolutions au plus et être remplacé par du taillis simple. Enfin, dans une forêt traitée en futaie régulière, le maintien de ce régime, dans la partie des parcelles exposées aux balles de plein-fouet, deviendra au bout d'un certain temps impossible et il arrivera une époque où, forcément, les tirs durant, le peuplement de futaie aura disparu pour faire place à une sorte de taillis.

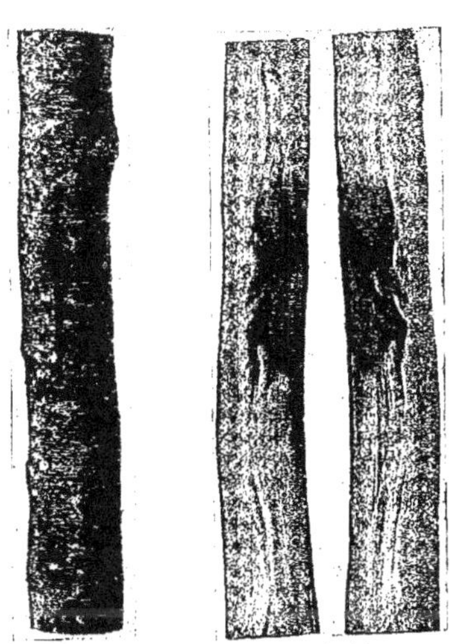

(Clichés de la Librairie agricole)

Fig. 569.   Fig. 570.

Fig. 569. — Cicatrice d'une blessure reçue par un hêtre, telle qu'elle se présente deux ans et demi après.

Fig. 570. — Intérieur de la même blessure.

La conclusion générale de ce qui précède est qu'il résulte — des troubles que les balles peuvent produire dans l'évolution des peuplements, suivant leur nature, et apporter dans les aménagements — une diminution de valeur plus ou moins grande de la richesse forestière. Une vérification expérimentale de la destruction par les balles d'une forêt communale exposée au feu d'un tir situé à petite distance a été faite par M. J. George ; les résultats en sont des plus probants : il a calculé pour cette forêt que la limite extrême d'atteinte des arbres par les pleins-fouets, se trouvait à environ 155 mètres de la butte, et celle de la zone des arbres les plus atteints, à environ 75 mètres. Il a procédé au comptage de tous les arbres qui avaient été réservés, lors de la précédente coupe, notant toutes les cicatrices ou blessures apparentes depuis le sol, c'est-à-dire visibles jusqu'à une hauteur de 4 à 5 mètres et négligeant ainsi toutes celles qui peuvent se trouver à une hauteur supérieure et dans la cime des arbres, et qu'on ne peut apercevoir depuis le sol. Les résultats de ce comptage sont inscrits dans un tableau très curieux à consulter. Je les résumerai avec l'auteur en quelques propositions très suggestives : pour une période de tir de 24 ans pour la futaie et de 14 ans pour le taillis, l'auteur a constaté :

1° Que dans la première zone, d'une étendue de 18 ares, 23 arbres sur 27 sont atteints, soit une proportion de 85,2 p. 100. Des 4 arbres restant, un baliveau seul pourrait être conservé aujourd'hui.

2° Que dans la deuxième zone, d'une étendue de 19 ares, 14 arbres sur 33 sont atteints, soit une proportion de 42,8 p. 100. Des 17 arbres restant, 4 seulement seraient à conserver aujourd'hui.

3° Que pour l'étendue totale des deux zones, égale à 37 ares, sur 60 arbres, 37 sont atteints, soit une proportion de 61,66 p. 100, et 5 arbres seulement pourraient être aujourd'hui réservés. Comme, malheureusement, la prochaine exploitation ne devait avoir lieu que onze ans plus tard, ces arbres-là auront certainement été atteints d'ici là. Quant au taillis, à la même époque on ne pourra trouver dans la première zone aucun baliveau à réserver et peut-être quelques-uns seulement dans la seconde. A l'exploitation suivante la destruction du taillis sous futaie sera complète ; le taillis simple le remplacera tant que dureront les tirs.

On voit, par ce simple exemple, combien est grande l'importance de cette diminution de la richesse forestière causée par les effets des balles dans un taillis sous futaie et la perte sérieuse qui en résulte pour le propriétaire de la forêt. A la baisse du revenu principal résultant de la diminution du rendement en argent de la coupe, s'ajoute la diminution du revenu accessoire, droits de chasse, etc. L'établissement, dans l'intérieur des forêts ou dans leur voisinage immédiat, de champs de tir est donc une cause secondaire, mais réelle, de la baisse des revenus des forêts. Cette diminution de revenus affecte péniblement tous les propriétaires de bois : l'État, les communes, les établissements publics et les particuliers. En une seule année, la moins-value annuelle du revenu forestier déterminée par les champs de tir et de manœuvre était évaluée, pour l'État seul, à 150.000 francs ; sans nul doute le chiffre des pertes causées aux communes et aux particuliers est très supérieur au dommage causé aux forêts domaniales.

Une autre cause de dépréciation dont n'a point parlé M. J. George est la difficulté d'exploitation des coupes situées dans le voisinage du champ de tir. Les interruptions forcées dans le travail des bûcherons, jointes au danger auquel les exposent les projectiles dans le rayon du champ de tir, rendent très difficile et parfois impossible la vente des coupes aux dates fixées pour l'aménagement de la forêt : les adjudicataires, dans les cas les moins défavorables, font des offres très inférieures à l'estimation de la coupe à réaliser. Enfin, en tout temps, la proximité des champs de tir est une cause de danger, de trouble et de pertes pour les cultivateurs dont les exploitations avoisinent un champ de tir.

Nous ne voulons pas terminer l'étude de cette question des dégâts causés aux forêts par les tirs de l'armée sans signaler combien est insuffisante la législation actuelle concernant les indemnités dues par l'État. Or, ce n'est qu'en ne négligeant nul côté de la crise forestière, en supprimant tout ce qui peut diminuer la valeur des forêts que l'on pourra lutter contre le déboisement.

D. — LA FORÊT SOURCE DE FOURRAGE POUR LE BÉTAIL

QUELQUES MOTS D'HISTORIQUE ; UN OPUSCULE ANONYME PARU VERS 1830 ; REMARQUABLES CONSIDÉRATIONS QUI Y SONT EXPOSÉES ; DE 1830 A AUJOURD'HUI. — GÉNÉRALITÉS SUR LA COMPOSITION DES VÉGÉTAUX. — RÉCOLTE ; RAPPORT ENTRE LA TENEUR EN MATIÈRE AZOTÉE ET LE DIAMÈTRE DES BRANCHETTES. — PRÉPARATION ; CONSERVATION. — COMPARAISON DE LA VALEUR NUTRITIVE DE LA RAMILLE ET DE CELLE DU FOIN.

Il est, enfin, un dernier point que nous tenons à traiter dans cette étude des forêts, afin que jointe à celle que nous lui avons consacrée au tome II de cet ouvrage (pp. 633 à 650), elles forment, à elles deux, un tout éclairant complètement la question forestière, dont — nous ne saurions trop le répéter — l'importance est primordiale pour notre pays ; ce dernier point c'est l'utilisation de la ramille comme fourrage pour le bétail.

L'idée d'utiliser les branchettes et les feuilles des arbres pour nourrir les animaux est fort ancienne. Ce fourrage était déjà préconisé par les Romains et, vraisemblablement, employé avant eux par les peuples nomades. Pline rapporte le cas que l'on faisait, de son temps, du cytise qu'on plantait spécialement pour servir de fourrage : on le donnait à l'état vert pendant huit mois, et pendant les quatre mois d'hiver on le faisait tremper dans l'eau pour le ramollir avant de l'employer. On ne sait pas trop de quel arbuste parle Pline ; en effet, le cytise faux ébénier, le plus commun de tous, est vénéneux, et c'est sans doute d'un autre arbrisseau que les Romains faisaient usage pour nourrir leur bétail.

Dans des temps plus rapprochés de nous, l'emploi du feuillage des arbres est à plusieurs reprises préconisé : Stahl, en 1785, le recommande. Mais les premières indications précises, sur l'emploi des branchettes, dans le cas de disette des fourrages, paraissent dues à un français, Cretté de Palluel, qui en 1793 décrivait comme suit le mode de récolte et de distribution des branchettes à l'étable : « Dès que la moisson est terminée, on émonde les arbres, comme on le fait en hiver. A mesure que les branches tombent, on les fait dépecer pour mettre le gros bois de côté et de toutes les cîmes et branches feuillées on fait de petits tas. Si le temps est favorable on peut les lier le soir. On les place dans des granges ou sous des hangars. Les plus appétissantes et les plus chargées de bois se donnent aux bêtes à cornes, et les plus branchues aux bêtes à laine qui n'en laissent jamais. Le bois qui reste dans les râteliers, après que les feuilles sont fourragées se relie pour le service du foyer et du four ». Ce procédé primitif d'utilisation des branchettes a été bien perfectionné lors de la disette du fourrage de 1893, comme nous le verrons bientôt.

Une brochure anonyme et sans date, imprimée chez Bottier, à Bourg (Ain), mérite une mention spéciale : elle est fort curieuse, en ce que non seulement on y trouve l'indication très précise du rôle alimentaire du feuillage des arbres, mais encore l'exposé d'essais de culture de différentes essences en vue de création de *prairies aériennes,* suivant la pittoresque expression de l'auteur. Cette brochure, très rare aujourd'hui, est signée de trois initiales M. A. P. ; bien qu'elle ne porte pas de date, il semble qu'elle doive avoir été écrite et publiée vers 1830. Cette supposition paraît justifiée par les conditions dans lesquelles elle a vu le jour. En effet, chose curieuse, la disette de fourrage qui a inspiré l'auteur de cet écrit était due, non à la sécheresse et à l'ardeur excessive du soleil, mais au froid extrêmement rigou-reux de l'hiver, et au caractère exceptionnellement pluvieux du printemps et de l'été qui l'ont suivi. Ces indications données par l'auteur anonyme m'ont paru se rapporter à l'hiver de 1829 à 1830·

Esprit distingué et observateur sagace, cet agronome, après avoir exposé le désastre causé aux céréales autant qu'aux prai-ries, par le rude climat et les intempéries de cette année, passe en revue les principales cultures qui peuvent aider, au moment où il écrit, à réparer le mal. Puis, arrivant au bétail, il signale les forêts comme source principale et trop négligée, dit-il, de fourrage et de litière. Il rappelle successivement l'emploi des feuilles d'orme, de frêne, de peuplier et de cytise (?) par les Romains, emploi qui s'est perpétué en Italie, dans la plupart des hautes vallées de la Savoie et de la Suisse, du Jura et du Dauphiné, où l'on fait consommer le feuillage en hiver en le plaçant dans des baquets avec un peu de son et en l'arrosant d'eau bouillante. Dans les montagnes du Lyonnais, la feuille de vigne, dit-il, conservée dans des tonneaux, avec de l'eau, est la principale nourriture des chèvres nombreuses qui s'y trouvent. En Italie, on met les feuilles dans des trous faits en terre et on les recouvre de sable et de glaise. On voit, par cette citation, que l'ensilage était déjà usité il y a près d'un siècle. Dans quelques parties du Haut Mâconnais — c'est toujours notre auteur qui parle, — on coupe au mois de septembre, pour fourrage, les taillis de l'âge de six mois et on les vend, à cet âge, aussi cher que si on les vendait à dix ans, pour le bois seulement. On coupe les branches pour feuillées, avant les brouillards, autant que possible, par un beau jour d'automne, et on fagote le lendemain, alors que la feuille s'est un peu fanée au soleil. On peut faire consommer ce fourrage depuis le printemps jusqu'à la fin de juin, et depuis septembre jusqu'à l'hiver.

Plus loin, l'auteur de cette curieuse brochure entretient le lecteur de la création de prairies arbustives qui, en 1893, ont rendu de si grands services à M. Cormouls-Houlès, comme nous le rappellerons plus tard : « Des expériences sur les prairies arbustives sont commencées, dit notre anonyme, dans la petite ferme expérimentale de Challes et offriront, nous le pensons, de l'intérêt. Dans tous les lieux et dans tous les sols, on peut avoir de ces prairies et, particulièrement, dans les sols humides qui ne donnent que de mauvaises herbes ou des parcours médiocres. Des arbres destinés à s'élever, tenus en souches basses, doivent repousser avec une très grande vigueur, et taillés tous les deux ans, doivent donner de grands produits en feuilles et en bois. L'orme, l'acacia sans épines, le frêne, les peupliers d'Italie et de Virginie, l'aulne, plantés à un mètre de distance, seront comparés entre eux : les produits ne peuvent encore bien se juger, parce que les souches ne sont point encore suffisamment formées. Cependant nous avons déjà pu conclure que le peuplier de Virginie produirait presque le double que le peuplier d'Italie, en fourrage de meilleure qualité ». Nous reviendrons sur cette idée très ingénieuse de création de prairies aériennes.

Agriculteur distingué et observateur sagace, l'auteur anonyme ne s'est pas borné à signaler le parti à tirer des feuilles et des ramilles des arbres, il a expérimenté, dans ses étables, le mode d'alimentation sur lequel il appelait l'attention des éleveurs de son temps. Bien que remontant à plus de quatre-vingts ans, ces expériences et les considérations dont l'auteur les accompagne présentent encore un très réel intérêt pour les cultivateurs ; quelques courts extraits vont le montrer :

Depuis un mois, dit notre auteur, nous donnons chaque jour à trois vaches de l'établissement 24 livres de feuillée, produit moyen de 4 souches de trois ans ; les vaches consomment en moyenne 11 livres, tant bois (branchettes) que feuilles ; elles donnent autant de lait et sont aussi bien entretenues que lorsqu'on leur donnait 15 à 18 livres de trèfle ; d'où nous avons dû conclure, d'accord d'ailleurs avec ce que l'on savait déjà, que la feuille verte nourrit beaucoup plus que le fourrage vert, et que la feuille d'automne (1), encore plus consistante que celle de printemps a, sans doute, un plus grand avantage relatif. Cette production (24 livres pour 4 souches de trois ans), est sans doute beaucoup au-dessous de ce qu'elle serait sur des souches grossies ; cependant elle est à peu près le double du produit net annuel du même fonds, en culture ordinaire.

Sur des arbres en lisière placés autour du fonds, le produit s'annonce beaucoup plus important ; des peupliers de Virginie de vingt ans, improprement nommés Suisses ou du Canada,

(1) Nous indiquerons plus loin, en parlant de la composition des ramilles et des feuilles d'arbre, comment s'explique cette assertion.

de 36 pouces de tour (soit 3 mètres), et de 50 pieds (17 mètres de hauteur, produisent de 5 à 6 quintaux de feuillées, soit de branches garnies de feuilles (1) tous les trois ans, ce qui fournit un revenu moyen de 0 fr. 75 par an, non compris la croissance de l'arbre, d'un produit au moins égal. Un domaine de 20 hectares seulement qui serait dans notre pays (Ain ?), de 1.000 à 1.200 francs de revenu, contiendrait aisément, sans diminuer d'un trentième les produits bruts, 200 peupliers autour de ses fonds, dont l'élagage annuel, pour le fermier et le bois de service pour le maître, représenteraient au moins le cinquième du revenu.

A la fin de son intéressant écrit, l'auteur se croit obligé à justifier l'insistance qu'il a mise à préconiser l'emploi des produits forestiers à la ferme pour la nourriture du bétail : « C'est, dit-il, que ce moyen, quoique peu étudié jusqu'à ce jour, est néanmoins le plus important de ceux que nous avons traités : le fourrage de feuillée offre en toutes circonstances et particulièrement dans la disette actuelle, la ressource la plus générale, la plus facile à employer : il est à l'abri de tous les temps qui détruisent les autres ; il se trouve partout répandu ; sa récolte un peu longue ne craint point d'avaries ; il offre du fourrage vert très substantiel au printemps et en automne jusqu'à la chute des feuilles ; il donne un fourrage sec très nourrissant pour l'hiver dont on peut à volonté, et suivant le besoin, accroître ou diminuer la quantité, en anticipant ou en reculant les élagages des branches et les coupes des taillis. Dans les pays privés de prairies naturelles on peut, ajoute-t-il, seconder puissamment les prairies artificielles. Partout, en montagne comme en plaine, dans les sols stériles comme dans les sols féconds, dans les pays riches comme dans les pays pauvres, ce moyen serait très profitable. S'il devenait général, il pourrait à lui seul prévenir la disette de bois dont on nous menace depuis si longtemps (2).

(1) C'est à ces branches que nous avons donné le nom de ramilles alimentaires.

(2) Faisons remarquer au sujet de cette phrase qu'il y a quatre-vingts ans, on redoutait déjà le manque de la production forestière indigène.

Enfin, ce mode d'utilisation des feuillées tend à faire croître, et d'une manière durable, la masse annuelle de nourriture pour les animaux, celle des engrais pour le sol, et par suite, tous les produits animaux et végétaux qui nourrissent et entretiennent la famille humaine. »

Il serait, sans contredit, difficile de faire mieux ressortir les avantages de la substitution du feuillage d'arbres à la paille et au foin que ne l'a fait, il y a bientôt un siècle, notre sagace auteur. Les idées exposées dans cet opuscule sont d'autant plus remarquables que l'art d'alimenter le bétail ne reposait, à cette époque, que sur des observations empiriques et qu'on ignorait à peu près complètement la composition des aliments et par conséquent leur rôle physiologique. Les considérations économiques de l'agronome inconnu sur l'importance de la place à assigner dans les exploitations rurales à l'utilisation des ressources qu'offre la forêt pour parer à la disette de fourrages et, dans tous les temps, pour concourir à l'entretien du bétail, ne sont pas moins remarquables.

Cependant, ce mode d'alimentation demeura sans application, sur une échelle un peu étendue, jusqu'aux années 1892 et 1893, caractérisées, celles-ci surtout, par une extrême pénurie de fourrages qui avait fait monter le prix de la tonne de foin jusqu'à 200 francs, et celui de la paille à 125 francs. J'avais connaissance, à cette époque, des diverses publications des forestiers allemand et autrichiens : V. Berg en 1864 et 1866, J. Wessely en 1876 et 1877, Ramann et Jena en 1890 sur la valeur alimentaire des feuilles et branches d'arbres. M'inspirant de ces travaux, et convaincu que le moment était propice pour appeler l'attention des cultivateurs français sur les excellents résultats constatés en Autriche et en Allemagne, j'entrepris une campagne en faveur des précieux succédanés du foin et de la paille que nous offre la forêt (1). De nombreux essais furent tentés

(1) *La forêt et la disette des fourrages. — Instruction pratique sur la ramille alimentaire*, in-12, par L. Grandeau (Librairie agricole), 1893.

avec succès dans notre pays, et d'importantes exploitations durent à l'introduction des ramilles dans leurs étables la possibilité de traverser sans difficultés la période de disette des fourrages des années 1892 et 1893.

Depuis, les agriculteurs autrichiens et allemands plus éprouvés peut-être encore que les nôtres par la rareté des fourrages, ont recommencé à demander à la forêt le complément d'alimentation de leurs écuries et de leurs étables ; de leur côté, beaucoup de nos cultivateurs, si j'en juge par les demandes de renseignements que j'ai reçues à ce sujet, se sont préoccupés de recourir à la feuillée des arbres pour combler le déficit de paille et de foin.

Généralités sur la composition des végétaux. — Afin de poursuivre utilement cette étude, il nous faut dire ici quelques mots de la constitution des végétaux ; ces remarques justifieront l'emploi de produits forestiers dans le régime alimentaire du bétail.

Tous les végétaux, qu'il s'agisse de plantes annuelles ou de plantes pérennes, c'est-à-dire d'arbres ou d'arbrisseaux, sont constitués par les mêmes principes immédiats : cellulose ou ligneux, matières azotées, amylacées, sucrées et grasses. La proportion de ces principes varie dans de larges limites, d'un végétal ou des organes d'un végétal à l'autre ; *l'âge de la plante ou de ses diverses parties* est la condition principale de ces écarts. En général, plus un organe est jeune, plus il est riche en substance alimentaire digestible. Afin d'assurer la reproduction ou la continuation de la vie, s'il s'agit de végétaux pérennes, la nature a disposé les choses de telle façon qu'il se forme à certaines époques de l'année des *réservoirs* alimentaires dans des régions spéciales du végétal. Ces réserves sont destinées à assurer à l'être futur ou à l'un des organes nouveaux de la plante, les éléments indispensables à leur développement, jusqu'au moment où ils pourront se nourrir directement des aliments puisés par eux dans l'atmosphère ou dans le sol. C'est ainsi que la graine renferme toutes les matières alimentaires indispensables au jeune être qui en doit sortir, jusqu'au jour où feuilles et racines

lui permettront de subvenir à son existence. Dans les arbres,
à l'automne, à la chute des feuilles, il se produit dans les branchettes une accumulation de ces réserves alimentaires où puise-
ront, au printemps suivant, les premiers bourgeons, d'où
naîtront les jeunes pousses de l'année. C'est ce qui fait, comme
nous le verrons plus loin, que les brindilles d'hiver, dépourvues
de feuilles, présentent encore une haute valeur alimentaire. Le
bois parfait, au contraire, qui forme, pour ainsi dire, le squelette
de l'arbre, n'ayant plus, en quelque sorte, de vie propre, est
presque entièrement dépourvu de ces réserves alimentaires :
matières azotée, sucrée, graisse et amidon. Il est constitué,
presque exclusivement, par du ligneux, cellulose durcie plus
ou moins incrustée de substance minérale et dépourvue à peu
près totalement de valeur nutritive.

Le fourrage pour lequel j'ai proposé, en 1892, le nom de
ramille alimentaire sera, d'après ce qui précède, d'autant plus
nutritif que les parties de l'arbre qui le composeront seront plus
jeunes : les feuillées de printemps tiendront sous ce rapport le
premier rang.

Cette courte exposition d'un des faits physiologiques les plus
importants de la vie végétale, la constitution de réserves et
l'accumulation dans les parties jeunes des plantes de substances
alimentaires par excellence (protéine, amidon, etc.), était
nécessaire à l'intelligence de l'appréciation de la valeur des
branchettes à l'alimentation du bétail. Elle nous permettra
d'établir à quel moment il est préférable de faire la récolte.

RÉCOLTE ; TENEUR DES BRANCHETTES EN MATIÈRE AZOTÉE. — La
ramille devra — cela découle de ce que nous venons d'exposer —
être, autant que possible, exclusivement composée des pousses
de l'année (axes et feuilles), d'un diamètre n'excédant pas cinq
à six millimètres. Avec le développement de la branchette, la
proportion de ligneux augmentant rapidement, il s'en suivrait
une diminution correspondante de sa teneur en principes nutritifs, et surtout en matière azotée : cette dernière, à raison de
son prix élevé dans les aliments achetés au dehors de la ferme,

constitue un des éléments des plus intéressants des ramilles.
Or, le taux de protéine brut décroît avec une grande rapidité à
mesure que le diamètre de la branchette augmente. Les chiffres
moyens suivants donnent une idée de l'importance des écarts
que présentent, sous ce rapport, les branches de diamètres
différents : ces chiffres varient, dans le même sens, avec les
essences forestières et l'époque de la récolte, ainsi que nous le
verrons plus tard ; mais ils suffisent pour l'instant à fixer les
idées, sur les écarts de composition de ramilles de différentes
grosseurs :

DIAMÈTRE DES BRANCHETTES en centimètres	TENEUR en matière azotée
Branchettes de 1 à 3 centimètres.	3 à 4 p. 100
— de 1/2 à 1 centimètre.	4 à 4 1/2 —
— au dessous de 6 millim.	4 à 8 —
Pousses de l'année, 1 à 5 millim. .	8 à 16 —

Les pousses de l'année renferment, d'après cela, autant et
parfois plus de substance azotée que les foins de bonne qualité.
Ces chiffres montrent, d'autre part, à l'évidence, que la composition des fagots de branchettes influera dans une très notable
proportion sur la valeur nutritive de ces dernières. Le dicton
« il y a fagot et fagot » trouve ici une stricte appréciation, suivant
les quantités respectives de branchettes des divers diamètres,
depuis la pousse d'un demi-centimètre jusqu'à la branchette
de 2 à 3 centimètres, la valeur alimentaire du fagot variera dans
le rapport de un à quatre. On ne saurait donc attacher trop
d'importance au choix à faire lors de la récolte des ramilles,
la valeur du fourrage qu'on en obtiendra devant en dépendre
essentiellement.

Voici comment on doit procéder à la récolte : les cépées, s'il
s'agit de jeunes recrues de charme par exemple, et les branches
gourmandes, pour toutes les essences, sont coupées rez de tronc
à la hachette : le branchage ainsi obtenu, est formé, outre les

pousses de l'année, des branches de différents diamètres pouvant aller de deux à cinq centimètres.

PRÉPARATION ; CONSERVATION. — Qu'on veuille procéder, pour la conservation du fourrage, par la dessiccation ou par l'ensilage, le dépouillement des branchages s'opérera de la même façon. A la serpe, on séparera les rameaux secondaires d'un diamètre inférieur ou égal à cinq ou six millimètres. Les branches excédant ces diamètres seront fagotées pour le chauffage. Ce dépouillement peut s'opérer sur place, en forêt, ou à la ferme si l'on a avantage à y amener les branchages. Lorsqu'on a détaché les ramilles avec les précautions indiquées, en évitant d'en faire tomber les feuilles, si l'on fait la récolte avant la chute de ces dernières, on peut soit les conserver en fagots, soit les ensiler.

Pour conserver les ramilles en fagots, l'opération la plus délicate est la dessiccation. Les animaux mangent difficilement les feuilles brunies ou noircies par la dessiccation qui se produit spontanément par l'abandon des branches sur le sol. On doit donc avoir pour objectif de conserver autant que possible les feuilles adhérentes aux branchettes, et de leur conserver leur coloration verte. Un forestier distingué, M. le professeur Neumeister qui, depuis bien des années, récolte les ramilles pour nourrir pendant l'hiver le grand gibier de la forêt de Tharand (Saxe) : cerfs, daims, etc., a donné à ce sujet des conseils très utiles. Il recommande de sécher les branchettes lentement, hors de l'action directe du soleil et de la pluie. Une expérience déjà longue lui a montré que de petits fagots de ramilles pendus sous le toit, à l'instar des fèves et du tabac, se comportent très bien. Il en est de même des ramilles disposées sur le sol à l'ombre, par un temps sec : dans ces conditions, les branchettes sèchent sans perte ni altération de feuilles. Lorsque la dessiccation, obtenue suivant l'une ou l'autre manière est complète, les fagots de ramilles sont ensuite conservés sur le grenier ou dans le fenil, comme on fait pour la paille et le foin. En général, six à huit jours de dessiccation à l'air suffisent pour qu'on puisse engranger les fagots. Les frais de récolte s'élèvent, à Tharand, à un demi-mark (63 centimes environ) par 100 kilogrammes de ramille. En partant du prix du foin et de sa teneur en principes alimentaires, comparée à celles de la ramille, M. Paessler, collaborateur de M. Neumeister, a mis en évidence l'importance économique de la substitution des branchettes au foin, même dans une année ordinaire. Pour s'en rendre compte, il faut d'abord connaître la composition des ramilles des différentes essences aux diverses époques de récolte.

Comparaison de la valeur nutritive de la ramille avec celle du foin. — J'ai indiqué plus haut que la disette de fourrages qui a marqué l'année 1893, par suite de la sécheresse extrême et prolongée de l'été, avait provoqué, principalement chez nos voisins d'Outre-Rhin, d'importantes recherches sur la composition des ramilles, et de nombreuses expériences sur leur emploi pratique dans les étables et les écuries des éleveurs allemands et autrichiens. Le Dr Paessler, notamment, s'est livré à une étude complète des ramilles de dix-neuf essences de feuillus des trois grands résineux de nos régions (Epicea, Sapin et Pin Sylvestre), et d'un certain nombre d'arbrisseaux et d'arbustes très répandus dans nos forêts et dans les terres des landes. Toutes les déterminations analytiques de M. Paessler, ont porté, pour les feuillus, sur les produits récoltés à deux époques de l'année, mai et août. Les résineux, la bruyère, les ronces, etc., ont été récoltés fin juin, et pour chacune de ces vingt-huit espèces végétales, M. Paessler a fait (au printemps et en été) les déterminations suivantes :

1° Teneur en eau et poids des feuilles aux deux époques ;

2° Proportion des feuilles, des pousses de l'année et des branchettes d'un diamètre inférieur à un demi-centimètre ;

3° Proportion des feuilles et des axes dans les pousses de l'année ;

4° Composition des feuilles, des axes, des pousses et des branchettes au printemps et en été (matière azotée totale, protéine pure, matières grasses et substances hydrocarbonées).

Dans un opuscule que j'ai publié en août 1893 (1) et où j'ai réuni tous les documents relatifs à la question, j'ai reproduit *in extenso* les déterminations et analyses du Dr Paessler ; je ne les reproduirai pas ici et en donnerai seulement un tableau en indiquant la composition *moyenne* avec, en face, la composition du foin également de *moyenne* qualité (les chiffres de ramilles se rapportent à un mélange des pousses de l'année, avec leurs feuilles et les branchettes de 5 centimètres de diamètre séchées à l'air) :

	RAMILLES		FOIN
	en mai	en août	
Eau.	13.00	13.00	14.00
Matières azotées . . .	14.70	11.90	9.55
Matières grasses . . .	2.52	2.69	2.32
Cellulose	23.84	23.06	27.18
Hydrates de carbone.	41.24	43.88	40.42
Matières minérales. .	4.70	5.47	6.53
	100.00	100.00	100.00

La ramille a donc une valeur alimentaire au moins égale à celle du foin de prairie de qualité moyenne.

Notons encore que presque toutes les essences forestières peuvent fournir un succédané précieux du foin.

Il importait, on en conviendra, de mettre ici en valeur cette importante utilisation des forêts, utilisation qui — si elle était connue — leur concilierait certes plus que toute autre les sympathies des cultivateurs, et par suite pourrait faire faire un pas immense à la question forestière en empêchant que sur bien des points le déboisement continue à se produire et en facilitant d'autre part le reboisement.

(1) Voir note 1, p. 179.

LIVRE XIII

LE MONDE (MOINS LA FRANCE) DE 1900 A 1910

CHAPITRE LXXII

UNE EXCURSION AGRICOLE EN SCANDINAVIE
(Journal de route)

MÉTHODE SUIVIE POUR LA RÉDACTION DE CE CHAPITRE. — LA PRESQU'ILE DU JUTLAND : ASPECT GÉNÉRAL ; SOL ; INFLUENCE DE LA PÉRIODE GLACIAIRE SUR LA FERTILITÉ DE CES RÉGIONS ; CLIMAT ; CHUTE D'EAU ET RÉPARTITION DES PLUIES. — LES AMÉLIORATIONS AGRICOLES EN JUTLAND ; LA « COMMISSION DES DUNES » ; LA « SOCIÉTÉ DANOISE DES LANDES ». — QUELQUES MOTS SUR LES CONSTRUCTIONS AGRICOLES DANS DIVERS PAYS ; INTÉRÊT QUE PRÉSENTE LEUR ÉTUDE ; CE QU'ONT ÉTÉ, CE QUE SERONT LES CONSTRUCTIONS AGRICOLES AU DANEMARK. — LE CHEVAL DANOIS : LA RACE DU JUTLAND ET LA RACE DE FREDRIKSBORG ; EFFORTS DE L'ÉTAT POUR ENCOURAGER L'ÉLEVAGE DU CHEVAL ; RÔLE DES ASSOCIATIONS DANS LES PROGRÈS ACCOMPLIS ; SITUATION ACTUELLE DE LA RACE JUTLANDAISE. — DE GOTHEMBOURG A JÖNKÖPING A TRAVERS LE GÖTHA. — LA QUESTION DES TOURBIÈRES : RÉPARTITION DU SOL SUÉDOIS ; SUPERFICIE CONSIDÉRABLE EN TOURBIÈRES ; LES PLUS ANCIENNES MÉTHODES D'ASSÈCHEMENT ; EMPLOI DES ENGRAIS ARTIFICIELS ; SITUATION EN 1885 ; HISTORIQUE DE L' « ASSOCIATION SUÉDOISE POUR LA CULTURE DES TOURBIÈRES » ; BUT ET RESSOURCES DE CETTE INSTITUTION ; SES TRAVAUX CHIMIQUES ; SES TRAVAUX BOTANIQUES ET GÉOLOGIQUES ; SES EXPÉRIENCES CULTURALES ; SES CONSEILS PRATIQUES ; FLAHULT ; COMMENT ON Y TRANSFORME LA TOURBIÈRE EN SOL ARABLE, EN PRAIRIE TEMPORAIRE OU EN PATURAGE ; RENDEMENTS ; CHAMPS D'EXPÉRIENCES ; UN HEUREUX ESSAI DE COLONAT ; LA STATION AGRONOMIQUE ET LE JARDIN D'EXPÉRIENCES DE JÖNKÖPING ; LA TOURBE COMBUSTIBLE ET LA TOURBE LITIÈRE. — COUP D'ŒIL SUR LE SOL DE LA NORVÈGE ; SON AGRICULTURE ; SON ÉLEVAGE. — DE FREDRIKSHALD A MOSS. — LE GLOMMEN ET LE FLOTTAGE DES BOIS. — L'INSTITUT AGRONOMIQUE D'AAS (ENSEIGNEMENT SUPÉRIEUR). — LA FEMME NORVÉGIENNE. — DE CHRISTIANIA A KÖNGSBERG. — DE KÖNGSBERG A BOLKESJÖ.

Depuis la publication du Tome Ier de cet ouvrage, tome où se trouvent les chapitres consacrés au Danemark (pages 327 à 378), à la Suède (pages 279 à 449) et à la Norvège (pages 450 à 480), j'ai été à deux reprises en Scandinavie en 1905 et en 1907. C'est durant ce dernier voyage qu'il m'a été donné de recueillir sur l'agriculture du Danemark, de la Norvège et de la Suède, sur les institutions et industries agricoles et sur les traits caractéristiques de la vie rurale de ces beaux pays, un certain nombre d'observations, dont je consigne ici les principales. Ces documents seront, je l'espère, de nature à intéresser tous ceux qui regardent, avec moi, la connaissance des conditions fondamentales de l'agriculture à l'étranger comme le point de départ très utile de progrès à réaliser chez nous (1).

J'ai hésité un instant sur le plan à adopter pour présenter au lecteur les observations recueillies au cours de mon voyage — description méthodique des questions diverses que j'ai pu étudier ou reproduction, en suivant l'ordre des dates, de mon journal quotidien ; — cette dernière manière m'a paru la meilleure. Elle présente, notamment, l'avantage que ce chapitre différera ainsi plus complètement de ceux que nous avons précédemment (Tome I) consacrés aux pays scandinaves. Ils étaient synthétiques et impersonnels ; celui-ci sera analytique et d'une notation directe. Au total, ils formeront un tout qui permettra aux lecteurs de cet ouvrage de pénétrer complètement ce qui concerne l'agriculture scandinave qui, par suite de conditions climatériques tout autres, se différencie à tant de points de vue de la nôtre.

29 JUILLET AU 1ᵉʳ AOUT. DE HAMBOURG A AARHUS ET A FREDERIK-SHAWN. *Le Jutland*. — Pour se rendre dans le Jutland, on quitte

---

(1) En dehors des questions agricoles proprement dites, j'ai étudié les immenses ressources qu'offrent à diverses industries les puissantes forces hydrauliques dont les découvertes de Birkeland et Eyde, sur la production électrique de l'acide nitrique, ont décuplé la valeur. Les chutes d'eau de Norvège dépassent en beauté et en importance celles des plus belles cascades de toutes les régions du continent. Elles sont devenues, par l'invention des savants dont le nom est célèbre aujourd'hui dans le monde entier, l'agent primordial de la fabrication des composés azotés qui assurent, dans l'avenir, la production économique illimitée des nitrates et des nitrites. Voir plus loin Chapitre LXXXII, Tome IV, livre LXIV, ainsi que *L'acide nitrique et l'agriculture*, par L. Grandeau, une brochure en vente à la Société Nationale d'encouragement à l'agriculture, au journal le *Temps* et à la Librairie agricole de la Maison Rustique.

Hambourg par la ligne ferrée du Schleswig qui traverse, dans toute sa longueur ce pays si cruellement arraché au Danemark par la guerre de 1864.

La frontière danoise, qu'on franchit entre Woyens et Vamdrup, a été reculée à 230 kilomètres de Hambourg environ, par cette malheureuse guerre.

Presqu'au sortir d'Altona, grande ville qui, au point de vue commercial, ne fait pour ainsi dire qu'un avec Hambourg, dont elle est distante de 7 kilomètres seulement, on rencontre les landes et les terrains marécageux qui couvrent dans le Schleswig et dans le Jutland des étendues considérables. La vaste plaine du Schleswig offre, sur beaucoup de points, de beaux pâturages où paissent de nombreux troupeaux ; des prairies de qualité variable, mais bien irriguées et entretenues, alternant, çà et là, avec des champs de céréales encore sur pied et des plantes fourragères. Maigres récoltes en apparence, sauf celles des avoines sur quelques points. Dans la traversée du Schleswig, les céréales sont courtes, assez clairsemées et partiellement versées, là où elles ont atteint une dimension à peu près normale.

A partir de Vamdrup, on pénètre dans le Jutland ; l'aspect général du pays change ; le sol est plus accidenté ; les reboisements poussés, comme on le verra tout à l'heure, avec une grande activité et les nombreux canaux qui sillonnent le sol, impriment un caractère spécial, très agréable pour l'œil, à la région qui s'étend de Fredericia à Aarhus.

Le Danemark, dont la superficie totale est de 38,985 kilomètres carrés (1), se divise, on le sait, en deux parties bien distinctes ; la presqu'île du Jutland et les îles, dont la plus importante s'appelle le Seeland. Les neufs Baillages ou départements du Jutland (Amter) ont ensemble une superficie de 25,650 kilomètres carrés. Les neuf provinces du Seeland couvrent une surface de 13,335 kilomètres carrés seulement. La population totale du Danemark, qui, en 1900, s'élevait à

(1) Statistique de 1906.

2 millions 464,769 habitants (1), atteignait, en 1906, le chiffre de 2 millions 588,969 habitants.

Le sol du Danemark se compose, à l'exception de l'île de Bornholm, presqu'exclusivement de dépôts quaternaires qui forment à peu près partout des couches d'une épaisseur considérable au-dessus des formations préglaciales.

Les différences que présente la fertilité du sol danois sont dans un rapport étroit avec l'origine géologique des couches meubles qui forment sa surface. Les énormes couches de glace, qui, pendant les longues époques de la période glaciaire, ont par deux fois recouvert le pays, ont eu la plus grande influence sur ces différences de fertilité, soit par la nature des masses de terre que les glaces y apportaient, soit par le déplacement des sables, des graviers, des pierres et des argiles, opéré par la fonte des glaces et continué plus tard par l'action des pluies.

Les géologues danois distinguent deux époques dans la période glaciaire : ils admettent que le pays a été couvert par deux masses de glaces différentes, provenant toutes deux des plus hautes montagnes de la province Scandinave. La première couche de glace s'est dirigée vers le sud de la Norvège, d'où elle s'est répandue sur tout le Danemark, le recouvrant d'un dépôt considérable de pierres, de graviers, de sable et d'argile (argile glaciaire). Les couches du sol du Jutland central et occidental datent de cette époque, car on y retrouve fréquemment des pierres provenant des rochers de la Norvège méridionale.

J'ai autrefois constaté le même fait dans l'île de Rügen, voisine du Mecklembourg, sur la Baltique, dont les dolmens si fréquents sont formés de roches primitives apportées par les glaces de la Suède sur le massif calcaire qui constitue l'île. Certaines parties du Jutland oriental, de même que les îles Danoises, recouvertes par les dépôts de la seconde période glaciaire, ont eu à subir un lavage beaucoup moins intense : elles sont essentiellement argileuses et fertiles. Au contraire, les régions centrale et occiden-

(1) La population rurale entre dans ce total pour 1,504,209, et la population urbaine pour 960,560.

tale, bien que de même origine glaciaire, ayant subi, sous l'action énergique de l'eau, une véritable lixiviation qui a entraîné la chaux et l'argile, sont devenues sablonneuses, très maigres et propres seulement à la culture forestière.

Il semble, c'est du moins l'opinion des géologues danois, que la couche de glace ait recouvert ces contrées pendant une longue période et qu'elle ait fondu rapidement, sans que le sous-sol ait été exposé à un long lavage. Par contre, l'eau de fusion, provenant des bords de la couche de glace située le long de la chaîne des collines du Jutland, a entraîné des masses considérables qu'elle a déposées vers l'ouest, où elles forment la couche supérieure des grandes plaines stériles des landes.

L'argile glaciaire qui couvre à peu près la moitié de la superficie du pays est une excellente terre arable ; contenant une certaine quantité de sable qui la rend facile à cultiver, elle est riche en principes nutritifs, surtout en chaux.

L'argile et le calcaire fin, déposés à l'origine par les glaces, puis emportés par le lavage, se sont déposés dans certains endroits, et dans les lacs où ils ont été définitivement fixés. Ces couches d'argiles calcaires dépourvues de pierres jouent actuellement un rôle très important en Danemark, en constituant, soit un sol plus consistant que l'argile glaciaire, soit de la terre à brique, comme dans le Nord-Est du Seeland, soit plus spécialement de la marne, comme dans les landes du Jutland où l'argile calcaire se rencontre dans les chaînes ou îlots de collines, d'où on l'extrait pour la répandre au moyen de petits chemins de fer, sur toute la surface des landes.

Le sable glaciaire siliceux, à grain plus ou moins grossier, se prête, en somme, beaucoup mieux à la culture sylvicole qu'aux autres ; c'est lui qui a formé primitivement le sol des forêts.

Le sable glaciaire calcaire est, par contre, un excellent amendement, surtout pour les terres marécageuses. Les dunes et les marécages n'occupent qu'une superficie beaucoup plus petite que celles des argiles glaciaires ; on les évalue respectivement à 1/60e et à 1/30e de la superficie du Danemark. J'y reviendrai plus loin.

Le climat du Danemark est relativement doux, en égard à la situation géographique du pays. La température moyenne annuelle de Copenhague, déterminée par 110 années d'observations, est de 7°5 centigrades ; tandis que beaucoup de villes situées sous le même degré de latitude n'ont qu'une température moyenne annuelle de 1°5. Cette différence est due aux vents dominants du sud et de l'ouest qui soufflent sur le pays et lui apportent l'air relativement chaud de l'Atlantique (Gulfstream). Le climat du Danemark est un climat insulaire et maritime. La température moyenne de l'hiver est de 0°2, celle de l'été 15°4. En toutes saisons, les stations de l'intérieur du pays ont une température moyenne plus basse que celle des stations des côtes, notamment au Jutland.

Les températures les plus élevées et les plus basses que l'on ait observées ont été : dans l'intérieur, de 33° à 34° et de — 23° à — 25° ; sur les côtes, de 28° à 30° et de — 17° à — 19°. Le nombre de jours de gelée est le suivant :

	Hiver	Printemps	Automne	Avril	Mai	Octobre
Intérieur .	67	33	16	10	2	4
Côtes . . .	57	25	8	5	1/2	1

La chute d'eau moyenne annuelle est de 614 millimètres, pour tout le Danemark, avec un maximum de 675 millimètres dans l'Ouest du Jutland. La répartition des pluies est assez régulière : la chute minimum a lieu au printemps : 101 millimètres ; la chute maximum en automne 206 millimètres ; en hiver 124 millimètres ; en été 183 millimètres. Le nombre de jours de pluie est, en moyenne, de 156 par an, pour tout le pays : 40 en hiver, 34 au printemps, 37 en été et 45 en automne ; 94 jours de brouillard, en moyenne, par an. Les orages sont fréquents, le plus souvent en juin, juillet et août, rarement de novembre à avril.

Avant de quitter le Jutland, jetons un coup d'œil sur la mise en valeur des terres incultes, sur la plantation des landes et les reboisements ; sur les travaux d'irrigation qui, dans les trente dernières années, sous l'impulsion féconde de la Société royale d'agriculture, et grâce à l'activité de la Société pour la culture des landes et de la Commission des dunes ont augmenté, dans des proportions si considérables, l'utilisation des terrains incultes du Danemark.

30 JUILLET, AARHUS. *Les améliorations agricoles en Jutland ; la culture des landes.* — « Un petit pays comme le nôtre, écrit un distingué publiciste danois, M. P. Feilberg, n'a le moyen de laisser improductive aucune partie de son sol et tous les procédés que la science moderne met à sa disposition doivent être employés pour l'agriculture ou pour la sylviculture. Si la guerre est un fléau pour les nations, elle est aussi un puissant élément pour leur développement. Voyez avec quelle rapidité l'organisation des écoles agricoles s'est développée depuis la guerre de 1864 ; or, c'est sur les progrès de l'enseignement que sont fondés les progrès économiques. »

Nulle part cette dernière conception n'a reçu une démonstration aussi complète qu'en Danemark. Dans aucun pays, à ma connaissance, par le triple concours de la science, du développement de l'initiative privée et de l'esprit d'association, il n'a été accompli, en si peu d'années, de progrès comparables à ceux que révèle l'étude de la situation agricole et économique du Danemark. Combien d'exemples utiles nous aurions à lui demander. J'essaierai plus loin d'en indiquer quelques-uns qu'il nous serait aussi facile que profitable d'imiter.

Pour l'instant je m'arrêterai aux améliorations apportées, depuis la guerre de 1864, à des terres jusque là improductives.

C'est particulièrement depuis une quarante d'années que l'on a fait en Danemark, et notamment dans le Jutland, d'immenses travaux pour mettre en culture des terres jusque-là stériles, à cause de leur trop grande ou de leur trop faible humidité, de leurs mauvaises conditions physiques, ou de leur composition défectueuses, les rendant impropres à toute végétation normale.

D'après les relevés du Bureau Statistique du Danemark, en 1900, la superficie totale du pays est évaluée à 3,802,000 hectares, dont le tableau ci-dessous résume la répartition, d'après la nature des affectations du sol :

	Hectares	Proportions centésimales
Terres labourées	2,535,000	66,7
Herbages et prairies permanentes. . .	305,000	8,0
Marais, étangs	152,000	4,0
Landes, dunes	397,000	10,5
Forêts, haies.	312,000	8,2
Terrains vagues, chemins, routes, voies ferrées, eaux	101,000	2,6
Superficie totale du pays. . .	3,802,000	100,0

Une partie du territoire (évaluée à 200,000 hectares) occupé par des marais, des landes, des dunes et des herbages dont l'ensemble représente une superficie de 854,000 hectares, est cultivée et donne quelques produits.

On évalue donc à 650,000 hectares la surface actuelle des terres que les agronomes danois nomment *anormales* et qui sont sans culture et sans rapport.

Près de la moitié de cette superficie inculte se compose de terrains humiques acides, l'autre moitié de mauvais sols sableux et de landes. La mise en valeur de ces terres anormales consiste, en principe, dans l'emploi des moyens naturels qu'offre le pays même : l'air, l'eau, les amendements calcaires (marnes) ; on y ajoute, depuis un certain nombre d'années, l'introduction d'engrais minéraux : phosphatés et sels de potasse.

En nivelant les superficies marécageuses, on ventile la terre ; on facilite l'oxydation des matières organiques et l'on détruit partiellement ainsi les composés acides, si nuisibles à la végétation ; des drainages complètent sur beaucoup de points ces opérations de nivellement.

Il existe, dans le Danemark, de grandes étendues de terres recouvertes d'une épaisse couche de sable ; aussi, partout où la chose est praticable, on cherche à y diriger des cours d'eaux, afin de donner à ces terres l'humidité nécessaire. La *Société royale d'agriculture* a rendu des services signalés en encourageant et en organisant la régularisation des grands cours d'eaux ; mais c'est surtout à la *Société danoise des Landes* que revient la plus grande part dans le développement du régime des irrigations. Cette société, dont j'ai eu précédemment (1) l'occasion de faire le très vif éloge, et à laquelle je consacre plus loin une monographie, a déjà fait construire plus de 100 canaux d'irrigation d'une longueur totale de près de 400 kilomètres. Une autre institution non moins utile, *la Commission des Dunes,* a fait, le long de la côte occidentale du Jutland, des plantations qui couvrent près de 20,000 hectares.

De l'intelligente activité déployée par ces deux institutions durant ces vingt dernières années, est résultée une augmentation des surfaces cultivées, qui atteint, dès aujourd'hui, 60,000 hectares, se décomposant de la manière suivante :

Irrigations et nouvelles formations	18,000
Endiguements	27,000
Dessèchements de lacs et étangs	13,000
Culture des marais	2,000
Ensemble	60,000

soit 1,6 0/0 de la superficie totale du pays, sans compter les drainages opérés sur les terres qui en ont besoin. On espère, d'ici à cinquante ans, arriver à transformer en prairies et en herbages la totalité des marais encore existants et rendre fertiles les 400,000 hectares de landes et de dunes, dont les 2/3 seraient affectés aux plantations et le reste, soit 132,000 hectares, à la culture proprement dite.

C'est ici le lieu de donner de plus amples détails sur la *Société*

(1) Tome I, pages 368 et 369.

des Landes, dont Aarhus est le siège principal. Elle a été fondée, en 1866, par l'initiative d'un officier du génie, le lieutenant-colonel Dalgas, qui en est resté le directeur jusqu'à sa mort (1894). Son but — son nom même l'indique — est d'encourager la culture des landes du Jutland et de prêter son concours pour les plantations, la culture des marais, les travaux d'irrigation, etc., non d'acquérir elle-même et de cultiver des terres. Elle a, cependant, été amenée à posséder d'assez grandes étendues de landes provenant de dons ou d'acquisition, et quelques marais qu'elle a cultivés. Ces propriétés lui servent uniquement comme champs d'expérience. En outre, elle publie un bulletin mensuel et un certain nombre de brochures relatives à l'irrigation des prairies, à la plantation et à la description des landes, à la culture des marais, etc.

La Société compte environ 5.000 membres. Elle est dirigée par un comité dont les fonctions sont gratuites et qui rend ses comptes à une assemblée de vingt délégués des membres. Le personnel rétribué comprend un directeur-administrateur, un chef de bureau, un trésorier, deux expéditionnaires, dix gardes forestiers, dix aides, deux ingénieurs pour l'installation de canaux d'irrigation et de chemins de fer portatifs pour le transport de la marne et la répartition de cet amendement. Le revenu annuel dépasse 200,000 francs, dont près des trois quarts proviennent d'une subvention de l'État, et l'autre quart des cotisations des membres et de fondations diverses. L'État accorde, en outre : une subvention de plus de 100,000 francs en faveur des propriétaires qui s'engagent à conserver les plantations en forêts ; une autre de presque autant pour la distribution, à moitié prix de leur valeur, de plantes destinées aux petites plantations et aux plantations de haies ; environ 50,000 francs pour le transport de la marne par chemin de fer ; enfin, une dizaine de mille francs pour la culture normale des marais. On voit donc que la part contributive annuelle de l'État, à cette œuvre d'intérêt général, dépasse 400,000 francs.

A ses débuts, ce fut surtout l'installation des canaux d'irrigation le long des rivières du Jutland qui absorba le temps et les ressources de la Société. Les habitants des landes étaient depuis longtemps familiarisés avec l'emploi de l'eau, mais ils avaient besoin d'un appui pour l'installation de grands canaux. La Société en prit l'initiative : elle mit d'accord les intéressés, elle dressa les plans et dirigea l'installation de canaux exécutés aux frais des habitants de la contrée. On a jusqu'à présent, comme je l'ai dit plus haut, construit en Jutland plus de cent grands et petits canaux d'une longueur totale de 380 kilomètres. Le plus grand de ces canaux a 22 kilom. 5 de longueur avec un débit de 4 mètres cubes d'eau à la seconde. Par contre, la Société ne s'est guère occupée des détails de l'installation des prairies, mais elle possède elle-même environ 83 hectares de prés où elle fait exécuter des expériences relatives à l'utilisation de l'eau. Son but principal a toujours été et sera constamment d'encourager la plantation de forêts et de haies dans les contrées du Jutland privées de bois. Vers le milieu du siècle dernier, il y avait en Jutland 737,600 hectares de landes ; actuellement, on n'en compte plus que 340,000 ; le reste est planté d'arbres ou cultivé.

J'ai indiqué plus haut que la Société laisse opérer la culture des landes par les propriétaires de ces landes eux-mêmes et que son rôle est de les aider : elle les guide dans les travaux d'irrigation et leur procure la marne nécessaire. Elle prend une part plus directe encore dans les plantations des superficies arides et incultes (qui n'en sont pas moins exécutées par les habitants), ne ménageant ni son encouragement, ni son concours le plus entier, ne reculant devant aucune initiative et possédant, à cet effet, comme champ d'expériences, près de 5,000 hectares.

Généralement, les plantations sont faites par les habitants des landes sur des terrains leur appartenant en propre ; mais des citoyens riches ont puisamment contribué au reboisement des landes, en achetant et en faisant planter des superficies considérables. Ces grandes plantations sont le plus souvent administrées par la Société et se composent exclusivement de conifères (1), surtout de sapins rouges *(Pinus excelsa)* et de pins des montagnes *(Pinus montana)*. Leur étendue varie entre 5 hect. 1/2 et 1,103 hectares ; près de 1,300 plantations, d'une superficie totale de 48,540 hectares, dont la moitié était plantée à cette époque.

La Société fait distribuer annuellement, par l'intermédiaire de sociétés de plantations en Jutland, environ 12 millions de plants, vendus à la moitié ou au quart de leur prix. Quant à la distribution de la marne, dans les contrées pauvres en cet amendement, la Société entretient à ses frais un chercheur de marne, qui en a découvert de nombreux gisements. De plus, la Société a dirigé la construction de trois voies ferrées d'une longueur totale de 53 kilom. 1/2 pour le transport de la marne ; enfin, elle opère le remboursement aux intéressés des 2/3 des frais de transport accordés par l'État pour le transport de la chaux et de la marne par chemin de fer.

En outre, la Société a, depuis une vingtaine d'années, inscrit à son programme les irrigations et la culture des marais : elle se met à la disposition de tous ceux qui auraient, dans ces deux ordres de travaux, besoin de son concours ; possède elle-même deux stations d'expériences disposant d'une superficie de 441 hectares sur différents points du pays, et a établi, chez des particuliers, plusieurs centaines de petites cultures démonstratives qui sont destinées à servir de modèles et d'encouragement et pour lesquelles l'État accorde gratuitement engrais et semences.

Ainsi que j'ai pu le constater dans mes conversations avec des agronomes et des habitants du Jutland, la *Société danoise des landes* jouit, dans tout le pays, de la plus vive sympathie. L'État et le corps législatif lui ont, nous l'avons vu, accordé un puissant concours, amplement justifié par les immenses services qu'elle a rendus et continue à rendre à l'agriculture du Danemark. Enfin, je veux noter qu'à Aarhus, siège principal de la Société, l'on a érigé une statue de bronze au lieutenant-

(1) Voir figure 72, Tome I, page 369.

colonel Dalgas. Je tenais, en terminant la monographie d'une œuvre agricole entre toutes intéressante, à signaler cet hommage mérité rendu à son fondateur par ses compatriotes reconnaissants.

31 JUILLET. AARHUS. *Les constructions agricoles du Danemark.* — L'habitation de l'homme présente, suivant les lieux, le climat, le degré de civilisation et la prospérité de l'agriculture, une extrême diversité qui frappe l'œil du voyageur.

Aux confins du Sahara tunisien, au delà de Gabès, les Berbères de la tribu des Matmata creusent leur habitation, leurs écuries et étables, les silos où ils emmagasinent la récolte, dans d'énormes monticules de sable auquel la présence d'une petite quantité de sel marin donne une grande consistance (1). J'ai passé la nuit, il y a quelques années, dans une de ces habitations étranges, beaucoup plus confortables qu'on ne le croirait.

Les Troglodytes, encore nombreux aujourd'hui en Afrique, en Espagne (tels les Gitanos de Grenade) et même dans certains départements français, s'installent dans des sortes de grottes, naturelles ou creusées de main d'homme dans les parois des rochers. Sans autre ouverture que la porte d'entrée, ces antres enfumés et malsains constituent leurs demeures beaucoup plus misérables que celle des Matmata.

Les nomades africains transportent avec eux leurs gourbis, faits de tissus grossiers de poils de chameau, de diss ou d'alfa, supportés par quelques pieux fixés dans le sol. Hommes et bêtes, de travail ou de rente, vivent là, pêle-mêle, jusqu'au moment où la nécessité de chercher plus loin la nourriture du troupeau oblige impérieusement le déplacement du gourbi.

Les tribus nègres se contentent de l'abri fourni par l'assemblage de branchages, de feuilles de palmier et de tiges de quelques arbustes.

L'indigène de la région polaire s'abrite dans une hutte en pierres sèches ou creusée dans la neige ; il se protège contre le

(1) J'ai constaté le fait par l'analyse d'un échantillon que j'avais rapporté lors d'un de mes voyages en Tunisie.

froid à l'aide de peaux de phoques, de rennes ou de quelque autre animal, produit de sa chasse.

Quel contraste présentent, avec toutes ces demeures primitives, les constructions rurales confortables, parfois élégantes et même luxueuses, dont le nombre s'accroît d'année en année dans la plupart des pays européens, indices de la prospérité agricole et commerciale des régions où elles s'élèvent.

L'examen des bâtiments d'habitation des exploitations rurales et de leurs annexes fournit toujours, sur l'état de l'agriculture d'un pays, de très intéressantes indications que je ne manque jamais de recueillir au cours de mes voyages.

Au premier rang des conditions multiples d'où dépend le mode de construction le plus généralement adopté dans un pays, il faut placer la nature et le prix des matériaux qu'on peut facilement se procurer. C'est ainsi que l'abondance ou la rareté des pierres à bâtir, de la chaux pour la confection des mortiers ou le revêtement des parois, du bois d'œuvre, de la brique ou du fer, déterminent généralement le choix du constructeur. A ce point de vue, les pays scandinaves nous offrent des exemples tout à fait démonstratifs sur lesquels j'insisterai plus loin. En Norvège et en Suède, le bois est l'élément essentiel des constructions. En Danemark, vu la rareté du bois, la maçonnerie en pierre ou en briques a de tout temps servi à l'édification des bâtiments de ferme.

Aujourd'hui, l'aspect des constructions rurales du Jutland et du Seeland diffère peu de celui qu'elles offrent dans le Schleswig, dans l'Allemagne du Nord et dans beaucoup de régions de la France.

L'historique du développement successif des constructions agricoles du Danemark est intéressant. Pendant plusieurs siècles les bâtiments dépendants des fermes danoises ont été disposés autour de la cour intérieure (1). Dans les grandes fermes,

(1) La figure 571 représente la façade de l'un des côtés de cette cour. Je l'ai empruntée, ainsi que plusieurs des figures qui suivent à de curieux dessins du Musée populaire de Lyngby.

le bâtiment principal, c'est-à-dire la maison d'habitation, était construit en maçonnerie avec un toit en tuiles ; quelquefois elle était entourée de fossés remplis d'eau qui enserraient, en même temps, les dépendances ordinairement construites, avant 1850, en bois et couvertes de chaumes ; de même pour les bâtiments de service, les demeures des gérants, des gardes, les presbytères des villages, etc. Les fermes appartenant aux paysans affectaient les mêmes dispositions : construites en carré dont le corps de logis formait l'un des côtés, elles ressemblaient à une

FIG. 571. — Coupe en long du rez-de-chaussée d'une construction rurale
à Ostenfield.

forteresse avec leurs portes donnant l'une sur la route, une autre sur l'enclos et une troisième, toute petite, mettant en communication la cuisine et le jardin.

Jusqu'au milieu du siècle dernier, quelques vieux châteaux avaient conservé leurs beaux corps de logis construits en bois et datant de la Renaissance : mais, dans les contrées du Jutland occidental où les bois sont rares, on avait de bonne heure fait des constructions en maçonnerie. Dans d'autres endroits, on trouvait des bâtiments dont les murs très épais étaient uniquement formés de terre battue. Quant aux bâtiments des grandes fermes, ils étaient ordinairement en bois avec des panneaux de maçonnerie : il en était de même pour la construction des presbytères et de quelques fermes habitées par les paysans ; dans ces dernières, cependant, les panneaux en maçonnerie étaient généralement remplacés par des panneaux en torchis. La toiture était toujours en chaume, consolidé à l'aide de

baguettes de saule ou de coudrier (fig. 572). Le sol des écuries,
ainsi que celui de la cuisine, de la buanderie et du corps de
logis, était carrelé ; partout ailleurs, c'est-à-dire dans les
granges, les chambres des valets et généralement dans les
chambres des paysans, les planchers étaient en torchis. Le

Fig. 572. — Ancienne charpente employée dans les constructions rurales
du Danemark.

corps de logis seul avait des plafonds en planches ; pour confectionner ceux des dépendances, on employait des branches. Les
charpentes supérieures et les colombages intérieurs étaient,
jusqu'en 1850, en sapin, que l'on faisait venir de Suède ou
de Norvège ; le pin et le sapin danois n'étant, à cette époque,
employés que rarement. On peut se représenter, par la figure 573,
quel était l'intérieur des anciennes habitations rurales de familles
aisées en Danemark (aujourd'hui encore, on rencontre des dispo-

sitions analogues dans les maisons de paysans du Jutland et du

Fig. 573. — Intérieur d'une habitation rurale d'une famille aisée en Danemark.

Fig. 574. — Intérieur d'une habitation d'une famille pauvre en Danemark.

Seeland) et, d'autre part, en quoi cet intérieur différait de celui d'une habitation rurale pauvre de la même époque (fig. 574).

Le temps écoulé de 1848 à 1850, dit la Commission danoise, apporta de grands changements en Danemark, surtout pour les populations des villages. La guerre qui eut lieu alors pour conserver le Schleswig à la couronne danoise, la liberté du peuple et le sentiment d'indépendance qui en furent la conséquence, donnèrent une vive impulsion au progrès et au développement de l'agriculture dont les bénéfices avaient été considérables, pendant les années précédentes, grâce aux prix élevés des blés. Aussitôt la paix signée, les résultats commencent à se manifester. On construit des granges plus grandes ; on installe des batteuses mécaniques : le grenier à grains est agrandi et les bâtiments en maçonnerie, avec fondations en granit, deviennent d'un usage plus fréquent. Mais c'est surtout après la guerre de 1864, qui a eu pour résultat funeste la perte du Jutland méridional, que les progrès sont considérables, grâce surtout au développement intellectuel du peuple, qui s'est opéré sous l'influence des écoles supérieures populaires.

Les perfectionnements apportés dans la laiterie et dans la fabrication du beurre, comprenant : d'une part l'emploi de l'eau après 1866 ; de l'autre, celui de la glace après 1870, exigèrent de meilleurs emplacements et l'amélioration des étables dans lesquelles, avant tout, devait régner une très grande propreté. Le bétail étant plus nombreux et mieux nourri, dégageait plus de chaleur ; l'humidité produite par les manipulations menaçait de détruire à la longue complètement les charpentes. On se mit donc à construire en maçonnerie les bâtiments servant de laiterie et les étables, en établissant des cloisons en pierre. Les excellentes qualités du ciment employé comme béton, furent bientôt appréciées par tout le monde, et cette matière devint d'un usage général dans la construction des bâtiments agricoles. Enfin, on commença, de 1870 à 1880, à construire les étables avec des charpentes en fer et des plafonds en briques creuses, ce qui présentait le double avantage d'être plus solide et de diminuer les dangers d'incendie.

Le bétail suivit une progression parallèle à celle de l'ensemble.

On munit les écuries de mangeoires et de râteliers en fer : dans les porcheries on installa des mangeoires en terre cuite vernissées qu'on employa aussi dans les étables ; toutefois, dans celles-ci, elles firent bientôt place à des mangeoires en béton permettant d'abreuver le bétail à l'étable. On fit pénétrer plus de lumière et plus d'air, au moyen de fenêtres, de ventilateurs pratiqués dans les murailles et de cheminées d'évacuation. Pour le plancher des étables et des porcheries, on fit usage de briques scellées dans du ciment.

Le fumier qui autrefois était déposé à l'air libre sans abri, exposé ainsi au soleil et au vent, lavé par les pluies et par l'eau des gouttières, fut désormais protégé contre les pertes, l'aire damée sur laquelle on le plaça étant en communication avec la fosse à purin. Sur certains points, une toiture légère reposant sur des pieux ou une couverture de planches, protègent le fumier contre les pertes auxquelles l'expose son abandon en plein air.

Le battage des grains à la vapeur est devenu d'un usage général. Afin de l'opérer dans la grange même, on a annexé à celle-ci un hangar servant d'abri à la locomobile.

Lorsque les greniers à fourrage sont situés au-dessus des écuries ou autres dépendances, on rehausse les murs extérieurs à l'aide de planches, hautes de 1 m. 50 à 2 mètres, et l'on emploie pour la toiture le papier goudronné, dont l'usage se répand de plus en plus. On pratique dans la boiserie des ouvertures pour l'introduction des foins et de la paille.

L'invention de l'écrémeuse centrifuge a changé complètement les procédés de fabrication du beurre : aujourd'hui celle-ci n'a plus lieu dans les fermes, mais dans les laiteries communes, dont l'installation a naturellement nécessité des constructions en rapport avec les exigences de la nouvelle industrie.

En même temps que s'opéraient ces transformations dans la construction des bâtiments agricoles, il se faisait de grands changements dans celle des bâtiments destinés à l'habitation. Ces derniers sont aujourd'hui le plus souvent séparés des autres dépendances ; ils sont construits entièrement en maçonnerie, avec une toiture en tuiles ou en ardoises ; les chambres sont plus aérées, mieux éclairées et plus nombreuses.

Tels sont les progrès apportés à la condition des cultivateurs dans ce pays, qui occupe aujourd'hui le premier rang en Europe par ses institutions syndicales, dont je reparlerai après avoir visité le Seeland.

31 JUILLET, AARHUS. *Le cheval danois.* — Très frappé, en arrivant à Aarhus, de la beauté et de la vigueur des chevaux attelés aux voitures de cultivateurs et aux lourds camions qui desservent le port, j'ai profité de mon séjour dans cette jolie ville pour m'enquérir de la situation de l'élevage de l'espèce chevaline dans le Jutland.

Depuis les temps les plus reculés, l'exportation des chevaux a joué, en Danemark, un rôle important dans la situation économique du pays.

Dans le Jutland, la partie la moins fertile du Danemark comme nous l'avons vu, mais où se rencontrent de nombreuses régions riches en herbages, on a, de tout temps, obtenu, par l'élevage, des chevaux robustes que l'on exportait principalement en Allemagne.

La taille du cheval jutlandais oscille entre 1 m. 55 et 1 m. 65, et son poids entre 500 et 800 kilogr. C'est un cheval moyen qui convient très bien pour les omnibus, les tramways et le camionnage au trot : mais sa spécialité est le travail des champs, car il est fort et robuste. Ses mouvements sont souples, son tempérament excellent, ses aptitudes digestives remarquables. Il résulte de là qu'il se porte bien, même lorsqu'il est médiocrement nourri. La robe est généralement brune ou rouge, rarement noire. J'ai vu cependant dans les rues d'Aarhus, des chevaux à robe grise, à longue crinière, de très bel aspect.

Dans les îles (Seeland, Bornhold, etc.) où domine la culture des céréales, l'élevage était autrefois très peu répandu et l'on n'y produisait que les chevaux nécessaires pour les travaux de culture. A côté de cet élevage, pratiqué par les paysans, la noblesse et les rois avaient, depuis des siècles, créé des haras pour l'élevage du pur sang. Petit à petit, les haras royaux furent réunis à Frederiksborg, ancien manoir de Frédéric II, situé à l'extrémité du lac du même nom, près de la petite ville de Hillerod, à 34 kilomètres de Copenhague. C'est de ce haras fameux, dont les étalons étaient d'origine espagnole, que sortirent les chevaux qui ont rendu célèbre à l'étranger la race danoise, qui se répandit dans le pays, surtout dans les environs de l'établissement, donnant ainsi naissance à la race actuelle de Frederiksborg. Bien que le haras ait cessé d'exister, celle-ci semble se propager et se développer encore.

Le cheval de Frederiksborg, qui ressemble beaucoup au « Hackney » anglais, est généralement d'un rouge foncé, souvent tacheté : il n'est ni grand ni gros : sa taille varie de 1 m. 54 à 1 m. 60. C'est un bon cheval, bien proportionné, au cou fin et bien planté. Bon trotteur, il se prête surtout au trait léger. Pour les terres légères, c'est un excellent cheval de labour, car il est relativement fort, énergique et endurant ; il garde, comme le cheval Jutlandais, sa belle apparence. Un bon et beau cheval de cette race coûte environ 1.500 francs.

Voyons quels ont été les divers encouragements accordés à l'élevage du cheval. Vers le milieu du xviiie siècle, le Gouvernement essaya d'améliorer cet élevage, en accordant des primes aux éleveurs. Mais cette mesure n'eut guère de succès. Au milieu du siècle dernier, l'État redoubla d'efforts pour encourager et surtout pour améliorer l'élevage (1). Il fit l'acquisition

---

(1) Parmi les mesures qui ont été prises pour encourager l'élevage depuis cinquante ans, il faut citer, par ordre chronologique :

1° En 1852 : Subventions de l'État pour la distribution de primes aux étalons et aux juments présentés aux concours par les sociétés agricoles.

2° En 1864 : Prix décernés par l'État, dans treize districts, aux étalons âgés de plus de quatre ans.

3° En 1861 : Établissement d'un stud-book avec une subvention de l'État.

4° En 1887 : Subventions accordées par le gouvernement aux sociétés d'élevage pour l'acquisition d'étalons.

Depuis 1889, l'État a constitué un Conseiller agricole pour l'élevage du cheval. Ce fonctionnaire est, à la fois, à la disposition de l'État, des sociétés et des éleveurs, pour toutes les questions de son ressort : c'est lui qui est chargé de la tenue du stud-book.

de cinquante étalons anglais de la race *Coach horse* ; on les installa dans un haras d'où on les envoyait dans le pays, pour les saillies. Malgré toute l'énergie dont on fit preuve et bien que ces étalons fussent bons, cette nouvelle tentative n'eut qu'un très faible succès, et l'opinion publique s'étant montrée hostile à ce système, on dut bientôt y renoncer.

C'est aux associations agricoles — fondées, notons-le, sur les principes de la coopération — qu'il faut reporter le progrès accompli depuis cette époque : elles remirent en vigueur le système des primes, et c'est à elles qu'incombe le soin de distribuer celles que l'État met, dans ce but, à leur disposition. Celui-ci n'a ni haras, ni dépôts d'étalons et ne s'occupe directement que le moins possible de la surveillance de l'élevage ; il se contente d'accorder libéralement d'assez fortes sommes, sans exercer une surveillance gênante sur l'emploi des subventions. Lors de l'attribution des primes, le Gouvernement désigne un juge qui est généralement un éleveur du district : deux autres juges du concours d'étalons sont élus par les Sociétés. Pour les concours de juments et de poulains, l'attribution des primes appartient à des juges nommés par les Sociétés agricoles.

Il existe, en Danemark, 180 sociétés d'élevage de chevaux, dont 120 en Jutland ; le gouvernement leur alloue des subventions pour l'acquisition d'étalons. La plupart des sociétés ne possèdent qu'un étalon ; quelques-unes cependant en ont deux et même trois. Ces sociétés ont puissamment contribué à mettre en lumière les avantages qui résultent de l'emploi de bons animaux pour l'élevage et, notamment, du choix de bons étalons. Le prix de ces derniers a sensiblement augmenté, par suite du fonctionnement des sociétés d'élevage. Un étalon de la race jutlandaise coûte aujourd'hui, en moyenne, 8,000 francs ; un étalon de la race de Frederiksborg vaut seulement 5,000 francs. Le prix le plus élevé atteint par un étalon a été, dans ces dernières années, de 21,000 francs. Des juments poulinières d'une bonne descendance se vendent de 1,400 francs à 2,800 francs. Le prix de la saillie est généralement de 20 à 40 francs, par jument pleine, pour les membres de la Société. Mais il est de 140 francs pour les juments appartenant à des personnes étrangères à l'Association.

Un professeur danois très connu, M. B. Prosch, ayant mené une campagne énergique en faveur du cheval danois et de son développement par *l'élevage pur*, c'est-à-dire sans le concours d'étalons étrangers, les cultivateurs, particulièrement ceux du Jutland, s'adonnèrent tout entiers à l'élevage de la race jutlandaise, qui s'est depuis lors développé à un tel point que, dans toute la province, qui compte 230,000 chevaux, on n'élève que cette race. Son élevage s'est également répandu dans les îles, de sorte qu'il y a aujourd'hui, en Danemark, au moins 300,000 chevaux de race jutlandaise. C'est ce cheval qu'on connaît à l'étranger sous le nom de cheval *danois*, car l'on n'exporte du Danemark qu'un très petit nombre de chevaux appartenant à la race de Frederiksborg (1).

1er AOUT, D'AARHUS A GOTHEMBOURG. *Un dernier mot sur le Danemark*. — A l'heure où je quitte ce petit royaume, je tiens à affirmer l'excellence des résultats qu'on y a obtenus. L'institution des *Conseils agricoles* pour la culture, l'élève du bétail, la laiterie, etc., création due à l'impulsion de la Société royale d'agriculture, mérite notamment une élogieuse mention. Il faut dire, en conclusion, que si en Danemark, les hommes distingués et d'un dévouement infatigable à l'agriculture, dont la Société royale de Copenhague est la plus haute et la plus heureuse émanation, ont trouvé dans l'État un précieux concours ; s'il leur a donné libéralement les moyens de compléter leur œuvre de progrès, le point de départ a été l'application du principe d'association, reposant sur l'initiative individuelle et sans recours aux mesures gouvernementales qui, quoi qu'on fasse, participent du Socialisme d'État ou y conduisent. Ainsi l'État Danois s'est fait le collaborateur actif du progrès agricole ; mais il

---

(1) L'exportation des chevaux danois se monte, en moyenne, à 14,000 ou 15,000 têtes par an. Leurs prix, en Danemark, varient de 600 à 1,400 francs, suivant la taille et la qualité ; la plupart des chevaux exportés sont des hongres.

n'est point *l'État-providence,* ce dont le pays ne saurait trop se féliciter (1).

2 AOUT. *De Gothembourg à Jönköping à travers le Gotha.* — Quelle belle route et combien variée est celle de Gothembourg à Falköping, point de bifurcation des lignes de Stockholm et de Jönköping De tous côtés des torrents aux eaux cristallines, des lacs encadrés de forêts : à Jonsered, le lac Aspen ; un peu plus loin, celui de Floda ; puis vient Alingsäs, dans un site ravissant, près de l'embouchure de la Sœfvéa, dans le lac Mjorn. Les rochers bordent fréquemment l'un des côtés de la voie ; de belles prairies, une végétation forestière luxuriante rappellent, par instants, les plus riantes vallées des Vosges ou de la Suisse. La moisson n'est pas encore faite : des seigles souvent médiocres et des avoines de petite taille, qu'on coupe en vert pour la nourriture du bétail, sont enclavées, de ci de là, dans de verdoyantes prairies, traversées par de nombreux cours d'eaux. Après Alingsäs, le paysage change : la voie circule à travers de vastes landes, qui ont reçu des habitants le nom significatif de *Svœltor* (Pays de la faim).

De Falköping à Jönköping, la route reprend son aspect riant : lacs, cours d'eau, forêts de pins et de bouleaux, prairies et pâturages, forment un ensemble qui charme les regards du voyageur. A mesure qu'on approche de Jönköping, la beauté du Lac Vetter, qu'on longe pendant plusieurs kilomètres, offre un paysage de plus en plus admirable. Le lac Vetter, dont les eaux sont plus limpides et plus transparentes que celles de la plupart des lacs des Alpes (on distingue encore nettement les objets plongés à 30 mètres au-dessous de la surface), est le plus beau des grands lacs du Midi de la Suède. Il se trouve à 88 mètres au-dessus du niveau de la Baltique ; il a 130 kilo-

(1) On trouvera aux appendices, tome VI, des renseignements complémentaires sur la situation actuelle du Danemark au point de vue de l'exportation des produits agricoles et du développement des sociétés coopératives agricoles, des sociétés de contrôle et des excellents résultats donnés par la loi pour combattre l'émigration.

mètres de long et 25 kilomètres de large ; sa superficie égale près de 200,000 hectares (1,964 kilomètres carrés). Sa profondeur varie de 80 à 126 mètres dans la partie Sud ; elle n'est que de 20 à 30 mètres dans la partie Nord. Le lac est bordé, au Sud, à l'Est et à l'Ouest, par les imposantes hauteurs du plateau du Smäland, des monts Omberg et Voberg, qui l'encadrent d'une façon admirable. La rive Nord seule est plate. La seule décharge de ce lac est la Motala, qui forme la section Est du canal de Gothie. La section du canal de Vestrogothie relie le lac Vetter au lac Vener, dont la superficie est de 6,238 kilomètres carrés, véritable mer intérieure, où aboutissent la plupart des cours d'eau de la Vestrogothie. Ces cours d'eau en s'élargissant forment des lacs qui ouvrent à la navigation une ligne de communication ininterrompue entre les deux lacs. Le Gotaelf qui se déverse dans la mer, à Gothembourg, est la seule décharge du lac Vetter.

Le Midi de la Suède, du Skagerrak à la Baltique, est traversé par une dépression de terrains comprenant les grands lacs Vener, Vetter et Mœlar. Cette configuration a donné, dès le xvie siècle, l'idée de relier les deux mers par des canaux. L'œuvre fut entreprise sous Charles XII en 1716 ; poursuivie depuis cette époque au travers de grandes difficultés, elle a été terminée seulement en 1832, date de l'ouverture de la ligne entière qui mesure 387 kilomètres de Gothembourg à Mem, sur le Slætbaken, baie profonde de la Baltique, où se trouve la dernière des 58 écluses. Sur ce parcours de près de 400 kilomètres, la canalisation n'en comprend que 90, creusés à la mine, dans les terrains primitifs qui forment le massif scandinave.

La gare de Jönköping touche au rivage Sud du lac Vetter, dans un site d'une merveilleuse beauté. Jönköping a pour moi un attrait particulier : la visite de la Station de recherches et du vaste champ d'expériences de Flahult, dirigés tous deux avec tant d'autorité par M. Hjalmar de Feilitzen, qui m'avait réservé l'accueil le plus cordial. Ces deux établissements, dont j'aurai à exposer en détail les importants travaux, sont consacrés à toutes les questions qui se rattachent à l'étude de la mise en valeur et de l'utilisation des tourbières.

3 AOUT, JÖNKÖPING. *Le sol suédois et les tourbières.* — Nous irons visiter demain le champ d'expériences de l'*Association suédoise pour la culture des tourbières* (1), dont M. de Fetliizen est le directeur et en quelque sorte l'apôtre. Mais pour saisir toute l'importance du but de l'association et des résultats acquis, grâce à elle, depuis sa fondation, c'est-à-dire en moins de 25 ans, il est nécessaire de jeter auparavant un coup d'œil général sur la répartition des terres de la Suède dans leurs relations avec l'agriculture. Cette vue d'ensemble sur l'utilisation du sol suédois pour la production agricole, mettra en relief l'intérêt national de l'œuvre de Flahult et de Jönköping.

L'étendue des terres cultivées en Suède, d'après l'éminent statisticien Sundbarg, est de 3,510,466 hectares (2). Celle des prairies naturelles, de 1,485,902 hectares, soit, au total, 5 millions d'hectares, environ, livrés à l'agriculture. La population de la Suède étant de 5 millions de têtes, la superficie cultivée correspond donc seulement à 1 hectare par habitant.

Dans ses grandes lignes, la répartition du sol suédois, suivant ses modes d'utilisation, peut se résumer en trois chiffres :

<pre>
                                          Hectares
                                             —
Terres cultivées et prairies naturelles.   4.975.000   (12,1 p. 100)
Forêts . . . .   19.591.000   (47,6   »   )
Autres terres (incultes) . . . .   16.553.000   (40,3   »   )
                                          ——————————
              TOTAL. . . . .   41,119,000 (100.0 p. 100)
</pre>

Les nombreux lacs, dont les déversoirs forment tantôt des fleuves navigables, tantôt des courants avec des rapides et des chutes, occupent une superficie de 3,665,739 hectares.

On voit, d'après cela, que la moitié, à peu près, du sol suédois, comme l'indique le relevé ci-dessus, est occupée par la forêt ;

(1) *Schwedische Moorkultur Verein.*
(2) Superficie totale du pays : 448.000 kilomètres carrés.

le dixième de sa surface est cultivé, et les quarante centièmes restant, soit 16 millions 1/2 d'hectares, consistent en terres improductives, au moins quant à présent (1).

Le tiers environ des terres incultes est à l'état de tourbières : 5 millions d'hectares, soit 12,6 p. 100 de la surface du pays (lacs, fleuves non compris). Ainsi la superficie, cultivée ou en prairies, est un peu inférieure à celle des tourbières (12,1 p. 100 contre 12,6 p. 100).

On comprend donc tout de suite l'intérêt capital que présente la conquête par l'agriculture de ces immenses surfaces, non seulement improductives dans l'état où elles sont, mais de plus nuisibles à l'exploitation du sol des régions qu'elles occupent. Les agronomes suédois ont constaté, en effet, que les surfaces marécageuses nuisent aux terres qui les avoisinent, étant, suivant leur expression, des nids à gelées (Frostnester) ; elles nuisent au climat de leur région et à la végétation des arbres par l'excès d'humidité qu'elles entretiennent dans les sols forestiers.

L'expérience ayant montré que beaucoup de sols tourbeux peuvent, lorsqu'ils sont asséchés, être avantageusement mis en culture, il n'est pas étonnant que, dans un pays où la terre labourable est si rare, on ait, de longue date, songé à tenter cette amélioration foncière. C'est ainsi qu'au dix-septième siècle, les rois de Suède s'intéressèrent à la question et que le prince héritier Charles-Gustave, devenu plus tard le roi Charles X fit, en 1652, en vue de l'utilisation des marais tourbeux, dessécher et cultiver l'île d'Œland.

La plus ancienne méthode de mise en culture consistait à houer et à écobuer la surface, sans employer de fumure, ce qui obligeait les plantes qu'on semait ensuite à se contenter de la maigre nourriture que les cendres pouvaient leur fournir. Cette culture vampire devait avoir nécessairement une influence

(1) Une grande partie de ces terrains (montagnes et rochers), bien que forcément improductifs par leur constitution géologique, contribuent cependant à la richesse du pays, à raison des gisements métalliques considérables qui s'y trouvent (minerais de fer, cuivre, métaux précieux, etc.).

fâcheuse sur les qualités du sol. La modification désavantageuse des propriétés physiques et chimiques, par l'écobuage répété, amena la stérilité, et les tourbes ainsi traitées refusèrent de donner des récoltes.

Il y eut bien, dès le xviie et au xviiie siècles, plusieurs propriétaires intelligents qui, par l'addition d'éléments minéraux au sol (terrage) et l'emploi du fumier d'étable, réussirent à obtenir de très bons rendements dans la culture de divers végétaux. Mais l'écobuage resta très longtemps la méthode la plus usitée.

Dans la seconde moitié du siècle dernier, l'emploi des engrais artificiels commença à se répandre en Suède ; de cette époque date le début d'une ère nouvelle pour la culture des tourbières, auxquelles il devenait possible de donner des quantités de matières fertilisantes convenables, tandis qu'auparavant le fumier, produit exclusivement dans l'exploitation, déjà insuffisant pour l'entretien des tourbières hautes, l'était bien plus encore pour les marais.

On parvint ainsi à cultiver l'avoine sur une grande échelle dans les tourbières et ces sols très riches en azote donnèrent, dans les années favorables, de hauts rendements avec une faible dépense en engrais phosphatés et potassiques. Malheureusement, comme on était depuis longtemps habitué à traiter la tourbière en enfant déshérité, la terre y étant facile à cultiver, on continua de négliger les traitements mécaniques et de ne pratiquer aucun assolement, l'avoine succédant à l'avoine pendant dix ans, vingt ans, quelquefois trente, sans interruption. Conséquence de cette succession ininterrompue de la même céréale : les mauvaises herbes envahirent de plus en plus les champs et les rendements diminuèrent d'année en année, d'autant que la fumure demeurait très souvent trop faible.

Tel était encore, à peu près, l'état de la culture des tourbières vers 1885, époque de la fondation de l'Association dont nous allons examiner l'organisation. Il y avait bien, à cette date, quelques exceptions favorables, mais elles étaient trop peu nombreuses pour pouvoir exercer une influence favorable sur toutes les régions tourbeuses du pays.

4 AOUT, JÖNKÖPING. *Une visite à la tourbière de Flahult.* — Le temps est très beau, le baromètre est à 759, le thermomètre marque 17°. C'est un temps idéal à mon goût et bien préférable à la chaleur parfois si forte en Scandinavie, où des températures de 30 et 32 degrés sont fréquentes au mois d'août de certaines années. Nous profiterons de cette belle journée pour aller visiter, aux environs de Jönköping, l'exploitation et les champs d'expériences de Flahult, situés à 12 kilomètres de la ville, en plein terrain tourbeux. On s'y rend par une route ravissante, au travers de forêts de bouleaux et de pins, route que l'on peut, à volonté, faire en voiture ou par le chemin de fer de Jönköping-Vaggerid. Le cours d'eau, la Tabergsa, encadré par une luxuriante végétation forestière, donne naissance aux belles chutes de Norrahammar, utilisées par d'importantes usines métallurgiques.

Flahult est le siège le plus important des travaux et des études de l'*Association suédoise pour la culture des tourbières*. Avant de le décrire et de résumer les nombreux documents que j'ai pu recueillir, dans le peu de temps que j'y ai passé, grâce à l'extrême obligeance de son directeur, M. Hjalmar de Feilitzen, qui a bien voulu me consacrer sa journée, il me faut faire connaître l'origine et l'organisation de l'*Association*.

Dans l'année 1884, le directeur de la Station chimique de Jönköping (1), Charles de Feilitzen, père du savant qui dirige aujourd'hui Flahult, reçut de l'Académie d'agriculture de Suède la mission de se rendre en Danemark, en Hollande et en Allemagne, pour y étudier, sur place, les procédés de mise en culture des tourbières. L'ensemble des constatations qu'il fit au cours de ce voyage d'étude lui suggéra l'idée de créer, en Suède, une association de cultivateurs, en vue de la propagande à entreprendre pour la mise en valeur et l'exploitation rationnelle

____

(1) Cet établissement portait alors le nom de *Chemische Kontrollstation*.

des terrains tourbeux et marécageux, jusqu'alors demeurés presque complètement improductifs. Aussi, à l'automne de 1885, profitant de la réunion à Rogberga, près Jonkoping, d'un certain nombre d'agriculteurs, appela-t-il leur attention sur le projet qu'il avait conçu. Sa proposition reçut des auditeurs le meilleur accueil, et le 25 janvier 1886, l'Association était fondée par l'adhésion au projet de 178 cultivateurs. Progressant rapidement, le nombre des adhérents s'élevait, deux ans après, à plus de 2,000 : il est voisin, aujourd'hui, de 3,500, répartis dans les diverses régions de la Suède.

Sans entrer dans des détails circonstanciés sur cette institution, de jour en jour plus prospère, je crois intéressant d'en préciser le but, d'indiquer les ressources dont elle dispose, les traits principaux de son organisation et de son fonctionnement.

Son but général est de provoquer et d'aider, par tous les moyens possibles, la mise en culture des tourbières « si extraordinairement importantes pour la Suède, suivant les termes du premier article des statuts : conférences, publications, recherches scientifiques et techniques, expériences culturales, choix des engrais et des semences... L'emploi industriel de la tourbe (chauffage, litiérage, etc.) entre également dans le programme des travaux de l'Association. Pendant les deux premières années de son existence, 1886-1887, l'association n'embrassait que la Suède méridionale et la Suède centrale, mais, à partir de 1888, il fut décidé qu'elle s'étendrait à tout le pays et prendrait le nom d'*Association Suédoise pour la culture des tourbières (Schwedischer Moorkultur Verein)*.

Le prix de la cotisation annuelle des membres est très minime : 4 kroner, soit 5 fr. 60. Les membres perpétuels font un versement unique de 100 kroner (140 francs). Tous les membres de l'Association reçoivent un bulletin paraissant tous les deux mois ; ce bulletin contient tous les documents suédois ou étrangers, relatifs à l'objet des travaux de la Société. Dès 1887, les Chambres d'agriculture augmentèrent les ressources de la jeune association par une subvention à laquelle vint s'ajouter, l'année suivante, celle de la province (600 kroner pour aider à l'impression du Bulletin). Bientôt, en présence des services rendus par l'Association, ces subventions furent augmentées ; elles sont aujourd'hui les suivantes : de l'État, 15.000 kroner ; de la province, 4.600 kroner ; des Chambres d'agriculture, 11.900 kroner. Le budget annuel est, en recettes et en dépenses, de 50.000 kroner (70.000 francs), total dans lequel les cotisations figurent pour 13.200 kroner. Une part importante des recettes est appliquée aux dépenses des cultures et des expériences de Flahult.

L'organisation générale de l'Association comprend divers ordres de travaux et de moyens de propagande des méthodes culturales ayant fait leurs preuves à Flahult : je les passerai rapidement en revue.

Travaux chimiques (1). — Pour apprécier la valeur d'un sol tourbeux et en déduire des conseils utiles sur sa mise en valeur, l'intervention de la chimie est indispensable : c'est pourquoi il est fait, au laboratoire de l'Association, de très nombreuses analyses de tourbes, tant pour guider le directeur dans ses expériences personnelles, que pour renseigner les membres de l'Association. Pour ces derniers, les analyses d'échantillons de tourbes sont effectuées à un prix extrêmement modique. Une analyse complète comprend les dosages suivants :

Matière organique ;

Oxydes de fer et alumine ;

Chaux ;

Potasse ;

Acide phosphorique,

Acide sulfurique ;

Azote ;

Enfin, détermination de la densité de la tourbe.

Le prix de cette analyse est de 3 kroner seulement (4 fr. 20) ; une analyse de cendres de tourbes ne coûte que 0 kr. 75 (1 fr. 05).

(1) Effectués dans les laboratoires de l'Institut de l'Association dont je parle plus loin.

La détermination rigoureuse de la matière combustible (chaleur de combustion à la bombe calorimétrique) comprenant, en outre, le dosage de l'eau et des cendres, coûte 4 kroner (5 fr. 60). Une note, accompagnant chaque analyse, résume l'appréciation du directeur sur la valeur de la tourbe, sur le mode préférable de chaulage et de fumure et sur la meilleure méthode de culture à lui appliquer. En dehors de ces analyses de tourbe, le laboratoire procède à l'examen des matières employées pour l'amélioration des tourbières : sable, argile, lehm, etc... Les récoltes des champs de Flahult sont analysées au laboratoire de Jönköping, très bien installé depuis 1903, dans le bâtiment construit, cette année-là, aux frais de l'Association. Jusqu'en 1903, les analyses étaient exécutées à la Station de contrôle qui a fait place à l'*Institut de l'Association*.

Travaux botaniques et géologiques. — L'étude de la flore des tourbières est aussi importante que leur examen chimique ; le botaniste attaché à l'établissement s'occupe, à la fois, de l'étude botanique des tourbes et de la détermination de la flore des prairies d'expériences ; il contrôle également les semences employées dans les champs d'expériences. Pendant les mois d'été, il visite, chaque année, un district particulier de tourbières, notant la nature de la végétation de la surface, la profondeur de la tourbe, la composition botanique et minéralogique des couches, leur degré de décomposition et les autres caractères importants de la tourbière. Les moyens d'amélioration applicables aux régions visitées, la nature des plantes de culture qui réussissent le mieux, celle des mauvaises herbes dominantes font également l'objet de ses investigations. Un rapport détaillé, adressé aux Chambres d'agriculture, relate tous les faits observés au cours de sa tournée. Sur la demande de membres isolés de l'Association, il examine aussi les tourbes au double point de vue de leur utilisation possible comme combustible ou comme litière. Dans ces dernières années, l'Association a chargé son botaniste de préparer, pour les écoles d'agriculture du pays, des herbiers comprenant les plantes qui donnent naissance à la tourbe et les mauvaises herbes caractéristiques des tourbières. Des échantillons types de tourbe accompagnent les herbiers.

Expériences culturales. — Très nombreux sont les essais entrepris par l'Association, en vue de résoudre les questions scientifiques et pratiques que soulève la culture des tourbières. Ces expériences se poursuivent simultanément dans le jardin d'essais de la Station de Jönköping, que j'aurai l'occasion de décrire bientôt, à Flahult et dans d'autres tourbières. Les résultats d'expériences, faites avec tout le soin désirable, mais dans des conditions s'éloignant de celles qu'offre la grande culture, sont du plus haut intérêt ; elles éclairent des points qui, sans elles, resteraient indéfiniment obscurs pour le praticien. Mais leurs résultats, avant d'être directement transportés du laboratoire dans la pratique agricole, ont le plus souvent besoin d'une sanction qu'une culture d'une certaine étendue pourra seule leur donner. C'est dans cette vue que l'Association suédoise a créé à Flahult et sur divers points du territoire de vastes champs d'expériences, où les méthodes rationnelles de culture des tourbières sont expérimentées sur une large échelle. Les résultats de ces expériences reçoivent, par le *Bulletin,* une grande publicité. C'est par centaines que se comptent les cultivateurs qui viennent chaque année visiter les champs de Flahult, comparer l'état des récoltes sur pied, examiner les travaux de drainage et les diverses opérations culturales en cours d'exécution.

Un simple coup d'œil sur les figures 575 et 576 (p. 220 et 221), reproductions de photographies que je dois à l'obligeance de M. de Feilitzen, donne une idée du résultat général obtenu dans cette belle exploitation rurale. D'un côté, la tourbière vierge (*Hochmoor,* tourbière haute), sorte de marais inaccessible aux animaux de travail qui s'y enliseraient aisément sous leurs poids ; de l'autre, la partie cultivée contiguë à la tourbière vierge, une terre meuble complètement débarrassée des plantes qui la couvraient avant sa transformation et que l'on peut labourer, ensemencer et récolter sans aucune difficulté.

En dehors des essais du jardin de Jönköping et des travaux de Flahult, l'Association suédoise étend sa sphère d'activité dans une troisième direction : la création et la direction de champs d'expérience chez les particuliers, propriétaires de tourbières. Ces champs sont disséminés dans la plupart des provinces de la Suède : les membres de l'Association peuvent, sans frais pour

Fig. 575. — Tourbière vierge de la partie du champ d'expériences de Flahult non encore mise en culture.

eux, obtenir, s'ils le désirent, la création de tels champs sur leur propriété. L'Association leur fournit gratuitement les semences et les engrais. Autant que faire se peut, chaque année, les employés de l'Association visitent ces champs et donnent aux intéressés des renseignements sur le choix des engrais et des plantes qui s'adaptent le mieux à la création de prairies artificielles ou naturelles, sur les procédés culturaux d'amélioration, etc. Le propriétaire de la tourbière n'est astreint qu'à prendre l'engagement de se conformer scrupuleusement aux modes de préparation du sol, d'ensemencements et de récolte prescrits par l'Association. Les résultats des essais sont publiés dans les Bulletins des Chambres d'agriculture et dans celui de l'Association.

Il y a quelques années, l'Association a décidé de créer, en outre, sur divers points du territoire, des *champs de démonstration* pour l'instruction de la population agricole : la visite de

Fig. 576. — Partie cultivée de la tourbière de Flahult.

ces champs par les employés de l'Association donne, à ces derniers, l'occasion de faire des conférences pratiques sur la culture des tourbières.

Conseils pratiques. — Un dernier mode de concours prêté aux propriétaires, et ce n'est pas le moins utile, consiste dans les visites qu'un technicien de l'Association (*Kulturtechniker*) fait, sur leur demande et dans le point qui lui est indiqué. Dans ces visites, il prélève des échantillons de tourbe pour l'analyse : après s'être exactement rendu compte de toutes les conditions locales, il donne aux intéressés, verbalement ou par écrit, des conseils circonstanciés sur la mise en culture, la fumure, l'assolement à suivre, etc... Il indique également la qualité de la tourbe, au point de vue de son utilisation comme combustible ou comme litière. Le propriétaire qui consulte ces techniciens n'a d'autre dépense à supporter que celle de leur nourriture, évaluée à 4 kr. 1/2, soit 6 fr. 30 par jour. Tous les autres frais de voyage sont supportés par l'Association. Depuis 1902, un technicien fait chaque année chez les petits cultivateurs d'un district désigné, membres de l'Association, des visites d'une durée de dix jours, afin de répandre, dans un plus large cercle, les principes de la culture rationnelle des tourbières. Ces séjours ne coûtent absolument rien au paysan : toutes les dépenses de voyage, nourriture, analyse, etc., sont à la charge de l'Association. Comme les membres de l'Association réclament en grand nombre ces visites du technicien, celui-ci est constamment en route, du commencement d'avril à la fin d'octobre.

On voit, par cette énumération, combien est grande et variée la mission que s'est donnée l'Association ; combien utile elle doit être au pays par l'augmentation des superficies cultivables. Il y a là un exemple qui pourrait être utilement suivi chez nous dans diverses directions (mise en valeur des terres incultes, reboisement des sols arides, etc.). Nous avons vu (pages 106 à 123) les premiers efforts faits dans ce sens par le Service des Améliorations agricoles.

Ces considérations générales données, voyons maintenant ce qui a été réalisé à la tourbière de Flahult. C'est en 1890 que l'Association en loua tout d'abord quelques hectares ; en 1892, elle en acheta 82 hectares, dont 45 hectares de Hochmoor (tourbe haute), 5 hectares de Niederungsmoor (tourbe basse), et le reste en sol sableux ou boisé.

A raison de l'altitude (223 mètres au-dessus du niveau de la mer), le climat est très rude, condition qui a des avantages et des inconvénients ; le principal avantage est l'application possible des résultats obtenus à Flahult, aux régions septentrionales de la Suède, qui s'étend, on le sait, du 55° 20' 18" au

69° 3' 2" de latitude Nord. Le grand inconvénient du climat est que la végétation souffre fréquemment de gelées qui rendent incertaine la culture de diverses plantes.

Le champ d'expériences étant contigu à une tourbière haute vierge, pour éviter la propagation de ces gelées et diminuer leur danger, l'Association a acheté, en 1899, cette tourbière, d'une superficie de 42 hectares : on l'a sommairement asséchée ; elle sera progressivement mise en culture. D'un côté de la tourbière, on a préparé 5 hectares pour des essais de culture forestière. L'Association projette de cultiver, petit à petit, toute la superficie de tourbe qu'elle possède et d'y faire en grand une démonstration pratique de la culture de Hochmoor.

La surface totale de Flahult est de 150 hectares. Le sol est essentiellement celui d'une tourbière haute, très peu décomposé et constitué par des *Sphaignes* et l'*Eriophorum*. La puissance très variable de la couche est, en moyenne, de 3 mètres. Aux confins de la tourbière haute, il y a quelques hectares de tourbière basse, caractérisée par la composition de sa flore (carex, mousses et roseaux). La couche de tourbe n'a, ici, qu'une épaisseur de 30 à 50 centimètres. Partout le sous-sol est du sable très pauvre.

L'analyse du sol tourbeux a montré qu'il est très pauvre en chaux, potasse et acide phosphorique, aussi bien dans le Hochmoor que dans la Niederungsmoor. Dans la première, le taux d'azote est peu élevé (0,94 p. 100), ce qui correspond à 1,240 kilogrammes d'azote à l'hectare, dans une couche de 20 centimètres d'épaisseur ; la tourbe basse en renferme beaucoup plus (2,82 p. 100), ce qui représente 8,020 kilogrammes d'azote à l'hectare, dans la couche de 0 m. 20, quantité suffisante pour satisfaire aux exigences de la végétation. La teneur en cendres est de 1,95 p. 100 dans la Hochmoor et de 11,16 p. 100 dans la Niederungsmoor. Le sol sablonneux est très pauvre en principes nutritifs.

Actuellement, 33 hectares 1/2 sont cultivés ; ils se répartissent en tourbière haute, 23 hect. 4 ; tourbière basse, 2 hect. 4, et

7 hect. 7 de sol sablonneux et non tourbeux. De la superficie aujourd'hui cultivable, on a distrait une petite étendue de tourbière pour constituer deux Colonies (Moorkolonat) dont je parlerai plus loin.

M. Hjalmar de Feilitzen, qui a la haute direction de Flahult,

Fig. 577. — Habitation de l'intendant des champs d'essais de Flahult.

a sous ses ordres un intendant des cultures qui réside sur l'exploitation, dans une élégante habitation construite en bois, comme tous les bâtiments élevés dans la tourbière. Il y a, en outre, sur le domaine, sept ménages d'ouvriers : le logement de chacun d'eux est composé de deux pièces. Ces habitations, protégées à l'extérieur par une couche d'ocre rouge, peinture très répandue en Suède et en Norvège, rehaussée par les arêtes blanches des angles et de la faîture du bâtiment, sont d'un très heureux effet ; comme toutes les constructions de Flahult, elles sont entretenues dans un état de propreté remarquable. Les étables, hangars pour récoltes, magasins à chaux et à litière, bûchers, communs, etc., sont également peints en rouge. Dans l'impossibilité où l'on est de creuser le sol pour y établir des caves, à raison de la proximité du plan d'eau, on les remplace par des sortes de cages en bois reposant sur le sol, revêtues extérieurement d'une épaisse couche de tourbe desséchée et recouvertes également en tourbe ensemencée en herbes (1).

Voyons maintenant quelles sont, dans leurs traits essentiels, les phases successives de la transformation de la tourbière haute en prairie et en sol apte à différentes cultures (céréales, pommes de terre, turneps, etc.).

Qu'on se propose de transformer la tourbière vierge (Hochmoor) en sol arable, en prairie temporaire ou en pâturage, la première opération consiste dans l'assèchement de la tourbière à l'aide de larges canaux ouverts de distance en distance. Puis, on procède au nivellement de la surface ; on fauche les bruyères et les grosses touffes d'herbes ; on arrache les pins rabougris et les divers végétaux qui couvrent la tourbière ; on les réunit en tas et on y met le feu dès qu'il est possible de les brûler. A la houe, on rompt les mottes de tourbe et on égalise le sol. Lorsque la surface se trouve ainsi à peu près nivelée, on ouvre des fossés de drainage espacés de vingt mètres environ. Dans les cultures déjà anciennes, on donne à ces fossés 1 m. 20 de profondeur ; dans les parties récemment défrichées, les fossés n'ont que 0 m. 60 de profondeur sur 0 m. 45 de largeur. Le déblai des fossés est rejeté sur les berges et répandu sur le champ. Ces travaux divers s'exécutent pendant l'été et l'automne.

Dans l'hiver qui suit, on porte sur le champ, à l'aide d'un chemin de fer Decauville, 500 mètres cubes de sable par hectare, ce qui correspond à une couche de 5 centimètres d'épaisseur ; on étend le sable aussi uniformément que possible (système

(1) Ce mode de toiture est extrêmement répandu dans les constructions rurales de la Scandinavie : maisons d'habitation, étables, greniers, etc.

Rimpau). Cette couverture de sable rendra le sol plus facile à travailler.

Au printemps de la seconde année, lorsque la couche superficielle de 15 à 20 centimètres est dégelée, tandis que le sous-sol est encore assez fortement gelé pour que les animaux de trait (bœufs) puissent y marcher, on herse (herse américaine) énergiquement la tourbe pour y incorporer régulièrement le sable (dans la première année de transformation de la tourbière, la ténacité de la tourbe s'oppose à l'emploi de la charrue). Après cette opération, on répand à la surface 49 hect. 1/2 de chaux éteinte, par hectare (3.500 kilogrammes de chaux réelle CaO), puis on donne un second hersage. Comme fumure, on emploie les scories de déphosphoration (120 kilogrammes d'acide phosphorique à l'hectare) et les sels de Stassfurt, 40 kilogrammes de potasse à l'hectare. Pas d'engrais azotés. Pour aider le développement des bactéries accumulatrices d'azote, on épand, par hectare, 40 hectolitres de terre prélevée dans une vieille culture de légumineuses ; M. de Feilitzen estime que ce volume de terre pourrait être, sans doute, réduit de moitié, 20 hectolitres à l'hectare devant suffire à l'inoculation du sol. On ensemence ensuite avec des légumineuses. Par hectare, on emploie 300 kilogrammes d'une variété de pois (peluschke), très répandue dans les cultures scandinaves, à laquelle on a mélangé de 20 à 30 p. 100 de fèves ; à l'automne on donne un troisième hersage. Ainsi s'achève la deuxième année de mise en culture.

Au printemps de la troisième année, on sème de l'avoine, 230 kilogr. à l'hectare, avec un mélange de trèfle et de graminées (environ 35 kilogrammes). Comme fumure, 100 kilogrammes d'acide phosphorique (scories), 70 kilogrammes de potasse (Stassfurt) et 45 kilogrammes d'azote sous forme de nitrate (300 à 400 kilogrammes de nitrate de soude).

La transformation de la tourbière en sol arable est ainsi terminée.

Pour créer la prairie, on procède comme je viens de le dire, à ces différences près qu'on n'emploie que 200 à 250 mètres cubes de sable à l'hectare, et, que les drains sont maintenus à 0 m. 50 au-dessous de la surface. Dans les deux premières années, on cultive la peluschke comme culture préparatoire. Une expérience déjà longue a montré qu'à Flahult cette culture faite à l'aide des engrais minéraux ordinaires et de l'inoculation bactérienne du sol avec de la terre, donne d'excellentes récoltes de fourrage. Pendant ce temps, la tourbe commence à se décomposer et il se forme une couche de terre arable bien préparée à porter la récolte principale. Dans la troisième année de culture, on ensemence le sol avec un mélange pour prairie, sans plantes abris servant de couverture à l'herbe. On fume ensuite chaque année la prairie. Si l'on fauche la prairie, pendant les deux premières années l'apport d'engrais minéral sans azote est suffisant ; on emploie ensuite, dès la troisième année, l'acide phosphorique, la potasse et l'azote. Les prairies durent à Flahult cinq ans, sept ans et même davantage.

Si l'on fait *pâturer* les prairies pendant les deux premières années, on ne leur donne pas de nitrate ; la présence du bétail dispense, en effet, de l'apport d'azote et l'on se borne à y répandre de l'acide phosphorique et de la potasse. La première année, on ne fait qu'une coupe qui donne environ 5.000 kilogrammes de foin ; la deuxième année en produit autant et, dans la troisième année, on ne récolte que 4,000 kilogrammes.

Les indications qui précèdent se rapportent aux Hochmoor de la moins bonne qualité. Dans les tourbières meilleures, on borne la fumure à l'acide phosphorique et à la potasse, sans azote. Les tourbières basses sont labourées dès le début ou fortement hersées ; on les cultive ensuite sans addition de sable. Pendant les premières années, tous les fossés d'écoulage restent ouverts ; on les protège ensuite contre l'éboulement en les remplissant de tourbe ou de fagots. Plus tard, on remplace les drains à ciel ouvert par des tuyaux.

Jetons maintenant un coup d'œil sur les récoltes de Flahult. Par suite de la rudesse du climat et des dangers de gelée, les rendements sont sujets à de grandes variations. Il s'ensuit qu'il ne peut être question que de moyennes embrassant une période d'années. Celle de 1892-1901 (récoltes obtenues avec pleine fumure) se résume comme suit :

NATURE des récoltes	RENDEMENTS PAR HECTARE			
	Tourbière haute sablée		Tourbière basse sans sable	
	Grain	Paille	Grain	Paille
—	quint. métr.	quint. métr.	quint. métr.	quint. métr.
Seigle d'hiver . .	14.37	42.16	23.44	47.09
Seigle d'été . . .	»	»	12.87	53.09
Blé d'hiver . . .	»	»	25.33	50.00
Blé d'été	»	»	25.70	58.17
Orge	13.18	23.91	23.40	40.58
Avoine	16.58	29.20	28.25	43.41
Pois	10.98	28.40	»	»
Vesces	10.82	26.58	»	»

Fourrage sec :

Peluschke . . .	40.06	56.90
Vesces	35.26	51.33
Pommes de terre .	127.52	»
Foin (une coupe) .	20 à 60	»

Ces chiffres indiquent clairement quelles plantes conviennent le mieux dans de semblables sols tourbeux. Sur la Hochmoor mal décomposée, le seigle d'hiver a donné, en moyenne, dans cette période décennale, de faibles rendements, d'où il faut conclure qu'au cours de plusieurs années il a souffert de la gelée. Cette céréale, sous le climat de Flahult, donne donc des résultats incertains. Cela est également vrai de l'orge, tandis qu'en moyenne l'avoine a fourni de bonnes récoltes. Les pois et les vesces mûrissent rarement, mais ils donnent de hauts rendements en fourrage. Les prairies se développent particulièrement bien, et, après avoir donné une coupe de foin, elles fournissent encore, en août et septembre, un bon pâturage. Dans les années favorables, la pomme de terre peut fournir de très hauts rendements, mais cette plante est, on le sait, très sensible à la gelée et aux intempéries ; aussi les rendements moyens sont-ils faibles, ce qui est vrai pour toutes les sortes de pommes de terre cultivées à Flahult. Les choux raves et les turneps ne réussissent pas à Flahult, à moins de recourir à des quantités extrêmement élevées d'engrais. Les carottes semblent donner des résultats un peu meilleurs.

Dans la tourbière basse, toutes les plantes cultivées, à l'excep-tion du seigle d'été, ont donné de bonnes récoltes.

L'étable de l'exploitation de Flahult compte 18 animaux, savoir : 2 bœufs de travail, 1 cheval et 15 vaches laitières. Tout ce bétail est nourri avec les produits de la tourbière cultivée. Les vaches donnent, en moyenne annuelle, 3.200 litres de lait d'une richesse de 3,72 p. 100 de beurre. Le lait, conduit au chemin de fer (3 kilomètres), est vendu 12 centimes le litre.

J'ai déjà dit qu'en vue de propager dans le pays la connais-sances des méthodes rationnelles de mise en culture de la tourbe, l'Association suédoise a créé des champs d'expérience dans la plupart des provinces. Plus de la moitié des essais ont consisté en transformations du sol tourbeux en trèflières et en prairies naturelles. On y a également cultivé le seigle d'hiver, l'avoine, l'orge, des fourrages verts, des pommes de terre, des turneps et des carottes.

A Flahult même, la partie cultivée de l'exploitation comprend, outre les terrains exploités en grande culture, les champs d'expé-rience où M. de Feilitzen poursuit l'étude de l'influence des différents engrais, des diverses variétés de plantes et des modes de traitement du sol sur les récoltes, etc. En compagnie de mon aimable hôte, j'ai eu le plaisir de parcourir durant une partie de la journée ces champs d'expériences.

Les nombreuses parcelles qu'ils occupent ont une superficie variable suivant la nature des essais. Celles qui sont consacrées aux expériences sur les engrais, ont des contenances de 2 ou de 4 ares (10 ou 20 mètres de large sur 20 mètres de long) ; un sentier d'un mètre, sans fumure et non ensemencé, sépare les parcelles. Devant chaque parcelle est placé un poteau indicateur qui fait connaître au visiteur le numéro de la parcelle, la nature de la récolte et la fumure. Tous les essais sont faits en double sur des parcelles de même étendue. Pour chaque essai de fumure, une bande de terre de même superficie que les parcelles fumées (2 ou 4 ares) intercalée entre elles, sert de témoin. Toutes les récoltes sont pesées séparément ; sur une balance décimale pour les parcelles d'essais, sur une bascule enregistrante pour les récoltes ordinaires, la voiture qui amène ces récoltes étant tarée à l'avance. Les récoltes de céréales ou de grains sont battues à part ; les pailles, grains, balles ou enveloppes sont ensuite pesées séparément.

J'aurais vivement désiré exposer ici les résultats qu'il m'a été donné de constater sur ces champs d'expériences, où toutes les précautions désirables en ces sortes de recherches sont si scrupuleusement observées, mais cela m'entraînerait trop loin et donnerait à ce chapitre un développement trop considérable. Je renvoie ceux des lecteurs de cet ouvrage que ces expériences intéressent plus particulièrement, à la série d'articles que j'ai publiés à leur sujet dans le *Journal d'agriculture pratique,* en 1907 et en 1908.

Il me faut indiquer maintenant l'ingénieux système par lequel l'Association a, d'une part, réussi à attirer l'attention des propriétaires sur la colonisation des tourbières et, d'autre part, à étudier la possibilité de rendre exploitables, par le développement de ce système, les grandes tourbières désertes de la Suède : elle a créé à Flahult deux colonies d'essai. Les constructions en furent établies dans le courant de 1896, et les premiers colons s'y installèrent le 14 mars 1897. Chacun d'eux reçut la jouissance d'une maison d'habitation, comprenant une grande chambre et une cuisine et d'une dépendance composée d'une étable à vaches et porcs, d'un fenil et d'un emplacement pour le bois de chauffage. Ces deux constructions, toutes deux en bois et élevées sur le sol ferme, coûtèrent ensemble 2.500 kroner, soit 3.500 francs. A chaque colonie était attenante une superficie de 8 hectares, consistant en 4 hectares de tourbière haute (Hochmoor), 1 hectare de tourbière basse et 3 hectares de bois.

Quand les colons — ils étaient au début locataires (1) seulement — entrèrent sur ces petits domaines, ils trouvèrent un hectare de Hochmoor mis en culture par les soins de l'Association, chaulé, fumé et prêt à recevoir la semaille. L'Association s'était en outre obligée à mettre, chaque année, un hectare dans le même état, de sorte qu'à l'expiration des baux (4 ans), les cinq hectares de tourbières fussent exploitables. De plus les premiers — il était imposé à chacun de prendre l'engagement de suivre les prescriptions de l'Association, — recevaient à très bon marché les engrais et les semences et pouvaient faire usage, gratuitement, des bœufs de travail et de l'outillage agricole de Flahult (herses, scarificateurs, rouleaux, etc.). Enfin, le colon devait, autant qu'il en pouvait trouver le temps, travailler aux champs d'expérience aux conditions ordinaires de salaire des ouvriers de Flahult. A l'expiration des quatre années de location, les colons devinrent propriétaires à la condition de fournir, pendant quinze ans, trois journées de travail par semaine aux champs de Flahult, avec le droit de remplacer cette prestation en nature par le versement, à l'Association, d'une somme annuelle de 200 kroner (280 francs).

Les colonats de Flahult, qui comptent aujourd'hui plus de dix années d'existence, ont donné d'excellents résultats pour ceux qui les exploitent dans les conditions très favorables que je viens de rappeler et l'Association suédoise a acquis la conviction que ce mode absolument nouveau d'exploitation des tourbières peut être propagé dans le pays avec succès (2). On en

---

(1) Les prix de fermage (bâtiments et terre) furent les suivants :

   1re année .... 30 kr. (42 fr.)
   2e année .... 40 kr. (56 fr.)
   3e   —   .... 50 kr. (70 fr.)
   4e   —   .... 60 kr. (84 fr.)

(2) Elle est d'avis cependant qu'il faut, pour le moment, le propager seulement dans les régions si étendues des tourbes de bonne constitution, en négligeant les tourbières de mauvaise qualité. L'expérience de Flahult a démontré qu'avec de faibles dépenses on peut obtenir, par le colonat, la transformation de Hochmoor convenablement choisies, en terrains susceptibles de donner des récoltes rémunératrices.

comprendra tout l'intérêt si l'on veut bien noter que l'hectare de tourbière vierge de Hochmoor, valant 70 francs (50 kroner) vaut environ 200 kroner, soit 280 francs, après sa mise en culture (1).

5 AOUT, JÖNKÖPING. *La station et le jardin d'expériences.* — Ce n'est pas qu'à Flahult que l'Association poursuit sur un champ assez vaste ses intéressantes études. A Jönköping même, elle a installé une Station agronomique que nous allons visiter aujourd'hui. Mais tout d'abord, je veux en résumer très brièvement l'historique.

L'Association ne disposant, durant ses premières années, que de moyens très restreints pour les études expérimentales, son directeur était, en même temps, directeur de la Station de contrôle, dont les modestes locaux abritaient, à la fois, le laboratoire d'analyse et les bureaux des employés de l'Association. En 1887, quelques caisses de végétation furent installées dans la cour de la Station. En 1889, l'Association loua, à l'est de la ville, un terrain un peu plus vaste pour y organiser le jardin d'expériences où furent, peu à peu, transportées les caisses de végétation de la Station. Dix ans plus tard, en 1899, ce jardin, d'une superficie de 3.119 mètres carrés, devint la propriété de l'Association : le don généreux de l'un de ses membres ajouta, en 1900, une surface de 1.358 mètres carrés à ce jardin, dont l'étendue fut ainsi portée à près de 45 ares. Enfin, en 1902, l'Association se trouva assez riche pour entreprendre la construction du bâtiment actuel qui, sous le nom d'Institut de l'Association suédoise, fut occupé au mois d'octobre 1903. Ainsi, l'espérance que, depuis longtemps, nourrissait l'Association de posséder une Station expérimentale dans le vrai sens du terme, était réalisée.

Dans le sous-sol du bâtiment se trouvent une cave et deux pièces, dont l'une sert à la préparation, à la dessiccation et à la mouture des échantillons de tourbe, ainsi qu'au nettoyage

____

(1) Ces chiffres m'ont été indiqués par M. de Feilitzen.

des récoltes des cases de végétation. La seconde est un magasin où sont conservés les échantillons, les produits chimiques, la verrerie, etc. Dans le sous-sol, également, se trouve une chambre noire pour les travaux photographiques. Au premier étage est installé, dans d'excellentes conditions, le laboratoire d'analyses comprenant trois pièces. Le bureau du directeur et les locaux

Fig. 578. — Station agronomique et jardin d'expériences de l'Association suédoise
pour la culture des tourbières.

occupés par le botaniste, le chef technique des cultures, le secrétaire et le caissier de l'Association, complètent l'aménagement intérieur de l'étage. La bibliothèque et une salle de collections, véritable musée de la tourbe, renfermant les spécimens les plus variés de terrains tourbeux, des sols sur lesquels reposent les tourbières de la Suède, et des plantes qui constituent les Hoch et les Niederungsmoore occupent les deux grandes pièces du second étage, où se trouvent également le logement d'un préparateur et du garçon de service de l'Institut.

Le jardin d'expériences entoure, de trois côtés, le bâtiment : il comprend un observatoire météorologique et des lysimètres très bien installés, des plates-bandes de culture, et les cases de végétation.

Les essais de culture sur tourbe, objet principal des travaux de la Station, présentaient, au début, quatre dispositifs suivants :

1° Plates-bandes de quelques mètres carrés de surface, dont le sol est formé d'une couche de 0 m. 60 de tourbe rapportée, reposant sur un lit de dix centimètres de Hochmoor (tourbe de Sphagnum), placée elle-même sur une couche de gros gravier siliceux. Au-dessous de ce gravier, vient le sol naturel, constitué par un sable très pauvre.

2° Cases de végétation à parois de bois verticales imprégnées de *carbolinoleum,* qui en assure pour dix ans et plus la parfaite conservation ; ces cases ont une superficie de un mètre carré. Elles sont remplies exactement comme je viens de le dire en parlant des plates-bandes. La face inférieure de ces cases (au nombre de 600) affleure le sol environnant. Elles sont séparées les unes des autres, comme les plates-bandes, par des sentiers tracés dans le sol naturel, qui s'opposent à toute communication d'une case à l'autre.

3° Des vases cylindriques ou parallélipipédiques en zinc, en général de 0 m. q. 36 de superficie, au nombre de 250, remplis comme les cases et enfouis comme elles au rez du sol.

4° Enfin, des vases également en zinc, remplis de même manière, mais directement posés sur la terre et exposés en tous sens au contact de l'air.

Depuis plusieurs années, M. de Feilitzen a abandonné l'emploi du zinc comme récipients de la tourbe et a partout substitué le bois goudronné au métal ; il a été appelé à opérer ce changement par la constatation d'empoisonnements, par le zinc, des végétaux cultivés dans certaines variétés de tourbe.

Toutes les expériences sont, bien entendu, conduites avec une rigueur scientifique qui donne aux résultats obtenus une valeur indiscutable. D'autre part, le nombre d'essais de végétation et de fumure que le savant directeur de la Station a pu mener à bien, depuis la fondation de l'Institut de l'Association suédoise est considérable. Il a notamment étudié l'action sur la végétation des tourbières, des diverses formes d'acide phosphorique, de la potasse, de la chaux, des engrais azotés, etc. J'ai été très intéressé pour tout ce qu'il m'a été donné de voir durant ma visite, et bien que ne voulant pas entrer ici dans des détails trop techniques, je signalerai des expériences très concluantes, de la valeur du nitrate de chaux sur la production de l'avoine, de la pomme de terre et des graminées des prairies. Les plantes étaient encore sur pied, mais leur végétation luxuriante affirmait l'excellence du nitrate de Norvège dans les sols tourbeux, ainsi que je l'avais constaté déjà dans la tourbière de Flahult.

Toutes les récoltes du jardin d'expériences sont, comme celles du champ de Flahult, pesées avec le plus grand soin et analysées. On voit combien sont, par suite, nombreux les renseignements précis qui, d'année en année, s'accumulent dans les registres de la Station et dans les bulletins de l'Association, pour le plus grand profit de cette branche capitale de la production agricole de la Suède, à laquelle sont indissolublement liés les noms de Karl et Hjalmar de Feilitzen.

Il me reste à noter, en concluant, que le jardin d'expériences étant, comme le laboratoire, ouvert aux membres de l'Association désireux de faire soumettre à une étude méthodique la valeur du sol des tourbières qui leur appartiennent et le mode de fumure qui leur convient le mieux, la Station de Jönköping concourt très efficacement à l'accroissement de la mise en culture des tourbières, en fournissant à leurs propriétaires des indications que l'expérimentation scientifique seule peut donner.

6 AOUT, JÖNKÖPING. *La tourbe combustible et la tourbe litière.* — Je tenais à traiter avec quelques détails dans ce volume la question des tourbières, dont je n'avais pas parlé dans les premiers tomes de cet ouvrage. Il ne me reste plus qu'à examiner deux côtés de la question : la tourbe combustible et la tourbe litière.

L'emploi de la tourbe comme combustible, emploi qui a existé de toute antiquité dans les régions de la Suède pauvre en forêts, tant pour le chauffage domestique que dans certaines exploitations minières des provinces Wermland, Westmanland, etc., a pris de l'extension dans le milieu du siècle dernier. Depuis 1900, la question a pris une grande importance, en raison de l'augmentation très considérable du prix du charbon de terre. La valeur de la houille importée en Suède atteint, en effet, cent-vingt millions de francs. Or, la Scanie, province la plus méridionale de la Suède, est la seule qui produise de la houille et elle est loin de pouvoir fournir à l'industrie les quantités de charbon dont elle a besoin. En outre, cette houille est de qualité très inférieure à celle des charbons anglais, les gisements se trouvant dans les terrains qui appartiennent à une période de formation beaucoup plus récente, le jurassique. Les couches y sont de faible épaisseur et le charbon qu'elles fournissent est très riche en cendres. Cette houille est totalement impropre à la fabrication du coke. La Suède, il est vrai, possède d'immenses forêts (près de 20 millions d'hectares), aussi le bois est-il le combustible presque universellement employé au chauffage des habitations ; mais le prix du bois a beaucoup augmenté et son emploi n'est pas, pour cette raison, susceptible de prendre, dans l'industrie, l'extension dont celle-ci aurait besoin. L'utilisation de la tourbe, comme combustible, est donc devenue depuis quelques années une question d'actualité.

De grands progrès, dans cette voie, ont déjà été réalisés avec le concours énergique de l'État suédois. L'Association suédoise pour la culture tourbière a, de son côté, consacré ses efforts à l'étude de la valeur combustible des tourbes des différentes régions du pays. De très nombreux échantillons de tourbe ont été recueillis par les employés de l'Association ; l'analyse et la détermination de la capacité calorifique des tourbes des diverses provenances ont reçu une grande publicité par le bulletin de l'Association, par des conférences, etc., mettant ainsi les intéressés au courant des avantages que l'on peut retirer de ce mode d'utilisation de la tourbe.

J'ai indiqué précédemment que les marais tourbeux de la Suède occupent l'énorme superficie d'environ 5 millions d'hectares. On les rencontre dans tout le pays, mais les plus grands sont situés en Laponie, en Norrland et dans les provinces de Nericie, Vestrogothie, Småland et Scanie. Ceux de la partie septentrionale du pays ne sont pas très profonds, mais ils sont formés de plantes herbacées. Ils ont un âge considérable, de sorte qu'ils fournissent une excellente tourbe à brûler. Ceux de la Suède centrale, tels ceux de Flahult sont, au contraire, plus récents et formés généralement de mousse blanche (Sphaignes) susceptibles surtout d'être utilisées comme litière ou comme terreau de tourbe (Torfmull). La Vestrogothie a toutefois d'excellents marais tourbeux, dont la profondeur atteint parfois à 12 mètres et qui fournissent une tourbe à brûler de premier choix. Le gouvernement Smålandais de Kronoberg possède, à lui seul, 130.000 hectares de marais tourbeux, dont la moitié se compose d'une très bonne tourbe combustible. Ils ont, en général, une épaisseur moyenne de 2 mètres et la richesse, en tourbe, de ce gouvernement peut être évaluée à plus de six milliards d'hectolitres de tourbe sèche. Or, si l'on estime, avec l'éminent statisticien Sundbärg, qu'un hectolitre de bonne tourbe à brûler correspond à 25 kil. 1/2 de houille, le Gouvernement de Kronoberg possèderait, à lui seul, une quantité de tourbe correspondant, en valeur calorifique, à 50 millions de tonnes de houille. Ces chiffres suffisent à donner une idée de l'énorme valeur combustible que représentent les marais tourbeux du pays, et l'intérêt qui s'attache aux recherches de l'Association suédoise dans cette direction.

Je n'entrerai pas ici dans le détail des diverses méthodes dont est *travaillée* la tourbe en vue des buts industriels, me contentant de signaler de quelle importance très grande serait la découverte d'une méthode pratique et économique de transformation en charbon de la tourbe, dont les gisements sont si considérables en Suède. Aussi comprend-on que l'Association suédoise redouble d'efforts pour hâter la solution de ce problème économique.

Il nous reste à voir l'utilisation de la tourbe pour litière. Seules, les Hochmoore se prêtent à cette fabrication, dont Flahult offre un intéressant spécimen.

De tout temps, en Suède, on a employé la tourbe comme litière, notamment en Dalécarlie, où l'on a reconnu, de très bonne heure, les excellentes qualités de ce produit pour l'entretien des étables ; mais ce n'est guère que depuis une trentaine d'années que cette application s'est généralisée par la création de fabriques de tourbe litière. C'est au lieutenant Salomon Coyet que revient le mérite d'avoir introduit cette industrie en Suède. Avant lui on importait (de Hollande sans doute ?) de grandes quantités de terreau de tourbe (Torfmull) et de tourbe litière (Torfstreuf). Actuellement, il existe, en Suède, plus de cinquante fabriques qui livrent, par année, plusieurs centaines de milliers de balles de tourbe litière.

L'Association suédoise a beaucoup contribué, par ses conférences et ses expositions, à propager la connaissance de l'importance de ce produit pour les exploitations rurales et pour l'assainissement des villes, et il a été fait aux laboratoires de Jönköping une masse de recherches et d'expériences sur la tourbe litière et sur la mousse de tourbe, tant au point de vue chimique que sous le rapport de leur constitution botanique et microscopique. L'un des résultats importants de ces recherches a été d'établir les conditions auxquelles est lié le pouvoir absorbant, pour l'eau, de la tourbe. Trois conditions principales le règlent :

1° *Le degré de décomposition.* — Une litière de couleur claire, légère, fibreuse, préparée avec du Sphagnum non décomposé, possède une faculté d'absorption plus grande et, par suite, à une valeur plus élevée que des mousses plus ou moins décomposées, de couleur foncée et denses.

2° *La finesse (division de la tourbe).* — La faculté d'absorption d'eau est plus grande dans la tourbe finement divisée que dans la tourbe en fragments grossiers.

3° *Nature des plantes qui constituent la tourbe.* — Les

diverses espèces de sphagnums, ou les mêmes espèces, à différents états de développement, et d'autres végétaux, par exemple l'*Eriophorum*, possèdent des pouvoirs absorbants différents.

Les expériences de Jönköping ont démontré aussi que, de tous les matériaux qu'on peut employer comme litière, la tourbe bien préparée possède pour l'eau le pouvoir absorbant le plus élevé. La litière de tourbe a encore d'autres propriétés avantageuses : elle absorbe les gaz malodorants des étables et notamment les gaz ammoniacaux (1) Des essais comparatifs faits dans l'étable de Flahult avec différentes litières, paille, sciure de bois, tourbe, ont mis en relief la supériorité de cette dernière. Enfin, les fumiers de tourbe ont, à doses égales, donné des rendements plus élevés en avoine et en pomme de terre que les fumiers résultant du litiérage des animaux avec la paille ou avec la sciure de bois (2).

Me voilà au terme de mon séjour, trop court à mon gré, dans cette ravissante ville de Jönköping. Je passe ma dernière soirée sur la jetée du lac Vetter, empourpré par les feux du soleil couchant. Demain matin je me mettrai en route pour la Norvège.

7 AOUT, FREDRIKSHALD. *Coup d'œil sur le sol de la Norvège; son agriculture, son élevage.* — Avant de convier le lecteur à me suivre dans l'excursion que je projette dans la partie de la Norvège justement réputée comme l'une des plus belles, le Telemarken et le Valders, aux merveilleux fjords Hardanger et Sogne, il me semble utile de lui présenter un tableau sommaire de la situation rurale et économique de la Norvège où nous venons de pénétrer.

S'étendant du 55°20' au 71°10' de latitude Nord, la Norvège a une superficie d'environ 323.000 kilomètres carrés (32 millions

(1) L'analyse de nombreuses tourbes de litière de différentes provenances a montré qu'elles absorbent en moyenne 2.51 p. 100 d'ammoniaque gazeuze, empêchant ainsi la perte d'une grande partie de l'azote des fumiers.

(2) Il existe à Flahult une petite fabrique de tourbe de litière pour le service de l'exploitation. La tourbe qui y est traitée est extraite du champ d'expériences, desséchée sur des cavaliers et divisée à l'aide d'une petite machine, sorte de carde.

d'hectares). Aux différentes époques glaciaires signalées par les géologues, la terre ferme était entièrement couverte de glace et l'Océan s'élevait, le long de la Norvège méridionale, à plus de 200 mètres au-dessus de son niveau actuel. Les moraines des anciens glaciers, situées sur les bords de la mer,

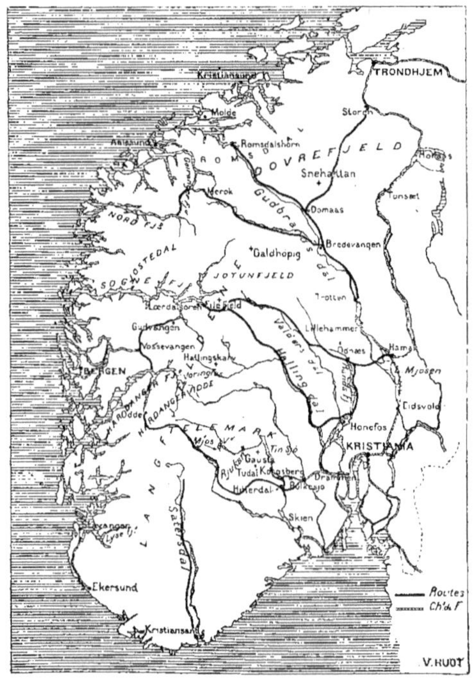

Fig. 579 — Carte du sud de la Norvège.

sont toutes stratifiées, c'est-à-dire formées par des couches successives des matériaux les plus divers, attestant leur formation au sein des eaux. Les soulèvements, survenus après la disparition progressive des glaciers, ont mis à nu de larges et puissantes terrasses, régulièrement étagées, remarquablement planes, qui semblent les vestiges d'un gigantesque amphithéâtre gazonné. Ces gradins, comme le fait observer M. Ch. Rabot dans son intéressant *Voyage aux fjords de Norvège,* sont un trait caractéristique des paysages scandinaves. Formant la couche superficielle du vaste massif de terrains primitifs (granit, gneiss, schistes, micacés, etc.) qui constitue la presqu'île scandinave, ces dépôts marins d'argile, de sables ou de cailloux sont évidemment le produit de changements survenus dans le niveau des eaux à une époque relativement récente. Depuis l'époque quaternaire, le sol de la Scandinavie a subi un exhaussement considérable, déterminé par la disparition progressive de la carapace de glace qui a recouvert cette région.

Ces terrasses ne sont pas limitées à la zone littorale ; on en rencontre aussi fréquemment dans l'intérieur des terres à 5 ou 600 mètres d'altitude, accompagnant à des distances considérables les rivières et les lacs. L'altitude de ces formations exclut toute origine marine. Sur ce point, les géologues sont d'accord, mais l'unanimité cesse lorsqu'il s'agit d'expliquer la genèse de ces gradins. D'après l'opinion la plus répandue, les derniers vestiges de la période glaciaire se seraient maintenus, non point autour des plus hauts sommets de la Norvège, mais à l'Est de cette ligne, formant, du Nord au Sud, un barrage à travers les grandes vallées du versant oriental. Arrêtées par cette digue cristalline, les eaux se seraient amoncelées en lacs, et les gradins que nous voyons aujourd'hui accolés aux flancs des montagnes, sur le bord des rivières, marqueraient les différents niveaux atteints par ces nappes.

Quoiqu'il en soit de ces hypothèses, ces gradins ont, au point de vue agricole, une importance très grande. Dans une étendue notable du pays ils constituent la majeure partie du sol arable : partout les dépôts marins et les alluvions fournissent les terrains les plus fertiles. En dehors de ces alluvions, on ne rencontre plus de culture. Le roc sort à pic, absolument nu dans nombre de régions, de la couche de ces dépôts distribués en gradins. La séparation entre les terres utiles et la montagne stérile est très nette dans les hauteurs, comme sur les rives des fjords. J'aurai à revenir sur ces faits en parlant de ma traversée du Hardanger et du Sogne.

Nous avons donné au tome I (p. 651) tous chiffres concernant le chiffre de la population (en augmentation), celui des revenus, la répartition du territoire et des cultures, l'excellence des rendements et ses causes ; je n'y reviens donc pas ici, sinon pour noter que plus des trois quarts des terres emblavées sont situées dans la région occidentale, la riche province de Telemarken (1).

L'assolement, généralement suivi, embrasse une période de sept années, savoir :

1re année. — Avoine ou Blandkorn.

2e —   Racines ou jachère.

3e —   Orge ou seigle.

4e, 5e, 6e et 7e années. — Prairies.

C'est en avoine seulement que la production indigène suffit à la consommation ; mais comme cette céréale n'arrive à maturité qu'en seize semaines, il y a tendance, dans les altitudes

(1) Voici les chiffres concernant les récoltes de la Norvège en 1908 ; on remarquera, en les comparant aux moyennes, que ces récoltes leur sont supérieures :

RÉCOLTES DE CÉRÉALES ET DE POMMES DE TERRE EN NORVÈGE EN 1908

DÉSIGNATION	MOYENNE des ANNÉES 1901 à 1905	1908	RAPPORT de la RÉCOLTE 1908 à la récolte 1901-1905	DIFFÉRENCES DES RÉCOLTES de 1908 avec celles de 1901 à 1905	VALEUR PROPORTION- NELLE de ces différences
	hectolitres	hectolitres	p. 100	hectolitres	p. 100
Froment	111.575	116.300	104	+ 4.725	4
Seigle..............	370.796	306.182	83	— 64.614	17
Orge	992.100	1.067.006	108	+ 74.906	8
Avoine..............	3.640.050	3.987.274	110	+ 347.224	10
Méteil..............	208.766	232.368	111	+ 23.602	11
Total des céréales..	5.323.287	5.709.130			
Pommes de terre.......	9.497.227	9.877.865	104	+ 380.638	4
Total des grains et des pommes de terre.	14.821.514	15.586.990			

élevées et dans les latitudes septentrionales, à substituer de plus en plus l'orge à l'avoine. C'est l'escourgeon *(Hordeum hexastichum)* qui est presque exclusivement cultivé. Son principal emploi, l'orge le trouve dans l'alimentation humaine, qui, cependant, en consomme moins que de seigle, la principale céréale alimentaire en Norvège. Le blandkorn est indifféremment consommé par l'homme et par le bétail, notamment par les porcs auxquels il convient très bien. Le blé, plus exigeant sous les rapports du sol et du climat n'entre, nous l'avons vu, que pour une part minime dans les emblavures (4.700 hectares sur 183.000). La pomme de terre (variétés jaune et ronde) prospère dans toutes les régions habitées de la Norvège : je l'ai vu cultiver presque à toute altitude dans le Telemarken et le Valders. Sa culture occupe près de 40.000 hectares, surface décuple de celle qui porte du froment. La pomme de terre sert aussi à la fabrication de l'alcool et à l'extraction de la fécule.

Comme dans tous les pays où la terre est rare, et par conséquent recherchée, le sol de la Norvège est très morcelé et presque entièrement cultivé par ses propriétaires ; le fermage, très peu répandu de tout temps en Norvège (7 à 8 p. 100 de la superficie à peine), va, d'année en année, en diminuant, tandis que le nombre des exploitants directs va en augmentant. Le nombre approximatif des exploitations rurales est de 207.000 (1).

L'élevage a pour la Norvège une plus grande importance que l'agriculture ; son revenu atteint, en effet, près de deux cents millions de francs contre cent millions environ pour l'agriculture

____

(1) « Le clergé, note M. Rabot, est le plus grand propriétaire foncier de la Norvège. L'organisation religieuse de ce pays rappelle, par certains côtés, celle qui existait en France avant la Révolution. Chaque pasteur jouit d'un domaine plus ou moins étendu, dont l'usufruit constitue le traitement du titulaire. De plus, les pasteurs reçoivent de leurs ouailles une dîme. Chacun donne ce qu'il veut, mais le total de ces offrandes doit atteindre, dans chaque commune un certain chiffre fixé par la loi. Ces diverses ressources constituent un fort bon traitement; d'après Broch, en moyenne, le traitement d'un ministre serait de 4.700 francs, somme énorme pour un pays aussi pauvre que la Norvège. »

proprement dite. Je serai cependant très bref dans les généralités à son sujet, ayant déjà traité la question au tome I (pp. 453 à 459) (1). Je tiens cependant à ajouter quelques observations personnelles qu'il m'a été donné de faire (2).

Le paysan norvégien s'installe fréquemment avec son bétail, durant l'été, dans son sœter (chalet montagnard) (3) construit à vingt, cinquante, voire même quatre-vingts kilomètres de son habitation d'hiver. Au prix des fatigues qu'entraîne un voyage de plusieurs jours, à travers des régions désertes, par des chemins presque impraticables, il gagne ce chalet qui l'abritera avec ses vaches et lui servira à la fois d'habitation, de fromagerie ou de beurrerie.

D'ordinaire, un grenier plus ou moins rustique, construit sur pilotis, exhaussés d'un mètre à 1 m. 50 au-dessus du sol, complète l'installation, en montagne, du fromageur ; il est dit stabur (4). Les pierres plates sur lesquelles reposent les pilotis défendent, aux souris et autres rongeurs, l'accès du stabur, qui sert à la fois de grenier à provision (farine, pommes de terre, lard, galette d'orge et d'avoine), et de magasin où l'on resserre le fromage et le beurre jusqu'au moment de leur descente dans la vallée.

Les toits du sœter et du stabur, en bois comme le reste de la construction, sont recouverts de terre qui se garnit vite de plantes dont les semences sont apportées par le vent. Sur

---

(1) Voir notamment, p. 453, fig. 90 (cheval des fjords) et fig. 91 (cheval du Gudbrandsdalen); p. 454, fig. 92 (taureau du Telemarken) et fig. 93 (vache du Telemarken); p. 456, fig. 94 (troupeau de rennes).

(2) Notons ici que sur la faible étendue proportionnelle du territoire agricole (2,9 p. 100 environ de la superficie totale du royaume), les prairies naturelles et artificielles occupent près de 2,2 p. 100, soient 389.400 hectares (non compris les pacages et estivages). No-

tons également, au sujet des porcs, dont je n'ai point parlé dans le chapitre consacré au tome I à la Norvège, qu'ils sont rustiques, mais généralement assez grands; qu'il n'en existe pas d'élevages isolés considérables, mais qu'on en rencontre disséminés dans les fermes isolées, enfin que leur nourriture consiste essentiellement en petit lait et en pommes de terre.

(3) Voir plus loin fig. 583 (p. 287); voir aussi tome I, fig. 45 (p. 457).

(4) Voir tome I, fig. 96 (p. 458).

certaines d'entre elles, j'ai vu jusqu'à des arbustes (bouleaux ou pins) dresser leurs maigres tiges, au milieu de l'herbe. Presque toujours les sœters sont installés au voisinage d'une source ou à proximité de l'un des petits torrents si fréquents dans les régions montagneuses de la Norvège (1).

7 AOUT. *De Fredrikshald à Moss ; le Glommen et le flottage des bois.* — Peu après Fredrikshald commence une contrée boisée où alternent de petits champs, des marécages tourbeux et des pâturages. De maigres avoines qui auront, il me semble, bien de la peine à arriver à maturité, alternent avec des champs de pomme de terre encore en fleur et d'aspect misérable. Ces récoltes souffrent de l'excès d'humidité du sol, très mouillé, malgré les rigoles d'évacuation creusées entre les planches d'avoine et de pomme de terre. Le long de la route, les rideaux de sapins entourent les gaards, fermes isolées dont j'aurai, plus loin, l'occasion de décrire l'organisation. En Scandinavie, en effet, il n'existe pas de villages et toute la vie rurale est concentrée dans ces gaards, habités par leurs propriétaires, leur famille et leurs serviteurs. Cette particularité de la répartition de la population, commune à la Suède et à la Norvège, attire tout d'abord l'attention du voyageur qui parcourt ces beaux pays pour la première fois.

A une heure environ de Fredrikshald, le chemin de fer franchit le Glommen sur un viaduc élevé. Le bassin dont les eaux constituent le Glommen embrasse 41.000 kilomètres carrés, soit le huitième de la superficie totale de la Norvège et une surface plus grande que la Suisse entière. Jusqu'ici la régularisation du Glommen, dont on va s'occuper, a laissé beaucoup à désirer au point de vue de l'utilisation de l'eau comme force motrice. Il suffit, pour en donner la preuve, d'indiquer que le débit du Glommen, à sa sortie du lac Oierem, n'est que de 80 mètres cubes à la seconde, tandis que, pendant les périodes

(1) Le plus souvent, de petites auges en bois, grossièrement ajustées, se rencontrent près des sœters pour servir d'abreuvoirs au bétail et aux chevaux que le transport d'indigènes ou de voyageurs conduit dans ces parages.

d'inondation, il peut atteindre 3.300 et même 3.500 mètres cubes à la seconde ! De ces écarts, il résulte que ce fleuve n'a pas jusqu'ici reçu, pour l'industrie, une utilisation aussi avantageuse que d'autres cours d'eaux norvégiens, dont la force hydraulique est bien moins considérable. On est en voie de remédier à cet état de choses, en régularisant d'abord le lac Mjösen, puis Oierem et les lacs nombreux situés à une altitude supérieure.

Le Glommen amène à la mer plus d'un tiers des bois flottés de toute la Norvège (3.500.000 tonnes par an). C'est grâce à lui que l'exploitation du vaste district forestier (l'un des plus étendus de la Norvège), qu'il traverse, est rendue facile et économique, que la longue vallée d'Osterdal envoie, sans dépense appréciable, jusqu'à son embouchure dans le fjord de Christiania, les bois en grume ou équarris. De nombreuses scieries établies à l'estuaire les débitent sous toutes les formes : planches, lames de parquets, portes, fenêtres, etc., qui partent tout prêts à être mis en place. Suivant l'humoristique expression de M. Ch. Rabot, la Norvège est une « Belle Jardinière » pour les maisons en bois. « Vous pouvez, ajoute cet auteur, commander dans ces scieries du Glommen un chalet sur mesure ou d'après les trois ou quatre types courants. La baraque est d'abord construite en place, puis une fois achevée, démontée ; pour la rééditifier de nouveau, on n'a qu'à suivre le numérotage des pièces. Toutes les habitations du pays sont établies suivant ce principe, et lorsque les gens déménagent, ils démontent leur maison et la transportent avec eux aussi aisément qu'une armoire à glace. »

9 AOUT, CHRISTIANIA. *L'institut agronomique d'Aas (enseignement supérieur); la femme norvégienne.* — Voilà une excellente journée (1), tout entière passée à l'Institut agronomique de Norvège, situé à quelques kilomètres de la station d'Aas, sur le chemin de fer de Christiania à Gothembourg. Il faut une

____

(1) Soleil radieux ; température toujours des plus agréables (18°).

heure pour atteindre Aas. J'y suis reçu avec le plus grand
empressement, et bientôt le landau de l'Institut, attelé de deux
beaux et vigoureux chevaux, m'emporte à travers la verdoyante
campagne jusqu'au seuil de l'Ecole, d'où je constate — on en
peut juger par la fig. 580 — combien l'aspect de l'Institut est
charmant.

Pendant le lunch du matin *(frohkost)*, première étape, très

Fig. 580. — Institut agronomique de Norvège, à Aas.

agréable d'ailleurs, de la journée du Norvégien et du Suédois,
mes aimables hôtes me font connaître, dans ses grandes lignes,
l'organisation de l'Institut, qui a été fondé, il y a un demi-siècle,
puis réorganisé, amélioré et complété, il y a dix ans environ.

Le domaine d'Aas comprend 340 hectares d'un seul contexte.
De cette superficie, 155 hectares sont en culture, et soumis à un
assolement régulier. Les champs d'expériences ont une étendue

de 7 hectares. 25 hectares de tourbières (Hochmoor), dont 5 sont actuellement transformés en terre arable par les méthodes que j'ai indiquées à propos de Flahult, permettent d'initier les élèves aux procédés de mise en valeur de ces terrains (1). Les 20 hectares encore vierges seront progressivement mis en culture. Cette tourbière est enclavée dans les bois, partie formés de feuillus, partie de résineux. Défalcation faite des terres arables et de la tourbière, le domaine d'Aas est, en grande partie, boisé ; il compte aussi une certaine étendue de pâturages et de terres incultes. On voit, d'après la diversité de cette répartition du sol, que le domaine se prête aux enseignements et aux travaux pratiques les plus variés.

L'Institut recrute ses élèves, au nombre de 100 environ (en ce moment 94), parmi les jeunes gens qui se destinent à la profession agricole proprement dite ou à l'exploitation forestière dont on sait l'importance, plus du cinquième du territoire de la Norvège (21 p. 100) étant couvert de forêts.

L'âge d'admission des élèves est fixé à 19 ans. Tous, avant leur entrée à l'Institut, doivent justifier de deux années de pratique dans une exploitation rurale ou forestière, suivant la catégorie à laquelle ils appartiennent. Une longue expérience de cette condition d'admission, me disent les professeurs de l'Institut, a montré les avantages qui résultent de cette préparation, au point de vue de la solidité des connaissances et de l'aptitude des élèves aux carrières qu'ils se proposent d'embrasser.

La durée du cours d'études est de deux ans ; les élèves qui se destinent à entrer au service de l'État dans le corps forestier, passent obligatoirement à l'École une troisième année. La première année de cours est consacrée à l'enseignement des sciences fondamentales : chimie, physique, zoologie et zootechnie, botanique, mathématiques, etc. ; la seconde année, aux

(1) Bien que d'une étendue infiniment moindre que celles des tourbières de Suède, les tourbières de Norvège couvrent 1.200.000 hectares environ.

applications des sciences. A la sortie, il est délivré un certificat aux élèves qui ont, avec succès, subi les examens de fin d'études. Les élèves sont logés dans un vaste bâtiment, très bien aménagé ; le prix de la pension est de 36 kroner par mois, soit 50 francs ; les élèves ont, en outre, à contribuer pour une somme annuelle de 10 kroner (14 francs) aux dépenses de l'électricité. L'Institut, en effet, est non seulement éclairé partout à la lumière électrique, mais dans les vastes laboratoires de chimie, l'électricité est substituée à tout autre mode d'éclairage et de production de chaleur pour les travaux chimiques (calcinations, étuves, bains de sable, etc.). L'absence de charbon pour les opérations de laboratoire présente de grands avantages, notamment sous le rapport de la propreté et de l'entretien des appareils.

Le budget de l'Institut, qui a été mis à ma disposition, révèle une situation non moins enviable que les dispositions matérielles et l'organisation des différents services, si l'on compare la haute école d'agriculture de Norvège à notre Institut national agronomique. Ce budget s'élève en recettes à 546.848 couronnes, chiffre correspondant à 765.587 francs, et se décomposant comme suit :

Subvention de l'État.	250.496 francs
Produit brut de l'exploitation des terres et jardins.	131.999 —
Cheptel, denrées en magasins. . . .	277.778 —
Reliquat des années antérieures. Ressources diverses.	112.760 —
TOTAL.	773.033 francs

Chaque année, les produits de l'exploitation laissent un certain excédent sur les dépenses, excédent que l'on reporte au budget de l'année suivante.

Le personnel enseignant comprend : 10 chaires magistrales, dont les titulaires (Overlærere) sont, comme d'ailleurs tous les fonctionnaires de l'École, nommés par le gouvernement ; 7 professeurs-adjoints (Lærere), 5 assistants (préparateurs) et une douzaine de fonctionnaires subalternes, comptables, surveillants des cultures, de l'étable, etc. L'Institut étant assez éloigné d'un centre d'habitation, professeurs et employés de tous ordres sont logés sur le domaine. Chaque professeur occupe, seul avec sa famille, une maison avec jardin. Ces jolies habitations sont disséminées dans le parc, au milieu duquel se dresse la vaste et élégante construction où se trouvent réunis les logements des élèves, les réfectoires, les laboratoires, la bibliothèque, les salles de cours, et les lieux de réunion : salle des fêtes d'une très heureuse architecture, salle d'examens, etc...

Particularité d'autant plus intéressante à noter qu'elle a trop peu d'analogue dans notre pays ; ce sont les hommes *compétents*, c'est-à-dire les professeurs et les chefs de service appelés à utiliser les constructions, qui ont présidé à la distribution, à l'aménagement et à l'organisation des locaux à destinations spéciales : laboratoires, étables, bâtiments et installations pour recherches ou applications industrielles, serres, conservation et utilisation des produits, pisciculture, etc. L'architecte, à l'Institut d'Aas, n'a été que l'exécutant docile des plans dressés par les intéressés, plus soucieux de la bonne adaptation des locaux aux usages qu'on en fera, que des aspects symétriques si chers, en général, aux architectes. On ne s'étonnera donc pas qu'à Aas les bâtiments répondent complètement à leur destination. Je ne puis décrire avec les détails qu'elles comporteraient les diverses installations très bien comprises de l'Institut agronomique, mais je veux au moins en donner une idée, afin de montrer les ressources qu'offre ce bel établissement, pour l'enseignement théorique et pratique des élèves et celui des cultivateurs de la région qui viennent, en été, y chercher le complément de leur instruction professionnelle.

Des laboratoires de chimie très bien aménagés, pourvus de l'outillage le plus complet pour les travaux pratiques des élèves et pour les recherches personnelles de son distingué directeur, M. le Professeur Sebelien, j'aurais peu de chose à dire, si l'application que l'électricité y a reçue, dans toutes les directions, ne me semblait mériter une mention spéciale. L'éclairage, le chauffage, la ventilation des étuves d'évaporation et du laboratoire lui-même, sont produits par des appareils actionnés par des courants électriques que des commutateurs, indépendants les uns des autres, permettent d'établir et de supprimer au gré de l'opérateur. De nombreux petits foyers électriques servent aux évaporations et aux calcinations (fours d'Héreus), ou actionnent des appareils mécaniques (agitateurs, pompes, broyeurs, etc.). Des creusets en cristal de roche, dont M. Sebelien est très satisfait, servent à certaines calcinations, etc. La suppression du combustible ordinaire permet l'entretien, dans une propreté parfaite, de tout le laboratoire.

De petites serres installées dans le parc, en vue des essais de culture complètent les installations du cours de chimie agricole. C'est avec ces moyens d'étude que M. Sebelien a fait le premier (1905 et 1906), les expériences sur la valeur du nitrate norvégien qui ont établi l'équivalence du nitrate du Chili et du nitrate de chaux.

En quittant le laboratoire de chimie, je me suis rendu aux champs d'expériences de l'Institut. Leur étendue (7 hectares) permet de consacrer à chaque essai une surface assez grande pour rendre comparables aux rendements obtenus en grande culture sur le domaine les résultats du champ d'expériences. Des parcelles de 20, 30 ou 50 ares et plus sont consacrées à la culture, dans des conditions de diverses fumures, d'un grand nombre de variétés de céréales, de plantes sarclées (pommes de terre, turneps, betteraves, etc.), de plantes fourragères et notamment de légumineuses (trèfle, lupin, peluschke, vesces, etc.). (1)

(1) Comme à Flahult, mon attention s'est portée particulièrement sur deux sortes d'expériences : les essais comparatifs de fumure aux nitrates du Chili et de Norvège et les cultures de légumineuses, en sols qui n'en avaient jamais porté jusqu'ici, diversement inoculés par les bactéries. Partout, dans les champs d'expériences, le nitrate de chaux a produit des récoltes de céréales et de plantes sarclées d'aussi belle venue, au moins, que celles qui ont

Après avoir parcouru dans toute leur étendue les champs d'expériences et les cultures de l'Institut, nous avons visité les installations horticoles (1).

Une vaste salle contiguë aux serres abrite les appareils

Fig. 581. — Installation horticole de l'Institut agronomique de Norvège.

destinés à l'enseignement pratique des opérations auxquelles donnent lieu l'emballage, la conservation et la dessiccation des

reçu du nitrate du Chili. Les expériences d'inoculation bactérienne du sol sont des plus intéressantes. A côté des parcelles non inoculées, et dont la végétation est misérable, quand elle n'est pas nulle, on voit de luxuriantes prairies artificielles, dont la fumure n'a différé que par l'introduction de bactéries dans le sol, avant les semailles.

(1) Placé, comme l'indique la fig. 581, au centre des cultures légumières et florales, le bâtiment de l'Horticulture répond à plusieurs destinations. Il renferme une forcerie où c'est plaisir d'admirer, sous cette latitude élevée, des pêchers, des ceps de vigne couverts de superbes fruits, des bananiers en fleurs, des tomates rutilantes, de vigoureux palmiers, etc.

fruits, la préparation des sirops, la distillation des jus de fruits fermentés, etc... Les élèves de l'Institut et, pendant les vacances, les habitants des gaards que je rencontre ici, comme dans les autres parties du domaine, sont exercés aux manipulations variées des produits horticoles. Une partie des récoltes, fraises, framboises, groseilles, etc., est exportée et vendue sur le marché

Fig. 582. — Le laboratoire de pisciculture de l'Institut agronomique de Norvège.

de Christiania. Ces fruits, qui remplissent de vastes corbeilles, sont excellents, comme je puis en juger, sur l'invitation de mes hôtes.

Non loin du bâtiment que nous quittons, je visite les plantations en pleine terre d'arbres fruitiers, en espaliers adossés à des murs de 3 mètres environ de hauteur : cette culture d'arbres fruitiers, pêchers, poiriers, pommiers, sous ce climat et par 59°5 de latitude nord, est vraiment intéressante. Les arbres qu'elle nous montre sont jeunes encore, mais très vigoureux, très bien taillés et portent des fruits. Peut-être ne donneront-ils pas des pêches comparables à celles de Montreuil, mais il n'est pas moins très curieux de voir, en plein air, de beaux arbres fruitiers sous le climat norvégien.

Le laboratoire de pisciculture (fig. 582), très bien installé, répond à une nécessité d'un pays où tout ce qui concerne l'élevage du poisson et la pêche a une si grande importance. L'enseignement théorique et pratique de la pisciculture y est donné avec tous les développements nécessaires ; il comprend les espèces principales (Salmonides, etc.) qui peuplent les cours d'eau douce et les lacs du Telemarken.

Il me reste, sous la conduite du distingué professeur de zootechnie, M. Isaachsen, à visiter en détail les étables de l'Institut, mais auparavant, nous prendrons un repas agréable, autour de la table hospitalière de l'Institut, en devisant sur l'intéressante excursion que nous venons de faire.

L'un des grands charmes des carrières intellectuelles est, à coup sûr, le lien qu'elles créent entre des hommes, adonnés, si loin les uns des autres, au même ordre de travaux et de recherches, à la poursuite désintéressée de la vérité. Je garderai toujours le souvenir de ces bonnes heures de causerie sur l'état actuel de la science agronomique et sur l'avenir fécond en applications pratiques qu'elle prépare à l'agriculture. Mais il est temps d'aller, en continuant notre entretien, visiter les installations zootechniques de l'Institut.

L'étable comprend 170 têtes de gros bétail, dont 150 vaches laitières de la race sans cornes. Peu aptes à l'engraissement, ces vaches sont bonnes laitières ; elles pèsent 400 à 500 kilogrammes ; elles fournissent, en moyenne, à Aas, 2.700 à 2.800 litres de lait par année ; certaines d'entre elles en donnent 4.000 litres et au delà.

En stabulation permanente pendant onze mois de l'année, elle reçoivent par jour la nourriture suivante :

Foin. . . . .   2 kilogr.
Paille hachée   5   —

En été, fourrage vert . . .   30 kilogr.
En hiver, turneps . . . . .   20 à 30   —
En fourrage concentré . .   1 à 3   —

Ce fourrage concentré consiste en un mélange, à poids égal, de tourteau de coton et de maïs, de son de seigle ou de blé. Parfois aussi, quand les prix des farines de hareng ou de baleine ne sont pas trop élevés, on associe ces produits animaux à l'alimentation des vaches. L'étable d'Aas fournit annuellement 280.000 litres de lait environ. Une petite partie de ce lait alimente la Laiterie modèle organisée pour l'instruction pratique des élèves, et le surplus, déduction faite de la consommation des fonctionnaires et des élèves de l'école, est vendu à la laiterie centrale de Christiania, au prix de 11 öre 1/2, soit 16 centimes le litre.

L'écurie abrite vingt-cinq à trente chevaux de trait, à robe noire ou brun foncé, de la race de Gudbrandsdalen (1). Ces chevaux, dont le poids varie de 500 à 600 kilogrammes, sont à la fois très énergiques et très endurants. M. Isaachsen me présente un superbe étalon de la même race, que l'Institut a payé 6.000 couronnes 8.400 francs). En Norvège, les étalons de choix valent jusqu'à 10.000 couronnes (14.000 francs).

Je m'entretiens longuement de l'alimentation du cheval de service avec M. Isaachsen, très au courant des travaux que j'ai poursuivis au laboratoire de recherches de la Compagnie générale des voitures (2), et constate avec intérêt qu'il n'entre pas d'avoine dans le régime alimentaire des chevaux de l'Institut; desquels, cependant, on exige un travail considérable. La ration de l'écurie d'Aas comporte, suivant le poids des chevaux, le mélange que voici :

Foin . . . .   5 kilogr.
Paille hachée. . . . . . .   4 à 5   —
Maïs . . . .   2 à 4   —
Son de seigle ou de blé .   1   —

(1) Voir tome I, p. 453, fig. 91.   (2) Voir tome IV, pp. 450 à 647.

Seuls, les poulains reçoivent un peu d'avoine. L'expérience a montré à Aas, comme à la Compagnie générale des voitures, la possibilité de supprimer complètement l'avoine dans la ration du cheval de service, sans aucun inconvénient, au point de vue de l'énergie qu'on lui demande, et au grand avantage de la dépense d'entretien de l'animal. Cette concordance de vue, sur un point tant controversé, en ce qui touche la substitution à l'avoine du maïs et d'autres denrées, ne pouvait que m'être très agréable, M. Isaachsen étant à la fois zootechnicien consommé et vétérinaire très distingué.

Pour utiliser le petit-lait provenant de la Beurrerie modèle, autant qu'en vue de l'engraissement du porc pour les besoins de l'Institut, une porcherie très bien installée et pourvue de tous les perfectionnements hygiéniques, entretient une centaine d'animaux des races Yorkshire et Berkshire.

La plate-forme à fumier, qui occupe la grande cour longée par les étables et écuries, et les fosses à purin peuvent servir de modèles aux jeunes cultivateurs qui, au sortir de l'Institut, iront prendre la direction d'une exploitation.

Au résumé, dans son ensemble comme dans ses détails, l'Institut agronomique de Norvège est doté, tant au point de vue de l'enseignement théorique et pratique que sous celui des installations culturales et autres, de ressources financières, de moyens d'études et de démonstrations ne laissant rien à désirer.

Il me reste à noter un caractère de l'organisation de l'Institut qui a particulièrement attiré mon attention. De tous côtés, en parcourant les cultures et les annexes du domaine, j'ai rencontré aujourd'hui de nombreux groupes de jeunes hommes et de jeunes femmes, dont l'âge ne permettait pas de supposer qu'ils fussent des élèves en récréation. En effet, ce sont des paysans et des paysannes qui, pendant les vacances des élèves de l'Institut, quittant les gaards norvégiens, sont admis moyennant une faible rétribution à venir occuper les logements vides de leurs hôtes habituels. Ils viennent compléter ici, sous la direction du personnel enseignant, leur instruction technique, se partageant, à leur gré, entre les travaux des champs, la laiterie et l'étable. Tous retirent, comme on peut le penser, grand profit d'un séjour de quelques semaines à l'Institut. Fait très intéressant à noter, on n'a pas, à Aas, d'exemple que cette réunion de jeunes hommes et de jeunes femmes ait présenté les dangers qu'on aurait tant à redouter dans d'autres pays, qu'il est inutile de nommer. La grande indépendance dont jouit, dans tout le pays, la jeune Norvégienne, lui donne, avec une personnalité très accusée, une habitude de la responsabilité et une expérience qui

Fig. 583. — Sœter (Chalet norvégien).

la préservent de tout entraînement et lui deviennent un guide précieux dans le choix d'un mari.

Le mariage se présente en Scandinavie sous un tout autre jour que chez nous. Le tableau si vivant qu'en a tracé M. Ch. Rabot (1) me revenait à l'esprit en regardant passer ces hôtes temporaires de l'Institut. On se voit, dit-il, on s'aime, on échange des engagements : après seulement, on prévient les parents. L'absence de dot rend les mariages d'intérêt très rares. En Norvège, les fortunes patrimoniales sont très peu nombreuses. Les parents donnent simplement à leur fille une petite somme

(1) *Fjords de Norvège.*

d'argent, encore tous n'en ont-ils pas les moyens. Au mari incombe le devoir de faire vivre sa femme. Pour cette raison, la célébration du mariage est souvent retardée pendant plusieurs années. Beaucoup de Norvégiens se fiancent très jeunes, et doivent ensuite travailler longtemps avant de pouvoir se créer une position leur permettant de subvenir à l'entretien du ménage. Parfois même le fiancé, s'il est commerçant, est obligé de s'expatrier, d'aller très loin pour gagner quelque argent, en Amérique ou en Australie : durant son absence, la jeune fille reste patiente au pays. Les futurs époux habitent-ils la Norvège, ils se voient alors fréquemment, voyageant ensemble, et passant les vacances tantôt chez les parents de l'un, tantôt dans la famille de l'autre. C'est une sorte de mariage blanc, l'essai loyal de la vie commune. En Norvège, la période du célibat est, du reste, pour la jeune fille le temps des plaisirs. Vienne le mariage, les choses changent ; la bénédiction nuptiale n'est pas, pour elle, le commencement de l'émancipation, mais le début de la vie sérieuse. Désormais elle sera absorbée par les soins du ménage et d'une féconde maternité. En Norvège, les familles de cinq, six, sept, huit et même dix enfants ne sont pas rares... Toute l'ambition de la femme mariée est d'avoir un état de maison qui fasse honneur à son mari.

10 AOUT. *De Christiania à Kongsberg.* — Je vais à Rjukanfos, où je suis attendu par M. S. Eyde, directeur général de la Société norvégienne de l'azote, avec qui je dois visiter les gigantesques travaux d'aménagement de la force hydraulique du lac Mösvand, en vue de la création de la grande fabrique de nitrate de chaux de Saaheim, qui doit entrer en fonction dans le courant de 1910, et me décide à prendre, à 4 heures, le train de façon à passer la nuit à Kongsberg, ville située au sud-ouest, à 126 kilomètres de Christiania. La voie ferrée qui la relie à la capitale traverse d'abord une région montagneuse de toute beauté. La sortie du tunnel de Röken nous réserve un véritable émerveillement : la vue grandiose et pittoresque du Drammen-fjord, de la ville de Drammen et de la fertile vallée du Lier, dans

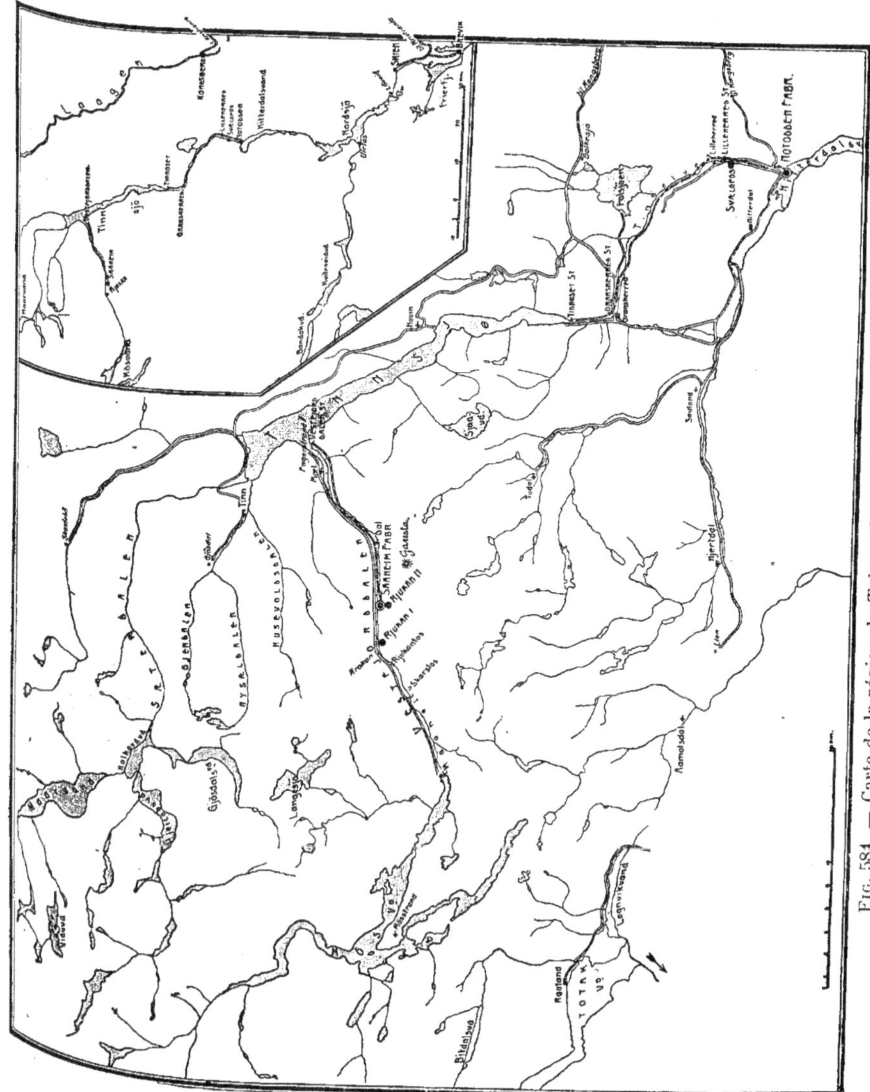

Fig. 584. — Carte de la région du Telemarken, du lac Mösvand à Notodden.

[On peut suivre ici le cours de la Maana, exutoire du lac Mœsvand, jusqu'à son embouchure à Fagersteaud, dans le lac Tinsjœ. Sur ce trajet se trouve la chute du Rjukanfos et l'emplacement, à Saaheim-Farm. de la fabrique d'acide nitrique.

La carte de l'angle droit, à une plus petite échelle, donne le tracé du parcours à franchir par eau et voie ferrée entre le lac Mösvand et Skien, sur le fjord de Christiania, d'où sont expédiés, par mer, sur le Continent, le produit des usines de Notodden et Svælgfos-Notodden.]

laquelle va s'engager le train. De tous côtés, de belles prairies, des cultures de seigle, d'avoine et d'orge, de pommes de terre,

Fig. 585. — La vallée de la Maana.

loin encore de la maturité. Aux abords du Drammen, le fleuve que la voie traverse, le Drammenselv, auquel la ville doit son

Fig. 586. — Autre vue de la vallée de la Maana (près Rjukan).

nom, offre l'aspect curieux d'une immense surface planchéiée en sapin : les madriers se touchent de toutes parts et l'île de Holmen qu'on côtoie est couverte de gigantesques dépôts de bois.

La situation de Drammen est admirable; encadrée par de hautes montagnes aux dentelures variées, entrecoupées de

Fig. 587. — Vue générale du fjord d'Hitterdal (prise de la terrasse de l'habitation du directeur général de l'usine de Svœlfos-Notodden).

forêts d'un vert sombre, assise sur les bords d'un fleuve auquel sa largeur donne l'aspect d'un lac, cette ville joint à des beautés naturelles de premier ordre, l'intérêt d'un centre commercial

Fig. 588. — Vue d'ensemble de l'usine de Notodden.

et maritime de grande importance. Le fjord de Drammen, vaste bras du fjord de Christiania, exporte, en effet, près du tiers de tout le bois expédié de cette région du Telemarken, cinq millions de troncs par année.

En quittant Drammen, le train remonte la large vallée du Drammenselv ; dans la campagne, à côté de nombreux gaards entourés d'arbres, se dressent par-ci, par-là, les cheminées des usines à pâte à papier ; de tous côtés, le long du fleuve, descendent vers le fjord, les bois que le flottage entraîne jusqu'au port d'où ils seront expédiés.

Nous traversons bientôt un terrain où dominent les schistes. Au Sud se dressent des montagnes en partie dénudées ; nous arrivons à la station de Kollenberg où change complètement la nature géologique du terrain ; nous sommes dans le grès et, presque subitement, le sol devient stérile ; de très maigres pâturages succèdent aux belles prairies et aux terres fertiles que nous avons traversées depuis Christiania.

Ce qui paraît immuable, c'est la température, toujours très agréable, le thermomètre semblant, depuis quinze jours, immobilisé à 15 degrés, par une main bienfaisante.

10 AOUT. *De Kongsberg à Bolkesjö*. — Deux heures de l'après-midi : le temps, troublé hier par un orage, se remet au beau. Les montagnes, formant à l'Ouest de la ville le fond du tableau, se détachent sur le ciel encore légèrement embrumé. Le Laagen roule avec fracas ses eaux écumantes. Une calèche à deux chevaux va nous transporter à Bolkesjö, chalet situé à 50 kilomètres seulement de Kongsberg, mais qu'il nous faudra quatre à cinq heures pour atteindre, en raison de la différence d'altitude des deux points extrêmes.

Au sortir de Kongsberg, la route remonte pendant 5 kilomètres la rive droite du Laagen ; puis elle tourne dans la vallée du Jondal, traverse une belle forêt de sapins en longeant le Jondalselv qu'on franchit à plusieurs reprises sur des ponts rustiques mais solides. On monte ensuite lentement cette magnifique vallée très accidentée, dont le thalveg est occupé par de riches prairies parsemées de rares champs de seigle et d'avoine, loin encore de la maturité. La fenaison va commencer : de tous côtés, dans les prairies à l'herbe abondante et drue, se dressent les cavaliers destinés au séchage de la récolte. L'aspect de la végétation révèle la fertilité du sol. De-ci de-là, des gaards, attestant par leur apparence extérieure l'aisance de leurs propriétaires, sont disséminés dans la vallée. Sur leur parcours, le Jondalselv et les torrents, dévalant des hauteurs, forment de nombreuses cascades, dont le bruit donne tant de charme à ces solitudes silencieuses.

Quatre heures environ après notre départ de Kongsberg, nous atteignons le point culminant de la route de Bolkesjö (546 mètres) : vue superbe sur la chaîne de montagnes du Telemarken. Puis la route descend ; la beauté du paysage va grandissant. Dans le bas de la vallée, au premier plan, les lacs de Folsjö et de Bolkesjö encadrés de prairies d'un vert exquis ; sur le versant opposé à celui où passe notre route, des montagnes couvertes presque jusqu'à leur sommet neigeux, de pins, de sapins et de bouleaux mariant leurs teintes de la plus harmonieuse façon, sous les rayons du soleil à son déclin, dont les reflets donnent à la surface des lacs des nuances mordorées du plus heureux effet. Quel superbe régal pour l'œil. Mais sans pouvoir détacher mes regards de cet admirable paysage, j'arrive au terme du voyage ; la voiture s'arrête au seuil du chalet auquel on a donné le nom du lac Bolkesjö. Des hirondelles — surprise agréable — s'ébattent en bandes joyeuses, poussant leurs petits cris ; ce sont les seuls oiseaux que nous ayons rencontrés dans toute notre excursion.

Demain, de bonne heure, je dois reprendre la route de Rjukan, où M. Eyde va très gracieusement me guider dans la visite des grands travaux entrepris pour la captation des forces hydrauliques du lac Mösvand.

J'arrête ici mon journal de route, renvoyant ceux de mes lecteurs qui désireraient lire le récit de ce qu'il m'a été donné de voir dans cette partie essentiellement technique de mon voyage, aux articles que j'ai publiés à ce sujet dans le *Journal d'Agriculture pratique* (1). Au demeurant, les indications

(1) Premier semestre 1908, d'où sont extraits les clichés illustrant ce chapitre. — Voir plus loin (Livre XIV) ce que nous écrivons concernant les

que j'ai données au cours de ce chapitre sont suffisantes pour permettre aux lecteurs de cet ouvrage de pénétrer — en quelque sorte — la vie même de l'agriculture scandinave. C'est le seul but que je m'étais assigné dans ces quelques pages ; pour le reste nos lecteurs en ont eu connaissance par les études détaillées que nous avons consacrées précédemment (tome I, p. 327 à 480) au Danemark, à la Suède et à la Norvège.

engrais. Nous avons en outre tenu à donner, concernant la région et les usines de Notodden, une série de photographies (fig. 584 à 588 inclus) qui permettront à nos lecteurs de se faire à leur sujet une idée exacte.

CHAPITRE LXXIII

QUELQUES INSTITUTIONS AGRICOLES D'EUROPE

[Nous réunissons dans ce chapitre quelques considérations et des statistiques concernant les institutions agricoles de certains pays d'Europe, soit qu'au cours des précédents volumes nous n'ayons traité ces questions que sommairement, soit que depuis l'apparition des premiers tomes de cet ouvrage de nouveaux faits intéressants se soient produits.]

A. - ANGLETERRE

RARETÉ DE LA PETITE PROPRIÉTÉ AGRICOLE EN ANGLETERRE. — EFFORTS FAITS PAR LE LÉGISLATEUR POUR Y REMÉDIER : « SMALL HOLDINGS » ET « ALLOTMENTS ». — NÉCESSITÉ DE COMPLÉTER CES LOIS PAR LA DIFFUSION D'INSTITUTIONS COOPÉRATIVES.

La Grande-Bretagne est, par excellence, un pays de grands domaines : les quatre cinquièmes de l'Angleterre sont répartis entre 38.000 domaines de plus de 50 hectares et l'ensemble du Royaume-Uni est partagé entre 300.000 propriétaires ; on se rendra compte à quel point ce chiffre est faible, si l'on songe que le nombre des propriétaires français est supérieur à 4 millions. Ainsi nous exprimions-nous au tome I de cet ouvrage (p. 482) et nous ajoutions : Soucieux de leur bien-être plus que de réaliser quelques économies leur permettant de devenir propriétaires — chose très difficile en Angleterre — vêtus soigneusement, presque élégamment, les *laboureurs* n'ont que peu de ressemblance avec nos paysans français.

Tout au long de cet ouvrage nous avons, chaque fois que l'occasion nous en était donnée, insisté sur l'importance, sur la nécessité qu'il y a pour un pays à avoir, aussi nombreuse, aussi forte que possible, une classe de petits propriétaires ruraux, car ce sont eux qui constituent le meilleur, sinon même le seul régulateur social.

On ne saurait donc s'étonner que l'Angleterre ait voulu constituer chez elle cette utile classe qui lui fait presque si totalement défaut. En 1887 et en 1892, des lois intervinrent : le résultat ne répondit pas aux espérances du législateur. Celui-ci se remit donc à l'œuvre et de nouvelles lois sur les *allotments* et sur les *small holdings* furent votées en 1907 et en 1908. Aux termes de ces lois, les autorités locales sont tenues, partout où la demande est suffisante, de prendre des mesures pour mettre à la disposition des petits cultivateurs de petites exploitations, *small holdings* (de un à cinquante acres), et à celle des ouvriers de petits lots de terre, *allotments* (de un acre au plus). En cas de besoin, les autorités locales sont en droit de recourir à l'expropriation pour constituer ces *small holdings* et ces *allotments*.

Tandis que ces derniers ne peuvent être que loués, les premiers peuvent être ou vendus ou loués soit directement aux paysans, soit directement aux groupements coopératifs de cultivateurs, soit encore à des sociétés de cultivateurs formées en vue de distribuer les lots entre ces paysans. Une somme de 2.500.000 francs a été prévue par la loi pour parer aux pertes possibles.

L'intention est incontestablement excellente ; quel sera le résultat ? MM. J. Bardoux et F. Convert, qui ont l'un et l'autre traité de la question au Musée social, estiment que « c'est un projet dont la réalisation risque de se heurter à l'indifférence des habitants des campagnes qui n'ont pas en Angleterre le goût de la terre si fortement ancré dans les mœurs de nos paysans ». En Angleterre même, la loi a soulevé de vives critiques, et sous le titre *Small holders* (Petits cultivateurs) M. Edwin Pratt lui a consacré un volume où il nous représente ces *small holders* guettés par l'hypothèque. Une réponse se présente de suite à l'esprit : pourquoi ne pas compléter les lois anglaises par des dispositions similaires à celles qui ont établi chez nous le *bien de famille*, dispositions dont nous avons dit tout le bien que nous en pensions (p. 51 à 56). M. E. Pratt, lui, ne fait pas grand cas d'une propriété qui n'est pas entière, et préfère qu'on s'en tienne à la location. Avouerons-nous notre préférence personnelle pour l'acquisition, qui fixe beaucoup plus solidement le cultivateur, l'attache bien davantage au sol, et croyons-nous ne manquerait pas, le temps aidant, de donner au *labourer* cet amour de la terre, de « leur » terre, si fort chez nos paysans.

Quoi qu'il en soit — location ou acquisition — les bienfaits des lois anglaises de 1907 et 1908 sont certains. Dans l'un et l'autre cas on peut, nous l'avons dit, s'adresser soit à des particuliers, soit à des groupements. Au chapitre suivant nous traiterons longuement, à propos des *affitanze colletive* répandues en Haute-Italie, de cette très intéressante question de la culture en commun ; nous ne donnerons donc ici aucune généralité à ce sujet.

Signalons par contre que si excellente que puisse être la loi sur les *small holdings*, elle ne saurait suffire. Tout d'abord, il faut s'attacher à faire aimer au peuple anglais la vie rurale. Puis, le législateur anglais doit se préoccuper d'armer les *small holders* en vue de la lutte dont on sait quelle est aujourd'hui l'âpreté ; il doit mettre les petits cultivateurs en mesure de résister à la concurrence des riches propriétaires. Est-il besoin de rappeler aux lecteurs de cet ouvrage que, seule, l'association peut permettre d'atteindre cet heureux résultat — autrement dit il importe de diffuser, en Angleterre, les institutions coopératives. C'est ce que M. E. Pratt a fort bien vu et, dans le livre que nous citons plus haut, il conclut avec M. de Rocquigny : « Les syndicats sont des instruments de progrès et de paix sociale qui doivent grouper, dans un ensemble harmonieux et pacifique, toutes les classes de la population rurale. » Telle sera aussi notre conclusion.

B. — PAYS-BAS

CLASSIFICATION DES INSTITUTIONS COOPÉRATIVES NÉERLANDAISES. — ACHAT EN COMMUN. — PRODUCTION EN COMMUN ET TRANSFORMATION. — VENTE EN COMMUN ; EXCELLENCE ET IMPORTANCE DES RÉSULTATS OBTENUS POUR LES PRODUITS MARAICHERS ET LES OEUFS. — COOPÉRATION POUR L'ÉLEVAGE. — CRÉDIT MUTUEL AGRICOLE. — ASSURANCES MUTUELLES AGRICOLES ; EXTENSION DE CETTE FORME DE COOPÉRATION. — CONCLUSION : LE ROLE DE L'INITIATIVE PRIVÉE ET LE ROLE DE L'ÉTAT ; EXEMPLES CONCERNANT LA LAITERIE ; AUTRES EXEMPLES.

Après avoir renvoyé en ce qui concerne les renseignements généraux (superficie, climat, population, cultures dominantes, etc.) à ce que nous avons écrit des Pays-Bas au tome I (pp. 532 à 559) et avoir notamment rappelé à nos lecteurs que la petite exploitation domine aux Pays-Bas (tome I, p. 535), nous classerons, prenant pour guide M. de Rocquigny (1), les institutions coopératives néerlandaises de la façon suivante :

1° Sociétés formées pour l'achat en commun ;

2° Sociétés coopératives de production ou de transformation ;

3° Sociétés coopératives de vente ;

4° Coopération pour l'élevage ;

5° Crédit agricole mutuel ;

6° Assurances agricoles mutuelles.

1° *Achat en commun.* — Les sociétés s'étant donné ce but sont très nombreuses aux Pays-Bas ; on en compte près de neuf cents. Il arrive qu'il en existe plusieurs dans la même commune, mais le plus souvent chaque société a pour ressort toute l'étendue de la commune, et y est seule. Certains de ces groupements ne s'occupent pas seulement d'achat et se rapprochent fort de nos syndicats agricoles ; ils sont le plus souvent fédérés, tandis que les sociétés ayant uniquement pour objet l'achat en commun ne le sont pas. Voici comment, généralement,

(1) Nous avons notamment fait usage, pour la rédaction de ces quelques pages, de l'étude très documentée qu'au retour d'un voyage aux Pays-Bas, le distingué comte de Rocquigny a publié dans la collection de « Mémoires et Documents » du Musée social (juin 1909).

on procède pour l'achat : une ou deux fois par an, les sociétaires, réunis en assemblée générale, indiquent les marchandises qu'ils désirent, et quelle quantité leur en est nécessaire. Celles-ci sont achetées, par voie d'adjudication, sous le contrôle des stations agronomiques de l'État (il y en a cinq) ; il n'y a que quelques sociétés qui possèdent d'avance un stock toujours disponible pour les nécessités urgentes. Le plus souvent, ces marchandises ne peuvent être livrées aux sociétaires. Une bonne moitié des achats est représentée par des engrais, et presque tout le reste par des tourteaux, des farines et d'autres matières alimentaires destinées au bétail. Notons, enfin, que depuis 1900, il existe un organisme, dit *Central Bureau*, qui a été créé par le Comité central des associations agricoles et qui peut être considéré comme une représentation semi-officielle de l'agriculture néerlandaise. Le Central Bureau a un directeur salarié, qui est assisté de onze membres, soit un par province, élu par les sociétés d'achat de cette seule province. Celles-ci lui adressent leurs commandes, qu'il transmet au Central Bureau lequel les exécute. Il se fait à ce moment payer les prix du commerce, mais ristourne en fin d'année, déduction faite des frais généraux, les bénéfices aux sociétés au prorata de leurs achats. Il est à noter qu'étant forcément gros acheteur, le Central Bureau obtient des prix fort avantageux.

2° *Production en commun et transformation.* — Les plus importantes d'entre elles sont les laiteries. Quelques-unes fabriquent à la fois beurre et fromage (Gouda ou Edam) ; mais la plupart s'en tiennent au beurre et vendent le petit-lait aux sociétaires, qui l'utilisent pour la nourriture des veaux et des porcs. Nous avons traité, avec le lait, la question beurrière aux Pays-Bas ; nous n'y reviendrons pas et renvoyons nos lecteurs au tome I, pp. 540 et 541, leur signalant notamment ce qui concerne le contrôle. Parmi les sociétés coopératives autres que les laiteries, on peut nommer : des féculeries, des fabriques de carton de paille, une fabrique de sucre, etc. De nombreuses sociétés coopératives ont pour but l'utilisation d'un matériel de battage des grains à la vapeur et de presse à fromage. La valeur de ces outillages est d'environ 17.000 francs. Rien que dans la province de Groningue, on compte 150 de ces associations ; les unes sont formées entre agriculteurs ; d'autres entre ouvriers qui font eux-mêmes marcher les machines. Signalons enfin, quelques moulins à farine coopératifs ; plusieurs fabriques de tourteaux de lin et de sésame, et dans les centres de culture betteravière, des sociétés coopératives pour l'achat de bascules.

3° *Vente en commun.* — Aux Pays-Bas, cette forme de la coopération se produit surtout — outre pour le beurre, ainsi que nous venons de le voir — à l'occasion de la culture maraîchère, de l'horticulture et des œufs. Des sociétés constituées en vue de la vente des fruits et légumes fonctionnent dans nombre de villages. Il est à noter que ce n'est pas à proprement parler une vente en commun, tout ce qui est à vendre n'étant pas réuni et la vente des produits de chaque cultivateur se faisant pour son compte personnel. « Ces ventes, écrit M. de Rocquigny, empruntent à la nature du pays et aux coutumes locales un caractère très pittoresque. La Hollande étant sillonnée de canaux, le transport des produits maraîchers se fait par bateaux. Les ventes publiques ont lieu tous les jours dans les villages où la production des légumes et fruits a de l'importance. Les marchands et commissionnaires s'y transportent et prennent place dans un bâtiment spécial, édifié au bord du canal. Les bateaux des cultivateurs, chargés de légumes, viennent alors successivement défiler devant eux. Lorsque arrive le premier bateau, chacun des lots de légumes divers qu'il contient est mis à prix et vendu à la criée. La vente se fait sans aucun bruit, au moyen d'un appareil enregistreur (semblable à celui qui fonctionne dans les *minques* (marchés) de beurre). Le contenu du bateau tout entier est ainsi vendu, à moins que les marchands se refusent à acheter un lot ou que le cultivateur se refuse à le vendre au prix offert. Puis vient le tour du bateau suivant et on procède de même pour lui, comme pour tous les autres. » Ces ventes à la criée de fruits et légumes se montent à un total annuel de près de vingt millions de francs ; on est d'avis unanime aux Pays-Bas qu'elles ont une importance très grande pour le développement de la culture maraîchère (1). Ainsi que le note M. de Rocquigny, « elles ont rendu impossible l'entente des commerçants pour abaisser les prix, et, de plus, ont moralisé la vente, car elles empêchent la fraude de la part des cultivateurs, relativement au poids et à la qualité des produits, une commission spéciale étant chargée d'exercer une surveillance à cet égard. »

A la criée, semblablement, les sociétés locales affiliées à la « Fédération pour la culture des oignons à fleurs », organisent des ventes publiques de ce produit ; on pratique aussi des ventes d'oignons secs en lots. Autres initiatives : une société s'est récemment fondée pour la vente, en Allemagne, des beaux raisins de table cultivés sous verre, en serre, principalement dans le Westland ; il s'agit, bien entendu, de la vente des seuls produits des membres de la société. On a également tenté, mais sans succès, l'organisation d'une société coopérative de vente des céréales.

Si nous quittons l'agriculture proprement dite pour l'aviculture nous voyons que la vente coopérative des œufs est faite aux consommateurs des villes par un grand nombre de sociétés locales (plus de deux cents, groupées en Fédération), qui ont en même temps pour objet la diffusion des races pures. Les œufs sont vendus sous la marque spéciale de la société ; il nous paraît qu'il serait souhaitable qu'ils portassent en outre la date de ponte. La Fédération organise actuellement des ventes publiques d'œufs à faire couver, fournis, sous son contrôle, par les membres des sociétés fédérées. C'est là une chose excellente et qui ne peut qu'avoir les meilleurs résultats pour la propagation des races qu'il est le plus souhaitable de voir diffuser.

Avons-nous besoin de répéter que toutes ces sociétés — tant celles pour la vente des produits de l'aviculture que celles pour la vente des fruits et légumes — ne s'occupent exclusivement

(1) Cette culture est presque entièrement faite aux Pays-Bas par de petits maraîchers.

que des produits récoltés par leurs membres. Elles les livrent toujours sous une marque spéciale. Dans un certain nombre de ces groupements, les sociétaires s'engagent à n'en vendre que par l'intermédiaire de la société. D'une façon générale, les prix réalisés par la vente en commun sont beaucoup plus rémunérateurs que ceux réalisés par la vente individuelle ; on ne saurait donc s'étonner de la faveur dont elles jouissent auprès des cultivateurs néerlandais.

Pour la vente du bétail, on a également tenté de pratiquer la vente en commun. Un abattoir de produits destinés à l'exportation a été établi à Woensel, près d'Eindhoven. La viande est expédiée sur le marché de Londres ; chacun reçoit les sommes provenant de la vente de ses propres animaux. L'œuvre n'a pas, jusqu'à présent, pris de l'extension. Par contre, la vente coopérative des veaux de boucherie sur le marché de Rotterdam, entreprise, comme la précédente, dans le Brabant septentrional, semble devoir obtenir plus de succès. Chaque sociétaire est tenu d'envoyer tous les veaux qu'il vend.

Coopération pour l'élevage. — Les sociétés créées dans ce but peuvent se diviser comme suit :

1° Sociétés formées entre petits fermiers pour l'achat d'un bon taureau ;

2° Sociétés, beaucoup plus importantes, qui, outre l'achat de taureaux (et généralement le contrôle de la production laitière), tiennent des livres généalogiques type perfectionné d'association propagé par l'État, grâce à des subventions, et dont le nombre va augmentant rapidement (1) ;

3° Sociétés formées pour l'achat de bons étalons.

Nous avons eu l'occasion de signaler plus haut (p. 271) les efforts faits en faveur de l'aviculture ; ajoutons seulement ici que

---

(1) Les sociétés d'élevage étaient en 1909 au nombre de 35 dans la Frise, de 20 dans la Hollande septentrionale (groupées en Fédération provinciale) et de 12 dans la Hollande méridionale. C'est avec le concours de ces diverses sociétés que fonctionnent le *herdbook* néerlandais et le *herdbook* frison. (Au sujet des races bovines des Pays-Bas voir tome 1, pp. 539 et 540).

la « Fédération des laiteries coopératives des Pays-Bas méridio-
naux » *(Zuidnederlandsche Zuivelbond)* qui a organisé, contrôlé
et dirigé la vente des œufs à la *minque* coopérative de Maëstricht,
donne dans les villages des conférences sur la tenue de la basse-
cour et a institué un livre généalogique de la volaille.

L'apiculture n'a pas été négligée non plus : il existe une Société
d'encouragement qui compte quarante-quatre sections locales
et plus de deux mille membres ; cette société organise des
marchés d'abeilles, des presses coopératives pour le miel, la
vente coopérative des produits.

Nous ne rappelons ici que pour mémoire ce qui a été fait pour
le contrôle de la production laitière, ces initiatives ayant eu
leur place marquée dans l'étude de la coopération pour la vente.

5° *Crédit agricole mutuel.* — Toutes les caisses de crédit
agricole mutuel existant aux Pays-Bas, appartiennent au type
Raiffeisen (voir pp. 15 et 16). Elles sont au nombre d'environ 500,
réunissant plus de 30.000 membres, et sont groupées en trois
caisses centrales : Utrecht, Eindhoven et Alkmaar. En même
temps que comme établissement de crédit mutuel, toutes ces
caisses locales fonctionnent comme caisses d'épargne — ce qui
est même leur principal objectif. Heureusement que ces caisses
centrales, aidées par les professeurs d'agriculture et de laiterie,
les curés de campagne, etc., mênent une active campagne pour
la diffusion des caisses locales. L'activité d'une caisse locale ne
s'étend généralement que sur le territoire d'une commune.
Presque toujours le principe est celui de la responsabilité illimitée (1) ; quelques caisses locales affiliées à la caisse centrale
d'Utrecht limitent dans une certaine mesure cette responsabilité. A noter que la caisse centrale d'Utrecht ne permet plus,
comme elle le fit tout d'abord, les prêts à long terme que continuent d'admettre, au contraire, la caisse centrale d'Eindhoven et
celle d'Alkmaar, qui ont fixé le maximum à dix années. Il est
vrai que le plus souvent la durée des prêts ne dépasse pas un

(1) Voir à ce sujet pp. 18 et 19.

an. Pour les prêts à long terme, des amortissements annuels et une garantie hypothécaire sont exigés. Un grand nombre de sociétés coopératives agricoles, de laiteries notamment, sont sociétaires des caisses locales ou des caisses centrales et traitent bien des opérations avec elles. D'une façon générale, les caisses néerlandaises sont d'une très grande prudence : elles exigent pour chaque prêt soit une garantie réelle soit deux cautions personnelles. Les caisses centrales emportent chaque année les livres des caisses régionales et contrôlent leurs opérations.

6° *Assurances mutuelles agricoles.* — La plus répandue est celle contre la mortalité du bétail. Il n'y a pas de principe commun entre les diverses sociétés créées dans ce but, et elles ne sont pas groupées, les agriculteurs se montrant — on peut écrire : malheureusement — hostiles à l'idée de compenser les pertes entre elles par des fédérations d'assurances. D'un tableau que nous avons sous les yeux, il résulte qu'il existerait pour l'espèce chevaline près de quatre cents sociétés groupant près de trente mille membres et, pour l'espèce bovine, à peu près sept cent cinquante représentant un effectif d'environ soixante-quinze mille membres. Il s'agit des sociétés ayant fourni des renseignements au ministère de l'agriculture ; il en est pas mal d'autres qui n'ont pas répondu. Il faut, en outre, y joindre les groupements s'occupant des assurances de moutons, de porcs, de chèvres. Ainsi les chiffres que nous donnons, éloquents pour qui tient compte de l'exiguïté du pays et du chiffre de la population, sont encore nettement au-dessous de la réalité. « En résumé, écrit M. de Rocquigny, l'assurance du bétail, réalisée sous la forme de la petite société mutuelle, est très populaire dans les Pays-Bas. On y a la conviction que le groupement local constitue l'organisation la meilleure et la plus efficace pour cette branche de l'assurance. Elle est la moins onéreuse, car toutes les fonctions sont remplies gratuitement. De plus, elle rend la fraude impossible, parce que les sociétaires se connaissent et se contrôlent réciproquement. Aussi possède-t-elle la confiance des petits cultivateurs. » Il y a également aux Pays-Bas des assurances mutuelles contre la grêle ; mais elles n'ont pris qu'une relative extension : 8 p. 100 seulement des récoltes aux Pays-Bas sont assurées contre la grêle.

Et maintenant concluons, et avec M. de Rocquigny, rendons hommage à l'initiative néerlandaise privée, car l'organisation de la coopération agricole dans le pays est son œuvre ; l'État, de son côté, est intervenu pour l'aider, mais seulement quand son intervention était utile. « C'est surtout, note M. de Rocquigny, dans la coopération de laiterie que ce concours intelligent de l'État hollandais a eu l'occasion de se manifester. L'association locale ayant créé les laiteries coopératives, l'association régionale ou du deuxième degré a organisé les Fédérations de laiteries, les concours beurriers, les sociétés spéciales d'exportation, les minques de beurre et les stations de contrôle. C'est alors que l'État, comprenant quel intérêt national il y avait à mettre en pleine valeur l'un des principaux produits du pays, a subventionné et placé sous sa haute surveillance les stations de contrôle, les investissant en même temps du privilège d'appliquer la marque officielle de garantie sur les beurres contrôlés. Cette intervention décisive s'est produite sans préjudice de la fonction d'instructeur qui incombe naturellement à l'État et qui s'exerce par le moyen de ses agronomes, des stations agronomiques, fermes expérimentales, écoles spéciales, etc. L'État n'est pas intervenu en faveur des sociétés d'achat en commun, des sociétés coopératives de vente, ni des sociétés d'assurances mutuelles agricoles qui pouvaient aisément atteindre leur but à l'aide de leurs propres moyens et qui trouvaient d'ailleurs un appui auprès des *Boerenbond* (ligues de paysans) ou autres puissants groupements régionaux. A la coopération d'élevage l'État hollandais accorde des subventions bien justifiées par le soin de conserver et améliorer les grandes races animales qui constituent un élément important de la fortune du pays. Enfin, en ce qui concerne le crédit agricole, l'État distribue aux Caisses locales de modestes subventions de premier établissement, et des subventions annuelles, d'une certaine importance, aux Banques centrales qu'il a soumises à son contrôle, non seulement parce qu'elles constituent le rouage essentiel du fonctionnement du crédit agricole, mais aussi parce que, ces Banques étant des institutions de dépôt et d'épargne, leur contrôle importe à la confiance publique. De ce qui précède, il résulte que le développement de la coopération agricole aux Pays-Bas montre l'intervention de l'État s'exerçant d'une façon discrète et bienfaisante, en parfaite harmonie avec l'action de l'initiative privée. »

C. — BELGIQUE

SOCIÉTÉS PROFESSIONNELLES AGRICOLES : COMICES AGRICOLES ; LIGUES AGRICOLES, LEUR CARACTÈRE ; LE RÔLE DE L'ABBÉ MELLAERTS ; SOCIÉTÉS APICOLES, HORTICOLES, AVICOLES ; SYNDICATS POUR L'AMÉLIORATION DES ANIMAUX DE L'ESPÈCE BOVINE, DES ESPÈCES CAPRINE ET PORCINE ET DES RACES DE LAPINS ; SYNDICATS DE PLANTEURS DE HOUBLON ; SYNDICATS BETTERAVIERS. — SOCIÉTÉS OU SYNDICATS CONSTITUÉS POUR L'ACHAT DE SEMENCES, D'ENGRAIS COMMERCIAUX, DE MATIÈRES ALIMENTAIRES POUR LE BÉTAIL ET DE MACHINES AGRICOLES. — SOCIÉTÉS OU SYNDICATS POUR LA VENTE DU LAIT, LA FABRICATION OU LA VENTE DU BEURRE OU DU FROMAGE (LAITERIES COOPÉRATIVES). — SOCIÉTÉS DE CRÉDIT AGRICOLE. — SOCIÉTÉS D'ASSURANCES AGRICOLES : CONTRE LA MORTALITÉ DU BÉTAIL, CONTRE LA GRÊLE. — CRÉATION D'UN OFFICE RURAL ; DIRECTION IMPRIMÉE A SON ACTIVITÉ.

Bien que la Belgique soit parmi les pays dont les institutions agricoles aient déjà (tome I, pp. 584 à 599.) longuement retenu notre attention, nous tenons à revenir sur ce point et à compléter nos premiers renseignements concernant la situation de la coopération agricole chez notre petite voisine en nous basant sur les résultats de l'enquête entreprise en 1906 par le ministère belge de l'Agriculture (1).

(1) Utilisant les chiffres de cette enquête, le Bulletin de l'office des renseignements agricoles a publié une très intéressante étude à laquelle nous avons fait de larges emprunts pour la rédaction de ce chapitre.

Les diverses sociétés sont groupées ainsi :

A. Sociétés professionnelles agricoles (comices et ligues agricoles, sociétés apicoles, horticoles, avicoles, syndicats pour l'amélioration de l'espèce bovine, syndicats pour l'amélioration des chèvres, des lapins et des porcs, syndicats de planteurs de houblon et syndicats betteraviers) ;

B. Sociétés ou syndicats pour l'achat de semences, d'engrais commerciaux, de matières alimentaires pour le bétail et de machines agricoles ;

C. Sociétés ou syndicats pour la vente du lait, la fabrication ou la vente du beurre et du fromage (laiteries coopératives) ;

D. Sociétés de crédit agricole (comptoirs agricoles, caisses Raiffeisen, caisses centrales de crédit agricole, banques Schulze-Delitzch) ;

E. Sociétés d'assurances agricoles (société d'assurance du bétail et sociétés d'assurance contre les pertes des récoltes).

A. Sociétés professionnelles agricoles. — Au 31 décembre 1905, 814 sociétés et fédérations agricoles étaient reconnues conformément à la loi du 31 mars 1898 sur les unions professionnelles, à savoir : 3 comices agricoles, 525 ligues agricoles, 173 syndicats d'élevage (dont 65 pour l'amélioration des bêtes bovines, 1 des chevaux, 81 des chèvres, 1 des brebis, 3 des chiens de trait et 22 des lapins) ; 12 sociétés apicoles, 9 sociétés horticoles, 7 sociétés de maraîchers, 1 société pour la répression de la falsification du beurre, 1 union de médecins-vétérinaires, 1 union de viticulteurs, 30 unions d'aviculteurs, 3 unions de planteurs de betteraves, 1 union de planteurs de tabac, 30 unions de cultivateurs de houblon, 6 unions de cultivateurs de fraises, 1 union d'ouvriers agricoles, 8 fédérations de ligues agricoles (dont 4 fédérations provinciales, 1 fédération d'arrondissement et 3 fédérations cantonales), 1 fédération nationale d'unions avicoles, 1 fédération provinciale de syndicats d'élevage de bêtes bovines, 1 fédération provinciale de syndicats d'élevage de chèvres et 3 fédérations régionales d'unions professionnelles de cultivateurs de houblons.

1° *Comices agricoles*. — Conformément à l'arrêté royal du 18 octobre 1889, qui règle leur organisation et leur fonctionnement, les comices ont pour but de faire progresser l'agriculture, notamment par des concours, des expositions, des champs d'expériences. Leur but se différencie ainsi de celui des ligues agricoles, dont l'activité se donne cours sur le terrain de la coopération et de la mutualité. Dans le courant de 1905 ils ont organisé 8 concours d'arrondissement et 77 concours cantonaux : quant au concours agricole régional, il a eu lieu à Liége. Indépendamment des jardins d'essais organisés par certaines commissions provinciales d'agriculture, les comices ont, en 1905, institué, d'accord avec les agronomes de l'État, 23 champs d'expériences ; ils ont, en outre, contribué à la vulgarisation des machines et à la diffusion de la science agricole en patronnant les conférences instituées par le gouvernement. En 1905, les 158 comices comprenaient 31.694 membres, soit en moyenne 200 membres par comice.

Les comices de chaque province sont groupés en une fédération qui porte le nom de Société provinciale d'agriculture.

2° *Ligues agricoles*. — On comprend sous cette rubrique des groupements libres de cultivateurs constitués en vue de l'étude et de la défense des intérêts agricoles. Leur cercle d'action s'étend parfois à une, voire à plusieurs communes ; mais le plus souvent, contrairement à ce qui se produit pour le comice agricole, les ligues agricoles se limitent à une paroisse. Il est vrai qu'ayant compris le bien-fondé du proverbe : « L'Union fait la Force », elles se fédèrent presque toujours avec les ligues des paroisses voisines. Nous verrons plus loin quels sont ces organismes centraux, organismes dont le ressort s'étend soit au canton, soit à la province, soit au pays.

Auparavant, nous devons indiquer le caractère particulier de la majeure partie de ces ligues : elles sont fondées et administrées par le curé ou les catholiques pratiquants de la paroisse elle-même. C'est à leur sujet que l'évêque de Gand, Mgr Stillemans, s'écriait : « En travaillant au bien-être matériel de nos associés, soyons convaincus que nous travaillons en même temps au bien de leurs âmes ». Ces paroles indiquent quel est l'esprit de ces ligues. « Le mobile qui fait agir le clergé belge, disait M. Léon Martin, membre de la Société Nationale d'agriculture de France dans une récente communication au Musée social, est désintéressé ; il est possible qu'il y ait un intérêt politique et religieux, mais la passion du bien est encore bien supérieure à tout autre intérêt ».

M. Léon Martin continue par le bref historique de ce beau mouvement social : « L'idée première de ces associations n'est pas née dans une réunion politique, elle est née dans l'esprit d'un simple curé de campagne qui, aimant beaucoup la botanique et très instruit des nécessités de la végétation, déplorait la culture routinière de ses paroissiens. La petite culture est la règle en Belgique, le paysan, l'ouvrier y sont très attachés à la terre ; mais n'ayant pas l'exemple de la grande culture, ne recevant aucun enseignement agricole, ce paysan flamand suivait la routine héréditaire et se défiait de tout progrès. L'abbé Mellaerts, curé de Goor, souffrait de cet état d'esprit de ses paroissiens et de leur culture misérable. Un jour, un d'eux gémissait sur un champ de froment à moitié jauni. Il allait être obligé de le retourner. « Et si je vous indique un bon remède pour votre blé, l'emploierez-vous ? » dit le curé. « S'il n'est pas trop cher », répond, sceptique, le paysan. L'abbé achète 25 kilos d'engrais composé riche en azote et en acide phosphorique que le fermier vient chercher ; à son gré, il n'a pas assez d'odeur et ne peut produire rien de bon et le curé doit insister pour qu'il l'emporte. Bien lui en prit, le champ de froment promit bientôt une belle moisson et notre homme revient sans tarder avec des amis réclamer du merveilleux fumier pour leurs pommes de terre. La cause de l'engrais chimique était gagnée et l'abbé Mellaerts passé maître en agriculture.

C'était un premier pas. Restait à faire admettre aux paysans l'idée d'association. Dès 1886, l'abbé s'y attacha. Les difficultés ne lui manquèrent pas ; mais loin de le rebuter, elles ne firent que fortifier l'ardeur de son zèle, et il parvint à fonder le *Bœrenbond* auquel sont fédérées les ghildes paroissiales. La routine était vaincue, et ce ne fut pas sans une juste satisfaction qu'il y a dix ans de cela, à l'assemblée générale du 1er juillet 1901, l'abbé se vit en droit et en mesure de prononcer les paroles suivantes :

« Il y a dix ans, nos cultivateurs vivaient dans un complet isolement. Abandonnés, tous luttaient péniblement pour nouer les deux bouts, le nom de paysan était quasi une injure. Tout cela est changé. Le *Bœrenbond* belge compte plus de 25.000 familles associées (il en compte aujourd'hui 38.000). De nombreuses coopérations agricoles existent sur tous les points du pays ; les matières premières agricoles, les engrais, les nourritures pour le bétail, les machines, etc., sont achetés en commun au prix du gros ; d'innombrables analyses sont faites, une foule de laiteries sont nées sous l'impulsion des corporations ; des centaines de caisses d'épargne et de crédit fonctionnent ; une multitude de mutualités contre la mortalité du bétail ont été fondées, ainsi que des assurances contre l'incendie et les accidents du travail. La science agricole a été vulgarisée jusque dans les localités les plus arriérées, grâce à la revue du *Bœrenbond* et surtout grâce aux réunions mensuelles si instructives et si intéressantes. Partout à la campagne on applique maintenant la devise du *Bœrenbond* : « Chacun pour tous et tous pour chacun. »

Nous avons plaisir à insister sur de tels résultats, non seulement parce que leur constatation est le meilleur éloge de ceux auxquels ont droit leur réalisation, mais encore parce qu'ils constituent le plus utile des exemples.

Cette heureuse prospérité a été s'affermissant, et M. Max Turmann, ajoutant un appendice à l'intéressant volume qu'il a consacré aux associations en Belgique, a conclu : « Nous avons la satisfaction de constater que les œuvres rurales dues à l'activité de nos voisins ont augmenté en nombre et en intensité de vie ; quelques-unes, en moins de dix ans, ont vu doubler le nombre de leurs membres et le chiffre de leurs affaires ».

Ces quelques considérations générales sur le caractère et l'importance des ligues agricoles exposées, voyons maintenant quelles sont les fédérations qui groupent les différentes ligues :

Le *Boerenbond* de Louvain, pour les ligues agricoles établies dans les provinces d'Anvers, du Brabant et de Limbourg et pour quelques groupements locaux disséminés dans les autres provinces ;

Le *Provinciale Boerenbond van West-Vlaanderen* (1), pour les ligues de la Flandre occidentale, et le *Eigenaars-en-Landbouwersbond van Brugge*, étendant particulièrement son activité sur les groupements locaux de cultivateurs de l'arrondissement de Brugge ; le *Landbouwersbond van Oost-Vlaanderen*, pour les ligues réunies de la Flandre orientale ; la *Fédération agricole du Hainaut*, pour les sociétés établies dans cette province ; la *Fédération agricole de la province de Liége* (2), la *Ligue agricole luxembourgeoise* (2) et la *Ligue agricole de la province de Namur* (2).

Au 31 décembre 1905, il existait 973 ligues agricoles locales, dont 516 avaient adopté la forme d'union professionnelle. Ces 973 ligues comptaient 56.330 membres, dont 22.918 étaient affiliés aux unions reconnues ; la coopération et la mutualité constituent leur domaine propre.

Dès que l'association professionnelle connue sous le nom de *Boerengilde*, syndicat paroissial ou union agricole, est fondée, ses efforts tendent à la création d'une section pour l'achat en commun de matières premières ; cette section s'entend souvent avec d'autres associations locales pour le groupement des commandes. Il en est résulté la création des sociétés centrales d'achat organisées avec l'aide des comités fédéraux des ligues, et qui, grâce à l'importance de leurs opérations, traitent direc-

---

(1) Le *Provinciale Boerenbond* est une fédération reconnue d'unions professionnelles agricoles ; elle est distincte de la ligue *Eigenaars-en-Landbouwersbond van Brugge*.

(2) La *Fédération agricole de la province de Liége*, la *Ligue agricole luxembourgeoise* et la *Ligue agricole de la province de Namur* sont trois fédérations reconnues d'unions professionnelles.

tement avec les producteurs et garantissent la valeur des matières vendues au moyen d'analyses effectuées à prix réduit.

Le Comptoir central des sections d'achat de ligues affiliées au Boerenbond de Louvain est constitué en société anonyme au capital de 217.000 francs. Des liens intimes attachent cet organisme à la fédération des ligues agricoles. Plusieurs administrateurs de celle-ci participent à la gestion de la société anonyme. Le Comptoir ne vend qu'aux sections d'achat de ligues de Boerenbond, et ses actions de capital et de jouissance sont placées de telle manière que les ligues profitent de la plus grande partie de ces bénéfices.

Les comptoirs d'achat créés par les autres fédérations provinciales de ligues sont indépendants de ces fédérations. Sauf le *Landbouw-syndikaat van Brugge,* qui est une association en participation, ils sont constitués en coopérative. Tous traitent aussi bien avec des tiers qu'avec les sections locales ; mais celles-ci, formant leur principale clientèle, obtiennent par suite la part la plus considérable des bénéfices que les comptoirs coopératifs répartissent annuellement entre leurs clients au prorata des achats de chacun d'eux.

La société d'achat avec laquelle les membres du *Eigenaars-en-landbouwersbond van Brugge* traitent généralement s'appelle *Landbouwsyndikaat van Brugge :* elle a son siège à Bruges. La coopérative d'achat du *Landbouwersbond van Oost-Vlaanderen* est désignée sous le titre de *Syndikaat van den Landbouwersbond :* elle est établie à Gand ; celle de la *Fédération agricole du Hainaut* a pour dénomination *les Cultivateurs réunis :* elle a son siège social à Enghien. Les sections d'achat de la *Fédération agricole de la province de Liége* s'approvisionnent particulièrement au *Syndicat agricole liégeois,* à Liége ; celles de la *Ligue luxembourgeoise,* au syndicat : *les Agriculteurs luxembourgeois,* à Arlon, et celles de la *Ligue agricole de la province de Namur,* à la coopérative d'Ermeton-sur-Biert.

Aux comptoirs d'achat du *Boerenbond* de Louvain, de la *Fédération agricole du Hainaut* et de la *Ligue luxembourgeoise* est annexée une section s'occupant de l'acquisition de machines agricoles et d'ustensiles de laiterie perfectionnés. Ces sections ont fourni à des conditions favorables à plusieurs ligues locales un outillage qu'elles mettent à la disposition des membres moyennant une légère redevance. La valeur des machines agricoles possédées au 31 décembre 1905 par les ligues reconnues s'élevait à 280.900 francs. Ces fédérations ont également monté, sur l'intervention de leurs sections spéciales, plusieurs laiteries. Elles ont, enfin, organisé un service d'inspection qui a pour but de contrôler la comptabilité des sociétés, de rappeler aux directeurs les obligations légales des coopératives et de les tenir au courant des progrès de l'industrie laitière.

Le crédit agricole, organisé d'après les principes de Raiffeisen, est l'œuvre des ligues agricoles et de leurs comités centraux. Au commencement de 1894, il n'existait que 4 sociétés de crédit agricole ; à la fin de 1905 on comptait 428 sociétés locales, rattachées à six caisses centrales, dont cinq étaient organisées respectivement par le *Boerenbond* de Louvain, la *Fédération agricole de la province de Liége*, la *Fédération agricole du Hainaut*, la *Ligue luxembourgeoise* et la *Ligue agricole de la province de Namur*.

L'activité des ligues agricoles et de leurs comités centraux porte également sur l'assurance des risques agricoles.

Nombreuses sont les mutualités d'assurance du bétail créées au cours des dernières années à la suite de la propagande entreprise par les conférenciers de ces comités dans des milieux préparés à cette fin par les ligues locales. Grâce à cette action commune, on est parvenu à implanter l'assurance du bétail dans des contrées où les cultivateurs étaient hostiles à ces institutions. C'est ainsi que dans les provinces de Luxembourg et de Namur, où, malgré les efforts et les encouragements des pouvoirs publics, on n'était parvenu à créer avant 1900 qu'une seule mutualité d'assurance, il a suffi d'adopter la marche décrite plus haut pour y faire éclore 184 de ces associations.

Afin de raffermir les mutualités locales, les comités centraux ont provoqué leur groupement en fédération de réassurance.

Deux de ces fédérations : celle de Louvain et celle de Limbourg, à Hasselt, ont été organisées par les soins du Boerenbond de Louvain. Les caisses de réassurance de la Flandre orientale, du Hainaut, de la province de Liége, du Luxembourg, ainsi que celles établies à Namur et Dinant groupent les mutualités locales créées avec le concours des associations professionnelles.

Après avoir convaincu les agriculteurs des avantages que présente pour eux l'assurance contre l'incendie, contre les accidents du travail agricole et la responsabilité civile des cultivateurs, et leur avoir démontré les bénéfices qu'il était possible de réaliser en supprimant l'intervention des agents recruteurs, les comités centraux se sont chargés de grouper les polices, de négocier auprès des compagnies des tarifs de faveur et ont assumé le rôle d'intermédiaire entre les assurés et les compagnies.

Au 31 décembre 1905, le bureau central du Boerenbond de Louvain avait groupé 13,517 polices d'assurance contre l'incendie, la Fédération agricole de la province de Liége, 33, le *Eigenaars en landbouwershond van Brugge,* 202, et les comités fédératifs des ligues de la Flandre orientale, du Hainaut, de la province de Luxembourg et de la province de Namur, respectivement 1.325, 187, 857 et 213.

25 polices d'assurance contre la grêle ont été conclues à l'intervention de la Ligue luxembourgeoise.

A la suite de la loi du 24 décembre 1903, le Boerenbond de Louvain, d'accord avec les autres ligues provinciales, a organisé une caisse commune d'assurance contre les accidents du travail survenus aux ouvriers de l'agriculture et des industries connexes, qui est agréée par le gouvernement pour l'assurance des risques prévus par la loi précitée. Dans les mêmes conditions, le Boerenbond et les ligues provinciales ont institué une caisse d'assurance pour réparer les pertes résultant des cas de responsabilité civile des cultivateurs et d'accidents dont eux et les membres de leur famille sont victimes. La première caisse avait conclu depuis le 1ᵉʳ juillet 1905 (date de la mise en vigueur de la nouvelle loi) jusqu'au 31 décembre 1905, 6.000 polices. Le portefeuille de la deuxième comprenait à la même date 7.000 polices.

Indépendamment de ces œuvres de coopération et de mutualité, plusieurs associations à objet spécial, telles que syndicats d'élevage, sociétés avicoles ou apicoles, ont été créées par les soins des bureaux fédératifs, notamment par celui du Luxembourg, qui groupe les sociétés avicoles et apicoles de la province.

Si l'action des ligues et de leurs comités centraux se manifeste surtout en matière de coopération et de mutualité, elle n'est cependant pas restée étrangère à la diffusion de la science agricole, qui aide au développement des œuvres. C'est ainsi qu'elle organise de nombreuses conférences sur l'emploi des engrais, l'alimentation et l'élevage du bétail, l'industrie laitière, l'aviculture, l'apiculture dans le but de fonder et d'assurer le succès des sections d'achat, des laiteries coopératives, des syndicats d'élevage, etc. Dans cet esprit, citons deux nouveaux genres d'associations qui n'ont pas de similaires en France : le Cercle des fermières et les Semaines sociales agricoles. « Ce sont, écrit M. Léon Martin, des réunions où des professeurs, des prêtres, des ménagères viennent parler de l'hygiène des étables et de l'éducation des enfants, de la conservation des œufs et de l'alimentation spéciale du cultivateur, etc. ». Ces cercles sont au nombre d'une quarantaine déjà ; on y distribue en lots des ustensiles de ménage, des semences, etc.

Il convient aussi de signaler l'action sociale que les ligues agricoles et leurs comités fédératifs exercent par leurs services de consultations juridiques gratuites, par l'arbitrage et la conciliation et par l'intérêt qu'ils portent aux ouvriers agricoles. Dans les bureaux centraux, un jurisconsulte se tient périodiquement à la disposition des cultivateurs ; la connaissance de leurs droits et de leurs obligations décide souvent les agriculteurs à renoncer à des procès onéreux ; en cette matière on obtient des résultats plus efficaces encore par l'arbitrage et la conciliation que les statuts des ligues imposent pour le règlement de tous les différends qui surgissent tant entre membres qu'entre ceux-ci et la société ; enfin la constitution de syndicats mixtes entre ouvriers agricoles et cultivateurs est de nature à maintenir l'accord entre les uns et les autres.

Les unions reconnues comptaient, au 31 décembre 1905, 2.385 ouvriers sur 22.918 membres. Ce nombre ne peut qu'augmenter à mesure que les ligues s'intéresseront davantage aux ouvriers, notamment en créant des bureaux de placement, en leur facilitant l'acquisition et la location de petites propriétés rurales, en défendant les droits de ceux qui vont louer leurs services à l'étranger.

3° *Sociétés apicoles.* — Au 31 décembre 1905, le nombre des sociétés apicoles était de 262, comptant 8.812 membres ; à la même date de l'année précédente il y avait 258 de ces sociétés groupant 9.890 apiculteurs. La moyenne des membres par société était de 33 en 1905 et de 38 en 1904.

Sauf 75, ces sociétés sont groupées en 10 fédérations. La Société apicole campinoise compte 17 sections locales ; la Fédération apicole du Brabant et extensions, 35 ; l'Union apicole du Brabant-Hainaut, 27 ; la Fédération apicole du Hainaut et extensions, 42 ; la Fédération apicole des deux Flandres, 25 ; la Fédération apicole du Condroz-Hesbaye, 21 ; la Société d'apiculture du bassin de la Meuse, 45 ; l'Union apicole limbourgeoise, 10 ; De Mandelbie, à Roulers, 6 ; la Société des apiculteurs de Luxembourg, 9. La Chambre syndicale d'apiculture, union professionnelle reconnue, qui a son siège à Bruxelles, est composée principalement de délégués des diverses fédérations apicoles. Elle constitue le comité national pour le progrès et la défense des intérêts des apiculteurs. Notons aussi qu'en 1905 370 conférences ont été organisées sous les auspices et avec le concours des fédérations apicoles, dans 100 localités, et que ces fédérations ont également affecté une partie notable de leurs ressources à de nombreuses expositions.

4° *Sociétés horticoles.* — Ces sociétés ont fait, en 1905, de louables efforts pour faire progresser l'horticulture. Presque toutes ont organisé des conférences ; plusieurs d'entre elles ont, en outre, organisé des visites collectives aux principaux établissements horticoles du pays ; un certain nombre, composées particulièrement d'ouvriers et d'horticulteurs amateurs, ont distribué des semences sélectionnées et des appareils de jardinage. En 1906, 46 sociétés horticoles ont organisé des concours qui leur ont coûté environ 90.000 francs.

L'enquête a relevé l'existence de 178 sociétés d'horticulture, comptant 28.561 membres, ce qui représente 160 affiliés par société. En 1904, le nombre des sociétés horticoles était de 171, et le nombre de leurs membres s'élevait à 27.546, soit une moyenne de 165 membres.

Cent soixante d'entre elles sont groupées en 8 fédérations régionales dont les délégués forment le *Comité national pour le progrès de l'horticulture,* fondé à Bruxelles dans le courant de 1903. Douze de ces sociétés sont affiliées à la Fédération de la province d'Anvers ; 26 à la Fédération de Brabant ; 9 à celle de la Flandre occidentale ; 13 à celle de la Flandre orientale ; 34 à la Fédération de l'arrondissement de Charleroi ; 11 à la Fédération des arrondissements de Mons et de Tournai ; 36 à celle des provinces de Liége et de Limbourg et 19 à celle des provinces de Namur et de Luxembourg.

5° *Sociétés avicoles.* — Il existait, au 31 décembre 1905, 79 sociétés d'aviculture, comprenant 5.523 membres, ce qui donne une moyenne de 70 membres par société ; en 1904, ces chiffres étaient respectivement de 62, 4.901 et 79. Trente-et-une sont affiliées à la *Fédération nationale des sociétés d'aviculture de Belgique,* établie à Bruxelles ; 21 sociétés locales d'aviculture se sont groupées en une fédération qui porte le nom de *Ligue ornithologique belge pour la protection des oiseaux utiles et la propagation de la science avicole,* et 15 autres sociétés, constituées conformément à la loi du 31 mars 1898, forment la *Fédération nationale des unions professionnelles d'aviculture de Belgique.* Ces deux fédérations ont également leur siège à Bruxelles et sont affiliées à la Fédération nationale.

Parmi les travaux accomplis en 1905 par la Fédération nationale, signalons la revision des standards de volailles belges. 292 conférences sur l'aviculture ont été données dans 68 localités du pays sous les auspices et avec le concours de la Fédération nationale et de la Ligue ornithologique. Dans 7 localités du Luxembourg, de telles conférences ont été patronnées par la Ligue agricole luxembourgeoise, qui sert de lien fédératif entre les sociétés avicoles de cette province.

La société *Het Neerhof,* à Gand, a organisé un service hebdomadaire gratuit et public de consultations ; elle poursuit, d'autre part, l'élevage d'une race de pigeons rustiques et prolifiques convenant spécialement à l'alimentation ; enfin, cette société cherche à propager, par voie de conférences et en mettant à la disposition des intéressés des géniteurs de choix, l'élevage rationnel du lapin géant des Flandres.

6° *Syndicats pour l'amélioration des animaux de l'espèce bovine.* — Au 31 décembre 1905, il existait 338 sociétés d'élevage comprenant 13.354 membres possédant 41.584 bêtes à cornes inscrites dans les registres des syndicats. Les chiffres correspondants pour 1904 s'élevaient à 310, 11.936 et 38.051. Afin d'assurer plus d'unité à leurs travaux, les syndicats d'élevage de la Flandre orientale, des provinces d'Anvers, de Limbourg, de Luxembourg et de Namur sont groupés en fédérations provinciales. La *Fédération des herdbooks de l'Est de la Belgique,* à Verviers, et la *Fédération des herdbooks ardennais-liégeois,* à Spa, groupent respectivement 4 et 3 sociétés d'élevage de la province de Liége. La création d'une fédération de l'espèce est à l'étude dans la Flandre occidentale.

7° *Syndicats pour l'amélioration des animaux des espèces caprine et porcine et des races de lapins.* — Le nombre de syndicats d'élevage de chèvres s'élevait à 124 au 31 décembre 1905. 68 de ces sociétés ont leur siège dans la Flandre occidentale, 53 dans la Flandre orientale et 1 dans la province de Luxembourg, à Florenville. Les syndicats de la Flandre occidentale comptent 3.980 membres possédant 4.915 chèvres, et ceux de la Flandre orientale, 2.640 membres ayant 3.605 chèvres ; celui de Florenville 50 membres détenant 60 animaux. Les sociétés de la Flandre occidentale sont affiliées à la fédération provinciale qui a son siège à Cortemarck ; la plupart de celles de la Flandre orientale sont groupées en deux fédérations, l'une pour les arrondissements d'Alost et d'Audenarde et l'autre pour le canton de Zele. Enfin, à Bruxelles, s'est constituée une société nationale et, à Gand, une société provinciale pour l'étude des mesures propres à relever l'élevage des chèvres. Signalons aussi en Flandre occidentale 14 syndicats d'élevage de lapins, comptant 680 membres, et à Caeskerke un syndicat d'élevage de porcs, groupant 25 membres, ayant fait inscrire 33 truies dans les registres de la société.

8° *Syndicats de planteurs de houblon.* — Ces groupements, qui ont adopté la forme légale d'unions professionnelles, qui ne remontent qu'à 1903, ont puissamment contribué à l'amélioration de la culture et au relèvement du prix du houblon, en organisant, soit isolément, soit groupés en fédération, conférences, bibliothèques, champs d'expériences, visites aux séchoirs modèles, marchés-concours ; de plus, plusieurs ont fait l'acquisition d'instruments perfectionnés. Voici le résumé de leur situation à la fin de 1905 :

PROVINCES	NOMBRE de SYNDICATS	NOMBRE de MEMBRES	ÉTENDUE des CHAMPS DE HOUBLON cultivés par les membres
			hectares ares
Brabant	19	1.746	395 23
Flandre occidentale	6	451	594 68
Flandre orientale	7	326	104 31
Totaux	32	2.523	1.094 22

9° *Syndicats betteraviers.* — Au 31 décembre 1905, il existait 54 syndicats ayant pour but le pesage, le tarage et la prise de densité des betteraves livrées par les membres aux sucreries et aux râperies. Un certain nombre de syndicats de l'espèce établis dans la province de Hainaut ont pour objet l'achat en commun de semences de betteraves. Ces 54 sociétés comptaient 1.869 membres et la valeur des betteraves contrôlées par elles en 1905 s'est élevée à 3.330.747 francs. Elles sont nombreuses surtout dans le Hainaut (25 avec 760 membres) et le Limbourg (17 avec 745 membres). Au 31 décembre 1904, le nombre des syndicats betteraviers était de 48 et la valeur des betteraves contrôlées en 1904 s'élevait à 1.350.350 francs.

B. Sociétés ou syndicats constitués pour l'achat de semences, d'engrais commerciaux, de matières alimentaires pour le bétail et de machines agricoles. — Les chiffres repris au tableau ci-contre se rapportent aux syndicats agricoles proprement dits, c'est-à-dire à ceux qui sont constitués en coopérative, conformément à la loi du 18 mai 1873 sur les sociétés commerciales, ainsi qu'aux sections d'achat des comices et des ligues agricoles (ligues ayant adopté la forme d'union professionnelle et ligues non reconnues).

Les chiffres de la sixième colonne du tableau ne comprennent pas les machines acquises par les comices et par les ligues constituées en unions professionnelles, ces instruments n'étant pas achetés pour le compte des membres, mais bien pour l'association elle-même, qui en conserve la propriété et les met à la disposition des membres. En 1904, il existait 884 sociétés et sections d'achat comptant 51.451 membres. En 1905, elles sont au nombre de 907 et comptent 53.016 membres. Le montant des achats effectués en 1905 s'élève à 23.282.892 francs. En 1904, il était de 22.379.944 francs.

C. Sociétés ou syndicats pour la vente du lait, la fabrication ou la vente du beurre et du fromage (laiteries coopératives). — La coopération laitière a pris un nouveau développement en 1905, 23 laiteries coopératives ont été constituées dans le courant de cette année. Leur nombre est ainsi porté à 552,

PROVINCES	NOMBRE		MONTANT DES ACHATS FAITS EN 1904					OBSERVATIONS		
	de SOCIÉTÉS OU SYNDICATS	de MEMBRES	SEMENCES	ENGRAIS	MATIÈRES ALIMENTAIRES POUR LE BÉTAIL	MACHINES	AUTRES ACHATS (2)		Coopéra-tives	Sections d'achat d'unions professionnelles reconnues
			francs	francs	francs	francs	francs			
Anvers (1)..........	96 (a)	8.205	3.485	253.756	1.317.754	18.397	10.000	(a) Dont..	4	4
Brabant..........	114 (b)	7.510	41.625	737.467	1.371.090	1.110	11.248	(b) Dont..	6	12
Flandre occidentale.	110 (c)	6.108	65.294	2.133.824	1.937.990	63.820	20.911	(c) Dont..	1	68
Flandre orientale...	46 (d)	4.414	2.750	197.551	490.584	17.474	58.927	(d) Dont..	2	14
Hainaut..........	64 (e)	3.420	31.157	1.125.000	610.179	460.000	83.317	(e) Dont..	50	5
Liége............	86 (f)	5.110	80.420	3.866.500	4.650.070	41.350	145.900	(f) Dont..	26	30
Limbourg.........	136 (g)	8.104	63.152	779.185	778.462	20.105	30.630	(g) Dont..	5	10
Luxembourg.......	160 (h)	6.540	»	546.085	116.055	42.205	19.587	(h) Dont..	16	149
Namur..........	95 (i)	3.610	9.071	511.728	460.710	5.095	51.872	(i) Dont..	7	64
Totaux........	907 (j)	53.016	296.954	10.151.096	11.732.894	669.556	432.392	(j) Dont..	117	356

(1) Dans les chiffres d'affaires des sociétés d'achat de la province d'Anvers ne sont pas compris ceux concernant le *Syndicat central des agriculteurs belges* et l'*Union des syndicats agricoles belges*, dont le siège est à Anvers. Ces deux associations ne font pas des achats proprement dits, mais des opérations de commission pour les principaux syndicals du pays.

(2) Ces achats consistent principalement en charbon, chaux, tourbe litière et épiceries.

de 529 qu'il était en 1904. Le nombre des laiteries en activité s'est élevé de 496, en 1904, à 497, en 1905, et le chiffre des coopérateurs des laiteries en activité a été porté de 53.922 à 55.118. Le nombre des vaches possédées par les membres a atteint 146.674 en 1905. La moyenne des membres par société était de 108 en 1904 et de 111 en 1905. La moyenne des vaches possédées par coopérateur est inférieure à 3, exactement 2,6. Les produits vendus par les laiteries coopératives sont évalués, pour 1905, à 31.893.131 francs, représentant une moyenne de 64.171 francs par société et de 579 francs par membre. Ces 31.893.131 francs se décomposent ainsi : lait, 172.111 francs ; beurre, 31.373.415 francs ; fromage, 8.742 ; autres produits, 338.863 francs (1). En 1904, la valeur des produits vendus a atteint la somme de 30.743.851 francs, soit une moyenne de 61.580 francs par société et de 570 francs par membre. D'après les tableaux statistiques du commerce avec les pays étrangers, les importations de beurre et de fromages (non compris les fromages mous et blancs), *pour être mis en circulation dans le pays,* se sont élevées, en 1905, à 14.687.415 kilogrammes estimés à 28.264.041 francs, alors que les exportations des mêmes produits *(belges ou nationalisés)* ne se sont élevées qu'à 1.802.528 kilogrammes évalués à 4.947.248 francs.

Ces chiffres se décomposent comme il suit :

		POIDS	VALEUR
		kilogr.	francs.
Importations.	Beurre.............	4.560.863	12.770.417
	Fromages..........	10.126.552	15.493.624
Exportations.	Beurre.............	1.723.921	4.826.979
	Fromages..........	78.607	120.269

L'excédent des importations sur les exportations de beurre n'est donc que de 2 millions 836.942 kilogrammes évalués à 7.943.438 francs, alors que pour les fromages l'excédent est de 10.047.945 kilogrammes évalués à 15.373.355 francs.

(1) Les autres produits consistent généralement en lait écrémé.

D. Sociétés de crédit agricole. — Les institutions de crédit agricole existant en Belgique peuvent se ramener à deux types : les comptoirs agricoles, créés à la suite de la loi du 18 avril 1884, et les sociétés coopératives locales de crédit à responsabilité solidaire et illimitée.

Les comptoirs agricoles ne se sont guère propagés. En effet, depuis 1884, onze comptoirs seulement ont été créés, à savoir : à Genappe et à Thuin, en 1885 ; à Vielsalm, en 1886 ; à Court-Saint-Étienne, en 1889 ; à Gembloux, Namur et Lens, en 1898 ; à Gand, en 1905. Les comptoirs de Vielsalm, de Court-Saint-Étienne et de Thuin se sont dissous respectivement en 1893, 1902 et 1904. Le nombre des prêts en cours réalisés grâce à l'intervention des comptoirs s'élevait, au 31 décembre 1905, à 1.968, et le solde de ces prêts à 8.190.941 francs ; au 31 décembre 1904, ces chiffres étaient respectivement 1.738 et 7.873.047 francs. D'après les comptes rendus de la Caisse générale d'épargne, les comptoirs agricoles ont cautionné, dans le courant de 1905, 370 prêts, à savoir :

De moins de 1.000 francs : 47, pour une somme totale de 29.300 francs ;

De 1.000 à 10.000 francs : 300, pour 1.097.920 francs ;

De 10.001 à 50.000 francs : 23, pour 394.000 francs ;

De 50.001 francs et plus : néant.

Durant l'année 1904, les comptoirs agricoles étaient intervenus dans 337 prêts, se répartissant comme il suit :

De moins de 1.000 francs : 30, pour une somme totale de 18.830 francs ;

De 1.000 à 10.000 francs : 291, pour 1.017.019 francs ;

De 10.001 à 50.000 francs : 15, pour 334.500 francs ;

De 50.001 francs et plus : 1 (de 65.000 francs).

On voit que l'application de la loi du 18 avril 1884 est restreinte ; d'autre part, les montants des prêts prouvent que beaucoup de grands cultivateurs empruntent à la Caisse générale d'épargne grâce à l'intervention des comptoirs, alors que le but est surtout de venir en aide à la petite et à la moyenne culture.

Les institutions appartenant au second type sont les caisses organisées d'après les principes de Raiffeisen mis en concordance avec la loi belge du 18 mai 1873, sur les sociétés commerciales.

Afin de favoriser le fonctionnement de ces associations, la loi du 21 juin 1894 a autorisé la Caisse générale d'épargne et de retraite à prêter une partie de ses fonds disponibles à ces sociétés. Les prêts sont cautionnés par une société centrale à responsabilité limitée, qui remplit à la fois le rôle des « Caisses centrales » et celui des « Unions des Caisses centrales » existant en Allemagne : recueillir les excédents d'encaisse des sociétés locales et consentir des prêts à celles qui manquent exceptionnellement de fonds, d'une part ; surveiller les opérations des organismes locaux, d'autre part.

A la fin de 1905, il existait six caisses centrales : celle de Louvain, fondée en 1895 ; celle de Liége, instituée en 1896 ; celles d'Enghien, d'Arlon et de Bruges, fondées dans le courant de 1897, et celle d'Ermeton-sur-Biert, dont la création date de 1898.

La loi du 21 juin 1894 n'a pas reçu jusqu'ici une large application.

Au 31 décembre 1905, 163 caisses Raiffeisen avaient obtenu des ouvertures de crédit à la Caisse générale d'épargne pour une somme de 594.832 francs ; 79 sociétés seulement s'en étaient servies jusqu'à concurrence de 143.252 fr. 34.

Par contre, à la même date, 6 caisses centrales et 237 sociétés locales avaient effectué des dépôts à la Caisse générale d'épargne, soit en comptes courants, soit sur livrets d'épargne, pour une somme de 5.464.353 fr. 81 (3.797.666 fr. 58 en comptes courants et 666.687 fr. 23 sur livrets d'épargne). A la même date de l'année précédente, le solde de ces dépôts était de 7.752.756 francs.

Il résulte des renseignements fournis par les sociétés en questions que les 3.053 prêts consentis par elles, en 1905, s'élèvent à 2.762.478 francs et se répartissent comme il suit :

De moins de 250 fr. : 1.540 pour une somme de 360.200 fr.
De 251 à 500 fr. :   938   —   440.400
De 501 à 1.000 fr. : 320   —   280.590
De 1.001 fr. et plus : 255   —   1.681.288

En 1904, ces prêts, au nombre de 3.065, s'élevaient à 2.699.625 francs et se divisaient de la manière suivante :

De moins de 250 fr. : 1.546 pour une somme de 350.776 fr.
De 251 à 500 fr. :   920   —   424.440
De 501 à 1.000 fr. : 301   —   251.475
De 1.001 fr. et plus : 298   —   1.672.934

Contrairement à ce qui a été constaté pour les comptoirs agricoles, les caisses Raiffeisen prêtent surtout aux petits cultivateurs.

En 1905, 160 de ces prêts étaient garantis par un privilège agricole, 200 par une hypothèque, 102 par un gage, 20 par une assurance sur la vie, 2.571 par une caution.

En 1904, 166 prêts étaient garantis par un privilège agricole, 196 par une hypothèque, 91 par un gage, 24 par une assurance sur la vie et les 2.588 autres par une caution. On ne fait donc qu'exceptionnellement usage du privilège agricole ; sous ce rapport, la loi du 15 avril 1884 n'a également reçu qu'une application très restreinte.

D'après les tableaux statistiques, le montant des dépôts confiés aux sociétés est supérieur à celui des sommes empruntées par les membres. On peut donc prévoir, comme l'a fait remarquer l'administration de la Caisse générale d'épargne dans son rapport pour 1895, que l'intervention de cette institution à titre de prêteuse aux caisses Raiffeisen, n'est que momentanée. Ce fait est dû à la grande confiance qu'inspirent les caisses Raiffeisen à raison de la responsabilité solidaire et illimitée des membres.

Parmi les banques populaires instituées d'après les principes de Schulze-Deiltzch, il en est deux, celles de Goé-Limbourg et d'Argenteau, qui peuvent être considérées comme des institutions de crédit agricole, la majeure partie de leurs prêts étant consentis à des cultivateurs.

E. Sociétés d'assurances agricoles. 1° *Sociétés d'assurances du bétail*. — La Flandre occidentale possède, depuis 1837, un fonds d'agriculture consacrant le principe de l'assurance générale et obligatoire des espèces chevaline, bovine, asine et ovine. D'après le règlement en vigueur, il est accordé des indemnités pour toutes les pertes résultant de l'abatage par ordre de l'autorité et du rejet de la viande comme impropre à la consommation.

Il fonctionne également dans cette province des sociétés d'assurances mutuelles qui interviennent dans les pertes non indemnisées par le fonds d'agriculture et qui allouent des suppléments d'indemnité aux sommes accordées par le fonds.

En 1892, il a été institué, dans la province d'Anvers, un fonds d'assurance obligatoire des bêtes bovines. Depuis le 1er janvier 1896, le caractère obligatoire du fonds est aboli et les marchands de bestiaux en sont exclus. Cette institution accorde des indemnités dans presque tous les cas de mortalité.

Il existe aussi dans la province d'Anvers des sociétés locales d'assurances mutuelles contre la mortalité des bêtes bovines ; elles interviennent dans la généralité des cas de perte.

Dans les autres provinces, l'assurance des bêtes bovines est pratiquée par des sociétés locales d'assurances mutuelles dont le plus grand nombre accorde des indemnités égales aux deux tiers de la valeur des animaux sinistrés.

Le paiement des indemnités s'effectue d'après l'un des trois modes suivants .

1° L'indemnité globale revenant au propriétaire de l'animal sinistré est prélevée, dans tous les cas, sur le fonds social, formé au moyen des versements périodiques des membres ;

2° Des pertes entraînant la saisie de la viande sont seules liquidées sur le fonds social ; lorsque la viande peut être livrée à la consommation, elle est débitée entre les membres proportionnellement au nombre d'animaux assurés par chacun ;

3° Les sociétés fonctionnent sans fonds social. En cas de sinistre, la viande propre à l'alimentation est reprise par les membres à un prix convenu ; en cas de rejet de la viande, les sociétaires payent au propriétaire de la bête sinistrée la quote-part qu'ils auraient dû payer pour la viande si celle-ci avait été déclarée utilisable.

Des sociétés du premier type fonctionnent surtout dans les provinces de Brabant, de Liége, de Limbourg et de Luxembourg. Les sociétés du second type se rencontrent principalement dans les provinces d'Anvers, de Flandre orientale, de Hainaut et de Namur. Enfin, le troisième mode de paiement des indemnités est suivi par la plupart des sociétés non reconnues des provinces d'Anvers et de Flandre orientale.

La plupart des mutualités locales sont fédérées en des caisses provinciales ou régionales de réassurance.

L'assurance libre des bêtes bovines a pris en 1905 un nouveau développement. Au 31 décembre 1904, il existait 930 sociétés dont 861 reconnues et 69 non reconnues. Elles comptaient ensemble 81.772 membres effectifs et assuraient 229.994 têtes de bétail. Au 31 décembre 1905, le nombre des sociétés était de 960 dont 896 reconnues et 64 non reconnues : elles comptaient ensemble 84.983 membres effectifs et assuraient 249.273 têtes de bétail.

Dans le courant de 1905, il a été créé 6 sociétés mutualistes d'assurances contre la mortalité des chevaux, 38 mutualités pour l'assurance des chèvres, et 5 pour l'assurance des porcs.

La plupart des sociétés d'assurances des chevaux, des chèvres et des porcs sont groupées en fédérations de réassurance.

En 1895 (date de la dernière enquête), quatre sociétés anonymes et coopératives d'assurance du bétail existaient en Belgique. La valeur des animaux assurés par elles s'élevait à 1.292.640 francs, et le montant des indemnités allouées à 31.192 francs. Une de ces sociétés ne pratique plus l'assurance du bétail depuis 1896.

2° *Sociétés d'assurances contre les pertes occasionnées par la grêle*. — Il existait en 1895 (date de la dernière enquête) huit sociétés d'assurances contre la grêle, dont trois constituées sous la forme anonyme, deux sous la forme coopérative, enfin trois sous la forme de mutualité.

La valeur des récoltes assurées par ces huit associations s'est élevée, pendant la même année, à 5.599.653 francs, et le montant des indemnités payées à 85.480 francs.

En 1899, il s'est constitué à Rumbeke (Flandre occidentale) une société cantonale d'assurances mutuelles des récoltes contre la grêle, qui a été légalement reconnue par arrêté royal du 20 juin 1900. Au 31 décembre 1905, elle comptait 13 membres, assurait 165 hectares de cultures et possédait une encaisse de 354 francs. Les indemnités payées par elles en 1905 s'élevaient à 615 francs.

L'OFFICE RURAL DU MINISTÈRE DE L'AGRICULTURE.— Enfin, un arrêté royal, en date du 8 mai 1908, a institué au Ministère de l'Agriculture de Belgique un Office rural chargé d'étudier les questions juridiques, économiques et techniques intéressant l'agriculture et de renseigner les administrations publiques, les associations professionnelles et les particuliers sur les résultats de ces études.

Du rapport présenté au Roi, concernant cette création, par le Ministre de l'Agriculture, nous croyons intéressant de reproduire ce qui concerne la direction à imprimer à l'activité de ce nouvel organisme :

Deux grands groupes d'études solliciteront l'activité de l'Office rural.

Un premier groupe comprend les nombreuses questions juridiques et économiques relatives aux personnes et aux biens : étude des crises, mouvements de la population, enquêtes sur la situation des populations rurales, recensements périodiques, régime douanier, lois spéciales relatives au régime des biens ruraux, etc.

Un second groupe comprend les recherches techniques de toute nature concernant l'agriculture et l'horticulture, étude des sols et des climats, régime des eaux, action des engrais et des amendements, sélection des semences, étude des parasites et des maladies des plantes, méthodes et cultures nouvelles, etc. Il comprend aussi les études et recherches techniques concernant l'outillage agricole et horticole, les diverses branches des industries agricoles et horticoles et les constructions rurales. A la section administrative spécialement chargée de ces études seront rattachés : le jardin botanique de l'État, la station chimique, les laboratoires d'analyses, les champs d'expériences, le service entomologique et phytopathologique, etc. Ce second groupe comprend, en outre, les études et recherches techniques concernant l'élevage et l'amélioration de nos diverses races d'animaux domestiques. Ici seront étudiées toutes les questions concernant la sélection des races, l'alimentation, les maladies des animaux, la prophylaxie, l'hygiène des étables, les méthodes d'encouragement, etc.

Pour mener à bien la tâche considérable qui lui est confiée, l'Office rural pourra recourir à des spécialistes n'appartenant pas à l'administration centrale (1), lorsque la nature des études entreprises l'exigera. Tout autre système exigerait la nomination d'un personnel considérable. Au contraire, grâce à ces collaborations occasionnelles, l'Office rural ne requerra qu'un nombre bien plus limité de fonctionnaires tout en étant assuré, au moment opportun, du concours des hommes les plus qualifiés au point de vue de leurs connaissances spéciales. En renouvelant ainsi, à son gré, son personnel d'études, l'Office évitera ce grave écueil de beaucoup d'institutions excellentes en elles-mêmes : la stagnation, souvent à craindre avec un personnel inamovible. D'autre part, dégagé du souci de la gestion quotidienne de services administratifs absorbants, l'Office pourra toujours entreprendre, sans retard, l'examen des questions juridiques, économiques ou techniques qui réclameraient une solution. Son activité se modifiera, ainsi qu'il convient à une institution de ce genre, d'après les nécessités de la vie rurale dans notre pays.

En ce moment même, l'horticulture, cette branche si importante de notre production nationale, émet une série de vœux dont l'examen s'impose immédiatement. Elle demande tout d'abord à occuper dans les préoccupations administratives une part à la fois plus large et plus spéciale, mieux en rapport avec son importance et les formes particulières de son industrie.

. . . .

Or, il est d'expérience, en administration, qu'une section administrative à laquelle on confie le soin exclusif d'une catégorie déterminée d'affaires, est naturellement amenée à donner à celle-ci une importance qu'on ne lui soupçonnait pas antérieurement. On peut donc croire que l'horticulture

(1) A rapprocher de ce qui a lieu à la direction de l'Hydraulique et des Améliorations agricoles au Ministère français de l'Agriculture (p. 107).

retirerait d'heureux avantages de la création, au sein de mon Département, d'une section spécialement chargée de veiller à ses intérêts. Cette section serait rattachée administrativement à l'Office rural, avec lequel ses points de contact sont nombreux. Nos horticulteurs ont demandé, en outre, au dernier congrès national d'horticulture tenu à Saint-Trond en septembre 1907, que le bureau spécialement affecté à l'horticulture concentre tous les documents, renseignements, statistiques, réclamations, tarifs douaniers et études se rapportant à l'industrie horticole. Ce vœu est légitime aussi et il y est donné satisfaction dans l'organisation nouvelle. Ce même bureau aura à s'occuper de la participation de nos producteurs horticoles aux expositions étrangères.

Au surplus, créé dans l'intérêt professionnel de nos producteurs agricoles et horticoles, l'Office rural ne répondrait pas à son but s'il se renfermait exclusivement dans sa mission d'études. Son rôle, au contraire, est de vulgariser, dans toute la mesure du possible, les résultats de ses recherches et de multiplier ses points de contact avec la classe rurale. Il faut que le Ministère de l'Agriculture devienne, de plus en plus, la maison largement ouverte aux intéressés et que ceux-ci puissent y recueillir aisément tous les éléments utiles à l'exercice de leur profession. Telle est l'organisation dont j'ai l'honneur de proposer la consécration à Votre Majesté par le projet d'arrêté royal annexé à ce rapport. Elle est une manifestation nouvelle du système de la spécialisation des services administratifs suivi, depuis 1884, avec d'heureux effets, au Ministère de l'Agriculture. Au lieu de réunir dans une seule et trop vaste administration tous les services ayant pour objet la protection des intérêts agricoles, mes honorables prédécesseurs, tout en évitant avec soin l'émiettement des forces administratives, ont constamment appliqué le principe d'une judicieuse division du travail. Ainsi, le Service des eaux et forêts, autrefois rattaché à l'Administration de l'enregistrement et des domaines, puis à celle de l'agriculture, a été érigé en administration distincte. Il en est de même de l'Administration de la voirie qui s'occupe des chemins vicinaux et agricoles dont le développement présente un intérêt capital pour nos campagnes. et des travaux d'hydraulique agricole si importants pour certaines régions du pays. L'Administration de l'hygiène publique a été spécialement chargée de l'exécution de la loi du 4 août 1899 relative aux falsifications des denrées alimentaires dont la répression intéresse, pour divers produits, à un si haut degré, nos producteurs agricoles. On est fondé à espérer que l'agriculture et l'horticulture nationales retireront des nouveaux organismes de multiples bienfaits.

D. — ALLEMAGNE

ACCROISSEMENT DU NOMBRE DES INSTITUTIONS AGRICOLES ALLEMANDES. — CHIFFRES DE 1907, DE 1908 ET DE 1909. — RÉSULTATS OBTENUS.

Nous avons déjà eu l'occasion de parler avec quelques détails des institutions agricoles allemandes (1) ; nous n'y reviendrons ici que pour signaler que leur nombre va sans cesse croissant. Voici un résumé de leur activité dans le cours des années 1908 et 1909. Nous l'empruntons au rapport annuel de la *Fédération (pour l'Empire) des syndicats agricoles* (2). Il en résulte que le nombre des associations coopératives a augmenté de 1.005 en 1908, au lieu de 886 en 1907 et 850 en 1906 et que leur chiffre total s'élève, à la fin de 1908, à 22.317, se répartissant ainsi :

Caisses d'épargne et de prêts 14.834
Syndicats d'achat et de vente. 2.152
Laiteries coopératives. 3.184
Autres associations coopératives diverses. . . . 2.147

TOTAL. 22.317

L'augmentation est, pour 1909, plus forte encore que pour 1908 : elle atteint, en effet, 1.048. La répartition des coopératives se trouve la suivante :

Caisses d'épargne et de prêts 15.271
Syndicats d'achat et de vente 2.217
Laiteries coopératives 3.306
Autres associations coopératives diverses. . . . 2.568

TOTAL. 23.362

Ces généralités indiquées, il ne sera pas sans intérêt de résumer ici les observations des Rapports. Voici tout d'abord celles du Rapport sur l'exercice 1908 :

(1) Voir tome 1, pp. 652 à 670.
(2) *Annales du Musée social* (juin 1909 et novembre 1910).

Le chiffre des associations affiliées à la Fédération (pour l'Empire) des syndicats agricoles est, en 1908, de 17.873 dont 12.331 caisses d'épargne et de prêts, les 5.500 autres associations faisant partie d'unions distinctes de la Fédération pour l'Empire.

Les opérations des caisses d'épargne et de prêts se sont particulièrement développées, les dépôts ont été plus nombreux, ce qui a fait réduire presque partout le taux de l'intérêt.

Le rapport constate que l'achat en commun des produits agricoles va aussi croissant, mais que, malheureusement, beaucoup de cultivateurs ne participent pas encore à ces achats coopératifs parce qu'ils sont sous la dépendance de commerçants au point de vue financier. On espère que les caisses de crédit agricole parviendront bientôt à libérer les cultivateurs, qui pourront alors acheter où ils seront le mieux servis, c'est-à-dire dans les syndicats et comices agricoles, sans s'inquiéter des commerçants.

D'après le rapport, le développement des laiteries coopératives a été un peu entravé dans le sud-ouest de l'Allemagne par l'augmentation des prix du lait frais (les laiteries coopératives procèdent sans doute par achat ferme) et la création d'associations de producteurs de lait. On recommande aux laiteries coopératives de s'occuper particulièrement de l'approvisionnement des villes en lait frais.

Par contre, la vente coopérative des produits agricoles, surtout du bétail, des œufs et du grain, est en progrès. C'est ainsi qu'il a été vendu, en 1908, par les sociétés coopératives de vente du bétail, pour environ 15 millions de marks en Hanovre, 10 millions en Bavière, 8 millions dans le Schleswig-Holstein.

Parmi les autres associations ayant pris un développement très considérable, on cite les syndicats de machines d'électricité et de conduite d'eau, et les syndicats de pâturage qui rendent, paraît-il, beaucoup de services pour l'élevage des jeunes animaux.

Le chiffre d'affaires des associations centrales, des « centrales » affiliées à la Fédération pour l'Empire, est particulièrement intéressant.

C'est ainsi que le mouvement de fonds des *Caisses centrales* s'élève à 4.100 millions de marks, celui des *Syndicats centraux d'achat et de vente* à 201 millions, dont 140 millions pour l'achat de produits de consommation agricole (25.250.000 quintaux), 4 millions pour les machines agricoles, 57 millions pour la vente des grains (3 millions de quintaux).

Voici maintenant les observations du Rapport sur l'exercice 1909 :

Notons tout d'abord que sur le total général de 23.362 associations, la Fédération (pour l'Empire) des syndicats agricoles en groupait 18.633, se répartissant en 73 Associations régionales, 12.738 caisses d'épargne et de prêts, 2.167 syndicats d'achat et de vente, 1.992 laiteries coopératives et 1.663 autres associations coopératives, parmi lesquelles les coopératives d'électricité, de battage, les syndicats d'élevage, de conduite d'eau se sont particulièrement développés et méritent de retenir d'une façon toute spéciale notre attention. On avait fondé, en 1908, 54 coopératives d'électricité ; on en a fondé 196 en 1909, c'est-à-dire près de quatre fois plus. Le royaume de Saxe, les provinces de Hanovre, de Saxe, de Brandebourg, de Posnanie sont les régions où le développement des coopératives d'électricité a été le plus grand. Quant aux coopératives de culture le nombre des nouvelles a été de 72 ; enfin, 62 syndicats d'élevage et 30 syndicats de conduite d'eau ont été créés. On voit qu'il y a là des chiffres réellement intéressants.

Par contre les achats en commun d'objets de consommation agricoles ne sont qu'en très légère augmentation : de 50 millions et demi de quintaux en 1908 à 52 millions en 1909, leur valeur passant, durant le même laps de temps, de 142 à 143 millions de marks.

La situation reste stationnaire pour l'achat des machines agricoles (4 millions de marks) et pour la vente du pain (6 millions 1 de quintaux, représentant une valeur de 56 millions de marks).

Au total les achats et ventes des « Centrales » de la Fédération, celle de Neuwied excepté, se sont élevés en 1909 à 203 millions de marks.

Le taux d'escompte de la Banque de l'Empire était en 1908 de 4,75 p. 100 en moyenne ; il a été fortement abaissé en 1909 : 3.92 p. 100. Cet abaissement a, comme on peut le penser, influé de façon très heureuse sur le développement des caisses d'épargne et de prêts. Celle de Neuwied exceptée, les caisses centrales ont effectué au total un chiffre d'affaires de 5.040 millions de marks en 1909, contre 4.100 en 1908. Durant ce même laps de temps le capital de ces caisses a passé de 236 à 261 millions et les dépôts de 158 à 185 millions. Dans ce total, les dépôts à long terme (qui sont, notez-le, ceux qui se sont le plus accrus) entrent pour 68 millions. Il paraîtrait que les grandes banques s'attachent, en Allemagne, à étendre leur action dans les campagnes et qu'elles y créent des succursales de plus en plus nombreuses, d'où nécessité pour les caisses d'épargne et de prêts de rivaliser de leur côté d'activité.

La réforme financière de l'Empire et les nouveaux impôts ne semblent pas très favorables aux intérêts de l'agriculture, tandis qu'il en va tout au contraire des nouvelles lois sur l'organisation judiciaire et sur le protêt des lettres de change ; on estime qu'elles constituent pour les populations rurales un allègement appréciable. On escompte également des résultats favorables (pour le développement des caisses coopératives) de la loi sur les vins du 4 avril 1909, loi qui impose aux exportateurs français des formalités compliquées (1).

---

(1) Divers points du Rapport peuvent encore être signalés. C'est ainsi que le chèque postal est appliqué en Allemagne depuis le 1er janvier 1909 ; la Fédération n'a pas cru, après une seule année d'expérience, pouvoir se prononcer sur son importance pratique ; mais on se plaint de la perte d'intérêts qui en résulte pour le mouvement d'affaires avec les caisses centrales, au cas où celles-ci ne se trouvent pas au siège d'un bureau de chèques. On s'est, d'autre part, beaucoup occupé, en 1909, du nouveau contrat à passer entre la Fédération et le Syndicat des potasses ; on s'en montre satisfait et notamment que l'on ait évité l'augmentation, redoutée, des sels de potasse. Enfin, parmi les questions qui

E. — SUISSE

CONTROLE OFFICIEL ET PRIVÉ SUR LES PRODUITS MIS EN VENTE. — SUBVEN-
TION DE L'ÉTAT. — SYNDICATS PROFESSIONNELS AGRICOLES. — CONCOURS
ET EXPOSITIONS. — LÉGISLATION RELATIVE AUX PRODUITS AGRICOLES. —
ENSEIGNEMENT AGRICOLE : L'ÉCOLE POLYTECHNIQUE FÉDÉRALE DE ZURICH ;
ÉCOLES THÉORIQUES ET PRATIQUES D'AGRICULTURE ; ÉCOLES AGRICOLES
D'HIVER ; CONFÉRENCES « ITINÉRANTES » ET COURS SPÉCIAUX ORGANISÉS
PAR LES CANTONS ; ÉCOLES SPÉCIALES.

La Suisse est un des pays dont nous avons déjà eu l'occasion (tome I pp. 699 à 702) d'étudier — quelque peu sommairement, il est vrai — les institutions agricoles. Nous voulons y revenir, faisant usage dans les pages suivantes de renseignements contenus dans une intéressante communication de l'Ambassade de France à Berne (Décembre 1908).

Contrôle officiel ou privé sur les produits mis en vente. — Le contrôle officiel sur les marchandises varie suivant les cantons ; il s'exerce surtout sur le raisin et sur les bestiaux. En vertu de la loi fédérale du 22 décembre 1893, les raisins de table, le marc de raisins, les rameaux de vigne importés sont soumis à l'examen d'experts pour empêcher la propagation du phylloxéra. De même l'exportation du raisin et du marc dans les pays ayant adhéré à la convention phylloxérique est soumise à certaines conditions. Pour le contrôle du commerce des bestiaux, les cantons sont divisés, d'après la loi du 8 février 1872 et le règlement du 14 octobre 1887, en arrondissements ayant chacun à leur tête un inspecteur du bétail, généralement vétérinaire patenté, qui doit délivrer un certificat de santé ou d'ori-

---

ont fait, en 1909, l'objet des études tant du conseil d'administration que des commissions de la Fédération, on peut citer le perfectionnement du système des inspections, l'organisation de l'enseignement coopératif, les timbres des chèques et quittances, les us et coutumes du commerce des fourrages, l'approvisionnement de l'armée par les coopératives, les lois sur les épizooties, la propagation de l'utilisation de l'électricité à la campagne, le développement des « Centrales » de machines, de vente et de construction.

gine, ou le recueillir, chaque fois qu'un animal est vendu ou échangé ou passe d'un arrondissement à un autre.

Subventions de l'État. — La Confédération encourage l'agriculture par de nombreuses subventions. En voici les chiffres pour 1907 : bourses d'études, 3,360 francs ; écoles théoriques et pratiques d'agriculture, 48,572 fr. 76 ; école de Genève, 14,397 fr. 90 ; écoles d'hiver, 94,027 fr. 11 ; conférences itinérantes, 45,156 fr. 93 ; écoles de viticulture et stations d'essais viticoles, 43,988 fr. 26 ; établissements fédéraux d'essais d'analyses agricoles, 338,721 fr. 94 ; établissement de Wædenswil, 87,705 fr. 40 ; écoles de laiterie, 29,017 fr. 81 ; amélioration de l'espèce chevaline, 224,538 fr. 55 ; amélioration de l'espèce bovine, 540,031 fr. 82 ; amélioration du petit bétail, 36,921 fr. 25 ; encouragements à la production du bétail de boucherie, 10,000 francs ; lutte contre le phylloxéra, 184,949 fr. 53 ; amélioration du sol, 981,199 fr. 37 ; pour développer l'assurance contre la grêle, 163,675 fr. 75 ; pour développer l'assurance contre la mortalité du bétail, 640,076 fr. 72 ; subside à différentes sociétés et syndicats agricoles, 98.000 francs. De leur côté les cantons ont alloué des subsides atteignant, au total, à peu près le chiffre des subventions du Gouvernement fédéral.

Syndicats professionnels agricoles. — La Suisse, où les petits propriétaires sont en majorité, offrait aux idées d'association un sol éminemment favorable. Il y a un siècle environ que les laiteries s'organisèrent d'après le système coopératif, mais c'est seulement des trente dernières années que date leur diffusion et leur organisation rationnelle.

Presque toutes les associations agricoles sont affiliées à la *Ligue des Paysans*, qui jouit d'une influence considérable. Lors de la revision du dernier tarif douanier elle a puissamment contribué à en faire voter l'adoption ; restant à l'écart des luttes politiques, elle recrute des adhérents dans tous les partis et compte environ 100.000 membres. Le Gouvernement la consulte sur presque toutes les questions importantes ; dernièrement encore, au sujet du monopole des farines, le département de l'Agriculture a demandé un rapport au secrétaire de la Ligue. Le secrétariat de celle-ci reçoit d'ailleurs une subvention à condition de faire les enquêtes agricoles que demande le Gouvernement. Le subside a été de 30.000 francs en 1907. Le siège de l'Union est à Brugg (Argovie). Son organe : *Die schweizerische Bauernzeitung*, paraît tous les mois. Le président actuel de la ligue est M. Jenny (1), député de Berne au Conseil national, et le chef du secrétariat est le Dr Laur ; bien que celui-ci n'appartienne ni au Parlement, ni à l'administration, il jouit d'une grande autorité et a été l'un des négociateurs du dernier traité de commerce franco-suisse.

A la base du mouvement coopératif actuel se trouvent les associations agricoles proprement dites, qui, pour la plupart poursuivent un double but : achat des articles nécessaires à la culture et vente des produits du sol. Elles ont pris récemment, dans la Suisse allemande surtout, une grande extension, mais les paysans suisses ne s'en sont pas tenus là ; et ils ont formé entre les groupes locaux des fédérations pour l'achat en gros des marchandises.

La plupart de ces fédérations ont adopté comme base de leur organisation les principes posés à l'origine par la Fédération de la Suisse orientale :

1° Les associations qui forment la Fédération doivent être des associations inscrites au registre du commerce et obliger leurs membres pour une garantie illimitée en ce qui concerne leurs engagements d'associés ;

2° Les associations de la Fédération sont responsables solidairement envers les créanciers de celle-ci jusqu'à concurrence d'une somme fixée qui varie de 50.000 francs à 300.000 francs ;

3° Les associations fédérées sont tenues de s'adresser à la Fédération pour tous les achats de marchandises dont elles ont

---

(1) C'est à un récent discours de M. Jenny sur les associations agricoles que sont empruntés la plupart des présents renseignements sur cette matière.

besoin et pour lesquels la Fédération a été désignée comme intermédiaire ;

4° La direction de la Fédération est partout confiée à un comité de plusieurs membres nommé par une réunion de délégués. Le Comité choisit à son tour, sous sa responsabilité, les organes exécutifs de la Fédération ;

5° Le contrôle supérieur est exercé par une commission chargée de l'examen des comptes et élue par l'Assemblée des délégués.

La plupart des fédérations limitent leur activité à l'achat des articles nécessaires à l'agriculture, semences, engrais, fourrages, machines, vin. Certaines cependant, comme la Fédération de la Suisse orientale, étendent leurs rayons d'affaires aux produits coloniaux et d'alimentation. D'autres sont organisées pour la vente des pommes de terre, des grains, du moût, des fruits, de la paille. Très peu embrassent l'exportation, seules s'en occupent les deux fédérations des syndicats d'élevage pour la race brune et la race tachetée, et des syndicats de producteurs de fruits, particulièrement de pommes. Il n'existe malheureusement pas de statistique au sujet des fédérations et syndicats.

Voici les principaux de ces groupements :

La *Fédération de la Suisse orientale*, dont le siège est à Wintherthur, fondée en 1885, comprenait, en 1905, 143 associations et 10.175 membres ; son chiffre d'affaires se montait en 1907 à 500.000 francs ;

La *Fédération bernoise*, fondée en 1890 ; comptait, en 1905, 148 sociétés et 10.657 membres ; son chiffre d'affaires a dépassé 3 millions ; plusieurs des sociétés qui la composent s'occupent de la vente de produits du sol, particulièrement des fruits et des pommes de terre, ainsi que de la livraison de grains à l'administration de l'armée, mais la Fédération même néglige ce trafic, ce qui restreint son chiffre d'affaires ;

La *Fédération de la Suisse centrale*, dont le siège est à Sempach, fait pour plus d'un million d'achats ;

La *Fédération suisse des sociétés d'élevage de la race tachetée*, fondée en 1890 ; compte 166 sociétés et 4.678 membres ;

La *Fédération des sociétés d'élevage de la race tachetée de la Suisse orientale;*

La *Fédération des sociétés d'élevage de la race brune*, comptant en 1897, 145 sociétés et 4.738 membres ;

Les *Fédérations de sociétés d'élevage de la race tachetée de Berne, de Vaud, de Fribourg, du Simmenthal*;

La *Fédération des sociétés d'élevage de la race tachetée noire de Fribourg*, fondée en 1899, compte 27 sociétés et 417 membres.

Il existe une trentaine de syndicats pour l'élevage des chevaux et divers syndicats pour l'élevage des porcs, des moutons, des chèvres. Les associations d'éleveurs de chèvres se sont même réunies en 1906 en une Fédération qui compte 28 sociétés et 900 membres, et a organisé un marché de chèvres ayant un caractère d'exposition qui a assez bien réussi. Il existe encore des associations de distillateurs (environ 50), de meuniers (16 environ), 80 syndicats pour l'usage des machines à battre le blé (particulièrement dans la Suisse française et le canton de Berne), des sociétés d'arboriculteurs et de viticulteurs (environ 50), enfin de nombreuses sociétés d'alpages.

En 1902, plusieurs sociétés se sont également unies pour former une *Fédération de crédit agricole*, qui compte aujourd'hui 56 sociétés et 3.300 membres.

Mentionnons enfin pour terminer les sociétés d'assurances pour le bétail et la florissante *Société d'assurance contre la grêle* qui réunit 52.000 membres, a touché en primes en 1905 la somme de 879.950 francs et environ 100.000 francs d'autres recettes, et a eu, déduction faite des indemnités distribuées (684.837 francs) et des frais d'administration et d'impôts (133.995 francs), un bénéfice net de 157.744 francs.

Voici quelles sont les subventions accordées en 1907 par la Confédération aux diverses sociétés d'agriculture (1) :

(1) La Suisse compte, au total, près de 5.000 sociétés coopératives agricoles.

Société suisse d'agriculture . . . .   29,500 francs.
Fédération des sociétés d'agriculture de
    la Suisse romande.   17,000   —
Société d'agriculture du canton du Tessin.   4,500   —
Société suisse d'économie alpestre   9,000   —
Société suisse d'horticulture.   8,000   —

Soit avec le subside de 30,000 francs alloué au secrétariat de la Ligue des paysans, un total de 98,000 francs, non compris le subside de 9,150 francs réparti entre 34 syndicats d'élevage pour les frais de fondation, les subventions allouées aux fédérations suisses des syndicats d'élevage de la race brune et de la race tachetée, à la Société d'amélioration de l'espèce chevaline en faveur des courses d'Yverdon (1,000 francs), aux concours des sociétés d'élevage du cheval, aux syndicats pour l'élevage des espèces porcine, caprine, ovine, etc.

CONCOURS ET EXPOSITIONS. — Concours et expositions agricoles sont nombreux en Suisse ; mais la plupart ne sont que cantonaux. La Confédération leur alloue des primes.

Les concours de pouliches ont lieu en automne. Ils sont en défaveur, de nombreux éleveurs préférant présenter leurs animaux aux concours des syndicats. Voici les résultats des concours pour 1906 et 1907 :

POULICHES ET JUMENTS PRIMÉES

	Nombre	Montant des primes
1906	373	46.860
1907	198 (1)	26.960 (2)
Différence.	175	20.900

Par contre, augmentent le nombre et l'importance des concours organisés par les Syndicats d'élevage de plus en plus

(1) Dont 111 pour le canton de Berne.
(2) Dont 14.980 pour le canton de Berne.

nombreux eux-mêmes. 48 y ont pris part en 1907 contre 34 en 1906 ; 21 d'entre eux élèvent le cheval de selle, et 24, le cheval de trait. Le nombre des juments et pouliches primées à ce concours s'est élevé à 1.643.

La Confédération a enfin accordé, en 1907, 309.891 fr. 15 de primes aux concours de taureaux, 89.852 fr. 35 de primes aux concours de vaches et de génisses, et d'importantes primes également au petit bétail.

En dehors de ces concours agricoles, il existe des expositions fédérales et cantonales. Des expositions générales se tiennent environ tous les six ans, en vertu de la loi du 22 décembre 1893 dont l'article 18 prescrit :

« La Confédération subventionne des expositions générales d'agriculture ayant lieu, à des intervalles qui ne soient pas inférieurs à six ans, dans les différentes parties de la Suisse.

« La subvention fédérale ne doit être appliquée qu'à des primes. Le programme des expositions, l'élection des jurés et le règlement du jury doivent être soumis à la sanction du Conseil fédéral. L'organisation des expositions est l'affaire des Sociétés agricoles et des cantons. »

La prochaine exposition s'ouvrira en 1910 à Lausanne ; la dernière a siégé à Frauenfeld ; l'avant-dernière à Berne en 1895.

Il y a de plus des concours réguliers de taureaux, auxquels prennent part tous les cantons. Ils ont lieu chaque année à Ostermundigen pour la race tachetée, à Zug pour la race brune et à Bulle pour la race noire.

Législation relative aux produits agricoles. — Ce qui concerne le régime du sol et les produits animaux ou végétaux, est en Suisse du ressort cantonal et la seule législation fédérale relative à l'agriculture se compose de :

1° La loi fédérale concernant l'amélioration de l'agriculture par la Confédération (22 décembre 1893 ; règlement d'exécution du 10 juillet 1894), qui s'occupe des subventions à accorder à l'enseignement et aux stations d'essais, à l'élevage du bétail, aux améliorations du sol, aux cantons qui ont pris des mesures contre le phylloxéra, aux syndicats agricoles et aux expositions ;

2° La loi fédérale concernant les mesures à prendre contre les épizooties (loi du 2 février 1872, complétée le 19 juillet 1873 et modifiée le 1er juillet 1886 ; règlement d'exécution du 14 octobre 1887).

Enseignement agricole. — L'enseignement agricole en Suisse ne présente pas d'unité d'organisation, par suite de l'esprit d'autonomie des divers cantons. Il est possible cependant d'établir entre les différents établissements d'instruction la sorte de classification suivante :

1° l'École polytechnique fédérale de Zurich ;

2° les écoles théoriques et pratiques d'agriculture ;

3° les écoles agricoles d'hiver ;

4° les conférences « itinérantes » et les cours spéciaux organisés par les cantons ;

5° les écoles spéciales de laiterie, d'arboriculture, d'horticulture et de viticulture.

Passons en revue ces divers établissements :

L'École polytechnique fédérale de Zurich. — Fondée en 1854, elle comprend, depuis 1871, une section pour l'agriculture et les forêts (la 5me), divisée elle-même en trois branches qui forment chacune une école spéciale : l'École forestière, l'École d'agriculture et l'École d'ingénieurs agricoles. Cette section, qui ne comptait en 1871-72 que 25 élèves, sur les 568 du Polytechnicum, comprenait, au début de 1908, 115 étudiants réguliers, ainsi répartis : 39, dont 1 étranger, à l'École forestière ; 55, dont 10 étrangers, à l'École d'agriculture et 21, dont 6 étrangers, à l'École d'ingénieurs agricoles.

Sont admis à ces trois écoles des étudiants réguliers et des auditeurs. Les premiers doivent avoir au moins 18 ans et être munis du « certificat de maturité » d'une « école moyenne suisse », à défaut de quoi ils doivent généralement subir un examen d'entrée, à moins qu'ils n'aient suivi les cours d'une école d'agriculture ordinaire ou qu'ils ne justifient d'une longue pratique, s'il s'agit de cultivateurs âgés.

La taxe scolaire est de 150 francs, sans compter un droit spécial pour l'usage de la bibliothèque, des laboratoires et des ateliers. La durée des cours est de 6 semestres pour l'école forestière et de 5 semestres pour les deux autres écoles. En fin d'études, le « Polytechnicum » fait passer des examens et délivre des diplômes.

Les écoles théoriques et pratiques d'agriculture. — Elles reçoivent des élèves entre quinze et vingt-cinq ans, munis du certificat d'études primaires. Ils ont habituellement à subir un petit examen d'entrée. Ces écoles sont au nombre de 4 ; ce sont des établissements cantonaux, mais subventionnés par la Confédération. Voici un tableau indiquant pour chacun le nombre d'élèves, le montant des frais d'enseignement et celui du subside fédéral, qu'on remarquera égal à la moitié de ces derniers :

ÉCOLES	CANTONS	NOMBRE D'ÉLÈVES	FRAIS D'ENSEIGNEMENT	SUBSIDE FÉDÉRAL
			fr. c.	fr. c.
1. Strickhof	Zurich	38	20.800 00	10.400 00
2. Rutti	Berne	64	31.074 09	15.537 04
3. Ecône	Valais	16	18.010 00	9.005 00
4. Cernier	Neuchâtel	31	31.698 37	15.849 18
1907..........		149	101.582 46	50.791 22
1906..........		162	97.145 52	48.572 76

Dans les deux premières de ces écoles, l'enseignement est donné en allemand ; dans les deux autres en français ; ces dernières ont de plus un cours préparatoire spécial pour les élèves parlant d'autres langues. L'école d'Ecône a été fondée par des religieux du Saint-Bernard et est encore dirigée par eux. Ces institutions, bien que susceptibles de préparer à suivre les cours du « Polytechnicum » ceux qui veulent entrer dans de grandes entreprises ou se spécialiser dans l'enseignement agronomique, s'adressent surtout aux fils des petits propriétaires fonciers, et attachent par suite une importance particulière à l'enseignement pratique ; aussi sont-elles dotées chacune d'une importante ferme-modèle. Le régime de ces écoles est l'internat, et l'enseignement y dure deux ans.

Écoles agricoles d'hiver. — On estime depuis longtemps en Suisse que le type d'école le mieux approprié à l'enseignement des paysans est l'école agricole d'hiver. Aussi s'en est-il créé un assez grand nombre, dont voici la liste d'après le rapport du Département fédéral du commerce, sur sa gestion en 1907.

ÉCOLES	CANTONS	NOMBRE D'ÉLÈVES	FRAIS D'ENSEIGNEMENT	SUBSIDE FÉDÉRAL
			fr. c.	fr. c.
1. Strickhof et Winterthur...	Zurich	45	11.488 61	5.744 30
2. Rutti	Berne	97	20.381 33	10.190 67
3. Langenthal....	Berne	38	5.014 23	2.507 11
4. Porrentruy	Berne	18	7.127 65	3.562 82
5. Sursee	Lucerne	103	19.708 24	9.854 12
6. Fribourg	Fribourg	42	18.683 91	5.744 30
7. Custerhof	Saint-Gall	51	18.113 42	9.056 71
8. Plantahof	Grisons	60	20.993 11	10.496 55
9. Brougg	Argovie	109	23.088 29	11.544 15
10. Arenenberg....	Thurgovie	59	19.317 47	9.658 73
11. Lausanne	Vaud	33	17.738 00	8.869 00
12. Genève	Genève	12	6.400 00	3.200 00
1907...............	....	667	188.054 26	94.027 11
1906...............	....	664	186.486 57	93.243 26

Depuis 1907, il s'est créé deux autres écoles d'hiver : l'une à Schaffouse, l'autre à Soleure, ainsi qu'une filiale de celle de Rutti à Munsingen : ce qui porte à plus de 700 le nombre total d'élèves fréquentant ces établissements. Pour suivre ces cours, il faut généralement être muni d'un certificat d'instruction primaire et avoir au moins 16 ans ; la tendance actuelle est d'ailleurs de reculer la limite d'âge, et on accepte plus volontiers les élèves de 20 ans et au-dessus que ceux de moins de 17 ans. Les écoles situées sur les confins des différents dialectes ont généralement un cours préparatoire destiné à ceux qui possèdent mal la langue dans laquelle a lieu l'enseignement. On suppose aux élèves certaines connaissances pratiques qui permettent d'insister sur la théorie, ce qui ne veut pas dire qu'on exclue les applications, les exercices et les excursions professionnelles auxquels l'enseignement peut donner lieu.

Les cours se répartissent sur deux années et ont lieu chaque année pendant une durée de quatre à cinq mois. Le programme comprend comme matières : la langue dans laquelle l'enseignement a lieu, le calcul, la géométrie, la mesure des terrains, des éléments de physique et de chimie, l'amélioration du sol, la culture des plantes et la production des fruits, la viticulture, l'horticulture, la sylviculture, l'élevage, l'industrie laitière, l'économie domestique, la tenue des livres, les machines agricoles, quelques éléments de législation.

En été, on convoque les élèves en vue de certains cours spéciaux et excursions ayant pour but de leur montrer la pratique des perfectionnements nouveaux. En outre, certaines écoles ayant, comme Plantahof, de grandes exploitations agricoles, gardent en été un certain nombre d'élèves pour faire des essais et tenter d'organiser un modèle d'agriculture rationnelle. On paye, généralement, pour suivre les cours, de 180 à 225 francs, représentant les frais d'entretien, l'enseignement lui-même étant gratuit.

Conférences « itinérantes » et cours spéciaux organisés par les cantons. — Par suite des difficultés de communications, l'enseignement agricole fixe n'atteint que très imparfaitement les paysans de certaines vallées isolées. Aussi, la plupart des cantons ont-ils organisé des cours spéciaux et des conférences qui, faits par des professeurs et des instituteurs se transportant de ville en ville, de village en village, mettent les masses au courant des nouveaux procédés de culture. La Confédération a encouragé ce mouvement en prenant à sa charge la moitié des dépenses ainsi occasionnées aux cantons, c'est-à-dire un total de 76.938 fr. 32. Les dépenses portées en compte ne se rapportent qu'au personnel enseignant et à l'achat d'objets d'enseignement.

Les Écoles spéciales. — Assez nombreuses en Suisse, elles s'occupent pour la plupart soit d'industrie laitière, soit de culture de la vigne et des arbres à fruits.

Les écoles laitières sont au nombre de trois, situées à Rutti (Berne), Pérolles (Fribourg) et Moudon (Vaud). Ce sont des établissements cantonaux qui unissent l'enseignement pratique, donné le matin dans la laiterie-modèle, à la théorie à laquelle on consacre quelques heures l'après-midi. L'instruction pour les Suisses y est donnée gratuitement ou moyennant une légère rétribution ; les étrangers ont à payer une indemnité plus élevée. Les frais d'enseignement et le montant du subside fédéral en 1907 sont indiqués dans le tableau de la page 317. (Les chiffres de dépenses ne comprennent que les traitements du personnel enseignant et le matériel d'enseignement.)

En ce qui concerne les fruits, le vin et l'horticulture, trois écoles également s'occupent de ces spécialités :

1° L'École d'arboriculture, de viticulture et d'horticulture, à Wædenswil ;

2° L'École cantonale d'horticulture, de culture maraîchère, de viticulture de Chatelaine, près Genève ;

3° L'École d'arboriculture et d'horticulture pour femmes, de Niederlenz.

L'établissement de Wædenswill fit partie d'une station d'essais jusqu'en 1902, époque à laquelle il devint indépendant; il est surveillé et administré par une commission particulière, élue par les quatorze cantons de la Suisse allemande qui le subven-

DÉSIGNATION	ADMINISTRATION centrale au Liebefeld	ÉTABLISSEMENTS DE CHIMIE AGRICOLE			ÉTABLISSEMENTS D'ESSAIS DE SEMENCES		ÉTABLISSEMENTS d'industrie laitière et de bactériologie	TOTAUX
		ZURICH	BERNE	LAUSANNE	ZURICH	LAUSANNE		
	fr. c.	fr. c.	fr. c.	fr. c.	fr. c.	fr. c.	fr. c.	fr. c.
DÉPENSES								
1. Traitements	12.920 00	42.731 70	32.366 32	15.800 00	37.033 70	12.610 00	23.670 00	176.681 72
2. Frais de bureau	1.726 07	584 11	1.865 96	474 05	4.138 89	510 10	912 82	10.212 00
3. Mobilier	582 21	2.379 73	5.299 24	921 30	920 83	1.425 53	3.647 72	15.176 56
4. Frais d'exploitation	38.298 70	18.173 16	32.762 08	4.381 24	13.136 17	11.382 87	16.912 52	135.046 84
5. Divers	1.345 77	169 05	» »	» »	285 00	» »	5 00	1.804 82
TOTAUX	54.872 75	64.037 75	72.293 60	21.576 59	55.514 69	25.928 50	45.148 06	338.921 94
RECETTES								
1. Émoluments pour analyses suivant tarif	» »	2.761 50	1.054 36	574 00	3.272 25	175 30	81 30	7.918 71
2. Émoluments pour analyses suivant contrat de contrôle	22.732 40	» »	» »	» »	» »	» »	» »	22.732 40
3. Émoluments pour analyses suivant contrats spéciaux	151 30	684 15	» »	» »	22.210 94	454 20	» »	23.500 59
4. Divers	31 15	321 85	62 24	368 25	1.785 54	257 90	1.669 50	4.496 43
5. Produits du domaine de Liebefeld et fromageries d'essais	29.564 50	» »	» »	» »	» »	» »	» »	29.564 50
6. Produits du domaine de Mont-Calme	» »	» »	» »	350 00	» »	» »	» »	350 00
TOTAUX	52.479 35	3.767 50	1.116 60	1.292 25	27.268 73	887 40	1.750 80	88.562 63

Émoluments d'analyses et divers	58.648 fr. 13
Domaine de Liebefeld et fromageries d'essais	29.564 50
Domaine de Mont-Calme	350 00
TOTAL	88.562 fr. 63
1906	82.349 fr. 69

tionnent. Il reçoit également du Gouvernement fédéral un subside s'élevant à la moitié des frais d'enseignement (9,120 fr. 92 sur 18.241 fr. 25 en 1907). Les cours durent un an; pour les suivre, il faut avoir au moins 17 ans et avoir rempli ses obligations scolaires; quoique l'enseignement soit à la fois théorique et pratique, on exige de ceux qui veulent entrer une certaine préparation pratique. Tous les élèves sont internes et doivent payer pour leur entretien au moins 10 francs par semaine; les étrangers ont à payer en plus un droit scolaire de 100 francs. L'établissement comptait, en 1907, 17 élèves.

L'école de Chatelaine, fondée en 1887, est depuis 1900 la propriété du canton de Genève. Elle est subventionnée par ce canton, par ceux de Berne et de Vaud et par la Confédération, dont le subside s'est élevé en 1907 à 14,397 fr. 90, représentant la moitié des frais d'enseignement. Le nombre des élèves était alors de 37, répartis en trois années d'études. On s'occupe surtout dans cet établissement de l'enseignement pratique et on lui consacre dans les deux premières années les 2/3 du temps, et dans la dernière les 4/5mes.

L'école de femmes de Niederlenz a été fondée en 1906 par l'« Association d'utilité générale des femmes suisses ». Elle est située dans le canton d'Argovie et reçoit des subventions de plusieurs cantons et de la Confédération. Elle ne limite pas son rôle à l'étude des arbres fruitiers, de l'horticulture et des cultures maraîchères. Son enseignement, à la fois théorique et pratique, s'étend à toutes les connaissances nécessaires à une bonne ménagère rurale, particulièrement l'organisation d'une basse-cour et l'élevage des volailles, ainsi que la tenue d'une maison.

Enfin, il convient d'ajouter jusqu'à l'année dernière l'école de viticulture d'Auvernier (Neuchâtel) qui comptait 10 élèves. Cet établissement qui faisait partie d'une station d'essai a été supprimé par le canton qui possède déjà l'école de Cernier. Les frais d'enseignement de cette institution se montaient, en 1907, à 10,672 fr. 69, dont la moitié était supportée par la Confédération.

Les écoles théoriques et pratiques d'agriculture et les écoles spéciales publient presque toutes des rapports, mais ces rapports ne sont généralement que d'un intérêt relatif.

F. — AUTRICHE.

Nous croyons intéressant de signaler l'existence à Vienne d'une laiterie coopérative monstre. Dans le *Journal d'agriculture pratique* du 11 mars 1909, le distingué spécialiste M. Maurice Beau lui a consacré un article documenté que nous tenons à reproduire ici :

Il existe à Vienne (Autriche) une laiterie coopérative pour la vente du lait en nature, qui est bien l'établissement le plus important, l'unique même de ce genre dans le monde entier.

Elle est, en effet, formée par la réunion de gros propriétaires des environs de Vienne, au nombre de 90 seulement, se partageant 503 parts de sociétaires (1) : chacune de ces parts pour laquelle doivent être versées 3.000 couronnes (2), soit 3.150 francs, dont 2.000 de capital et 1.000 de fonds de réserve, donnent droit à la livraison de 100 à 150 litres par jour. Cela représente par suite un capital total de 1.509.000 couronnes, dont 1/3 de fonds de réserve. Ces chiffres montrent déjà que les sociétaires sont tous, sans exception, de gros producteurs de lait, et l'on s'en rend encore mieux compte en examinant les quantités de lait livrées.

Fondée à la suite de l'assemblée générale du 15 août 1880 et mise en marche en septembre 1881, la laiterie de Vienne a vu sa production croître régulièrement d'année en année, comme le montrent les chiffres suivants, indiquant les quantités de lait travaillées pendant un exercice de douze mois, de cinq ans en cinq ans :

(1) Tous les chiffres indiqués se rapportent à l'exercice allant du 1er juillet 1906 au 30 juin 1907.

(2) Une couronne autrichienne = 100 heller = 1 fr. 05.

1881-1882	1.935.911 litres.
1886-1887.	4.558.197 —
1891-1892.	5.743.307 —
1896-1897.	7.830.583 —
1901-1902.	13.236.848 —
1906-1907.	23.559.128 —

Donc en 1906-1907, les 90 sociétaires ont fourni plus de 23 millions 1/2 de litres de lait, soit une moyenne annuelle de 202.000 litres par sociétaire, ou près de 650 litres par jour.

Il faut aussi remarquer que ce développement a été surtout intense depuis une dizaine d'années ; la production a triplé de 1896 à 1906. De 1905 à 1906, en un an, elle a augmenté de 1.614.758 litres, soit de l'importance d'une laiterie de moyenne grandeur des Charentes ; en fait, la laiterie de Vienne équivaut comme grandeur à une douzaine de laiteries charentaises. La production a d'ailleurs encore augmenté depuis cette époque, puisqu'elle atteint en février 1908 le chiffre de 80.000 litres par jour.

Cette production se distribue entre les différents mois de l'année d'une manière relativement très égale, et il n'y a pas entre le minimum et le maximum d'écart bien considérable. En 1906-1907, le minimum journalier a été de 55.010 litres (moyenne du mois d'août), et le maximum de 75.448 litres (moyenne du mois de juin), soit une proportion de 3 à 4 environ, alors que dans nos régions (Charente) la production journalière varie du simple au double, souvent même du simple au triple.

On voit de plus que, si le maximum se produit en été, en juin, le minimum n'a pas lieu en hiver, mais au mois d'août, c'est-à-dire au moment des grandes chaleurs, et ce fait est très important pour une laiterie urbaine, la consommation étant précisément minima à cette époque ; la plupart des grandes organisations alimentant Paris en lait, par exemple, sont affligées pendant la saison chaude d'énormes quantités de lait qu'elles ne peuvent vendre en nature, et pour lesquelles elles sont obligées de rechercher une utilisation moins rémunératrice, par exemple dans la fabrication du beurre ; elles sont, par suite, obligées de baisser les prix du lait, qui passent, en effet, de 13 à 14 centimes en hiver, à 9 ou 10 centimes en été. Cet inconvénient est partiellement pallié à la *Wiener Molkerei* et les chiffres ci-dessus montrent que la plus grande partie des vêlages se font à l'automne, les vaches tarissant vers le mois d'août, d'où le minimum observé à cette époque.

Ce système oblige, il est vrai, le producteur à se pourvoir en hiver de nourriture suffisante pour permettre à son bétail de soutenir cette production hivernale intensive ; l'achat d'aliments concentrés s'impose par suite, mais il n'est pas douteux que la dépense supplémentaire ainsi faite soit largement compensée par les résultats pécuniaires obtenus. Examinons un peu ces derniers.

Le lait est payé d'après la richesse en matière grasse, et près de 42.000 analyses ont été faites dans ce but en 1906-1907, au laboratoire de la *Wiener Molkerei*. Depuis 1900, la richesse moyenne en matière grasse a augmenté de plus de 0,2 p. 100, comme le montre le tableau suivant :

1900-1901	3.548 p. 100
1901-1902	3.586 —
1902-1903	3.751 —
1903-1904	3.736 —
1904-1905	3.751 —
1905-1906	3.798 —
1906-1907	3.766 —

Encore ces résultats sont-ils inférieurs à la réalité, les richesses en matière grasse supérieure à 4 p. 100 étant ramenées à ce chiffre pour l'établissement des comptes. Cette amélioration des résultats est due uniquement à une sélection attentive des vaches.

Le prix payé net aux sociétaires a été, en 1906-1907, de 18 heller 503 (19 centimes 43) par litre de lait entier, rendu franco gare Vienne, d'où il résulte que le total des sommes versées dans l'année aux sociétaires a dépassé 4.500.000 fr. Le maximum a été atteint par un sociétaire dont le lait présentant une richesse moyenne de 3.972 p. 100 de matière grasse, est ressorti à 19 heller 994 (21 centimes) par litre.

La coopérative est depuis 1901 installée à Vienne le long du Prater (le bois de Boulogne de la capitale autrichienne), dans un vaste monument du style renaissance, long de 162 mètres, large de 61 mètres, formé d'un rectangle de bâtiments entourant une cour centrale de 108 mètres de long sur 31 mètres de large. Le tout, y compris une annexe située en arrière, couvre un hectare de superficie.

C'est donc bien, à tous les points de vue, une laiterie coopérative monstre. Sans entrer dans tous les détails de l'installation, d'ailleurs modèle, disons seulement que la grande salle de réception et de manipulation du lait a 85 mètres de long sur 11 de large, et deux étages de hauteur. Le lait, dont chaque bidon est soumis à la dégustation, est filtré, refroidi et conservé dans deux grands réservoirs de 8.000 litres de capacité chacun, d'où il est conduit aux salles de remplissage des bidons et des bouteilles ; 60.000 de ces dernières sont vendues journellement ;

soixante personnes sont occupées au remplissage et au plombage de celles-ci au moyen de six machines spéciales ; rien que la casse des flacons représente une perte de 100.000 couronnes par an.

Cent soixante chevaux font le transport du lait des gares à la laiterie, et de celle-ci aux succursales.

La salle des machines comprend une machine à vapeur Compound de 140 chevaux et une machine de réserve de 80 chevaux, une machine frigorifique à ammoniaque, système Linde, donnant 80.000 frigories à l'heure, deux dynamos de 290 ampères chacune, alimentant 24 lampes à arc, 950 lampes à incandescence et de nombreux petits moteurs disséminés dans tout l'établissement. Deux générateurs, de 120 mètres carrés chacun de surface de chauffe, avec surchauffeurs, fournissent la vapeur à 250 degrés. Deux pompes de 100.000 litres à l'heure fournissent les 1.500 mètres cubes d'eau froide et les 120 mètres cubes d'eau chaude consommés journellement.

A la tête de l'affaire se trouvent un directeur commercial (M. J Kampmann) et un directeur technique (M. F. Kaiser). Le personnel compte, avec les revendeuses, 1.100 personnes, dont 550 ouvriers fixes ; les employés non mariés sont logés à la laiterie ; tous ont à leur disposition, dans l'établissement, des vestiaires, lavabos, salles de bains et cuisines ; ils forment entre eux une Société chorale et musicale, qui donne des représentations dans une salle de 200 mètres carrés de surface située au troisième étage d'un des bâtiments. Tout le personnel est assuré non seulement contre les accidents, mais aussi contre les maladies.

En 1907, la coopérative possédait 128 succursales de vente et 13 dépôts, tant à Vienne même que dans ses faubourgs. Les deux tiers du lait reçu sont vendus en nature, soit à prendre dans les dépôts au prix de 26 heller le litre, soit en bouteilles à domicile au prix de 30 heller la bouteille. Une petite partie est livrée comme lait hygiénique ou pour les enfants. Comme autres produits, la laiterie vend :

Trois espèces de crème (consommation annuelle totale, 700.000 litres) ;

(La crème à café (1) à 10 p. 100 de matière grasse, au prix de 0 couronne 80 la bouteille ;

La crème à thé à 16 p. 100 de matière grasse, au prix de 1 couronne 20 la bouteille ;

La crème à fouetter à 30 p. 100 de matière grasse, au prix de 2 couronnes 40 la bouteille.)

(1) Dans tous les pays germaniques, on boit de préférence le café et le thé mélangés de crème.

Du beurre fin à 3 couronnes 20 le kilogramme, et divers autres produits secondaires tels que Yoghourt, lait caillé, fromages à pâte molle « Monopol », enfin du pain au petit-lait, ces derniers produits permettant une bonne utilisation des invendus pour la consommation en nature.

Ces quelques détails donnent une idée de cette immense organisation, qui est, répétons-le, de nature exclusivement coopérative, de même que celle de toutes les laiteries des Charentes. Nous ne connaissons au monde qu'une seule organisation analogue, celle de la laiterie C. Bolle, à Berlin (1) ; mais c'est une affaire industrielle privée, d'ailleurs même plus importante que la *Wiener Molkerei*, car elle travaille plus de 120.000 litres de lait par jour, et a reçu, en 1906, 43 millions de litres de lait.

G. — HONGRIE.

DIFFUSION DE LA COOPÉRATION : CRÉDIT MUTUEL AGRICOLE, SON HISTORIQUE, SA LÉGISLATION, SON FONCTIONNEMENT, SA SITUATION ACTUELLE ; ACHAT, PRODUCTION, VENTE EN COMMUN ; CONSOMMATION ; CONCLUSIONS. — INTERVENTION DE L'ÉTAT POUR L'AMÉLIORATION DU LOGEMENT DES OUVRIERS AGRICOLES. — LA « LIGUE AGRAIRE HONGROISE ».

Nous avons été assez brefs en traitant au tome I (p. 250) de la coopération agricole en Hongrie. Aussi tenons-nous à revenir sur ce sujet peu connu et qui, pourtant, mérite de retenir l'attention. Nous nous en rapporterons au voyage agricole fait en Hongrie par M. de Rocquigny, et dont voici, dû à M. P. Wimeux, un récit très clair (2) :

Dans les vingt années qui précédèrent 1886, il s'était fondé en Hongrie un assez grand nombre de *Sociétés coopératives de crédit* ; mais dans ce mouvement il n'y avait aucune unité, les Sociétés créées s'ignoraient, leurs opérations étaient généralement restreintes, et il arrivait, d'autre part, que parfois elles étaient accaparées par des spéculateurs qui s'en servaient pour « pratiquer l'usure sous le couvert de la spéculation ». — En Hongrie, les classes moyennes n'ont que peu d'importance et les classes populaires

(1) On trouvera des détails à ce sujet dans le numéro du *Journal d'agriculture pratique* du 30 janvier 1902, p. 145.

(2) Ce résumé a été publié par le *Journal d'Agriculture pratique* ; la narration détaillée du voyage a paru dans le supplément (Mémoires et documents) de juillet 1905 des *Annales du Musée social*.

peu instruites manquent d'initiative. — C'est alors qu'intervint l'aristocratie territoriale, et à sa tête le comte Alexandre Karolyi, qui résolut de préconiser la coopération dans le but, dit M. de Rocquigny, « de sauve-« garder les intérêts des travailleurs contre les abus de toute nature, et « aussi de suppléer à l'inexistence de la classe moyenne en préparant, « dans les villages, la formation de groupements sélectionnés destinés à « devenir, selon l'expression du comte Karolyi les dirigeants de la démo-« cratie rurale ». En 1886, fut fondée l'Association centrale de crédit pour le comitat de Pest, qui propagea la création de nombreuses coopératives locales, leur ouvrit les crédits qui leur étaient nécessaires et contrôla leurs opérations. La Société s'étendit du comitat de Pest dans d'autres parties de la Hongrie, en Transylvanie en particulier. Et en 1896, avec l'aide de la Caisse d'épargne de Pest, elle devint : la caisse centrale de crédit pour coopérations, établissement fondé au capital d'un million de couronnes (1) ; qui étendit son champ d'action primitif en s'affiliant d'autres associations agricoles et mêmes industrielles, surtout des sociétés de production, et en leur fournissant le crédit dont elles pouvaient avoir besoin. En 1898, pour les seules coopératives locales de crédit, 465 associations agricoles étaient affiliées à la Caisse centrale, comptaient 102.115 membres, et possédaient un capital social de 11 millions de couronnes ; leur mouvement annuel d'affaires atteignait 180 millions de couronnes et elles avaient emprunté à la Caisse centrale 14 millions de couronnes.

Dès 1893, d'autres associations centrales coopératives analogues avaient été créées dans d'autres parties de la Hongrie; citons en particulier l'Union saxonne groupant 85 associations du type Raiffeisen, répandues dans les villages saxons de la Transylvanie.

Parvenue à ce degré de développement, constate M. de Rocquigny, il advint que la coopération de crédit « eut besoin d'être aidée dans son fonctionnement, protégée contre l'inexpérience ou l'imprudence de ses administrateurs, défendue contre les entreprises des spéculateurs ou des politiciens qui cherchaient à exploiter ses services à leur profit. Le Gouvernement jugea le moment venu pour intervenir, afin de sauvegarder le mouvement coopératif contre toute déviation, de lui assurer la confiance publique et de poursuivre son développement normal. » Les coopératives étaient jusqu'alors placées sous le régime de la loi XXXVII de 1875, loi trop peu précise. On vota en 1898 une loi spéciale aux associations de crédit agricole et industriel, loi XXIII de 1898. Comme le firent nos lois

(1) La couronne vaut 1 fr. 05.

analogues du 5 novembre 1894 et du 31 mars 1899, le régime nouveau fut simplement facultatif ; mais les faveurs de l'Etat ne furent accordées qu'aux associations se conformant aux prescriptions de la loi. Elles devaient désormais, pour se fonder, avoir l'avis favorable d'une autorité administrative, d'une société d'agriculture ou de la Société centrale de crédit mutuel ; elles devaient en outre déterminer nettement leur circonscription (commune généralement), préciser la responsabilité des sociétaires, ne pas donner au capital social un intérêt supérieur à 5 p. 100 et ne traiter d'opérations qu'avec leurs membres. Par la loi fut organisée d'autre part, pour remplacer l'ancienne association centrale du comte Karolyi, l'Union centrale nationale de crédit ou Société centrale de crédit mutuel hongroise, ayant pour rôle de fournir aux associations locales fondées sur le régime de la nouvelle loi, les avances dont elles avaient besoin et de contrôler leurs opérations. Son capital de fondation souscrit par des corporations, les autorités et des particuliers atteignit 3.030.000 couronnes ; le gouvernement souscrivit à son tour 1 million de couronnes et l'Empereur-Roi 50.000 couronnes. En 1904, le capital de fondation dont la rémunération annuelle ne peut dépasser 4 p. 100, atteignait 4.301.000 couronnes. En dehors des membres fondateurs, la Société centrale comprend des membres ordinaires, comprenant les coopératives locales affiliées qui doivent souscrire, selon leur importance, une ou plusieurs parts de 200 couronnes. Ces souscriptions des membres ordinaires atteignaient, en 1904, 1.100.000 couronnes ; lorsqu'elles auront atteint un chiffre suffisant, elles serviront à rembourser le capital de fondation, afin que la Société centrale devienne la propriété exclusive des sociétés affiliées, et prenne ainsi un caractère nettement coopératif. La Société centrale est exempte de tous impôts ou taxes et l'Etat lui a ouvert un crédit de plusieurs millions de couronnes, à un intérêt très faible ; elle est en outre, sur toutes les questions de son ressort, l'organe consultatif du Gouvernement, à la surveillance duquel elle est par contre soumise. C'est la Société centrale qui statue sur les demandes d'affiliation des sociétés locales, elle a droit de nommer pour chacune d'elles un membre du Conseil d'administration et un membre du Conseil de surveillance. Trois fois par an en moyenne, un reviseur-expert a charge de contrôler dans chacune des caisses locales la comptabilité, la gestion, l'observation des statuts, etc. La Société centrale a comme ressources à sa disposition, pour fournir aux caisses locales, les avances nécessaires à leur fonds de roulement, outre les capitaux prêtés par l'Etat: des dépôts d'épargne, des dépôts venant des municipalités, le produit du réescompte de son portefeuille et de l'émission d'obligations.

L'Etat ne se borne pas à intervenir dans l'organisation de la Société centrale de crédit ; dans certains cas, pour les coopératives locales dont les membres sont en majorité dépourvus de ressources, il encourage leur création par la souscription d'une partie du capital ; il accorde à d'autres des subventions.

Or, quel a été le résultat de ce « système d'intervention étatiste établi en Hongrie par la législation de 1898 ? » Dès la mise en vigueur de la nouvelle loi, 460 coopératives locales existant déjà se sont transformées pour s'affilier à la Société centrale. En 1899, leur nombre passait à 712 ; en 1900, à 964, et à la fin de 1903, à 1653. Le nombre des membres, de 141,623 en 1899, montait à 366,721 en 1903 ; le nombre des parts sociales, de 278,346 en 1899, à 700,273 en 1903 ; leur valeur de 14,789,077 fr. à 34,040,734 fr. et le fonds de réserve de 590,000 fr. à 2,284. 738 fr. A la fin de la même année 1903, sur un chiffre d'opérations de 84 millions de couronnes, 46 millions avaient été avancés par la Société centrale. — La moyenne des prêts était de 300 couronnes. — On fait maintenant des prêts hypothécaires à longue échéance.

La plus grande partie des coopératives locales affiliées (90 p. 100) sont des sociétés agricoles. Et, fait curieux à noter, elles remplissent un rôle à peu près analogue à celui de nos syndicats agricoles. En effet, elles ne se bornent pas à faire du crédit, elles sont en même temps coopératives d'achat ou coopératives de production et de vente : elles fournissent du bétail ou des machines à leurs membres, organisent la vente des œufs, du lait, possèdent des magasins à blé, des caves communes pour la vente du vin, etc.

Disons d'autre part, que, en dehors des sociétés affiliées à la Société centrale de crédit mutuel, il en existe plusieurs centaines d'autres qui n'ont pas profité de la loi de 1898 et sont restées sous le régime de l'ancienne loi de 1875.

Passons à la *Coopération de production*. Il existe en Hongrie des magasins à blé depuis 1900 ; il y en avait 29 en septembre 1904. Les récoltes des cultivateurs y sont amassées et vendues en gros ; la diminution des frais de transport et la suppression des intermédiaires y produit une notable amélioration des prix de vente.

Citons ensuite les stations de vente des œufs en commun, qui sont le plus souvent des annexes des laiteries coopératives ou des sociétés coopératives de crédit. En 1903, leur nombre atteignait 264.

Les laiteries coopératives se sont développées d'abord dans le sud de la Hongrie, pour se répandre ensuite dans le reste du pays ; la plupart d'entre elles envoient leur crème à des coopératives centrales où on fabrique le beurre. La valeur de leur production en beurre était, en 1903, d'environ 10 millions 1/2 de couronnes ; il y avait à la même époque 115 laiteries coopératives avec 50,450 sociétaires possédant au total 94,664 vaches. Il existe en outre, depuis 1883, à Budapest, une Société coopérative centrale pour la vente du lait, fondée par les propriétaires des environs de la ville ; elle centralise le lait provenant des vaches de ses adhérents, et le livre ensuite à la consommation.

La Hongrie possède également des caves coopératives ou sociétés coopératives de vignerons ; mais le développement de ces sociétés est enrayé par la difficulté de trouver des débouchés pour les vins ; c'est pour essayer d'y remédier que le Gouvernement cherche actuellement à réunir les caves coopératives en une Union centrale qui pourrait plus facilement écouler les produits des sociétés adhérentes.

En 1891, a été créée, par la Société nationale d'agriculture de Hongrie, l'Association coopérative des agriculteurs hongrois, qui compte 1,000 sociétaires et possède un capital d'un demi-million de couronnes et un fonds de réserve de 210.000 couronnes. Elle a surtout pour but de faire de la propagande en faveur de la coopération ; elle organise des conférences, fournit gratuitement des renseignements et conseils à ses membres, possède un journal, l'*Ertesilö*, tiré à 3,000 exemplaires ; elle achète en même temps pour ses adhérents : engrais, charbons, pétroles, etc., et fonctionne même comme société de crédit. Elle fusionna en 1891 avec l'Association des cultivateurs hongrois pour l'approvisionnement de l'armée, qui fournissait aux troupes du seigle, de l'avoine, du foin et de la paille.

A Budapest existe l'Association coopérative des agriculteurs hongrois pour l'approvisionnement des Halles ; elle s'est affiliée diverses coopératives qui lui envoient les produits agricoles et maraîchers de leurs membres et la chargent de vendre ces produits sur place ou de les exporter. On a créé également à Budapest un Syndicat de producteurs de raisins de table pour l'exportation à Berlin.

Il existe encore diverses autres associations agricoles d'achat et de vente dans la Transylvanie et le Comitat de Arcasag.

Comment se manifeste, dans la coopération de production, l'intervention de l'Etat ? Pour la construction des magasins à blé, des subventions sont accordées ; de 4.000 couronnes, elles se sont élevées à 10.000 couronnes et même davantage. Le ministère de la Guerre fait directement dans ces magasins des achats considérables de grains pour l'armée, et actuellement il cherche le moyen d'acheter aux cultivateurs le seigle et l'avoine qui lui sont nécessaires, par l'intermédiaire des Associations coopératives. Enfin, une loi récente, la loi XIV de 1904, a mis à la disposition du ministère de l'Agriculture, pour favoriser le développement des coopératives de production agricole, une somme de 12 millions de couronnes, qui doit être ainsi répartie :

Couronnes

Magasins à blé	2 millions.
Laiteries coopératives	2 —
Coopératives de vignerons	2 —
Associations de production de chanvre et de lin....	4 —
Autres associations	2 —

La *coopération de consommation* est de création récente. En 1898, sur l'initiative du comte Karolyi et de l'Association des agriculteurs hongrois, fut fondée la Hangya (La Fourmi), union centrale des sociétés coopératives de consommation qui fédéra les diverses sociétés déjà existantes, dispersées un peu partout et peu actives en général. Son rôle est d'enseigner la pratique des affaires aux sociétés adhérentes, les guider, contrôler leurs opérations et de les « approvisionner à la façon d'un magasin de gros ». Ces sociétés adhérentes doivent vendre au comptant ; une partie de leur réserve doit être utilisée pour la propagande coopérative, l'enseignement agricole ou la création de cercles agricoles, bibliothèques populaires, coopératives pour la vente des œufs, magasins à blé, etc. La Hangya, qui fournit les 6/10 des produits vendus par ses sociétés adhérentes et dont le chiffre d'affaires en 1903 a atteint 4.700.000 couronnes, possède deux vastes magasins à Budapest ; elle a un service spécial de camionnage et occupe une centaine d'employés. Elle fait surveiller les sociétés affiliées par 17 contrôleurs, voyageant constamment, qui vérifient la comptabilité, donnent des conseils pour la gestion et recherchent au besoin des agents pour gérer les sociétés en formation.

A la fin de 1903, les sociétés adhérentes étaient de 383 en activité, avec un chiffre total d'affaires de 9.035.000 couronnes, un capital de 1 million 491.576 couronnes, un fonds de réserve de 270.848 couronnes, 2.334.229 couronnes de marchandises en magasin, et 64.293 membres.

L'office central des sociétés de consommation chrétiennes est un groupement analogue qui fonctionne comme magasin de gros, fait inspecter les coopératives adhérentes par 6 contrôleurs et réunit actuellement 231 sociétés de consommation.

Sauf dans le nord-est des Carpathes, la Transylvanie, dans les parties les plus pauvres de la Hongrie, où le Gouvernement a chargé des commissaires spéciaux de propager la création de coopératives de consommation, l'intervention de l'Etat hongrois en faveur de ces associations a été

peu active. Et cela s'explique, car cette branche de la coopération n'a
besoin pour se développer que de ressources modestes, et elle « peut
généralement se suffire à elle-même ».

De cette étude, il y a lieu de tirer divers enseignements. Il faut d'abord
remarquer l'aide réciproque que se prêtent les diverses branches de la
coopération. La coopération de crédit en particulier rend de grands
services à la coopération de production par l'appui moral et financier
qu'elle lui fournit. D'autre part, les coopérateurs hongrois ont compris
que « la puissance et l'avenir du mouvement coopératif résident dans la
fédération des associations locales groupant au premier degré les individualités ».

Quelle est enfin l'appréciation de M. de Rocquigny sur l'intervention de
l'État? « Il est permis, dit-il, de penser que cette intervention aurait pu
parfois, sans cesser d'être efficace, se maintenir dans des limites plus
discrètes. » Mais on ne peut méconnaître que depuis l'application du
système créé après la loi de 1898, la coopération a fait des progrès
énormes en Hongrie et « tels qu'aucun pays peut-être n'en présente de
comparables ». Ce « développement inattendu doit être attribué à l'influence
d'une législation favorable et de la libéralité de l'État, qui ont armé
l'initiative privée, pour lutter victorieusement contre l'indolence et l'esprit
individualiste des populations ». On doit constater, en outre, que les associations coopératives créées avec l'aide de l'État, « n'ont rien de factice et
ne semblent pas éphémères ».

« Faudrait-il en conclure, dit en terminant M. de Rocquigny, que
l'arbre devant être jugé par ses fruits, la légitimité d'une action plus
ou moins marquée de l'État, en faveur de la coopération, doit être
envisagée comme une question de fait à résoudre par chaque pays,
d'après les conditions qui lui sont propres? »

Une autre manifestation, fort intéressante, d'étatisme s'est
produite à l'occasion de l'amélioration des habitations des
ouvriers agricoles.

On peut aisément se figurer l'importance de la question pour
un pays qui, resté essentiellement agraire, n'en est pas moins
réduit à constater qu'un malaise social grandissant envahit ses
campagnes. Or — à bien des reprises déjà nous l'avons dit au
cours de cet ouvrage, mais nous ne craignons pas de le répéter
— un tel malaise a forcément plusieurs causes, et pour y remédier il ne s'agit pas seulement d'augmenter les gains, il faut

améliorer les conditions de vie. Niera-t-on qu'assurer à l'ouvrier agricole un logement sain et agréable ne soit au premier rang des désirables améliorations ?

Ce sont les municipalités (des communes rurales bien entendu) qui ont tout d'abord entrepris de résoudre la question. Pour ce faire, elles ont vendu aux comices agricoles des terrains à bâtir, accordant en même temps des prêts pour les mettre en mesure d'effectuer les constructions. Certaines municipalités ont adopté un autre système : elles ont loué aux ouvriers agricoles des habitations.

De louables progrès ayant été ainsi réalisés, le Parlement a compris qu'il était de son devoir d'aider les communes à poursuivre leur œuvre si utile, et d'encourager les ouvriers à en bénéficier. C'est dans ce but qu'a été faite la loi, dont on trouvera résumées et analysées ci-après les dispositions principales (1) :

Lorsqu'une municipalité ou une commune, dans le but de favoriser la construction d'habitations ouvrières, vend à des travailleurs agricoles des terrains à bâtir, ou leur accorde des prêts pour construire, ou encore leur loue des maisons toutes bâties, le ministre de l'Agriculture peut :

a) Faire établir, aux frais du Trésor, et avec dispenses d'impôts, les mensurations, les projets de morcellement, les plans, projets de traités et autres documents nécessaires ;

b) Assurer, au nom du Trésor, à l'égard des municipalités et communes, la garantie du paiement à faire par les ouvriers d'une fraction déterminée un prix d'achat, soit, en ce qui touche les annuités d'amortissement du capital prêté, jusqu'à concurrence d'une durée de 180 semestres au plus, et en ce qui touche le versement d'une certaine portion du loyer annuel jusqu'à concurrence de 30 ans au plus : le tout jusqu'à la limite de 300.000 couronnes par an.

Ces faveurs sont subordonnées à une série de conditions dictées en partie par l'intérêt des travailleurs, en partie par l'intérêt national ; telles que : emplacement convenable des bâtiments, emploi de matériaux du

---

(1) La loi ayant pour objet l'encouragement donné par l'État à la construction d'habitations pour les travailleurs agricoles en Hongrie a été sanctionnée le 31 juillet 1907 et publiée au *Recueil officiel des lois* le 10 août de la même année.

pays, exclusion de la participation de gens d'affaires, interdiction de tout engagement sous forme de traités acceptés et de toute solidarité de la part des travailleurs, limitation de la durée de l'amortissement à 100 semestres, transfert après trente ans de la propriété des maisons louées entre les mains des locataires, construction d'un minimum de dix maisons ouvrières, possession par les acheteurs ou locataires de la nationalité hongroise.

L'exemption d'impôt est accordée à tous les actes juridiques et à toutes les immatriculations sur les registres fonciers concernant la construction ou la location des maisons ouvrières. En outre, la durée de l'exonération des impôts accordée aux maisons ouvrières nouvellement construites est élevé à vingt années; elle cesse toutefois dès que — et aussi longtemps — l'ouvrier agricole loue sa maison ou si cette maison devient la possession d'une personne autre qu'un travailleur agricole. Cette exemption d'impôts s'étend aux maisons d'ouvriers agricoles édifiées depuis 1901 avec l'aide de l'État.

Pendant toute la durée de l'exonération d'impôts, aucune licence de débitant de boissons (propinationsrecht) ne peut être accordée aux travailleurs exonérés.

Les maisons ouvrières agricoles construites avec l'aide de l'État doivent être immatriculées comme telles sur le registre foncier et conservent cette qualification jusqu'au paiement du prix de vente ou jusqu'à l'amortissement des parts. Pendant ce temps, ces biens-fonds ne peuvent être saisis, excepté pour l'exécution des engagements procédant de la vente ou du prêt originaire, et ne peuvent, sans l'autorisation des autorités municipales (autorisation qui ne sera accordée que dans des cas exceptionnels) être réunis avec d'autres biens, être partagés, hypothéqués, aliénés ou levés.

La fraction non employée du crédit annuel (prévu dans l'avant-projet du gouvernement) pour l'encouragement à la construction d'habitations ouvrières formera un Fonds national pour l'édification d'habitations agricoles. Le ministre de l'Agriculture pourra accorder sur ce fonds des subventions pour construire des habitations ouvrières.

Pour la concession de ces faveurs, on aura égard en première ligne aux démarches des municipalités ou communes qui encouragent la construction des maisons ouvrières par l'octroi gratuit de terrains à bâtir et autant que possible de petits jardins. On prendra particulièrement en considération les demandes des localités où la population émigre.

Le ministre du Commerce est autorisé à permettre, contre le simple remboursement des frais, le transport sur les chemins de fer de l'État ou sur les chemins de fer subventionnés par l'État, des matériaux nécessaires à la construction des habitations ouvrières.

Nous tenons, enfin, à dire quelques mots de la « Ligue agraire hongroise » dont l'action a été si utile et qui a notamment contribué dans une large mesure à cette diffusion de la coopération que M. de Rocquigny a contrôlée lors de son voyage en Hongrie.

La Ligue a été créée au commencement de l'année 1896. Son fondateur, M. Ignace de Daranyi, devenu quelques mois plus tard ministre de l'Agriculture (1) s'empressa de faire approuver les statuts de la Ligue, qui se mit de suite à l'œuvre.

Quel était exactement son but ? M. Étienne Bernat, député au Parlement hongrois, membre de l'Académie des sciences de Budapest et directeur de la Ligue depuis sa fondation, l'a ainsi défini : « Éveiller dans les classes agricoles la connaissance de leur propre valeur et les décider à l'action, organiser la représentation de l'Agriculture de façon à préparer le succès de ses justes revendications et le respect de ses droits. » La ligue se proposait notamment « d'écarter les obstacles que rencontrent les initiatives agricoles, de créer par la mutualité des organismes de crédit, de consommation et de production, s'adaptant à la nature de son champ d'activité, et d'inaugurer une politique libérée des entraves du *Manchestérisme* et propre à assurer le bien-être des agriculteurs. »

Mais laissons la plume à M. Bernat :

La première tâche de la Ligue agraire hongroise était, et est encore, de faire valoir, dans toutes les branches de la vie publique, les vœux des agriculteurs, d'éclairer le côté politique des questions actuelles économiques et agricoles et de former à leur égard une opinion solidaire de tous les agriculteurs hongrois.

La ligue a pour but l'éducation sociale et politique, et aussi professionnelle des agriculteurs ; elle souhaite de les accoutumer, par la notion de leurs intérêts communs, aux efforts d'une vie matérielle et morale

(1) Fonction qu'il occupa, avec toutefois quelques intermittences, jusqu'à 1910.

de plus haute conception, d'une vie plus civilisée et mieux réglée. Recruter ces éléments conservateurs contre les tendances révolutionnaires du socialisme et donner une satisfaction pacifique aux aspirations raisonnables d'aisance personnelle, telle est l'essence des efforts de la Ligue.

Afin d'atteindre ces buts, la Ligue agraire fait son possible pour que, dans chaque commune de quelque importance, il se forme un cercle d'agriculteurs, qui soit le foyer local de l'éducation économique, sociale et morale du peuple.

Ces cercles d'agriculteurs, qui sont actuellement au nombre de plus de mille, jouissent d'une autonomie complète; cependant leurs statuts les inscrivent comme forces militantes dans l'œuvre de la Ligue agraire hongroise. Le périodique *Szövetkesés* (Zadruga), qui achève sa vingt-et-unième année, forme le lien moral entre les cercles d'agriculteurs, les membres d'autres sociétés agricoles et la Ligue agraire hongroise. Les articles de ce périodique, paraissant deux fois par semaine (20 à 24 pages). sont de nature économique, sociale ou coopérative.

Pour animer la vie des cercles d'agriculteurs, la Ligue emploie des conférenciers qui, de temps en temps, soit spontanément, soit sur invitation, visitent les cercles et y font des conférences sur des sujets d'intérêt local.

Depuis quelque temps la société *Széchenyi*, dont les membres sont des étudiants de l'Université ou des jeunes gens ayant déjà accompli leurs études, participe à cette besogne. Ces jeunes gens sont préparés par des cours pratiques, à faire des discours à la portée des masses rurales. Ainsi, pendant le premier hiver, 106 conférences ont eu lieu dans les communes rurales.

Nous distribuons à nos membres des brochures au sujet de chaque question d'actualité, pour que l'opinion publique, sur les questions d'intérêt commun, soit toujours solidaire. Notre programme et notre conception intellectuelle englobent un terrain encore plus vaste; mais, hélas! le manque de ressources pécuniaires suffisantes met une limite à notre action.

Depuis peu, nous groupons les cercles ruraux par arrondissement et comitat, pour que la décentralisation et la force centralisée subsistent l'une près de l'autre.

Notre œuvre pratique embrasse, outre le service de la presse populaire, la propagande coopérative et le rapatriement des émigrés d'Amérique.

Nous englobons dans notre cercle d'action la formation des sociétés coopératives de fermiers, dans le but de fournir aux petites gens qui le méritent le moyen de pouvoir se procurer le lopin de terre ardemment désiré. Par notre intervention directe ou indirecte, beaucoup de grandes propriétés, autrefois louées à de gros fermiers, ont été cédées à de petits agriculteurs ou ouvriers terriens.

Nous nous efforçons aussi de procurer des petites propriétés à ceux de nos compatriotes qui, tentés par la soif intense de l'argent, ont émigré et ont réussi à amasser quelque épargne. Dans ce but, nous tenons un compte des terres à vendre en Hongrie, nous en envoyons la liste, par l'intermédiaire de nos mandataires d'Amérique, à tous les émigrés qui ont l'intention de se rapatrier et que nous aidons aussi dans leurs entreprises.

Il faut remarquer que notre champ d'action ne connaît point de limite et ne fait aucune distinction de race ou de langage : nous offrons volontiers nos services à chaque enfant de la patrie. Bien mieux, dans l'intérêt des habitants slovaques des contrées montagneuses du nord de la Hongrie, nous avions publié un périodique coopératif en langue slovaque, sous le titre « *Drustvo* » ; mais il n'a pas pu subsister.

C'est un fait journalier que des hommes de toutes nationalités (Allemands, Roumains, Serbes, Bulgares, etc.) nous demandent conseil, dans des affaires de toute sorte, et nous faisons gratuitement notre possible pour leur venir en aide, même s'ils ne sont pas encore membres d'une de nos associations affiliées.

Voyons maintenant quels sont les rouages de cette grande organisation (1) :

    I. L'assemblée générale ;

  II. La présidence ;

III. Le Comité de direction ;

 IV. Le directeur et dix employés.

Voici quelques détails sur chacun de ces rouages :

L'assemblée générale est tenue une fois par an dans quelque centre important de province. Cette assemblée présente un intérêt vraiment général.

La présidence administre et représente officiellement la Ligue.

Le Comité de direction se compose de soixante membres et siège lorsqu'il en est besoin. Ses attributions embrassent tout ce

---

(1) La Ligue agraire hongroise a son siège à Budapest, IX, rue Szentkiràlyi, 40 ; ainsi que nous l'avons indiqué plus haut, elle est dirigée depuis sa fondation par M. Etienne Bernat.

qui semble nécessaire pour atteindre les divers buts de la Ligue. Il veille à ce que le public s'intéresse suffisamment à notre œuvre, prépare la discussion des questions à traiter, contrôle le travail des employés, détermine les principes d'action, règle la publication des brochures, notices, etc., et fixe le budget.

Le directeur, enfin, dirige, contrôle, dispose de tous les moyens d'action, est responsable de l'esprit et des principes de toutes les publications.

II. — ROUMANIE

RÉPARTITION DU SOL : DÉFAUT PRESQUE COMPLET DE LA PETITE PROPRIÉTÉ. — UN TRÈS INTÉRESSANT EXEMPLE D'ÉTATISME: LA LOI DU 23 DÉCEMBRE 1907. — AUTRES DISPOSITIONS LÉGISLATIVES PRISES POUR OBVIER A CETTE DÉPLORABLE SITUATION. — BANQUES RURALES. — COOPÉRATIVES D'EXPLOITATION DU SOL ; DE CONSOMMATION ; DE PRODUCTION.

Dans notre tome I (pp. 273 à 284), nous avons traité de la Roumanie. Nous ne reviendrons pas sur ce que nous avons écrit alors ; ce pays doit, cependant, retenir à nouveau notre attention, parce que la situation très spéciale où il se trouve, par suite du manque de petites propriétés, rend intéressant l'exposé des moyens pris pour obvier à cette déplorable situation.

Précisons tout d'abord : la moitié du sol cultivable est la propriété de quatre mille grands propriétaires ; l'État et diverses institutions en possédant 39 p. 100, il ne reste, entre petits et moyens (moins de 100 hectares) propriétaires, que 11 p. 100 de terres cultivables. D'où plus d'un grand mouvement, en 1907 notamment.

Il en résulta le vote de la nouvelle loi sur les contrats de travaux agricoles, loi caractérisée par une puissante intervention de l'État : elle prévoit la fixation d'un prix minimum pour les travaux agricoles et d'un prix maximum pour l'affermage des terres, oblige les propriétaires, par une sorte d'expropriation déguisée, à vendre une partie de leurs terres aux communes pour la création de pâturages communaux et la culture de plantes fourragères. Toutes les questions litigieuses relatives à l'exécution des contrats de travaux agricoles sont jugées par des juges de paix d'arrondissement ambulants qui vont rendre la justice dans chaque commune deux fois par mois et qui sont devenus extrêmement populaires. Les parties sont invitées à comparaître et le jugement doit être rendu dans un délai maximum de cinq jours. Il est exécutoire, nonobstant opposition ou appel, si la condamnation ne dépasse pas 300 francs. Pas de droit de timbre ou d'enregistrement. Enfin, les avocats ne peuvent plaider dans les affaires des paysans que si le litige dépasse 300 francs.

En outre, la loi a créé, par département, un inspecteur agricole et une commission régionale (comprenant l'inspecteur, deux propriétaires et deux paysans) chargée de fixer pour chaque région :

1° le prix minimum des différents travaux agricoles ;

2° ce qu'un ouvrier peut effectuer en un jour ;

3° le prix maximum des affermages de terres.

Enfin, la loi a placé auprès du ministère de l'Agriculture un Conseil supérieur de l'agriculture qui, notamment :

1° dirige et contrôle l'activité des inspecteurs agricoles (lesquels sont nommés d'après ses propositions) ;

2° juge les appels contre les décisions des commissions régionales ;

3° fixe le prix des terrains achetés par les communes pour les pâturages.

La loi, dont nous venons d'indiquer les principales dispositions, date du 23 décembre 1907 (elle fut, ainsi que nous l'avons écrit, la suite du mouvement sus-indiqué) ; mise en application le 1er mai 1908, elle a, de suite, rendu de grands services au pays et entra sans tarder dans l'esprit de la population rurale, qui la considère comme intangible.

En 1908 une loi intervint dans le but d'empêcher la

formation de trusts de fermiers qui louent des terres aux propriétaires pour les sous-louer aux paysans.

En 1908 également fut votée une autre loi relative à la création
d'une grande *Banque rurale* au capital initial de 10 millions de
francs dont la moitié souscrits par l'État, ayant pour but
d'acheter les terres des particuliers et de les revendre en petits
lots (25 hectares au maximum) aux paysans, qui peuvent se
libérer en 20 ou 30 ans. Une loi du 23 mars 1903 avait déjà
réglementé la constitution et le fonctionnement des banques
populaires rurales qui prenaient de suite, grâce à cette loi, un
grand développement. A la fin de 1902, il y avait 700 banques
comptant 59.845 membres avec un capital versé de 4.250.600
francs. Cinq ans après, fin 1907, ces chiffres deviennent : 2.223
banques, 295.325 membres, 27.746.241 francs de capital versé, et
5.025.301 francs de dépôts temporaires.

Voici, au sujet de la constitution de ce capital, d'intéressantes
précisions. Il y a parmi les membres des banques 1.630 propriétaires, 6.683 fonctionnaires, 5.241 ouvriers, 5.835 petits commerçants, 3.034 prêtres, 3.424 instituteurs et 269.375 paysans.
Autre détail : 30 p. 100 du capital est composé par des versements de 1.000 à 5.000 francs, et le reste, 70 p. 100, par des
petits versements d'un maximum de 1.000 francs. Notons enfin
la répartition du portefeuille général de toutes les banques populaires dont le total était fin 1907 de 37 millions : 10 p. 100 prêts
de 50 francs ou moins ; 27 p. 100 prêts de 50 à 100 francs ;
50 p. 100 prêts de 100 à 500 francs ; 6 p. 100 prêts de 500 à 1.000
francs ; 7 p. 100 prêts de 1.000 à 5.000 francs.

D'excellents résultats ont été obtenus par les fédérations
des banques pauvres. A signaler aussi, sous le nom de cercles
coopératifs, des réunions mensuelles des représentants des
banques populaires d'une même région, réunions où non seulement se débattent les intérêts communs de la région, mais
encore où l'on traite de toutes les questions touchant la coopération en général.

Parmi les entreprises des banques populaires, la plus intéressante peut-être et, semble-t-il, celle qui indique pour l'avenir la direction d'activité la plus fructueuse, est celle des coopératives d'exploitation, qui ont atteint, à la fin de 1907, le nombre de 106, avec 14.293 membres. Grâce aux prêts consentis par la Caisse centrale des banques populaires, ces 106 coopératives cultivent 76.884 hectares et payent un fermage annuel de 2.344.491 francs. Elles ont déjà constitué un fonds de réserve de près de 135.000 francs. Chaque sociétaire a droit à un lot maximum de 10 hectares. On travaille en commun de grandes étendues ; la récolte se fait aussi en commun. Toutes les coopératives ayant de grandes exploitations sont dirigées par des agronomes qui, avec le concours des mandataires associés, s'attachent à diffuser de rationnelles méthodes de culture.

Signalons encore quelques coopératives pour l'exploitation des forêts, des coopératives rurales de consommation, des coopératives maraîchères pour l'exploitation des jardins, des laiteries, des filatures coopératives, des coopératives pour l'achat des machines agricoles, pour la fabrication de la chaux, etc.

Ces divers efforts sont encore jeunes ; mais on est en droit d'espérer que d'heureux résultats seront obtenus. De même on est en droit d'escompter un favorable avenir pour les syndicats de vente en commun, mais à condition que la production s'unifie.

Ces quelques pages auront, en tous cas, montré les grands progrès réalisés en Roumanie par le principe de la coopération et le vigoureux effort donné à la suite du grand mouvement de 1907.

CHAPITRE LXXIV

EN HAUTE-ITALIE : ENSEIGNEMENT ET COOPÉRATION

[Le long chapitre que nous avons, dans notre tome II (pp. 1 à 69), consacré à l'Italie doit être complété ici par une étude sur les institutions agricoles de ce pays, qui sont presque toutes de date récente. Peu de régions d'Europe ont accompli des progrès aussi grands et aussi rapides que ceux réalisés par le Piémont, la Lombardie, la Vénitie, l'Émilie. Ce sont les institutions dont on va lire l'étude auxquelles on est redevable de ces progrès. M. Charles de Saint-Cyr — mon dévoué collaborateur du commencement à la fin de l'œuvre dont ce tome V et un tome VI en préparation constituent le complément — a soigneusement visité la Haute-Italie. Le résultat de ses voyages est consigné dans un livre que le distingué éditeur, M. Marcel Rivière, a publié sous le titre : « La Haute-Italie politique et sociale » et que les journaux italiens, sans distinction d'opinions, ont été unanimes à déclarer le meilleur ouvrage écrit par un Français sur leur pays. Le titre du volume de M. de Saint-Cyr en indique nettement les préoccupations, étrangères au cadre de notre travail. Mais mon excellent collaborateur ne s'est pas contenté, durant ses voyages chez nos voisins, d'étudier la politique et la sociologie; chargé de deux missions d'études par M. le Ministre de l'agriculture, il a soigneusement visité toutes les institutions agricoles de la Haute-Italie; on verra ci-dessous avec quelle claire lucidité il sait en parler. — L. G.]

A. — QUELQUES CONSIDÉRATIONS GÉNÉRALES

PROGRÈS RÉALISÉS PAR LA HAUTE-ITALIE. — DENSITÉ DE LA POPULATION. — EXCELLENT SYSTÈME D'IRRIGATIONS. — QUALITÉ DES SOLS. — CARACTÉRIS-

TIQUES DES INSTITUTIONS ÉTUDIÉES DANS CE CHAPITRE. — L'ITALIE N'EST
PAS SI PAUVRE QU'ELLE LE DIT. — UNE RÉSERVE D'ÉNERGIE ET D'ÉCONOMIE.
— RENAISSANCE AGRICOLE ET INDUSTRIELLE.

Honoré à deux reprises (1906 et 1907) par M. Ruau, ministre
de l'Agriculture, de missions d'études en Haute-Italie, j'ai
parcouru tout ce pays du col de Tende aux confins de l'Autriche et j'y ai visité la plupart des institutions agricoles.
Partout m'a été réservé un accueil d'une extrême cordialité. Je
tiens à en remercier, dès le début de ce chapitre, les hommes
intelligents et dévoués qui dirigent en Italie les chaires ambulantes, les établissements d'enseignement et de crédit, les
syndicats, les coopératives, etc. Tous — en me disant leur plaisir
qu'un Français chargé d'une officielle mission d'études ne se
contentât pas de s'arrêter dans les grands centres — laissaient
leur patriotisme éclairé se porter garant que les immenses
progrès accomplis en Haute-Italie méritent d'être étudiés :
ce patriotisme ne les abuse pas, et l'on verra au cours des pages
suivantes que si l'effort qu'ils ont tenté était rude, le succès
les en a amplement récompensés.

L'attention de l'économiste, non moins que celle du socio-
logue, doit se porter sur cette situation, car il est incontestable
que la Haute-Italie prend aujourd'hui dans le monde la place
à laquelle lui donnent droit sa position géographique favorable,
les dons (fertilité de la plaine du Pô, richesse exceptionnelle
de tout le pays en houille blanche) dont la nature a été prodigue
envers elle, et surtout la belle ardeur au travail de ses habitants
et la merveilleuse résistance qu'ils montrent à la fatigue.

Je ne rentrerai pas ici dans des considérations sociales ou
trop techniquement agricoles, mais je ne puis ne pas noter deux
faits : d'une part, la densité de la population, qui est la plus
forte de l'Europe, celle de la Belgique exceptée (certains calculent
même qu'il y a pour le moins un tiers de travailleurs en trop),
d'autre part, l'admirable système d'irrigations grâce auquel on
profite de la réserve d'eau que constituent les montagnes proches :
Alpes et Apennins. C'est à ce réseau d'irrigations qu'est due la

fertilité dont s'enorgueillit à juste titre cette plaine du Pô, où l'on fauche jusqu'à six fois par an. Les fortes terres des marais bonifiés de l'Émilie donnent également de belles récoltes ; il en est de même d'une partie de la Vénétie. Les autres sols de la Haute-Italie ne sont que d'une qualité ordinaire, mais, grâce aux rationnelles méthodes de culture qui commencent à se diffuser, les rapports — sans être élevés et atteindre les chiffres qu'on est légitimement en droit d'espérer — sont dès maintenant satisfaisants. C'est à ses diverses institutions agricoles — pour la plupart si prospères — que la Haute-Italie est redevable de cet heureux résultat.

J'ai visité la plupart d'entre elles. Les étudier toutes à fond m'eût entraîné trop loin. J'estime, en effet, que c'est en ces matières surtout qu'il ne faut pas faire les choses à demi. Après avoir donc fixé les principes qui ont dirigé les fondateurs des institutions italiennes, m'être pénétré de leur esprit, j'ai, le plus souvent fait, de préférence, porter mon étude sur ce que nous pourrions emprunter à nos voisins pour parfaire certains points de notre organisation agricole — dont les Italiens sont, du reste, les premiers à proclamer l'excellence et que, d'une façon générale, ils ont prise pour modèle. L'élève.a, parfois, su surpasser son maître : je me ferai un patriotique devoir de montrer, au cours de ce chapitre, l'avantage que nous aurions à tirer profit de ces utilisations si merveilleusement ingénieuses de nos propres idées.

Tel est le cas pour les chaires ambulantes. *L'Associazione agraria friulana*, que j'étudie après elles, ne nous a, par contre, fait que moins d'emprunts. Les *affitanze colletive*, enfin, et l'enseignement de l'agriculture dans l'armée sont œuvres purement italiennes — que l'on ne saurait trop souhaiter voir implanter chez nous. Quant aux « participations », elles doivent d'avoir tout particulièrement retenu mon attention à ce fait qu'elles sont les plus anciennes — et les plus originales — des institutions agricoles italiennes. Certes, je suis le premier à reconnaître que le temps est passé où l'on pouvait vouloir créer de tels groupements et qu'il semble bien que les *affitanze colletive* constituent la forme à donner à la réalisation moderne de l'idée à laquelle les participations ont dû de prendre naissance. Mais mon étude eût été, à mes yeux, incomplète si je ne vous avais fait visiter cet étonnant vestige — demeuré vivant — d'un passé presque millénaire.

Je veux encore, avant de terminer ces considérations liminaires et d'entrer dans le corps même de mon étude, noter combien optimiste est le souvenir remporté d'un voyage d'études en Haute-Italie. Les esprits superficiels ont trop tenu compte de la période de régression par laquelle l'Italie a passé après l'Unité. Y avait-il pourtant chose plus naturelle qu'un tel fait ! Le pays avait fourni pour se constituer un immense effort physique et moral : moralement et physiquement il était las. Il avait poursuivi un idéal, et, par sa réalisation même, cet idéal lui manquait. Il lui fallait le temps de s'en constituer un autre. Cet idéal de travail et de prospérité existe aujourd'hui : la jeune Italie ne le poursuivra pas en vain.

Je sais bien que les Italiens répètent volontiers encore que « l'Italie est pauvre ». Ils agissent, ce faisant, comme les anciens malades qui continuent de se plaindre, machinalement en quelque sorte, de l'organe qui les a fait longtemps souffrir. Il y a aussi ce fait que l'argent n'a pas encore eu le temps de pénétrer partout. Puis, notre voisine ne doit pas seulement se comparer à nous qui sommes exceptionnellement riches, mais à d'autres nations, telle l'Allemagne, où le numéraire est plus rare. Quand on a réussi une « conversion » aussi brillante que celle de l'Italie, on ne saurait répéter que l'on manque d'argent !

Autre point de vue : l'Italien constitue à son pays une réserve d'énergie et d'économie, d'autant plus considérable qu'il a été élevé à la dure, que, suivant le mot de Guillaume Ferrero, depuis deux siècles il vit à demi-ration ; une telle accoutumance à la privation, jointe à ses qualités naturelles, lui permet d'accélérer la renaissance qui se manifeste aujourd'hui.

Cette renaissance n'est pas moins considérable dans le champ industriel que dans le champ agricole. Les chaires ambulantes, les syndicats agricoles, les caisses rurales ont appris à l'Italien du Nord à mettre sa terre en valeur, et de prodigieuses ressources de houille blanche assurent, d'autre part, à l'industrie des réserves qui ne s'épuiseront pas. Les artisans de l'Unité avaient l'espoir que le réveil national serait suivi d'un réveil industriel ; une maladroite politique intérieure l'a retardé, mais nous le voyons se produire aujourd'hui. Les jeunes chefs que la jeune Italie met à la tête de ses banques, de ses industries, de ses cultures sont enthousiastes, audacieux et prudents à la fois, un noble patriotisme les anime, et ils sentent que chaque progrès qu'ils font faire à l'entreprise qu'ils dirigent est une bataille gagnée. Il les faut admirer sans réserve.

B. — LES CHAIRES AMBULANTES

L'ITALIE, APRÈS NOUS AVOIR EMPRUNTÉ LE PRINCIPE DES CHAIRES D'AGRICULTURE, EN TIRE UN BIEN MEILLEUR PARTI QUE NOUS. — LES PREMIÈRES CHAIRES ITALIENNES. — NOMBRE ACTUEL DES CHAIRES. — PAR QUI ELLES SONT FONDÉES. — LEURS RAPPORTS AVEC LES AUTRES INSTITUTIONS DE LA RÉGION. — QUI NOMME LES TITULAIRES. — CEUX-CI OCCUPENT UNE SITUATION EN ÉVIDENCE ; IL N'EN EST MALHEUREUSEMENT PAS AINSI DE NOS PROFESSEURS DÉPARTEMENTAUX D'AGRICULTURE. — COMPARAISON DES APPOINTEMENTS EN FRANCE ET EN ITALIE ; NOS PROFESSEURS NE SONT PAS ASSEZ PAYÉS. — COMMENT LES PROFESSEURS SPÉCIAUX DEVRAIENT ÊTRE RÉPARTIS ET POURQUOI ILS RENDENT MOINS DE SERVICES QUE LES CHARGÉS DE SECTION ET LES ASSISTANTS DES CHAIRES ITALIENNES ; CEUX-CI SONT, EN OUTRE, PARFAITEMENT PRÉPARÉS A LEUR RÔLE FUTUR. — INDÉPENDANCE DES CHAIRES ITALIENNES. — RÔLE DE LA PROVINCE (DÉPARTEMENT) A BOLOGNE, A CONI, A TRÉVISE. — UNE ACTION ÉMINEMMENT PRATIQUE. — LES CHAIRES SPÉCIALES. — CONSULTATIONS. — CONFÉRENCES. — COURS. — EXAMENS, DIPLÔMES ET PRIX. — ENSEIGNEMENT DANS LES ÉCOLES NORMALES ; RÉFORMES QUE NOUS Y POURRIONS PORTER EN FRANCE. — LES CHAIRES ONT LE TORT DE NÉGLIGER L'ENSEIGNEMENT MÉNAGER ET EN GÉNÉRAL SEMBLENT IGNORER LE RÔLE IMPORTANT QUE JOUE LA FEMME A LA CAMPAGNE. — CHAQUE CHAIRE PUBLIE DE NOMBREUSES BROCHURES ET UN EXCELLENT BULLETIN PÉRIODIQUE. — LES CHAIRES ET LA DIFFUSION DES INSTITUTIONS COOPÉRATIVES. — CRÉATION D'ASSOCIATIONS ZOOTECHNIQUES. — VITICULTURE ET CULTURE DU MURIER. — AUGMENTATION DE L'EMPLOI DES ENGRAIS CHI-

MIQUES. — POUR LES PATURAGES EN MONTAGNE ! — AUTRES EFFORTS EN FAVEUR DE L'AGRICULTURE. — CONCOURS ET EXPOSITIONS. — CHAMPS D'EXPÉRIENCES ET CHAMPS DE DÉMONSTRATION. — ANALYSES. — AUTRES TRAVAUX. — COMPARAISON DES BUDGETS DES CHAIRES EN ITALIE ET EN FRANCE ; QUEL DEVRAIT EN ÊTRE LE MINIMUM ; APPEL AUX CONSEILS GÉNÉRAUX, AUX MUNICIPALITÉS ET AUX ASSOCIATIONS AGRICOLES.

C'est aux chaires ambulantes d'agriculture que je tiens à consacrer la première partie de ce chapitre, car c'est à elles que revient la part prépondérante dans le merveilleux réveil agricole de la Haute-Italie, autant par les services qu'elles ont, par elles-mêmes, rendus que parce qu'elles ont suscité les plus heureux efforts, les plus généreux dévouements, les plus utiles fondations.

La première pensée de ces institutions vient de France. De 1850 à 1870 plusieurs de nos départements en créèrent, en effet, et les ministères de l'Agriculture (non encore indépendant) et de l'Instruction publique joignirent quelques subventions au principal qui était fourni par les conseils généraux. Les titulaires de ces chaires étaient tenus de faire un certain nombre de conférences dans les campagnes et de professer des cours dans certains établissements d'enseignement. Il y a une quarantaine d'année l'éminent agronome italien Joseph-Antoine Ottavi rêva d'implanter semblable institution dans son pays. Mais il la prôna en vain : ses nombreuses publications et ses vibrants appels restaient sans écho et lui valaient d'être traité d'utopiste. Utopiste ! Le mot est vite dit : presque toujours celui qui le prononce pense ainsi se dispenser habilement de tout effort et malheureusement il y réussit le plus souvent. Il est vrai qu'il y a quarante ans la jeune Italie n'avait pas encore achevé son unité et que peut-être il était effectivement bien tôt pour déjà organiser. Ottavi ne se rebuta, du reste, pas et en 1870 — c'est-à-dire l'année même où Rome devenait capitale — une première chaire naissait en Polésine, à Rovigo. Création sans lendemain, et qui ne retrouvera de la vie que seize ans plus tard, en 1886.

Entre temps, nous avions définitivement constitué les nôtres

— avec, il est vrai, pour principal but de donner, par un enseignement dans les écoles normales, des notions agronomiques aux
futurs instituteurs. On serait tenté d'écrire, j'insiste sur ce point,
que ce ne fut qu'accessoirement qu'un enseignement nomade
fut, en outre, imposé aux professeurs d'agriculture. Incontestablement, il y avait là une interprétation défectueuse de l'idée
nouvelle. Il n'en reste pas moins que la chaire d'agriculture fut
définitivement créée en France bien avant d'être implantée
en Italie, mais en cette matière nous n'avons pas su tirer tous
les fruits désirables de l'œuvre que notre imagination avait
conçue et que notre esprit méthodique avait réalisée. L'Italie
a vu plus loin que nous et surtout plus juste : elle est la
première qui ait su réellement et pleinement utiliser les chaires
d'agriculture.

La chaire de Rovigo est la plus vieille d'Italie. Elle fut, nous
venons de le voir, créée en 1870 et reconstituée en 1886, mais
ne vécut d'une vie véritablement active qu'à partir de 1890
lorsque le distingué Tito Poggi en reçut la direction. Deux ans
après (1892) fut fondée la chaire de Parme. De suite, celle-ci
voulut avoir un vaste champ d'action alors que Rovigo se
cantonnait dans l'enseignement. Il est vrai que la nouvelle
chaire était favorisée sur son aînée par une position géographique meilleure et par l'aide que lui prêtait la caisse d'épargne
de Parme, sa fondatrice.

Ces caisses d'épargne italiennes sont de très puissantes institutions dont l'activité mérite véritablement l'admiration. Celle de
Parme doit particulièrement être louée, car elle fut la première
à tourner cette activité vers la diffusion des meilleures méthodes
agricoles. Les excellents résultats que ne tardèrent pas à obtenir
son heureuse initiative stimulèrent les autres caisses qui, en
grand nombre, se firent dès lors un devoir d'aider à la création
et de contribuer à l'entretien des chaires d'agriculture — ou
plus exactement des chaires ambulantes : il faut bien employer
cette expression puisque si rébarbative qu'elle soit elle ne tarda
pas à entrer dans le langage courant !

La chaire de Bologne est de 1893, celle de Ferrare de 1894. Il y a trois fondations en 1895, deux en 1896, cinq en 1897, quatre en 1898, sept en 1899, seize en 1900, quatorze en 1901. Puis un temps d'arrêt se marque : 1902 ne voit que six chaires nouvelles, 1903, cinq. Il y a reprise en 1904 : quinze. Dès lors, le nombre des fondations diminue : il s'en produit huit en 1905, six en 1906, moins encore en 1907. Comment, du reste, s'étonner de cette diminution puisque, non comprises les sections plus ou moins indépendantes fondées dans certaines chaires et les chaires spéciales, il existe aujourd'hui en Italie une centaine de chaires, c'est-à-dire plus que nous en avons en France (87, le nombre de nos départements et 3 en Algérie).

J'ai indiqué plus haut la large part prise par les caisses d'épargne dans la diffusion des chaires. Souvent aussi il advint que ces chaires naquirent, si j'ose dire, du syndicat agricole ; tel fut le cas pour la chaire de Reggio d'Émilie — les deux institutions n'en formant en quelque sorte qu'une seule pendant plusieurs années. Même quand l'union n'est pas aussi étroite, les rapports restent forcément intimes entre œuvres qui ont mêmes fondateurs et souvent gardent mêmes dirigeants.

Quelques esprits — c'est ici le lieu de le signaler — estiment préjudiciable que cette intimité aille jusqu'au point qu'une même personne soit officiellement à la tête de la chaire et du syndicat.

C'est ainsi que M. A. Bellucci, le dévoué titulaire de la chaire de Ravenne, refusa la présidence du syndicat agricole de cette ville. Comme je lui demandais la raison de ce refus, il me répondit que n'étant pas directeur du syndicat, il avait une plus grande indépendance pour donner certains avis, notamment pour conseiller l'usage des produits chimiques. Ceci s'explique par ce fait que les syndicats italiens font le commerce des matières utiles à la profession d'agriculteur (engrais, semences, machines, etc.) A Parme, on professe une opinion contraire de celle de M. Bellucci. Je pense que toute généralisation serait ici mauvaise, c'est une question d'espèce : il y faut tenir compte du caractère des paysans de la région. (Je rappelle à ce propos qu'un de nos professeurs départementaux d'agriculture — celui des Hautes-Pyrénées — est en même temps directeur de caisse régionale. Il est vrai que nos caisses agricoles de crédit n'ont pas le caractère commercial des syndicats agricoles italiens).

Mais revenons aux créations de chaires. Les comices agricoles, les Banques populaires (1) ont souvent constitué les premiers fonds. De même que les syndicats, ces diverses associations gardent, avec la chaire qu'elles ont contribué à créer, des rapports assez intimes, notamment en ce qui concerne le crédit agricole. Cet étroit faisceau, formé par toutes les institutions agricoles d'une région, est très heureux, et les résultats sont là pour prouver indiscutablement combien on peut obtenir d'un intelligent groupement des différentes initiatives locales. C'est une force que nous laissons trop inutilisée en France !

Autre différence : c'est l'État qui paie chez nous entièrement le professeur départemental d'agriculture, chef du service agricole du département. En Italie, au contraire, l'État ne fournit qu'une contribution, généralement pas la plus forte, au budget de la chaire et ce au même titre que la province, les communes, les établissements de crédit, les associations agricoles, etc. La chaire est, dans ces conditions, une institution privée ayant à sa tête un conseil d'administration formé par les représentants des personnes morales lui allouant une subvention. C'est lui qui choisit le titulaire. Les choix m'ont paru généralement excellents et les titulaires réellement dignes de la confiance qu'on avait mise en eux. Il est vrai que leur situation est assez belle pour attirer des hommes de valeur.

D'une part, elle présente toute garantie de stabilité. Après une sorte de stage de deux ans, le titulaire n'est, il est vrai, généralement nommé que pour une période de cinq années, mais se voit toujours renouveler son mandat aussi longtemps qu'il le désire. D'autre part, non comprises d'assez bonnes indemnités de déplacement (presque partout 10 francs par

____

(1) Parfois même des particuliers comme à Mantoue.

conférence faite en dehors du lieu de résidence et 5 francs par visite dans un champ d'expérience ou de démonstration) les appointements annuels varient le plus souvent entre 4.000 et 5.000 francs, ce qui équivaudrait à plus en France, la vie étant en Italie nettement meilleur marché que dans notre pays. Enfin les titulaires occupent une situation en évidence et on leur rend réellement en considération et en attachement ce qu'ils dépensent en peine et en dévouement. En est-il de même en France ? Rien de plus aisé pour se pénétrer de la différence des positions que de se livrer à la petite expérience suivante : Interrogez dans une ville italienne le premier passant venu, il vous dira où est le siège de la *Cattedra ambulante d'Agricoltura* et vous donnera sur son titulaire maints détails, renouvelez l'expérience en France — je ne dis pas dans une grande ville, mais même dans une préfecture de moyenne importance — et vous verrez que l'existence même d'un professeur départemental d'agriculture est chose inconnue de la plupart.

Il faut insister sur ce point parce qu'il est caractéristique. Alors qu'en Italie le titulaire de la chaire jouit d'une véritable influence et peut par suite jouer un rôle très grand et très utile, chez nous, il faut bien le reconnaître, le professeur départemental n'a pas su prendre la position qu'il aurait fallu. Il est vrai qu'il ne le pouvait guère. Nous venons de voir les appointements de son collègue italien ; les siens sont nettement inférieurs puisque — nulle initiative ne venant grossir le généreux sacrifice consenti par l'État — il ne touche que 3.000 francs en quatrième classe (classe par laquelle il est réglementairement obligé de débuter), 3.500 en troisième, 4.000 en deuxième et 4.500 en première, classe où il n'arrive forcément qu'assez tard (il n'y a qu'une trentaine de professeurs de première classe) (1).

(1) C'est ce que reconnaissent les successifs rapports du budget de l'Agriculture à la Chambre. Celui pour 1910 s'exprime de la façon suivante : « L'exiguité des crédits inscrits au chapitre XIII retarde l'avancement du personnel, pourtant très méritant, des professeurs départementaux et spéciaux d'agriculture. »

Nous verrons tout à l'heure que sous le rapport des budgets généraux des chaires la différence est beaucoup plus considérable encore. Aussi n'ayant qu'une situation trop modeste, notre professeur départemental n'a-t-il pu prendre l'ascendant qu'a pris son collègue italien — ascendant utile, voire même indispensable — à la bonne marche de la chaire. Il faut, en effet, que le professeur d'agriculture en impose et au grand agriculteur que sa situation de fortune rend parfois présomptueux et au cultivateur qui a naturellement tendance à ne pas suivre des conseils dont il résulte pour lui un initial accroissement de dépenses. Les titulaires des chaires italiennes ont presque tous réussi à se créer cette situation nécessaire ; qui donc nierait qu'il n'en est pas de même chez nous ?

Dans l'organisation même de la chaire le système italien est supérieur au nôtre. On sait que chez nous le législateur a créé dans les chefs-lieux d'arrondissement des professeurs spéciaux qui dépendent du professeur départemental (1). Leurs appointements sont, je le rappelle, de 2.400 en troisième classe, 2.700 en deuxième, 3.000 en première et 3.300 quand ils parviennent à la classe exceptionnelle et il leur est alloué par le département et les communes une somme annuelle de 600 francs, dont 300 pour frais de déplacement et 300 pour l'entretien d'un champ d'expériences. Cette maigre indemnité ne leur permet bien entendu pas de faire œuvre utile, en sorte que bonne partie de ces professeurs spéciaux ne faisant rien ou à peu près ont tendance à « s'encroûter ». Ce n'est point à craindre avec le système italien. Les chaires ayant des sections (ce qui équivaut à nos professeurs spéciaux) sont en nombre relativement peu élevé (2). Mais, du moins, sont-ce là sections utiles et four-

(1) Par suite de l'exiguïté des crédits il n'y avait à la fin de 1909 que 154 professeurs spéciaux alors que le nombre des arrondissements s'élève à 289 : c'est bien le cas ou jamais d'écrire que de tels chiffres se passent de commentaires.

(2) Il n'y a, ainsi que le montre le tableau ci-dessous, que 43 sections pour la centaine de chaires existant en Italie :

1° Chaires ayant 4 sections : deux (Lecce et Udine) ;

2° Chaires ayant 3 sections : quatre (Parme, Pérouse, Plaisance et Viterbe) ;

3° Chaires ayant 2 sections : neuf

nissant un travail effectif. La dépendance — plus étroite qu'en France — où elles sont par rapport à la chaire dont elles relèvent les tient, en effet, utilement en éveil. Autre chose, leur champ d'action n'est pas délimité par la division administrative qu'est l'arrondissement *(circondario)*, mais par les conditions agricoles. Ainsi telle province (la province correspond en Italie à notre département) est-elle située partie en plaine, partie en montagne, une section ne s'occupera que de la plaine et une autre que de la montagne, et le titulaire de chacune d'elle pouvant par suite faire porter tous ses efforts dans une seule direction, obtiendra à travail égal bien meilleur résultat. Supposons en France un département comprenant deux arrondissements (soit deux professeurs spéciaux) et dont les deux principales industries agricoles seraient la culture florale et l'exploitation des montagnes : n'est-il pas réellement peu rationnel que chacun des deux professeurs spéciaux soit tenu de s'occuper des deux questions et combien il saute aux yeux qu'il serait plus logique de spécialiser l'un dans l'agriculture et l'autre dans l'aménagement des pâturages alpestres. De fait, pourquoi faire intervenir l'arrondissement dans une division sur laquelle les conditions techniques devraient seules influer ? La véritable division administrative de la France, ne l'oublions pas, est le département; et à l'heure où l'on reconnaît que, par suite de la multiplicité et de la rapidité de nos actuels moyens de transports et de communications, l'arrondissement a perdu son importance, pourquoi agricolement tout au moins ne pas l'ignorer !

En Italie, la chaire de Coni est une des rares ayant le système des sections par *circondario* (arrondissement). Il est vrai qu'une de ces sections est entièrement défrayée par le comice local sur un legs laissé dans ce but. De telles libéralités ne sont pas rares chez nos voisins du Sud-Est.

(Avellino, Bergame, Coni, Cremone, Milan, Modène, Reggio d'Émilie, Rome et Vérone);

4° Chaires ayant 1 section : cinq (Bologne, Chieti, Fermo, Sienne et Teramo)

Si — nous venons de le voir — les sections sont en Italie beaucoup moins nombreuses que ne le sont en France les professeurs spéciaux, du moins les titulaires des chaires ont-ils presque tous des assistants. Il faut regretter qu'il n'en soit pas ainsi chez nous, car ces assistants rendent de très grands services, déchargeant le titulaire de la partie matérielle de sa tâche et poursuivant, en outre, sous sa direction les expériences un peu spéciales qui lui absorberaient trop de temps et auxquelles chez nous il lui faut renoncer. Il est incontestable qu'un professeur ayant deux bons assistants fournit une besogne dont les résultats sont bien meilleurs que tel autre ayant trois professeurs spéciaux dans sa circonscription.

Enfin, ces assistants prenant d'excellentes leçons de choses deviennent par la suite des titulaires avisés, alors qu'un professeur spécial, n'étant pas en contact quotidien avec le professeur départemental dont il dépend ne profite pas de l'expérience que celui-ci a acquise : il est obligé de se former lui-même, et souvent aux dépens des agriculteurs qu'il est censé conseiller. Qu'on ne s'y trompe pas, en effet : le rôle de professeur départemental d'agriculture est beaucoup trop délicat et trop complexe pour qu'une préparation pédagogique — si complète soit-elle — suffise à permettre de le bien remplir. Il y faut également la pratique. Les assistants des chaires italiennes l'acquièrent dans d'excellentes conditions (1).

J'ai indiqué plus haut que les chaires ambulantes sont des institutions privées. Quelques personnes demandent leur rattachement à l'État (2), mais d'une façon générale l'opinion publique y est opposée. Elle estime que l'initiative privée ayant fort bien réussi, il n'y a nul avantage à en changer (en France

---

(1) Je signalerai à ce sujet que chaque année l'École supérieure d'agriculture de Milan envoie plusieurs de ses lauréats faire — excellent apprentissage — un stage à la chaire de Vérone.

(2) Font notamment cette demande les titulaires des petites chaires ne disposant que de moyens trop mesquins, chaires qu'on pourrait supprimer sans dommage. Aujourd'hui seules certaines chaires spécialisées dépendent de l'État.

cela serait au contraire sans doute préjudiciable). Il faut, du reste, rendre cette justice aux chaires que généralement elles savent se dégager des dépendances locales. J'ai personnellement visité la plupart des chaires de la Haute-Italie. Deux seulement m'ont paru, cédant à l'influence des organisations qui les subventionnent, être passées aux mains des propriétaires qui font bloc dans ces organisations. Il en est résulté que ces deux chaires ont perdu la confiance de la masse des paysans, et qu'elles n'ont plus dès lors rendu que bien moins de services. Ce sont, certes, là faits regrettables ; mais, on en conviendra, deux chaires seulement n'est-ce pas une infime proportion et que compensent les belles initiatives sociales prises par d'autres chaires, celle de Reggio d'Émilie notamment. Les chaires ont également su se maintenir au-dessus des rivalités de clocher, et la preuve en est qu'une seule ville d'Italie (Gênes) en a deux. Dans toutes les autres cités les efforts de tous convergent à fortifier la chaire unique : il n'y a pas rivalité, il y a émulation. Et cela parce que chacun des directeurs de chaires s'applique à justifier ce que me disait l'un d'eux : « Plus la liberté dont nous jouissons est grande et plus les services que nous rendons sont importants, car plus notre responsabilité est totale et plus nous avons à cœur de mériter la confiance qu'on a mise en nous ».

Quelques chaires sont plus étroitement sous la dépendance de la province ; elles sont dites *ufficio provinciale per l'agricoltura*. La plus ancienne est celle de Bologne qui fut, nous l'avons vu, la troisième chaire créée en Italie. Elle eut comme fondateur — et a encore comme titulaire — un ancien élève de notre école de viticulture de Montpellier, ex-directeur des écoles de viticulture d'Alba et de Conégliano, M. D. Cavazza, un des écrivains techniques les plus diserts d'Italie. Cet agronome distingué se tint le raisonnement suivant : « Il existe un service provincial chargé de s'occuper de chaque section importante ; seule l'agriculture est laissée en dehors ; il y a donc là une lacune ». Et il conçut le projet de la combler en créant une chaire relevant directement de la province. La besogne pouvait être ardue, mais il eut la bonne fortune de convaincre assez aisément le conseil provincial et le nouveau service naquit. Il est assez semblable aux autres chaires, sauf qu'en certains cas son officialité lui permet de rendre obligatoires telle ou telle mesure. Sur le modèle de Bologne, Coni et Trévise ont créé un service agricole provincial. La vie d'une province est, du reste, en Italie tout à la fois si active et si indépendante que les chaires provinciales ont pleine liberté d'action.

Pénétrons maintenant l'existence même des chaires et voyons de près l'œuvre qu'on y poursuit, les moyens d'action dont on y dispose, la tactique qu'on y préfère. Bien entendu j'éviterai dans cette partie de mon étude les généralités, car ce sont forcément les mêmes qui sont écrites au sujet de nos professeurs départementaux et que l'on peut lire aux programmes des diverses chaires italiennes : de ces belles phrases qui se ressemblent toutes, l'harmonie et la longueur ne varient que suivant le talent de celui qui les rédigea, la concision de son esprit et le temps dont il disposait. Du reste, ces énumérations ne présentent pas de réel intérêt : la vie leur manque et l'on ne saurait trop regretter que tant de sociologues et d'économistes versent ainsi dans une prolixité monotone et grise. Résultat : le public s'éloigne résolument de ce fatras. Or, n'est-ce pas l'éducation de ce public qu'il faut faire ! Et n'est-il pas antidémocratique, antifrançais de ne pas s'attacher à rendre distrayantes les questions économiques et sociales pour les mettre à la portée de tous, puisque tous ont le légitime droit d'émettre une opinion à leur sujet et que cette opinion du plus grand nombre peut avoir une décisive influence sur telle ou telle institution ! C'est notamment le cas pour les chaires et nous verrons ultérieurement que si l'on était plus renseigné en France sur les services qu'elles peuvent rendre, sans doute les conseils généraux et les associations agricoles leur prêteraient l'aide pécuniaire qui leur fait défaut et les empêche d'être aussi utiles chez nous qu'elles le sont en Italie.

Au demeurant, nous perdrons d'autant moins à délaisser les généralités que la pratique elle-même est assez belle pour nous contenter. Si j'osais un facile rapprochement de mots, je dirais qu'elle est essentiellement pratique. C'est ce que voulait, du reste, M. Tito Poggi, un des initiateurs du mouvement, quand il s'écriait, s'adressant aux titulaires de chaires : « Soyez capables de donner un conseil sur la viticulture aussi bien que sur l'horticulture ou la zootechnie ». Suivant son exemple, ses collègues ont évité les dangereuses spécialisations et ils ont compris qu'il ne leur fallait pas se laisser prendre au noble mirage des recherches scientifiques faites aux dépens du temps ou de l'attention dûs à leur chaire. Il est vrai, vous l'avez vu, qu'il leur est loisible de se faire aider plus spécialement pour telle ou telle question par un de leurs assistants et que n'ayant qu'à lui indiquer la marche générale et à contrôler les recherches, ils y peuvent aisément parvenir sans distraire trop d'heures à ce qui est leur principale raison d'être.

Est-ce à dire qu'il faille condamner les chaires spéciales ? Point du tout. Il en existe, en Italie, 6 de viticulture et d'œnologie, 1 de zootechnie et de fromagerie et 1 d'apiculture. En France, je le rappelle, on a fait depuis quelques années un premier pas dans cette voie. Elle est excellente à condition que le professeur spécialisé soit un organe tout à fait distinct du professeur départemental et que l'on veille à ce que des heurts ne se produisent pas entre eux. Sous cette réserve il y a tout avantage à confier à un professeur spécialisé une région (un ou plusieurs départements) où telle industrie agricole a pris un grand développement ou est susceptible de recevoir plus d'extension. Une autre création heureuse serait celle des professeurs spéciaux auxquels on n'attribuerait point de poste fixe et que, suivant les besoins on enverrait pour un laps de temps plus ou moins long dans telle ou telle région.

Mais revenons aux chaires italiennes. C'est Parme qui est le plus souvent donnée en exemple. De fait, elle méritait d'attirer à elle les visiteurs les plus illustres, tant l'œuvre qu'elle a accomplie est admirable dans sa diversité. La chaire d'Udine, où on n'a pas fait moins, est, par contre, très peu connue. Elle est une dépendance de cette *Associazione agraria friulana* fondée en 1846, à laquelle peut-être aucune association régionale agricole n'est au monde comparable. Vraiment est-ce une raison parce qu'Udine est une ville perdue où nul voyageur ne prend la peine d'aller pour que la belle leçon de ténacité intelligente donnée par l'Association frioulaine soit perdue ? Je ne le pense pas et plus loin je vous en parlerai longuement. Voyons seulement ici la tâche commune à toutes les chaires.

C'est tout d'abord l'organisation de consultations et de conférences les unes et les autres absolument gratuites. Ces consultations sont très appréciées des agriculteurs, elles sont surtout nombreuses les jours de marché. Les locaux des chaires italiennes étant fort bien installés s'y prêtent au mieux. Ah ! ces locaux, combien de fois en les visitant ne songeai-je pas à la situation de nos professeurs départementaux obligés de recevoir à leur domicile privé, forcément modeste vu la modicité — indiquée plus haut — de leurs appointements ! De même que les consultations, les conférences sont en Italie beaucoup plus nombreuses qu'en France où leur nombre minimum n'est que de 26. Les règlements des chaires italiennes en exigent au moins 50. Je sais bien que chez nous il faut, en outre, faire entrer en ligne de compte les conférences faites par les professeurs spéciaux, mais je sais aussi que les titulaires des chaires italiennes ne s'en tiennent pas au chiffre minimum : à la chaire de Plaisance on en fait jusqu'à 200 par an. Ces conférences sont presque toujours annoncées avec soin. J'ai noté, comme particulièrement bien présentées et faites pour attirer l'attention, les grandes affiches que la chaire de Ravenne répand à ce sujet dans toute la province. Ainsi les agriculteurs sont prévenus longtemps à l'avance des dates et des programmes. Ils viennent, du reste, très nombreux et l'on est unanime en Italie à reconnaître qu'il en résulte une grande diffusion des meilleures méthodes culturales, bon nombre d'auditeurs ne tardant pas à suivre les conseils qui leur sont donnés. Au total, conférences et consultations sont, par excellence, la forme de l'enseignement nomade tel qu'on le conçoit en Italie : le titre de chaire ambulante n'indique-t-il pas, du reste, l'idée de déplacements continuels ?

Il est aussi organisé de véritables cours, notamment en hiver. Certains sont consacrés à des matières spéciales telles que laiterie, soins à donner aux mûriers, greffage de la vigne, réparation des machines agricoles, etc. La plupart ont lieu durant la journée : il y a relativement peu de cours du soir. Dans certaines chaires on fait à la fin des cours passer des examens aux auditeurs et on leur décerne des diplômes. Des prix (objets utiles à l'agriculture, livrets de la caisse de retraite sur la vieillesse, etc.) récompensent souvent les meilleures réponses et la plus grande assiduité.

Nous avons vu plus haut que le principal objet — si j'ose dire — de nos professeurs départementaux, avant même l'enseignement nomade, c'est l'enseignement agricole dans les écoles normales.

Certes, cet enseignement est une excellente chose, et qui même serait parfaite s'il était loisible aux professeurs départementaux de grouper leurs leçons aux époques où ils ont du temps disponible, de façon à ce qu'elles ne fassent pas tort à leur enseignement nomade qu'au demeurant les élèves des écoles normales pourraient suivre en partie : non seulement ils acquerraient ainsi les connaissances pratiques qui leur font le plus souvent défaut, mais encore apprendraient la façon dont ils devront par la suite enseigner à leurs propres auditeurs les notions agronomiques. Ce serait, en un mot, un excellent cours de pédagogie agricole. En Italie, il semble qu'on n'ait pas fait une part assez large à l'enseignement dans les écoles normales. Certaines chaires seulement le donnent. Plus rares encore les chaires dont les titulaires font des cours aux futures institutrices.

Cette dernière et regrettable lacune existe, du reste, en France également. Ainsi chez les deux nations latines ne reste que trop vrai ce qu'écrivait Pierre Joigneaux : « Pour la fille du cultivateur, il n'y a ni école, ni maître comme il le faudrait. On s'efforce de rendre le jeune homme au sol, on s'efforce d'en détacher la jeune fille ; ce qu'on élève d'une main on le détruit de l'autre. On veut des cultivateurs qui pensent et raisonnent, on ne veut pas leur donner des compagnes dignes d'eux et capables de les seconder. Si nous envoyons nos jeunes filles à l'école du village, elles nous reviennent sachant un peu lire, écrire, calculer, coudre et marquer. C'est quelque chose, mais ce n'est point là l'étoffe d'une ménagère accomplie ».

Cet enseignement ménager qui fait si totalement défaut dans les écoles italiennes, les chaires ambulantes devraient en indiquer tout au moins les rudiments durant leurs cours d'hiver. Elles n'en font rien : elles paraissent, semble-t-il, vouloir ignorer le rôle important que la femme joue à la campagne puisqu'elles s'abstiennent de lui apprendre à le tenir au mieux des intérêts de l'agriculture. Vérone est une des rares chaires où on fasse quelque chose pour les paysannes : quelques cours sur l'élevage des cocons (1). Mais ni examen, ni diplôme, ni prix. Pourquoi ? Sur ce point, titulaires des chaires italiennes et professeurs départementaux montrent une égale apathie.

Outre par les consultations, les conférences et les cours, les chaires italiennes donnent l'enseignement nomade par la publication et la diffusion de nombreuses brochures. La plupart éditent de plus un bulletin périodique. Ce sont là deux moyens excellents de propagande qui font l'un et l'autre à peu près complètement défaut chez nous : saurait-on s'en étonner étant donné la modicité du budget dont disposent nos professeurs.

Parmi ces brochures, je signalerai des opuscules sur les principales questions d'agriculture et d'élevage et des calendriers avec conseils pour chaque saison et indiquant les résultats obtenus par telle semence ou grâce à telle fumure, les caractéristiques de telle race, la composition de tel fromage, etc.

(1) En mars et avril, les matins de marché, dans les centres importants.

Tirées à un grand nombre d'exemplaires, souvent à plusieurs milliers et distribuées gratuitement, ces publications sont généralement conçues dans un excellent esprit et fort bien rédigées. Certaines ont l'importance de véritables petits volumes, tel celui paru à Reggio d'Émilie sous le titre: *Per le nostre montagne*. Je le rapprocherai de ceux dûs à notre active *Association pour l'aménagement des montagnes* (siège social à Bordeaux). Je ne cite aucun autre titre de brochures: elles sont trop, mais tiens à indiquer comme particulièrement plaisantes à l'œil les publications de la chaire de Padoue. Elles sont si bien présentées qu'elles vous donnent en quelque sorte l'envie de les lire.

La plupart des chaires ont, en outre — je viens de le dire — un bulletin (véritable journal) paraissant soit mensuellement, soit bi-mensuellement, soit même bi-hebdomadairement: c'est à Parme, l'*Avenire agricolo* (mensuel); à Reggio d'Émilie, l'*Agricoltore Reggiano* (hebdomadaire); à Vicence, les *Note agricole* (mensuel) et l'*Agricoltura Vicentina* (bi-mensuel); à Modène, l'*Agricoltura Modenese* (bi-mensuel); à Rovigo, la *Rivista agraria Polesana* (bi-mensuel); à Ferrare, l'*Agricoltore Ferrarese* (bi-mensuel); à Crémone, la *Sentinella agricola* (bi-mensuel); à Vérone, l'*Agricoltura Veneta* (bi-mensuel); à Milan, l'*Agricoltura Milanese* (mensuel); à Padoue, le *Raccoglitore* (bi-mensuel); à Bologne, les *Annali de l'Ufficio provinciale di Agricoltura* qui forment chaque année un beau volume de deux cents pages, etc.

La chaire d'Udine a deux journaux; j'en parlerai dans l'étude que je publie plus loin sur l'*Associazione agraria Friulana*.

Le coût d'abonnement de ces journaux est toujours très bas, et le service en est fait gratuitement ou à prix particulièrement réduits à beaucoup de personnes, notamment aux membres des diverses associations agricoles de la province dont le plus souvent ils sont l'organe officiel. Ces publications périodiques ont, sur les grands organes agricoles, l'avantage d'être parfaitement appropriées à la région à laquelle elles s'adressent, ce qui a une toute particulière importance pour un pays où les différences de climat et de sol — et par suite de culture — sont aussi marquées qu'en Italie. Enfin, il faut noter la grande diffusion qu'ils représentent au total, puisque chacun d'eux est généralement tiré à plusieurs milliers d'exemplaires (1).

L'utilité de ces bulletins est tellement reconnue en Italie que telle chaire (Plaisance) où l'on s'adonne tout particulièrement aux conférences n'en publie pas moins, tous les trois ou quatre mois, une sorte de journal envoyé gratuitement (outre bien entendu ses publications) et que telle autre chaire (Port-Maurice) qui n'a pas d'organe spécial, ses moyens étant trop restreints, emprunte les colonnes d'une publication locale — en l'occurrence l'*Agricoltura Ligure*, excellent petit journal bi-mensuel illustré publié à Oneglia. Port-Maurice n'est pas la seule chaire qui agisse ainsi et il est certain que de tels organes régionaux sont tout qualifiés pour tenir lieu de bulletin aux chaires qui n'en peuvent publier.

L'enseignement agricole doit avoir pour complément des applications chaque jour plus nombreuses du principe d'association : les chaires ambulantes n'ont pas ménagé leurs efforts pour en hâter la diffusion. Elles ont notamment pris une part prépondérante à l'organisation du crédit agricole. Aucune forme d'association n'a, du reste, été négligée par elles. Ainsi Reggio d'Émilie, dont j'ai indiqué plus haut les tendances sociales, a créé, entre autres institutions coopératives, une vingtaine de fromageries (2), une distillerie, trois caves, et a diffusé les assurances mutuelles. Parme — qu'il faut en toutes choses donner en exemple — a, sur l'initiative de M. Antoine Bizzozero, l'éminent agronome qui en fut le fondateur et en est resté le directeur, organisé un service spécial dit de propagande pour les coopératives, service dont les conseils éclairés et

(1) En outre, les journaux politiques italiens s'occupent des questions agricoles beaucoup plus que ne le font les nôtres.

(2) Le Reggiano est la principale région de fabrication du fromage dit Parmesan que, par un récent accord entre les deux provinces, on dénomme maintenant *reggiano-parmigiano*.

les excellentes méthodes ont fait beaucoup pour la fondation et le bon fonctionnement d'institutions coopératives, notamment de caves. On sait l'importance de cette institution qui, seule, permet au petit viticulteur de résister à l'accaparement et de maintenir des cours normaux : rien d'étonnant donc à ce qu'elle ait attiré l'attention d'autres chaires que Parme, notamment celles de Modène et de Vérone. Les distilleries coopératives (Vérone, Reggio d'Émilie) et les moulins coopératifs (Port-Maurice) sont plus rares. Les laiteries, par contre, sont nombreuses : outre celles de Reggio d'Émilie, je signalerai celles de Parme, de Crémone et des régions voisines de la Suisse. A Crémone, il faut noter la coopérative de producteurs de cocons ; Vérone en a une en formation. Il y a beaucoup à faire dans ce sens étant donné l'importance capitale de la production des cocons pour la Haute-Italie et que c'est par excellence une industrie agricole de petits propriétaires. Mantoue a créé une fabrique coopérative d'engrais chimiques ; Crémone se prépare à suivre son exemple. Je laisse Udine dont nous devons voir plus loin les créations. Du reste les coopératives que je viens d'énumérer étant toutes des filiales des chaires, ces exemples suffisent à montrer combien ces dernières ont fait en faveur de la diffusion de la coopération et dans quelle direction elles ont aiguillé leurs efforts. J'ajoute que ces heureuses réalisations n'ont été possibles que grâce aux étroits rapports qu'ont entre elles chaires et syndicats agricoles. C'est là une question capitale : j'y reviens, car on ne saurait trop répéter que c'est au solide faisceau formé par ses institutions agricoles que la Haute-Italie doit son actuelle prospérité.

La plupart des associations d'éleveurs ont été créées par les chaires. Il y a, à vrai dire, en Italie pas mal à faire encore dans cette direction ; mais on peut dès maintenant mentionner les efforts couronnés de succès, réalisés à Plaisance, à Reggio d'Émilie, dont la chaire assure en outre l'organisation matérielle du congrès provincial d'éleveurs ; à Vérone, à Mantoue, dont le titulaire est resté secrétaire de l'Association zootechnique (ainsi,

je crois, que son collègue de Vérone) (1). Même les chaires qui
n'ont pas créé d'associations spéciales défendent les intérêts de
l'élevage : Ravenne, quand j'y fus, venait d'organiser un congrès
des éleveurs de la région ; Milan et Port-Maurice se consacrent
aux commissions provinciales pour l'amélioration du bétail, etc.

Bien entendu l'agriculture, beaucoup plus importante pour
l'Italie que l'élevage, retient davantage encore l'attention des
chaires, qui notamment ont entrepris une lutte vigoureuse
contre le phylloxéra et contre les maladies qui attaquent le
mûrier. Du reste, tous les soins à donner à cet arbre sont
par elles indiqués minutieusement, je dirai volontiers avec
amour. Il en est de même des meilleures méthodes de taille et
de greffe des vignes américaines. La diffusion de l'usage des
engrais chimiques a également retenu l'attention de toutes les
chaires, et elles ont obtenu de ce côté d'excellents résultats.
Ainsi dans la province de Mantoue la consommation annuelle
de superphosphate a passé en dix ans de 30.000 à 300.000 quintaux. Les chaires dont le territoire s'y prête (Vérone, Reggio
d'Émilie, Coni, etc.) ont entrepris une vigoureuse et intelligente
campagne en faveur des *pascoli alpini* (pâturages en montagnes).
Au hasard de ma mémoire et de mes notes je citerai, en outre,
les efforts de Plaisance en faveur des prairies permanentes
irriguées ; de Port-Maurice, en faveur des oliveraies, des
arbres fruitiers et de la floriculture ; de Mantoue, en faveur des
rizières (notamment introduction de 3 variétés de riz japonais) ;
de Parme, en faveur de la betterave à sucre ; de Plaisance,
en faveur d'une culture plus rationnelle du froment et de la
production du raisin de table, etc.

Les concours et expositions agricoles provinciales sont
toujours organisés par la chaire ou tout au moins avec son
aide très efficace. Je signalerai à Vérone un excellent concours

______

(1) Je rappellerai à ce sujet que le
herd-book de notre excellente race
parthenaise, a comme secrétaire-tréso-
rier le professeur départemental des
Deux-Sèvres.

pour l'amélioration des pâturages alpins, à Padoue, un concours de fumure avec 2.500 francs de prix en argent, etc.

Et maintenant venons-en à ce que j'appellerai volontiers la vie technique des chaires : champs d'expériences et de démonstration. Ceux-ci surtout sont nombreux. Ils constituent même une des principales formes de l'activité des titulaires.

A Vicence, le dévoué professeur P. Marconi organise des champs d'expériences chez les grands agriculteurs qui en peuvent facilement assumer les risques tandis qu'il dispose les champs de démonstration chez les petits cultivateurs. La chaire leur fournit gratuitement semences et engrais, ne leur demandant que de suivre exactement les indications qui leur sont données et de noter minutieusement ce qui se produit. La récolte leur étant intégralement laissée, ils y trouvent — outre ce qu'ils ont appris — ample dédommagement aux peines qu'ils ont prises.

Les obligations techniques des chaires comprennent encore les analyses qui sont effectuées pour les agriculteurs de la province soit gratuitement, soit à des prix très bas.

Enfin, suivant les besoins de la région, les chaires s'intéressent particulièrement à telle ou telle question spéciale. Ainsi Port-Maurice a créé quatre viviers et s'occupe, ainsi que Coni, du repeuplement des cours d'eaux, Plaisance a entrepris une organisation rationnelle et coopérative de la vente, Ravenne a pris part aux études des bonifications et a publié à ce sujet d'excellentes études où les tableaux de dépenses ont été dressés avec un soin tout particulier ; certaines chaires, dont Vérone, combattent énergiquement la malaria et la pellagre, etc.

Au total, aucune question susceptible d'intéresser l'agriculteur ou le paysan italien n'est, on le voit, laissée de côté par les titulaires, aucun problème agricole n'est négligé par eux et on ne peut s'empêcher d'admirer la diversité, de louer l'efficacité de leurs travaux. Car — je le répète — ce que je viens d'énumérer, je ne l'ai point recueilli dans les belles phrases de programmes officiels, non plus que dans les promesses grandiloquentes et vite oubliées de fondateurs d'institutions : ce sont œuvres réalisées dont j'ai personnellement constaté l'importance et l'excellence.

Il est, hélas ! hors de doute qu'il n'en va pas de même en France. Quelle en est la raison ? M. de Rocquigny n'a pas craint d'affirmer qu'il la faut chercher dans le fait que nos professeurs sont « tenus en lisière par la routine bureaucratique ». Non ! mille fois non ! La seule raison — je l'ai indiquée plus haut et j'y reviens pour l'établir de façon irréfutable — c'est que nos associations agricoles ne comprennent pas les sacrifices à faire dans cet ordre d'idées, c'est surtout que nos conseils généraux marchandent mesquinement aux chaires départementales les indemnités qu'ils devraient leur donner et que le législateur espérait d'une plus juste compréhension des intérêts dont ces conseils ont la responsabilité. La comparaison des budgets des chaires en France et en Italie n'explique que trop clairement pourquoi les unes rendent d'immenses services tandis que les autres en sont empêchées.

J'ai relevé au Bulletin de la Société des Professeurs départementaux d'Agriculture (1) les indemnités touchées par chaque chaire. Les voici :

Indemnité annuelle de 3.950 fr. : 1 chaire (Côte-d'Or) ;

—	2.900	: 1 —	(Seine-et-Marne) ;
—	2.400	: 1 —	(Aude) ;
—	2.300	: 1 —	(Indre-et-Loire) ;
—	2.100	: 1 —	(Aube) ;
—	2.050	: 1 —	(Calvados) ;
—	2.000	: 8 —	(Aisne, Oise, Puy-de-Dôme, Rhône, Seine-Inférieure, Somme, Vendée, Vosges) ;
—	1.900	: 1 —	(Bouches-du-Rhône) ;
—	1.800	: 3 —	(Haute-Marne, Ardèche, Manche) ;

(1) En Italie également les titulaires de chaires sont groupés en une association.

Indemnité annuelle de 1.600 fr. : 1 chaire (Jura) ;

—   1.550   : 1   —   (Eure) ;

—   1.500   : 16   —   (Allier, Alpes-Mariti-mes, Charente, Cor-rèze, Gers, Indre, Charente-Inférieure, Loir-et-Cher, Loire-Inférieure, Hautes-Pyrénées, Mayenne, Nord, Haute-Saône, Deux-Sèvres, Tarn, Haute-Vienne) ;

—   1.300   : 1   —   (Yonne) ;

—   1.250   : 1   —   (Tarn-et-Garonne) ;

—   1.200   : 9   —   (Hautes-Alpes, Doubs, Drôme, Eure-et-Loir, Ille-et-Vilaine, Loire, Meuse, Mor-bihan, Sarthe) ;

—   1.000   : 8   —   (Aveyron, Cher, Côtes-du-Nord, Landes, Haut-Rhin, Saône-et-Loire, Savoie, Var) ;

—   900   : 1   —   (Haute-Garonne) ;

—   800   : 1   —   (Orne) ;

—   500   : 1   —   (Maine-et-Loire) (1) ;

Les indemnités des autres chaires (2) ne figurent pas à ce relevé, mais celles que je donne suffisent amplement à établir une moyenne. Nous trouvons pour cinquante-huit chaires une somme globale de 89.700 francs, soit pour chacune une moyenne

____

(1) Il est vrai que le professeur dépar-temental de Maine-et-Loire est en même temps agriculteur-éleveur.

(2) Le bulletin indique, en outre, l'in-demnité de la chaire de Constantine qui est de 2.400 francs.

de 1.550 francs que l'on n'atteindrait même pas si l'on faisait rentrer en ligne de compte les indemnités des chaires non portées au tableau. Mais quand bien même on atteindrait ce chiffre, n'est-il pas mesquin et que pense-t-on qu'il en puisse rester au professeur après défalcation de ses frais de déplacement (1). Ce serait donc sur ses appointements, modestes, nous l'avons vu plus haut, qu'il devrait prélever pour couvrir les autres frais qu'il lui serait nécessaire de faire pour le bien de la chaire : payer un employé, avoir un bureau, publier des brochures et un bulletin. Comme il ne peut le faire, et qu'il ne saurait d'autre part, augmenter ses ressources sous peine de négliger les devoirs de sa charge, il doit renoncer et à l'employé, et au bureau, et aux brochures, et au bulletin, et perdant son temps à des occupations matérielles dont il n'a personne sur qui se décharger, il voit ses efforts ne donner — et encore pas toujours — qu'un maigre résultat. Dans ces conditions, combien de fois ne se dégoûte-t-il pas de tout effort, ne perd-il pas tout esprit d'initiative et, privé de moyens d'action, ne finit-il pas par estimer que cette action elle-même est inutile à tenter ! Telle est aujourd'hui la situation : il faut avoir la loyauté de le reconnaître.

En Italie, au contraire, que voyons-nous ? Le total des budgets des chaires y atteint un million de francs et M. Titto Poggi, qui fait autorité en la matière, y estime qu'une chaire doit pour agir utilement disposer d'au moins 7.500 francs. Du reste, ainsi qu'on peut le voir au tableau suivant, un grand nombre d'entre elles dépassent — et de beaucoup — ce chiffre.

1 Chaire disposant de 40.000 francs (Parme).
1   —   32.900   —   (Lecce).
1   —   32.000   —   (Milan).
1   —   27.500   —   (Udine).
1   —   20.500   —   (Reggio d'Emilie).

(1) D'autant qu'il faut tenir compte qu'après une conférence du soir le conférencier est souvent obligé de coucher dans le bourg où il l'a faite, ne pouvant plus regagner le soir même le chef-lieu.

5 chaires disposant de 19.000 à 20.000 francs
2   —   17.000 à 18.000   —
2   —   16.000 à 17.000   —
1   —   15.000 à 16.000   —
3   —   14.000 à 15.000   —
5   —   13.000 à 14.000   —
5   —   12.000 à 13.000   —
5   —   11.000 à 12.000   —
4   —   10.000 à 11.000   —
5   —   9.000 à 10.000   —
8   —   8.000 à 9.000   —

Ainsi cinquante chaires ont un budget de plus de 8.000 francs et encore souvent certains chapitres de recettes n'y figurent-ils pas, de même que n'y figurent pas les recettes extraordinaires consacrées à des objets spéciaux.

Pénétrons maintenant dans le détail d'un de ces budgets, celui de la chaire de Crémone que l'aimable professeur Brizi m'a résumé dans les chiffres ci-dessous :

ENTRÉES

Contribution de l'Etat. . . . .   3.700 francs.

—   de la Province . . . . {   5.000   —
                                                                       800   —

—   de la Caisse d'Epargne des Provinces lombardes, à Milan . . .   4.000   —
—   de la Banque populaire de Crémone   1.000   —
—   du Syndicat agricole de Crémone   1.000   —
—   des communes, etc.   800   —

TOTAL . . . .   16.300 francs.

(Ne figurent pas dans ce tableau non plus qu'à celui des dépenses les contributions pour objets spéciaux ; seules sont mentionnées, tant à l'entrée qu'à la sortie, les dépenses en quelque sorte ordinaires.)

SORTIES

Appointements du personnel technique. . .	9.500 francs.	
Indemnités de déplacements et autres . . .	3.500 —	
Frais de bureau	250 —	(1)
Affranchissements et télégrammes	300 —	
Bulletin et brochures	600 —	(2)
Achats de livres et abonnements à des publications agricoles.	300 —	
Champs de démonstrations, champs d'expériences, analyses	200 —	(3)
Cours spéciaux	400 —	(4)
Expositions et concours.	250 —	(5)
Amélioration du bétail.	600 —	(6)
Divers	250 —	
Imprévu	150 —	
Total.	16.300 francs.	

Vous pouvez prendre un autre budget de chaire, l'un quelconque parmi ceux qui sont supérieurs à 7.500, en défalquer les appointements du titulaire et vous verrez qu'il reste à la chaire bien plus que chez nous où cependant, je le répète, le prix de la vie est plus élevé. Quant aux toutes petites chaires leur stagnation est un argument de plus en faveur de la nécessité de disposer d'un budget assez fort. Du reste, le principal des subventions étant fourni en Italie par les associations locales ou

(1) Le syndicat agricole loge gratuitement — et fort bien — la chaire à son siège social ; il pourvoit, gratuitement aussi, aux dépenses d'éclairage et de chauffage et paie les employés et le personnel de service.

(2) Défalcation faite des rentrées des abonnements.

(3) Le syndicat agricole fournit gratuitement tout ce qui est nécessaire aux champs de démonstrations.

(4) Chaque commune participe, en outre, aux frais occasionnés par les cours spéciaux se tenant sur son territoire.

(5) Non compris certaines subventions de la province et du Ministère de l'Agriculture.

(6) Non compris une subvention du Ministère de l'Agriculture pour stations de monte de taureaux.

des personnalités qui sont sur les lieux, peut-on penser que bénévolement elles gaspilleraient leur argent? Or, loin de trouver les budgets actuels trop élevés, elles ont tendance à les augmenter encore. J'ai eu la curiosité de rechercher combien de chaires avaient vu leur budget diminuer depuis leur fondation : trois en tout et pour tout (1). C'est là un fait péremptoire et qui nous indique que ceux qui voient de près les services rendus par les chaires estiment qu'ils ne sauraient être payés trop cher.

Si nos Conseils généraux, si nos municipalités, si nos associations agricoles pouvaient toucher du doigt ces services, nul doute qu'ils ne tarderaient à partager cette façon de voir. J'espère qu'en lisant cette étude, surtout en consultant les divers tableaux que j'ai donnés, ils se rendront à l'évidence. Pour moi, si l'incontredisible éloquence des chiffres que je cite, si l'énumération des faits dont j'ai été le témoin impartial et attentif pouvaient valoir à nos chaires départementales les moyens qui leur font défaut aujourd'hui, je m'estimerai amplement payé du travail que m'a demandé cette étude, car j'estimerai avoir rendu à l'agriculture de mon pays un signalé service !

C. — UNE ASSOCIATION AGRICOLE MODÈLE : *L'ASSOCIAZIONE AGRARIA FRIULANA*

QUELQUES CONSIDÉRATIONS GÉNÉRALES : UNE ŒUVRE ÉMINEMMENT LOGIQUE ; DE LA PRUDENCE DANS L'AUDACE ; TOUTES LES PENSÉES VERS UN MÊME BUT ; LE FRIOUL ; UN MOT DES STATUTS ; UNE ASSOCIATION QUI PRÉFÈRE AGIR QUE THÉSAURISER ; A LA PÉRIODE DE L'APOSTOLAT PUR A SUCCÉDÉ CELLE DU RÉVEIL SCIENTIFIQUE, PUIS L'HEURE EST VENUE D'ENTREPRENDRE LA DIFFUSION DE LA COOPÉRATION. — LA CHAIRE AMBULANTE : L'ENSEIGNEMENT NOMADE ; COURS FAITS DANS DIVERSES INSTITUTIONS ; L'ENSEIGNEMENT AGRICOLE AUX ÉCOLES COMMUNALES DE GARÇONS ET A CELLES DE FILLES ; UNE ASSISTANTE DE LA CHAIRE AMBULANTE D'AGRICULTURE ; CE QUE NOUS POURRIONS FAIRE DANS LE MÊME ORDRE D'IDÉES ; LES PUBLICATIONS DE L'ASSOCIATION, LE « LE BULLETTINO », « L'AMICO DEL CONTADINO », ETC. ;

(1) L'un passe de 7.000 à 5.400, le second de 9.500 à 8.850 et le troisième de 12.500 à 11.500.

AUTRES SERVICES RENDUS PAR LA CHAIRE ; SES SECTIONS. — LE COMITÉ D'ACHATS ET LA FABRIQUE DE SUPERPHOSPHATES : BUT DU COMITÉ D'ACHATS ; QUELQUES MOTS D'HISTORIQUE ; UNE UTILE ŒUVRE DE PROPAGANDE ; COMMENT SONT FAITS LES ACHATS, L'ASSOCIATION N'ACHÈTE QU'APRÈS COMMANDES FERMES, OÙ SONT FAITES LES LIVRAISONS, QUAND SONT EFFECTUÉS LES PAIEMENTS ; L'ASSOCIATION PAR SES ACHATS COLLECTIFS A PU A DIVERSES REPRISES EMPÊCHER DE VÉRITABLES DÉSASTRES ; LA SECTION DE MACHINES AGRICOLES ; POURQUOI LA FABRIQUE DE SUPERPHOSPHATES FUT FONDÉE. — ASSOCIATIONS COOPÉRATIVES : RÉALISATION D'UNE COOPÉRATION PROCHE DU PAYSAN ; LES CONCOURS ENTRE COOPÉRATIVES ; PROGRÈS DE L'IDÉE DE COOPÉRATION ; RELATIONS ENTRE L'ASSOCIATION ET LES PETITES ASSOCIATIONS LOCALES ; LA SITUATION ACTUELLE. — AMÉLIORATION DU BÉTAIL ET APICULTURE ; MOYENS MIS EN ŒUVRE POUR AMÉLIORER LE BÉTAIL ; CRÉATION D'UNE RACE SIMMENTHAL-FRIOULAINE ; ENCOURAGEMENTS A L'INDUSTRIE LAITIÈRE ; NOMBRE ACTUEL DE LAITERIES COOPÉRATIVES ; ASSURANCES MUTUELLES DU BÉTAIL ; AMÉLIORATION DES PATURAGES ALPESTRES, DÉFENSE DES MONTAGNES. — AUTRES SERVICES RENDUS PAR L'ASSOCIATION PETITES INDUSTRIES DE L'OSIER, ÉCOLES, COURS DU SOIR, SOCIÉTÉ POUR LA VENTE ; TRAVAUX D'IRRIGATION ; CONCOURS DE PETITS EXPLOITANTS ; ASSEMBLÉES DE PROPRIÉTAIRES ; MESURES CONTRE LE DÉPEUPLEMENT, PUIS POUR LE REPEUPLEMENT DES COURS D'EAU. — CONCLUSION.

QUELQUES CONSIDÉRATIONS GÉNÉRALES. — L'œuvre à laquelle est consacrée cette étude mérite de retenir longuement l'attention, car, admirable synthèse d'efforts intelligents et disciplinés, elle présente à notre esprit une réalisation qu'on ne saurait étudier sans ressentir l'immédiat désir d'en pénétrer d'autres esprits pour ainsi susciter en eux le désir de créer une autre association aussi puissante, aussi complète, aussi logique que celle-ci ! Logique surtout. C'est peut-être la rigueur de la logique qui frappe, en effet, le plus quand on voit de près l'Association agricole frioulaine : tout s'y enchaîne et l'effort, intelligemment conçu et exactement fourni, y force en quelque sorte le résultat à être favorable, et de ce résultat même naît un autre effort qui n'aura pas une issue moins heureuse et qui à son tour engendrera une troisième tentative qui sera en même temps une troisième réussite. Ainsi ce groupement est parvenu à représenter comme la pensée de toute la province, à en diriger la vie. Comment ? On va le voir au cours de cette étude, où bien entendu j'ai soigneusement évité de « tomber dans la monographie » et où, négligeant ce qui n'a qu'un caractère particulier, j'ai surtout cherché à mettre en lumière les exemples qu'il serait à souhaiter que maintes de nos associations régionales appliquassent.

Tout d'abord il me faut indiquer le levier qui a permis aux hommes de bonne volonté que furent les premiers dirigeants de l'Association de soulever la lourde chape que le monde fait généralement peser sur les oseurs, de muer les inerties en énergies : ce fut l'esprit d'initiative. « Si je devais attribuer une médaille de mérite et que j'eus à choisir entre le fondateur d'une œuvre de bienfaisance et le créateur d'une industrie, j'inclinerais pour le second », écrivait il y a une vingtaine d'années le sénateur Pecile. Ces quelques lignes, glorificatrices de l'effort, disent exactement l'esprit qui a toujours animé cette Association frioulaine dont si longtemps M. Pecile fut le président : on y a aimé l'action, et on y a osé. Mais avec la nécessaire prudence. Et comme l'on savait que pour oser il faut être fort, on commença par grouper toutes les forces de la région.

On savait également qu'il faut être libre. Aussi ne s'inféoda-t-on pas à un parti et conserva-t-on une complète indépendance. Parcourez la liste des membres du bureau, vous verrez que toutes les opinions politiques et religieuses y sont représentées. Alors que sur presque tous les points de la Vénétie les cléricaux sont les maîtres du crédit rural, ici on n'hésite pas à laisser hors de l'œuvre les groupements confessionnels. Car on n'a voulu avoir qu'une devise : Par la coopération, pour l'agriculture ! La sagesse de ce cri de combat a, du reste, rallié bientôt tout le monde autour d'un drapeau qui de cette universalité d'adhésions tirait assez de force pour que toutes les batailles où il paraissait vissent triompher ses couleurs.

J'ai écrit le mot : universalité. Il n'est point une exagération. Non seulement l'Association n'a pas d'ennemi, mais encore elle a, suivant un joli mot que me disait un paysan du Frioul, réussi à « être tout dans le pays ». Particuliers, municipalités, fonctionnaires, n'ont, en effet, pas tardé à subir son heureux ascendant. Elle en a profité pour créer une ambiance favorable à l'industrie agricole et désireuse de réaliser des progrès culturaux ; d'abord sujet de toutes les conversations, l'agriculture est devenue bientôt le but de tous les efforts : c'est ainsi que le Frioul est parvenu à un tel état de prospérité.

Ce n'est pourtant point une région exceptionnellement favorisée. Vers l'Adriatique, dans la partie riche en sources — et aussi en marais — il y a bien de bonnes terres mais la superficie totale n'en est pas considérable. La plaine qui leur fait suite n'est guère fertile. Puis viennent les collines, puis les monts. Quand on va de Venise à Udine on aperçoit leurs sommets couverts d'une neige rose dont la fonte fait chaque année rouler d'impétueux torrents dans les larges lits à sec pendant de longs mois et dont sur certains points les galets et le sable hospitalisent un peu de terre et quelque verdure. J'ai visité le pays en décembre : le froid était vif. On n'y souffre pourtant ni de vents glacials comme ceux de la plaine du Pô, ni même, m'a-t-on affirmé, des grandes gelées que l'on serait tenté de supposer.

La moyenne et même la petite propriété sont plus répandues que la grande. Cela rapproche le Frioul de la France et rend par suite doublement intéressante pour nous l'étude de l'Association frioulaine. Le grand locataire — cette véritable plaie sociale de tant de régions de la Haute-Italie — ne joue ici qu'un rôle effacé. Le faire-valoir direct l'emporte en importance. Le reste des terres est loué aux paysans. Le métayage commence lui aussi de compter un certain nombre de partisans. Les grèves agricoles, que l'âpreté des exploitants a suscitées au Piémont, en Lombardie, en Emilie (1), n'ont pas éclaté ici, car même rude la situation faite au paysan reste du moins humaine, et les âpres travailleurs d'Italie ne demandent pas autre chose.

Le Frioul forme aujourd'hui la province d'Udine (2), limitée par l'Autriche, l'Adriatique et les provinces de Venise et de Bel-

---

(1) Voir la *Haute-Italie politique et sociale*, pp. 89 et suiv. (Marcel Rivière, éditeur).

(2) La préfecture Udine est une ville de 38.000 habitants. « Il ne vient pas ici un Français par an », m'y disait un brave Udinois qui n'exagérait pas énormément.

lune. C'est une des plus étendues du royaume (6.554 kilomètres carrés, 54.551 habitants ; 190 communes). Le champ d'action de l'Association frioulaine est donc fort vaste. Elle compte, en outre, des sociétaires dans les provinces voisines et même en deçà de la frontière, ce qui ne saurait étonner puisque cette partie de l'Autriche aspire à la nationalité italienne qui est logiquement la sienne.

L'étude des statuts de l'Association frioulaine serait pour nous aussi inutile que fastidieuse. Qu'il me suffise seulement de noter que les sociétaires payent 15 francs par an et que les bénéfices sont répartis au prorata des affaires qu'ils ont faites avec l'Association. Le conseil est composé de cinquante membres dont vingt-cinq nommés par les sociétaires et vingt-cinq par les plus importantes institutions agricoles de la province.

« L'Association agricole frioulaine est un syndicat ayant pour but d'encourager tout ce qui peut favoriser l'agriculture et susciter des améliorations culturales ; elle a également pour but de représenter les intérêts agricoles de la province. » C'est ainsi que s'exprime l'article 1er des statuts. Certes, ce programme ressemble à celui des autres associations agricoles, mais du moins l'a-t-on totalement rempli et, bien que très puissante, l'Association ne possède, outre sa fabrique coopérative de superphosphate (voir plus loin), que trois propriétés d'une valeur globale d'environ 350.000 francs et une maison à Udine (valeur 100.000 francs). C'est que, plutôt que thésauriser, les dirigeants de l'Association ont préféré multiplier les œuvres : il y a aujourd'hui plus de trois cents institutions agricoles dans la province. La plupart sont membres de l'Association. En sont également membres bon nombre de municipalités. Aussi le chiffre des associés qui est officiellement inférieur à cinq cents est en réalité infiniment plus élevé : il approche onze mille. En effet tout sociétaire d'une institution affiliée, tout administré d'une commune associée est admis au bénéfice de bon nombre des avantages conférés par la qualité de membre.

Je l'ai dit plus haut, je ne m'appesantirai pas sur l'historique

de l'Association, historique dont le détail ne saurait nous intéresser. Je n'en indiquerai que ce qui est indispensable pour faire
comprendre la logique qui a guidé les dirigeants de l'œuvre.

L'Association frioulaine, plus que sexagénaire aujourd'hui,
a été fondée en 1846, mais durant les neuf premières années des
contingences politiques rendirent ses efforts à peu près stériles.
Sa véritable vie n'a commencé qu'en 1855 alors que l'on décida
— décision excellente et qu'on ne saurait trop souhaiter de voir
imiter dans toutes les régions où il reste à accomplir de grands
progrès culturaux — que l'assemblée générale se réunirait deux
fois par an à tour de rôle dans chaque ville, dans chaque centre
de la province. En effet, l'on profita de ces solennités pour organiser de petites expositions agricoles, publier des monographies,
faire des conférences, donner des consultations. En outre,
chaque assemblée, durant généralement trois jours, constituait
en somme un véritable petit congrès agricole, où les agriculteurs
apprenaient à se connaître, à se sentir les coudes. Ces réunions
donnèrent donc les meilleurs résultats : elles produisirent une
première diffusion de plus rationnelles connaissances culturales
et permirent de vaincre l'attachement que le paysan porte presque
toujours à la routine, puis suscitèrent chez lui le désir de se
pénétrer des progrès réalisés par la science. Si généreux fut
l'élan de tous que quatre ans suffirent à cette première période
qu'on pourrait appeler la période de l'apostolat pur et que
dès 1859 la période du réveil scientifique put lui succéder.

L'Association s'attacha pendant cette seconde période à mettre
à la portée de tous la pratique des progrès dont, nous venons
de le voir, elle avait su faire naître le désir. Le principal artisan
de ce réveil scientifique fut un agronome italien élève de nos
maîtres et qui, avec le souvenir de leurs leçons, porta au Frioul
la claire rigueur de nos méthodes.

Quand on songe que cette diffusion des meilleurs procédés
culturaux coïncide avec les efforts faits pour assurer l'indépendance du pays, comment ne pas admirer ces hommes qui surent
tout à la fois rendre libre leur terre natale et la faire prospère :

1866 vit, en effet, et la réunion de la Vénétie et du Frioul au jeune royaume d'Italie et la fin de la période du réveil scientifique, qui dès lors avait produit tous ses fruits, en sorte que désormais l'Association pourra résolument accomplir le logique complément de son évolution.

Avant de l'étudier et de montrer le valeureux groupement devenu le centre de la vie économique et sociale du Frioul, il importait d'indiquer brièvement ici les étapes par lesquelles est passée la pensée directrice de l'œuvre. Que ceux qui rêvent de faire une association prospère s'en pénètrent : il faut tout d'abord que l'apostolat prépare les esprits, puis il faut répandre les meilleures méthodes culturales. Ainsi l'outil dont on se servira étant solidement forgé et la main qui devra le diriger dûment exercée, on pourra se donner tout entier à la grande œuvre : la diffusion de la coopération !

La chaire ambulante. — On me disait à Udine : « Notre chaire ambulante est la plus ancienne d'Italie », et de fait encore qu'officiellement d'autres chaires aient précédé la leur, les Frioulains ne sont-ils pas quelque peu en droit de prétendre à la priorité, puisque dès la fondation de leur association, celle-ci fit office de chaire ambulante et qu'elle a notamment assumé, depuis 1867, le service de l'enseignement agricole nomade ? Au demeurant, aujourd'hui encore — sauf, en plus, le titre qui a facilité l'obtention de légitimes subventions gouvernementale et provinciale — chaire et Association ne font toujours qu'un, ayant même siège social et le titulaire de la chaire faisant fonctions de secrétaire général de l'Association : excellente et rationnelle collaboration qui permet à la chaire non seulement de jouir d'un très gros budget, mais encore lui donne un considérable appoint moral et l'aide ainsi à accomplir au mieux sa lourde tâche.

Dans les pages précédentes (343 à 368) j'ai montré par le détail quelle est l'œuvre des chaires ambulantes : inutile donc d'y revenir. A noter seulement qu'à Udine les conférences (1) sont

____

(1) On ne fait pas moins de deux cents conférences par an.

contradictoires et que le conférencier suscite à la fin de chaque séance les questions et les réfutations de ses auditeurs.

Si complète que soit l'œuvre de la chaire d'Udine en ce qui concerne l'enseignement nomade, si heureux qu'en soient les résultats (1) cela ne saurait suffire à faire de cette chaire une des premières d'Italie ; ce qui la distingue c'est que — ne s'en tenant pas à cet enseignement, non plus qu'aux cours qu'elle fait dans les écoles normales et à la part prépondérante qu'elle a prise à la fondation de l'Ecole pratique d'agriculture de Pozzuolo-del-Friuli (2), à la création d'une section à l'Institut technique d'Udine (3) et à l'organisation de cours d'agriculture au lycée d'Udine — elle s'est attachée à diffuser l'enseignement agricole dans les écoles communales. Voilà le point le plus important — et le plus original — de son œuvre. Il demande quelques explications.

Tout d'abord la chaire a créé près des écoles primaires de petits champs de démonstration, puis d'accord avec les municipalités a organisé une inspection des notions agricoles données par les instituteurs, offrant aux plus méritants des prix en espèces et des diplômes dont l'obtention est aujourd'hui une bonne note pour eux. Il est également donné des prix aux meilleurs élèves. Sur certains points, à Fagana notamment, grâce aux concours locaux la chaire a fait plus encore, elle a réussi à créer un enseignement agricole complet. Partout elle s'assure que l'on explique soigneusement aux enfants les services que rendent les œuvres coopératives, comment on les fonde et comment on les doit diriger — excellente semence d'idées dont la floraison ne saurait qu'être excellente !

En outre — j'attire tout particulièrement l'attention sur ce

(1) Notons à ce propos que c'est à la suite d'une série de conférences et de l'organisation de deux cents champs de démonstration que la culture de la betterave à sucre a été implantée au Frioul et que deux grandes sucreries ont été construites.

(2) L'Association a tenu à ce qu'outre les cours communs à toutes les écoles préparatoires il y soit durant l'hiver donné des leçons aux cultivateurs.

(3) L'équivalent de nos écoles de commerce.

point — l'Association s'est efforcée et semble avoir réussi à ce que, notamment par le choix des sujets de devoirs, de lectures, de dictées et par les exemples donnés, l'enseignement de l'école rurale rapproche l'enfant de la profession d'agriculteur. Dans les autres régions d'Italie et en France, combien d'instituteurs inculquent, hélas! aux fils de paysans le dédain du métier paternel. Qui a constaté le triste résultat de ces déplorables pratiques louera grandement avec moi la chaire d'Udine d'avoir obtenu que le maître frioulain apprenne aujourd'hui à l'enfant à aimer la terre qu'il cultivera, les animaux qui seront ses compagnons de travail et jusqu'aux oiselets dont le chant l'égaiera durant le labour (1).

Enfin, l'Association a couronné son œuvre en fournissant, si j'ose ainsi dire, aux maîtres les armes pour le bon combat qu'elle leur demande de soutenir. Tout d'abord ce furent seulement les sommaires et un résumé des leçons faites par la chaire qui parurent dans le Bulletin et furent adressés aux instituteurs qui gratuitement avaient ainsi une sorte de canevas. Puis, l'Association voulut faire mieux et leur envoya un petit ouvrage que, sous le titre *Éléments fondamentaux d'agriculture*, la chaire rédigea à leur intention, y expliquant clairement les notions d'agriculture qu'ils ont à donner. Peu après, elle y joignit un fort bon recueil de lecture, *Il Campagnuolo friulano*, destiné à la première classe des écoles communales et au cours complémentaire.

Telle est, à l'égard de l'enseignement primaire, l'œuvre de l'Association : elle est si complète et si logique, on la sent si féconde qu'il n'est point nécessaire de l'accompagner de commentaires et qu'on ne peut que lui souhaiter bien des imitations.

Nous avons vu au cours de la précédente étude combien totalement est négligé en Italie l'enseignement ménager, et que l'enseignement agricole lui-même n'est pour ainsi dire pas donné aux femmes. L'Association frioulaine n'est pas tombée dans ces

(1) Par les soins de la chaire, des sociétés protectrices des oiseaux utiles à l'agriculture ont été créées dans bien des écoles.

regrettables errements et tenant à ce que les institutrices exposent aux fillettes les rudiments de l'agriculture elle les en a récompensées — à la façon dont elle a fait pour les instituteurs — par des diplômes et des prix. En outre, après avoir organisé un enseignement agricole à l'Ecole normale d'institutrices d'Udine, elle y a suscité la création d'un cours de perfectionnement — le seul en Italie — dont les lauréates sont aujourd'hui en mesure d'aller porter dans toutes les écoles normales du royaume de justes connaissances agricoles et ménagères.

Enfin, lors de ma visite à Udine, l'Association se préparait à attacher à la chaire une adjointe chargée de faire dans toute la province des conférences et des cours pour les paysannes. Je souhaite que ce dernier rouage soit aujourd'hui venu heureusement compléter cette œuvre si remarquable. Peut-être notre Ministère de l'Agriculture pourrait-il de même créer, dans un certain nombre de régions, des chaires spéciales (voir p. 354) qui auraient pour titulaires des femmes.

Non moins que par son organisation de l'enseignement agricole, la chaire d'Udine est remarquable par le nombre et l'importance de ses publications (1) : elle a notamment deux excellents périodiques, dont l'un date de 1842 (2) c'est-à-dire est plus vieux que la chaire dont il a en quelque sorte suscité la fondation. Ces deux publications sont le *Bullettino dell'Associazione agraria friulana* (mensuel), qui a le caractère des journaux agricoles les plus scientifiques et *l'Amico del Contadino*, sorte de supplément hebdomadaire conçu, si j'ose dire, de façon beaucoup plus terre à terre. Tandis que la partie officielle du *Bullettino* est réservée à l'Association, toute la vie agricole du Frioul (avis, convocations, comptes rendus d'assemblées des petites coopératives) laisse son reflet dans *l'Amico del Conta-*

---

(1) Je citerai notamment, outre d'excellentes cartes agricoles, le *Calendrier de l'Agriculteur frioulain* qui tire actuellement à plus de dix mille exem-plaires — toujours rapidement épuisés.

(2) C'est *l'Amico del Contadino* ; le *Bullettino dell' Associazione agraria friulana* date de 1855.

dino, dont le meilleur éloge qu'on en puisse faire est de noter qu'il n'est pas un agriculteur frioulain qui n'en garde la collection — aussi tire-t-il à plus de sept mille exemplaires (1).

Ces deux publications se complètent donc admirablement l'une l'autre. Les membres de l'Association les reçoivent gratuitement. Pour qui n'est pas membre, le prix d'abonnement de *l'Amico del Contadino* (dix et souvent douze pages) est de 2 fr. 50 par an et même 1 fr. 25 pour qui s'abonne par l'intermédiaire d'une institution agricole. Ce sont là chiffres très modiques et qui ne s'expliquent que parce que l'Association s'interdit, on le sait, tout bénéfice et parce qu'elle n'a pas à rémunérer spécialement la rédaction (le personnel de la chaire).

Enseignement nomade, enseignement dans les écoles primaires rurales, rédaction de ses diverses publications constituent pour la chaire une lourde tâche que je viens d'indiquer. Joignez-y l'installation et la surveillance de très nombreux champs, soit d'expériences, soit de démonstration, la lutte contre le phylloxera et la *diaspis pentagona* (2), l'organisation de nombreuses expositions et d'utiles congrès, enfin et surtout la merveilleuse floraison de la coopération et des diverses œuvres dont je parlerai dans la suite de cette étude — la chaire étant pour toutes l'auxiliaire de l'Association, — et vous verrez à quel effarant total de travail on arrive.

Je sais bien que les bureaux sont fort bien dirigés et que l'aimable titulaire, le professeur Flavio Berthod est un homme particulièrement actif (3), mais ni son intelligente activité, ni le méthodique travail des bureaux ne suffiraient, n'était l'excellente organisation des sections.

---

(1) Le plus fort tirage d'un journal agricole italien.

(2) La sympathie et la confiance que tous portent à l'Association aident beaucoup la chaire à obtenir de chacun les nécessaires sacrifices.

(3) Il n'hésite notamment pas à aller chaque semaine à Plaisance assister à la réunion du comité de la Fédération des Syndicats agricoles italiens — soit hebdomadairement deux nuits de chemin de fer pour une séance.

J'ai indiqué plus haut (p. 350) ce que sont ces institutions (1). Udine (2) en a quatre — dont l'une spécialisée dans la fromagerie rend par cette spécialisation même de grands services dans une région où l'industrie fromagère tient une place importante.

Les trois autres sections ne se sont pas spécialisées, mais suivant le système indiqué dans la précédente étude (p. 350) ont chacune un champ d'action rationnellement délimité. Elles sont subventionnées par le plus grand nombre ou même l'unanimité des institutions locales et des municipalités de leur ressort. Bel et intelligent exemple à donner à nos communes ! Non seulement, du reste, on contribue ainsi pécuniairement à l'entretien des sections, mais encore on leur donne une précieuse aide morale et près de chacune d'entre elles fonctionne une commission de vigilance à laquelle toutes les personnalités locales se font un devoir de porter un actif concours.

Voici le budget d'une de ces sections — budget assez voisin de la moyenne :

Appointements du chargé de section. .	2.500 francs.
Frais de bureau et de poste.	200 —
Champs de démonstration	400 —
Frais de voyage et indemnités diverses.	800 —
Bibliothèque	400 —
Service	400 —
Eclairage et chauffage.	200 —
Loyer.	150 —
TOTAL	5.050 francs.

Une comparaison avec les budgets de nos professeurs spéciaux (p. 349) montre de combien ces budgets sont inférieurs. Seul — contrairement à ce qui a lieu pour les chaires elles-mêmes — le chiffre des appointements est chez nous supérieur, mais il ne faut pas oublier qu'en Italie la situation de chargé de section

(1) C'est Udine qui sous ce rapport a montré la voie à l'Italie ayant à la fin de 1900 créé la première section.

(2) Outre deux assistants au siège.

est essentiellement une situation d'attente : c'est une sorte de stage durant lequel, sous la direction du titulaire de la chaire, le récent lauréat apprend pratiquement son futur métier. Si formelle est à ce sujet la façon de voir que les postes de titulaires des sections d'Udine sont très désirés par les jeunes diplômés des écoles italiennes qui sont certains, après deux ou trois ans passés à la tête de l'une d'elles, de trouver une situation. En effet, la besogne ardue fournie par la chaire d'Udine et l'excellente méthode qui y préside font rechercher ceux qui y ont fait leur apprentissage pratique.

J'ajoute que ces budgets de plus de 5.000 francs (dont aucun de nos professeurs spéciaux ne dispose, que même plus d'un de nos professeurs départementaux n'a pas) l'Association frioulaine — juge, on en conviendra, éclairé et sage — estime qu'ils ne sont pas suffisants et elle se prépare, peut-être est-ce déjà fait à l'heure où j'écris ces lignes, à les élever d'un millier de francs. De même elle n'estime pas suffisant le nombre actuel de ces sections et désire — non compris la section spéciale de fromagerie — le porter à six ou sept, en sorte que chaque section n'ait dans son ressort qu'une population totale (population urbaine comprise) de 70.000 habitants. On comprend combien dans ces conditions les sections et par suite la chaire peuvent faire d'utile besogne !

LE COMITÉ D'ACHAT ET LA FABRIQUE DE SUPERPHOSPHATES. — Grâce à son laboratoire et au personnel de la chaire, l'Association était particulièrement à même d'entreprendre la lutte contre la mauvaise foi montrée par beaucoup de fabricants d'engrais chimiques. En outre, ce même personnel était tout désigné pour servir de conseil dans le choix des semences et des machines agricoles ; enfin, les achats en gros permettent d'obtenir des conditions particulièrement favorables : telles furent les considérations qui portèrent en 1887 l'Association à entrer dans une nouvelle voie. L'empressement que montrèrent de suite ses sociétaires à recourir à ses bons offices lui indiqua combien son initiative était bonne, et aujourd'hui de tous les comités de l'Association (1), le comité d'achat est incontestablement le plus important.

Jusqu'en 1890 il achetait même pour les non-sociétaires, se contentant de leur demander un peu plus cher qu'aux sociétaires, ce qui n'en laissait pas moins le prix payé par eux inférieur à celui qu'ils auraient obtenu en s'adressant directement aux fabricants. Ces achats rendaient donc de grands services aux agriculteurs. Mais en servant ainsi d'intermédiaire à des non-sociétaires l'Association portait atteinte à son principe fondamental : la coopération. N'était-il pas, en outre, injuste que des agriculteurs ne payant nulle cotisation à l'Association profitassent d'elle au même titre que ses sociétaires ? Ces raisons firent décider en 1890 que l'on n'achèterait plus que pour le compte des sociétaires : il en alla ainsi jusqu'en 1900. Durant ces dix ans, le nombre des associés tripla ; le résultat était donc excellent, mais n'y avait-il pas quelque chose de pénible du fait que les petits agriculteurs — ceux pour qui payer 15 francs par an est une lourde dépense — se trouvaient ainsi exclus des avantages dont justement ce sont eux qui ont le plus besoin ?

Chacun des deux systèmes avait donc ses inconvénients. Comment trouver un moyen terme et, sans revenir à l'achat pour les non-sociétaires, remédier au regrettable ostracisme qui en fait ne pesait que sur les plus pauvres ? On trouva une solution fort ingénieuse : on décida qu'il suffirait à une association agricole quelconque, voire même à une municipalité d'être membre de l'Association pour que tous ses ressortissants (administrés en un cas, sociétaires dans l'autre) puissent profiter des avantages auxquels ce groupement (société agricole ou municipalité) aurait eu personnellement droit. Puis, étant entré ainsi dans la tout à fait bonne voie, on voulut aller plus loin encore, et pour que tous soient mis en état de jouir des avantages de l'achat en gros, on s'attacha à multiplier les fondations de petites sociétés agricoles,

(1) Ils jouissent tous d'une certaine autonomie.

en même temps que par un très grand nombre de concours, d'expositions, de champs de démonstration, on prouvait péremptoirement à tous l'intérêt d'employer des engrais chimiques, d'acheter de bonnes semences, d'utiliser des machines perfectionnées.

Ce fut là d'excellente besogne de propagande : elle n'alla pas, on le pense, sans exiger maints efforts. Les marchands d'engrais chimiques notamment, dont tant vendent et surtout vendaient — qui ne le sait ! — des produits sans valeur furent les plus acharnés à faire obstacle à une œuvre qui les empêchait de continuer à plumer le naïf cultivateur, mais ces résistances montrant à l'Association l'utilité de la tâche qu'elle s'était imposée ne pouvaient que la fortifier dans ses résolutions. Se sentant chaque jour plus puissante, la lutte ne l'effrayait, du reste, pas. Au demeurant, n'était-elle pas certaine que sa tactique accoutumée — l'audace prudente — lui assurerait la victoire (1) ?

Si je voulais noter chaque nouveau progrès réalisé par le comité d'achat, surtout à partir de 1900, il me faudrait écrire tout un volume. Je m'en tiendrai à indiquer le résultat brutal : onze mille agriculteurs recourent aujourd'hui à l'Association pour leurs achats. Onze mille sur une population totale — tant urbaine que rurale — d'un demi-million, soit plus d'un sur cinquante habitants, c'est là une proportion énorme et qui, on en conviendra, en dit plus long que n'importe quelle autre considération !

Voyons donc la méthode adoptée par l'Association : elle consiste à n'acheter que sur commandes fermes.

Ces commandes sont faites suivant avis publié par le comité dans son organe officiel *l'Amico del Contadino*. Bien entendu, cet avis ne donne aucune indication sur le moment exact de l'achat, ni sur le fournisseur auquel on s'adressera : il importe, en effet, qu'une maladroite publicité ne gêne pas le comité dans

____

(1) Elle varie ses moyens d'action : ainsi, pour les matières de peu d'importance, plutôt que d'acheter elle-même, elle se contente de forcer les marchands à ne pas élever les cours. La crainte qu'ils ont de la voir les concurrencer les maintient dans les limites d'une sage modération.

ses futures négociations et qu'il soit le maître de l'heure à laquelle il achètera. Au cas contraire, il risquerait de ne pouvoir obtenir que de médiocres conditions. Il n'indique donc dans ses avis que le moment éventuel où sera faite la livraison. Prévenus, les cultivateurs passent leur commande. Primitivement, ils devaient l'accompagner d'un versement de garantie. On y a renoncé. Outre que cela compliquait forcément la comptabilité, ce n'était là qu'une formalité inutile, la véritable garantie étant dans le fait que les cultivateurs tirent trop d'avantages du comité d'achat pour y renoncer à jamais en ne tenant pas leurs engagements.

Entre le moment de l'achat et le moment de la livraison, les marchandises peuvent, suivant le cas, rester soit chez le vendeur soit au dépôt que l'Association possède à Udine. Les livraisons sont faites soit à ce dépôt soit à l'endroit demandé par l'acheteur qui doit en ce cas supporter les frais de transport — que l'ingéniosité du comité a, il est vrai, réduits autant que possible. Voici comment :

Supposons un wagon destiné à deux ou plusieurs sociétaires ; on l'adresse à celui d'entre eux auquel est destinée la plus grande quantité et on lui fait parvenir en même temps la liste de ses co-acheteurs, qui n'ont qu'à faire prendre chez lui ce qui leur est destiné. On a eu soin, en effet, de diviser avant l'envoi la marchandise en lots correspondants aux achats. Grâce à ce système, non seulement on réalise d'assez importantes économies de transport et on simplifie le travail des bureaux, mais encore on fortifie parmi les acheteurs cet esprit de coopération qui est on le sait la base agissante du comité.

S'agit-il de marchandises destinées aux sociétaires d'un groupement (caisse rurale, laiterie coopérative, cercle agricole, etc.), la chose est plus facile encore : c'est cette petite association qui se charge de la répartition parmi ses membres.

Les paiements sont exigés soit avant l'expédition soit — pour les acheteurs qui prennent livraison au dépôt — lors de cette livraison. Autrefois, les différentes sociétés coopératives jouissaient de la faveur de ne payer qu'un mois après la livraison, mais désireux de la plus grande simplification possible le comité leur applique maintenant la règle générale. La rigidité avec laquelle il se tient au principe de ne pas livrer à crédit lui permet, n'ayant jamais d'impayé, de faire intégralement profiter ses associés de l'excellence des conditions d'achat qu'il obtient.

En un mot, l'Association a compris qu'il fallait laisser distinctes deux choses toutes deux excellentes : le crédit mutuel et l'achat en commun. Mais en même temps elle s'est attachée à donner à ses membres de grandes facilités auprès des divers établissements de la province qui tous sur sa déclaration accordent à l'acheteur des avances à des conditions exceptionnellement favorables, se réservant seulement de verser directement à l'Association pour être certains que cet argent est bien destiné à solder des achats de matières utiles à l'agriculture.

Après avoir indiqué que — défalcation faite des dépenses d'administration — la différence entre le prix tout d'abord demandé par l'Association à ses acheteurs et celui qu'elle paie elle-même est en fin d'année intégralement répartie entre tous les acheteurs au prorata de leurs achats, j'aurai résumé la méthode employée par le comité. Il ne s'en est départi qu'à deux reprises, guidé par de puissants motifs humanitaires. Voici en quelles circonstances.

En 1904, la récolte de maïs avait été très mauvaise ? Or, on sait que la *polenta*, mets confectionné avec de la farine de maïs, est la base de la nourriture du paysan dans la Haute-Italie. Quand cette *polenta* est faite avec du maïs mal conservé, elle donne une terrible maladie, la pellagre. Il y avait donc grand intérêt à veiller à ce que le maïs importé pour suppléer à la pauvreté de la récolte fût en bon état de conservation. Il était, en outre, à craindre qu'une hausse des cours se produisît et que de peu scrupuleux négociants n'hésitassent pas à profiter de la situation. L'Association comprenant alors son devoir de la façon la plus large et la plus noble acheta en bloc — et par suite à de bonnes conditions de prix et de qualité — la quantité de maïs qu'elle estimait nécessaire pour la consommation des paysans de la province et offrit aux communes et associations agricoles de la rétrocéder par leur intermédiaire aux paysans à prix coûtant. On pense combien chaleureusement la proposition fut accueillie, on devine qu'elle fut l'immensité du service ainsi rendu. Une autre fois, plus récemment, des spéculateurs sans scrupules ayant tenté de profiter d'une disette fourragère, l'Association prit l'initiative d'un achat en gros à céder aux cultivateurs dans les mêmes conditions.

Telles sont les deux seules fois où l'Association a transgressé la règle dont elle a fait la base de ses opérations : n'acheter que ce qui est déjà commandé ferme. L'une et l'autre fois, elle ne la transgressa, on l'a vu, que poussée par les plus généreux mobiles et rendant ainsi à la province d'inappréciables services. Ai-je besoin de faire remarquer qu'elle ne dut de pouvoir agir ainsi qu'à sa puissance et que dans toutes les régions agricoles de tous les pays il peut se produire telle éventualité où l'action d'une puissante association peut être fort utile, soit en parant à une véritable catastrophe telle qu'une disette fourragère, soit en maintenant des cours, soit en parlant haut et ferme pour la défense des intérêts agricoles !

J'ai mentionné plus haut, parmi les achats faits par le comité, ceux de machines agricoles. Ceci demande quelques explications complémentaires.

Dès sa fondation, l'Association avait compris qu'il était de son devoir de faciliter à ses associés l'achat d'instruments perfectionnés. Elle avait même pris une part prépondérante à l'introduction au Frioul, voire même en Italie de certaines machines. Devant l'importance chaque jour croissante de cette branche l'Association s'est même décidée, en 1904, à créer dans son comité d'achat une section spéciale dite des machines, section qui organisant des expositions, des concours, des expériences démonstratives, prend ainsi une part active à l'œuvre de propagation des meilleures méthodes agricoles.

La Fédération des Syndicats agricoles italiens, dont le siège social est à Plaisance, est restée la grande introductrice de machines agricoles en Italie. L'Association qui fut toujours avec elle dans les meilleurs rapports (1) a obtenu d'elle sa représentation exclusive pour la province d'Udine et des conditions exceptionnellement favorables, dont bien entendu elle fait intégralement profiter ceux qui ont recours à son intermédiaire. En effet, pas plus que les autres comités de l'Association celui des machines ne peut réaliser des bénéfices, et il ne majore les prix que lui consent la Fédération que d'une somme représentative des frais de correspondance et du léger pourcentage versé au voyageur de commerce qui a vendu la machine. Quand l'ordre d'achat provient d'une association agricole, l'Association lui verse une prime de 5 p. 100 dont moitié est supportée par le voyageur.

Malgré ses efforts, l'Association ne parvenait pas à détruire chez bon nombre de fabricants de superphosphates une excessive âpreté au gain qui rendait souvent difficiles les affaires à traiter avec eux. Comme d'autre part la consommation de cet engrais augmentait chaque année, l'Association songea qu'il lui serait peut-être préférable de créer une fabrique coopérative. C'est chose faite depuis 1901, et bien que les fabricants aient entrepris contre cette nouvelle concurrence une véritable lutte au couteau, la sagesse dans l'audace qui caractérise toutes les entreprises de l'Association lui permit cette fois encore de triompher. Il est vrai que la collaboration du comité des achats décharge la fabrique de toute préoccupation commerciale et lui laisse porter ses efforts uniquement sur la fabrication elle-même. Les résultats furent excellents, si bien qu'à diverses reprises déjà il a fallu agrandir la fabrique qui actuellement expédie une

(1) L'Association figure notamment parmi les institutions qui forment, avec la Fédération, des sociétés en participation pour les achats en grand de nitrate de soude et de scories de déphosphoration (phosphates Thomas). Ces sociétés qui n'ont qu'une durée temporaire généralement très brève et sont reconstituées pour chaque marché, sont parmi les plus intéressantes des récentes créations dues à l'esprit d'initiative de la population agricole de la Haute-Italie et parmi les plus remarquables applications du principe d'association.

moyenne journalière de trente-deux wagons (1). Ai-je besoin d'ajouter en terminant que la fabrique est rigoureusement coopérative : les bénéfices en sont répartis 80 p. 100 aux associés acheteurs au prorata de leurs achats, 10 p. 100 à un fonds pour pertes éventuelles et 10 p. 100 aux associations agricoles ayant servi d'intermédiaires pour les achats faits par leurs membres.

ASSOCIATIONS COOPÉRATIVES. — J'ai indiqué plus haut les efforts faits par le comité d'achats et par la Chaire pour la diffusion des idées coopératives. Il me faut revenir sur ce point et tout d'abord louer sans réserve l'Association d'avoir en quelque sorte utilisé le rayonnement qui se dégageait d'elle pour créer ou tout au moins susciter la création de quantité d'institutions qui forment ainsi son complément.

Pour ces institutions non seulement elle multiplie conférences et brochures mais encore elle a organisé, aidée du reste par des legs, de nombreux, d'excellents concours (concours de fours ruraux, de laiteries coopératives, de caisses rurales, etc.) dotés de prix, qui ont puissamment aidé à la réalisation d'une coopération, si j'ose dire, restreinte et toute proche du paysan — une sorte de coopération au premier degré servant tout à la fois d'intermédiaire et de lien entre ce paysan et l'Association elle-même ! En effet, ce sont les groupements constitués directement par des travailleurs de la terre (petits propriétaires, petits locataires, métayers) qu'on a favorisés dans les concours, tandis qu'on écartait impitoyablement et les associations qui sous le nom de coopératives voilent simplement des intérêts mercantiles et celles qui ont un caractère politique ou confessionnel. Ainsi rien n'en venant fausser l'esprit, ces concours ont réellement fait naître la plus salutaire, la plus féconde des émulations et chaque jour a vu un progrès de l'idée de coopération : rien que de 1900 à aujourd'hui le nombre des associations coopératives a augmenté dans la province de 12 p. 100.

(1) Elle est située à Portogruaro, à l'intersection de plusieurs lignes de chemin de fer.

Parfois certaines de ces jeunes institutions rêvent de s'affranchir de toute dépendance morale envers l'Association. Celle-ci a le bon esprit de les laisser faire : ne sait-elle pas que bientôt ces groupements reviendront à elle, reconnaissant l'intérêt d'une sorte d'affiliation, et bonne mère elle les accueillera, suivant un joli mot prononcé à Udine, « comme des enfants prodigues ».

Énumérer toutes les institutions de la province m'entraînerait trop loin. Mais je tiens à signaler que parmi celles qui se font les plus zélées collaboratrices du comité d'achats figurent au premier rang les cercles agricoles : ils étaient une dizaine en 1900, leur nombre a plus que doublé depuis. Bien que n'ayant pas un but précis ils sont très prospères. Le nombre des fours ruraux n'augmente par contre malheureusement pas ; et malgré les efforts de l'Association cette excellente application à la boulangerie de l'idée coopérative ne semble guère progresser.

On peut encore citer les laiteries sur lesquelles je donne plus loin quelques détails, les caisses rurales de prêts pour la diffusion desquelles l'Association a fait beaucoup, les sociétés d'assurances mutuelles contre la grêle, les glacières coopératives, etc.

Au total, grâce à l'Association, le Frioul peut revendiquer aujourd'hui la première place en Italie pour le nombre et la bonne marche de ses œuvres coopératives. Un tel résultat n'a été obtenu que parce que l'Association s'est faite l'instigatrice attentionnée de toutes les initiatives, puis la tutrice des jeunes associations. Elle a su le faire en ménageant les susceptibilités et en laissant aux groupements à défaut d'une complète indépendance, du moins l'apparence de la liberté.

AMÉLIORATION DU BÉTAIL ET ALPICULTURE. — L'amélioration du bétail est un des objets où l'activité de l'Association s'est manifestée le plus complètement et le plus heureusement (1). Tout

(1) La question était d'autant plus intéressante pour le Frioul que l'élevage y est après la viticulture la plus importante industrie agricole. Or, le bétail laissait beaucoup à désirer.

d'abord elle s'attacha à diffuser d'exactes connaissances de zootechnie. Puis commença une active et utile propagande pour amener les éleveurs à se grouper. En même temps elle montra à la députation provinciale le rôle que celle-ci devait jouer, les encouragements qu'il était de son devoir de distribuer, les mesures qu'on attendait d'elle : un annuel marché-concours provincial de taureaux fut notamment organisé à Udine. Le trop petit nombre de bons reproducteurs était une des causes de l'appauvrissement de la race. On y remédia par la création de stations de monte basées le plus souvent sur le principe coopératif. En même temps on vulgarisait chaque jour davantage les critériums naturels de la valeur des bovidés, on instituait des livres généalogiques et on en surveillait la tenue. Enfin on organisait des expositions rationnelles et de très intéressants concours dotés de prix, concours qui ne tardèrent pas à être fort appréciés dans cette région de petits propriétaires.

Les résultats furent excellents : une race dite Simmenthal-Frioulaine fut ainsi créée, qui ne tarda pas à devenir pour la province la source d'une fructueuse exportation dans toute l'Italie.

L'industrie laitière ne reçut pas moins d'encouragements que l'élevage ni de moins bons et le résultat ne fut pas moins heureux : il existe aujourd'hui au Frioul plus de 180 laiteries coopératives, presque autant que de communes ! Il en faut pour une part faire honneur à la section de fromagerie de la Chaire ambulante.

Une trentaine d'associations mutuelles d'assurance du bétail ont été également fondées par l'Association qui voit sous ce rapport son œuvre progresser chaque jour.

Restait à réaliser l'amélioration des pâturages alpestres. Si la tâche était rude la nécessité de l'entreprendre était incontestable. L'Association n'hésita donc pas (1) et entreprit la lutte, confiante en ses armes habituelles : conférences, consultations,

(1) Ce fut même ce qui l'amena à la création de ses premières sections (pp. 379 et 380).

brochures, concours. Il y eut notamment un grand concours dont la première série (amélioration des pâturages alpestres) fut dotée de 4.000 francs de prix et dont la seconde catégorie (amélioration des procédés de fromagerie) eut un premier prix de 500 francs. Ayant réussi à ce que l'industrie laitière devînt en montagne l'objet d'une exploitation rationnelle, l'Association ne s'en tint pas à ce premier succès. Elle a élargi son œuvre et a entrepris ce que fait notre valeureuse Association pour l'aménagement des montagnes (1), c'est-à-dire que la défense des forêts attira son attention. Elle a déjà multiplié à ce sujet les travaux. Souhaitons qu'ils soient fertiles en heureux résultats, car déboiser la montagne, c'est préparer la dévastation de la plaine, c'est donc ruiner son pays en se ruinant soi-même !

AUTRES SERVICES RENDUS PAR L'ASSOCIATION. — L'existence de petites industries rurales est capitale ; elle est un des principaux remèdes contre l'abandon des campagnes. On ne saurait donc trop encourager tout ce qui peut redonner à ces petites industries — si souvent trop négligées aujourd'hui — une vie active et surtout les rendre plus lucratives. Bien entendu l'Association frioulaine ne pouvait se désintéresser de la question. Ce sont surtout les industries de l'osier qui ont retenu son attention, et elle a créé à leur intention des écoles qui sont en pleine prospérité et des cours d'hiver pour ceux qui n'ont pas le loisir de fréquenter ces écoles — dont l'une (celle d'Udine) est même dotée d'une classe de perfectionnement. Les ouvriers et les ouvrières qu'elle instruit ont réellement une très grande habileté et rentrés dans leur village ils deviennent en quelque sorte des maîtres et à leur tour forment des élèves. En même temps qu'elle créait cet enseignement, l'Association fondait une société de vente des articles d'osier. Ai-je besoin d'ajouter que le fini actuel de ces objets lui facilite la tâche en même temps qu'il a permis d'élever les prix. Aussi le nombre des vanniers et des ouvrières de l'osier qui était en régression marquée a recom-

(1) Siège social à Bordeaux, 142, rue de Pessac.

mencé d'augmenter au Frioul et l'émigration a subi de ce chef
un temps d'arrêt marqué.

Que d'autres œuvres réalisées par l'Association seraient encore
à signaler ! Ici des travaux d'irrigation, là des concours entre
exploitants du Bas-Frioul, ou encore la création de groupements
de propriétaires se réunissant pour discuter les questions agricoles d'actualité — utiles réunions, où l'on fait d'excellente
besogne et qui n'ont rien de commun avec ces congrès de propriétaires de la Haute-Italie dont le véritable objectif était l'organisation d'une guerre sans merci au prolétariat agricole (1).

Mais il faut me borner. Comment cependant — ne serait-ce
que pour bien indiquer à quel point l'Association ne néglige
rien — ne pas montrer ce qu'elle a fait pour l'aquiculture. Cette
œuvre, jeune encore car l'Association ne la pouvait tenter
qu'après réalisation des parties essentielles de son programme,
date de 1902. Cette année l'Association réunit à Udine pour un
premier échange d'idées agriculteurs et pisciculteurs. Excellente
collaboration ! Agissant à la façon de véritables vandales, les
agriculteurs exercent trop souvent dans les rivières de terribles
et absurdes destructions. Avant tout il fallait donc s'adresser à
leur intelligence et leur montrer les tristes résultats de leur
façon de faire. Accoutumés à suivre les conseils de l'Association,
il était certain qu'ils ne se montreraient pas rebelles à cette
méthode éducative. En même temps l'Association s'adressant
aux maires et aux instituteurs leur montrait la ligne de conduite
qu'ils devaient tenir. Une campagne dans *l'Amico del Contadino*
et la publication de nombreuses brochures (dont un *Précis
rationnel de la pêche*) concoururent également au résultat cherché. Enfin on veilla à ce que, le cas échéant, des procès-verbaux
fussent dressés pour délits de pêche. Grâce à ces excellentes
mesures on avait presque arrêté le dépeuplement des cours
d'eau ; on put donc entreprendre leur repeuplement, l'Association
s'y emploie actuellement.

(1) Voir à la page 91, la *Haute-Italie politique et sociale*, par Charles DE SAINT-
CYR (Marcel Rivière, éditeur).

Conclusion. — On le voit : l'Association a dans toutes les directions fait sentir son heureuse activité et, ainsi que je l'écrivais en débutant, elle a bien su incarner l'âme même de la province et rendre chaque jour un nouveau service ; c'est donc sans exagération qu'un de ses dirigeants a dit d'elle que « vaillante avant-courrière des fortunes de la patrie elle a su rester en harmonie avec les besoins publics qui changent avec les époques et que chaque jour sa vie s'est faite tout à la fois plus complexe dans l'ensemble, plus minutieuse et plus précise dans le détail » !

Certes nous avons des associations agricoles plus grandes, plus riches. Et pour ne donner qu'un exemple on peut dire que l'univers entier admire et cette véritable académie de l'agronomie qu'est notre Société nationale d'Agriculture, et la Société des Agriculteurs de France, et la Société nationale d'Horticulture de France, et bien d'autres qu'il est inutile de citer ici puisque nul n'ignore les éclatants services que ces groupements ont rendus au pays ; mais parmi nos sociétés régionales nous n'en avons peut-être aucune qui ait employé une énergie aussi intelligente que l'Association frioulaine, qui ait réalisé une œuvre aussi complète. C'est pourquoi j'ai voulu montrer cette œuvre aux lecteurs français, espérant qu'à cette source vive d'initiatives fécondes ils recueilleront plus d'un salutaire exemple !

D. — LES *AFFITTANZE COLLETTIVE*

EN QUOI ELLES CONSISTENT. — LEUR NOMBRE. — FAIRE-VALOIR COLLECTIF ET FAIRE-VALOIR INDIVIDUEL. — NÉCESSITÉ DE CONSTITUER UNE RÉSERVE. — AUTRES CARACTÉRISTIQUES. — COMMENT OBTENIR DU CRÉDIT ; QUELLES GARANTIES SONT DEMANDÉES. — DIVERS SYSTÈMES DE DIRECTION. — IL FAUT APPLIQUER DE BONNES MÉTHODES CULTURALES. — MOLINELLA. — LES « AFFITTANZE » DES BOURSES DU TRAVAIL DE RAVENNE ET DE REGGIO D'EMILIE. — DON AMBROGIO PORTALUPPI ET SES ŒUVRES ; UNE « AFFITTANZA » MODÈLE : TREVIGLIO. — UNE AUTRE « AFFITTANZA » PROSPÈRE : CALVENZANO.

Les *affittanze collettive* — manifestation sociale fort originale et dont il peut sortir beaucoup de bien — sont des locations (1) faites en commun par des groupements de paysans. Elles conviennent particulièrement à l'Italie (2) et sont en voie d'y prendre une importance qui a paru assez notable à la Fédération italienne des syndicats agricoles pour qu'elle ait procédé à une enquête à leur sujet, enquête dont voici les résultats (3) :

	MODES DE FAIRE-VALOIR			
RÉGIONS	COLLECTIF		INDIVIDUEL	
	Affittanze existantes	*Affittanze* en voie de formation	*Affittanze* existantes	*Affittanze* en voie de formation
Emilie et Romagne. . .	18	7	2	»
Lombardie	»	»	24	2
Piémont	»	»	1	1
Sicile	»	»	43	10
Totaux. . .	18	7	70	13

On remarque de suite la division capitale des *affittanze* suivant le mode de faire-valoir collectif ou individuel. Dans le premier cas tous travaillant en commun et partageant les bénéfices, elles sont une mise en pratique de la méthode communiste, tandis que dans le second cas chacun cultivant son lot à ses risques et périls, elles ne constituent qu'une application très heureuse et particulièrement éloquente du principe d'association qui y paraît également sous forme de crédit, d'achat, de vente, d'assurance, etc. : quand on a goûté de la coopération, on ne saurait, en effet, plus s'en passer. Ici, tout en respectant le principe de la liberté de chacun et en assurant au faire-valoir indi-

(1) Sous le terme *affittanza* sont compris quelques domaines que les coopératives détiennent en métayage.

(2) Bien qu'en France les conditions leur soient d'une façon générale moins favorable, dans plus d'une région elles seraient le meilleur moyen de combattre l'abandon des campagnes.

(3) Ce compte rendu donne notamment des extraits des statuts des principales *affittanze*. Le lecteur qui désirerait en prendre connaissance n'aurait qu'à s'adresser à la *Federazione italiana dei Consorzi agrari*, à Plaisance.

viduel tous les avantages que peut présenter le faire-valoir collectif, elle fait mentir l'affirmation des socialistes qu'en Italie on n'est pas assez riche pour la culture individuelle. De même en reprochant à cette dernière d'affamer les vieillards qui ne peuvent faire produire à la terre autant que les hommes dans la force de l'âge, le socialisme commet une erreur. Certes il faut louer les dirigeants des *affittanze* à faire-valoir collectif de comprendre les vieillards dans leurs équipes, mais la véritable solution de la question c'est la création des retraites ouvrières et paysannes.

Le lecteur n'aura pas été sans remarquer que les deux systèmes se répartissent suivant les régions. Cela s'explique bien en partie par le genre des plantations (la petite culture ne convient guère aux prairies et aux rizières) ; mais c'est surtout dans le but poursuivi par les fondateurs qu'il faut chercher la raison de leur choix : en Emilie et en Romagne, les *affittanze collettive* furent le plus souvent un remède contre le chômage et une arme de combat contre le patronat, tandis que dans le Bergamasque (Lombardie) il y eut simplement désir de rendre meilleur son sort, en éliminant l'intermédiaire, c'est-à-dire le locataire. Enfin les fortes convictions religieuses ou politiques qui guident presque toujours les fondateurs et les dirigeants d'*affittanze collettive* influent également sur l'adoption du système individuel ou collectif : généralement les catholiques préfèrent le premier et les socialistes le second (1). Du reste, si le faire-valoir collectif est inférieur à l'individuel, il n'en constitue pas moins un progrès marqué sur la grande location, puisque le bénéfice n'y va qu'aux sociétaires, c'est-à-dire à des travailleurs.

Quel que soit le système adopté, il faut constituer une réserve. Non seulement elle permet d'envisager sans crainte l'hypothèse de mauvaises années, mais encore elle donne à la société l'espoir de devenir un jour propriétaire et de réaliser ce juste désideratum : la terre au paysan.

(1) Il y a exception pour la Sicile où même les collectivistes ont adopté le mode individuel.

Certaines *affittanze* occupent entièrement leurs adhérents : à faire-valoir collectif elles sont alors dites fermées et on y limite le nombre des associés ; à faire-valoir individuel, l'importance des lots y est calculée de façon à ce que chacun d'eux occupe entièrement une famille. D'autres *affittanze,* au contraire, ne fournissent qu'un travail adventice : à faire-valoir collectif, elles seront ouvertes et on y acceptera des associés en nombre illimité, chacun travaillant à tour de rôle ; à faire-valoir individuel, chaque lot n'y occupera que la femme et les enfants tandis que le mari travaillera au dehors, ou encore — mais c'est plus rare — le mari cultivera son lot à ses heures de loisir comme il est fait chez nous pour les jardins ouvriers.

Dans les *affittanze* à faire-valoir collectif, le bétail et les machines agricoles sont forcément la propriété de la communauté ; dans celles à faire-valoir individuel, elles sont parfois propriété de chacun, parfois propriété commune de l'association qui dans ce cas garde une partie des prés, qu'elle fait cultiver contre le paiement fixe ou sans paiement par tous les ouvriers à tour de rôle. Le premier système est préférable. Il arrive souvent aussi que l'association ait à son service des bouviers et un magasinier : suivant le cas, ils sont soit simples salariés, soit sociétaires disposant comme les autres d'un lot, mais recevant en outre un salaire. Il y a également différents systèmes en ce qui concerne l'assurance : parfois les associés se font tous inscrire à une société d'assurance, d'autres fois ils constituent entre eux une mutuelle — ce qui présente l'inconvénient de grouper les risques.

Dès avant leur fondation, les *affittanze* ont besoin de crédit (1). Pour l'obtenir, elles peuvent, suivant les cas, s'adresser à leurs propres associés, à d'autres personnalités privées, à des institutions de crédit ou à des associations. Examinons ces diverses éventualités :

(1) Il y a d'inévitables frais de constitution. En outre, le plus souvent, les terrains loués appartiennent à des personnalités morales (œuvres pies notamment) tenues d'exiger au moins une annuité d'avance. Enfin, il faut réunir les premiers éléments de la réserve dont j'ai parlé plus haut.

A. Les associés font crédit à la société en déposant dans la caisse sociale leurs épargnes ou en travaillant gratuitement ou à prix réduits. A Santa-Victoria (Reggiano), en une seule soirée les associés avancèrent à la coopérative en formation 6.000 francs — toutes les économies qu'ils rapportaient des travaux qu'ils venaient de faire à l'étranger. A Calvenzano (Bergamasque), les premiers sacrifices ont été plus grands encore. Les fondateurs de l'association n'hésitèrent pas, en effet, à porter au Mont-de-Piété les modestes bijoux qu'ils possédaient et jusqu'à une partie de leurs meubles et de leurs vêtements : il en est qui ne gardèrent que leur vieux costume de travail. Je crois qu'on trouve peu d'exemples d'un tel esprit de sacrifice, et l'on est particulièrement heureux de pouvoir constater que le succès a répondu aux généreux efforts de ces convaincus.

B. Les personnalités privées susceptibles de prêter aux *affittanze* sont, soit les propriétaires des terrains loués, qui fournissent en ce cas les premiers capitaux comme ils feraient pour un métayer, soit des amis politiques ou religieux des fondateurs.

C. Le cas d'institutions de crédit — surtout de caisses rurales et même de banques populaires — consentant des prêts à des *affittanze* n'est pas rare. Par solidarité, les coopératives de *braccianti* du Ravennate ont fait des avances aux *affittanze* affiliées à la Bourse du Travail de cette ville. A Reggio d'Emilie, les *affittanze* trouvent auprès de la Banque de la Bourse du Travail le crédit qui leur est nécessaire. Enfin l'Institut de crédit pour les coopératives fondé par l'*Umanitaria* en 1904 a aidé plus d'une *affittanza*.

D. D'autres associations — notamment les *leghe di miglioramenti* — prêtent également aux *affittanze*. Les syndicats agricoles leur fournissent souvent à crédit machines agricoles, engrais chimiques, semences, etc.

Suivant les cas, telle ou telle garantie a été réclamée par les prêteurs, telle ou telle forme a été donnée au prêt. Le plus souvent on a recours à l'effet, ce qui n'est pas sans inconvénient, le taux des intérêts étant élevé, et les délais d'échéance rigoureux. Quelques *affittanze* — plus généralement parmi les catholiques — ont obtenu que les banques de leur opinion leur ouvrent des comptes courants. Les coopératives du Bergamasque notamment ont presque toujours des membres honoraires dont la garantie leur est d'une aide efficace, car — comme bien on le pense — la plus ou moins grande solvabilité des dirigeants influe sur les conditions dans lesquelles on peut trouver du crédit.

L'administration de l'*affittanza* est généralement remise à un Conseil assisté d'un comptable appointé (1). Souvent le président ou le vice-président fait fonction de directeur technique. Souvent aussi un collège de prud'hommes est formé pour juger les contestations qui peuvent s'élever entre associés. Si dans certaines associations tout cela est fort bien prévu, il en est malheureusement d'autres où il existe un flottement très préjudiciable.

Il n'est pas rare d'avoir à déplorer une méconnaissance des bonnes méthodes culturales — méconnaissance qui a été la raison de plus d'un échec que les esprits superficiels ou de parti-pris n'ont pas manqué d'attribuer au système même de l'*affittanza*, alors qu'au contraire il met les modestes en état de profiter des découvertes agronomiques et que sans lui, ainsi que le remarque justement l'abbé Portaluppi, « le progrès ne sert qu'aux riches et loin d'améliorer le sort des ouvriers le rend plus misérable encore ».

Le choix d'un bon agent technique est donc capital, surtout dans les *affittanze* à faire-valoir collectif. Dans celles à faire-valoir individuel cet agent a forcément moins de pouvoir, puisqu'il ne joue plus que le rôle de conseil. Les services qu'à ce point de vue il peut rendre sont encore considérables, étant du même ordre — mais plus grands — que ceux rendus par les chaires ambulantes. Or, nous venons de voir que c'est à ces chaires que l'Italie doit pour une bonne part son actuelle renaissance agricole.

(1) La tenue des livres a une importance très grande dans les *affittanze*, notamment dans celles à faire-valoir collectif.

Pour illustrer ces généralités et joindre si j'ose dire l'exemple à la règle, nous allons visiter quelques *affittanze*. Ce sont là visites fort intéressantes et je regrette seulement qu'il nous faille en limiter le nombre et ne choisir qu'une ou deux institutions de chaque type.

C'est à Molinella (Emilie) que nous irons tout d'abord. Dans ce pays de grande propriété et de grande culture où la terre est forte au point qu'il ne faut pas atteler à la charrue moins de six paires de bœufs, le faire-valoir est cher. Les terres bonifiées y sont consacrées au froment, au chanvre, au maïs ; les marécageuses sont en rizières qui assurent le travail de la majorité des ouvriers agricoles. Ces rizières sont d'un moins bon rapport que celles du Verceillais, aussi les ouvriers gagnent-ils moins : les hommes de 400 à 500 francs par an, les femmes 150 francs. C'est peu, d'autant que l'employeur exploite encore ces malheureux sous prétexte de leur fournir le logement. Bien entendu les grèves n'ont pas manqué : Molinella s'est fait un nom dans l'histoire du prolétariat agricole italien. Autant que nombreuses ces grèves ont été violentes. Plutôt que de céder, les ouvriers allèrent jusqu'à récolter de l'herbe le long des chemins pour s'en nourrir. Le mouvement a du moins amené une incontestable amélioration des conditions du travail : autrefois on commençait avant le lever du soleil et on mangeait en travaillant ; aujourd'hui le labeur ne dure que de 7 heures du matin à 4 heures de l'après-midi, soit neuf heures dont il faut défalquer deux heures de repos. Ces sept heures sont autant, sinon plus payées que les douze ou quatorze heures d'avant. Le résultat n'est donc pas à dédaigner. Mais — acculés à une telle lutte sans merci et conseillés par des chefs très violents, voire égoïstes, — les paysans ont versé dans un socialisme farouche. On ne s'étonnera donc pas que créant une *affittanza* ils aient adopté la forme de faire-valoir collectif. Du reste, ils lui demandaient moins d'améliorer les conditions de leur vie que de leur servir d'arme de combat. Durant les grèves, tous — sociétaires ou non, — sont acceptés à l'*affittanza* et le produit du travail est intégralement versé à la caisse de résistance; lors du mouvement de l'an dernier (1) qui dura un mois et demi, la caisse reçut de ce chef près de 5.000 francs, chiffre d'autant plus satisfaisant que l'*affittanza* est encore toute jeune ; elle ne date que de 1905. L'historique en sera donc court.

Depuis une dizaine d'années la commune possédait une coopérative de consommation et les ligues étaient puissantes ; le maire d'alors, l'avocat socialiste Luigi Ploner résolut de compléter cette organisation par la création d'une *affittanza*. L'aide pécuniaire de l'*Umanitaria* qui prêta 50.000 francs lui permit de réaliser son projet. Les débuts furent pénibles. La location ne put, en effet, être faite dans de bonnes conditions, les agriculteurs s'étant mis en concurrence avec l'*affittanza* de façon à ce que le prix du bail soit élevé. Grâce à l'esprit de sacrifice des sociétaires on réussit cependant, mais les travailleurs sont tenus d'abandonner à l'*affittanza* 50 p. 100 des salaires qu'ils devraient toucher : ces 50 p. 100 forment la garantie de l'*Umanitaria* qui a porté son avance à 130.000 francs. A la fin de l'année sociale, après la vente des produits et le paiement des intérêts, les ouvriers touchent, s'il y a un reliquat, tout ou partie des 50 p. 100 non prélevés primitivement. Ce système n'est possible que parce que le travail fait à l'*affittanza* ne représente pour chaque ouvrier qu'une faible partie de son travail total : le nombre des associés statutairement illimité est, en effet, si élevé que le tour de travail de chacun, qui tout d'abord devait durer une semaine, est réduit maintenant à deux ou trois jours, si bien qu'au lieu d'être une œuvre pratique l'*affittanza* de Molinella tend à ne devenir qu'un champ expérimental de sociologie collectiviste. Encore y fait-on subir une atteinte au principe communiste, partie du labeur étant payée à la tâche. Les cultures sont, il faut le reconnaître, très soignées. Un ouvrier m'en explique ainsi la raison : « Nous avons plaisir à travailler ici, parce que cette terre nous indique que nous avons quitté l'escla-

(1) Ces lignes ont été écrites en 1907.

vage ». Des mots ! On s'en grise beaucoup à Molinella, mais cette juvénile ardeur durera-t-elle ?

La direction est assurée par un agronome salarié qui n'est pas membre de l'association ; il touche 150 francs par mois et est logé. Le personnel est complété par un secrétaire dont les appointements mensuels sont de 70 francs et par un comptable qui vient de Bologne un ou deux jours par semaine. Les comptes de chaque associé sont arrêtés hebdomadairement.

Les agriculteurs de la région furent d'abord violemment hostiles à l'*affittanza*. Leur sentiment a' changé. L'un d'eux me disait : « Nous lui devons d'avoir montré à l'ouvrier qu'on ne peut le payer au-dessus d'un certain prix, et d'avoir ainsi régularisé la main-d'œuvre ». Je pense que ce revirement d'opinion a une autre raison : propriétaires et agriculteurs de la région sont des ploutocrates irréductibles, ils escomptent l'échec de l'*affittanza* et que cet échec brisera chez l'ouvrier la résistance. Ce serait très regrettable, mais il ne faut pas se dissimuler que l'œuvre n'est pas solidement établie : elle ressemble quelque peu à la vieille tour de Molinella que l'on craint chaque jour de voir s'écrouler.

La Bourse de Travail de Reggio d'Emilie ne pouvait se désintéresser des *affittanze collettive*, qui à son congrès des coopératives en 1905, furent classés comme un des desiderata du parti. On ne les considère, du reste, pas sous le même jour qu'à Molinella : « Nous avons créé ici, me dit M. Vergnanini, le très distingué secrétaire de la Bourse, une arme non pour la lutte de classe, mais contre le chômage ». C'est dire que fidèle au principe des réalisations pratiques, dont on pourrait citer dans le parti socialiste de Reggio d'Emilie de très heureuses applications, on ne cherche pas à détruire, mais à construire.

Le chômage était devenu d'autant plus fort que depuis les augmentations de salaires les propriétaires ne font plus exécuter que les travaux indispensables. Durant des mois, les ouvriers étaient donc sans ouvrage. Les *affittanze* constituées par la Bourse leur en fournissent. Aucun travail n'y est, en effet, négligé, puisque son bénéfice n'équivaut-il qu'au salaire de l'ouvrier, cela suffit : il n'y a nul intermédiaire à rémunérer ici. La culture y trouve son compte, étant particulièrement soignée ; au point de vue social cela constitue une sorte de valve de sûreté : les ouvriers ne sont plus poussés à la grève par le chômage, puisque lorsqu'ils ne trouvent pas de travail chez les agriculteurs ils sont du moins certains d'en avoir quelque peu « chez eux ».

Un agent technique dirige les diverses *affittanze* de la Bourse ; il y a, en outre, sur chacune, un maître valet. Bien que leurs appointements soient peu élevés (1) la direction est bonne. Les ouvriers sont, suivant le cas, payés à l'heure ou à la tâche. Le tarif est le même que chez les particuliers. Théoriquement, sur les bénéfices nets 20 p. 100 vont au fonds de réserve, 20 p. 100 au fonds collectif, 20 p. 100 aux actions, 40 p. 100 au travail ; en réalité tous les bénéfices ont jusqu'ici été laissés à la coopérative. N'est-ce pas, du reste, un bénéfice déjà très appréciable que la certitude de ne pas manquer de travail !

La Bourse de Ravenne a également des *affittanze* qui donnent des résultats très satisfaisants. San-Vitale — terre de prairies et de céréales — est à faire-valoir individuel, mais le principe du roulement que nous avons trouvé dans la plupart des *affittanze* socialistes y est appliqué : les lots sont à tour de rôle cédés à chaque famille en métayage. La coopérative fournit semences et engrais : étant propriétaire des animaux de trait et des charrues, elle exécute, en outre, les travaux de labour, les métayers n'ayant qu'à rétribuer le personnel à un prix tarifé par hectare. Défalcation faite des semences, les produits sont partagés en deux parts égales. La coopérative a au fixe trois familles de paysans (2). Un comité assure la direction technique. Ce qu'un tel système a de délicat, c'est que les métayers doivent à échéance fixe céder leur lot à d'autres et redevenir simples

---

(1) M. Vergnanini désire qu'ils soient augmentés.

(2) Elles sont payées chacune cent francs par mois et disposent, en outre, d'un lot : leur situation est donc excellente.

journaliers ayant à subir les aléas inhérents à cette situation : non seulement de tels changements de position sont par eux-mêmes toujours préjudiciables, mais encore les métayers sont incités à trop faire rendre à la terre durant les dernières années de leur contrat. Je sais bien qu'à Ravenne la force des convictions est une garantie, mais n'est-ce pas là un fait exceptionnel !

Quittant la Romagne et l'Emilie pour le Bergamasque, nous allons visiter à Tréviglio, la *Societa dei Probi Contadini di Castel-Cerreto et Battaglie*, qui est peut-être de toutes les *affittanze collettive* la plus prospère.

Tréviglio est une sous-préfecture qui compte 12.000 habitants. Au point de vue catholique la ville ne forme qu'une seule paroisse qui dépend de l'archevêché de Milan (1). Les œuvres ouvrières (2) n'y manquent pas, mais elles ne présentent pas un aussi grand intérêt que les œuvres agricoles groupées autour de l'*affittanza*. Ce sont celles-ci que nous allons étudier, et comme elles sont sous la direction de l'abbé Portaluppi, notre première visite sera pour ce digne prêtre qui vous conquiert de suite par la naïveté de ses yeux et la bonté que reflète son visage irrégulier. Nul n'était plus qualifié pour s'occuper des questions sociales (3) : son cœur généreux l'y portait, son esprit pratique lui conseillait la voie à suivre, son âme d'apôtre empêchait qu'il se rebutât des obstacles.

Tout d'abord il fonda une caisse rurale (décembre 1893). Au nombre de douze à la fondation, les sociétaires étaient dès la fin de 1894 soixante-huit. Le bilan s'établit aujourd'hui comme suit :

(1) Fils de paysans, l'archevêque de Milan se souvient sans doute d'avoir vu de près la misère des paysans et d'en avoir pâti ; aussi approuve-t-il tout ce qui la diminue. Il est à noter qu'au contraire l'évêque de Verceil, issu de la noblesse piémontaise, est violemment réactionnaire ; faute d'avoir été soutenues, les œuvres sociales tentées par quelques prêtres de son diocèse n'ont pas eu de lendemain et les socialistes y sont les maîtres.

(2) Cercle, banque, théâtre, maisons ouvrières, etc. Le Bergamasque est la région où les institutions catholiques sont les plus nombreuses et les plus prospères.

(3) L'abbé Portaluppi a fondé diverses œuvres en Lombardie : celle de Tréviglio est la plus complète ; c'est à elle qu'il donne aujourd'hui toute son activité.

Nombre de sociétaires.	465
Nombre de livrets de dépôts. . . .	1.492
Dépôts.	675.245 francs
Prêts (1).	303.192 —
Remboursés	99.764 —
Dépôts retirés	201.432 —
En caisse.	168.535 — (2)

Ces chiffres indiquent la bonne marche de la caisse. On ne saurait s'en étonner quand on voit combien le conseil d'administration est prudent, s'enquérant de l'usage qui sera fait de la somme prêtée et examinant les chances de réussite que présente l'opération projetée par l'emprunteur. Ainsi, s'agit-il d'un achat de bétail, il se rendra compte si le prix qu'on veut le payer n'est pas trop élevé, si le loyer de l'étable est raisonnable : c'est là une garantie, autant que pour la caisse, pour ceux qui sollicitent des prêts, puisque les membres du conseil d'administration, élus par les sociétaires, sont choisis parmi les plus sensés, les plus expérimentés d'entre eux.

Le système des livrets de caisse est clair ; la comptabilité très bien tenue (3). Elle paraît même d'une simplicité presque enfantine : n'est-ce pas l'idéal pour une mutualité !

Comme dans presque toute l'Italie, le principe est celui de la responsabilité illimitée. Les sociétaires l'acceptent sans difficulté, car ils ont en leur caisse une confiance absolue, à ce point qu'aux placements plus rémunérateurs qu'il leur serait facile de trouver, ils préfèrent les dépôts à la caisse qui ne leur donne que 3 p. 100 d'intérêt avec une disponibilité à vue de cent francs seulement. Il est vrai que, d'une part, ils voient leur argent et savent qu'il

---

(1) On ne consent de prêt qu'aux chefs de famille. Les femmes chefs de famille peuvent faire partie de la société de prêts.

(2) Il devrait y avoir 270.385 francs, mais la caisse achète des terres.

(3) La loi dispense les caisses mutuelles du droit de timbre pendant les cinq premières années. La caisse de Tréviglio les payant par suite depuis pas mal de temps ; on a donné la préférence à des registres vraiment... immenses ; ainsi, le budget n'est point trop grevé de ce chef.

n'est pas aventuré en des spéculations hasardeuses, et que, d'autre part, comprenant qu'ils font œuvre de solidarité, ils sont heureux de devenir les pionniers de l'idée ; rien n'est plus noble que ces petits pécules, prix de tant de sueurs, arrachant d'autres travailleurs aux griffes de l'usure, les rendant à la vie normale.

L'abbé Portaluppi a une profonde aversion pour l'émigration qui désorbite tant de ménages ; il en pouvait voir à Tréviglio les inconvénients, puisque, chaque année, une vingtaine de familles en partaient à l'aventure pour les Amériques. Dès 1897, c'est-à-dire quatre ans après la constitution de la caisse, cette émigration avait cessé.

Beaucoup de prêts ont pour but l'acquisition, la construction ou la réparation de maisons. De quel avantage n'est-ce pas, en effet, pour un jeune ménage que de pouvoir se constituer un chez soi. Vraiment, quelque répugnance que l'on éprouve pour les clichés, comment ne pas dire qu'il est heureux quand les oiselets qui vont naître trouvent un nid? Se pénétrant de cet idée, la caisse ne tarda pas à entreprendre elle-même la construction de maisons sur les terrains qu'elle avait achetés. Les sociétaires qui s'y installent trouvent de larges avantages ; à condition de ne pas contrevenir à leurs devoirs de sociétaire et de locataire, ils sont, en effet, assurés qu'on ne leur retirera jamais ni la maison, ni les terres en dépendant, et que jamais non plus on n'en augmentera le prix de location : ils peuvent donc en toute certitude améliorer le fonds. La maison n'est reprise que si la famille vient à s'éteindre. Le locataire est donc une sorte de propriétaire, sauf que ses enfants ne peuvent partager le fonds. Mais n'est-ce point préférable? — la petite propriété risquant de devenir par morcellement la trop petite propriété, la parcelle infime (1).

La fondation de la caisse et sa bonne marche ne suffisaient pas

(1) La société construit dans des conditions analogues pour les ménages ayant acheté le sol de leurs propres deniers.

à l'abbé Portaluppi qui rêvait surtout de réaliser une *affittanza collettiva*. « Une partie importante de notre programme d'action, dont la réalisation se fait chaque jour plus urgente, écrivait-il en 1901, c'est de prendre des fonds en *affittanze collettive*. Dans les conditions sociales actuelles, le locataire intermédiaire s'affirme comme un spéculateur chaque jour plus inutile et dont le travail supporte toute la charge. Cela est vrai du grand locataire, non seulement quand il sous-loue — il est alors le plus antipathique des parasites ! — mais aussi quand il donne en métayage à plusieurs familles, même quand il dirige personnellement l'exploitation. Un plus vif sentiment de la solidarité, une plus vaste application du principe de l'association, une instruction agricole plus répandue doivent permettre à la masse des travailleurs de se passer d'intermédiaire et de faire valoir elle-même ».

Quelques essais d'*affittanze* avaient bien été tentés à Tréviglio, mais sur une petite échelle, quand, en 1901, se produisirent les faits qui permirent de réaliser enfin une œuvre vraiment vaste. La comtesse Woyna Piazzoni mourut cette année, laissant ses deux domaines de Castel-Cerreto (326 hectares) et de Battaglie (215 hectares) à l'orphelinat de garçons de Bergame. La défunte était une femme de cœur qui louait directement par lots aux paysans. On pense quel fut leur désespoir quand ils apprirent que l'orphelinat, redoutant la complication de tant de petits locataires, avait pris la décision de louer en bloc à un grand locataire. On ne se fait pas en Italie illusion sur les sentiments d'humanité de ces sortes de gens ! Ce fut alors que l'abbé Portaluppi estima l'heure venue de créer une *affittanza collettiva*. Mais comment réussir ? Le loyer était cher : 48.000 francs, et il en fallait verser deux années d'avance comme caution. Il y avait, en outre, à payer les taxes d'irrigation, les impôts, les assurances. Enfin, l'administration de l'orphelinat demandait la garantie de trois hommes notables. Pour cela, heureusement, pas de difficultés. Restait à trouver la somme. Un philanthrope, le docteur Celesia, consentit à prêter 60.000 francs sans garantie. Dès lors, le total fut aisé à compléter et un bail de douze années put être signé.

Le Bergamasque est région de petite culture (1), ce qui convenait à l'abbé Portaluppi dont toutes les préférences sont pour le faire-valoir individuel. On divisa donc les domaines en lots : 120 exactement. Seuls, quelques terres et bois restèrent à la collectivité. Puis l'assemblée des fondateurs décida que le prix de location serait calculé en répartissant le prix global au prorata des lots et en l'augmentant de 15 p. 100 destinés à couvrir les frais d'administration et à constituer une réserve. La société a, d'autre part, des frais d'entretien (routes, etc.) mais ils sont plus que couverts (2) par les produits de l'exploitation des bois et des quelques terres gardées par la collectivité. Les travaux sont faits par les sociétaires qui s'offrent dans ce but : ils sont payés à la journée à un prix plus élevé que chez les agriculteurs. « Il n'y a pas de raison, dit l'abbé Portaluppi, pour qu'on travaille au rabais au profit de la collectivité ». Il en va de même pour les sociétés : ainsi crédit et *affillanza*, bien que se prêtant mutuellement un large concours, ont budgets séparés. On professe, en effet, à Tréviglio, que chacun doit avoir tout le fruit de son travail et que solidarité ne veut pas dire charité plus ou moins déguisée. Juste théorie qui ennoblit l'effort, empêche les discussions intestines et établit entre tous une véritable égalité ! Noble application de la parole évangélique : à chacun selon ses œuvres !

Le principe de la liberté est à Tréviglio scrupuleusement, méticuleusement appliqué ; je ne l'ai vu pousser si loin dans aucune autre *affillanza*. Mais n'est-il pas à craindre, au cas où l'abbé Portaluppi viendrait à disparaître, que son successeur ne comprenne pas dans un aussi large esprit les statuts, qui ont l'inconvénient de mettre la société dans la main d'un seul homme : c'est parfois singulièrement dangereux !

(1) L'élevage du ver à soie prédomine. Après le mûrier, viennent en importance le maïs, les prés, le blé, les légumes.

(2) L'excédent vient grossir la réserve.

Il y a, tant à Castel-Cerreto qu'à Battaglie, 1.168 personnes formant 122 « familles » ; les unes habitent des maisons éparses, d'autres sont groupées en deux grands corps de ferme (1). Une calèche nous y conduit. Le pays est plat, mais à l'horizon les montagnes se profilent : l'automne finissant y mettait ce jour-là la grâce des premières neiges.

Tout le long de la route, je note le bel état des cultures ; les méthodes les meilleures sont suivies. L'abbé Portaluppi y veille : il connaît l'agronomie et se tient au courant des progrès (2). Il a notamment fait beaucoup pour diffuser l'usage des engrais et la connaissance de ceux qu'il faut employer suivant la qualité des terres. Les cocons sont particulièrement beaux. A une récente exposition séricicole organisée par la Chambre de commerce de Bergame, l'*affittanza* a obtenu les trois premiers prix.

Chemin faisant, je me fais expliquer la vie de la société.

— Le principe, ici, me dit l'abbé, est que chacun soit maître absolu de son travail, c'est pourquoi nos sociétaires ne sont tenus qu'à acquitter leur loyer. De leur récolte, ils font ce qu'ils veulent. Mais l'expérience nous ayant prouvé que la vente en commun était de beaucoup la plus rémunératrice, nous l'avons organisée. En profite qui veut et continue à vendre individuellement qui préfère. Il en va de même pour les achats que fait pour nous la caisse rurale de crédit. La coopération nous a permis d'autres améliorations encore. Ainsi nos paysans louaient autrefois les tables pour cocons 0 fr. 90 ou 1 franc par an. Aujourd'hui la caisse leur avance la somme nécessaire pour qu'ils puissent les commander. Le modèle courant leur revient à 4 francs, qu'ils remboursent à la caisse à raison de 0 fr. 10 par mois. Ainsi tout en ne payant pas plus qu'auparavant ils ont des tables neuves et en deviennent propriétaires en

---

(1) Le plus important abrite 25 ménages, l'autre 17.

(2) Le clergé italien, qui s'adonne aux questions sociales, comprend l'importance de l'agronomie ; il veille à ce que les meilleures méthodes culturales soient appliquées, fait analyser les terres, diffuse l'usage des engrais chimiques.

quatre années. De son côté, la caisse y trouve son compte puisque la table qu'elle vend 4 francs ne lui est facturée, à elle, que 3 fr. 60, soit, par table, 0 fr. 40 de bénéfice au profit de la collectivité.

Soudain l'abbé s'interrompt et me montrant un pré :

— Vous voyez ce champ. Nul n'en voulait tellement il était pierreux. Je l'ai pris comme champ d'expérience et il n'a pas tardé à devenir un champ de démonstration (1) dont les résultats ont convaincu les plus rétrogrades. J'en établis soigneusement les comptes ainsi que ceux des autres champs que je fais cultiver aux frais de la collectivité : tous ont donné des bénéfices supérieurs à la moyenne. Cet excédent, nous ne le faisons pas entrer dans la réserve générale ; puisque c'est à des expériences qu'il est dû, il est juste qu'il serve à d'autres expériences.

Nous reprenons notre course cahotée. Une vieille femme nous croise.

— Elle a une jambe articulée, me dit l'abbé. Elle en a même deux, de façon à ne pas en manquer quand l'une est en réparation. C'est la collectivité qui les lui a payées. Puisque des jambes articulées existent, pourquoi le pauvre monde n'en profiterait-il pas ? Il lui faut travailler, il a donc plus que le riche le besoin de profiter des inventions et des progrès. Le conseil d'administration a partagé cette opinion et a voté les fonds nécessaires, si bien que cette brave femme qui eût peut-être été réduite à mendier continue à vaquer aux soins de son ménage. C'est à peine si elle boite. Nous ne nous désintéressons, du reste, d'aucune œuvre de solidarité, nous avons des écoles

______

(1) La différence est grande entre un champ d'expériences et un champ de démonstration. Ce dernier devant, ainsi que son nom l'indique, mettre sous les yeux des visiteurs les résultats acquis ailleurs, perd toute utilité en cas d'insuccès des récoltes qu'il porte ; au contraire, bons au mauvais en soi, les résultats d'une expérience sont toujours instructifs, pourvu que les conditions dans lesquelles ils se sont produits soient exactement connues et rigoureusement déterminées. Dans le champ d'expérience, on étudie l'influence des divers facteurs sur la production végétale ; par une véritable leçon de choses, on la prouve dans le champ de démonstration (Voir tome III, pp. 93 à 98).

du soir, des conférences ; nous fournissons gratuitement les livres depuis que la commune en a supprimé la fourniture à nos sociétaires, qu'elle estime maintenant assez riches pour les acheter, ce qui est le plus bel éloge que l'on puisse faire de l'œuvre réalisée par l'*affittanza*.

Nous voici à l'une des grandes fermes. Dès l'entrée franchie, on voit, du côté opposé au soleil, le bâtiment où sont les habitations ; de l'autre côté, le bâtiment des étables. Chaque famille a son étable (1) en face de son logement. Je visite plusieurs de ceux-ci. Sur le devant deux piliers soutiennent un très large balcon de bois. Cette disposition, commune en Lombardie, est très pratique : sur le balcon, on fait sécher le linge et les légumes, et au-dessous on dispose d'un large endroit abrité où les enfants peuvent jouer et la ménagère vaquer aux occupations qu'à la campagne elle est accoutumée de faire devant le seuil de sa maison. Les logements sont composés de cinq pièces ; ils sont propres. Dans le coin d'une pièce s'entassent les pommes de terre, qui constituent une des principales nourritures de l'hiver.

L'entente est parfaite entre les familles, surtout dans les grandes fermes (2), la présence de nombreux ménages étant, semble-t-il, lénitive. La moralité ne laisse pas à désirer et la confiance est complète.

Le chiffre de bétail de chaque famille a plus que doublé depuis la constitution de l'*affittanza* (3). C'est là un des signes

---

(1) Près de l'étable, il y a un cabinet et un trou à fumier. Chaque famille a l'un et l'autre. La cour étant très large, les trous à fumier et les cabinets sont loin des habitations, où l'on n'est pas incommodé par leurs émanations.

(2) Quand il n'y a que deux familles dans un bâtiment, on cherche autant que possible à y réunir deux frères.

(3) Il comprend généralement aujourd'hui trois ou quatre vaches et un cheval. Les vaches appartiennent aux variétés suisses plus ou moins pures, le cheval à la race croate. Ces petits animaux suffisent pour le travail qu'on attend d'eux. Si l'on prend un sujet de race plus grande, ce sera généralement une jument, pour profiter du poulain. Les paysans du Bergamasque aiment assez à se livrer au commerce des chevaux et en tirent souvent quelque bénéfice. La litière des étables est faite d'un mélange de paille et de feuilles sèches. Ces feuilles, ramassées dans les bois de la collectivité, permettent une économie de paille. De même, chacun a sa part de bois. Au-dessus de chaque étable, il y a une petite grange.

de l'aisance dont on y jouit aujourd'hui : du reste, ces paysans, que la misère forçait, auparavant, d'aller pieds nus, semblent porter maintenant sur eux la marque du bien-être. Le bien-être, tel est, au demeurant, l'idéal de l'abbé Portaluppi. Il ne désire pas que « ses » paysans s'enrichissent, mais qu'ils soient certains d'un lendemain de travail heureux et que les conditions de leur vie s'améliorent et suivent, si je puis dire, le progrès.

Nous gagnons le logement du régisseur. Cette homme occupait déjà cette situation du vivant de la défunte propriétaire. L'abbé Portaluppi ne voulant pas qu'il fût remercié lui proposa de rester au service de la collectivité. Ce respect des droits acquis est une des caractéristiques d'ici. La caisse rurale agit de même dans les lots qu'elle achète, n'obligeant même pas ses locataires à se faire admettre à la société.

Je me fais expliquer le mécanisme des comptes. Chaque sociétaire a son livret personnel et le porte le dimanche matin au régisseur qui le met à jour, puis inscrit à l'encre sur les registres les comptes particuliers qu'il avait, dans la semaine, écrits seulement au crayon. On tient, en effet, à ce que rien ne soit porté définitivement avant accord, qui, du reste, est toujours complet. Et pourtant les affaires sont relativement importantes, presque tous les sociétaires vendant et achetant par l'intermédiaire de la collectivité. Les comptes sont arrêtés à la fin de l'année : rien que la vente des cocons représente souvent plus que le prix du loyer.

Je termine ma visite par l'école enfantine de filles. Ici, aussi, on sent le bien-être. Les enfants ont de bonnes joues et nous sourient.

— Y a-t-il quelqu'une de vous qui parle français ? leur demande l'abbé. Non, n'est-ce pas. Eh bien, au pays de ce monsieur (le monsieur c'est moi), toutes les petites filles de votre âge parlent français.

Et cela est dit sur le ton que prennent ceux qui savent s'adresser aux petits. Ah ! parler aux enfants, don rare qui marque une âme saine et dont, en leur bêbête infatuation d'un petit savoir mal compris, manquent tant de nos instituteurs.

De la classe des petites nous passons à la classe moyenne, où je constate la propreté des cahiers, puis à l'école de couture. Les travaux qu'y font les fillettes leur appartiennent ; on leur y fait confectionner de préférence des vêtements pour leurs familles. Une garderie complète le groupe scolaire. Les mioches y prennent gratuitement une soupe et reçoivent, en s'en allant, un petit pain. Toutes les pièces — réfectoire et cuisine compris — sont d'une méticuleuse propreté.

Le lendemain, je m'en fus à Calvenzano. Quelques kilomètres en calèche et me voici arrivé. Les conditions agricoles sont les mêmes qu'à Tréviglio. Nous allons voir que la vie sociale est assez semblable dans l'une et dans l'autre *affittanza*. Tandis qu'à Molinella il semble que tout meurtrisse le cœur ou tout au moins que rien n'en favorise les battements, à Calvenzano comme à Tréviglio, tout a convergé pour assurer le bien-être du plus grand nombre. Par instants, le visiteur lui-même jouit par solidarité, semble-t-il, des attentions qu'on a eues pour les sociétaires. Quand on se souvient combien peu de souci on montre à Molinella de l'effort des adhérents, ah ! qu'on goûte le respect de la liberté individuelle que montrent Calvenzano comme Tréviglio. Mais là s'arrête la similitude entre ces deux œuvres. Tréviglio est une institution confessionnelle, Calvenzano est neutre. L'étiquette en est, il est vrai, radicale et anticléricale, mais on n'y est point antireligieux et la majorité pratique.

La coopération de Calvenzano possède un domaine et en détient trois en location, mais le total est beaucoup moins important qu'à Tréviglio. L'entreprise n'en est pas moins autant, sinon plus, intéressante encore, étant exclusivement — fondation et direction — la chose des prolétaires. Elle est, en outre, la plus ancienne *affittanza* puisqu'elle remonte à 1887.

A cette époque, ce qui forme aujourd'hui la propriété de la coopérative fut mis en vente. Il existait alors à Calvenzano une petite caisse de crédit rural qu'avait fondée un paysan. Elle résolut d'acheter le domaine. J'ai raconté plus haut le généreux effort tenté par ces vaillants sociétaires, les femmes mettant au Mont-de-Piété leurs pauvres bijoux, les hommes vendant leurs habits du dimanche. Ils réunirent ainsi 24.000 francs : il en fallait 115.000. Un philanthrope de Milan obtint, heureusement, que la caisse d'épargne de cette ville consentît à la collectivité en formation : 1° un prêt sur hypothèque pour lequel il est payé, outre les intérêts, un taux d'amortissement qui éteindra la dette en cinquante ans ; 2° un second prêt simple auquel on donnera la forme du premier quand celui-ci sera entièrement amorti.

Le système est le même qu'à Tréviglio : les sociétaires louent à la coopérative et ils sont maîtres chez eux (1). D'une façon générale, on a plus encore recours à la coopération. C'est ainsi qu'on achète collectivement, non seulement les engrais et les semences, mais jusqu'au drap dont les sociétaires font leurs vêtements. Les machines sont, comme à Tréviglio, la propriété de la collectivité, et ici aussi, pour le plus grand bénéfice de tous, on vend collectivement.

La société a entrepris la fabrication de conserve de tomates. Malgré les inévitables déboires du début, elle y a presque de suite trouvé un bénéfice, ayant facilement vendu ses produits qui sont très bien présentés et d'excellente qualité. Ce succès va probablement amener la coopérative à fabriquer d'autres conserves de légumes.

La création de cours du soir et la diffusion des progrès culturaux n'ont pas été négligées dans cette œuvre si prospère qui a été, ne l'oublions pas, entièrement réalisée par des paysans et que des paysans continuent à diriger au mieux avec le concours d'un agronome appointé au fixe. Cet agronome est, du reste, lui-même un jeune paysan, élève d'une école pratique d'agriculture.

(1) A noter seulement que jusqu'ici ils ont volontairement fait abandon à l'œuvre du bénéfice des actions.

A mon retour de Calvenzano, je trouve à la gare de Tréviglio, l'abbé Portaluppi venu me dire adieu. Nous causons, et pour une fois je suis enchanté du retard des trains italiens qui me permet de passer quelques instants encore avec cet excellent homme. Je lui donne mon sentiment sur Calvenzano : « On y est plus audacieux ! » Et lui de m'objecter : « Mais la marche est-elle aussi sûre ? » Je ne réponds pas. Pour être plus prudent, l'enthousiasme n'est pas, à Tréviglio, moins grand qu'à Calvenzano, mais la quarantaine passée et la discipline catholique ont donné à l'abbé Portaluppi une plus grande prudence. Ainsi la conversation tombant sur la préparation des conserves de tomates, il me dit :

— Je conviens des bénéfices actuels, mais acheter du matériel, n'est-ce pas imprudent quand on n'est pas sûr du lendemain de l'industrie que l'on entreprend ? La Sicile nous fait, pour la tomate, une concurrence très âpre et les lois en faveur du *mezzogiorno* (1) la favorisent pour les transports. Il y a même des fabricants du centre qui trouvent un avantage à expédier leurs marchandises dans le midi, d'où elles sont réexpédiées. Puis il y a la question du boîtage qui suffit à rendre une telle affaire bonne ou mauvaise : on en est à un demi-centime près. Pour l'instant Calvenzano se trouve bien de son entreprise, j'en suis d'autant plus heureux que nous lui vendons nos tomates dans de bonnes conditions. Mais il ne faut pas penser qu'au présent. Ainsi voyez ce qui s'est passé pour la betterave ; certains nous conseillaient d'en planter. Je n'ai pas voulu, parce que c'est une culture trop appauvrissante. Il paraît qu'à Calvenzano on en a tenté et qu'on l'a regretté.

Le train se faisait toujours attendre. L'abbé s'était laissé glisser aux projets. Vraiment il était beau, il était touchant de conviction, tandis qu'il me disait :

— Déjà plus de la moitié de notre location est écoulée, mais

(1) Des dispositions spéciales ont été prises par le législateur dans le but de remédier en partie à la situation malheureuse où se trouve le midi *(il mezzogiorno)* de l'Italie. Combien il reste encore à faire !

nous avons constitué un fonds de réserve, et quand nous serons à fin de bail nous aurons en caisse, après remboursement des avances qui nous furent faites, près de 200.000 francs. L'orphelinat ne peut vendre — c'est une des clauses du legs — mais il nous renouvellera notre bail d'autant plus facilement que maintenant on nous connaît. Il y a donc chance pour que l'on nous demande moins de garanties, et nous pourrions en offrir plus : quatre années au lieu de deux.

L'abbé se tut et rit malicieusement. Le train était en gare, et dans le soir brumeux et froid je pris congé de cet homme simple. J'étais heureux de mes deux journées ; tant à Calvenzano qu'à Tréviglio, que de bien n'avais-je pas vu ! Et je songeais qu'à le répéter je pourrais peut-être faire surgir d'autres œuvres analogues. Louer le bien, flageller le mal, c'est ce qui fait le prix du rude labeur de l'écrivain et, tout compte fait, louer le bien est plus doux encore que flageller le mal.

E. — UNE PARTICIPATION

CE QU'ON ENTEND PAR PARTICIPATION. — SAN-GIOVANNI-IN-PERSICETO. — STATUT DES PARTICIPANTS. — L'ADMINISTRATION. — LA SITUATION FINANCIÈRE. — L'AVENIR DES PARTICIPATIONS.

Qu'est-ce que les participations ? Des groupements possédant en commun des domaines. Leur origine — qui a été l'objet de maintes études historiques — semble se trouver soit dans les libéralités faites au moyen-âge par la comtesse Mathilde, soit dans des terrains qui auraient été donnés en paiement par les pontifes à des corporations faisant des bonifications, comme en font aujourd'hui encore les *braccianti* de Ravenne (1). Elles sont, pour la plupart, situées dans la plaine autrefois maréca-

---

(1) On englobe sous le nom de *braccianti* les ouvriers agricoles et surtout les terrassiers. Voir au sujet du *braccianti* du Ravennate et de la Bourse du Travail de Ravenne les pages 115 à 119 de la *Haute-Italie politique et sociale*, par Charles DE SAINT-CYR (Marcel Rivière, éditeur).

geuse qui s'étend de Bologne à Ferrare (1). Certaines ont été obligées de se dissoudre par suite d'une mauvaise administration, tel est le cas de Medicina que des essais de communisme ont réduite à la misère. Mais beaucoup sont prospères. Encore qu'il n'y ait point entre elles uniformité de statuts, il suffit de visiter une quelconque de ces institutions. J'ai choisi San-Giovanni-in-Persiceto, gros bourg sur la ligne de Bologne à Poggiorusco, étant certain d'y rencontrer un guide aussi aimable qu'avisé en la personne de l'archiprêtre, Mgr Filippo Tabellini.

Les heures que j'ai passées avec ce digne ecclésiastique m'ont paru courtes tant son esprit, tout à la fois tolérant et dévoué à son apostolat, excelle à se dévoiler en aperçus originaux, à se modeler en pensées fortes. Il est de ces prêtres italiens qui aiment la France et ne s'effarouchent pas de nos audaces : c'est vous dire qu'il est aussi de ceux à qui il fut doux de suivre les directions données par Léon XIII.

Je lui demande quelques renseignements sur le pays. La propriété y est divisée. Le métayage est le mode de faire-valoir le plus répandu, mais les coutumes n'en sont pas toujours très équitables. Cependant, d'une façon générale, les conditions de la vie ne sont pas mauvaises. Les deux principales cultures sont celles du chanvre et du froment. On se met également à la betterave. Dans les terres moins bonnes le maïs est préféré. Deux coopératives de travail, l'une socialiste, l'autre catholique, ont été fondées ; l'une et l'autre ont totalement échoué. La population est de 18.000 habitants, dont 3.000 groupés dans le bourg.

Ces généralités établies, je me renseigne sur la participation elle-même. On est participant de père en fils ; mais un enfant naturel ou adoptif n'hérite pas de ce droit. Aussi les actuels participants — ils sont 1287 — sont-ils en mesure de prouver

(1) Cento, San Giovanni-in-Persiceto, Santa-Agata, Budrio, Villa-Fontana, Crevalcore, etc.

une ascendance vieille de plusieurs siècles, et ces rustres peuvent sous ce rapport en remontrer à plus d'un noble ! Pour obtenir un lot, il ne suffit pas d'être fils de participant, il faut avoir habité la commune les trois années qui précèdent la répartition des lots (1).

Autrefois, les familles ne pouvaient se diviser qu'à la mort du père. Aujourd'hui, il suffit aux fils, même s'ils vivent avec lui, de faire à l'âge de vingt ans une déclaration de séparation : neuf ans après ils ont droit à un lot. Cette réforme, qui a considérablement augmenté le nombre des participants, n'est pas très heureuse, mais on en fit, au même moment, une excellente qui en contre-balança le mauvais effet : les plantations arbustives appartenaient à jamais à qui les avait faites et il en résultait des complications de toutes sortes, on décida que dorénavant la valeur du lot serait estimée à l'entrée en jouissance et à la remise et que le participant aurait, suivant les cas, à rembourser ou à recevoir l'excédent.

A Cento, quand un participant a fait construire, il garde le lot entourant sa construction ; il en résulte que celui à qui est échu un lot fertile et agréable fait presque toujours bâtir et que, par suite, les bons lots se trouvent pour la plupart hors du roulement, ce qui est la négation même du principe de participation.

Nous allons au siège social. Le personnel comprend un secrétaire, un caissier, un comptable et deux agronomes qui surveillent qu'il ne soit pas mésusé des lots. La direction est exercée par deux Conseils. L'un, dit Grand Conseil, est composé de vingt-et-un membres élus ; il prend les décisions. Le soin de les faire exécuter est laissé au Conseil d'administration (sept membres nommés par lui). On peut faire partie à la fois de l'un et de l'autre, mais les présidents doivent être différents.

Autrefois, les chefs de famille prenaient seuls part aux

______

(1) Cette répartition a lieu à San Giovanni et à Santa-Agata tous les neufs ans, et à Cento tous les vingt ans. Ne pas prendre part à une répartition n'éteint pas vos droits ; on peut venir en compétition à la suivante.

élections ; aujourd'hui, les fils votent également. Certains voudraient même donner droit de vote aux femmes. Les élections ont lieu à la répartition des lots, c'est-à-dire tous les neuf ans. Elles se font au second degré, chaque groupe de dix électeurs choisissant un décurion.

L'actif de la participation se monte à plus d'un million et demi représenté presque entièrement par des immeubles parmi lesquels quelques maisons. Logements et boutiques en sont loués par périodes de neuf années calculées de façon à ce que la fin des baux coïncide avec la nouvelle répartition des lots. Bien entendu aucun article des statuts n'empêche de relouer aux mêmes locataires.

Les dépenses annuelles s'élèvent à 90.000 francs (entretien des routes, etc.) Le personnel figure dans ce chiffre pour moins de 5.000 francs. Les impôts (environ 55.000 francs) sont remboursés par les participants qui, jusqu'en 1902, payaient en outre les droits de mutation ; le fisc ne les leur applique plus.

Les dépenses sont plus que couvertes par les revenus provenant tant de la location des immeubles urbains que des produits de la culture des quelques terres cultivées par la participation et des ventes des foins fauchés le long des fleuves, etc. L'excédent est employé en achats qui permettent à la participation d'augmenter l'étendue de ses domaines.

L'institution est donc prospère. Aussi les divers partis politiques tâchent-ils de mettre la main sur elle. Les collectivistes notamment proposent le travail collectif. Heureusement on ne semble guère vouloir écouter leurs conseils dont le seul résultat certain serait l'augmentation du nombre des employés.

Quel est l'avenir des participants ? Un danger les menace indiscutablement, c'est l'augmentation du nombre des participants — forme particulière du morcellement infini de la propriété par l'héritage. Bien que le péril soit moins grand, puisque les absents ne concourent pas à la répartition des lots, il faudrait dès aujourd'hui envisager dans certaines participations une limitation du chiffre des participants. De bons juges estiment même que les participations sont devenues un mal en ce qu'elles retiennent une population supérieure à la capacité de travail de la commune. Les participants ne trouvant plus, en effet, dans leur lot un travail suffisant, il leur faut une autre occupation qui est souvent la principale. Ainsi, à San-Giovanni, chacun n'a la jouissance que de deux-tiers d'hectare (1).

Tel était le sujet de ma conversation avec l'archiprêtre, tandis que nous allions à la cathédrale où il me conduisait voir un assez beau tableau de l'Albane, qui appartient à la participation et qu'elle laisse en dépôt à l'église. Ce furent les ancêtres des participants d'aujourd'hui qui le commandèrent ; les fils le gardent. Et tandis que j'admirais la peinture, je songeais combien, en ces pittoresques et originales participations, le présent continue le passé. Ah ! Italie, terre étrange où les révolutions ont laissé subsister l'œuvre du temps à la manière de ces ouragans qui renversent un palais et respectent une fleur !

F. — L'ENSEIGNEMENT AGRICOLE DANS L'ARMÉE

L'ARMÉE, COMPLÉMENT LOGIQUE DE L'ÉCOLE. — PREMIERS ESSAIS D'ENSEIGNEMENT AGRICOLE MILITAIRE FAITS EN ITALIE. — RÔLE DU ROI VICTOR-EMMANUEL III. — COURS D'AGRONOMIE FAITS AUX SOLDATS ; CONFÉRENCES POUR LES OFFICIERS. — MANUEL PRATIQUE D'AGRICULTURE DISTRIBUÉ DANS L'ARMÉE. — EXCURSIONS D'ENSEIGNEMENT. — POTAGERS ET CHAMPS DE DÉMONSTRATION. — NÉCESSITÉ DE NE PAS RÉUNIR DANS UN MÊME COURS TROP DE SOLDATS ET DE LES RÉPARTIR SUIVANT LE PAYS DONT ILS SONT ORIGINAIRES. — IL SERAIT UTILE DE LES INTERROGER ET DE RÉCOMPENSER LES PLUS MÉRITANTS. — INCONTESTABLE UTILITÉ DE L'ENSEIGNEMENT AGRICOLE MILITAIRE. — DANS NOTRE ARMÉE !

L'enseignement de l'agriculture dans l'armée — le troisième point que je veux traiter dans ce rapport — ne nous demandera pas d'aussi longues considérations que les deux études précédentes. Il ne leur cède cependant pas en intérêt et ne mérite pas

(1) La perspective de n'avoir chacun — a fait repousser toutes les propositions qu'un lopin — sans doute bientôt vendu — tions de partage.

moins de retenir l'attention de tout esprit soucieux de ce qui peut aider au développement de la prospérité nationale. Dès l'heure, en effet, où l'armée ne fut plus une armée de métier, de nouveaux devoirs s'imposaient à elle, notamment celui d'éducateur. Tout en faisant son instruction militaire, le soldat doit être mis à même de parfaire son éducation sociale et de perfectionner ses connaissances techniques. Parmi celles-ci les connaissances agronomiques doivent être au premier rang dans un pays où l'agriculture est le principal objet de l'activité nationale : tel est le cas pour l'Italie.

Dès 1885 quelques actifs comices du Piémont avaient jeté les bases de cet enseignement. Le professeur Cavazza (1) m'a dit qu'à Alba, il y a près de vingt ans, il faisait déjà des cours d'agriculture aux militaires. Ce n'était, du reste, là, que mettre en pratique les conseils qu'avaient donnés les plus illustres chefs de l'armée italienne, armée où l'on n'oubliait pas que Garibaldi se glorifiait d'être agriculteur et que le grand agronome italien Solari avait eu le grade de colonel. Ces essais restaient pourtant localisés (2) parce qu'il leur manquait une impulsion d'en haut. C'est à l'actuel roi que revient l'honneur de l'avoir donné.

Quand il n'était encore que prince de Naples, se souvenant et de ce qu'avait dit et écrit le général Pescetto, le colonel Baldissera, le professeur G.-A. Ottavi, l'agronome Mancini et bien d'autres, et des essais mentionnés plus haut, il s'était déjà attaché à diffuser l'enseignement agricole dans le corps d'armée qu'il commandait. Dès qu'il fut monté sur le trône, il fit donner à cet enseignement une extension beaucoup plus grande, et

(1) Au sujet du professseur Cavazza, esprit ami du progrès et agronome très distingué, voir p. 352.

(2) Notons dans quelles circonstances eut lieu la première véritable leçon : En 1887, pendant une halte au cours d'une marche un jeune élève-sergent, l'agronome Zambrano, eut l'idée de donner à ses soldats quelques explications sur les cultures qui s'offraient à leurs yeux. Devant l'intérêt avec lequel ses auditeurs lui parurent écouter ses paroles, il songea à faire un cours d'agronomie aux soldats de son régiment (le 1er régiment d'infanterie, en garnison à Gaëte); il sollicita l'autorisation de son colonel, et celui-ci lui permit de réaliser son excellent projet.

aujourd'hui on fait durant l'hiver, dans la plupart des garnisons, des cours d'agronomie aux soldats. On y fait également, et c'est là une chose dont on ne saurait trop dire l'excellence, des conférences spéciales pour les officiers.

Mais, même au point de vue théorique, des cours ne suffisent pas. Il faut, en outre, aux soldats un manuel pratique. Le ministère de la Guerre organisa à ce sujet un concours dont le premier prix fut décerné au travail du professeur Emile Lanza : son volume est distribué aujourd'hui dans toute l'armée. Le second prix de ce concours avait été — fait à noter — obtenu par un officier.

La théorie ainsi établie, on pensa fort justement qu'elle ne serait que de peu d'utilité si on ne la complétait par la pratique : on organise dans ce but des excursions dans les bonnes exploitations agricoles et on fait fonctionner devant les soldats les machines les plus perfectionnées. Enfin, on exige que chaque détachement ait au moins un potager que les hommes sont tenus de cultiver rationnellement et dont — excellente mesure — tous les produits viennent améliorer leur ordinaire. Quand on le peut, du reste, on ne se contente pas d'un potager et on établit souvent — sur le champ de manœuvre même ou à proximité — des champs de démonstration dont au tome VI (appendices) un tableau indique et le nombre élevé et la véritable importance.

Le fait de savoir si les soldats gardent, de l'enseignement qu'ils reçoivent, un souvenir qui leur sera utile par la suite a été plus d'une fois discuté en Italie. Certains lui ont systématiquement dénié toute utilité. A vrai dire on peut élever contre lui trois critiques : le nombre des élèves pour un seul professeur est souvent trop élevé ; dans bon nombre de garnisons on ne fait qu'une conférence par semaine ; enfin, la diversité des régions dont les auditeurs sont originaires, et par suite la diversité des cultures auxquelles ils ont coutume de se livrer, forcent le professeur à s'en tenir aux généralités.

En bonne foi, peut-on prétendre que ce soient là trois

difficultés insolubles et, tout au contraire, ne voit-on pas que les remèdes sont aisés à trouver. Déjà, dans beaucoup de garnisons, des cours ont lieu durant l'hiver deux fois par semaine. Le dévoué personnel des chaires ne refuserait pas le nouveau sacrifice qu'on lui demanderait en le priant de ne réunir les soldats que par cent au plus ; cela permettrait, en outre, de grouper les élèves en tenant autant que possible compte des cultures du pays dont ils sont originaires.

Dès aujourd'hui, malgré les imperfections que je viens de signaler, il est incontestable que l'enseignement agricole dans l'armée donne en Italie d'excellents résultats. L'an dernier, un conférencier qui n'avait que médiocrement foi dans tâche qu'on lui imposait eut l'idée à la fin de son cours (vingt leçons d'une heure) d'interroger ses élèves et il fut étonné de constater qu'en majorité ils répondaient d'une façon qui prouvait péremptoirement qu'ils avaient largement profité des leçons qui leur avaient été données.

Ce système d'interrogations commence à se généraliser : il est excellent et, si les élèves n'étaient souvent trop nombreux dans un même cours, devrait être rendu obligatoire. Son complément logique serait l'attribution de prix aux plus méritants (1).

J'ajoute que même les soldats qui ne retiennent que peu des cours auxquels ils assistent en tirent ce grand bénéfice que du moins ils savent, en quittant l'armée, qu'il existe des méthodes de culture plus rationnelles que celles qu'ils emploient habituellement ; rentrés chez eux, ils ne tarderont, le plus souvent, pas à prendre le chemin de la chaire ambulante. Ainsi, l'enseignement militaire de l'agriculture est l'heureux complément des belles institutions agricoles de la Haute-Italie dont la conclusion de ce rapport tâchera de dégager la philosophie.

Auparavant, qu'il me soit permis d'exprimer ici le vœu que notre armée donne, elle aussi, à l'enseignement agricole une place en rapport avec l'importance que l'agriculture a pour

____

(1) Elle ne se fait aujourd'hui qu'à titre exceptionnel.

notre pays. Les essais faits dans l'armée italienne peuvent nous éviter la période de tâtonnements et nous n'avons qu'à vouloir pour réaliser de suite un enseignement excellent. Sachons donc vouloir et nous souvenir des nobles paroles que le maréchal Bugeaud adressait aux soldats de l'armée d'Afrique en leur faisant ses adieux : « Vous avez trouvé glorieux de savoir manier tour à tour les armes et les instruments de travail ». Oui, en même temps que notre armée se met en mesure de pouvoir repousser n'importe quelle attaque, qu'elle apprenne qu'une agriculture perfectionnée peut valoir à un pays des victoires qui ne sont pas à dédaigner.

G. — CONCLUSION

UNE JUSTE PERCEPTION DE LA RÉALITÉ ET UNE UNION DE TOUS DANS UN MÊME EFFORT. — LE PRATICISME DES ITALIENS ET NOTRE IDÉALISME. — NÉCESSITÉ DE RENDRE BEAUCOUP PLUS NOMBREUSE LA CLASSE DES PETITS PROPRIÉTAIRES.

Ce long chapitre, consacré aux institutions agricoles de la Haute-Italie, demande une conclusion : je l'établirai en tentant de dégager la philosophie de ce que, durant mes séjours par delà des Alpes, j'ai noté concernant la situation de l'Agriculture (1).

Ce qui frappe tout d'abord en Haute-Italie, c'est l'intense compréhension des améliorations pratiques à réaliser et la juste perception des voies à suivre pour y parvenir. L'Italien n'est pas l'homme des rêves et si en paroles il peut parfois se laisser aller à construire des châteaux en Espagne, vous pouvez être certain qu'en action il ne tentera jamais d'amasser quelques matériaux pour leur édification. Et cela le distingue de nous.

(1) Je rappelle que le côté exclusivement social de la question — bien que fort intéressant et très particulier en Haute-Italie — ne rentrant pas dans le cadre de ce travail, je renvoie nos lecteurs désireux d'être renseignés à ce sujet au beau livre de M. Charles de SAINT-CYR : *la Haute-Italie politique et sociale* (Marcel Rivière, éditeur). — L. G.

Agriculteur par excellence, il était naturel qu'il portât dans l'industrie agricole ses vues pratiques. Aussi, malgré des conditions économiques longtemps mauvaises, malgré d'assez vives perturbations sociales, quels progrès n'a-t-il pas réalisés! Et pourtant il lui manquait des institutions. Il est vrai que l'Italie avait des hommes, et c'est le principal, d'autant qu'elle sut demander à la coopération la connaissance de leur valeur et les moyens d'en tirer parti.

Songez à ce que représente la réalisation par les seules initiatives individuelles d'une œuvre d'ensemble telle que celle des chaires ambulantes et convenez qu'on ne saurait ressentir à son sujet une trop vive admiration. Cette œuvre nous montre bien, du reste, ce qu'il y a d'essentiel dans les institutions agricoles italiennes : tout à la fois une union de tous dans un même effort et un souci que rien ne soit perdu de cet effort. En somme, deux faces d'un esprit pratique; on ne s'éparpille pas plus en discussions qu'en considérations théoriques.

Ce praticisme est-il préférable à notre idéalisme? J'avoue mon faible pour le rôle qui fut nôtre : produire des idées. Mais aujourd'hui que les conditions de vie sont changées, ne devons-nous pas à notre tour nous forcer à appliquer pratiquement nos théories? C'est parce qu'il m'a semblé que les œuvres italiennes dont je viens d'étudier ici la vie sont parmi les meilleures réalisations que j'ai voulu les donner en exemple à nos agriculteurs.

Est-ce à dire que tout soit pour le mieux en Haute-Italie? Certes pas! Ainsi plus d'un bon esprit regrette qu'il n'existe pas au Parlement italien un solide groupement agraire et que l'agriculture n'ait pas comme chez nous son ministère spécial. (Notons ici, entre parenthèses, que — par là-même qu'ils ont su la réaliser malgré le manque d'encouragements officiels — l'œuvre des agriculteurs italiens n'est que plus étonnante et plus en état de nous apprendre comment on doit s'unir dans l'effort afin d'obtenir de cet effort le plus grand rendement possible). Mais ce qu'il faut surtout déplorer pour l'Italie, c'est que la classe des petits propriétaires y soit si peu nombreuse. Les efforts de bien des institutions coopératives tendent, nous l'avons vu, à la constituer solidement. Il importe que ces institutions ne se laissent, à aucun prix, détourner de cette tâche et qu'on les aide : notre exemple n'est-il pas là pour montrer à notre sœur latine qu'à un pays de petits propriétaires les plus nobles audaces sont possibles, les plus vastes espoirs sont permis ?

CHAPITRE LXXV

AU MAROC

Le Maroc (1) est un des rares, sinon même le seul, pays dont
nous n'ayons pas traité au cours des quatre premiers volumes
de cet ouvrage. La raison, nous l'avons donnée (t. III, p. 225),
c'est que le Maroc est le prolongement économique de l'Algérie,
avec, en plus, l'eau qui, si souvent, fait défaut à notre grande
colonie (2). Or l'Algérie (et la Tunisie), nous en avons très
longuement parlé (t. III, pp. 225 à 397). Une autre raison nous
incitait à ne pas traiter du Maroc : l'incertitude de sa situation
politique.

(1) Le Maroc forme un long quadrila-
tère compris entre le 3° et le 15° de
long. Ouest de Paris et le 28° et le 36°
de lat. Nord. On sait comment il est
limité, mais il n'est pas sans intérêt de
rappeler que la Méditerranée baigne le
Maroc sur une longueur d'environ 400
kilomètres, et l'Atlantique sur 1.200
kilomètres, c'est-à-dire sur une longueur triple. La superficie est, déduction faite du Sahara marocain, d'environ
450.000 kilomètres carrés, c'est-à-dire
presque égale à celle de la France.

(2) M. G. DE GIRONCOURT, directeur de
la Station agronomique des Ardennes,
qui a été au Maroc en qualité de chargé
de missions des Ministères de l'Instruction publique et des Colonies, a écrit à
son retour : « Le Maroc possède sur la
majeure partie de son littoral une large
zone de sols agricoles de haute valeur,
souvent comparables aux célèbres *tcher-
noziews* de la Russie méridionale, qu'arrosent, en d'immenses plaines alluvion-
naires, de puissantes rivières venues de
l'intérieur, et que fécondent les pluies
et les vents frais de l'Atlantique. »

M. de Gironcourt décrit là ce qu'il
a vu, et il est plus d'une autre région
où la situation est moins favorable.

Or, on sait combien elle est changée aujourd'hui. Le Maroc suit sa destinée naturelle : il devient le magnifique complément de notre empire Nord-africain, empire dont tout Français a le droit de s'enorgueillir, car il est véritablement unique au monde.

L'humanité tout entière ne peut que se réjouir de cette entrée du Maroc parmi les terres appelées à jouer un rôle agricole important.

Un ancien fonctionnaire algérien, M. de Peyerimhof, a déclaré un jour que, pour l'administration des populations musulmanes, nous disposions de « la première équipe du monde ». Expression pittoresque, mais qui répond parfaitement à la réalité. Nous saurons en profiter. Les étrangers qui, si nombreux, vivent en Algérie et Tunisie — Italiens et Espagnols notamment — doivent, du reste, reconnaître la beauté de notre œuvre, dont ils profitent ; nous allons la prolonger.

Le Maroc sera en somme une nouvelle Tunisie, mais peut-être la tâche qui s'offre à nos efforts sera-t-elle quelque peu plus ardue. Il est vrai que nous avons fait des progrès depuis le jour où nous pénétrions en Tunisie.

Un proverbe dit : « Le Tunisien est une femme, l'Algérien un homme, le Marocain un guerrier ». Nous aurions tort de méconnaître ce qu'il peut avoir de vrai ; mais nous aurions tort, davantage encore, de le prendre à la lettre. Il y a des guerriers au Maroc, mais ils sont l'exception. Ce sont les Berbères des tribus montagnardes, qui nous verront d'un œil d'autant plus hostile que nous allons mettre fin à leurs déprédations. Mais il est certain — et ce qui s'est passé jusqu'ici le prouve — il est certain, disons-nous, que connaissant notre force, en ayant une crainte légitime, ils dissimuleront d'autant plus vivement cette

Mais il faut se garder aussi de tomber dans le pessimisme. Tout le Maroc n'est pas fertile, c'est incontestable, mais il y a au Maroc une grande étendue de terres fertiles, incontestablement plus qu'en Algérie, dont on sait l'actuelle prospérité. Nous voulions indiquer ces faits dès les premières lignes de ce chapitre. A ce sujet, on trouvera plus loin (note de la p. 429 et pp. 430 à 433) des renseignements complémentaires.

hostilité que notre collaboration avec le Sultan leur enlève le prétexte d'une guerre religieuse.

A côté de ces pillards, il y a la majorité des Marocains, gens paisibles pour qui nous sommes la délivrance, c'est-à-dire la possibilité de travailler et de vivre (1). Qui en douterait n'aurait qu'à examiner ce qui s'est produit en Chaouïa — ce qui lui serait une occasion de plus d'admirer une œuvre du génie français.

Nous nous sommes entretenus avec plusieurs voyageurs revenant de cette région ; il y a unanimité dans leurs déclarations, et c'est à bon droit que M. Laronce, consul de France à Casablanca était tout récemment (octobre 1911) en droit de déclarer : « Casablanca progresse à vue d'œil, et, dans quatre ou cinq ans, lorsque la voie ferrée de Rabat-Casablanca sera achevée, que le port sera construit, cette ville deviendra la plus commerçante et la plus importante du Maroc. Dix, quinze et jusqu'à vingt navires de tout tonnage sont constamment mouillés en rade, chargeant et déchargeant des marchandises de toutes sortes ; opérations actuellement très difficiles, car tout doit se faire par l'intermédiaire de barcasses. Chaque courrier,

(1) C'est notamment l'avis de M. Abel Ferry, député des Vosges, qui, de retour d'un voyage d'études au Maroc, écrivait en novembre 1911 : « De l'avis de tous ceux que j'ai interrogés, une politique de collaboration avec l'élément indigène est réalisable et serait féconde. On s'accorde à reconnaître que le Marocain est moins fanatique que l'Algérien ; il est, comme le Kabyle, de race berbère, et comme lui pratique et calculateur.... Pour la première fois je me suis trouvé (à Fez) en pays musulman sans sentir autour de moi un mépris latent, une hostilité dissimulée. Bien des causes expliquent cette évidente évolution. Un dispensaire dirigé avec un inlassable dévouement par le docteur Murat, soigne plus de trente mille malades chaque année ; des officiers de la mission militaire, comme le commandant Brémond, se sont fait une popularité ; c'est à notre consul, M. Gaillard, et à un petit groupe de Français, militaires et civils, que lors du dernier siège de Fez les citadins doivent de n'avoir pas été pillés par les montagnards ; nos troupes sont arrivées en protectrices. D'autre part les exactions du sultan et de ses ministres sont quotidiennes et mal supportées : ce peuple est las d'être mal administré. On attend des Français l'ordre, la sécurité, l'éducation, la justice, des profits matériels et moraux. » Sages paroles qui seront, il faut l'espérer, entendues !

chaque bateau déversent, presque journellement, leur flot d'immigrants, et tous ces hommes, ou à peu près, à l'initiative hardie, au caractère énergique, font bien augurer pour l'avenir de la colonie. Il y a lieu de constater dans la Chaouïa la même prospérité. Et cela prouve, une fois de plus, qu'on se trompe lourdement lorsqu'on prétend que le Français n'est pas colonisateur. Nos procédés, il est vrai, sont complètement différents de ceux qu'emploient les autres puissances coloniales ; à la brutalité, nous opposons la douceur ; à la violence, la persuasion ; à la force, le droit. Nous respectons tout : mœurs, coutumes religieuses ; le résultat est peut-être un peu plus long à se faire sentir, mais une fois qu'il est acquis, il est bien acquis ; nous y avons gagné, en plus, l'amour de la population... »

Voici d'autre part le récit d'un voyageur qui, à la même époque, a parcouru la Chaouïa :

Le 21 octobre (1911) je me mettais en route, ayant dirigé mes chameliers vers Settat. A travers un pays très fertile et admirablement cultivé, sur une piste où, à chaque instant, je croise quelque caravane, et qui longe, sans discontinuer, une ligne ferrée à voie étroite, la seule que possède le Maroc, mais exclusivement réservée à l'armée, je gagne ainsi, pour ma première étape, le poste de Ber-Rechid, laissant à 2 kilomètres sur ma gauche la casbah de Taddert, célèbre par la victoire qu'y remporta le général Drude.

La piste que je suis passe par le poste de Bou Skoura, où se trouve caserné, dans de confortables baraquements, un bataillon de tirailleurs. De superbes fermes, construites avec tout le confort moderne, sont disséminées à droite et à gauche de la route.

Me voici à Ber-Rechid, où je visite le 1er bataillon d'infanterie de marine. Le caïd de Ber-Rechid fut le premier caïd de la Chaouïa qui vint avec ses hommes se ranger sous les ordres du général Drude et faire campagne avec nous. Son prédécesseur, d'après les dires d'un Arabe qui faisait fonction de bourreau, avait enfoui dans un coin de la casbah plus de deux millions en or. Pour faire sa cachette, il employa quatre Arabes, qu'il fit exécuter sitôt leur travail terminé, afin qu'ils ne puissent révéler à personne l'endroit où était caché le trésor.

Le lendemain, je repartais pour Settat, qui n'est situé qu'à 32 kilomètres. Le pays est aussi riche et aussi cultivé que celui que j'avais parcouru pendant ma première étape. Sur une piste très large, commençant à être aménagée en route macadamisée, je rencontre toujours les mêmes théories de caravanes venant des pays voisins ou de la région de Marrakech. Les Arabes que je croise sont tous montés, soit sur des mules, soit sur des chevaux, mais le plus souvent sur un petit bourriquot, dont l'allure naturelle, allure ordinairement très rapide, est encore activée par les coups répétés d'une alène acérée que l'Arabe porte toujours à cet effet, piquée dans le berda sur lequel il est assis, les deux jambes en avant et pendantes du même côté. Lorsque parfois, pour faire souffler mon cheval, je marche un instant avec quelques-uns d'entre eux, je leur pose quelques questions ; tous me répondent avec complaisance. Ils sont en général très heureux de la domination française, qui depuis trois ans leur fait goûter une tranquillité qu'ils n'avaient jamais connue. Pour eux, le Français est le premier peuple du monde ; ils ont tous été témoins de notre force, ce qui leur fait dire que, de tous, nous sommes les plus puissants. Les Allemands, les Espagnols qu'ils connaissent, ou à peu près, puisque plusieurs de ces étrangers exploitent des fermes dans la région, ne sont, d'après eux, pas comparables aux Français.

… J'aperçois enfin Settat, très petite ville qui semble émerger d'un bouquet de verdure que forment les jardins qui l'entourent. Sur une colline dénudée de toute végétation se trouve installé un grand marché hebdomadaire (souk el had). Plus de 3.000 Marocains y sont venus, les uns apporter leurs céréales ou le produit de leur industrie, les autres acheter ce dont ils ont besoin. Sur ce marché, comme sur tous ceux de l'intérieur, l'Arabe trouve tout ce qui est nécessaire à son existence : denrées, produits manufacturés, viandes, grains, fruits, céréales. C'est à Settat, où campe maintenant le 2° bataillon d'infanterie coloniale, que Moulay Abd-el-Aziz, vaincu par son frère Moulay-Hafid, alors qu'il n'était que prétendant, vint se réfugier, après sa défaite, et se mettre sous la protection de nos troupes. Nos soldats s'emparèrent à deux reprises de Settat, et cela à quelques jours d'intervalle.

Le lendemain matin, avec deux Français, je me mets en route pour Marrakech. J'admire une ferme exploitée par un Français, M. Bernard. L'intention de ce colon est d'essayer dans cette région la culture de la vigne. Déjà plusieurs hectares sont en pleine production, et la vigueur des plants fait bien augurer pour l'avenir de l'entreprise de M. Bernard (1).

(1) De cette relation de voyage, rapprochons ces quelques lignes de M. Abel Ferry : « J'ai vu de Tanger à Fez les villages se presser aussi nombreux, aussi peuplés qu'en terre lorraine. Le sol marocain est formé de deux espèces

Voilà — n'est-il pas vrai ? — des constatations bien propres à satisfaire des Français. Le plaisir d'avoir à les faire nous a amené à bouleverser l'ordre méthodique de ce chapitre. Aussi n'est-ce que maintenant que nous allons faire ce que nous aurions dû faire tout d'abord : jeter un coup d'œil général sur les caractéristiques des quatre régions du Maroc : le Rif, l'Atlas, les Hauts-Plateaux de l'Est et les plaines subatlantiques de l'Ouest.

Le Rif. — Le Rif, qui se rattache au système orographique de l'Espagne méridionale, s'étend de la Moulouïa inférieure vers l'Atlantique et de la côte abrupte de la Méditerranée jusqu'à la vallée de l'Inaouen. C'est un massif d'aspect et souvent de climat rudes. Il n'est pas rare que sur les montagnes les neiges séjournent plusieurs semaines durant. Les richesses minières sont paraît-il importantes, mais mal connues encore ; quant aux ressources agricoles, la principale est constituée par les pâturages alpestres. Dans les vallées cependant, on rencontre souvent de belles prairies et de superbes vergers d'orangers, de figuiers, de grenadiers, d'oliviers, voire de la vigne et des champs de céréales. Il ne faut pas non plus oublier une certaine richesse forestière (chênes, pins, noyers, cèdres, thuyas, oliviers sauvages). Les Rifains sont une population particulièrement fruste et guerrière.

L'Atlas. — Au sud du Rif, c'est l'Atlas, c'est-à-dire trois groupes de chaînes de montagnes soudées par des hauts plateaux.

Le plus au nord des trois groupes, le Moyen-Atlas, compris

de terre. La terre rouge est riche comme peut l'être une terre moyenne de notre pays. La terre noire vaut le sol d'Égypte ; elle s'étend presque sans interruption jusqu'aux portes de Fez. En été des crevasses larges de deux ou trois doigts, profondes parfois de 60 à 80 centimètres, fendent en tous sens la terre noire et forment comme un labour naturel ; il n'est pas une surface de 25 centimètres carrés ainsi remuée où les principes azotés de l'air ne puissent librement circuler. Dès octobre le vent du Nord-Ouest amène de l'océan des nuages bas, lourds de pluie. C'est ce double phénomène qui fait du Maroc une des contrées les plus fertiles du monde. »

entre la Haute-Moulouïa, l'Inaouen et les grandes plaines de
l'Ouest, a une flore assez semblable à celle du Rif ; il est couvert
en partie de vastes forêts productives d'un bois précieux l'*arar*
(*callitris quadrivalvis*). Les populations ne sont pas sans ana-
logies avec celles du Rif.

La Haut-Atlas s'étend du cap Ghir (Atlantique) au Dahra,
où il rejoint les hauts plateaux algériens. Sa chaîne principale
qui atteint 4.500 mètres aux sommets les plus élevés se présente comme une immense muraille couverte de neige pendant
une partie de l'année et interrompue seulement par quelques
cols qui font communiquer les plaines du nord avec les oasis
du sud. Les montagnards du Haut-Atlas sont batailleurs et
généralement pillards.

L'Anti-Atlas est soudé au Haut-Atlas par le massif du
Siroua. Entre ses contreforts occidentaux et la haute muraille
de l'Atlas, la vallée du Sous, fertile, bien abritée et bien irriguée, conviendrait, semble-t-il, à la culture du coton.

« Au Sud, écrit le Dr F. Weisgerber, que nous avons choisi
pour guide dans ce rapide exposé des conditions du Maroc,
l'Anti-Atlas s'incline vers une dépression plate et déserte,
El-Feidja. Là, dernière barrière entre le Maroc et le Sahara,
le djebel Bani dresse sa muraille rocheuse étroite et noire,
où les affluents du Drâa ont percé de profonds couloirs. Et à
travers ces couloirs, au delà du Drâa et de son rideau de
palmiers, on n'aperçoit plus que des plaines désolées de pierre
et de sable : le Sahara immense, dans toute sa beauté et dans
toute son horreur. »

Les Hauts-Plateaux. — Les immenses plateaux qui s'étendent à l'est de l'Atlas et au sud du massif des Beni-Snassen
et des plaines fertiles de l'amalat d'Oudjda, revêtent un aspect
de plus en plus désertique à mesure que l'on avance vers le
Sud.

« Aux steppes d'alfa, de siso et de buissons épineux succèdent, écrit le Dr F. Weisgerber, les dunes de sable et les
plaines pierreuses parsemées de massifs rocheux aux formes

bizarres. Mais ces déserts sont encore parcourus par d'assez grosses rivières, qui descendent de l'Atlas et finissent par se perdre dans le Sahara, s'épuisant peu à peu par suite de l'évaporation, de la sécheresse du sol et des saignées qui leur sont faites pour l'irrigation des longs chapelets d'oasis qui s'égrènent sur leurs bords, et dont les plus importantes sont celles de Figuig, celles du Guir et de l'oued Ziz, le Tafilalet notamment, et celles du Drâa, qui forment un cordon de plus de 200 kilomètres. On y cultive principalement le dattier, et à l'ombre de celui-ci des arbres fruitiers de haute venue, des céréales et des légumes. »

Nous attirons l'attention sur cette présence de l'eau dans des régions dont le climat est nettement saharien (1). Elle est une des caractéristiques les plus heureuses du Maroc.

Quant à la population des Hauts-Plateaux, elle comprend notamment des Berbères — dont certains sont arabisés —, quelques tribus arabes, et enfin les « Drâoua » qui ont la peau foncée.

Les plaines subatlantiques. — Cette quatrième région constituait par excellence le Maroc du makhzen, les trois autres, que nous venons d'étudier, formant le Maroc berbère indépendant. Mais aujourd'hui que le Maroc est placé sous le protectorat français, cette situation va changer, et le pays tout entier, en même temps qu'il sera appelé aux bienfaits de la civilisation, sera mis en valeur.

Ceci dit, revenons-en aux plaines situées en façade sur l'Atlantique, pays de culture et d'élevage, peuplé de Berbères arabisés et de quelques tribus d'origine arabe, parsemé de villes, et qui, constituant l'empire chérifien proprement dit, fut jusqu'ici le vrai foyer de la vie économique et politique du Maroc, et, à son sujet, laissons la plume au Dr Weisgerber :

---

(1) Alors qu'en été le thermomètre marque fréquemment 50°, on constate pendant les nuits les plus froides de l'hiver des températures pouvant atteindre 10° au-dessous de zéro. Au Tafilalet, il pleut une ou deux fois par an ; dans l'oued Drâa, une fois tous les sept ans environ.

C'est d'abord, au Nord, le bassin du Loukkos, le Gharb dans le sens étroit du mot, dont les plaines fertiles s'enfoncent entre les contreforts du massif rifain et ceux du Moyen-Atlas, s'élevant insensiblement jusqu'à une altitude de 400 mètres dans la région de Fez.

Au sud de cette région le grand coude du Sebou délimite une plaine marécageuse dont les habitants, les Beni-Ahsen, s'occupent surtout d'élevage. Plus loin on trouve la grande forêt de Mamora, domaine des Zemmour, qui se continue, sur la rive gauche du Bou-Regreg, par les forêts de chênes-lièges des Zaër.

Plus loin encore, entre le Cherrat et le Tensift, on atteint la région la plus fertile du Maroc, le bassin de l'oum Er-Rbia, arrière-pays de Casablanca, de Mazagan et de Safi. C'est là, en arrière d'une première zone étroite de terrain sablonneux, que se trouvent les étendues les plus considérables de *tirs*, de cette terre noire qui, malgré les procédés primitifs de l'agriculture indigène, produit de merveilleuses récoltes de blé, d'orge, de maïs, de fèves, de pois chiches, de lin, etc.

Derrière cette région, à une centaine de kilomètres de la mer, commence un pays de steppes favorable à l'élevage, notamment du mouton, de la chèvre et du chameau. La race bovine réussit mieux dans les pâturages plus humides du nord et de la vallée du Bou-Regreg. Le cheval, l'âne et le mulet se trouvent partout; mais les· produits de la province d'Abda sont réputés les meilleurs.

Dans cette région, l'irrigation est indispensable à l'agriculture, mais au pied de l'Atlas les cours d'eau sont si nombreux et l'eau est si abondante qu'une grande partie de la plaine de Marakech ressemble à une immense oasis.

Au sud du Tensift commence l'habitat de l'arganier qui forme des forêts assez étendues dans les territoires des Chiedma et des Haka et jusque dans le Sous.

La pénétration au Maroc doit, nous semble-t-il, être poussée tout à la fois, par le Nord et par le Sud. Nous avons donc dans la Chaouïa, pays d'agriculteurs, une de nos deux grandes bases de pénétration, l'autre étant constituée par la frontière algéro-marocaine. Nous avons donné plus haut (pp. 428 et 429) des renseignements détaillés sur la première; il nous reste à parler de la seconde, étude dans laquelle nous prendrons pour guide M. André Colliez qui fit l'an dernier (1910), sur la frontière algéro-marocaine, une campagne d'études, dont il rapporta, suivant le mot de M. Paul Deschanel, un « inventaire » que nous allons rapidement examiner (1).

Établissons tout d'abord, avec M. Colliez, le caractère de la région :

L'amalat d'Oudjda (2), que nos troupes ont dû occuper depuis le printemps de 1907, comprend trois plaines. La première qui est en bordure de la mer est celle des Ouled-Mansour. Elle renferme, sur la rive gauche du Kiss, des terrains d'alluvion qui paraissent d'excellente qualité ; l'irrigation semble aisée. Vers l'Ouest le terrain devient sablonneux, jusqu'à l'embouchure de la Moulaya et ressemble à ceux du littoral algérien. La flore est celle

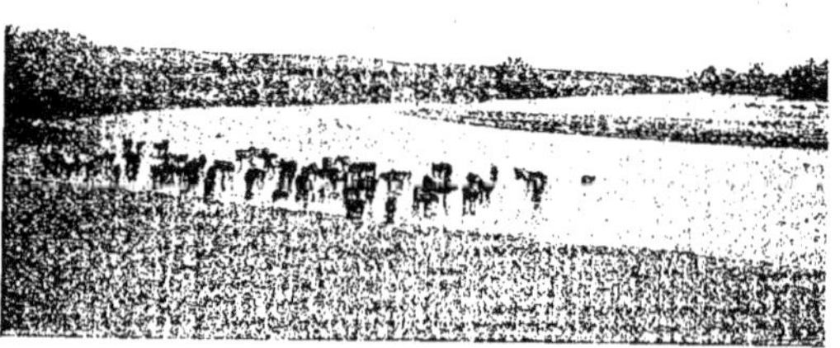

Fig. 589. — La Moulaya à quelques kilomètres de son embouchure.

des terrains sablonneux : tagas, lentisques. Il est difficile d'évaluer la quantité d'eau qui tombe annuellement, mais, comme la nappe souterraine

(1) M. André Colliez a publié chez les éditeurs Marcel Rivière et C\ie un livre consciencieux : *La frontière Algéro-Marocaine.* C'est à ce livre que sont empruntés les clichés qui illustrent ce chapitre.

« Sans doute, écrit justement M. Colliez, le métier de prophète est en matière économique particulièrement dangereux. Sans doute, les découvertes de la science, en se renouvelant, peuvent permettre la mise en valeur de régions considérées jusqu'ici comme ingrates et l'exploitation de produits jugés sans utilité. Mais il n'en est pas moins vrai que, sans se flatter de prévoir l'avenir, on peut essayer d'inventorier les ressources d'une région en se basant sur les connaissances du présent. »

(2) Fondée en 994, Oudjda fut successivement possédée et désirée par les Maures, les Turcs et les Espagnols. Réjouissons-nous d'en être finalement les maîtres. De même enorgueillissons-nous de l'œuvre que nous y avons faite : Un témoin oculaire a noté que lorsque

est à deux ou trois mètres, on peut aisément remédier aux périodes de sécheresse. La plaine des Ouled-Mansour qui est sous la latitude de Biskra semble pouvoir produire toutes les primeurs voulues, à l'aide d'abris, bien entendu.

La plaine des Trifas se trouve au Sud, elle est séparée de la précédente par des mamelons couverts de broussailles, de lentisques, de palmiers, de tizeras... Elle a une contenance de 30.000 à 35.000 hectares. C'est jusqu'à présent le joyau du Maroc occidental. La terre qui ressemble aux argiles du Sahel, est rouge mais peu sablonneuse, elle est légère et facile à travailler. Elle conserve très bien la fraîcheur. Elle est riche en acide phosphorique et contient 5 à 20 p. 100 de carbonate de chaux. Malgré une intensité de pluie moitié moindre qu'à Nemours, grâce peut-être à une

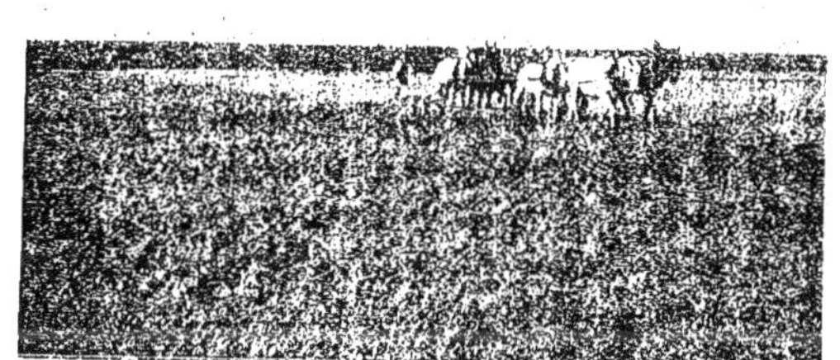

FIG. 590. — Le défrichement de la plaine des Trifas.

humidité de l'air plus grande, les récoltes de céréales sont très belles et très précoces. L'orge vient au mois de mai, le blé au mois de juin. Malheureusement la plaine des Trifas est entièrement couverte de broussailles. Lorsque le colon rencontre sur son lot du sumac, le bois se vend bien et paye le défrichement, mais lorsque c'est du jujubier, qui n'a aucune valeur, il doit envisager des travaux qui augmentent son acquisition de 50 à 60 francs l'hectare.

nous y pénétrâmes en 1907, « une odeur violente faite de relents de pourriture, de musc, de charognes et d'olives marinées » prenaient littéralement à la gorge le visiteur, dont les regards étaient péniblement attirés par de très nombreuses têtes coupées exposées sur les murs. Bientôt la ville était rendue propre, dotée de police, d'écoles, d'un service médical gratuit. Des médecins militaires vont même une fois par semaine à certains marchés comme celui d'Aïn-Sfa, situé à plus de vingt kilomètres de la ville, donner des consultations gratuites.

Depuis un an et demi que nos troupes occupent le pays, la moitié des terrains propres à la culture, soit 15.000 hectares, sont passés entre les mains des Européens (1). Deux villages, Martimprey et Berkane, se sont élevés et le dernier nommé qui est le siège du secteur compte aujourd'hui plus de 10 maisons. Il y a aujourd'hui dans les Trifas 750 habitants dont 374 Français ou Algériens, 184 Espagnols, 192 Marocains.

Parmi les colons de la première heure on cite un Alsacien, un Parisien, un Roubaisien, mais l'élément principal est constitué par les Algériens, qui trouvent là des terres fertiles à des prix très inférieurs à ceux qui sont cotés aujourd'hui chez eux. Tout à fait au début, l'hectare se payait de 15 à 40 francs, il vaut aujourd'hui de 100 à 150, mais des terres de la même valeur se vendent à Sidi-Bel-Abbès 1.000 à 1.200 francs.

Fig. 591.— Un coin du marché aux moutons à Lalla-Marnia.

Aussi cite-t-on un colon, possesseur déjà de plusieurs exploitations agricoles de l'autre côté de la frontière, qui a acheté dans les Trifas 2.000 à 2.500 hectares, y a établi un membre de sa famille, et, grâce à l'automobile, vient solutionner lui-même les difficultés très rapidement, sans abandonner la surveillance de ses autres propriétés.

Les résultats obtenus dans les Trifas en un an et demi sont extrêmement intéressants. M. Roger Marès, le distingué professeur d'agriculture du département d'Alger qui y fut un des premiers propriétaires, nous disait qu'il n'avait jamais vu les villages de colonisation créés en Algérie, cepen-

(1) Des facilités pour les achats ne vont sans doute pas tarder à suivre l'établissement au Maroc d'une situation nouvelle ; auparavant, seuls les Musulmans pouvaient être propriétaires. Le Français recourait donc à l'intermédiaire d'un indigène algérien. Quand celui-ci était en possession des titres de propriété, il les transmettait au véritable propriétaire, avec lequel il n'avait plus qu'à échanger un acte sous seing privé.

dant au moyen de subventions de toute sorte, se développer aussi rapidement que Martimprey et Berkane dont les habitants sont livrés à leurs seules ressources.

Au Sud de la plaine des Trifas se trouve le massif montagneux des Beni-Snassen dont le point culminant atteint 1.500 mètres. Il contient des vallées où on cultive des légumes et l'oranger. La plus importante est celle du Zegzel. Nous avons pu y

Fig. 592. — Un autre coin du même marché.

voir un Marocain nommé Kadour-Ben-el-Hadj qui, il y a une dizaine d'années, vint faire un stage à l'école d'agriculture de Tlemcem et à son retour dans son pays s'établit pépiniériste. Il apprit à ses compatriotes à faire des boutures, à greffer, à planter en ligne, à fumer leurs terrains. Aujourd'hui, il fournit de ses plantes toute la région. C'est le triomphe de l'École professionnelle !

Fig. 593. — Le marché aux bestiaux à Lalla-Marnia.

La plaine des Angads, qui se trouve de l'autre côté du massif des Beni-Snassen est beaucoup moins fertile que la plaine des Trifas. Il y pleut moins et la couche de terre végétale est plus mince. Toutefois, le nom de désert des Angads que lui a donné Foucaud paraît très exagéré. Malgré l'infériorité des méthodes de culture indigènes, nous avons pu voir ce printemps des récoltes de belle mine presque partout. Il est vrai que l'année a été tout à fait exceptionnelle. La nappe d'eau souterraine est à 12, 15, 20 et jusqu'à 25 mètres de profondeur, mais certaines parties de la plaine pourraient être irri-

Fig. 594. — La mer d'Alfa (entre Berguent et El-Aricha).

guées. Il n'y a encore aucun colon. (Rappelons-le : en 1910).

En quittant l'amalat d'Oudjda pour s'avancer dans le Sud, dès que l'on a franchi la chaîne de montagnes, comme il arrive fréquemment en Afrique, le changement est immédiat. A la place de la verdure et des récoltes qui existaient sur le versant Nord on ne voit sur le versant Sud que des pierres et du sable. C'est brusque et sans transition. Le thym et l'alfa

Fig. 595. — La palmeraie de Figuig.

ne commenceront que plus loin. C'est la région des hauts plateaux aux climats extrêmes. Le thermomètre monte fréquemment, en été, à + 48 ou 50 et descend en hiver à — 10 ou 12. Enfin, la pluie est extrêmement rare, elle ne tombe généralement que quatre ou cinq fois par an. On conçoit qu'étant données ces conditions atmosphériques, les possibilités agricoles soient assez restreintes. Les deux seuls produits de ces contrées sont le mouton et l'alfa; le palmier, la ressource du désert, fait lui-même défaut, car les hivers sont trop rigoureux. La culture n'est

Fig. 596.— Paysage du Sud : un campement de Nomades.

praticable que là où l'on peut irriguer, c'est-à-dire sur quelques hectares. A Berguent, grâce à la capture de deux sources d'eau chaude, on a pu ainsi planter 400 hectares en céréales, mais dans tout le cercle de Méchéria, dont l'étendue est immense, on n'a recensé, en 1907, que 130 hectares de blé et 160 hectares d'orge. Les ovins, par contre, sont évalués à 202.000 têtes. Les entrées de bétail marocain sont fort importantes

Fig. 597. — Autre paysage du Sud : la Chebka.

et se font par les marchés de Lalla-Marnia et de Berguent, mais un droit de sortie, mis ces dernières années, les incite à faire un détour dans le

Sud pour éviter les agents du fisc. Les bœufs marocains, plus grands et plus forts que leurs congénères d'Algérie, sont d'une grande ressource pour les agriculteurs de notre colonie, dont le cheptel est insuffisant. Les moutons vont en France, la gare de Bedeau, à elle seule, en a embarqué l'an dernier 136.000.

Si l'agriculture trouve peu de facilités sur les hauts plateaux, la situation ne s'améliore pas en avançant dans le Sud. En quittant Méchéria, l'alfa cesse peu à peu et fait place au thym, puis celui-ci est lui-même remplacé par une plante que l'on a surnommé le chou-fleur du bled qui est seule à égayer les solitudes de pierre et de sable. Il pleut trois ou quatre fois par an. On cultivera bien, près des oasis, quelques ares d'orge, grâce à des irrigations : les chefs de poste montreront avec orgueil au voyageur les jardins contenant de nombreuses variétés de légumes qui sont cultivés par les troupes placées sous leurs ordres. Ce sont là d'excellentes initiatives qui varient la nourriture du troupier et lui procurent des distractions, mais ce ne sont que des cultures d'expérience qui nécessitent une main-d'œuvre très abondante et qui ne sont possibles que là où il y a de l'eau, or il s'en rencontre tous les 50 ou 60 kilomètres et en quantité souvent à peine suffisante pour l'alimentation.

FIG. 598. — Encore un paysage du Sud : aux environs de Beni-Ounif.

Tel est — d'après M. André Colliez, juge sévère — le bilan, si j'ose dire, de la région algéro-marocaine. Cette région ne présente pas seulement de l'intérêt par elle-même, mais encore parce qu'elle est, répétons-le, une de nos principales, sinon même notre principale base de pénétration au Maroc.

Les Marocains seront pour nous d'utiles auxiliaires, étant

généralement plus travailleurs que les indigènes d'Algérie. Ce n'est pas d'aujourd'hui qu'en très grand nombre — au nombre de 20.000, voire de 30.000 — ils viennent faire la récolte en Oranie. Comme on peut le voir fig. 599, ils sont tenus de se vêtir d'accoutrements les plus misérables, afin de ne pas exciter la convoitise de leurs compatriotes pillards. Ce déplorable état de choses, qui sur certains points commence à se modifier et parfois même a cessé radicalement, disparaîtra de même partout, grâce à la France. Et il est certain que les travailleurs marocains trouvant d'une part, grâce à nous, la sécurité et d'autre part n'étant nullement molestés dans leurs croyances, loin de nous combattre, nous considérerons comme leurs libérateurs.

Fig. 599. — Ouvriers Marocains revenant de faire la récolte en Oranie.

Enfin, nous voulons signaler l'œuvre d'un ancien officier de marine, M. Louis Say. Des efforts tels que le sien ne doivent pas être passés sous silence ; ils font honneur à l'esprit d'entreprise des Français, c'est donc le devoir d'écrivains français que de les signaler. Il s'agit de la création de Port-Say, création à laquelle M. Louis Say a consacré des années d'efforts, une grande fortune, beaucoup de persévérance et d'intelligence ; création utile au développement de la région frontière algéromarocaine.

L'œuvre qu'a réalisée ce hardi pionnier lui donnera-t-elle les compensations qu'il était en droit d'en attendre quand il l'a entreprise ? recevra-t-elle son plein et désirable développement ? nous ne pouvons que le souhaiter.

Nous avons signalé plus haut que le bovidé marocain est de plus belle venue que son congénère algérien. Il n'appartient du reste pas aux mêmes races. Si, en effet, le Maroc est, au point de vue économique, le prolongement de l'Algérie, il n'en va pas de même au point de vue zootechnique, pour lequel il rappelle plutôt l'Andalousie.

C'est au rapport que M. G. de Gironcourt, le distingué agronome dont nous parlons plus haut (note p. 425), a écrit, au retour de la mission d'études dont il était chargé (rapport résumé dans le numéro de novembre 1908 de *l'Agriculture pratique des pays chauds*), que nous empruntons les renseignements suivants :

« De toutes les exploitations agricoles, écrit M. de Gironcourt, dont la pacification ouvrira le champ, l'élevage se présente comme la plus susceptible de donner d'immédiats bénéfices. L'intérêt considérable qui s'attache à son développement ne semble devoir s'entraver d'aucune difficulté sérieuse, à la condition que l'étude en soit poursuivie conjointement à celle de l'organisation de transports maritimes pour l'exportation des produits à l'époque utile. Les vastes pâturages sur alluvions quartenaires des grands fleuves seront choisis pour la localisation de cet élevage. Leur production fourragère permet une augmentation très importante du nombre des troupeaux existants. Ces bovidés sont déjà, de la part des indigènes, l'objet d'une exploitation qui ne manque ni d'à-propos, ni de rationnel. »

Une question se posait en 1908, quand M. de Gironcourt visita le Maroc : savoir si le colon pouvait se livrer à cet élevage très intéressant par les résultats que l'on peut espérer atteindre, et dans quelles conditions. Voici ce que répondait le distingué voyageur : « Jusqu'ici l'Européen, qui n'a pas droit de propriété foncière à l'intérieur du Maroc, ne peut intervenir en agriculture que par contrat avec l'indigène (1). Il est des bases équitables sur lesquelles une association agricole bien entendue, sous la surveillance continue et avisée de l'Européen, peut faire espérer — et a amené déjà — une participation loyale et satisfaite de l'indigène, tout en procurant une rémunération très sérieuse à la commandite. Il sera très désirable de voir, avec la pacification progressive du littoral, de telles associations se développer de plus en plus, non pas, semble-t-il, établies d'un bloc, mais étendues de proche en proche, par ramifications nécessaires, l'indigène, que l'on trouve souvent très respectueux des engagements pris, apportant son travail, sa connaissance précieuse des conditions de culture locale, l'Européen ses capitaux, sa prescience de perfectionnements progressifs... La population des belles régions agricoles telles que le Rharb, de tempérament doux, nullement nomade, très attachée à son sol, verrait certainement dans l'établissement de notre influence, dont elle ne tarderait pas à seconder l'œuvre de pacification, une protection précieuse contre les razzias des Djebalas (montagnards) pillards dont elle est trop souvent la victime impuissante. »

Ce qu'écrit là, après enquête sur place, M. de Gironcourt, confirme ce que nous avons nous-même écrit en tête de ce chapitre : au Maroc, seuls les pillards seront mécontents de notre venue.

C'est le Nord-Ouest du Maroc, exactement le triangle délimité par Tanger, Fez et Rabat, qui a fait objet plus particulier de l'étude de M. de Gironcourt, mais ses intéressantes observations, dont nous ne donnerons, du reste, ici que ce qu'elles ont de plus général, se rapporteront donc par suite aux autres régions du pays.

Les bovidés du Maroc peuvent, dans l'ensemble, se rapporter à trois types dont deux brachycéphales, ne sont, semble-t-il, que des rameaux de la grande race ibérique de Sanson ; ils peuplent notamment les riches régions agricoles du Rharb

(1) Situation similaire à celle que nous indiquons dans la note de la page 436.

et des Beni-Assen. Le troisième type est nettement dolichocéphale ; il a son principal habitat plus au sud, dans le massif
occupé par les tribus Zemmour.

Des deux premiers types, celui du *Loukkos* se rattache de plus
près à la race ibérique. Sa robe, d'un gris noirâtre, est presque
toujours ton sur ton, sans mélange en couleur. Le rendement
des bœufs est élevé (60 p. 100), mais les vaches ne sont que
médiocres laitières. C'est le contraire qui se produit avec le type
du *Sebon* (qui se rattache moins franchement au type ibérique ;
robe d'un beau brun roux ou roux clair très franc et uniforme) :
le rendement est un peu moindre (50 à 55 p. 100 seulement),
mais l'aptitude laitière est supérieure. Cette race est, du reste,
de beaucoup la meilleure laitière du Nord du Maroc. « Toutefois,
note M. de Gironcourt, la quantité de lait reste, comme dans
tout le pays, extrêmement minime. Il ne semble pas que l'on
puisse escompter un produit régulier et continu de plus de trois
litres, encore que le nombre insuffisant d'observations rigou-
reuses ayant pu être contrôlées interdise de fixer ce chiffre
comme une indication définitive. Il paraît toutefois que l'on peut
attribuer aux vaches du Sebon une aptitude laitière dépassant de
trois quarts à un litre celle des autres races indigènes (1) ».

Il ne me reste plus qu'à dire quelques mots sur le troisième
type, le bœuf *Zemmour*, dolichocéphale. On rencontre ce
bovidé dans le massif montagneux peuplé par les tribus
Zemmour (d'où son nom). Sa robe, grise marbrée et zébrée de
noir, rappelle assez comme coloris et dessin le dos de la hyène.
Le rendement varie entre 55 et 60 p. 100 ; la race est bonne
laitière.

(1) « Lorsqu'on étudie au Maroc l'aptitude laitière, il ne faut pas perdre de
vue la richesse toute particulière et vraiment surprenante de composition du lait
lui-même, richesse de beaucoup supérieure à celle du lait des races algériennes, dont témoigne suffisamment le procédé marocain de barattage du lait, et
au sujet de laquelle des études précises,
que les circonstances n'ont pas permis
de poursuivre, ne manqueront pas
d'un vif intérêt, dès qu'il sera possible
de les entreprendre. » (G. DE GIRON-
COURT.)

CHAPITRE LXXVI

LES RESSOURCES AGRICOLES DE MADAGASCAR

COMMENT IL FAUT ENVISAGER LA QUESTION. — L'EMPLOI DES ENGRAIS. — DANS
LE HAUT-PAYS : LE RIZ ; LA SÉRICICULTURE, ETC. — LES RÉGIONS CÔTIÈRES :
LES CULTURES RICHES ; LE COCOTIER ; LE TABAC ; LE CAOUTCHOUC ; LES
TEXTILES ; LES CULTURES VIVRIÈRES (RIZ ET MAÏS), ETC. — L'ÉLEVAGE :
BŒUFS, PORCS ET MOUTONS ; REGRETTABLE PÉNURIE D'INSTALLATIONS
FRIGORIFIQUES SUR LES PAQUEBOTS. — L'AVENIR AGRICOLE DE L'ÎLE.

Au tome III de cette œuvre (pp. 452 à 467), nous avons
traité avec détails de notre grande île africaine ; nous tenons
cependant à y revenir. En effet, est-ce parce que Madagascar est
notre plus jeune colonie et pour justifier l'axiome : « Tout nouveau, tout beau », peu de nos possessions sollicitent autant la
curiosité ; sur peu également ont couru de telles légendes. On
répétait couramment en 1895 et en 1896 que Madagascar, où la
diversité des climats est grande, y joignait le précieux appoint
de sols d'une grande fertilité. Les cultures les plus variées,
répétait-on, réussissaient... presque sans soins. Ensuite on a
déchanté, les analyses effectuées par MM. Müntz et Rousseau
ayant démontré qu'en majorité les terres de l'île ne sont pas
très fertiles. Nous l'avons déjà signalé (t. III, pp. 453 et 454);
nous n'y reviendrons pas. Mais, ceci établi, faut-il, comme on
dit vulgairement, jeter le manche après la cognée ? Certes pas !
La situation actuelle du budget (1) de notre grande île prouve
que — outre son avenir industriel (2) — Madagascar a un avenir

(1) Il faut rendre hommage à la politique financière sagace et prudente du
gouverneur, M. Picquié.

(2) Il y a cinq ans la production de
l'or a reçu un véritable coup de fouet
à la suite de la découverte des mines
d'Andavakoera, situées dans le nord de
l'île, et dont les gisements ont donné
depuis une quantité supérieure à 4.000
kilogrammes, c'est-à-dire une valeur
brute d'environ 12 millions de francs.
M. Daniel Levat, ingénieur civil des

agricole. Si l'île ne se développe qu'assez lentement, il faut reconnaître que ce développement se produit dans les conditions les plus rassurantes et que sa prospérité s'affirme dans des conditions de stabilité.

Mais laissons de côté les généralités, pour nous en tenir à ce qui concerne l'exploitation agricole du sol. « On ne peut nier écrit l'ancien directeur de l'agriculture à Madagascar, M. E. Prudhomme (1), la prospérité agricole de Ceylan, où les deux principales cultures réunies (thé et cocotier) n'occupent guère plus de la trentième partie du territoire. Madagascar est près de dix fois plus étendu que Ceylan, il suffirait qu'une ou plusieurs cultures d'exploitation y occupent, au total, une superficie égale à celle prise par le théier et le cocotier à Ceylan, c'est-à-dire une étendue ne dépassant pas la deux-cent-cinquantième partie de la

mines, chargé d'une mission sur les richesses de l'île, se croit, après recherches, autorisé à penser que le reste de l'île est également bien partagé. Le métal précieux se trouverait en abondance dans tous les terrains cristallins qui forment le plateau central de Madagascar, c'est-à-dire sur les deux tiers environ de sa surface. Les gîtes auraient une teneur moyenne de 12 à 15 grammes à la tonne. Si compliquée que soit la question de la main-d'œuvre dans un pays grand comme la France, qui ne compte que 2.600.000 habitants, pour la plupart peu actifs, l'exploitation industrielle de ces gisements serait possible dans des conditions exceptionnelles de bon marché, grâce à l'abondance des rivières et des cascades qui ruissellent du massif central.

L'île est riche, en outre, de nombreux minerais contenant du radium ; une usine en traite déjà aux environs d'Antsirabé, et on en a signalé de nouveaux gisements aux environs d'Analalava. D'autre part, les graphites de Madagascar paraissent devoir égaler en qualité ceux de Ceylan. La production de pierres précieuses (qui appartiennent pour la plupart à la famille des béryls et à celle des tourmalines) croît sans cesse.

Enfin Madagascar contient du pétrole en abondance. Les recherches de M. Levat ne permettent plus d'en douter. Il a découvert en effet près du village d'Ankaramy la présence d'un gisement qui se manifeste par des signes certains sur plus de 40 kilomètres de longueur. L'exploitation de ce pétrole sera d'autant plus aisée que la législation sur les minerais autres que l'or et les pierres précieuses, est beaucoup plus libérale que pour les minerais précieux.

(1) Cette citation est empruntée à une longue et intéressante étude à laquelle nous nous reporterons plus d'une fois au cours de ce chapitre et à laquelle nous avons emprunté les figures 600 à 610. Cette étude a paru dans les numéros de novembre et de décembre 1908 et de janvier et de février 1909 de l'*Agriculture pratique des pays chauds*, la belle publication de l'éditeur Augustin Challamel.

Grande-Ile, pour assurer à l'agriculture malgache un essor des

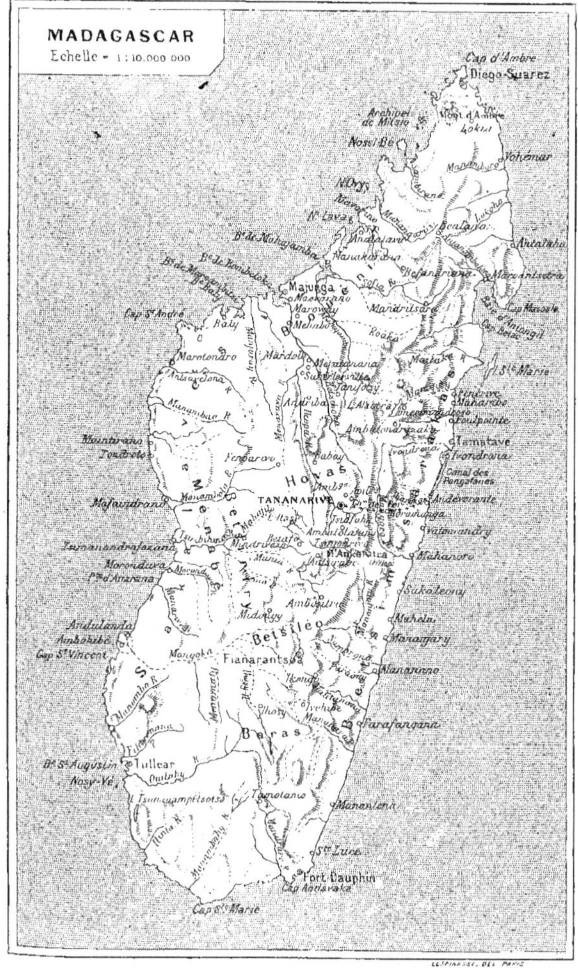

(Cliché de l'*Agriculture pratique des pays chauds*)

Fig. 600. — Carte de Madagascar.

plus remarquables et pour donner à la colonie une des premières places parmi les régions agricoles tropicales. L'influence exercée sur le commerce colonial par les productions agricoles de Ceylan ne permet pas de conserver le moindre doute sous ce rapport. Ce n'est donc pas l'ensemble de Madagascar qu'il faut envisager lorsqu'on parle de son avenir agricole, mais seulement les parties les plus privilégiées de la colonie sous le rapport de la composition des terres. »

Il est, du reste, à noter que les denrées agricoles coloniales n'entrainent, en général, pas grand appauvrissement du sol. D'où l'on peut affirmer avec M. Prudhomme « qu'une exploitation agricole tropicale peut, à condition d'être dirigée d'une manière intelligente, se composer de terrains de fertilité moyenne qui, en Europe, seraient épuisés après avoir porté quelques récoltes satisfaisantes. Ceci à condition, bien entendu, que ces terres possèdent de bonnes propriétés physiques, celles-ci ayant, sous les tropiques et pour les cultures auxquelles nous faisons allusion ici, une importance au moins aussi grande que leur composition chimique. »

On est ainsi amené à se demander si l'on n'aurait pas intérêt à amender certaines terres de Madagascar, à les améliorer par l'apport d'engrais. En ce qui concerne les très mauvaises terres, la question ne se pose même pas. M. A. Grandidier, le distingué membre de l'Institut, qui, le premier, établit avec justesse la situation économique de Madagascar, avait déjà attiré l'attention sur leur aridité et l'inopportunité de les mettre en exploitation. M. Prudhomme n'est pas moins catégorique : « Ces terrains, écrit-il, ne peuvent être ni reboisés, ni transformés économiquement en pâturages de bonne qualité. » La sagesse veut que de tels sols soient exploités dans leur état actuel naturel, l'apport d'éléments fertilisants entraînant ici des frais qui ne sauraient être compensés. C'est la conclusion à laquelle on arrive par l'étude des résultats obtenus dans les multiples tentatives d'amendement du sol faites en Emyrne tant par l'administration que par les colons. C'est donc sur les sols de production moyenne et surtout sur ceux de grande production que l'agriculture doit concentrer ses efforts.

Et tout de suite une division s'impose : il faut considérer d'une part les terres de l'intérieur, ne bénéficiant pas encore de moyens de transport peu coûteux, et d'autre part les terres situées à peu de distance du bord de la mer, où l'on peut porter des engrais sans avoir à supporter des frais de transport excessifs (1). Dans le premier cas, il faut se contenter des

Cliché de l'*Agriculture pratique des pays chauds*

Fig. 601. — Sur la côte Est.

ressources que la région peut offrir elle-même (chaux, gisements de phosphates) ; joignez-y les fumures produites par les animaux et les résidus de l'alimentation humaine qui devront, les uns et les autres, être soigneusement recueillis ; on aura

(1) « Enfin, dans les contrées dépourvues de voies de communication et comprenant beaucoup de terrains inoccupés, il faut conseiller de s'efforcer de concentrer sur une petite surface, au moyen des animaux, les principes fertilisants soustraits aux terres du voisinage ». (E. Prudhomme.)

également recours à l'emploi des cendres végétales (bien
entendu il s'agit d'utiliser celles dont on dispose tout en se
gardant d'en produire dans ce seul dessein). Si, au contraire, on
peut accéder au domaine dans des conditions avantageuses
de prix, par voie d'eau par exemple, on pourra user d'engrais
importés (ce que l'on fait à Java, aux Indes, à La Réunion,
à Maurice) ; en ayant soin de choisir des engrais concentrés de
façon à diminuer d'autant les frais de transport (1). Encore, ces

(Cliché de l'*Agriculture pratique des pays chauds*)

Fig. 602. — Touffe de canne à sucre sur la côte Est.

engrais, pour donner un bénéfice suffisant, devront-ils être
réservés pour des cultures de fort revenu, tel que cacaoyer,
théier, etc. Il n'en faudra pas moins ne négliger, dans aucun
cas, les ressources locales et notamment, ainsi que le conseille
M. Prudhomme « observer avec le plus grand soin la règle de
la restitution des déchets qui permet, pour un grand nombre de
cultures tropicales, de réduire à des doses à peu près négli-

____

(1) Il est, d'autre part, à souhaiter   les importées des tarifs aussi réduits
qu'on applique aux matières fertilisan-   que possible.

geables les quantités d'azote, d'acide phosphorique ou de potasse
réellement exportées du domaine ».

Fig. 603. — Brousse de l'Extrême-Sud (Région de l'Imisy).

Quels sont, d'une manière générale, les principaux engrais ?
Telle est la question qui se pose ici, et à laquelle M. Prud-

homme répond : « Ce sont l'acide phosphorique sous forme de superphosphate à haut titre, les phosphates incinérés et les scories de déphosphoration ; les engrais potassiques, tels que le chlorure de potassium et le sulfate de potasse et enfin les engrais azotés concentrés, mais en ayant soin, nous semble-t-il, de ne pas avoir exclusivement recours aux nitrates dont la déperdition est si facile dans les régions pluvieuses. Les engrais azotés d'une assimilation plus lente, mais aussi d'une déperdition moins aisée, nous paraissent devoir être préférés, surtout pour les cultures permanentes car, toutes choses égales d'ailleurs, la nitrification s'effectue plus aisément sous les tropiques que dans les pays tempérés. Il est possible, d'ailleurs, de réduire dans une notable proportion les apports des matières azotées par l'emploi d'engrais verts composés de légumineuses puisant de l'azote dans l'atmosphère. »

Voyons maintenant les ressources agricoles qu'offrent les diverses régions de l'île (1).

Région centrale (Haut-Pays). — Cette région jouit d'un climat relativement tempéré. Malheureusement, sauf dans les grandes vallées, la qualité des sols est franchement mauvaise. Sur ces points de terrains infertiles la petite colonisation et (à cause de la densité de la population et des qualités de travail des Malgaches du centre) l'agriculture indigène peuvent seules donner des résultats satisfaisants (2). Le riz, base de l'alimentation des indigènes, y est la principale culture ; elle a déjà

---

(1) « Il faut tenir compte, pour donner une idée aussi exacte que possible de la valeur agricole de Madagascar, des conditions climatériques si variables, comme on sait, d'un point à l'autre de l'île. Sous ce rapport, Madagascar se présente sous les aspects les plus divers, et je ne pense pas qu'il soit exagéré de dire que, si la colonie était mieux partagée, dans son ensemble, sous le rapport de la qualité des terres, toutes les cultures tropicales ou tempérées seraient susceptibles d'y être avantageusement exploitées, soit pour l'exportation, soit en vue de la consommation locale. Presque toutes les plantes cultivées trouvent, en effet, soit sur les côtes de la Grande Ile, soit dans le centre, soit dans les zones intermédiaires un climat répondant à leurs exigences. » (E. Prudhomme).

(2) « Il existe bien dans le Centre un coin privilégié, formé de terrains volcaniques de très bonne qualité, pouvant

atteint un certain degré de perfectionnement en Imerina et dans le Betsiléo, principalement à proximité des grands centres. Les Malgaches lui réservent la majeure partie du fumier et des cendres dont ils disposent. D'excellents résultats ont été obtenus puisque alors qu'en 1905 Madagascar achetait du riz à l'Indo-Chine pour une valeur de cinq millions de francs, elle en a exporté en 1910 pour une valeur de 825.000 francs. L'Administration devra s'appliquer à continuer d'aider au développement de cette culture, appelée, suivant des juges dont l'opti-

(Cliché de l'*Agriculture pratique des pays chauds*)

Fig. 604. — Rizières en gradins dans le Betsiléo.

misme n'est pas si exagéré qu'on pourrait le croire, à alimenter une exportation atteignant 50 millions de francs.

Les autres cultures vivrières du Centre, toutes entreprises seulement sur de très petites étendues, à proximité des villages

donner de nombreuses et abondantes récoltes; mais cette région, très importante au point de vue agricole et capable d'exercer son influence sur l'œuvre économique de Madagascar, constitue une exception et ne doit pas infirmer l'appréciation d'ensemble (donnée plus haut) qui s'applique surtout aux terres rouges. » (E. Prudhomme).

et sur les terres d'assez bonne qualité situées dans le voisinage des rivières sont le *manioc*, la *patate*, l'*arachide*, le *voanjobory* (Voandzeia Subterranea), le *maïs* (1), l'*ampemby* (sorgho) et les *saonjes* ou *taros*. Le climat de la région centrale conviendrait assez à la culture des *céréales européennes* ; il n'en va malheureusement pas de même de la qualité des sols, d'où une telle nécessité de fumures et de soins qu'une pareille entreprise perd tout intérêt. Cependant le *blé* a fait son apparition. Le *sarrazin*, plante des pays très pauvres, mérite plus que d'autres céréales de retenir l'attention du cultivateur du Haut-Pays. Par contre les *plantes potagères* réussissent très bien (non seulement dans le Centre, mais dans toute l'île), à condition bien entendu de leur réserver les meilleures terres et de fumer copieusement. Les Malgaches sont, du reste, de très bons maraîchers. Le *framboisier* et le *fraisier* donnent toute satisfaction ; mais les *arbres fruitiers* d'origine européenne ont moins réussi. Peut-être obtiendra-t-on de meilleurs résultats avec les variétés japonaises et sud-africaines dont on est en train de tenter l'acclimatement. Le *café* à petit grain (coffea arabica) se rencontre dans presque tous les jardins du Centre. La mauvaise qualité des terres empêche d'en faire la culture en grand. Mais en favorisant sa dissémination dans les jardins on parviendra du moins à répondre à la consommation locale. Le climat des Hauts-Plateaux convient aux *agaves* (2); et comme cette plante n'est pas très exigeante sous le rapport de la qualité du sol, elle permettra vraisemblablement d'intéressantes entreprises. Un grand nombre des importants marais du Centre peuvent être considérés comme des cultures de *héranas* et de *zozoros*, deux cypéracées de grande taille qui servent à la confection de nattes,

---

(1) On pensait que le maïs pourrait être cultivé partout dans la région centrale; mais on n'a pas tardé à constater qu'il ne vient vraiment bien que sur les terres volcaniques de la région de Bétafo et d'Antsirabé et sur quelques autres points dont le sol est d'une qualité qu'on peut, pour le Centre, considérer comme exceptionnelle.

(2) On doit l'introduction à Madagascar des agaves du Mexique à M. Boureau, colon à Tananarive.

de paniers, de sacs, voire même dont les indigènes du Centre font usage pour faire des cloisons légères et en couvrir leurs maisons.

Il nous reste à noter que la *sériciculture* (1) paraît destinée à prendre dans le Centre un vigoureux essor. Le sériciculteur peut là-bas non seulement s'intéresser au Landikely (Sericaria Mori) dont l'élevage ne présente aucune difficulté insurmontable en Imérina (à condition d'employer des pontes saines et bien sélectionnées), mais aussi au Borocera Madagascariensis (Landibé), séricigène qui se nourrit de feuilles d'ambrevade, de tapia et de tsiloavina, toutes plantes se contentant de terrains très médiocres, et dont par conséquent, la diffusion sur les Hauts-Plateaux s'impose. D'une façon générale, on peut dire que l'élevage du ver à soie est facile dans le Centre dans des conditions satisfaisantes; peut-être n'en est-il pas toujours de même de la culture du mûrier qui y exige assez de soins et des sols convenablement choisis. Cet arbre croissant avec vigueur dans la zone d'altitude moyenne et sur les côtes et y venant presque sans soins, une solution que préconise M. Prudhomme et qui paraît effectivement excellente serait de voir d'ici quelques années se créer à quatre ou cinq heures de chemin de fer de Tananarive, et même plus loin, de vastes mûraies qui expédieraient leurs récoltes de feuilles aux magnaneries de la région centrale dont le climat convient mieux au Sericaria Mori que celui des régions intermédiaires et côtières.

Régions côtières. — « D'une manière générale, écrit M. Prudhomme, les terres des régions côtières, particulièrement celles du Nord-Ouest, se présentent dans de bien meilleures conditions. On y trouve, il est vrai, des terres ocreuses ou jaunes, analogues à celles du Haut-Pays dont les mamelons de latérite semblent déborder de tous côtés dans l'île ; mais ces sols y sont néanmoins mieux pourvus en éléments fertilisants que dans le centre. A côté des terrains rouges ou jaunes recouverts par une couche de

____

(1) Voir tome III, p. 463 et 464.

terre végétable plus ou moins épaisse, on trouve des sols de composition variable jouissant de propriétés physiques bien meilleures et possédant un fonds de fertilité convenable. Les terres de bonne qualité sont disséminées un peu partout, aussi bien sur le versant oriental que dans l'ouest, surtout le long des cours d'eau. Elles semblent particulièrement abondantes dans le Nord-Ouest. »

C'est par les cultures riches que nous commencerons notre revue des ressources agricoles de la région côtière de Madagascar. Le *cacao*, qui ne réussit dans l'île que sur les meilleurs terrains et sous un climat à la fois chaud et humide, n'y est cultivé que sur la côte orientale, principalement aux environs de Tamatave. Le produit récolté est d'assez bonne qualité ; mais la longue période d'attente et le grand nombre de soins nécessaires font hésiter bien des colons. L'importance croissante des débouchés du cacao est cependant bien faite pour leur donner confiance.

(Cliché de l'*Agriculture pratique des pays chauds*)

Fig. 605. — Un caféier Liberia de la côte Est.

De même que dans le Centre, on rencontrait autrefois le *café* à petits grains dans les régions basses ; l'Hemileia vastatrix — qui, sur la côte Est, notamment, sévit avec une très grande intensité — l'a tout à fait détruit, et les expériences faites à la station de l'Ivoloina sur le Coffea Arabica ont démontré l'inutilité de tenter à nouveau la culture des variétés à petits grains dans les régions chaudes et humides. Par contre le Liberia, variété à gros grains, vient de façon satisfaisante, à condition d'être convenablement soigné, sur toute la côte orientale, à condition aussi que l'on n'oublie pas que le Liberia demande surtout des fumures organiques et minérales et que s'il n'est pas, en fait de qualité du sol, aussi exigeant que le cacao, il ne saurait cependant se suffire de mamelons de latérite. Malheureusement le Liberia, qui donne un grain de qualité inférieure,

(Cliché de l'Agriculture pratique des pays chauds)

Fig. 606. — Intérieur d'une vanillerie à Nossy-Bé.

est, en France surtout, peu estimé. Il semble donc qu'il serait souhaitable qu'on lui substituât des variétés de meilleure qualité, mais résistant comme lui à l'Hemileia vastatrix ; des divers essais faits, il semble que ce soit le Coffea congensis (originaire du Congo) qui satisfasse le mieux les exigences ; il fait actuellement l'objet d'importantes distributions.

La culture du *vanillier* est une de celle qui ont pris jusqu'à présent à Madagascar le plus de développement ; elle y réussit très bien sur tout le versant Est et dans le Nord-Ouest (1), et la production de l'île est en voie d'accroissement sensible. Malheureusement, la consommation de cet aromate étant forcément limitée et sa culture ayant été sur bien des point entreprise sur une vaste échelle, il est probable que l'avilissement actuel des cours se maintiendra. Tout en signalant que la meilleure façon d'y résister est de ne mettre en vente que des vanilles de belle qualité et en reconnaissant que sous ce rapport un progrès sensible est à noter à Madagascar, on doit conseiller très vivement de ne pas donner la culture de la vanille comme base unique à une grande exploitation agricole coloniale.

Sur le versant Est, non loin du voisinage de la mer et dans la zone d'altitude moyenne, le *théier* peut bénéficier des pluies régulières et de l'humidité atmosphérique qui lui sont indispensables pour donner beaucoup de feuilles. Les essais de culture qu'on y a faits ont donné des résultats satisfaisants et on a pu obtenir des thés parfumés et de bonne qualité (2). Ces essais méritent donc d'être étendus et on est en droit d'espérer qu'il en pourra naître une industrie agricole susceptible d'avoir pour l'avenir de l'île une heureuse influence.

Une autre culture qu'il faut souhaiter de voir s'étendre et que l'Administration s'efforce de diffuser le plus possible dans toute la région côtière, c'est celle du *cocotier*. Elle présente, il est vrai, l'inconvénient d'exiger de longues années avant d'être productive ; mais dès lors ses récoltes sont régulières et ses débouchés très larges (3). Combattons ici une opinion erronée et assez répandue, suivant laquelle le cocotier réussit même sur les

(1) Les plus belles vanilleries sont situées dans les régions de Vatomandry et de Maroantsetra. On en rencontre également de très belles à Nossy-Bé et dans une partie de la province de Vohémar.

(2) La variété ayant donné les meilleurs résultats a été introduite des Indes anglaises par la mission Guyon-Lacaze-Prudhomme; elle est dite « Manipury ».

(3) Au sujet du cocotier, voir notamment t. III pp. 581 à 583.

sables pauvres sans le secours de fumure. En réalité, il lui faut
des terres légères de bonne qualité et il est très sensible aux

(Cliché de *l'Agriculture pratique des pays chauds*)

FIG. 607. -- Cocotiers.

fumures. Un gros coléoptère (dit Black beetle et Rhinocéros)
lui fait à Madagascar subir des attaques auxquels il convient de

résister par des mesures de protection générale, de façon à ne laisser subsister aucun foyer d'infection. Sur l'initiative du général Galliéni, l'Administration a fait faire pendant quelques années d'importantes plantations de cocotiers (environ 100.000 pieds par an) ; il est souhaitable que l'on persévère dans cette voie.

Du jour où les *tabacs* malgaches seront admis en France, le Nord-Ouest de l'île en deviendra sans doute un important centre de production. Le tabac produit sur toutes les côtes de l'île est du reste de bonne qualité. On pourrait le mettre en assolement avec le riz, le coton, les légumineuses fourragères (1).

Une autre culture d'avenir, c'est celle des plantes à *caoutchouc* ; à Madagascar elle n'est pas encore entrée sérieusement dans le domaine de la pratique, les recherches que l'on poursuit concernant le choix des meilleures espèces à planter n'étant pas encore terminées ; mais les essences caoutchoutifères étant très répandues sur les côtes et dans les régions intermédiaires, il en résulte, dès aujourd'hui, d'assez importantes transactions

(Cliché de l'*Agriculture pratique des pays chauds*)

Fig. 608. — Spécimen de caoutchouc Céara à Diego-Suarez.

---

(1) C'est ainsi qu'on procède dans le centre de Java où l'on adopte en général un assolement à trois ou quatre cultures: indigo, tabac, riz, canne à sucre.

commerciales avec l'Europe. Le produit de ces espèces locales est d'une excellente qualité, que maintient fort heureusement un arrêté, qui empêche la fraude et interdit l'expédition des gommes frelatées ou récoltées dans de mauvaises conditions.

Autres cultures à signaler : le *giroflier*, qui réussit sur la côte Est (1); le *cannelier*, qui semble devoir réussir sur les terres des coteaux ; la *citronnelle*, qui convient pour la mise en valeur des sols de mauvaise qualité ; enfin l'*ylang-ylang*, qui exige au contraire les meilleurs terrains et que la Direction de l'Agriculture s'efforce de vulgariser le plus possible, car sa culture donnera sans doute de très bons résultats sur la côte Est et dans le Nord-Ouest.

Voyons maintenant les textiles, le *coton* tout d'abord, qui a pris depuis quelques années l'importance que l'on sait et dont le Gouvernement général s'efforce de développer la culture. C'est dans le Nord-Ouest que le cotonnier trouvera, semble-t-il, réunis les qualités du sol et un climat qui lui conviendront le mieux (2). On sait que ce textile réclame deux saisons bien distinctes : l'une pluvieuse, l'autre très sèche, de façon à ce que les capsules puissent mûrir sans que les averses viennent tacher, voire même perdre complètement la fibre. Une grande partie de l'île — l'Ouest, le Nord-Ouest, le Nord jusqu'à Antalaha sur la côte Est, les Hauts-Plateaux (Emyrne et Betsileo) et le Sud — jouit d'un tel climat. Sous ce rapport, la zone culturale du cotonnier occupe donc à Madagascar une aire très étendue (environ les 4/5e de la superficie totale). Malheureusement la question de la qualité du sol, dont il importe également de tenir grandement compte, vient restreindre considérablement cette zone. Ainsi l'Emyrne ne pourrait, en général, cultiver le cotonnier que sur

(1) Il est surtout cultivé à Sainte-Marie ; bien qu'il se contente de terres médiocres, sa culture n'est pas à conseiller sur une grande échelle. Elle convient à la petite colonisation, ou, à titre accessoire, aux grandes exploitations.

(2) Le cotonnier existe à l'état demi-sauvage dans presque toutes les régions de la Grande Ile, mais bien que les indigènes utilisassent son produit pour le tissage, sa production n'a guère donné lieu jusqu'ici qu'à des échanges locaux

ses sols les meilleurs qui, le plus souvent, sont déjà occupés par les rizières. C'est sur le versant occidental, surtout dans le Nord-Ouest et dans l'extrême Nord, que la culture du cotonnier rencontre, ainsi que nous l'indiquons plus haut, les meilleures conditions.

A côté du coton il faut citer comme textiles le *kapok* (ouatier) et l'*abaca* (chanvre de Manille), dont la réussite paraît assurée sur les côtes Est et Ouest ; l'*agave*, peu exigeante, qui par suite permettra probablement de tirer parti de mamelons du versant

(Cliché de l'*Agriculture pratique des pays chauds*)
Fig. 609. -- Raphias.

oriental et qui, en outre, bénéficie d'un débouché largement ouvert et stable. Le Service de l'Agriculture a entrepris la vulgarisation de deux importants *palmiers à crin* : le Caryota Ureus (Kitul palm) et l'Arenga saccharifera qui fournissent un excellent crin végétal dont l'exploitation se fait sur une vaste échelle à Ceylan, aux Indes anglaises et aux Indes néerlandaises. Le *rafia* vient au premier rang parmi les textiles sauvages de la Grande Ile. Nous ne reviendrons pas ici (1) sur les nombreux

(1) Voir tome III, pp. 459 et 460.

services que rend cette précieuse fibre (dont les indigènes fabriquent des tissus dits *rabannes*), ni sur le fait qu'elle constitue un important objet d'exportation.

Il nous reste à parler des céréales. De même que dans le Centre, c'est le *riz* qui doit tout d'abord et surtout retenir l'attention. Cette culture présente, en effet, autant d'intérêt dans la région côtière que sur les Hauts-Plateaux, et sans doute y pourrait-on obtenir des résultats meilleurs. Malheureusement, sauf dans le Nord-Ouest, pays de plaines étendues où les Malgaches

(Cliché de *l'Agriculture pratique des pays chauds*)

Fig. 610. — Tisseuse de rabannes.

du Centre ont importé deux méthodes de cultures, la riziculture est beaucoup plus primitive sur les côtes que dans le Haut-Pays. Il faut également signaler qu'elle y a, notamment dans l'Ouest et dans le Nord-Ouest, à redouter les invasions de criquets. Il n'en faut pas moins développer autant que possible, sur les côtes également, la production du riz, car les zones côtières et d'altitude moyenne pourraient exporter, sur une vaste échelle, paddy et riz blanc. Déjà certaines contrées, celle de Majunga notamment, sont entrées dans cette voie. Notons donc ici que sur les côtes, aussi bien celles de l'Ouest que celles de l'Est, il existe — de même que dans le Centre — d'immenses marais transformables en rizières.

La deuxième céréale — par voie d'importance — que l'on trouve sur les côtes, c'est le *maïs*, qui y pousse très rapidement et avec beaucoup de vigueur, notamment dans le Nord (1), le Nord-Ouest et l'Ouest. Cette culture rencontre malheureusement deux adversaires : l'un, les sauterelles, ne doit pas effrayer outre mesure ; l'autre est, pour l'instant, plus grave, c'est le manque d'un service régulier de navigation (avec, bien entendu, des frets pas trop élevés) entre l'île et le Sud africain, qui offrirait un large débouché à tout le maïs qui pourrait être produit à Madagascar.

Élevage. — Ajoutons quelques lignes à ce qu'à notre tome III (pp. 461 à 463) nous avons écrit de l'élevage. Le nombre des *bovidés*, généralement des bœufs à bosse (2), était en 1910 de 4.493.131 têtes, non compris les animaux âgés de moins de six mois. Leur état sanitaire est excellent. La viande n'est vendue que de quinze à vingt sous le kilo. Toutefois, l'exportation, qui peut se faire sous trois formes : animaux vivants, conserves, viandes congelées, n'est encore réalisée que par l'expédition d'animaux vivants. Elle a atteint, en 1910, le chiffre de 742.530 francs. Il faut souhaiter le développement des fabriques de conserves qui se créent dans l'île depuis quelques années. Madagascar peut, en effet, livrer annuellement à la consommation 150.000 à 200.000 bœufs.

Ajoutons que les *porcs*, dont à notre tome III nous signalions la bonne qualité marchande, ont été reconnus tels par le laboratoire de la répression des fraudes, et que, grâce à des croisements continuels, les *moutons* sont en voie d'heureuse transformation.

Au total la Grande Ile offre dès aujourd'hui pour le bétail

(1) La plaine d'Anamakia est, sous ce rapport, à citer.

(2) Voir au tome III. p. 461, fig. 401 et 402.

un marché considérable qui paraît appelé à jouer dans l'alimentation de la France un rôle qui ira grandissant. Malheureusement — nous tenons à le signaler ici — nos Compagnies de navigation manquent regrettablement d'installations frigorifiques. Il importe qu'elles entrent résolument dans la voie du progrès.

L'AVENIR DE L'ILE. — Et maintenant concluons, ou plutôt empruntons au distingué M. Prudhomme la conclusion de sa remarquable étude :

Un grand nombre de cultures, écrit-il, sont capables de donner de bons résultats à Madagascar et la prospérité agricole de ce pays sera vraisemblablement la conséquence de la réussite de plusieurs d'entre elles plutôt que le fait de deux ou trois plantes économiques, comme cela s'est produit et se produit encore à Ceylan. Cette conclusion n'est pas faite pour déplaire, car les contrées à monoculture subissent, en pleine prospérité, des crises subites dont elles se relèvent difficilement; ces crises inévitables — produites en général par l'apparition d'une maladie (ex. Hemileia vastatrix à Ceylan) ou un avilissement exagéré des cours — se font également sentir dans les contrées s'occupant de cultures multiples, mais d'une façon moins intense, puisque les colons ont, dans ce cas, à leur disposition d'autres plantations leur permettant d'attendre et de trouver une nouvelle ligne de conduite.

A Madagascar, le riz peut, en somme, être cultivé partout et fournit, dans tous les endroits jouissant de moyens de transports économiques, un important article d'exportation qui peut trouver dans les contrées voisines un débouché très important. Dans le centre, où les plantes vraiment tropicales n'ont aucune chance de réussir, la sériciculture doit devenir un sérieux élément de prospérité intéressant à la fois la soie de Chine et le Tussah Betsileo. Dans la zone d'altitude moyenne, les agaves sont susceptibles de très bien réussir, de même d'ailleurs que les mûriers en vue du transport de la feuille à Tananarive par la voie ferrée. Quant à la culture du cocotier et à toutes les industries qui s'y rattachent, elles promettent une bonne réussite entre les mains des indigènes sur la plus grande partie des côtes et entre celles des Européens sur les sols de bonne qualité. A côté, le coton est capable de contribuer dans une large mesure au développement économique de l'Extrême-Nord, de l'Extrême-Sud et de tout le versant Ouest. La vanille, malgré l'avilissement des prix de cet aromate, a déjà fait l'objet d'importantes entreprises sur la Côte orientale et dans le Nord-Ouest. Bien cultivé, le cacao paraît susceptible de réussir d'une façon satisfaisante depuis Mananjary jusqu'au nord de la baie d'Antongil et surtout dans la région comprise entre Tamatave et le sud de la province de Vohémar. Le café de Libéria pousse convenablement, à condition d'être cultivé d'une manière rationnelle, sur tout le versant Est; d'autre part on peut espérer trouver une sorte de coffea de meilleure qualité, peu exigeante et résistant bien à l'Hemileia vastatrix. Ex. Coffea Congensis, espèce introduite par le Jardin Colonial et dont la résistance à l'hemileia paraît très grande jusqu'à ce jour. Le poivre, la cannelle, diverses plantes à parfum, le chanvre des Philippines, le kapok, les agaves, le tabac pourront sans doute enfin être cultivés avec profit aussi bien dans l'Ouest que sur le versant oriental pour certaines de ces plantes.

On trouvera peut-être toutes ces indications trop générales. Certes, il serait préférable de dire que telle culture réussit certainement très bien dans telle ou telle province, à tel ou tel endroit; mais songe-t-on aux difficultés qui immédiatement se présentent lorsqu'on essaye de donner des avis aussi précis. Pour arriver à un tel résultat, — et il importe d'y arriver — il aurait fallu pouvoir faire prospecter toutes les provinces d'une façon extrêmement minutieuse par des agents techniques; mais un tel travail, pour un pays aussi grand que Madagascar, ne peut être l'œuvre de quelques années. L'Administration a bien essayé, au moyen des lots de colonisation, de préparer, en quelque sorte, la besogne et l'installation des colons en faisant étudier d'une manière aussi approfondie que possible les terres destinées à être concédées; mais ces études n'ont pu, faute de personnel, être faites par des agents techniques; elles ne présentaient par suite que des garanties fort insuffisantes.

Les Stations d'essais ont déjà commencé, malgré leur création relativement toute récente, dans l'Est et dans l'Ouest, des essais méthodiques qui fournissent déjà les indications utiles et pratiques sur les premières opérations culturales et sur les cultures annuelles. Elles ont en observation toutes les plantes économiques signalées ici; mais il est impossible d'exiger plus à l'heure actuelle. Les recherches sur les cultures arbustives (cacao, café, etc.) ne peuvent fournir de résultats d'ensemble concluants dans l'espace de quatre ou cinq ans; on ne doit pas s'étonner, dans ces conditions, si les premiers comptes rendus sont encore muets sur les rendements, sur la longévité des cultures, sur le choix définitif des variétés. Par contre ces Stations commencent à communiquer des résultats précis sur les cultures et les opérations séricicoles n'exigeant pas un trop long délai (exemple : élevage de vers à soie, culture de l'arrowroot, préparation du thé, culture du maïs et de l'ampemby, culture du voanjobory, multiplication du cocotier et de toutes les plantes utiles, choix d'une bonne variété de riz pour le Centre, etc.); les autres résultats, attendus avec impatience, cela se conçoit, doivent venir peu à peu, au fur et à mesure du développement des végétaux mis en observation. Les indications deviendront alors de plus en plus précises, et de plus en plus utiles. La réussite de la plus grande partie des cultures sus-visées est entièrement subordonnée aux expériences et aux recherches des Stations agricoles. L'administration supérieure pourra ainsi donner des indications pratiques en s'appuyant sur des données expérimentales précises.

Ces conseils doivent être complétés par un examen détaillé des régions auxquelles ils se rapportent. La première partie de ce travail appartient aux Stations d'essais qui, pour arriver au but désiré, doivent bénéficier d'une grande stabilité et d'un personnel exercé ; la seconde regarde les inspections techniques à qui l'on devrait confier l'étude méthodique, progressive et détaillée de chaque région agricole, en commençant naturellement par celles paraissant présenter le plus d'intérêt.

CHAPITRE LXXVII

EN ASIE

A. — PERSE

GÉNÉRALITÉS GÉOGRAPHIQUES. — SOL. — MODE DE PROPRIÉTÉ ET D'EXPLOITA-
TION. — CLIMAT. — IRRIGATIONS ; CE QU'A RELATÉ CHARDIN. — CONDI-
TIONS DE LA CULTURE. — CULTURES DIVERSES. — GOMMES. — FORÊTS.
— ÉLEVAGE. — SÉRICICULTURE ET CULTURE DU MURIER. — L'ÉCOLE D'AGRI-
CULTURE DE TÉHÉRAN.

Nous avons été relativement assez bref en traitant au tome III (p. 586 à 590) de la Perse ; il nous paraît intéressant de donner à son sujet quelques indications complémentaires, aujourd'hui qu'à la suite d'une récente révolution la Perse est à son tour devenue un pays constitutionnel — c'est-à-dire que les progrès semblent devoir s'y produire plus rapidement.

Avant d'en venir à l'agriculture (1) quelques mots sur la géographie de la Perse nous paraissent utiles. La Perse qui a, pour une population de 9 millions d'habitants, une superficie d'environ 1.645.000 kilom. carrés — c'est-à-dire plus que triple que celle de la France (2) — confine au Nord au désert de Kara-Koun (qui la sépare du Khiva), à la mer Caspienne et à la Transcaucasie russe, à l'Ouest à la Turquie d'Asie, au Sud au golfe Persique et à la mer d'Oman, à l'Est enfin au Béloutchistan et à l'Afghanistan. Voici une rapide répartition des régions qui permettra de situer les indications que nous donnerons au sujet des différentes cultures : l'Azeibeidjan confine

(1) Nous avons notamment fait usage, pour ce qui concerne l'agriculture proprement dite, d'un intéressant rapport de M. STERSTEVENS, ministre de Belgique en Perse.

(2) Soit 4,7 hab. par kilom. carré, contre 71 en France. La moyenne pour l'ensemble de l'Asie est de 19.

la Transcaucasie ; le Ghilan, le Mazanderan, l'Ardilan sont (de l'Ouest à l'Est) en bordure de la Caspienne ; les régions de l'Ouest sont, en dessous de l'Azeibeidjan (du Nord au Sud), l'Ardilan, le Kourdistan, le Louristan, l'Arabistan, le Khougistan ; au Centre se trouvent le Karaghan et l'Irak-Adjema ; à l'Est le Khorassan ; dans le Sud, enfin, c'est (de l'Ouest à l'Est) le Farsistan, le Kinnan, le Laristan, le Kouhistan, le Malaïr et le Toursikan.

Les principales villes sont, dans l'ordre, Téhéran (230.000 habitants), située dans le Nord, au-dessous de la mer Caspienne ; Tabris (180.000 hab.), dans le Nord-Ouest ; Ispahan (80.000 hab.), dans le Centre ; Mechhed (70.000 hab.), dans le Nord-Est ; Kerman (45.000 hab.), dans le Centre (plutôt dans le Sud-Est) et Yezd (40.000 hab.), également dans le Centre. Signalons aussi la situation des autres villes dont il sera question plus loin : Ourmiah et Recht dans le Nord-Ouest, cette dernière voisine de la mer Caspienne ; Chiraz, dans le Sud-Ouest ; Kachan, environ à mi-chemin entre Téhéran et Ispahan, et Tabbas, sur la frontière de l'Afghanistan.

On peut diviser le sol de la Perse en deux zones. L'une, inculte, par suite de l'aridité du sol, du manque d'eau nécessaire à l'irrigation et de l'insuffisance de la main-d'œuvre, et qui n'est parcourue que par les caravanes et durant l'été par des nomades avec leurs troupeaux — est dite « mevat » (sol mort) ; elle ne couvre pas moins de 80 p. 100 de la surface totale. Le reste est appelé « ahyaï » (sol vivant) ; ces bonnes terres se trouvent disséminées sur toute l'étendue de l'Empire.

Le sol appartient rarement aux cultivateurs ; la majeure partie est la propriété de l'État, des mosquées ou de riches particuliers, qui afferment leurs domaines à des intendants, lesquels s'engagent par contrat à fournir un loyer en argent et en nature. A leur tour, ces intendants s'entendent le plus souvent avec les paysans sur les bases suivantes : les bénéfices résultant de la vente des fruits et des légumes, dont la culture exige des soins constants, sont abandonnés presque en totalité aux paysans, et la récolte des céréales est partagée selon la part contributive de chacun dans les cinq éléments de la production, à savoir : la terre, l'eau servant à l'irrigation, les semences, les bœufs employés au labour et la main-d'œuvre. Si, par exemple, le cultivateur fournit la semence, les bœufs et la main-d'œuvre, il profitera des trois cinquièmes de la production.

La diversité des climats (1) de la Perse y permet une grande variété de cultures, à condition toutefois d'irriguer.

L'eau est amenée des montagnes par des canaux souterrains, appelés « khanat », souvent très profonds et longs de plusieurs kilomètres (2). Ces travaux reviennent donc à des prix élevés.

(1) « Le climat, écrit M. Marcel DIEULAFOY, se ressent de l'absence de rivières et de la sécheresse du sol. L'hygromètre marque parfois 11 à 12 degrés et ne s'élève jamais au-dessus de 25. Aussi bien la pureté de l'air est-elle incomparable. La nuit, et sur les hauts plateaux, on distingue à l'œil nu les satellites de Jupiter; quant à la planète, elle lance de tels éclats, que les corps opaques exposés à ses rayons portent une ombre très nette sur une feuille de papier. L'électricité règne en souveraine maîtresse. Il suffit, la nuit, de déchirer lentement une feuille de papier pour produire une lueur comparable à celle d'une allumette. Toute médaille a son revers. La pureté de l'atmosphère n'opposant aucune résistance aux rayons solaires et au rayonnement nocturne, on peut passer en moins de quelques heures d'une température de 7° à 62° centigrades. C'est ce qui m'est arrivé sur le Kouh-Khoud le 20 juillet 1881. En Susiane, j'ai relevé au soleil 72° centigrades le 15 mai 1886. »

(2) N'est-il pas de toute justice, traitant de la Perse, que de citer CHARDIN (1643-1713), qui d'un voyage dans ce pays rapporta une relation à juste titre célèbre. Nous pensons que nos lecteurs liront avec profit — et plaisir — ce que le vieux voyageur écrit au sujet des irrigations :

« On distingue en Perse quatre sortes d'eaux, deux sur terre, qui sont celles de rivière et celles de source, et deux sous terre, savoir, celle des puits et celle des conduits souterrains, qu'ils appellent *kerises*. Ils creusent au pied des montagnes pour trouver de l'eau; et lorsqu'ils en ont trouvé un filet ils le conduisent, par des canaux souterrains, huit à dix lieues loin, et quelquefois bien davantage, les tirant de pays-haut en pays-bas, afin que l'eau coule mieux. Il n'y a pas de peuple au monde qui sache si bien ménager l'eau que les Perses. Ces conduits ou canaux sont quelquefois creux de dix à quinze toises ; j'en ai vu d'aussi profonds. On les mesure aisément, parce qu'à distance de huit en huit toises, on y voit des soupiraux, dont le diamètre est grand comme nos puits. Un de mes voisins d'Ispahan, fils du visir de Corasson, qui est l'ancienne Bactriane, me disoit souvent que son père avoit trouvé dans les registres de la province qu'il y avoit eu autrefois quarante-deux mille kerises, et qu'il en avoit vu dont les puits étoient sans fond, et qu'on disoit avoir de profon-

A Téhéran, les missionnaires américains ont essayé de forer
un puits artésien. Mais l'appareil conduit par des mains peu
expertes s'est faussé et le travail a été abandonné. Quelques
moulins à vent ont été appliqués à des puits variant en profondeur de 30 à 40 mètres ; malheureusement l'absence persistante
du vent, surtout pendant l'été, s'oppose à l'adoption de ce
système économique d'élévation d'eau. Enfin, certains propriétaires ont adapté à des puits de « khanats » des pompes à

deur sept cent cinquante guezes ; la
gueze est l'aune persane qui est de
trente-quatre pouces... On peut inférer
de là l'art admirable que l'on a à faire
ces canaux, il n'y a assurément point
de nation au monde qui sache si bien
miner et faire des chemins sous terre
que les Persans. Ces canaux souterrains
sont d'ordinaire de huit à neuf pieds de
profondeur et de deux à trois pieds de
largeur.

« Outre l'eau des fleuves et des canaux, ils ont celle des puits presque par
tout le royaume. On en tire l'eau avec
des bœufs, dans de gros seaux de cuir,
qui tiennent d'ordinaire le poids de
deux cent à deux cent cinquante livres.
Ce seau a une gorge en bas, de deux à
trois pieds de long et de demi-pied de
diamètre, qu'une corde repliée vers le
haut du puits tient toujours élevé, pour
empêcher l'eau de sortir par le bout.
Le bœuf tire ce seau par une grosse
corde, qui tourne sur une roue planie
de trois pieds de diamètre, attachée au
haut du puits, comme une poulie, et
l'amène à un bassin joignant, où il se
vuide par cette gorge, et d'où l'eau est
distribuée ensuite dans les terres. Il
faut observer, qu'afin que le bœuf tire
plus aisément, on le fait tirer de haut
en bas, en une descente de quelque
trente degrés sous l'horizon, le jardinier s'asseyant sur la corde ; ce qui le
soulage lui-même dans son travail, et

soulage également le bœuf ; de manière
que cet art, tout rustique qu'il paroît,
est commode et de peu de dépense, ne
requérant qu'un homme seul pour en
faire l'usage.

« Pour ce qui est de la distribution
de l'eau des rivières et des sources, on
la fait par semaine ou par mois, selon le
besoin, en cette manière : on met sur
le canal qui conduit l'eau dans le champ,
une tasse de cuivre, ronde, fort mince,
percée d'un petit trou au centre, par où
l'eau entre peu à peu ; et lorsque la
tasse va au fond, la mesure est pleine,
et on recommence jusqu'à ce que la
quantité d'eau convenue soit entrée
dans le champ. La tasse est d'ordinaire
entre deux à trois heures à s'enfoncer.
Cette invention sert aussi à mesurer le
temps en Orient. C'est l'horloge et le
cadran unique en plusieurs endroits des
Indes, surtout dans les forteresses et
dans les maisons des grands, où l'on
fait la garde. Les jardins paient tant
par an, pour avoir de l'eau tant de fois
par mois ; l'eau ne manque pas d'être
envoyée au jour nommé, et alors chacun ouvre le canal de son jardin, pour y
recevoir l'eau ; comme on arrose tout
un canton à-la-fois, il n'y auroit rien de
plus aisé que de faire entrer plus d'eau
dans son jardin, et de la détourner du
jardin d'un autre ; mais c'est ce qui fait
aussi que cette sorte de fraude est fort
défendue, et que le crime de l'avoir

vapeur pour l'irrigation de leurs jardins, mais ces machines sont d'un prix élevé, de construction fort compliquée et de réparation difficile.

Sauf les melons, les pastèques, les concombres qui sont généralement l'objet d'une sollicitude spéciale, les cultures manquent de soins ; le plus souvent elles sont laissées sans fumure. Les instruments agricoles sont des plus primitifs.

Au premier rang des cultures, sur le plateau notamment, il faut placer le froment ; la superficie qui lui est réservée dans chaque village approche des trois cinquièmes des terres cultivées. On sème 300 kilogrammes sur une superficie d'un peu plus d'un hectare et la récolte moyenne varie entre 1.000 et 1.200 kilogrammes. Durant sa croissance, le froment reçoit trois ou quatre arrosages. Le surplus de la production du froment du Sud est exporté en Angleterre. L'orge, dont on connaît une variété à deux rangs cultivée accessoirement, occupe, après le froment, la première place. Comme lui, elle se sème en automne ; elle mûrit dès le mois de mai et donne des rendements moyens de 1.200 à 1.500 kilogrammes à l'hectare : c'est l'orge qui sert à l'alimentation du cheval. Les fèves, les pois chiches,

commise est sévèrement puni. Pour mieux entendre cette distribution d'eau, il faut savoir que chaque province a un officier établi sur les eaux de la province qu'on appelle *mirab*, c'est-à-dire prince de l'eau, qui règle cette distribution partout, avec grande exactitude, ayant toujours ses gens aux courans des ruisseaux, pour les faire aller de canton en canton, et de champ en champ, selon ses ordres. C'est un office fort lucratif. Celui d'Ispahan, par exemple, tire de sa charge quatre mille tomans par an, qui sont soixante mille écus, sans ce que ses subdélégués amassent pour eux. Les terres et les jardins de cette ville royale et des environs paient vingt sols l'année, au roi, par *girib* (*djéryb*), qui est leur mesure de terre ordinaire, laquelle est moindre qu'un arpent ; ce n'est que pour avoir de l'eau de rivière et de source ; car pour les autres on ne paie rien. Outre ce droit de vingt sols par *girib*, il y a les présens ordinaires et extraordinaires qu'il faut faire au mirab. Par exemple, lorsqu'on manque d'eau, il faut s'en aller plaindre à lui, et il répond d'ordinaire qu'il n'y a point d'eau dans le pays ; mais dès qu'on lui fait un présent, chose qu'on ne manque pas de faire, pour ne pas perdre les fruits et la moisson, on est sûr d'avoir de l'eau suffisamment. Le prix est différent de l'eau de rivière et de l'eau de source, celle-ci étant à meilleur marché que l'autre, parce qu'elle n'est pas si limoneuse ni si douce. »

les lentilles, les haricots, les pois fourragers, la gesse et le maïs, mal cultivés, ne donnent que des récoltes minimes. L'avoine et le seigle sont inconnus. La pomme de terre, d'introduction récente, réussit bien, mais sa culture, quoique déjà assez répandue, est pratiquée peu rationnellement et les rendements en sont par suite très réduits. En tant que culture potagère, la betterave vient parfaitement dans les terres bien fumées ; on ne connaît point les variétés fourragères ; les betteraves sucrières ont donné d'excellents rendements en sucre. Une grande importance est attachée aux cultures des cucurbitacées (melons, pastèques, etc.) qui procurent de grands bénéfices, surtout aux environs des grandes villes. La culture du maïs est dédaignée par la plus grande partie des cultivateurs persans ; on en cultive cependant une certaine quantité dont la farine est employée à la fabrication du pain ; les Turcomans le cultivent également ; mais chez eux il sert exclusivement à l'alimentation du cheval. On préfère, en général, semer le sorgho, utilisé comme nourriture aussi bien pour l'homme que pour les animaux. Le riz est cultivé dans le Mazanderan, le Ghilan et aussi dans certaines régions du Sud ; la meilleure qualité est connue sous le nom de riz « sadri » ; la semence en a été importée des Indes par un ancien grand vizir, Mirza Agha-Khan ; une autre variété à grain plus gros est le « rasmi » ; le riz est planté en pépinière et ensuite repiqué. La récolte se fait en septembre au Sud de la Caspienne ; les rendements atteignent 35 hectolitres à l'hectare. La culture de la canne à sucre est languissante et ne suffit guère à la consommation locale. Dans le Mazanderan et le Ghilan le sucre obtenu est de qualité inférieure. Le coton peut être cultivé presque partout en Perse. Le coton d'Ispahan est le plus apprécié. La presque totalité de la récolte du Sud est achetée pour Bombay ; le coton du Khorassan est exporté vers la Russie. Les rendements seraient plus rémunérateurs si les cultivateurs s'appliquaient à mieux soigner leurs cultures. Malheureusement, la récolte est vendue aux agents des firmes d'exportation souvent même avant les semailles ; ces agents avancent certaines sommes aux cultivateurs et s'assurent ainsi la production. Ce système est en général pratiqué, du reste, pour tous les produits agricoles d'exportation. Les tabacs de Perse sont de bonne qualité ; bien soignés ils seraient même, suivant certains, supérieurs aux tabacs turcs. Celui de Notché (Ourmiah) est exporté d'ailleurs en Turquie et même en Égypte ; les principaux centres de production sont : Chiraz, Tabbas, Recht et Kachan ; la production totale est évaluée pour toute la Perse à 30 millions de batmans (le batman vaut 3 kilogrammes), chiffre relativement faible si l'on considère qu'en Perse les individus des deux sexes sont fumeurs. La culture de l'opium a pris une grande extension ; elle a même empiété sur celle du froment. La meilleure qualité est envoyée à Londres. Malgré des conditions climatologiques favorables, les essais de culture du théier n'ont pas donné de bons résultats ; il semble qu'il faille attribuer ce fait à l'inexpérience de ceux qui les ont tentés ; sans doute pourrait-on, en s'y prenant bien, obtenir des produits d'excellente qualité. Le *safran* est cultivé dans certaines régions ; l'*indigotier* se rencontre dans le Sud. Partout, enfin où l'on peut irriguer on trouve d'excellents *arbres fruitiers* (mûriers (1), poiriers, figuiers, noyers, amandiers, grenadiers, abricotiers, pêchers, orangers, citronniers, etc.) qui ne demandent qu'à bien produire moyennant quelques soins. Les fruits se vendent aisément ; ils forment une partie importante de la nourriture du peuple ; en outre, le commerce des fruits secs prend une grande extension, mais il est regrettable que l'on ne s'attache pas à apporter plus de soins dans les procédés de séchage et d'emballage des produits destinés à l'exportation. Les *fraises* sont d'introduction récente. L'*olivier* forme des massifs à Rutbar.

---

(1) Il s'agit du mûrier noir, sans doute originaire de Perse, où il est très répandu, à l'état spontané, dans le Nord ; on le cultive fréquemment dans les jardins, pour obtenir de l'ombrage. Les Persans sont très friands de ses fruits. On recueille également ceux du mûrier blanc. Les uns et les autres sont consommés, soit frais, soit secs, soit en confiture.

Plusieurs *plantes à gomme*, précieuses à bien des titres, croissent spontanément en Perse. Citons les différentes variétés d'astragales qui poussent sur toutes les montagnes du pays et donnent une exsudation appelée gomme adragante. Depuis quelque temps ces montagnes sont louées à des fermiers. La gomme arabique est également obtenue dans le Sud.

Les *forêts* sont notamment situées dans le Ghilan, le Mazanderan, le Louristan. Elles sont peuplées de diverses essences : chênes, hêtres, ormes, frênes, érables, platanes, aulnes, buis, acacias, mimosas, cytises, arbres de Judée, etc. Les forêts sont placées sous la direction du Ministère des mines ; mais il n'y a en fait aucune surveillance sérieuse.

Passons du règne végétal au règne animal. Nous avons au tome III (pp. 588 et 589) donné tous détails sur le *cheval* persan ; nous n'y reviendrons donc pas, sinon pour signaler que son élevage n'est fait que par les nomades : Kurdes, Bakhtiaris, Turcomans. Dans certaines parties du Khorassan, on fait l'élevage du *mouton* en vue de la production de la peau dite d'Astrakhan ; les peaux les plus estimées sont celles à laine courte, fine et frisée, provenant de jeunes agneaux noirs, sacrifiés à peine nés.

Nous compléterons cet exposé par quelques lignes sur la *sériciculture* et la culture du *mûrier*. « C'est en 1669 que la sériciculture persane atteignit son apogée avec une production de 1.900.000 kilogrammes de soie ; le Ghilan à lui seul produisait à cette date 1.269.000 kilogrammes ; puis il y eut une véritable chute dans les récoltes qui descendirent au-dessous de 200.000 kilogrammes (1750). Après une nouvelle ère de grande prospérité, vers 1850, année où la Perse produisit 1.020.000 kilogrammes, dont 610.000 kilogrammes furent exportés, la pébrine survint (1860), et cette maladie fit de tels ravages qu'en 1877 on ne récolta que 100.000 kilogrammes de soie. Le Ghilan en 1885 produisit seulement 41.860 kilogrammes. Par suite de l'indifférence des pouvoirs publics et des propriétaires persans, personne ne s'occupa d'appliquer le procédé de grainage indiqué par Pasteur pour obtenir des graines sans pébrine et l'on dut avoir recours aux semences étrangères (1). Depuis 1890, les importations en Perse de graine turque n'ont cessé d'augmenter, pendant que la sériciculture a repris peu à peu une certaine prospérité. Les récoltes actuelles oscillent entre 420.000 et 500.000 kilogrammes de soie, correspondant à 5 ou 6 millions de kilogrammes de cocons frais ; on voit qu'elles sont encore loin d'atteindre les récoltes d'autrefois. Presque toutes les provinces de la Perse sont favorables à l'élevage du ver à soie, mais c'est le Ghilan qui a toujours été le plus grand producteur de soie, malgré son climat humide. Les oasis du centre, aujourd'hui moins irriguées par suite du manque d'entretien des canaux antiques, ne comptent plus. On rencontre en Perse deux espèces de mûriers : le mûrier noir et le mûrier blanc. Le premier est certainement originaire de la Perse, tandis que le mûrier blanc semble avoir la Chine pour patrie. Le mûrier noir peut servir à l'élevage du ver, mais il est bien inférieur au mûrier blanc ; aussi ne le donne-t-on pas au ver, du moins dans le Nord ; il est très répandu à l'état spontané. Le mûrier blanc se trouve également à l'état spontané sur tout le territoire persan jusqu'à une altitude de 1.900 mètres; dans les montagnes du Khorassan il y en a de grandes quantités, malheureusement inutilisées. Les semis sont faits dès que les mûres sont arrivées à complète maturité, c'est-à-dire à partir de la fin juin; pour séparer les graines, on fait macérer les mûres dans une toile grossière pendant deux ou trois jours, puis on entraîne la pulpe par des lavages successifs. On choisit, pour la pépinière, des sols facilement irrigables ; on sarcle trois fois et on arrose lorsque les pluies se font trop attendre. Les plants obtenus sont arrachés à la fin de l'hiver ; ils ont alors le diamètre d'une plume d'oie et sont longs d'environ 0 m. 50 ; on les porte à dos de mulet ou d'âne pour les vendre dans les bazars. Les arbres sont plantés en échiquier à une distance de 0 m. 50 à

(1) La Perse est le seul pays du monde qui importe toute la graine qui lui est nécessaire.

1 mètre en tous sens. Les façons, pendant les deux premières années, consistent en irrigations et sarclages appliqués aussi aux légumes cultivés dans les interlignes. La troisième année, on utilise les feuilles pour la nourriture des vers ; les résultats obtenus seraient meilleurs si on élevait moins de vers (un tiers ou la moitié en moins) pour ces qualités de feuilles. Les jeunes plants sont taillés sans méthode. Les branches sont coupées à l'aide d'une serpe que l'on manœuvre comme une hache ; lorsque la cueillette est faite, l'arbre a l'aspect d'une tête de saule, hérissée de pointes dont la longueur est très irrégulière. De nombreuses blessures inutiles sont faites au tronc, de telle sorte que l'arbre devient noueux et d'aspect pitoyable. Chaque année, pendant l'élevage, on taille ainsi les branches qui se sont développées durant la belle saison précédente, autour du sommet et le long du tronc. Beaucoup d'éleveurs font la récolte en deux fois ; ils coupent d'abord les branches inférieures peu développées et, quelques jours après, les branches du sommet plus développées sont données aux vers devenus plus gros. Les arbres, étant très serrés, ne peuvent acquérir de grandes dimensions et après une dizaine d'années la végétation devient languissante, les troncs se carient, se couvrent de mousse ; aussi est-on obligé de renouveler les plantations au bout de dix, quinze ou vingt ans, suivant les sols. Un fait digne de remarque aussi, c'est que les mûriers sont souvent plantés parmi des arbres plus grands qui leur portent certainement un grand préjudice à cause de la concurrence que se font les racines de tous ces arbres entassés en une brousse épaisse. Il est vrai que le peu de vigueur des arbres, résultant de ces diverses conditions, a un avantage : les tiges d'un an sont grêles et très commodes pour l'élevage aux rameaux ; mais, par contre, la production par hectare est faible. On n'applique jamais de labours ni de fumures aux mûraies du Ghilan et du Mazandéran ; le sol y est heureusement d'une très grande fertilité. Dans quelques plantations où les arbres sont plus espacés, les mûriers profitent des soins que l'on donne aux

légumes cultivés dans les intervalles libres. La généralité des mûraies sont faites en sols irrigables et même marécageux ; mais les irrigations n'étant pas nécessaires à la belle venue des mûriers (sauf dans les régions sèches du centre), il serait préférable de voir la sériciculture se développer dans les districts montagneux » (1). Notons, enfin, que de nouvelles plantations se créent chaque année.

Il ne nous reste plus qu'à signaler qu'actuellement une école gouvernementale d'agriculture fonctionne à Téhéran. Les cours y sont de quatre ans ; la dernière année est consacrée plus exclusivement à la pratique dans les domaines de l'État. Pour être admis en première année, les jeunes gens doivent justifier de certaines connaissances en français, en persan, en arithmétique, en géographie élémentaire, en histoire de la Perse. Les jeunes gens n'ayant pu être agréés faute de connaissances suffisantes — ce qui est le cas le plus fréquent — sont admis en section préparatoire. Ce n'est qu'en finissant la quatrième année que les élèves sont autorisés à subir l'examen de sortie qui leur confère le titre d'agronome. L'École possède un musée agricole, un laboratoire de chimie et une crémerie.

B. — JAPON

ACCROISSEMENT DU COMMERCE ; IMPORTATION DES PRODUITS AGRICOLES OU DESTINÉS A L'AGRICULTURE. — RÉPARTITION DES CULTURES. — ÉLEVAGE ; MESURES PRISES EN SA FAVEUR. — INTERVENTION DE L'ÉTAT CONCERNANT L'*AJUSTEMENT* DES TERRES ARABLES, L'ORGANISATION DU CRÉDIT AGRICOLE, LES EXPÉRIENCES AGRICOLES, LA SÉRICICULTURE, LA CULTURE DU THÉ, LES SOCIÉTÉS AGRICOLES ; LOIS PRÉVENTIVES DIVERSES. — MESURES DE DÉFENSE EN FAVEUR DES FORÊTS.

ACCROISSEMENT DU COMMERCE. — Dans notre tome III nous avons consacré un long chapitre (pp. 621 à 662) au Japon. Nous

(1) Nous empruntons ces renseignements à une récente étude de M. F. Lafont, ingénieur agricole, inspecteur de la sériciculture à Recht (Perse).

voulons cependant revenir sur ce sujet, car les progrès de cet ancien pays « rajeuni » sont incessants et le bond fait par son commerce au cours de la dernière période de dix ans est littéralement prodigieux, ainsi qu'on peut le constater par le tableau suivant :

MONTANT DES ÉCHANGES

Années	En millions de francs
1900	1.268
1903	1.365
1906	2.173
1910	2.381

Soit donc de 1900 à 1910 un accroissement de 86 p. 100, auquel n'est comparable l'accroissement d'aucun pays d'Europe.

L'augmentation est plus forte pour les importations que pour les exportations, qui en 1910 ne l'ont plus emporté que de peu, ainsi que le montre le tableau suivant :

Années	IMPORTATIONS	EXPORTATIONS
	(En millions de francs)	
1900	527	741
1903	747	818
1906	1.093	1.080
1910	1.183	1.198

Bien que l'Agriculture qui occupe 60 p. 100 de la population constitue la grande industrie du Japon, la production agricole n'est pas suffisante pour nourrir la population. On trouvera plus loin quelques précisions sur ces importations, mais auparavant je veux noter la tendance du Japon à étendre sa sphère d'influence commerciale. N'est-il pas aujourd'hui relié directement au Canada, aux États-Unis, à l'Australie, au Sud-Africain, aux Indes ? « Dans tout cet immense espace de mers, qui va de la côte occidentale de l'Amérique à la côte orientale d'Afrique, le pavillon commercial japonais vise à la première place », écrit la *Réforme économique*. Sur plus d'un point il l'a atteint.

Quels sont soit les produits agricoles soit les produits destinés à l'agriculture qui donnent lieu à une appréciable importation ? C'est ce que nous voulons résumer maintenant. Le coton brut vient au premier rang (1) ; il provient des Indes anglaises, des États-Unis, de la Chine, de l'Égypte. Le produit dont l'importation est la plus forte après celle du coton (mais très loin après) est le riz, qui vient des Indes anglaises, de l'Indo-Chine française, de la Corée et du Siam. L'installation de minoteries diminue considérablement l'importation des farines (qui provenaient des États-Unis) ; quant à celle du froment, elle n'est pas très considérable. Les importations de sucre (provenant généralement des Indes néerlandaises) et de tourteaux viennent sensiblement sur le même rang que l'importation du riz ; ce sont les fèves soja (daïzon) qui forment la matière première de ces tourteaux ; la Mandchourie tient la première place pour cette importation. Notons enfin — indice certain des progrès que cherche à réaliser et que réalise l'agriculture japonaise — que, de même que les tourteaux, le sulfate d'ammoniaque et les phosphates sont des produits dont l'importation est nettement croissante. Les vapeurs japonais viennent charger des phosphates naturels jusque dans les ports d'Algérie.

RÉPARTITION DES CULTURES. — Nous renvoyons pour ce qui concerne l'agriculture proprement dite à ce que nous avons écrit au tome III. Voici seulement les chiffres de la répartition des cultures. Ils permettent de constater que l'ordre d'importance des cultures n'a guère varié au Japon depuis dix ans. Signalons seulement que les rizières qui occupent de loin la première place continuent leur marche ascendante (2). La culture des patates douces est également en faveur croissante, et celle des pommes de terre a plus que doublé d'extension depuis 1895, époque où elle n'occupait que 25.000 hectares. Par contre, le coton et l'indigotier sont en régression.

---

(1) Il y a exportation de coton filé.

(2) Bien entendu la variété la plus répandue est le riz ordinaire, mais d'autres variétés, notamment celles dites riz glutineux et riz des terrains élevés sont également cultivées.

Voici les chiffres publiés par le Japon en 1909 :

Riz.	2.882.744	hectares
Prairies et pâturages. . .	1.780.930 (1)	—
Seigle	681.773	—
Orge	637.723	—
Fèves	477.182	—
Froment	445.083	—
Patates douces.	285.905	—
Millet.	231.358	—
Sarrasin	164.967	—
Colza	141.965	—
Lentilles	134.475	—
Pommes de terre.	60.024	—
Thé.	50.301	—
Tabac.	31.431	—
Canne à sucre	18.000	—
Indigotier	14.119	—
Chanvre	13.352	—
Coton.	7.318	—

ÉLEVAGE. — De 1900 à aujourd'hui il y a lieu de signaler une progression constante dans l'élevage des bovidés. Leur nombre approche de 1.250.000 têtes, alors qu'il dépassait à peine 1.000.000. Par contre le chiffre des chevaux se trouve comme alors d'environ 1.500.000, après être tombé nettement au-dessous par suite de la guerre russo-japonaise. Ovins, caprins et porcins sont en sensible augmentation. Le nombre de ces derniers ne tardera pas à atteindre 350.000 ; celui des caprins dépasse nettement 80.000 ; quant à celui des ovins, il n'atteint pas encore 5.000.

Le gouvernement se préoccupe, du reste, de l'élevage. Outre l'installation d'une Ferme impériale d'élevage, nous signalerons la création en 1906 d'un Bureau d'administration des haras ; la

____

(1) Ce chiffre n'est pas certain.

promulgation en 1907 d'une loi sanctionnant l'inspection des taureaux reproducteurs ; enfin, la publication en 1908 d'un règlement concernant l'élevage, règlement conçu en vue d'amener une amélioration du bétail.

MESURES PRISES EN FAVEUR DE LA PRODUCTION AGRICOLE. — Au demeurant, le gouvernement japonais est nettement entré dans dans la voie de susciter par une série d'interventions de l'État l'amélioration de la production agricole, en même temps que de favoriser l'augmentation de cette production. Voici le résumé de ces mesures que nous empruntons à une intéressante communication faite par M. Bodin à la section agricole du Musée social :

1° « *Ajustement* » *des terres arables*. — Le gouvernement japonais a organisé un service dans le genre de notre service des « améliorations agricoles » qui a pour but de procéder à l'*ajustement* des terres arables et d'agrandir les lots de terrains petits et irréguliers entre lesquels se trouve répartie la culture ; de refaire et redresser les petits chemins ruraux destinés aux besoins des travaux agricoles, ainsi que les rigoles et fossés ; de mettre en état de rendement les lopins de terre improductifs, mêlés çà et là à des champs cultivés ; d'améliorer les terres par tous les moyens possibles, notamment en facilitant l'irrigation, enfin d'encourager l'usage des machines agricoles. C'est dans ce but que le gouvernement a promulgué en 1900 « la loi d'ajustement des terres arables » qui accorde de nombreuses faveurs spéciales et donne des marques d'encouragement aux entreprises coopératives agricoles. De plus, en vue du maintien et de l'amélioration des sources et réserves d'eau, ainsi que de l'adoption des mesures préventives contre les dégâts causés par les inondations, le gouvernement a reconnu d'utilité publique la formation d'associations pour l'approvisionnement de l'eau.

2° *Organisation du crédit agricole*. — Afin de faciliter la réunion de capitaux pour des entreprises agricoles, le gouvernement a établi la Banque hypothécaire du Japon (Nippon Kangyô-Ginkô), ainsi que des banques d'agriculture et d'industrie, et la Banque de défrichement et de colonisation de Hokkaïdô.

De plus, en 1900, a été promulguée la loi sur les sociétés coopératives, qui encourage la formation d'associations de crédit, d'achat, de vente, de production et aussi l'agglomération de petits capitaux qui, par voie d'assistance mutuelle, sont appliqués à des entreprises agricoles. Ces associations se sont développées très rapidement ; à la fin de 1908, elles atteignaient le nombre de 4.373.

3° *Expériences agricoles.* — Le gouvernement a établi une « Ferme nationale d'essais » à Tôkyô et des succursales dans diverses provinces du Centre et du Nord-Est : on s'y livre à des recherches sur les semences, les maladies végétales, les dégâts causés par les insectes, les instruments agricoles, l'élevage du bétail, etc.

L'établissement des fermes d'essais départementales a été encouragé au moyen de subventions, de sorte qu'il en existe dans la plupart des départements.

De plus, des expériences horticoles se poursuivent à la Ferme nationale du département de Schidznoka et dans plusieurs fermes locales d'essais.

4° *Améliorations dans les industries de la soie et du thé.* — La sériciculture est l'une des plus importantes industries du Japon. Le gouvernement a fondé deux Instituts d'État pour l'apprentissage de la sériciculture (celui de l'Est et celui de l'Ouest), où l'on forme des experts en matière d'élevage des vers à soie et en filature.

En 1896, a été créé à Yokohama un établissement de « Condition des soies écrues » ; les soies écrues y sont soumises à une inspection rigoureuse, ce qui donne aux commerçants en soie du Japon et aux consommateurs étrangers le sentiment d'une sécurité justifiée.

De plus, dans les fermes nationales d'essais, des expériences sont faites relativement aux plants de thé, aux méthodes de fabrication et à l'économie de l'industrie du thé, expériences d'ailleurs riches en résultats, spécialement en ce qui concerne les machines destinées à la préparation de ce produit, et grâce auxquelles on obtient à la fois une réduction de travail manuel, une diminution des frais de production et une amélioration de la qualité.

5° *Sociétés agricoles.* — Pour amener les cultivateurs à améliorer les procédés agricoles et les méthodes culturales dans leurs régions, le gouvernement a encouragé la formation de sociétés agricoles. Il existe actuellement :

46 sociétés départementales ;

600 sociétés pour les arrondissements et les grandes villes ;

10.000 sociétés pour les petites villes ou les villages.

Les premières se composent des délégués des sociétés des arrondissements ; les deuxièmes, des délégués des sociétés des bourgs et villages ; les troisièmes, de propriétaires cultivant eux-mêmes leurs terres. Ces sociétés agricoles possèdent la personnalité civile.

6° *Lois préventives pour conjurer différents dommages.* — Dans cet ordre d'idées, le gouvernement a promulgué les lois suivantes :

a) Lois pour prévenir et détruire les maladies et insectes nuisibles aux plantes et produits agricoles ;

b) Loi préventive des maladies du ver à soie, promulguée en 1905 ; cette loi s'attache principalement à faire opérer un contrôle sévère sur les œufs et à faire procéder à des mesures de désinfection contre les maladies du ver à soie ;

c) Loi préventive des maladies du bétail ;

d) Loi préventive de la tuberculose bovine ;

e) Loi sur l'utilisation des engrais, établie pour permettre de contrôler les vendeurs qui, malhonnêtement, iraient à l'encontre des procédés indiqués dans cette loi.

MESURES DE DÉFENSE POUR LES FORÊTS. — Nous avons indiqué à notre tome III (p. 631) l'abondance des forêts au Japon. Elles occupent plus de 60 p. 100 du territoire de l'empire ; un tiers au moins appartient à l'État. En 1907 a été promulguée une loi sur le régime forestier, loi qui :

1° permet à l'Administration d'empêcher la destruction des forêts qui sont la propriété des particuliers, voire même de restreindre ou d'empêcher durant un certain laps de temps l'exploitation de ces forêts ;

2° facilite le reboisement des terrains incultes et l'amélioration des forêts, tant de celles appartenant à l'État que de celles appartenant aux temples (shintoïstes ou bouddhiques) ou aux particuliers ;

3° accorde, sous certaines conditions, des exemptions d'impôts.

CHAPITRE LXXVIII

CANADA

A. — CONSIDÉRATIONS GÉNÉRALES

CRÉATION DE DEUX NOUVELLES PROVINCES. — LES TROIS ZONES : CLIMAT, PRO-
DUCTIONS NATURELLES. — POPULATION. — IMMIGRATION : CHIFFRE GLOBAL,
PROVENANCE, RÉPARTITION. — TABLEAU DES IMPORTATIONS ET DES EXPOR-
TATIONS.

Au tome IV (p. 1 à 48) nous avons déjà traité du Canada
avec quelques détails, mais c'est un pays neuf, entièrement
agricole, en grand progrès et dont, par suite, il ne faut pas
hésiter à parler de nouveau dans un livre tel que celui-ci. Ce
que l'on a écrit à ce sujet cesse, en effet, d'être exact quelques
années plus tard, ou a tout au moins besoin d'être complété :
c'est ainsi qu'en 1905 quatre territoires (l'Athasbasca, l'Assi-
niboia, l'Alberta, le Saskatchevan) ont été estimés avoir acquis
les conditions voulues pour l'élévation au titre et aux avantages de provinces ; on les a, dans ce but, réunis deux à deux,
et ils donnent aujourd'hui l'Alberta et le Saskatchevan — soit
en tout neuf provinces (voir tome IV, p. 1) et le district de Yuka.

Nous ne croyons pas inutile de revenir, pour en traiter avec
plus de détail, sur le climat ; car il a été récemment écrit, à ce
sujet, dans la presse française, plusieurs choses erronées ; au
demeurant, cette question du climat a une telle importance dans
un pays vers lequel se porte une importante émigration que
l'on ne saurait craindre d'être trop explicite à son sujet. Nous
empruntons les renseignements suivants à un livre tout récent
et fort documenté : *Le Canada économique au* xxe *siècle* (1) :

(1) Par Maurice DEWAVRIN ; Marcel
Rivière, éditeur (1909). A la même librairie nous signalerons, dans la même
collection, d'autres ouvrages conçus
dans un esprit pratique, par suite utiles
à consulter : *le Gualemala économique,*

Au point de vue physique et partant économique, le Canada se divise du Nord au Sud en trois zones successives. La plus septentrionale s'étend au midi jusqu'à la baie Ungava dans la région située à l'Est de la baie d'Hudson. Elle est ensuite bornée par une ligne oblique tirée du goulet de Chesterfield, sur la rive occidentale de cette baie, et aboutissant au golfe Coronation ; passé ce point, elle se prolonge en suivant les côtes de l'océan Glacial jusqu'à l'estuaire du fleuve Mackenzie. Cette région est à peu près déserte et inutilisable, ne produisant comme végétation qu'une herbe rare et presque toujours couverte de neige ou de glace. Sa population, constituée presque exclusivement de sauvages esquimaux, vit tant bien que mal de la pêche et, sur certains points, de la chasse du phoque.

Contrairement à la précédente, la seconde zone joue un rôle important dans la vie économique du Canada : c'est la région forestière, bornée au Sud par le 49e parallèle jusqu'à l'extrémité du lac Supérieur, soit sur une étendue de 2.300 milles, et au delà par le 55e parallèle. En moyenne, la région forestière mesure 700 milles du Nord au Sud et sa superficie excède 2.250.000 milles carrés, soit environ les deux tiers du pays tout entier. Elle est encore imparfaitement connue et peu exploitée (1).

La troisième zone du territoire canadien (2) embrasse une étendue d'environ 1 million de milles carrés, soit cinq fois la surface de la France. Elle gagne du terrain d'année en année aux dépens de la précédente, au fur et à mesure des défrichements qui se poursuivent activement dans tout le Dominion. Au point de vue physique, cette troisième zone présente une grande variété d'aspects. La région située sur la rive droite du Saint-Laurent et la presqu'île ontarienne sont peu accidentées, mais de l'autre côté du fleuve il existe une chaîne de montagnes assez importante, les Laurentides. Outre le Saint-Laurent qui réunit le lac Ontario, d'une part

---

par C. Stephan ; *le Mexique économique*, également par C. Stephan, et *la Turquie économique*, par G. Carles.

(1) La zone des forêts est divisée en trois parties de l'Est à l'Ouest : les deux premières sont séparées par la baie d'Hudson et son prolongement par la baie James ; la troisième, que les Montagnes Rocheuses limitent par rapport à la seconde, est constituée par la Colombie britannique ; sur une aire totale de 370.000 kilomètres carrés, cette province, l'une des régions les plus boisées du monde entier, compte 285.000 kilomètres carrés (76 p. 100) de forêts.

(2) Entre les deux zones précédentes, dans la direction du Nord-Ouest, se trouve le Yukon, pays dont le sol n'offre aucune espèce de ressource, étant gelé pendant dix ou douze mois de l'année ; en revanche, son sous-sol est, ou plutôt était, très riche en gisements aurifères. Bien qu'il compte encore actuellement 27.000 habitants, ce pays est en complète décadence.

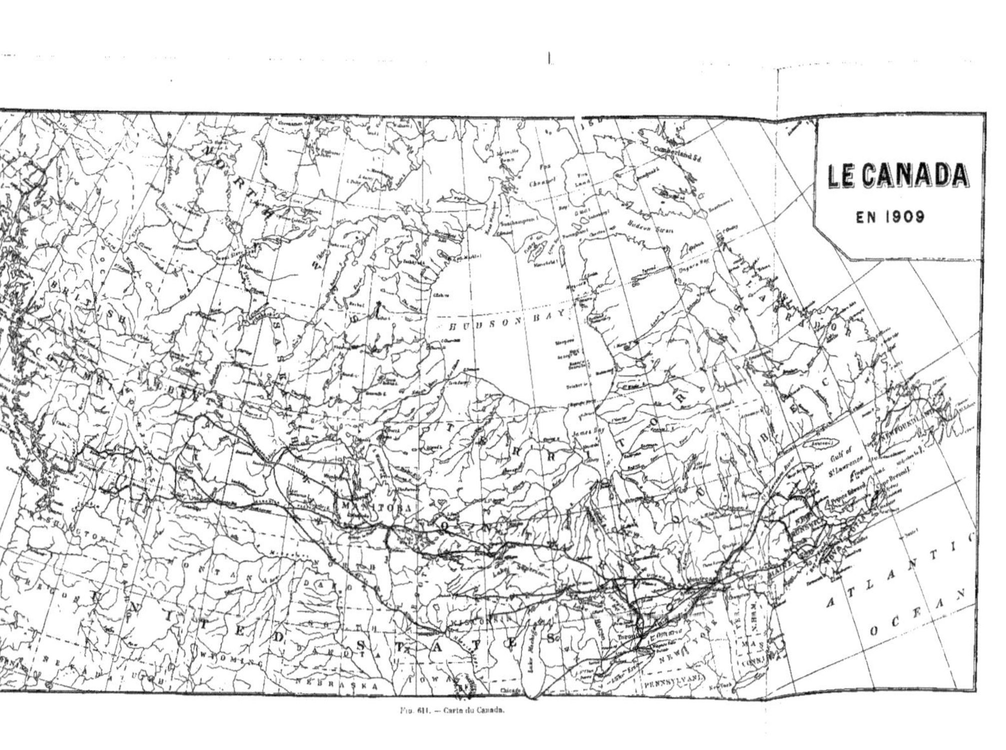

Fig. 611. — Carte du Canada.

avec l'Atlantique, de l'autre avec le chapelet des grands lacs canado-américains, de grandes rivières arrosent la partie est du Canada méridional : les principales sont l'Ottawa et le Richelieu, affluents du Saint-Laurent, et la rivière Saint-Jean.

La région comprise entre le lac Supérieur et les Montagnes Rocheuses, presque complètement plate, constitue la Prairie canadienne. Au delà des Montagnes Rocheuses, le pays est assez accidenté.

Le climat de la troisième zone, à la différence de celui des deux premières, est très supportable pour les Européens. La moyenne de la température est sur le littoral Atlantique de 18° centigrades en été et de — 6° en hiver. Dans les provinces de Québec et d'Ontario, elle est en toute saison inférieure de 2° à celle de l'Arcadie. La région de l'Ouest, jusqu'aux Montagnes Rocheuses, a la même température moyenne d'été, mais une moyenne plus basse en hiver : — 17°. De même que les eaux du Golf-Scam contribuent à réchauffer les côtes de la Nouvelle-Ecosse et du Nouveau-Brunswick, de même le *Kuro-Sivo* ou courant de Japon, qui longe le rivage de la Colombie Britannique, en adoucit la température, dont la moyenne est de 0° en hiver.

En été, il n'est pas rare de voir le thermomètre marquer 25 à 30°, et en revanche on enregistre fréquemment durant la mauvaise saison 25 à 30° au-dessous de zéro à Québec et à Montréal. Somme toute, à la latitude égale, il fait en hiver plus froid au Canada qu'en Europe, et il y fait sensiblement plus chaud l'été (1).

Un trait caractéristique du Canada au point de vue climatérique est l'absence presque complète des saisons intermédiaires. L'automne, réduit à trois ou quatre semaines, marque une très courte transition entre l'été et l'hiver. Cette dernière période dure, suivant les régions, de cinq à six mois. La neige commence en général à tomber vers la Toussaint. Dès les premiers jours de décembre, elle acquiert une épaisseur et une consistance qui lui permettent de protéger efficacement la terre contre le froid. La fonte s'opère très rapidement, en huit ou dix jours. C'est dès lors l'été (2).

---

(1) Pour pouvoir comparer les chiffres donnés plus haut avec les moyennes de l'ancien continent, il faut se souvenir : qu'Ottawa et Montréal sont situés sur le même parallèle que Venise ; que Toronto correspond à peu près à Marseille, et Winnipeg à Cherbourg. A la hauteur de Stockholm et de Christiania, la terre canadienne est presque inhabitée.

(2) La pureté de l'atmosphère canadienne rend les températures extrêmes plus facilement supportables : uniformément secs, la chaleur et le froid ne revêtent point dans ce pays privilégié l'humidité malsaine qui les accompagne dans tellement d'autres régions. Le dé-

La superficie du Canada (neuf millions de kilomètres carrés) représente une étendue presque égale à celle de l'Europe (1). Sa population va s'augmentant. Voici, à ce sujet, quelques détails que nous empruntons encore à l'intéressant livre précité de M. Dewavrin :

Jusqu'à l'établissement de la Confédération (1867), la population canadienne s'accrut principalement par la natalité ; cette natalité fut heureusement très élevée. Le premier recensement fédéral (1871) constate un total de 3.635.000 habitants. Les dénombrements suivants, ceux de 1881, 1891 et 1901, donnent successivement 4.325.000, 4.835.000 et 5.375.000 canadiens. Aujourd'hui on peut évaluer la population du pays à 6.640.000

frichement des grandes forêts, en faisant graduellement disparaître l'humidité ambiante, a beaucoup contribué et contribuera encore par la suite à rendre le climat canadien plus clément. Ce qui s'était passé il y a bien des siècles dans l'ancienne Germanie, se renouvelle au Nouveau Monde. « Au Canada, dit Malte-Brun, se produisent quant au climat les mêmes changements que l'on avait observés en Europe lorsque les masses obscures de la forêt Hercynienne eurent disparu. La température a subi en moyenne un relèvement de 8 à 10 degrés depuis que l'industrie européenne a été appelée à consacrer ses efforts à la culture du pays. »

(1) Donnons quelques détails sur les frontières du pays. Celle du Sud, qui le sépare des États-Unis, est tantôt naturelle et tantôt conventionnelle. De l'Est à l'Ouest, c'est d'abord la rivière Sainte-Croix, puis une ligne de démarcation très contournée qui date du traité de Ryswick. A la hauteur du méridien de Québec, la frontière a été fixée au quarante-cinquième parallèle jusqu'à son intersection avec le Saint-Laurent, point à partir duquel le thalweg de ce fleuve et celui des grands lacs servent de délimitation. Au delà du lac des Bois, le plus en amont et le plus petit de tous, la limite, rectifiée à une date assez rapprochée par une convention spéciale (International Boundary Act.), suit le quarante-neuvième parallèle jusqu'à l'océan Pacifique.

Au Nord, la délimitation du territoire canadien ne présentait aucun intérêt immédiat, faute de compétition et en outre parce que durant dix mois de l'année le rude climat boréal la rend illusoire. Aussi le gouvernement canadien a-t-il pu, en 1895, reculer les bornes des pays sans susciter de contradiction. La limite Nord du Canada atteint aujourd'hui sur certains points le soixante-dix-septième parallèle, et dépasse partout le cercle polaire arctique. La plus grande longueur du Dominion — comptée de Windsor (Ontario) à la baie de la Princesse-Marie, qui sépare le Canada insulaire du Groënland — atteint 3.700 kilomètres.

Dans la région contiguë à l'Alaska, la frontière canado-américaine a été fixée de gré à gré peu de temps après la cession aux États-Unis de l'ancien territoire russe.

âmes (1) chiffre cinquante-cinq fois supérieur à celui du recensement de 1763 (2).

Si au cours des trente dernières années du XIXe siècle, l'immigration a sensiblement augmenté par rapport à la période des cent ans qui ont suivi l'annexion à l'Angleterre, son contingent annuel n'a jamais excédé 50.000 personnes, sauf à l'époque de la construction de la grande ligne trans-continentale du Canadian Pacific Railway, entre 1882 et 1885. Encore les nouveaux venus s'en retournèrent-ils pour la plupart dès l'achèvement des travaux (3).

C'est seulement à partir de 1899 que l'immigration au Canada a pris son essor. Ce phénomène a subi au cours des dix dernières années une double évolution : le flux germanique, qui jusqu'alors représentait la plus grande partie de l'immigration européenne, décline brusquement, tandis que les éléments américain, britannique, scandinave et slave, prennent une importance plus considérable (4).

---

(1) Non compris la population des territoires non organisés, évaluée actuellement à 160.000 âmes contre 70.000 en 1901.

(2) De 1871 à 1906, la moyenne annuelle des naissances a été de 29 p. 1000 habitants et celle des décès de 14 p. 1000, soit un excédent annuel de 14 p. 100.

(3) Les statistiques accusent pour la période antérieure à 1892 des moyennes annuelles très élevées : 113.000 de 1882 à 1885, 76.000 de 1885 à 1891. Ces données correspondent non seulement aux immigrants proprement dits, mais encore à toutes les autres personnes ayant franchi la frontière canadienne par certains points déterminés. Cette pratique a été abandonnée par la suite. De 1892 à 1899, la moyenne annuelle s'abaisse à 26.000.

Les principaux courants de l'immigration régulière entre 1871 et 1899 sont ceux des Iles Britanniques et de l'Allemagne. Au recensement de 1901, le Canada comptait 525.000 habitants de race étrangère, c'est-à-dire dont les ascendants n'étaient pas sujets de l'Empire britannique. Sur ce nombre, 310.000 étaient de descendance germanique. Mais tandis que parmi ces derniers 27.000 seulement n'étaient pas natifs du Canada, pour les autres contrées de l'Europe continentale le chiffre des personnes originaires d'un pays déterminé est à peu près égal au nombre total des personnes résidant au Canada et qui peuvent se réclamer de sa race : en d'autres termes, il y a très peu de Canadiens de naissance dont les ascendants ne soient pas d'origine britannique, Canadiens-Français ou Allemands.

Sur le nombre total des sujets britanniques entrés au Canada de 1871 à 1901, 405.000 survivaient à cette dernière date, dont 50 p. 100 d'Anglais, 25 p. 100 d'Irlandais, 21 p. 100 d'Ecossais et 4 p. 100 d'originaires des colonies britanniques.

Enfin, il y avait au Canada en 1901 : 128.000 Américains, 31.000 Russes (Finlandais ou membres de la secte des Doukobors), 28.000 Austro-Hongrois (Galiciens pour la plupart), 28.000 Scandinaves, 10.000 Français, etc.

(4) Si l'on considère le mouvement d'émigration du vieux monde vers le

En 1899, le total des immigrés avait atteint le chiffre de 42.500 personnes, dont 12.000 Américains, 22.500 habitants de l'Europe continentale et environ 8.000 sujets britanniques. On signale en 1906 l'installation au Canada de 191.000 colons dont 58.000 originaires des États-Unis, 44.000 Européens du continent et 87.500 Anglais, Écossais ou Irlandais (1).

Jusqu'à ces dernières années les sociétés d'assistance et de protection aux immigrants avaient joué un rôle peu important dans le mouvement d'émigration au Canada. En Angleterre notamment, il n'existait comme organisations de ce caractère que des patronages, comme la Canadian Catholic Emigration Society et la Knowlton Home Distribution Society. Tous réunis, ces groupements à tendances confessionnelles pouvaient à peine dans les bonnes années assister un millier d'émigrants. Mais en 1904 une institution nouvelle et de proportions beaucoup plus vastes s'est fondée chez nos voisins : le Bureau d'Emigration créé à Londres par le comité directeur de l'Armée du Salut. Cette entreprise d'assistance aux émigrants, guidée par un principe de stricte neutralité religieuse (2), est régie conformément à un plan d'action méthodique et très pratique, qui peut se résumer en cette formule : *accomplir une bonne œuvre, mais la conduire comme une affaire.* D'autre part, au système vieilli des avances à fonds perdus aux émigrants, les salutistes ont substitué le régime des prêts sans intérêts, qui donne d'assez bons résultats (3). Enfin, l'organisation des services de transport par terre et par mer a été combinée de manière à accorder aux protégés de l'Armée, en échange du prix ordinaire de passage le maximum de confort et d'avan-

Canada au cours des dix dernières années, en se plaçant au point de vue de la contribution des diverses nationalités de l'Europe continentale, la répartition apparaît fort inégale. Le contingent de l'année 1904 (35.000 émigrants) se décompose ainsi : Galiciens, 8,000 ; Italiens, 4,500 ; Scandinaves, 3,500 ; Russes, 3,000 ; Allemands, 3.000 ; Français, 2,000 ; Hongrois, 1,000 ; Autrichiens, 500 ; Belges, 500. Autres nationalités, 5,000. Le surplus, 4,000, est représenté par un élément accidentel : il s'agit d'une tentative sioniste qui ne s'est pas renouvelée.

Bien qu'assez élevé, l'appoint de l'Italie est peu intéressant, car l'Italien s'a-

dapte mal au milieu canadien ; il ne vient guère au Canada que pour y faire des travaux de terrassement.

(1) En ce qui concerne l'immigration britannique, on constate depuis quelques années la décroissance de l'élément irlandais. Les Irlandais se rendent aujourd'hui plus volontiers aux Etats-Unis, particulièrement à New-York, où ils sont très nombreux et constituent une véritable puissance.

(2) La proportion des salutistes à l'ensemble des personnes assistées par l'Armée n'excède pas 20 p. 100.

(3) 25 p. 100 du montant des prêts sont remboursés dans l'année même.

tages accessoires, et un bureau de placement est établi à bord des navires affrétés spécialement par l'Armée du Salut; les émigrants sont interrogés à tour de rôle par les représentants de cette dernière, qui leur communiquent la liste des emplois offerts par les patrons et maîtres canadiens aux protégés de la secte du Général Booth (1). En sorte qu'à l'heure du débarquement la grande majorité des émigrants ont déjà trouvé du travail.

De 5.000 en 1904, le chiffre des personnes venues au Canada sous les auspices du Bureau d'Émigration s'est élevé à 13.000 en 1907 (2).

Deux courants d'immigration jadis importants ont complètement cessé depuis 1904, à la suite des mesures restrictives prises par le mouvement canadien : le mouvement chinois et le mouvement japonais, ce dernier plus récent et moins important que le premier. De 1886 à 1904, 45.000 Chinois sont venus chercher fortune au Canada ; en dehors du service personnel des blancs en Colombie britannique, ils ont su se créer un débouché dans la profession de blanchisseur à la main dont ils se sont ménagé le monopole dans tout le Dominion. Mais comme les Célestes, non contents de se refuser à amener leur famille avec eux, vivent très parcimonieusement et s'en retournent au bout de quelques années avec la presque totalité des sommes qu'ils ont gagnées, ils ont toujours été vus d'un mauvais œil par les Canadiens. Sous la pression de l'opinion publique, le Parlement d'Ottawa vota en 1901 une loi imposant aux immigrants chinois une taxe de 100 dollars. Trois ans plus tard, l'effet de cette mesure n'ayant pas été jugé suffisant, le taux de cette capitation douanière était porté à 500 dollars, droit d'entrée prohibitif dont le résultat fut la cessation immédiate de l'immigration céleste. Pour des motifs analogues, des mesures d'un caractère un peu différent mais tout aussi efficaces ont été prises depuis vis-à-vis des Japonais. Moins patient que celui de Pékin, le gouvernement de Tokio fit entendre de vives protestations contre l'ostracisme dont ses nationaux étaient l'objet. Le cabinet Laurier fut obligé d'envoyer en négociation un de ses membres, M. Rodolphe Lemieux, ministre des Postes. L'habile diplomatie de ce dernier parvint à calmer les susceptibilités nippones, sans que cependant les décisions prises eussent été rapportées.

L'augmentation subite, au cours des premières années du xxᵉ siècle, de l'immigration européenne, tant britannique que continentale, tout en cau-

(1) La proportion des ouvriers ou employés non acceptés par l'employeur est de 1 p. 100 seulement.

(2) En raison de la crise américo-canadienne, ce chiffre a été réduit à 6.500 en 1908, bien que l'Armée eût reçu 70.000 demandes de transport. Il s'est relevé en 1909.

sant une vive satisfaction au monde canadien n'en a pas moins fait naître une certaine inquiétude dans les milieux officiels. Les pouvoirs publics ont craint que la qualité des nouveaux venus ne fût en raison inverse de leur quantité. Cette préoccupation officielle s'est traduite par des mesures législatives tendant à interdire l'entrée du pays aux brebis galeuses et aux éléments honnêtes mais inutilisables. *L'Emigration act* de 1906 prononce l'exclusion formelle des immigrants « *non désirables* » (undésirable) : infirmes dépourvus de moyens permanents d'existence, indigents, repris de justice et personnes de mauvaises mœurs. Les compagnies de navigation sont tenues de rapatrier à leurs frais et à première réquisition les

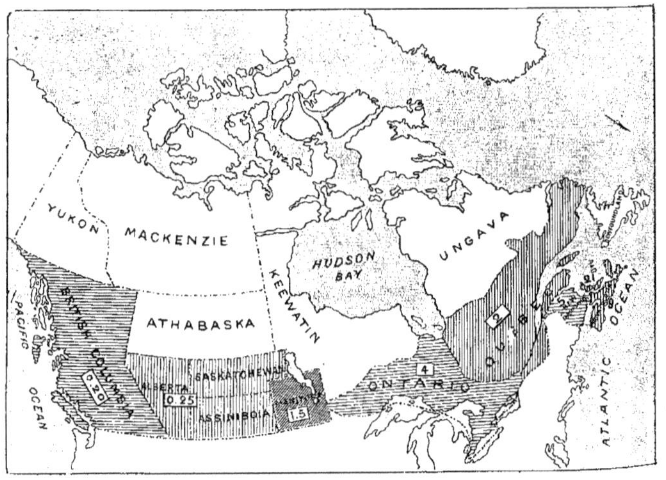

Fig. 612. — Répartition de la population au Canada.
(Les chiffres indiquent le nombre d'habitants par kilomètre carré.)

non désirables qui viendraient à pénétrer par fraude et les émigrants même admis par l'autorité compétente qui par la suite tomberaient à la charge de la collectivité, ou se rendraient coupables d'un crime, à moins toutefois qu'il ne se soit écoulé deux ans depuis leur débarquement.

L'augmentation d'ensemble de la population canadienne de 1871 à 1901 s'est très inégalement répartie sur les différentes régions du pays. Ce mouvement n'a pas été très sensible en Arcadie ; plus accentué dans les provinces de Québec et d'Ontario, particulièrement au cours des dernières années, il a pris une extension considérable dans la Prairie, et toutes proportions gardées, en Colombie britannique à partir de 1891. Auparavant la population de ces deux régions nouvelles était très peu nombreuse, leur accession à la vie économique étant encore trop récente.

Le dernier recensement fédéral date de 1901. Mais en 1908 une évaluation officieuse de la population canadienne a été faite en prenant pour base les dénombrements provinciaux. Cette opération a donné les résultats suivants : Québec, 1.810.000 habitants ; Ontario, 2.350.000 : Nouvelle-Ecosse, 480.000 ; Nouveau-Brunswick, 350.000 ; île du Prince-Edouard, 110.000 ; Colombie, 330.000 ; Manitoba, 430.000 ; Alberta, 320.000 ; Saskatchewan, 460.000.

Ces chiffres représentent par rapport aux résultats de dénombrement de 1901 une augmentation notable pour les provinces de l'Est et considérable pour celle de l'Ouest (1).

L'influence respective des causes naturelles et des causes sociales dans l'accroissement de la population canadienne n'a pas été la même d'une région à l'autre. En ce qui concerne l'excédent des naissances sur les décès, l'importance de cette donnée varie plutôt suivant les races que suivant les régions. La natalité atteint son maximum dans la province de Québec où son taux s'élève à 38 pour mille habitants; encore ce chiffre comprend-il dans sa base de calcul l'élément anglais de la population, moins prolifique que l'élément français (2). En Ontario et en Arcadie, malgré la présence sur le territoire de ces provinces d'une assez forte proportion de Canadiens-Français, elle s'abaisse à 25 p. 1000 environ. Dans la Prairie, où la population, très mélangée au point de vue des races, est

(1) Taux d'augmentation dans les différentes provinces ou régions : Arcadie 5 p. 100, Ontario 8 p. 100, Québec 10 p. 100, Colombie 83 p. 100, Prairie 197 p. 100 (Manitoba 68 p. 100, Alberta, 324 p. 100, Saskatchewan 400 p. 100). Voir au tome IV, p. 1, les chiffres de 1881, 1891 et 1901, avec la répartition pour chaque province.

(2) Les statistiques provinciales n'indiquent pas le taux de natalité afférent à chacun des deux groupes ethniques. Mais pour la ville de Montréal une évaluation nous apprend que la moyenne des naissances est respectivement de 42 p. 1000 chez les Canadiens-Français, et de 22 p. 1.000 chez les Canadiens-Anglais. Le taux élevé de la natalité canadienne-française a permis à nos frères du Nouveau Monde, malgré la proportion assez considérable des décès (18 p. 100) — conséquence d'une hygiène infantile insuffisante — non seulement de rayonner au dehors sans rendre désert le sol natal, mais encore de conquérir par la voie pacifique la prépondérance autrefois détenue dans les districts du Sud de la rivière Saint-Laurent par l'élément britannique, à tel point que nombre de paysans d'origine anglaise dont les familles s'étaient autrefois établies dans la région de Sherbrooke et d'Iberville ne parlent plus leur langue maternelle. En outre, il y a 160.000 Canadiens-Français en Ontario, 140.000 en Arcadie, et 28.000 dans l'Ouest y compris la Colombie britannique.

exclusivement sédentaire et en grande majorité agricole, la proportion des naissances est de 31 p. 1.000; elle s'abaisse à 15 et demi p. 1.000 en Colombie, région minière industrielle où se rendent de préférence les colons célibataires, et dont la population, en dehors des immigrants de race jaune, qui ne viennent jamais en famille, ne comprend guère que des éléments d'origine britannique. Quant à la mortalité, son taux est de 18 p. 1.000 à Québec, et de 12 p. 1.000 dans les autres régions du pays.

Toutes les provinces n'ont pas participé dans une mesure comparable au mouvement d'immigration ; celles qui en ont le plus largement bénéficié ont profité par surcroît d'un courant d'immigration intérieure allant de l'est à l'ouest.

Les provinces maritimes ont reçu très peu d'immigrants, et n'en ont pas moins contribué dans une mesure appréciable au peuplement de la Prairie et de la Colombie. L'Ontario — après avoir été longtemps l'unique, puis le principal bénéficiaire de l'immigration européenne, assez faible, il est vrai, mais du moins continue — se voit délaisser par elle depuis quinze ans pour les provinces de l'Ouest (1). A partir de la même époque un courant d'émigration ontarienne vers la Prairie et la Colombie (2) est venu s'ajouter au mouvement vers les Etats-Unis, beaucoup plus ancien (3).

La province de Québec n'a reçu depuis l'annexion anglaise que très peu d'émigrants. Même au cours des dix dernières années, l'âge d'or de l'immigration au Canada, son contingent n'a jamais dépassé et a rarement atteint le chiffre de 15.000 personnes ; encore souvent les nouveaux venus ne faisaient-ils que passer dans la province. Et cependant l'élément français de la population, quoiqu'il n'ait pas été grossi par ces arrivages composés pour moitié d'Anglais et pour l'autre moitié de Russes et d'Italiens, a considérablement augmenté au cours de la dernière période trentenaire, phénomène d'autant plus remarquable que pendant ce temps, en dehors d'un mouvement peu important d'émigration vers l'Ouest (4), il a perdu un plus grand nombre d'habitants, passés aux Etats-Unis (5).

La Colombie est de toutes les régions du Canada celle où la natalité

---

(1) En dehors de l'élément britannique, Ontario a reçu la plus grande partie de l'immigration germanique. En 1901, cette province comptait 300.000 habitants d'origine allemande.

(2) 66.000 personnes de 1901 à 1906.

(3) En 1900, les Etats-Unis comptaient 1.300.000 habitants d'origine canadienne-anglaise (dont un tiers nés au Canada), presque tous Ontariens ou descendants d'Ontariens.

(4) 20.000 personnes vers la Prairie et 5.000 en Colombie.

(5) Au recensement de 1900, les Etats-Unis comptaient 800.000 habitants d'origine canadienne-française, dont 400.000 nés au Canada.

est la plus faible, la mortalité étant égale à la moyenne d'ensemble du Canada. Aussi, l'accroissement de sa population, très rapide aux cours des dernières années, provient-il plutôt de l'immigration européenne, américaine et sino-japonaise que de l'excédent des naissances sur les décès.

Quant aux provinces de la Prairie, leur peuplement a commencé à une date relativement éloignée ; mais cette opération a pris une allure beaucoup plus rapide au cours des dernières années (1). De 1901 à 1906, l'immigration des Canadiens originaires des autres provinces a fourni à cette région un appoint de 90.000 habitants pour la plupart d'origine ontarienne ; le contingent de l'immigration étrangère s'est élevé à 220.000 personnes (2).

A la différence d'Ontario et de provinces maritimes, la prospérité de la région des Prairies et l'afflux des canadiens qui en a été la conséquence ne se sont pas produits aux dépens de la Colombie britannique. La marche de la civilisation dans l'Amérique du Nord est orientée de l'Est à l'Ouest, et jamais cette marche ne rebrousse chemin.

Quelques mots des voies de communication s'imposent ici. Pour ce pays neuf, en effet, — et nous aurons l'occasion de le répéter au sujet de la République Argentine —, la question des voies de communication est primordiale. Peu de pays jouissent à ce sujet d'une situation aussi privilégiée que celle du Canada. De Port-Arthur, sur le lac Supérieur, à son embouchure, soit sur près de 3.000 kilomètres, le Saint-Laurent est navigable pour les navires dont le tirant d'eau n'excède pas quatorze pieds, et bien que les glaces viennent malheureusement entraver cette navigation pendant six mois de l'année, le trafic n'en est pas moins au total considérable. Joignez au Saint-Laurent ses

(1) En 1906, cette région comptait 120.000 habitants nés au Royaume-Uni, 90.000 Américains, 60.000 Austro-Hongrois, 34.000 Russes, 18.000 Scandinaves, 14.000 Allemands et 5.000 Français.

(2) Répartition : 70.000 Américains ; 70.000 habitants nés au Royaume-Uni, 34.000 Austro-Hongrois, 13.000 Scandinaves, 10.000 Russes, 10.000 Allemands et 2.500 Français. Nos compatriotes se sont groupés dans diverses paroisses, dont les principales sont Saint-Claude, Saint-Brieuc, Notre-Dame de Lourdes et Domrémy. Ces petits centres se confondent avec le milieu ambiant par la valeur professionnelle des cultivateurs et le chiffre élevé de leur natalité, mais ils restent bien distincts au point de vue de la langue et des mœurs.

affluents, les grands lacs et un certain nombre de canaux, et vous aurez au total un merveilleux réseau, à qui d'importants ports fluviaux et maritimes permettent de rendre tous les services désirables.

Le réseau ferré est également important; les services qu'il est appelé à rendre sont d'autant plus grands que les routes laissent fort à désirer et que les glaces interrompent, ainsi que nous le signalons plus haut, la circulation fluviale pendant près de la moitié de l'année. Le réseau total est de 34.500 kilomètres (chiffre du 31 décembre 1906); c'est là un chiffre incontestablement élevé; mais il faut tenir compte de l'immense étendue du pays. Aussi plus d'une région en est-elle aujourd'hui encore totalement privée; mais l'on est en train de remédier à la chose.

Avant de terminer ces considérations générales, nous tenons à résumer les importations et les exportations dans le diagramme que voici et les deux tableaux des pages suivantes :

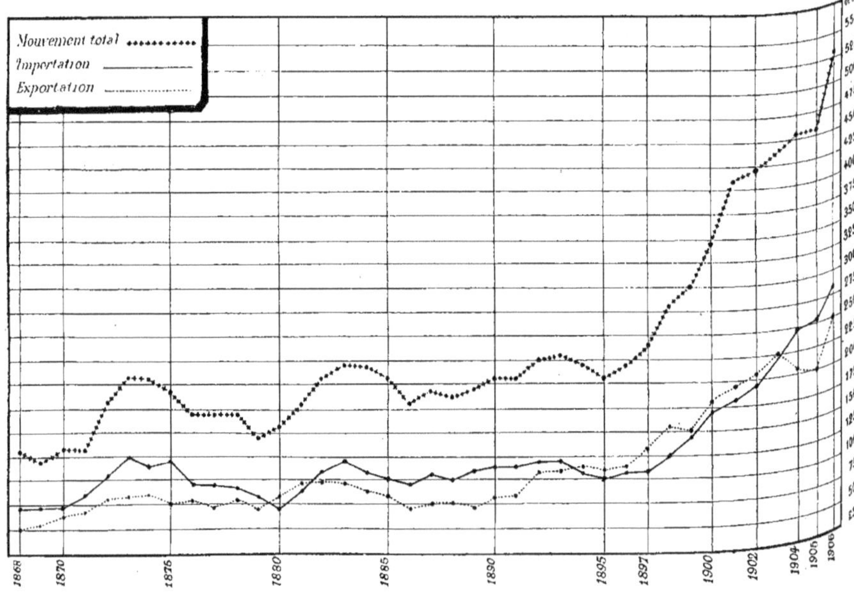

Fig. 613. — Diagramme des importations et exportations canadiennes de 1868 à 1906.

A. — Tableau des importations et des exportations

1° *Principaux produits importés au Canada*
1877 (1) et 1906

	ALIMENTATION		MATIÈRES PREMIÈRES		PRODUITS FABRIQUÉS (2)	
	VALEUR ABSOLUE (dollars)	PROPORTION à l'ensemble des importations	VALEUR ABSOLUE (dollars)	PROPORTION à l'ensemble des importations	VALEUR ABSOLUE (dollars)	PROPORTION à l'ensemble des importations
1877...........	29.000.000	32 0/0	9.000.000	10 0/0	53.000.000	56 0/0
1906...........	35.000.000	13 0/0	64.500.000	15 0/0	187.000.000	68 0/0

(1) 1876 est la première année où les statistiques donnent la décomposition par catégories.
(2) Y compris la valeur déclarée des effets d'immigrants : un million en 1877 ; neuf millions en 1906.

2° *Principaux produits exportés par le Canada*
(moyennes triennales : 1868-1870 et 1904-1906)

	CÉRÉALES ET FARINES		PRODUITS D'ORIGINE ANIMALE		BOIS		PRODUITS DES MINES		OBJETS MANUFACTURÉS	
	VALEUR absolue (dollars)	RAPPORT à l'ensemble des export.	VALEUR absolue (dollars)	RAPPORT à l'ensemble des export.	VALEUR absolue (dollars)	RAPPORT à l'ensemble des export.	VALEUR absolue (dollars)	RAPPORT à l'ensemble des export.	VALEUR absolue (dollars)	RAPPORT à l'ensemble des export.
1868-70	11.000.000	23 0/0	9.000.000	19 0/0	20.000.000	41 0/0	2.000.000	4 0/0	2.250.000	5 0/0
1904-06	29.560.000	14 0/0	64.400.000	31 0/0	35.000.000	17 0/0	33.500.000	16 0/0	22.000.000	11 0/0

B. — Pays de provenance ou de destination des principaux produits importés ou exportés

1° Pays de provenance des principaux articles d'importation
(1906)

PAYS	ALIMENTATION			MATIÈRES PREMIÈRES			PRODUITS FABRIQUÉS		
	VALEUR absolue (dollars)	PROPORTION à l'ensemble des importations du pays	CONTRIBUTION de chaque pays à l'ensemble des import. de produits d'alimentation	VALEUR absolue (dollars)	PROPORTION à l'ensemble des importations du pays	CONTRIBUTION de chaque pays à l'ensemble des import. des matières premières	VALEUR absolue (dollars)	PROPORTION à l'ensemble des importations du pays	CONTRIBUTION de chaque pays à l'ensemble des import. de produits fabriqués
Grande-Bretagne...	3.000.000	4 0/0	9 0/0	3.500.000	5 0/0	8 0/0	60.000.000	87 0/0	32 0/0
Etats-Unis.........	15.500.000	9 0/0	44 0/0	34.500.000	21 0/0	78 0/0	107.000.000	66 0/0	57 0/0
Autres pays	16.500.000	37 0/0	47 0/0	6.500.000	13 0/0	14 0/0	20.000.000	45 0/0	11 0/0

2° Pays de destination des principaux articles d'exportation
(Moyennes triennales : 1904-1906)

PAYS	CÉRÉALES		PRODUITS D'ORIGINE ANIMALE		BOIS		PRODUITS DES MINES		PRODUITS DES MANUFACTURES	
	VALEUR des exportations (dollars)	RAPPORT 0/0 aux export. totales du pays	VALEUR des exportations (dollars)	RAPPORT 0/0 aux export. totales du pays	VALEUR des exportations (dollars)	RAPPORT 0/0 aux export. totales du pays	VALEUR des exportations (dollars)	RAPPORT 0/0 aux export. totales du pays	VALEUR des exportations (dollars)	RAPPORT 0/0 aux export. totales du pays
Royaume-Uni ...	22.500.000	20 0/0	57.500.000	51 0/0	13.200.000	11 0/0	1.000.000	1 0/0	6.700.000	5 0/0
Etats-Unis.......	2.300.000	3 0/0	5.700.000	8 0/0	18.600.000	26 0/0	31.300.000	42 0/0	8.400.000	11 0/0
Autres pays	4.200.000	10 0/0	1.500.000	7 0/0	3.200.000	14 0/C	1.400.000	6 0/0	6.900.000	30 0/0

B. — AGRICULTURE ET ÉLEVAGE (1)

DANS L'OUEST CANADIEN. — Nous avons déjà eu l'occasion de signaler les progrès accomplis dans l'Ouest canadien : ce que nous
en écrivions au tome IV n'a fait que recevoir depuis des
faits une éclatante confirmation. Ces progrès se font même
de plus en plus considérables et c'est au facteur nouveau qu'ils
constituent dans la généralité de l'agriculture canadienne qu'il
faut, pour une très large part, faire honneur à l'augmentation,
de plus en plus grande, de la production agricole. Ce furent
les Canadiens de l'Est — et pour un chiffre élevé des Canadiens-
Français (2) qui furent les premiers colons de la prairie, où,
assez nombreux, les émigrants européens viennent aujourd'hui
prendre place à côté d'eux (3).

L'intelligent régime des concessions de terres instauré et
soigneusement appliqué dans le Dominion entre incontestablement pour une large part dans la situation favorable que nous

(1) Nous avons longuement parlé des
forêts au tome IV, pp. 18 à 27 ; nous y
renvoyons nos lecteurs, car nous ne traiterons pas à nouveau ici de la question.

(2) A ce sujet voir plus loin. Voir
d'autre part au tome IV, pp. 39 à 42.

(3) On trouvera, plus loin, quelques
indications sur les qualités les plus nécessaires à qui veut devenir colon sous
le rude climat de l'Ouest.

avons à constater. Voici, au sujet de ce régime, quelques précisions :

Les concessions dépendent exclusivement du gouvernement fédéral (dans le Manitoba, l'Alberta et le Saskatchewan) (1), et le territoire réservé à leur intention est divisé en *townships*, unités conventionnelles divisées chacune en trente-six sections de 640 acres (2), lesquelles sections sont elles-mêmes subdivisées en quarts de section ou *homesteads*. Les sections de numéros impairs de chaque township sont destinées aux concessions gratuites aux colons, tandis que les compagnies de chemins de fer reçoivent à titre de subvention les sections de numéros pairs à l'exception de deux (les n°s 8 et 26) qui sont vendues par adjudication au profit de la caisse des créations scolaires. Tout majeur de dix-huit ans peut demander — et on ne peut la lui refuser — la concession d'un *homestead*, soit, rappelons-le, un lot de 160 acres. Cette concession est, on peut le dire, *absolument* gratuite ; en effet, les seuls frais incombant au concessionnaire sont le paiement d'une somme minime de dix dollars. Mais ce concessionnaire, qui est mis immédiatement en possession de son nouveau domaine, n'en devient définitivement propriétaire qu'au bout de trois ans, et à condition :

1° qu'il ait résidé sur sa terre au moins six mois par année ;

2° qu'il ait établi à demeure sur sa concession vingt têtes de bétail et édifié les constructions qui leur sont nécessaires durant l'hiver, ou qu'il ait mis en culture et maintenu en cet état une superficie minima de 30 acres.

Ainsi on laisse le colon maître de son choix, mais on veut que la terre qu'on lui concède soit de suite utilisée soit pour l'élevage soit pour l'agriculture. Le gouvernement fédéral a toujours sévèrement tenu à une exacte application de ces prescriptions : de 1873 à 1880, environ 60 p. 100 des concessions

---

(1) D'une façon générale le régime des concessions provinciales (dans le « vieux » Canada) ne diffère que peu de celui des concessions fédérales.

(2) L'acre équivaut à un peu plus de 40 ares.

ont été annulées pour inobservation des règlements. Ces mesures draconiennes ont eu pour excellent effet d'écarter les spéculateurs qui s'étaient abattus sur ces *homesteads*, et aujourd'hui, encore que l'on ne tienne pas moins sévèrement à l'application des prescriptions, la proportion des retraits d'homesteads est tombée à 20 p. 100.

Bien des pays neufs auraient eu tout avantage à établir d'aussi sages règlements et à les appliquer aussi sévèrement. Nous verrons dans un de nos chapitres suivants que, pour avoir manqué de cette prévoyance et de cette vigilance, la République Argentine, par exemple, a laissé se constituer dans ces terres de colonisation — au bénéfice de quelques-uns, mais au détriment de son intérêt bien entendu — de véritables *latifundia* laissés à peu près en friche, mais dont les heureux propriétaires . ne retireront pas moins, par suite de l'augmentation des terres, de considérables — et immoraux ! — bénéfices.

Notons, enfin, qu'une heureuse disposition législative permet aux concessionnaires de *homesteads* — sous certaines conditions bien entendu — d'emprunter sur leur terre avant d'en avoir acquis la propriété définitive (1).

Céréales. — Ce sont les céréales qui occupent, de loin, le premier rang dans la culture canadienne ; elles entrent pour plus de moitié dans la production totale (2). Voici, du reste, un

---

(1) « Souvent, écrit à ce sujet M. Maurice Dewavrin, le petit capital apporté par le colon dans sa nouvelle patrie est insuffisant pour lui permettre de mener à bien son exploitation, par suite de quelque difficulté imprévue : il a besoin de crédit. Le gouvernement canadien n'a pas voulu suivre l'exemple de la Nouvelle-Zélande et organiser un régime légal d'avances à la colonisation ; mais il a introduit dans la législation des concessions une disposition permettant au titulaire de *homestead* d'emprunter sur sa terre avant d'en avoir acquis la propriété définitive. Toutefois le montant de ces prêts est limité à 600 dollars, et le taux d'intérêt à 8 p. 100. Le remboursement du capital ne peut être exigé pendant les quatre premières années à compter du versement des fonds, et aucune somme ne doit être payée à titre d'intérêt avant deux ans révolus. Enfin les contrats sont soumis au contrôle d'un agent fédéral désigné à cet effet. »

(2) Exactement 53 p. 100 à la valeur totale des produits agricoles. Sur 30 millions d'acres composant le terri-

tableau caractéristique de leur progression — dans l'Ouest notamment.

	EMBLAVURES (en acres)			RENDEMENT (en millions de boisseaux)		
	1891	1901	1906 (1)	1891	1901	1906
1° Est (Québec, Ontario, Nouvelle-Écosse, Nouveau-Brunswick, Ile du Prince-Édouard)						
Blé..........	1.740.000	1.725.000	1.010.000	24	31 1/2	21
Avoine.......	3.620.000	4.490.000	4.950.000	72 1/2	133 1/2	142 1/2
Maïs........	200.000	360.000	380.000	11	26	23 1/2
Orge........	810.000	700.000	910.000	15 1/2	19 1/2	15
Sarrazin......	290.000	260.000	300.000	5	4 1/2	7 1/2
Seigle.......	125.000	170.000	90.000	1 1/4	2 1/4	1 1/2
	6.785.000	7.705.000	7.640.000			
2° Ouest (Manitoba, Saskatchewan, Alberta (2))						
Blé..........	1.010.000	2.495.000	5.060.000	17 3/4	23 1/2	»
Avoine.......	316.000	835.000	2.310.000	10	16 1/2	»
Orge (3)......	60.000	160.000	370.000	1 1/2	3	18 1/2
	1.386.000	3.490.000	7.740.000			

(1) La dernière enquête est de 1901, mais une enquête spéciale a eu lieu dans l'Ouest en 1906, puis dans l'Est en 1907.

(2) Nous laissons de côté la Colombie, où la culture des céréales n'occupe que fort peu de place.

(3) La récolte des autres céréales n'est dans l'Ouest que de minime importance.

L'avoine n'a pas, on le voit, cessé de gagner du terrain, et en 1907 elle occupait dans l'Est le 64 p. 100 de la superficie emblavée, tandis que le blé et le seigle sont en régression et que l'orge et le sarrasin, après avoir subi semblable crise, voient se mani-

toire cultivé, 12 millions et demi étaient emblavés en céréales lors du recensement de 1901 ; il n'y en avait que 8 millions en 1891. Le rendement a passé de 79 millions de boisseaux en 1871 à 136 millions en 1881, à 160 en 1891, à 263 enfin en 1901.

fester un progrès en leur faveur. Le maïs (ou blé d'Inde suivant l'expression canadienne-française) suit de son côté, une marche progressive ininterrompue mais lente : il est presque cantonné dans l'Ontario, dans la partie méridionale, qui verra grâce, à son climat assez doux, cette céréale affirmer son mouvement en avant.

Dans l'Ouest, la situation est autre, et bien qu'augmentant ses emblavures proportionnellement moins vite que l'avoine, le blé continue à occuper de loin la première place.

L'augmentation du produit moyen par hectare est instable : dans l'Est on passe pour le blé de 13 hectolitres en 1891 à 17 en 1901 et 19 en 1907, et pour l'avoine, durant la même période, de 18 à 26, et 25 (légère régression). Notons en passant, qu'à conditions climatériques égales, le rendement moyen est notablement plus élevé au Canada qu'aux États-Unis. Pour le maïs, cette différence en faveur du Canada est plus notable encore.

D'une façon générale, on peut rapprocher comme conditions de culture l'Ouest canadien et la Prairie des États-Unis ; dans l'une comme dans l'autre de ces régions le fermier est suivant une pittoresque expression « plutôt un fabricant de graines qu'un agriculteur », et cherche notamment, tout en se passant autant que possible d'engrais, à recourir surtout au machinisme ; il est vrai que dans ces régions le manque de main-d'œuvre se fait sentir. Il en est de même dans l'Ontario, par suite de l'émigration vers l'Ouest, où, au demeurant, ainsi que nous venons de l'indiquer, elle ne suffit pas à assurer en toutes saisons la main-d'œuvre suffisante, étant donné le nombre des exploitations créées. En somme, sauf à Québec — formée, on le sait (1), de familles particulièrement nombreuses — le manque de main-d'œuvre agricole se fait sentir dans tout le Canada, comme il se fait du, reste, sentir aux États-Unis ; aussi, dans l'un comme dans l'autre de ces pays, la pénurie d'ouvriers exclusivement agri-

____

(1) Voir à ce sujet plus loin ; voir également tome IV, pp. 39 à 43.

coles oblige-t-elle de recourir à une main-d'œuvre... un peu extraordinaire, et ainsi que le notait récemment un grand journal de Montréal, « l'on voit pendant la saison des vacances universitaires, qui est aussi celle des récoltes, les élèves des grandes écoles conduire bravement des faucheuses et des moissonneuses, acquérir de la vigueur par cet exercice et garnir leur bourse pour l'année scolaire suivante ».

Autres cultures. — *Arbres fruitiers.* — Un certain nombre de cultures se sont depuis quelques années développées à côté de celle des céréales, sans pouvoir, bien entendu, être, au point de vue de l'importance, comparées, même de loin, à celle-là. La première à citer, c'est celle des arbres fruitiers, dont le rendement — qui pour les neuf dixièmes consiste en pommes — s'accroît d'année en année au point qu'il semble bien probable qu'elle est destinée à jouer, dans un temps relativement proche, un rôle très appréciable dans la production agricole totale du Canada. Son principal centre est l'Ontario, notamment les districts de Lincoln et Niagara, Wentworth et Elgin. Elle a également pris un certain développement dans les comtés de Laval et de Jacques-Cartier (Québec) et dans deux divisions de la Nouvelle-Ecosse, réchauffées par l'une des branches du Gulf-Stream : King's et Annapolis. Enfin, des essais de culture de poiriers et de pommiers dans les districts de New-Westminster et Yale-Cariboo (Colombie) ont donné de bons résultats. D'intelligents efforts ont été faits en vue de l'exportation. (1)

______

(1) « L'arboriculture a cherché, à l'exemple de l'élevage des porcs et de l'industrie laitière, à conquérir un débouché sur le marché britannique. A cet effet, l'Association des producteurs de fruits de la province d'Ontario (*Ontario Fruit Growers Association*) groupement central des nouveaux syndicats d'arboriculture de la région des grands lacs, a tenté d'exercer sur la production des fruits à pépins et à noyaux une influence comparable à celle des Unions professionnelles analogues de l'industrie laitière sur les fabricants de beurre et de fromage. L'effort des novateurs s'est particulièrement porté sur la question de l'emballage des fruits envoyés vers une destination lointaine. Triomphant de la routine des producteurs, elle est parvenue à obtenir la substitution des caisses aux paniers pour les transports à longue distance, et l'adop-

Cultures maraîchères. — Après l'arboriculture, il faut signaler la culture maraîchère qui se rencontre surtout dans la banlieue des principales villes ; on la rencontre également dans les comtés de Missisquoï (Québec) et dans les districts de Wentworth et de Prince-Edouard (Ontario).

Vigne. — Les districts ontariens de Lincoln et Niagara, Wentworth et Welland, où nous venons de signaler l'extension prise par l'arboriculture, sont également ceux où s'est presque exclusivement cantonnée au Canada la viticulture. Introduite dans le pays en 1865, elle y peut prendre une relative importance tant en vue de la vente du raisin que de la fabrication du vin. Bien que la superficie du vignoble soit presque stationnaire, grâce à l'élévation du rendement, la production a presque doublé.

Tabac. — Nous signalerons, enfin, la culture du tabac, car tout en n'ayant encore qu'une importance très restreinte, elle n'en est pas moins en très nette progression. Quelques essais de culture en grand ont été faits et ont donné d'excellents résultats, notamment dans le comté d'Essex (Ontario).

Élevage. — L'élevage occupe une situation de premier rang dans la production canadienne. Voici quelques chiffres qui indiquent son importance et son accroissement :

tion de nouvelles méthodes d'empaquetage des fruits. A son instigation, des coopératives d'emballage se sont même fondées en assez grand nombre. Une personnalité très compétente en matière d'industrie fruitière, M. Lick, a signalé le bon fonctionnement de ces institutions. Certaines sociétés laissent à chaque membre la tâche d'empaqueter lui-même ses fruits, à charge de se conformer au règlement élaboré à ce sujet ; les caisses sont ensuite examinées par un agent spécial, qui appose sur les colis bien conditionnés la marque de l'Association à côté de celle du fruitier lui-même. A ce système, quelques coopératives préfèrent l'emballage dans un établissement particulier, à frais communs et par les soins d'un personnel spécial du service de la société. En 1906, il y avait 26 associations coopératives fruitières en Ontario et 9 en Colombie britannique. Les fruits autres que les pommes ne s'écoulent guère qu'à Toronto, Montréal et Winnipeg, bien qu'il se soit produit un mouvement de commandes venant de Boston, Philadelphie et Cincinnati. Les pommes, au contraire, ont trouvé depuis nombre d'années déjà un certain débouché sur le marché de Londres. » (*Le Canada économique au xxᵉ siècle*, par Maurice Dewavrin, Marcel Rivière, éditeur, 1909).

NOMBRE DE TÊTES

	1881	1891	1901	1906
1° *Provinces de l'Est*				
Equidés . .	1.005.000	1.280.000	1.200.00	Aucune
Bovidés . .	3.275.000	3.595.000	4.510.000	statistique
Ovidés . .	3.015.000	2.415.000	2.295.000	officielle depuis celle
Porcs . . .	1.170.000	1.635.000	2.110.000	de 1901.
2° *Provinces de l'Ouest* (1)				
Equidés . .	30.000	150.000	340.000	685.000
Bovidés . .	75.000	460.000	940.000	1.950.000
Ovidés . . .	5.000	100.000	185.000	305.000
Porcs	20.000	70.000	200.000	440.000

On remarquera que, au Canada comme dans la plupart des pays, le nombre des ovidés est en décroissance. Remarquons encore ici une particularité de l'élevage des équidés et des bovidés dans maints districts de la prairie, notamment dans le Sud de l'Alberta et le Sud-Ouest du Saskatchewan. « La neige écrit un auteur qui a récemment visité le Canada (2), étant peu abondante dans ces deux régions, il n'est pas d'usage de loger les bœufs et les chevaux dans des étables pendant l'hiver. Les animaux vivent donc exclusivement à l'air libre, et paissent en toutes saisons l'herbe des prairies, qui croît par touffes abondantes. Toutefois, comme il leur serait difficile de trouver leur nourriture quand la gelée succède brusquement au dégel, on leur distribue dans ces occasions, d'ailleurs exceptionnelles, du fourrage mis en réserve à cet effet. Les bœufs et les chevaux vont où bon leur semble ; pour les reconnaître, on les marque au nom du propriétaire sur l'un des sabots ou sur l'une des parties du corps. Deux fois par an, au printemps et à l'automne, les *cowboys* les assemblent et les font pénétrer dans un enclos

(1) Dans ce tableau ne figure pas la Colombie, dont le contingent en bétail est minime. La statistique de 1901 indiquait 35.000 équidés, 125.000 bovidés, 40.000 porcs, 35.000 moutons.

(2) M. Maurice Dewavrin.

établi tout exprès. Ceux qui portent une marque étrangère sont mis à part et tenus un certain temps à la disponibilité des propriétaires, qui sont avertis par des insertions faites dans les principaux journaux ».

Disons un mot des principales races : Parmi les chevaux, Clydesdale, Shire, Percherons et, depuis quelques années, Ardennais, sont représentées par des types purs ; une espèce indigène s'est formée par d'heureux croisements. Il en a été de même pour les bovidés, où des Jersey, des Ayrshire et des Holstein (représentées aujourd'hui encore par des types purs) est issu un croisement réputé race canadienne. En fait de porcs, les Berkshire, les White Chester, les Tamworth et les Yorkshire sont représentés soit à l'état pur, soit le plus souvent par leurs mélanges. De même ce sont uniquement des races anglaises que l'on rencontre parmi les ovidés : Southdown, Shropshire, Lincoln et Leicester.

Il est à noter que, tant pour la consommation intérieure que pour l'exportation, bœufs et moutons sont généralement vendus vivants, tandis que les porcs sont tués à la ferme même. Nous devons, puisque nous en avons l'occasion, dire ici un mot des exportations. Celles de bœufs vivants ont, de 1884 à 1904, augmenté de 90 p. 100 ; celles de moutons de 32 p. 100 ; celles de viande de porc sont devenues de treize fois plus considérables. Notons que, sauf en ce qui concerne les moutons, dont 80 p. 100 sont expédiés aux États-Unis, la presque totalité des exportations des produits de l'élevage canadien prend la route de Londres. Sur le marché de la métropole anglaise, le Canada occupe aujourd'hui pour les viandes de porcs (1) la troisième place

(1) « La presque totalité des viandes de porc achetées au Canada par la Grande-Bretagne consistent en bacon ou lard maigre. La quote-part de cet élément de trafic était en 1906 de 98 p. 100. C'est qu'en effet, à partir de 1891, l'élevage du porc a pris une tournure nouvelle au Canada. Comme les professionnels de l'industrie laitière, les éleveurs canadiens ont cherché à conquérir le débouché britannique, et pour y parvenir ils ont adapté leur production au goût de leurs clients d'élection, en substituant le porc à lard maigre aux animaux de 200 à 250 kilos. Les races qui donnent les meilleurs résultats au

(après les Etats-Unis et le Danemark). C'est ce même rang qu'il occupe pour les exportations de moutons vivants ; un moment il occupa le second ; mais l'Argentine le lui a ravi et paraît même appelée à disputer le premier ; pour les bœufs, le Canada continue d'occuper le second rang.

Aviculture. — Disons-en un mot en passant. La statistique de 1906 indique 14 millions de volailles, soit une augmentation de 4 millions sur 1901. L'importation de volailles est jusqu'ici insignifiante ; il en est de même de celle des œufs dont la production totale s'est élevée en 1901 (premier et jusqu'ici unique recensement qui en a été fait) à 84 millions sur lesquels l'Ontario, à lui seul, en produit 50 millions.

Industrie laitière. — Il nous reste à parler de l'industrie laitière, qui occupe une place très importante dans la production animale totale : 45 p. 100 (1). Son principal centre se trouve dans les provinces de Québec (comtés de l'Assomption, de Joliette, de Temiscouata, de Saint-Jean, de Yamaska, de Nicolet, région du lac Saint-Jean) et d'Ontario (partie Nord-Est). Deux cantons de l'île du Prince-Edouard (districts de la Reine et du Prince) ont également une production à noter. Ainsi dans

point de vue de la production du bacon sont les Tamworth et les Yorkshire ; leurs représentants ont le corps très allongé et sont pour ainsi dire tout en côtes, aussi les autres morceaux de l'animal, jambon, jambonneau, tête, etc., sont-ils un peu sacrifiés. Cette transformation de l'élevage de la race porcine est aujourd'hui presque complète en Ontario ; elle se poursuit plus lentement dans celle de Québec. Une pareille modification des habitudes traditionnelles était trop peu conforme à la mentalité du fermier canadien pour s'opérer par la seule propagande. Mais les faits sont venus corroborer par leur puissance de démonstration les leçons des théoriciens ; les agriculteurs onta-riens et québecois ont fini par reconnaître eux-mêmes que l'élevage du cochon gras « ne payait plus ». Si cette industrie agricole donne de bons résultats aux États-Unis, notamment dans le Wisconsin et l'Iowa, c'est à la suite de la substitution dans cette région de la culture du maïs à celle du blé. Vu le peu d'importance de la production du maïs en Ontario et surtout à Québec, il en coûterait trop cher de nourrir les porcs de grain. Le régime alimentaire du porc maigre est tout différent : il comporte principalement de l'herbe, du son, de la betterave et un peu de lait écrémé. » (Maurice Dewavrin.)

(1) La dernière statistique est celle de 1901 ; voir à son sujet notre tome IV.

l'Est, l'augmentation de la production beurrière et fromagère est venue compenser la diminution de la production des céréales, dont la culture s'est, ainsi que nous l'indiquons plus haut, portée vers l'Ouest.

La fabrication beurrière à la ferme conserve une avance sur la manufacturière ; mais il est à noter qu'elle reste stationnaire et que toute l'augmentation totale porte sur la seconde. Quant au fromage, la production à domicile ne s'en fait qu'en vue de la production familiale. « D'une manière générale, écrit M. Maurice Dewavrin, le beurrier ou le fromager propriétaire de son établissement ne prend pas la production à son compte : il préfère louer ses services aux agriculteurs. Ceux-ci lui apportent leur lait, et reprennent ensuite le beurre ou fromage et le petit-lait, résidu de la fabrication. Les fabricants-propriétaires ne sont qu'une faible minorité, et leurs établissements correspondent presque exclusivement à la catégorie des petites usines : ils en constituent le plus souvent à eux seuls tout le personnel. L'organisation de beaucoup la plus répandue est la coopérative de production avec ou sans mise en commun des produits. Certains de ces groupements comptent jusqu'à deux cents adhérents. ».

Telle région, comme celles du lac Saint-Jean, voit l'industrie laitière adopter de plus en plus ce mode de production. Aussi nous paraît-il intéressant d'indiquer en quelques mots les conditions en ce que M. M. Dewavrin n'a pas craint d'appeler « la charte de l'industrie laitière canadienne de l'avenir. ».

« Les patrons, écrit cet auteur, se sont groupés par associations de 70 à 80 membres pour construire et aménager à frais communs des fabriques mixtes qui fonctionnent tantôt comme beurreries, et tantôt comme fromageries. Les associés engagent un gérant et un aide. Le lait nécessaire à la fabrication est livré successivement par les producteurs syndiqués, suivant un roulement fixé d'avance. Chaque fournisseur reprend le petit-lait ; mélangé de son, ce résidu forme une mixture très appréciée pour l'engraissement des porcs. L'associé est crédité de 85 p. 100 du beurre ou du fromage fabriqué avec la matière première qu'il a livrée, le surplus étant retenu pour couvrir les frais généraux. La vente a lieu pour le compte commun par l'intermédiaire d'un bureau central, qui traite directement avec les courtiers de Québec et de Montréal. Au reçu des commandes, envoyées par télégramme, le délégué du bureau de vente consigne à la station du chemin de fer les quantités comprises dans l'ordre de livraison ; l'expédition a lieu dès la réception des fonds. C'est aussi le bureau syndical qui détermine périodiquement la nature de la fabrication — beurre ou fromage — d'après les cours des marchés. Le cours de la livre de fromage doit, pour correspondre à celui de la livre de beurre, être avec lui dans un rapport de 40 p. 100. »

Le Canada est, peut-être, de tous les pays du monde celui où l'intervention officielle a fait le plus pour le développement de l'industrie frigorifique. Tandis que les autres gouvernements se contentent de lui donner un appui moral, celui du Dominion est résolument entré dans la voie de primes en espèces décernées à toutes les entreprises frigorifiques (1).

C'était là un premier — et grand — pas pour assurer l'exportation ; mais, pas plus que l'accélération des moyens de transports, il ne suffisait. Pour parvenir au classement des marques canadiennes sur le marché de Londres, il fallait, grâce à la vulgarisation de procédés rationnels de fabrication, obtenir l'unification du type et l'amélioration de la qualité des produits. Ce résultat est en partie assuré. Voici comment :

« Les fabricants se sont groupés en trois syndicats, dont deux pour le Haut-Canada (Eastern et Western Ontario Dairymen's Association) et un pour le Bas-Canada : la Société d'Industrie laitière de la province de Québec. Cette dernière n'est pas la moins nombreuse, car elle compte plus de 1300 adhérents, tandis

---

(1) Le gouvernement fédéral octroie, sous certaines conditions bien entendu, une subvention de cent dollars par chambre frigorifique installée par un fabricant pour la conservation de ses produits. (En outre, le transport du beurre et des fromages se fait aujourd'hui par wagons frigorifiques et par navires pourvus de compartiments étanches dits « chambres froides »).

que les deux autres réunies n'excèdent pas le chiffre de 950. Ces associations, patronnées et subventionnées par les législatures provinciales et le gouvernement provincial, ont organisé un service semi officiel d'inspection des fabriques, en vue de propager l'emploi des méthodes scientifiques de fabrication et de vérifier par épreuves la qualité des produits obtenus dans les établissements syndiqués. Ce contrôle préventif de la production individuelle a donné des résultats si satisfaisants que le gouverment, prenant en mains la défense des intérêts économiques du pays, a soumis les beurriers et fromagers indépendants aux vérifications d'un corps d'inspecteurs nommés par lui. Ces mesures n'ont pas tardé à devenir insuffisantes. Pour imprimer à la production industrielle un caractère véritablement scientifique, il fallait, disait-on, renforcer par des notions théoriques et appliquées de chimie et de bactériologie les connaissances purement pratiques du personnel. Grâce à l'emploi d'appareils perfectionnés et de moteurs mécaniques, les gérants ont pu, particulièrement dans la fabrication du fromage, se décharger d'une grande partie du travail purement matériel, ce qui leur a permis, sans augmenter l'effectif des fabriques, de faire une part beaucoup plus large au travail de laboratoire. Restait à mettre les fabricants en état de s'acquitter de cette nouvelle tâche à laquelle leur éducation antérieure ne les avait guère préparés. La création d'écoles d'industrie laitière est venue répondre à ce besoin et parfaire l'œuvre de transformation économique entreprise avec l'appui officielle par les syndicats de Québec et d'Ontario (1). »

Ces divers efforts n'ont pas été faits en vain et les produits laitiers canadiens, le fromage surtout, ont pris une large place sur le marché de Londres. Voici des chiffres à ce sujet :

____

(1) M. Maurice Dewavrin.

IMPORTATION FROMAGÈRE SUR LE MARCHÉ DE LONDRES		
	EN MILLIERS DE TONNES	0/0 DU CANADA
	Total	Part du Canada	dans le total
1892...............	125	59	47
1904.............	103	150	70

IMPORTATION FROMAGÈRE SUR LE MARCHÉ DE LONDRES (en tonnes)		IMPORTATION BEURRIÈRE SUR LE MARCHÉ DE LONDRES (en tonnes)		
	1904		1894	1904
Canada...............	103.000	Danemark	65.000	95.000
États-Unis...........	20.000	Australie	17.000	42.000
Pays-Bas............	16.000	Russie.........	7.000	22.000
Belgique............	5.000	France	26.000	21.000
Nouvelle-Zélande......	3.200	Canada.........	2.000	15.000
France	2.000	Pays-Bas... ...	10.000	14.000
Autres pays..........	0.800	Suède	17.000	11.000

A cette augmentation en quantité a correspondu une augmentation en qualité, et, déduction faite du renchérissement général du beurre sur le marché de Londres, il y aurait, suivant M. Dewavrin, gagné durant cette décade 1 cent 1/4 par livre.

C. LES CERCLES DE FERMIÈRES ET LES ÉCOLES MÉNAGÈRES

LES CERCLES DE FERMIÈRES : LEUR BUT, LEUR ORGANISATION, CONTROLE DU DÉPARTEMENT DE L'AGRICULTURE, MODES D'ACTIVITÉ DES CERCLES (PUBLICATIONS ET RÉUNIONS), QUESTIONS ÉTUDIÉES, CONGRÈS ANNUEL, RENSEIGNEMENTS STATISTIQUES. — L'ÉCOLE MÉNAGÈE DE ROBERVAL.

Chaque fois que l'occasion nous en a été donné nous avons insisté au cours de cet ouvrage sur l'importance du rôle de la femme à la campagne. Aussi tenons-nous à parler ici d'une institution fort intéressante : les cercles de fermières (womens' institutes).

Le but de ces cercles ou réunions est, nous dit une intéressante brochure publiée par le département de l'Agriculture de l'Ontario, « la propagation des connaissances relatives à l'économie domestique, comprenant l'architecture de la maison avec un soin spécial de l'installation sanitaire, une meilleure entente de la valeur économique et hygiénique des aliments, des vêtements, du chauffage et de l'éclairage, un soin plus scientifique et une éducation meilleure des enfants afin d'élever le niveau général de la santé et de la moralité de la population, enfin toute étude ayant pour objet l'amélioration du home et des conditions de la vie rurale ».

Généralement les cercles de fermières sont organisés par district et chacun d'eux est le plus souvent affilié à un cercle de fermiers (farmers' institute). Les cercles se subdivisent en sections qui ont leur siège dans les principaux villages. La cotisation annuelle de chaque membre est minime : 25 cents (1 fr. 30 environ) ; mais des subventions aident à la constitution du budget ; elles émanent du gouvernement, des comtés, des municipalités, des cercles de fermiers. Ces dernières varient entre 5 et 25 dollars, tandis que celles des comtés et des municipalités, s'il est vrai qu'elles ne s'élèvent généralement pas au-dessus de 25 dollars, ne tombent pas au-dessous de 10. Les subventions du gouvernement sont de 3 dollars par an pour chaque section et de 10 dollars pour les cercles de districts ; elles ne peuvent être obtenues que sous certaines conditions de nombre de membres et de réunions dans l'année.

Il est, du reste, à noter que le gouvernement encourage par tous les moyens en son pouvoir la fondation des cercles de fermières, non seulement ainsi que nous venons de le voir il les subventionne, mais encore il ne leur ménage pas plus l'aide morale que l'aide financière et certains fonctionnaires reçoivent mission d'aider ces associations sur lesquelles le Département de l'Agriculture exerce un contrôle : les attributions de chaque membre du bureau sont déterminées et des règles d'ordre ntérieur sont prescrites (1) en outre le cercle est tenu d'établir un rapport annuel tant sur son activité que sur l'état de ses finances.

L'activité des cercles se manifeste notamment de deux façons : par l'envoi aux membres de publications et de brochures et par des réunions périodiques (2) à chacune desquelles est présenté un rapport sur la question à l'ordre du jour, en suite de quoi la discussion à ce sujet est ouverte. Comme on le pense bien, on ne saurait demander aux comités des cercles de fermières des connaissances par trop étendues, mais ici encore le Département de l'Agriculture vient à leur aide et le manuel qu'il publie donne des projets d'ordre du jour pour les réunions ; ainsi voici un programme proposé pour vingt séances.

> 1. La levure. Histoire et origine.
>   Fabrication du pain. Usage des pâtes.
> 2. La cuisine. Plan. Arrangement.
>   Que faire quand arrive un hôte inattendu ?

(1) Généralement le cercle tient trois ou quatre importantes réunions par an outre la séance générale à laquelle est présenté le rapport sur les travaux de l'année et les comptes vérifiés par deux commissaires.

(2) Le département de l'Agriculture recommande aux cercles de fermières de donner une grande publicité au programme de leurs réunions périodiques et s'efforce lui-même d'y attirer une nombreuse assistance.

3. Salades de fruits.
Gravures. Leur usage.
Devoir des enfants. Leur responsabilité personnelle.
4. Lavage. Vêtement. Soins et raccommodage. Applications.
5. Lait. Valeur. Danger. Influence de la maison sur l'enfance.
Linge. Soins. Achat. Comment? Quand? Quoi?
6. Nettoyage et stérilisation des récipients pour le lait.
Cabinets. Bains. Armoires à provisions.
Repas. Comment? Quand?
7. Préparation des légumes d'hiver.
Le soleil comme désinfectant. Chambre pour malade.
8. Céréales. Leur valeur alimentaire.
Conversation à table.
Tapis. Fabrication. Choix.
9. Poissons. Valeur alimentaire.
Influence de la gaîté sur la digestion.
Verres. Vaisselle. Soins.
10. Fromage.
Programme journalier et hebdomadaire du travail.
Balayage et époussetage.
11. Coût d'aliments variés. Leur valeur nutritive. Energie.
Plats ordinaires ; bien préparés, proprement servis.
Influence.
Droits des parents et des enfants.
12. Aliments végétaux et animaux. Usage. Valeur. Prix.
Plantes domestiques.
Arrangement de la chambre à coucher.
13. Les œufs. La cuisson.
Pertes pour achats irréfléchis.
Soins de la literie et du lit.
14. Choix des aliments au marché. Meilleures manières de les préparer.
Lectures pour la famille.
15. Pâtés. Valeur. Dangers.
Devoirs familiaux des garçons, des filles.
Vêtements de laine. Literie. Draps. Soins et lavage.
16. Gâteaux pour la table.
Événements divers dans le ménage.
Le coût de la vie.

17. Les boissons de table.
    Rations pour un ménage de fermier.
    Les lampes. Soins.
18. Usage de la glace dans le ménage.
    Désinfectants.
    Arrangement des cours et des hangars.
19. Soins pour les enfants âgés de 2 ans.
    Comment les enfants peuvent aider la mère.
    Comment habiller les enfants.
20. Dix bons livres à lire pour tous.
    Recettes diverses pour le ménage. Applications.
    Aliments pour malades.

Au total on étudie notamment ce qui concerne les aliments, leur composition, leur valeur nutritive, les meilleures méthodes pour les préparer et les conserver, l'hygiène et l'aménagement de l'habitation, les droits et les devoirs des enfants, des parents, des hôtes, les jeux des enfants, les relations avec les domestiques, la comptabilité.

Signalons ici une particularité. Comme il advenait parfois que, notamment au début des cours, certaines sociétaires n'osaient par timidité, s'enquérir de ce qu'elles ignoraient, on fait circuler des sortes d'urnes (des tiroirs à questions, comme on les appelle assez plaisamment), dans lesquelles les sociétaires indiquent les points sur lesquels elles désirent être renseignées. Ces points sont étudiés par les membres les plus compétents et discutés à la séance suivante, et il paraît que de cette mise en commun des connaissances, de cette véritable mutuelle de l'expérience résultent les plus heureux effets.

Nous avons indiqué plus haut que des fonctionnaires désignés par le département de l'Agriculture étaient à la disposition des cercles de districts pour y faire des conférences ; des professeurs, des médecins en font également.

Chaque année les délégués des bureaux et les conférenciers se réunissent en congrès à l'Ontario Agricultural Collège. De hautes personnalités, parfois même le ministre de l'Agriculture de l'Ontario assistent aux séances dans lesquelles sont présentés des rapports sur les travaux des cercles et où la bonne volonté de tous s'ingénie à faire rendre à l'œuvre les plus grands services possible. Il n'est pas rare que plus de trois cents déléguées se pressent à ce congrès où les assistantes se comptent par plus d'un demi-millier.

Il nous reste à donner quelques renseignement statistiques. Les cercles de fermières remontent à 1898 ; elles sont donc beaucoup plus récentes que les cercles de fermiers qui existent dans l'Ontario depuis plus d'un quart de siècle. Mais ces douze années de vie ont été heureusement employées et ces cercles ont pris dans tout l'Ontario un rapide et grand développement ; par contre, ils ne se sont guère propagés dans la région pourtant voisine de Québec, en sorte qu'on peut penser avec M. de Rocquigny qu'ils paraissent plus conformes au caractère de la race anglo-saxonne qu'à celui de la nôtre.

Enfin il ne nous paraît pas inutile de consacrer quelques lignes aux écoles ménagères canadiennes (1).

Nous prendrons comme exemple l'école ménagère de Roberval, tenue par les religieuses Ursulines, qui s'en occupent depuis environ vingt-cinq ans. « Une grande bonne volonté, nous écrit un témoin compétent, avec peu de ressources, voilà ce qui a présidé au développement de cette œuvre. » Cependant, depuis quelques années, une subvention gouvernementale a été accordée dans le but d'augmenter le nombre des élèves.

On pourra se rendre compte de la méthode d'enseignement en prenant connaissance du tableau ci-dessous qui est la reproduction du billet mensuel envoyé aux familles des élèves.

	Conduite en classe	Sur	Conservé
Instruction religieuse..........	....	10 points	....
Histoire de l'Eglise	....	10 »	....
Classe française	....	25 »	....

(1) Voir, en outre, au tome VI l'appendice consacré à l'enseignement agricole aux États-Unis et au Canada.

	Conduite en classe	Sur	Conservé
Classe anglaise	. . . .	10 points	. . . .
Calligraphie	. . . .	. . . .	. . . .
Dessin linéaire	. . . .	. . . .	. . . .
Arithmétique	. . . .	10 »	. . . .
Comptabilité	. . . .	5 »	. . . .
Histoire	. . . .	10 »	. . . .
Géographie	. . . .	10 »	. . . .
Notions d'histoire naturelle	. . . .	5 »	. . . .
Hygiène pratique	. . . .	10 »	. . . .
Science du ménage	. . . .	10 »	. . . .
Art culinaire	. . . .	10 »	. . . .
Coupe, couture, raccommodage.	. . . .	25 »	. . . .
Tricot	. . . .	5 »	. . . .
Tissage	. . . .	5 »	. . . .
Filage	. . . .	5 »	. . . .
Blanchissage, repassage	. . . .	10 »	. . . .
Agriculture, arboriculture	. . . .	10 »	. . . .
Horticulture pratique	. . . .	10 »	. . . .
Laiterie pratique	. . . .	20 »	. . . .
Basse cour	. . . .	10 »	. . . .
Economie domestique	. . . .	. . . .	. . . .
Musique	. . . .	. . . .	. . . .
Politesse	. . . .	. . . .	. . . .
Conduite hors de la classe	. . . .	. . . .	. . . .
Absence	. . . .	. . . .	. . . .

Les chiffres signifient :

6 Très bien.	4 Bien.	2 Médiocre.
5 Presque très bien.	3 Assez bien.	1 Mal.

L'école de Roberval fut la première école ménagère fondée dans la province de Québec, sa devise était de faire le bien sans bruit. Son initiative n'a pas été perdue et, le concours gouvernemental aidant, d'autres écoles ont été créées depuis et fonctionnent aujourd'hui. Elles répondent bien à ces desiderata que nous avons à diverses reprises exprimés concernant l'éducation qu'il est désirable de voir donner aux filles d'agriculteurs. Ainsi que nous l'écrivait la distinguée supérieure du monastère des Ursulines à Roberval, elles « propagent le bienfait d'une éducation solide qui gardera la femme au foyer domestique et la rendra ce qu'elle doit être envers son mari, sa famille et la société ».

D. — LES CANADIENS-FRANÇAIS ET LES FRANÇAIS AU CANADA

QUELQUES MOTS SUR LES CANADIENS-FRANÇAIS ; LEUR MULTIPLICATION ET LEUR FORCE DE PÉNÉTRATION. — L'ÉMIGRATION FRANÇAISE : SA RÉGULARITÉ ; ASSEZ BONNES CONDITIONS DANS LESQUELLES ELLE SE PRODUIT ; DANS QUELLES RÉGIONS ELLE A LE PLUS D'INTÉRÊT A SE PORTER ; EFFORTS EN FAVEUR DES FRANÇAIS NOUVELLEMENT IMMIGRÉS ; CE QU'IL FAUT POUR RÉUSSIR DANS L'OUEST.

Au tome IV (pp. 39 à 42), nous avons parlé avec quelques détails des Canadiens-Français ; nous voulons y revenir ici, et plus encore parler de la situation des Français au Canada. Pour l'un et l'autre de ces points, nous prendrons pour guide l'excellent livre publié en 1908 sous ce titre : *Chez les Français du Canada*, livre auquel l'Académie tint à décerner un de ses prix importants. L'auteur, le distingué écrivain M. Jean Lionnet (1), était particulièrement qualifié pour écrire les notes précises qu'au retour d'un voyage il nous a données dans ce livre ; en effet, il suivait depuis longtemps d'un œil averti et clairvoyant tout ce qui se passe au Canada.

Et tout d'abord sur les Canadiens-Français, dont nous avons, au cours des pages précitées, dit l'indomptable énergie, notons un mot pittoresque et profond de M. J. Lionnet : « Une vie de travail, de lutte héroïque contre les Iroquois au début ; une religion, enfin, virile et charitable à la fois, grandirent moraleles pères de la Nouvelle-France. Voilà pourquoi leurs descendants restèrent indomptables sous la domination étrangère : on peut vaincre une armée, on ne vainc pas un siècle et demi de vertus. »

(1) M. Jean Lionnet est mort il y a quelques mois.

Quant à la situation politique et morale qu'occupent aujourd'hui les Canadiens-Français, on la connaît ; on sait que le Dominion jouit du *Self government*, et que les descendants des Français occupent dans ce gouvernement une place fort en vue. L'actuel premier ministre, sir Wilfrid Laurier, n'est-il pas un Canadien-Français ? (1) Aussi comprend-on le mot du recteur de l'Université Laval (de Québec), M. V. Mathieu, s'écriant : « Nous sommes bien comme nous sommes ! »

Nous avons déjà parlé de la multiplication inlassable et de la force de pénétration des Canadiens-Français. Anglais et Écossais sont, sur plus d'un point où ils étaient les plus nombreux et les plus puissants, submergés par eux. « Cette conquête pacifique, écrit M. André Siegfried, dans son intéressant volume *Le Canada*, s'opère silencieusement et régulièrement. Lorsqu'ils atteignent l'âge d'hommes, les jeunes gens des campagnes québecquoises ne peuvent tous, faute de place, demeurer au village où ils sont nés. Beaucoup d'entre eux vont donc planter une tente un peu plus loin. Secondés par leurs pères, souvent soutenus moralement et matériellement par leur curé, ils achètent ou louent une ferme, se marient et, à leur tour, fondent un foyer. Petit à petit, presque sans qu'on s'en aperçoive, les familles françaises s'établissent dans des comtés qui, il y a cinquante ans, n'en contenaient pas une seule. Un beau matin, on constate qu'elles sont la majorité et le tour est joué ! Devant cette invasion, les Anglais débordés, ou bien s'en vont ailleurs ou bien se laissent englober et parfois même, chose incroyable, assimiler. On voit ainsi, dans la province de Québec, des Anglais, des Irlandais, des Ecossais surtout, devenir, en deux générations d'excellents Canadiens-Français. Ils s'appellent *Fraser, Barrie, Macleod,* mais il parlent notre langue avec un solide accent normand, d'où le souvenir même de la prononciation britannique a disparu. » Il est vrai qu'une forte

---

(1) M. Laurier, ayant perdu la majorité à la suite des dernières élections générales, a donné sa démission. La question qui l'a amené à cette décision est tout à fait en dehors de la question canadienne-française. (Novembre 1911).

cohésion existe entre tous les Canadiens-Français, et qu'ils ne négligent aucun effort de la maintenir : exemple, l'œuvre excellente qui a pour but de rapatrier, pour fortifier les paroisses de l'Ouest, les Canadiens-Français établis aux Etats-Unis.

Ceci dit, venons-en aux Français du Canada et, tout d'abord, notons qu'il se porte vers le Canada une émigration française régulière ; elle est surtout alimentée par des Bretons, des Picards, des Poitevins, des Angevins, des Jurassiens, des Savoisiens. Notons également qu'assez généralement ces émigrants réussissent (1) ; bien entendu il y a des exceptions, et même nombreuses, mais moins, semble-t-il que parmi les émigrants qui se portent autre part. Il en faut, pour une bonne part, chercher la raison en ceci que la majeure partie de ces émigrants se rendent assez juste compte des choses, et qu'ils sont en général dans les conditions requises pour réussir. M. J. Lionnet a fait à ce sujet d'intéressantes enquêtes ; il n'avait pas hésité à effectuer une fois la traversée sur un bateau d'émigrants, et il a pu ainsi enquêter ; de cette traversée il a remporté une impression très satisfaisante. « La plupart de ces gens, note-t-il, rejoignent des parents ou des amis établis là-bas, ils savent où ils vont et ce qu'ils feront. »

Où doit de préférence se porter cette émigration ? Le Grand-Ouest, par ce qu'il présente de nouveau, par ce qu'il garde encore d'inconnu, est incontestablement fascinant et l'on comprend qu'il attire à lui bien des émigrés ; mais combien, sous tous rapports, la province de Québec est plus hospitalière. La culture maraîchère, à proximité des villes, ne manque pas de débouchés rémunérateurs et convient notamment à des cultivateurs français expérimentés et travailleurs. Il y a deux ans — en 1907 — le ministre de la colonisation de Québec déclarait en Belgique qu'il cherchait les moyens d'établir des immigrants français ou belges sur des terres déjà défrichées. Le mode de défrichement du

---

(1) C'est ainsi que, dans l'Ouest canadien où la main-d'œuvre est rare et chère, notre cultivateur, même sans argent, peut, à condition qu'il arrive au printemps, trouver assez facilement à s'employer dans de bonnes conditions.

Grand-Ouest, la nécessité d'exercer le métier de bûcheron avant celui d'agriculteur, ne peuvent que rebuter certains colons, qu'il est du devoir de l'écrivain de mettre en garde avant qu'ils ne se décident à partir, ou tout au moins, avant qu'ils n'optent pour une région ou pour une autre.

D'une façon générale, la situation est satisfaisante, très satisfaisante : notre commerce a maintenant dépassé celui de l'Allemagne, il vient au troisième rang, après les États-Unis et l'Angleterre, et la Chambre de commerce française de Montréal s'attache à faciliter les débouchés qui, du fait de cette bonne situation commerciale, peuvent s'offrir aux Français. D'autres œuvres multiplient également leurs efforts, notamment l'Union Nationale Française qui distribue des secours à domicile en aliments et en remèdes, rapatrie les Français incapables de gagner leur vie au Canada, a créé une maison de refuge et un bureau de placement, en un mot, facilite aux Français nouvellement arrivés l'obtention d'une situation et, en attendant, les aide à vivre. Ajoutons que l'Union ne conseillait guère l'émigration de l'Ouest, peut-être parce qu'elle ne voit guère que ceux qui reviennent, et conseille fortement la province de Québec.

Sans vouloir prendre parti dans le débat, on peut dire que l'émigrant qui va dans l'Ouest a besoin d'une particulière énergie, et à cause de l'hiver plus rude et à cause de l'hostilité des choses, qui n'ont reçu qu'une légère empreinte de civilisation. On peut noter aussi que, comme dans tous les pays neufs, il importe plus de faire vite que de faire bien, et il est juste de reconnaître que ceux qui se font aux climats et aux choses, quoique peu enthousiastes, assez souvent, de la vie qu'ils ont menée, s'avouent contents de leur sort. Un pionnier d'il y a quinze ans, gros propriétaire d'aujourd'hui, déclara à M. Lionnet : « Nous ne pouvons pas dire que nous aimons ce pays. Il est trop dur pour nous ; l'hiver est trop froid. Mais nous ne pouvons pas dire non plus que nous ne l'aimons pas. En France nous serions restés ouvriers, ici nous avons de l'argent et nous sommes chez nous. » Opinion assez répandue, et telle qu'on pourrait sans doute en entendre souvent. Les belles, voire même les très belles fermes, appartiennent à des hommes venus pauvres dans l'Ouest, sinon même tout à fait sans argent, et ceci est bien à considérer. Un des principaux facteurs adverses étant la dépression morale, il faut recommander à nos concitoyens de ne jamais s'établir trop loin d'un petit centre où ils puissent rencontrer, le dimanche au moins, d'autres hommes parlant leur langue. M. J. Lionnet note non sans justesse : « L'exil absolu de la Prairie encore déserte n'est pas fait pour les enfants d'un peuple sociable qu'un incoercible atavisme a destiné à voisiner, à potiner, à se chamailler entre compatriotes ».

E. — ANTICOSTI

CONSIDÉRATIONS GÉNÉRALES. — AGRICULTURE ET ÉLEVAGE. — MODE DE FAIRE
VALOIR. — PÊCHE ET CHASSE

C'est par quelques pages sur Anticosti que nous terminerons ce long chapitre consacré au Canada. Cette île, située à l'entrée du golfe du Saint-Laurent, a une superficie de 1.200.000 hectares, soit d'un tiers supérieure à celle de la Corse ; sur ces 1.200.000 hectares, plus de 1.000.000 sont couverts en forêts. Elle appartient, depuis 1895, à un de nos compatriotes, M. Henri Menier, qui en poursuit méthodiquement la mise en valeur. A la fin de 1908, les travaux préparatoires ont été terminés : maisons d'habitation, bâtiments agricoles et industriels, écoles, hôpital, fabrique de conserves alimentaires, deux ports, chemins d'exploitation.

La population — environ 800 âmes — n'est composée, sauf le personnel supérieur dirigeant qui vient de France, que de Canadiens-Français ; nous avons déjà eu l'occasion de dire avec quelle rapidité cette race s'accroît ; les excellentes mesures sanitaires prises à Anticosti pour combattre la mortalité infantile ne pourront que favoriser ce rapide accroissement. Le climat est sec.

Les forêts — nous venons de voir qu'elles couvrent plus d'un million d'hectares — constituent aujourd'hui la principale richesse du pays, et de suite nous avons grand plaisir à signaler que l'administration a dressé un plan d'aménagement sagement conçu et empêche le gaspillage si fréquent, nous l'avons vu plus d'une fois au cours de cet ouvrage, dans les forêts du Nouveau-Monde comme, hélas ! dans les forêts de l'Ancien. Bois d'œuvre, bois pour la fabrication du papier, bois de chauffage, se trouvent en abondance à Anticosti. Cette abondance du bois de chauffage compense l'absence des gisements houillers.

L'industrie agricole est, on le pense, bien moins développée que l'industrie forestière ; le défrichement demande un long temps, et ce n'est pas avant la douzième année que l'on peut espérer un résultat. Celui-ci est, il est vrai, excellent, et le défricheur n'a pas à regretter sa peine : après deux ou trois ensemencements en avoine, le sol se prête aisément à la création de prairies artificielles dont le rendement est très élevé. L'élevage des chevaux et des bêtes à cornes réussit bien ; celui des moutons n'a donné, comme dans tout l'Est canadien, que des résultats peu satisfaisants. Récemment encore, il n'y avait dans l'île que des fauves ; tout le bétail introduit a été le résultat d'une sérieuse sélection parmi les races pures ; les communications entre Anticosti et la terre ferme étant sous la dépendance exclusive de l'administration, on a pu, d'autre part, empêcher toute introduction d'animaux malades ou abâtardis, en sorte que tous les sujets de l'île sont fort beaux. On pense qu'une exportation régulière pourra commencer sous peu d'années. Il est très probable que l'industrie laitière donnera, elle aussi, toute satisfaction.

Aucune parcelle n'a été aliénée par le propriétaire, qui se refuse à toute vente sous quelque condition et à quelque prix que ce soit. Le seul mode d'exploitation est le métayage ; toutes les communications étant, ainsi que je l'ai indiqué plus haut, aux mains de l'administration, le contrôle des récoltes, en vue du partage, est particulièrement facilité.

La pêche est d'un bon rapport, celle du homard notamment ; on a créé pour en utiliser les produits une fabrique de conserves alimentaires. La chasse des animaux à fourrures — ours et renards surtout — procure aussi de beaux bénéfices.

On le voit, ces conditions sont bonnes, et l'île est, en 1909, entrée dans la période de rendement ; dès aujourd'hui (fin 1909) on peut affirmer que sous peu l'exportation l'emportera sur l'importation. Nous ne pouvons que souhaiter, en terminant, que cette île, propriété d'un Français, administrée par des Français, mise en valeur par des Canadiens-Français, établisse avec notre pays des relations commerciales suivies.

CHAPITRE LXXIX

LE SERVICE DE LA STATISTIQUE AUX ÉTATS-UNIS

UTILITÉ DE CETTE ORGANISATION. — SON FONCTIONNEMENT. — LE RAPPORT
ANNUEL ET LE RAPPORT MENSUEL; LEUR DIFFUSION; INGÉNIEUX SYSTÈME
POUR RENSEIGNER D'URGENCE TOUT LE PAYS. — PERSONNEL. — MISE EN
LUMIÈRE DES SERVICES RENDUS.

La longue étude qu'au tome IV (pp. 49 à 120) nous avons
consacrée aux États-Unis nous dispense de revenir ici sur ce
pays (1); nous tenons cependant à traiter à nouveau — et en
entrant dans tout le détail désirable — celle du bureau de la
statistique du département de l'Agriculture. Aux pages 89 à 92
du tome IV nous en avons indiqué les grandes lignes et nous
en avons dit l'utilité. Telle est notre persuasion qu'une telle
institution ne peut, bien dirigée, que rendre de grands services,
que nous tenons à mettre nos lecteurs à même de bien connaître le fonctionnement de cet important rouage du ministère
de l'Agriculture des États-Unis. Dans notre pays où l'on a, sous
ce rapport, beaucoup a faire, on ne saurait porter trop d'attention à la lecture de ces quelques pages, où le service américain
est présenté par la personnalité qui le connaît le mieux. C'est,
en effet, M. Victor H. Olmsted, le distingué chef de bureau de
la statistique, qui a bien voulu rédiger à notre intention les renseignements qu'on va lire et que nous n'avons eu qu'à traduire;
nous tenons à le remercier bien vivement ici de son obligeance.

Chaque année, avant la réunion du Congrès, en décembre, le secrétaire
pour l'Agriculture adresse au Président des États-Unis un rapport sur
les opérations du département de l'Agriculture pour l'année fiscale écou-

(1) On trouvera cependant au tome VI   l'enseignement agricole et sur le mou-
(appendices) des renseignements sur   vement forestier.

léc contenant généralement, outre telle recommandation qu'il estime nécessaire, la représentation de quelques-uns des faits les plus importants
concernant les conditions de l'agriculture à travers tout le pays. Dans ce
rapport il passe en revue les faits les plus saillants concernant les travaux
de chacun des bureaux et des divisions indépendantes du département,
lesquels n'en soumettent pas moins leur propre rapport au secrétaire qui,
de son côté les transmet au Président. Ces rapports sont ceux du bureau
climatérique, du bureau des industries animales, du bureau de la botanique,
du bureau forestier, du bureau agricole, du chimiste, de l'entomologiste,
du chef de la surveillance biologique, de la division de la comptabilité
et des dépenses, du bureau des éditions, du bureau de la statistique, du
directeur de l'office des stations expérimentales, du directeur de l'office
des chemins publics et des bibliothèques.

Le rapport du secrétaire est publié d'abord dans une édition spéciale
à 5.000 exemplaires, ensuite dans un volume relié avec les rapports divers
énumérés plus haut, puis dans un tirage à 6.000 exemplaires, dont 3.000
destinés aux Départements et 3.000 aux Sénateurs et aux Représentants.

Ce rapport constitue la première partie du Rapport annuel du secrétaire pour l'Agriculture qui, conformément aux dispositions de l'acte concernant l'impression publique, la reliure et la distribution des documents
publics approuvés le 12 janvier 1895, est publié en deux parties.

La deuxième partie est publiée sous le titre de « Livre de l'année du
département de l'Agriculture », et, conformément à la loi précédemment
citée, cette deuxième partie à 500.000 exemplaires dont 30.000 destinés au
département et 470.000 destinés aux Sénateurs, Représentants et Délégués.
La somme de 300.000 liv. st. est prévue annuellement par le Congrès
dans ce but. Une récente modification de la loi sur l'impression laisse
cependant maintenant au comité des imprimés du Sénat, et de la Chambre
des Représentants, le soin de déterminer chaque année le chiffre des
éditions de cette publication destinée au Congrès, à condition toutefois
qu'on ne dépassera pas le nombre prévu plus haut. (Dans le « Livre de
l'Année » le rapport du secrétaire de l'Agriculture dont il est parlé plus
haut est réimprimé afin de répondre aux desiderata de la loi stipulant que
ledit livre « renferme un rapport général des opérations du Département ».) Le volume est complétée par des documents divers et des rapports rédigés dans les différents bureaux et divisions. Les documents
sont choisis par le secrétaire de manière à être comme, la loi le prévoit,
« spécialement propre à intéresser et instruire les fermiers du pays ».
Un appendice est joint renfermant des informations surtout statistiques
relatives aux conditions, aux intérêts de l'agriculture. Ces rapports spé-

ciaux sont en général illustrées. Le volume paraît vers le 1er juin de l'année qui suit celle dont il est l'étude.

En outre du rapport annuel on publie vers le 12 de chaque mois le rapport sur la récolte « qui contient le rapport mensuel sur la récolte » et d'autres données statistiques présentant de l'intérêt pour les fermiers et les consommateurs du pays. Ceci est tiré à 105.000 exemplaires et distribué aux correspondants du Bureau et autres personnes qui s'intéressent à ces questions.

Dans le but de donner les informations concernant le nombre d'acres en culture, leur production, leur valeur et les conditions mois par mois des principaux produits de l'agriculture ainsi que les statistiques du bétail, dès la publication, le 10 de chaque mois, on en téléphone les principaux points à chacun des 77.000 bureaux de poste établis dans tout le pays ; ils y sont affichés et tous ceux qui le désirent peuvent venir en prendre connaissance. On désire diffuser les informations concernant la récolte aussi rapidement que possible parmi tous ceux que la question intéresse, dans le but de protéger les producteurs, les consommateurs et les négociants contre une spéculation malhonnête. On ne doit pas s'attendre à ce que les informations que ces rapports contiennent soient rigoureusement exactes ; mais leur valeur consiste principalement dans le fait qu'ils sont établis avant que la récolte ait été faite et amenée sur le marché ; ils mettent ainsi le fermier en possession de faits lui permettant d'apprécier la valeur approximative de sa récolte.

Ceci m'amène à parler des détails de l'organisation du bureau de la statistique. On emploie dans les offices de statistique de Washington 85 experts et employés pendant que le service à la campagne (experts établis dans les différents états de l'Union) en compte 55. Le service de reportage de la récolte proprement dit comprend divers corps de correspondants disséminés à travers les Etats, agents de statistique de l'Etat, établis dans chaque Etat, et agents spéciaux à la campagne ou experts voyageant et s'occupant de toute la contrée. De ces correspondants, 12 sont des agents qui voyagent, 43 des agents de statistique de l'Etat, 2.700 des correspondants des comtés, 30.000 des correspondants des villes, 11.000 des assistants des agents de statistique des Etats et 45.000 des fermiers. Il y a, en outre, quelques agents pour le coton et des correspondants spéciaux. Par conséquent, le nombre des personnes coopérant à l'établissement des statistiques de l'Agriculture, sous l'ordre du Bureau, s'élève à peu près à 125.000. Chaque mois, les différents corps ou classes de correspondants envoient au Bureau des cédules remplies conformément aux instructions imprimées au dos desdites cédules et se conformant aux instructions explicatives contenues dans le rapport du mois précédent. Dans le but d'assurer la valeur comparative des statistiques avec celle des années précédentes, les instructions sont les mêmes que celles prévues pour le mois correspondant de l'année précédente et chaque correspondant sait d'avance la nature de l'information qu'il est appelé à donner. L'agent de l'État a un corps d'aides ou de correspondants qui lui font un rapport et qui lui prêtent leur concours pour la préparation de son rapport au Bureau chaque mois.

Grâce à cette excellente organisation l'agriculteur des Etats-Unis apprend avec une suffisante certitude les conditions de la récolte et les autres informations qui ont pour but de lui permettre de connaître la demande et l'offre d'un produit sur lequel sont basés les mouvements de hausse et de baisse sur le marché. Chaque année au mois de décembre il a en mains une statistique montrant le nombre d'acres en culture, la production et la valeur des principales récoltes de leur pays et un aperçu sommaire pour le reste du monde. Il est évident que l'agriculture du pays reçoit une grande assistance d'une telle organisation, assistance d'autant plus efficace que le rapport est publié rapidement, avant que la récolte ait été faite — alors que souvent ailleurs les statistiques semblent plutôt faites pour l'historien que pour les gens d'affaires ou pour ceux qu'elle concerne !

Telles sont les pages qu'a bien voulu, sur notre demande, rédiger le distingué chef de bureau de la Statistique ; en les traduisant nous nous sommes attachés à suivre d'aussi près que possible son texte. L'utilité des services rendus par un tel service est si indiscutable que nous nous en voudrions d'insister à ce sujet. Nous ne pouvons que manifester le désir que l'on s'inspire dans notre pays de cette organisation si heureusement conçue, si pratiquement réalisée !

CHAPITRE LXXX

DANS L'AMÉRIQUE DU SUD

A. — RÉPUBLIQUE ARGENTINE

INTÉRÊT QU'IL Y A A ÉTUDIER SOIGNEUSEMENT LA RÉPUBLIQUE ARGENTINE. — CLIMAT ET SOL. — SUPERFICIE ; POPULATION ; SA RÉPARTITION ; SA DENSITÉ. — IMMIGRATION ; COLONISATION ; INCONVÉNIENTS DU SYSTÈME EN VIGUEUR ; CE QU'IL FAUDRAIT FAIRE ; EXCÈS DE LA SPÉCULATION. — VOIES ET MOYENS DE COMMUNICATION : FLEUVES, CHEMINS DE FER, PORTS. — RÉGIONS DE CULTURE. — EXTENSION DE L'AGRICULTURE. — TABLEAUX STATISTIQUES INDIQUANT LA VALEUR DES EXPLOITATIONS AGRICOLES ET D'ÉLEVAGE ; L'ENSEMENCEMENT, LA RÉCOLTE ET L'EXPORTATION DES PRINCIPAUX PRODUITS AGRICOLES. — VALEUR DE LA PRODUCTION DE L'AGRICULTURE ET DE L'ÉLEVAGE. — COUP D'OEIL SUR LES DIFFÉRENTES PRODUCTIONS AGRICOLES ET SUR L'ÉLEVAGE. — BUDGETS D'EXPLOITATION AGRICOLE. — CONCLUSION : A QUOI L'AGRICULTURE DOIT VEILLER ; SITUATION ACTUELLE PARTICULIÈREMENT PROSPÈRE ; CERTITUDE D'UN AVENIR BRILLANT.

Il est peu de pays sur lequel il soit, au bout de quelques années, aussi intéressant de revenir que la République Argentine. Certes, l'Amérique du Sud tout entière est un pays neuf, et nous ne manquerons pas de compléter dans les sous-chapitres suivants ce que nous en avons écrit au tome IV de cet ouvrage (pp. 188 à 276 ; République Argentine pp. 211 à 243) ; mais pour la République Argentine, le problème se pose de façon particulièrement intéressante et nous croyons qu'un complément succinct serait insuffisant.

« Il y a, pour le vieux monde, un grand intérêt à étudier avec attention le développement de ces peuples nouveaux. Il suffit, par exemple, de faire remarquer que l'Argentine occupe aujourd'hui, au début du xxe siècle, une situation aussi marquante que l'était celle des États-Unis au commencement du xixe siècle, et, en continuant sa même évolution, elle atteindra, sans doute, avant la fin du siècle présent, la même importance que les États-Unis à l'heure actuelle ».

Ces lignes de M. Ch. Pellegrini, ancien président de la République Argentine ne sont que l'affirmation d'une incontestable vérité et la réalisation d'une prédiction faite il y a une vingtaine d'années par M. Emile Levasseur. En 1890, l'éminent administrateur du Collège de France n'écrivait-il pas en effet :

« Dans le concours des nations nouvelles que l'émigration européenne a créées, la République Argentine aura une situation privilégiée, parce qu'elle a des avantages particuliers : la nature de son climat dans la zone tempérée, la vaste étendue de son territoire, les qualités de son sol, la facilité d'établissement des voies ferrées, l'importance de l'estuaire de la Plata, la situation de ses côtes sur l'Atlantique en face de l'Europe et à une distance relativement peu considérable de l'Océan Indien, la puissance du courant d'immigration qui s'y porte, le peuplement rapide et la richesse qui en sont les conséquences, le genre propre de sa population et l'esprit libéral de ses institutions politiques... La République Argentine, qui occupe dans la zone tempérée de l'Amérique du Sud une position analogue à celle des États-Unis dans l'Amérique du Nord, peut rêver sinon une puissance égale, du moins un avenir semblable ».

L'avenir qui semble réservé à l'Argentine n'est pas la seule raison qui nous incite à traiter à nouveau longuement de ce pays ; il en est une seconde que voici : « Durant les dix dernières années du xixe siècle, ainsi que l'a justement noté M. Ch. Pellegrini, l'Argentine a supporté toutes les infortunes et connu tous les fléaux qui peuvent frapper un peuple agricole et rural. La sauterelle, venue des régions tropicales, dévorait les récoltes ; la fièvre aphteuse, importée d'Europe, décimait le bétail ; les menaces d'une guerre avec le Chili imposaient d'énormes dépenses et épuisaient tous les revenus de la nation ; enfin, une crise commerciale et industrielle et des perturbations intérieures, conséquence du malaise général, complétaient le tableau des calamités qui mirent à l'épreuve la vitalité de ce peuple ».

Or les chiffres que nous donnons à notre tome IV se réfèrent forcément aux tout à fait premières années du xxᵉ siècle ; ils ne peuvent donc que donner une imparfaite idée du progrès qui s'est manifesté et dont les tableaux et statistiques que nous donnons ci-après permettent de se rendre un compte plus exact : ainsi en 1904-07 la surface mise en culture ne représentait encore que 9 millions d'hectares ; en 1908-09 elle est de 14 millions, soit une progression d'environ 754.107. On aura également intérêt à consulter le tableau que nous donnons en appendice dans notre tome VI.

Ces deux raisons exposées, nous tenons, avant d'entrer dans le corps même du chapitre, à indiquer le précieux concours que nous avons trouvé dans le livre si richement documenté de MM. Albert B. Martinez, ancien sous-secrétaire d'Etat, actuellement directeur général de la Statistique de la ville de Buenos-Ayres et Maurice Lewandowski, docteur en droit, sous-directeur du Comptoir National d'Escompte de Paris : *L'Argentine au XX siècle* (1) dont une troisième édition entièrement refondue et mise à jour a justement paru en 1909.

Superficie et population. — Nous ne reviendrons pas ici sur ce que nous avons dit au tome IV concernant le climat et la nature du sol ; nous avons donné à ce sujet tous détails nécessaires. Nous tenons, par contre, à donner les chiffres les plus récents de la population. On les trouvera au tableau ci-dessous :

	SURFACE EN KILOM. CARRÉS	POPULATION EN 1908
Province de Buenos-Ayres et Capitale.	305.307	2.427.628
— Santa-Fé	131.906	772.410
— Cordoba.	161.036	477.680
— Entre Rios	74.571	399.333
— Corrientes.	84.402	317.247
— Tucuman	23.124	280.311
— Santiago de l'Estero . . .	103.016	192.639
A reporter	883.362	4.867.248

(1) Armand Colin, éditeur.

	SURFACE EN KILOM. CARRÉS	POPULATION EN 1908
Report	883.362	4.867.248
Province de Mendoza.	146.378	174.019
— Salta	161.099	141.610
— Catamarca.	123.138	103.680
— San Juan	87.345	105.684
— San Luis	73.923	103.367
— La Rioja	89.498	86.352
— Jujuy.	49.162	56.945
Territoire de la Pampa	145.907	51.673
— Misiones.	22.229	38.748
— Neuquen.	109.703	18.020
— Rio Negro	196.695	15.961
— Chaco	136.635	13.838
— Formosa.	107.258	6.309
— Chubut.	242.039	5.244
— Santa Cruz.	282.750	1.742
— Les Andes.	64.900	1.245
— Terre de Feu	21.499	1.122
Totaux	2.942.520	5.792.807

Ainsi qu'on l'a justement écrit, « la densité varie dans les différentes régions du territoire et suivant les provinces. Ainsi la région de l'Est ou du littoral, formée par la capitale fédérale et par les provinces de Buenos-Ayres, de Santa-Fé, de l'Entre Rios et de Corrientes, possède 6.57 habitants par kilomètre carré, tandis que celle du Centre, qui comprend Cordoba, San Luis et Santiago de l'Estero, n'apparaît qu'avec 2.29 habitants. Pénétrant plus avant dans le pays, la densité diminue encore plus, à tel point que dans la région de l'Ouest ou Andine, formée par les provinces de Mendoza, de San Juan, de La Rioja et de Catamarca, on ne trouve pas 1.05 habitant par kilomètre. Dans la région du Nord, qui embrasse les provinces de Tucuman, de Salta et de Jujuy, on compte 2.05 habitants par kilomètre carré. Mais c'est dans les territoires nationaux — où dans un seul serait à l'aise plus d'une importante nation européenne — que l'on observe la plus petite densité. Là règne le désert avec toute sa désolation. Le territoire de la Pampa, d'où tant de richesses ont été tirées durant ces dernières années, et qui est composé de 146.000 kilomètres carrés, compte à peine 52.000 habitants ; celui du Rio Negro, qui embrasse une superficie de 197.000 kilomètres en a 16.000 ; celui de Santa Cruz, situé sur les rives de l'Atlantique, où existent d'importants établissements d'élevages, et qui pourrait contenir une nombreuse population pastorale et maritime, ne contient encore que 1742 âmes sur ses 282.750 kilomètres carrés ».

IMMIGRATION ET COLONISATION. — On ne comprendrait pas que dans un pays comme l'Argentine on ne fît pas suivre les chiffres de la population de quelques considérations sur l'immigration et la colonisation. Notons d'abord que de 1857 à 1908, le nombre des immigrants a été de 3.338.000 se répartissant comme suit : d'une part, 1.706.000 Italiens, 670.000 Espagnols, 201.000 Français et Belges ; d'autre part, une centaine de mille Austro-Hongrois ou Allemands et 41.000 Anglais (1). Mais il y a eu, comme contre-partie, 1.322.000 émigrants. Le recensement de 1895 a enregistré 886.000 étrangers non naturalisés, dont 493.000 Italiens, 199.000 Espagnols, 94.000 Français, etc. Aujourd'hui, l'immigration se compose surtout d'Italiens (127.578 en 1906), d'Espagnols (79.287), de Russes (17.434), de Syriens (7.677), d'Autrichiens (4.277), de Français (3.698), etc.

Voyons les choses d'un peu plus près, et nous établirons le tableau suivant :

MOUVEMENT DE L'IMMIGRATION ET DE L'ÉMIGRATION

ANNÉES	ENTRÉES	SORTIES	EXCÉDENTS EN FAVEUR DES ENTRÉES
1904	125.567	39.923	86.644
1905	177.117	42.869	134.248
1906	252.536	60.124	192.412
1907	209.103	90.190	118.913

(1) On voit combien domine la race latine.

Cette situation représente-t-elle ce que l'on pourrait obtenir ? Incontestablement non ! Non moins incontestablement il en faut chercher la raison dans la défectuosité du mode de colonisation. « Combien d'immigrants, s'écriait en 1904 dans son intéressante *Investigacion Agricola* M. Carlos D. Girola, — combien d'immigrants venus dans le pays avec la pensée d'acheter un morceau de terre, ont dû abandonner ce rêve, à cause des difficultés qu'ils ont rencontrées pour obtenir la terre désirée ! » De son côté, M. Eléodore Lobos s'indigne dans ses *Annotations sur la législation des terres,* devant l'insouciance du bien public avec laquelle on a procédé pendant plus de vingt années pour placer 28.174.000 hectares de terres incultes du domaine de la Nation ». Et il ajoute : « Les lois votées ont été impuissantes à empêcher l'adjudication en grand de ces terres publiques et la méthode, par conséquent, fut inefficace pour attirer la population que pouvaient contenir ces vastes domaines. »

Critiques justifiées ! Il faut que l'Argentine ne se laisse pas gagner par la lèpre des latifundia. Il faut qu'elle ait, comme tout pays, une classe de petits propriétaires ! Qu'on nous entende bien : il ne s'agit pas d'une propriété aussi petite que dans telle contrée de la vieille Europe ; il s'agit d'une propriété considérée petite pour l'Argentine ; c'est de cette classe de petits propriétaires que l'Argentine peut espérer une sorte de stabilité qui lui fait défaut : le grand nombre d'immigrants qui la quittent dès fortune faite — ou mi-faite — est préjudiciable à ses véritables intérêts ; le fait ne se produirait que sur une échelle bien moindre si un bon système de colonisation attachait l'agriculteur à la terre qu'il a mise en valeur et qui l'a enrichi !

Autre chose préjudiciable : le saut de la spéculation poussée jusqu'à ses plus extrêmes limites. M. P. Bernot qui rapporte d'une récente enquête sur place une intéressante étude, note à ce sujet ce qui suit : « Il y a quelques années le gouvernement cédait ces lots ou *chacras* (1) pour 1,000 piastres, avec obligation

---

(1) La *chacra* est une surface de 100 hectares.

d'*alhambrader*, c'est-à-dire de clore avec des fils de fer, de défricher et planter un certain nombre d'arbres ; ainsi a fait notre Italien, qui, au bout de trois ans, a revendu sa chacra pour 16.000 piastres ; mais ce temps est passé : toutes les terres ont été concédées et ne sont plus disponibles que celles dont les propriétaires, pour des raisons diverses, veulent se dessaisir. Et on nous cite des chiffres. Voici deux ans, un Anglais a acheté cette terre 2.500 piastres et l'a revendue l'année d'après 12.000 ; le gérant d'une société de Buenos-Aires a payé le lot contigu 15.000 piastres ; son voisin, un Chilien, gêné dans ses affaires, vendrait peut-être, mais pas au-dessous de 30.000. »

Or, si ce sol est souvent des plus fertiles (1), il en va aussi tout le contraire, et ceci sans que l'acheteur paraisse — si étonnant que cela soit ! — porter à la question l'attention qu'il serait logique qu'il lui portât. Le fait ne fut pas sans étonner notre voyageur. Comme il vit adjuger au prix de 70.000 piastres, c'est-à-dire de plus de 150.000 francs, un lot qu'il avait visité, lot de glaise pure, impossible à irriguer, sans valeur en un mot : « Mais, le malheureux acheteur, s'écriait-il, s'adressant à un ami bien renseigné, qu'en fera-t-il ? — Bah ! lui fut-il répondu, ne

(1) M. P. Bernot rapporte à ce sujet l'anecdote suivante : « D'un coup de bêche notre hôte (un Français) soulève une pelletée de terre où il plonge ensuite la main : noire, légère, friable, c'est de l'humus pur, du terreau de jardinier. Il la presse et la fait couler entre ses doigts, d'un mouvement qui ressemble à une caresse, puis d'un geste du bras qui enveloppe tout l'horison : « Ma chacra entière est comme cela et il y en a quatre mètres de profondeur ! » Et alors il nous conte la fertilité prodigieuse de ce sol : un sarment de vigne d'une année atteint 8 mètres de longueur, un seul cep a donné 70 kilos de raisin, on fait trois récoltes de légumes par an, un homme de ses deux bras ne peut enserrer plus de trois choux-fleurs, l'asperge vient grosse comme le poignet. Tout mûrit énorme, délicieux, et se vend à Bahia-Blanca et Buenos-Aires des prix fous. On connaît des vergers à Viedma qui ont donné 200 piastres de revenu par arbre fruitier, et une famille de douze personnes a vécu à l'aise pendant des années de la seule culture d'un hectare. Des jardiniers italiens qui louent pour 2.000 piastres un lopin de terre s'en retournent au bout de quatre ans dans leur pays avec une petite fortune de 30 ou 40.000 lires. Pour lui, qui a payé son lot 4.000 piastres et qui en dépensera le double pour le mettre en valeur, il compte bien en tirer avant cinq ans 30.000 francs de rente. »

vous en préoccupez pas. Tant de gens achètent sans voir en
Argentine, simplement parce qu'ils entendent répéter que tout
monte, qu'il trouvera sûrement à son tour acheteur avec bénéfice. Ici, on ne parle jamais d'une mauvaise affaire : celui qui
s'est fait pincer se tait ; il attend la « poire ». Elle arrive
toujours. »

On est en droit de se demander, non sans quelque inquiétude,
où conduira une telle façon de procéder. M. Bernot s'est posé
la question et sa réponse, reconnaissons-le, n'est pas aussi
pessimiste que pourraient le croire des esprits habitués à ne
raisonner que sur leur pays de vieille Europe : « Voici donc,
conclut-il, en effet, deux courants d'affaires, deux catégories
d'opérations bien distinctes : celle qui consiste à acheter pour
exploiter et celle qui se borne à acheter pour revendre. La première enrichit son homme sûrement par le travail ; la seconde
peut réussir également, c'est du jeu. Et il semble bien que
depuis plusieurs années la *passe* soit bonne pour les joueurs.
Durera-t-elle ? C'est possible, probable même, car les deux
genres d'affaires réagissent l'un sur l'autre et il n'est pas douteux que l'exploitation rationnelle et raisonnable des bonnes
terres de la République progresse d'une façon continue, servant
ainsi de support chaque jour plus large et plus solide aux exercices un peu risqués de la spéculation. »

Voies et moyens de communication. — Il nous reste, avant de
de finir ce qu'on pourrait appeler les considérations générales,
à dire quelques mots des voies et moyens de communication.
On sait, en effet, leur grande importance et qu'eux seuls donnent
à une terre de colonisation sa valeur véritable.

Parmi ces voies, il faut mettre au premier rang les fleuves :
l'Argentine en possède qui sont de « véritables mers intérieures,
accessibles aux navires du plus fort tonnage, et qui pénétrent
jusqu'au cœur même des régions les plus fertiles, les mettant
directement en relation avec l'extérieur ». Et, comme si la nature
avait voulu raffiner dans la mise au point de ces voies de
communication naturelles, elle a permis que « ces fleuves coulent

d'une façon presque constante entre deux berges à pic sur leur lit, de telle sorte que les rives forment de véritables ports naturels avec des quais indéfiniment prolongés ».

Nous ne saurions entrer ici dans le détail, mais nous tenons à rappeler que le fleuve le plus important est le Rio de la Plata, fourni par la jonction de l'Uruguay et du Parana. C'est ce dernier qui, continuant le Rio-de-la-Plata vers le Nord, forme avec lui l'artère vitale de l'Argentine. L'estuaire de la Plata qui atteint à l'embouchure du fleuve l'incroyable largeur de 350 kilomètres, en a déjà une quarantaine à son point de départ. Quant au Parana, son développement est de 4.800 kilomètres, sa largeur varie de 35 à 50 kilomètres et son débit moyen annuel est de 30.000 mètres cubes par semaine, ce qui représente, ainsi que le remarquent plaisamment MM. Martinez et Lewandowski, environ une fois et demie le débit du Mississipi, deux fois celui du Gange, quatre fois celui du Danube, cinq fois celui du Nil et près de cent fois celui de la Seine ! « Venu des provinces centrales du Brésil, le Parana passe à travers les riches régions forestières du Chaco, communique par son affluent avec le Paraguay et le Sud brésilien, puis il s'écoule à travers les provinces de Corrientes, d'Entre Rios, de Santa Fé, c'est-à-dire dans les contrées des grands bois et des grandes cultures, et se déverse ensuite dans cette véritable mer qu'est le Rio de la Plata, où il se mêle avec le Rio de l'Uruguay, autre voie de communication des provinces de l'Est vers l'Océan Atlantique. » Les conditions de navigabilité sont excellentes.

De leur côté, les voies ferrées (1) ont pris un indiscutable développement, qu'indique le tableau suivant :

(1) On pourra consulter à ce sujet au tome IV, la carte de la p. 243, (fig. 485).

ÉTAT DES CHEMINS DE FER ET DES TRAMWAYS A VAPEUR
DE LA RÉPUBLIQUE ARGENTINE AU 1er JANVIER 1909

Chemins de fer en exploitation

(Extension, y compris les embranchements, mais non les déviations ni les voies auxiliaires)

I. — CHEMINS DE FER DE L'ÉTAT

	LARGEUR DE VOIE	NOMBRE DE KILOMÈTRES	RENDEMENT DU CAPITAL VERSÉ %
Andin.	1m676	482	5,42
Central-Nord	1 mèt.	1.717	0,80
Argentin du Nord	1 mèt.	760	0,46
Total		2.959	

II. — CHEMINS DE FER PARTICULIERS CONCÉDÉS

	LARGEUR DE VOIE	NOMBRE DE KILOMÈTRES	RENDEMENT DU CAPITAL VERSÉ %
Sud de Buenos-Ayres	1m676	4.276	4,93
Ouest de Buenos-Ayres	1 676	1.962	5,93
Buenos-Ayres et Rosario	1 676	1.997	4,73
Central argentin	1 676	1.879	8,31
Buenos-Ayres au Pacifique. . .	1 676	1.683	3,83
Grand-Ouest argentin	1 676	803	4,40
Bahia-Blanca et Nord-Ouest . .	1 676	902	2,46
Nord-Est argentin	1 435	323	1,19
Central de l'Entre-Rios.	1 435	888	2,50
Central de Buenos-Ayres	1 435	225	3,33
Province de Santa-Fé	1 mèt.	1.752	3,00
Central Cordoba (section Nord) .	1 mèt.	885	2,62
— — — Est). .	1 mèt.	209	7,37
Cordoba et Rosario	1 mèt.	289	3,01
Nord-Ouest argentin.	1 mèt.	196	4,32
Cordoba et Nord-Ouest.	1 mèt.	153	0,93
Transandin argentin	1 mèt.	175	perte 0,63
Central du Chubut.	1 mèt.	70	5,95
Total		19.167	

III. — CHEMINS DE FER SECONDAIRES ET TRAMWAYS A TRACTION ÉLECTRIQUE

a) *Service public*

	LARGEUR DE VOIE	NOMBRE DE KILOMÈTRES	RENDEMENT DU CAPITAL VERSÉ %
Tramway à vapeur de Rafaela-Malagueno (réuni au chemin de fer central argentin)	1ᵐ	86	0,79
Tramway municipal de La Plata aux abattoirs	1 435	23	0,36
De la colonie Ocampo	1	34	
De Florencia à Piracus.	1 067	20	
Voies de l'entreprise de Las Catalinas	1 676	8	3,38
De Barranqueras à Resistencia .	0 750	27	3,40
Total		198	

b) *Service privé*

	LARGEUR DE VOIE	NOMBRE DE KILOMÈTRES	RENDEMENT DU CAPITAL VERSÉ %
Du port de Tyrol à la colonie Lucinda.	0ᵐ600	36	
Tramway à vapeur de Piraguacito à Guillermina	0 750	86	
Colonie de Las Palmas	0 600	47	
De la péninsule Valdez.	0 760	32	0,58
Total		201	

RÉSUMÉ

I. Chemins de fer de l'État		2.959 kilomètres
II. Chemins de fer particuliers (concessions) . . .		19.167 —
III. Chemins de fer secondaires et tramways à traction mécanique :		

a) Service public. . . . 198 kilomètres
b) Service privé . . . . 201 — } 399 —

Total général de l'extension des chemins de fer en exploitation. . . . .   22.525 kilomètres

Certes, ainsi que le notent MM. Martinez et Lewandowski tous ces chemins de fer sont loin d'avoir une égale valeur au point de vue du rendement, mais il faut cependant reconnaître qu'après des vicissitudes diverses, la plupart d'entre eux ont accusé, en ces dernières années des progressions de recettes prouvant leur vitalité. On peut citer, par exemple, telle ligne dans le Sud, comme celle allant à Bahia Blanca, vià Tornquist, construite presque à fonds perdus par la Compagnie du Sud de Buenos-Ayres et qui est arrivée à donner aujourd'hui un revenu supérieur à 4 p. 100, grâce au développement agricole qu'elle a déterminé sur tout son parcours. Comment, enfin, ne pas noter ici que les efforts combinés de l'Argentine et du Chili ont réussi à franchir la Cordillière des Andes sur un point déjà et sans doute avant quelques années sur deux.

Mais à quoi serviraient à un pays d'exportation des fleuves navigables et des chemins de fer sans de bons ports ? L'Argentine est bien partagée sous ce rapport, et les installations qui ont été faites ne laissent rien à désirer ; c'est ainsi qu'il existe à Buenos-Ayres le plus grand dock du monde. Voici, du reste, un tableau qui indique la quantité en kilos de produits entrés de février à septembre en 1905, 1906, 1907 et 1908.

	1905	1906	1907	1908
Maïs	720.840	6.882.560	9.600.820	10.742.320
Blé	34.245.850	50.379.220	73.245.665	47.566.735
Lin	1.115.710	5.636.970	5.584.480	10.757.130
Orge	82.800	368.120	1.361.470	1.695.450
Avoine	1.688.620	3.624.620	6.684.850	15.736.830
Cuirs et peaux	17.713.219	18.541.517	17.115.134	22.371.525
Autres produits	1.786.228	1.837.997	1.803.990	2.155.110

Autres chiffres : en 1880, avant le commencement des travaux, le port de Buenos-Ayres avait un mouvement représentant à peine 650.000 tonnes ; en 1897, ce mouvement est de 7.365.000

tonnes ; dix ans après, il est supérieur à 13.000.000. Qu'ajouter à une pareille constatation ?

Agriculture et élevage. — Le moment est venu maintenant d'étudier l'agriculture proprement dite. Nous avons rappelé plus haut que nous avions traité à notre tome IV (pp. 211 à 232) de ce qui concerne la nature du sol et le climat de chaque province ; nous n'y viendrons bien entendu pas. Voici du reste quelques lignes de MM. Martinez et Lewandowski qui résument fort clairement cette question des régions de culture (1) :

On constate qu'il existe dans l'Argentine trois régions principales pour la culture, savoir : 1° la région septentrionale au nord des Provinces de Santa-Fé et de l'Entre-Rios ; 2° la région centrale, qui commence aux mêmes limites et descend jusqu'au sud de la Province de Buenos-Ayres et du Territoire de la Pampa, comprenant une partie des territoires nationaux du Rio Negro et du Neuquen ; 3° la région sud, qui part de ces dernières limites pour aller à la Terre de Feu.

La première région est caractérisée par un climat chaud, avec des pluies régulières dans la partie orientale, et moins fréquentes du côté occidental. La région centrale possède un climat tempéré, avec des pluies régulièrement distribuées dans la partie orientale et très rares dans l'autre, où se succèdent de longues périodes de sécheresse. Dans la région sud, les pluies sont moins fréquentes et le climat plus rude, à l'exception toutefois de la partie ouest et de l'extrême-sud, qui sont aussi dans une zone pluvieuse.

Après de nombreuses expériences, il s'est produit une sorte de sélection naturelle dans les cultures, qui se trouvent aujourd'hui à peu près réparties ainsi qu'il suit : les céréales, telles que le blé, l'orge, l'avoine, le maïs, le millet, sont spécialement cultivées dans la région formée par les provinces de Buenos-Ayres, Santa-Fé, Entre-Rios, Cordoba et par le territoire de la Pampa, qui est bien la contrée par excellence pour ces produits. Cependant, la culture du maïs s'étend sur une plus vaste étendue ; elle s'est développée avec succès dans toute la région centrale et septentrionale du pays. De même le riz peut être cultivé dans ces deux dernières contrées ; il est en voie de développement dans les provinces de Tucuman, San-Juan, Mendoza, Salta, La Rioja, Jujuy, et, d'autre part, dans celle

(1) Au sujet de la situation géographique des provinces voir la carte (fig. 485) au tome IV, p. 243.

de Corrientes et dans les territoires de Formosa, du Chaco et de Misionès. Les Provinces de Santa-Fé, de l'Entre-Rios et de Buenos-Ayres peuvent aussi produire du riz (1).

Les cultures des plantes oléagineuses, telles que le ricin, le sésame, le pavot, trouvent des conditions propices dans la région septentrionale ; par contre, le lin, le colza, la navette prospèrent dans la région des céréales. La canne à sucre est cultivée dans la région septentrionale et surtout à Tucuman, dans une partie de Santiago de l'Estero, de Salta, de Jujuy, de Corrientes, le nord de Santa-Fé, Formosa, le Chaco et Misionès.

La vigne est principalement cultivée dans les provinces de Mendoza de de San-Juan, où elle trouve des conditions favorables quant au sol et au climat et où elle est assez régulièrement irriguée par des canaux qui arrosent toute la contrée ; mais toute la région centrale peut aussi produire du raisin pour le vin et pour la table. La vigne prospère, en outre, à la Rioja, à Catamarca, à Salta et dans l'Entre-Rios.

L'élevage se fait surtout dans les Provinces de Buenos-Ayres, de Santa-Fé, de l'Entre-Rios, dans le sud de celle de Cordoba, et dans une grande partie de la Pampa centrale.

Venons-en maintenant aux chiffres. Justement nous avons la bonne fortune d'en pouvoir offrir d'assez récents, grâce au consciencieux recensement de l'agriculture et du bétail qui a été fait dans toute l'Argentine pendant la première quinzaine de mai 1908.

Un premier point doit nous arrêter, c'est l'extension de l'agriculture : en 1904-05, neuf millions d'hectares seulement étaient mis en culture ; il y en avait quatorze millions en 1908-09. Véritablement, on ne peut rien ajouter à de tels chiffres. Ils sont à eux-mêmes le plus éloquent des commentaires : le résultat c'est que l'Argentine, qui — notons-le — devait encore, il y a un quart de siècle, demander de la farine à l'étranger, n'en produisant pas assez pour sa consommation, en exporte aujourd'hui 4 millions de tonnes et joue dans le marché international un rôle qui deviendra de plus en plus important, d'autant qu'elle a devant elle une grande marge de terres à mettre en culture ; à peine si elle exploite le dixième de ce dont elle pourrait

(1) *Investigacion Agricola*, année 1904, par Carlos D. Girola.

VALEUR TOTALE DES EXPLOITATIONS AGRICOLES ET D'ÉLEVAGE DE LA RÉPUBLIQUE ARGENTINE

(D'après le recensement agricole fait pendant la première quinzaine de mai 1908)

PROVINCES ET TERRITOIRES	EXTENSION DES CLOTURES EN FIL DE FER (mètres)	VALEUR EN PIASTRES PAPIER			
		DE LA TERRE	DES BESTIAUX	DES INSTALLATIONS FIXES	DES MACHINES ET OUTILLAGE	VALEUR TOTALE
Buenos-Aires	355.916.488	3.708.120.978	747.766.076	256.817.683	83.155.439	4.795.860.176
Santa-Fé	108.799.343	1.056.665.477	133.113.466	69.701.841	36.157.495	1.295.638.279
Entre-Rios	77.564.134	278.213.567	119.889.985	41.884.255	13.399.141	453.386.948
Corrientes	64.469.334	36.301.712	90.344.211	17.192.364	2.617.740	146.456.027
Cordoba	116.985.669	437.567.360	124.750.481	67.661.327	27.495.192	657.474.360
San-Luis	22.210.664	68.721.019	24.996.778	14.433.467	2.304.011	110.455.275
Santiago	8.765.066	50.822.117	24.181.839	10.128.299	1.633.094	86.765.349
Tucuman	15.034.084	50.653.884	17.069.835	24.039.932	2.185.087	93.948.738
Mendoza	8.092.645	455.070.179	14.283.389	26.730.694	2.618.774	498.703.036
San-Juan	5.021.679	39.347.800	4.678.559	18.205.242	1.438.903	63.670.504
La Rioja	1.130.864	36.098.912	12.065.382	9.198.303	411.387	57.773.'84
Catamarca	2.905.092	36.630.713	9.034.328	15.328.037	297.758	61.290.836
Salta	5.720.474	34.370.160	19.963.337	8.658.944	893.870	63.886.311
Jujuy	2.320.500	2.281.625	6.559.784	2.748.267	222.816	11.812.492
Chaco	2.663.578	8.259.000	7.604.931	1.770.279	429.563	18.063.773
Chubut	3.585.359	7.462.000	18.659.346	3.801.491	694.731	30.617.558
Formosa	571.536	3.995.000	6.323.569	1.524.673	174.034	12.017.276
La Pampa	179.799.816	123.959.450	41.967.094	15.714.026	6.146.072	187.786.642
Los Andes	334.758	»	420.186	400.442	»	820.628
Misionès	3.553.003	7.223.000	2.461.196	2.655.256	259.161	12.598.613
Neuquem	630.811	9.314.000	10.086.473	2.149.510	403.351	21.954.034
Rio-Negro	16.675.119	31.136.900	27.736.726	9.811.661	1.913.244	70.598.531
Santa-Cruz	10.399.089	11.397.500	10.120.156	6.802.471	370.553	28.690.680
Tierra del Fuego	4.284.249	1.426.000	5.237.754	3.067.930	247.560	9.979.244
Totaux	1.017.433.354	6.495.039.053	1.479.314.881	630.426.384	185.468.976	8.790.249.294
Équivalents en France	»	14.289.085.916	3.254.492.738	1.386.938.044	408.031.747	19.338.548.445

disposer, et qu'on évalue à 150 millions d'hectares, sur lesquels plus de 50 conviendraient à la culture du froment (1).

Le tableau de la page 544 et ceux des pages 545 et 546 indiquent les résultats tangibles de cette extension de l'agriculture ; on pourra en comparer certains éléments avec ceux que nous avons donnés au tome IV.

SUPERFICIE ENSEMENCÉE 1908-1909
(en hectares)

PROVINCES	BLÉ	LIN	AVOINE
Buenos-Ayres.	2.503.700	441.600	579.700
Santa Fé.	1.340.300	660.400	13.700
Cordoba.	1.502.800	170.800	4.400
Entre Rios.	321.300	229.000	15.000
Pampa Centrale. . . .	320.000	30.000	20.000
Autres provinces et territoires.	75.000	2.500	500

Joignons à ce total de plus de 8 millions d'hectares, 3 millions en luzerne et un peu plus de 2.800.000 en maïs, et cela constitue — à peu près — le total ci-dessus précité ; les autres cultures ne jouent, en effet, qu'un rôle très secondaire.

RÉCOLTE DE 1908-1909

	QUANTITÉS	VALEURS
	tonnes	dollars
Blé.	4.650.000	395.250.000
Maïs.	6.000.000	300.000.000
Lin.	1.086.000	119.860.000
Avoine.	850.000	42.500.000
TOTAUX.	12.586.000	857.210.000

(1) Les quatre provinces de Buenos-Ayres, Santa-Fé, Cordoba, Entre-Rios et le territoire de la Pampa Centrale ont, à eux seuls, environ 13 millions et

EXPORTATION 1908

		tonnes
Blé.		3.717.352
Lin..		1.078.084
Maïs.		1.788.672
Avoine		450.172
Totaux.		7.034.280

Notons, enfin, que, même en prenant pour base des chiffres assez bas, en trouve que la production agricole vaut environ 600 millions de piastres (monnaie nationale) ; celle de la laine 400 millions de piastres; et celle des autres produits animaux : cuirs, os, viande conservée, etc., une valeur sensiblement égale (1).

Venons-en à la revue des principales cultures. C'est par celle du *blé* que nous commencerons. Nous renverrons tout d'abord à ce que nous en avons écrit au (tome IV, pp. 216 et 217) ; puis ajouterons que la progression de la production et de l'exportation que nous avons signalée plus haut et qui a permis à l'Argentine de jouer un rôle dans le marché international promet de se maintenir et pourrait s'accélérer rapidement et notablement si l'on mettait en culture une plus grande étendue des terres disponibles.

Rien de spécial à écrire du *maïs* (tome IV, p. 217), ni du *lin* (tome IV, pp. 218 et 219) ; mais par contre il nous faut noter que la *canne à sucre* (tome IV, p. 220) a vu dans ces dix dernières années sa culture prendre un grand développement. Sur 45 raffineries existant au commencement de 1909, 32 se trouvaient dans la province de Tucuman, où cette plante est surtout cultivée, tandis que c'est dans celles de Mendoza et de

demi d'hectares de cultures, tandis qu'il reste encore 68 millions et demi de terres tout aussi fertiles, qui, sans engrais, sans préparation, pourraient donner, dès la première année de labourage, une splendide moisson.

(1) D'après un rapport de M. Barron, consul de France à Rosario.

San Juan qu'on rencontre le plus de *vignobles* (tome IV, pp. 220 et 221) : 30.213 hectares dans la province de Mendoza, 14.108 dans celle de San Juan sur un total de 56.329 dans toute l'Argentine. En 1895, on n'en comptait que 33.459 hectares, dont une grande partie avait été négligée pour ne pas dire abandonnée à la suite de la crise de 1890. Cette expansion tend à s'accroître de jour en jour et l'écoulement des produits paraît assurée, l'industrie viti-vinicole, profitant des progrès de la science et de l'observation, et entrant franchement dans une voie de réformes judicieuses et de progrès.

Bien que cultivé depuis longtemps en Argentine et y rencontrant dans bien des zones des conditions favorables, le *tabac* (tome IV, p. 220) n'y a encore pris que peu d'importance et la production est fort loin de satisfaire à la consommation. Autres cultures susceptibles de se développer : celles du *mûrier* et du *maté*, celle-ci dans le territoire de Misionès (des Missions) qui s'avance en forme de coin entre le Paraguay et le Brésil. On sait que la

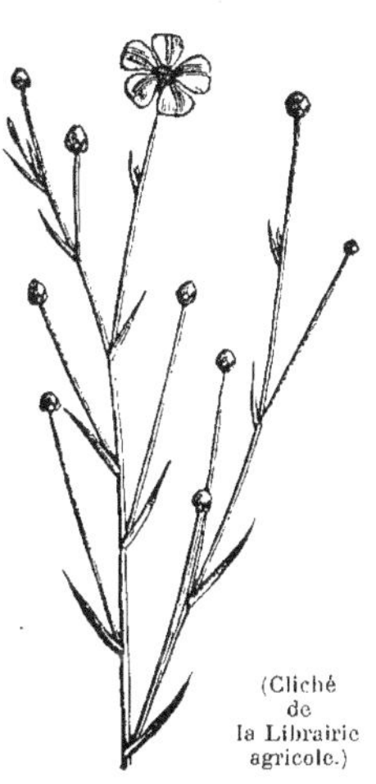

FIG. 614. — Lin.

feuille de maté (plus exatement de la *yerba maté*) sert à fabriquer des infusions, telles que celles de thé, de café, etc., infusions ayant des vertus stimulantes et toniques et dont la consommation déjà importante va en augmentant. Ce que l'Argentine en produit équivaut à peine au huitième de sa consommation.

Les territoires de Chaco, Formosa, Misionès conviennent à la culture du *cotonnier* qui commence à y prendre un certain développement, et l'on peut prévoir que le Chaco deviendra grand producteur de coton.

L'*arboriculture fruitière* (tome IV, p. 220) paraît également susceptible de prendre sous peu un grand développement. Déjà sur certains points on obtient des produits de tout à fait première qualité.

Notons enfin ici que l'Argentine n'exploite pas le *caoutchouc*, qui existe pourtant en abondance dans le Nord-Est de la République, notamment dans les provinces du Jujuy et de Salta et venons-en, avant de traiter de l'élevage, à ce qui concerne les cultures fourragères :

La *luzerne* a pris une extension considérable puisque dès 1909 elle occupait 4.706.500 hectares (contre 390.000 seulement en 1888) et que ce mouvement en avant se maintient. Du reste, « les immenses plaines où pousse actuellement l'herbe sauvage (1) sont aptes à produire de la luzerne, à la seule condition que le sous-sol renferme une humidité suffisante. Or, les racines de cette plante fourragère s'enfoncent dans la terre à la recherche de cette humidité jusqu'à des profondeurs incroyables : j'ai vu près de Bahia-Blanca, note M. P. Bernot, des brins de racine qui attéignaient 7 mètres de longueur, et on fait huit coupes par an ! Cette culture est d'ailleurs chaque jour la cause de fortunes rapides et considérables : songez qu'un hectare de la Pampa payé en friche 50 ou 60 francs, s'il est cultivé en luzerne rapporte 300 francs par an, et calculez la plus-value formidable qu'il acquiert du jour au lendemain. »

Voyons maintenant l'élevage, les chiffres du bétail tout d'abord. On se souvient que nous avons eu la bonne fortune de trouver dans le recensement opéré en 1908 une base certaine. Voici ce qu'il nous apprend, avec, à titre de comparaison, les chiffres précédents.

	BÊTES BOVINES	BÊTES OVINES
	têtes	têtes
1888	21.963.930	66.701.097
1895	21.701.526	74.379.562
1908	29.116.625	67.211.754

(1) Ces herbages naturels — *pasto fuerte* — se déroulent à l'infini sur 1.100 ou 1.200 kilomètres de largeur et 3.000 de longueur.

Pendant la période des douze dernières années, l'élevage bovin a, on le voit, pris un développement exceptionnel, puisque le nombre des animaux s'est accru d'un tiers ; c'est dans les quatre provinces de Buenos-Ayres, de Santa-Fé, de Cordoba et de Corrientes, que l'accroissement a été le plus important. Par contre, dans la même période, l'importance des troupeaux de moutons a sensiblement diminué ; c'est surtout dans les mêmes provinces, à l'exception de celle de Corrientes, que le fait a été constaté. Ce mouvement a été de pair avec celui de l'extension de l'agriculture : les deux faits se complètent, et leur concomitance est toute naturelle (1).

Pour la population chevaline, les mêmes recensements ont accusé des différences moins accentuées : 4.263.000 têtes en 1888, 4.446.000 en 1895 et 7.531.000 en 1908. L'accroissement a été considérable dans la dernière période. Quand aux porcs, les relevés sont passés de 403.000 têtes en 1888 à 653.000 en 1895 et à 1.403.000 en 1908 ; l'élevage de ces animaux ne présente

(1) Ce n'est pas sans raison que MM. Martinez et Lewandowski écrivent : « L'agriculture envisagée par rapport à l'élevage, est, au point de vue économique, une source de richesse d'un tout autre intérêt pour la prospérité générale et le bien-être d'une nation. C'est la fée qui transforme peu à peu les plaines immenses de la pampa argentine en paysages plus animés que peuplent de nombreuses colonies, qui deviennent ensuite des villages, lesquels, dans vingt ans, seront peut-être d'importantes cités. L'agriculture appelle le chemin de fer, suscite l'immigration, favorise la division des terres, crée la petite propriété ; elle influe même sur les mœurs des habitants, car elle exige plus de travail, plus d'intelligence, plus d'esprit, de méthode et de prévision.

Cette comparaison entre les deux grandes productions de l'Argentine se résume dans le fait suivant : une propriété comprenant 10.000 hectares d'élevage peut être mise en valeur et surveillée avec un personnel de 10 à 12 hommes. Pour un domaine de 600 hectares en agriculture, on estime que 40 à 50 personnes, groupées en famille, peuvent facilement vivre sur la terre et y prospérer. On voit par là combien grande est la supériorité de l'agriculture au point de vue de l'intérêt général du pays. Elle exige et entretient un personnel plus nombreux, elle permet le groupement de cette population en villages et en cités, elle crée proportionnellement, avec un capital moindre, une plus grande quantité de produits ; bref, elle contribue, d'une part, à augmenter la richesse du pays en participant largement à son exportation et elle augmente, d'autre part, sa puissance de consommation en absorbant un plus grand nombre de produits importés. »

jusqu'ici qu'une médiocre importance dans la République Argentine.

Quand à la valeur de tout ce bétail, elle est estimée, d'après les documents du recensement officiel, à 1.481.282.245 piastres papier, soit au change de 2.27 0/0 à 3.258.820.935 francs.

Est-il besoin de noter que l'élevage s'est transformé ; on a cherché à obtenir les meilleurs sujets dans les meilleures conditions possible (1). Suivant une pittoresque expression les éleveurs européens ont fait reculer *le gaucho* jusqu'aux grands domaines situés aux confins du désert. De même l'industrie des viandes séchées (*salaisons*) repoussée vers le Nord a fait place au frigorifique.

Budgets d'exploitations agricoles. — Lorsqu'il s'agit d'un pays neuf comme l'Argentine il est particulièrement utile de rechercher quels doivent y être les budgets des exploitations agricoles. C'est à l'intéressant volume de MM. Martinez et Lewandovski (2) que nous empruntons ces quelques pages :

(1) Voici à ce sujet des observations qu'a faites de visu M. P. Bernot et les conclusions qu'il en tire : « L'Argentine achète et achètera pendant longtemps encore, à des prix très élevés, les animaux reproducteurs des belles races d'Europe en vue d'améliorer son bétail indigène ; un taureau durham se paye jusqu'à 80.000 francs à Buenos-Ayres ; cette année même, au concours agricole de septembre à Palermo, un échantillon de cette race a été acheté 59,000 francs par un estancero de la province de Buenos-Ayres, M. B. Iraizoz ; les sujets moins remarquables ont été vendus de 12.0000 à 25.000 francs. Or, par réciprocité d'échange, c'est l'Angleterre qui détient aujourd'hui le monopole de ce marché. Quand nous recevrons en France les viandes argentines, nos éleveurs pourront disputer avantageusement là-bas la place à leurs concurrents anglais. Nos béliers de Rambouillet, nos étalons du Perche et du Boulonnais, jusqu'à nos coqs de Houdan et à nos chiens de berger, trouveront au Rio-de-la-Plata une clientèle innombrable d'acheteurs toujours soucieux de perfectionner par des croisements les races indigènes. Je n'hésite pas à dire qu'en raison de la cherté de la terre et de la rareté de la main-d'œuvre dans nos campagnes, il sera toujours plus rémunérateur pour nos paysans de se consacrer à la sélection des beaux reproducteurs plutôt qu'à la fourniture de la viande de boucherie ». Sans pousser cette théorie jusqu'à ses plus extrêmes limites, il ne nous a pas paru sans intérêt de l'indiquer, car il est incontestable qu'elle contient une large part de vérité.

(2) *L'Argentine au* xxᵉ *siècle* (Armand Colin, éditeur).

Il n'y a pas en Argentine de statistiques agricoles complètes, ainsi qu'il en existe aux États-Unis ou dans d'autres nations, faisant connaître en détail les frais d'exploitation des établissements qui s'adonnent à l'agriculture et les prix que ceux-ci retirent de leurs produits, seule manière de pouvoir apprécier ce que chaque hectare ensemencé laisse de bénéfice net. Mais, malgré cette lacune, nous croyons pouvoir trouver les données dont nous avons besoin, en recourant à l'opinion de personnes compétentes en la matière, soit parce qu'elles pratiquent elles-mêmes l'agriculture, soit parce qu'elles se sont posé comme nous ce même problème.

Dans les bonnes terres des Provinces de Cordoba et de Buenos-Ayres et dans la Pampa Centrale, l'hectare peut laisser 50 piastres au colon (110 fr.), s'il n'y a pas de grêle et s'il ne survient aucune des autres plaies de l'agriculture. Quelques terrains même ont produit, cette année, jusqu'à 2.000 kilos de froment, qui, à raison de 6 piastres par 100 kilos, donnent 120 piastres. En estimant les frais à 30 ou 40 piastres, il reste un bénéfice de 85 piastres, dont il y a encore lieu de déduire 15 piastres pour le loyer, de sorte que finalement il reste net au laboureur une somme de 70 piastres par hectare, soit 154 francs.

Dans un établissement particulier, situé non loin de la station de Laboulaye, sur la ligne de Buenos-Ayres au Pacifique, le livret d'une famille de métayers cultivant de 50 à 60 hectares et abandonnant le quart de la récolte au propriétaire, travaillant en outre dans l'établissement d'élevage les jours où les soins de la terre ne réclament pas leurs bras, accuse un solde annuel de 1.000 piastres ou 2.200 francs. Ce serait donc un bénéfice de 16 à 20 piastres par hectare, en cultivant la terre comme métayers jouissant de 75 p. 100 de la récolte; mais ceci est un bénéfice tout à fait net, vu que toutes les dépenses du laboureur, telles que frais de nourriture, d'habillement et autres frais courants, sont portées sur ledit livret.

Mais il y a quelque chose de plus éloquent encore que toutes les démonstrations arithmétiques ou les cas particuliers que nous pourrions présenter, c'est ce fait notoire qu'un grand nombre d'agriculteurs deviennent chaque année propriétaires des terrains qu'ils cultivent ou en acquièrent d'autres dans des régions voisines. Il n'est pas exceptionnel que ceux qui cultivent un lopin de terre en retirent en une seule année l'argent nécessaire pour l'acquérir, tout en conservant de quoi faire face aux frais de semage et d'entretien jusqu'à la récolte prochaine.

A l'appui de ces indications, voici quelques détails plus précis sur le capital qu'exige la mise en valeur d'une terre et son rendement approximatif :

D'après un calcul qui nous a été remis par une personne très expérimentée en matière de colonisation, M. Firmin Maciel, représentant de la Banque Commerciale et Agricole du Rio de la Plata, le capital nécessaire pour une famille de 4 à 5 personnes cultivant 100 hectares de blé, y compris les frais d'installation de la première année, peut être évalué comme suit (1) :

		Francs
2 charrues		330
Herses et râteaux		99
1 rouleau		99
1 égraineuse		880
8 paires de bœufs		1.408
4 chevaux		264
1 charrette		550
Harnais et chaînes		187
Maison, corral et puits		2.200
	Total	6.017

La famille ou le colon qui ne possède pas de capital, dit M. Maciel, trouve dans le pays de riches propriétaires ou colonisateurs qui lui fournissent tous les instruments, les bêtes de somme et la graine pour l'ensemencement, ainsi que les vivres nécessaires. La récolte faite, on en retire la graine que l'on sème ; on décompte les frais de récolte, puis on partage le produit liquide en deux, une moitié pour le propriétaire et une autre moitié pour le colon ; c'est ainsi que la majeure partie des immigrants ont commencé à gagner de quoi devenir propriétaires.

Pour les immigrants sans famille, il existe une autre forme qui leur donne de bons résultats : ils se placent chez les colons ayant un capital, comme valets intéressés dans la culture, prêtant leurs services depuis le moment de la préparation de la terre jusqu'au fauchage du blé et du lin. Ils reçoivent, pour leurs services, la nourriture et le logement, plus 6 ou 7 p. 100 du produit brut de 100 hectares. Ils placent à intérêts les sommes reçues pendant trois ou quatre ans et ont alors le montant nécessaire pour acheter les instruments aratoires et devenir colons locataires. Trois ou quatre ans plus tard, ils achètent des terrains payables à terme et deviennent de grands propriétaires ; c'est par centaines que l'on peut compter ceux qui, après avoir suivi cette marche, sont devenus possesseurs de grandes zones et ont aujourd'hui réalisé une fortune importante.

(1) M. MACIEL prend comme exemple une colonie à Villa-Maria, province de Cordoba.

Dès qu'il est propriétaire, le colon ou l'agriculteur argentin a déjà devant lui un avenir presque assuré, parce que les bénéfices liquides qu'il obtient chaque année vont s'accumulant en progression géométrique, à moins que la fatalité ne le poursuive, comme cela arrive du reste assez rarement. Pour apprécier quels peuvent être les bénéfices nets, il est bon de tenir compte du calcul suivant qui nous a été fourni par le même M. Maciel (1).

CALCUL APPROXIMATIF DES FRAIS ET DU PRODUIT DE 100 HECTARES
SEMÉS EN BLÉ

Préparation d'un terrain pour le semage et frais d'un valet...	440
6.000 kilos de semence à 5 piastres les 100 kilos............	660
Frais de journaliers pour le fauchage et la mise en meules...	660
Pour un rendement moyen de 1.000 kilos par hectare, battage à 0 piastre 80 les 100 kilos.........................	1.760
1.700 sacs à 0 piastre 20 l'un.............................	748
Frais de forgeron, de menuisier et remplacement d'outils durant la récolte.....................................	550
Nourriture pendant l'année...	1.760
Loyer de la terre, 12 p. 100 du produit brut................	1.320
Total des frais...............	7.898

Vente de 100.000 kilos de blé, produit de 100 hectares, à 5 piastres les 100 kilos.................................	11.000
A déduire les frais de culture...........................	7.898
Bénéfice net pour le colon.....	3.102

Pour le lin, on peut se servir du même tableau, en mettant à 9 piastres les 100 kilos de semence, cours actuel, et le prix de battage à 1 piastre 20, aussi par 100 kilos. Dans cette zone la culture du lin comporte certains risques, à cause des pluies rares et des gelées tardives ; quelquefois le rendement est de 7, 8 et 10 quintaux métriques par hectare, mais en général il est de 3 à 4 seulement.

(1) Dans les années normales, si la terre a été bien travaillée, on compte en moyenne un rendement par hectare de 1.000 kilos pour le blé, 2.500 kilos pour le maïs et 900 kilos pour la graine de lin. Dans les terres vierges les résultats sont parfois beaucoup plus intéressants, car il n'est pas rare d'obtenir un rendement de 1.400 kilos de blé par hectare. Le résultat bénéficiaire atteint alors, pour 100 hectares, de 3000 à 4000 piastres.

Pour que ces chiffres représentatifs de la rémunération qu'obtient le travail agricole soient l'expression exacte de la vérité, il faut aussi tenir compte qu'en outre de la récolte de blé, l'agriculteur peut en obtenir une autre de maïs également rémunératrice, et qu'il peut encore augmenter ses recettes en s'adonnant à l'engraissement des porcs, à l'élevage de la volaille et autres produits faciles à vendre dans les centres voisins.

Ces exemples ne peuvent être considérés, bien entendu, comme étant la loi générale ; le produit net dépend naturellement du coût de production et du rendement de chaque récolte, et ces deux facteurs peuvent varier à l'infini, lorsqu'il s'agit de cultures aussi étendues que celles de l'Argentine. Ce que l'on peut cependant affirmer, c'est qu'à côté d'exploitations agricoles en jachères, il y a des centaines de mille hectares en terre vierge, à bon marché, où il suffit de jeter la semence, après un travail superficiel, pour en obtenir une splendide récolte. Dans des conditions aussi favorables, et en se servant de machines agricoles permettant de cultiver de grandes surfaces avec peu de main-d'œuvre, il y a donc toujours de sérieuses probabilités de succès pour l'agriculteur. C'est là ce qui explique l'augmentation considérable des cultures, réalisé durant ces dernières années, soit dans des terres vierges subdivisées et vendues par le propriétaire, soit dans les terres mises en location moyennant un loyer payable en espèces ou l'abandon d'un tant pour cent de la récolte.

Conclusion. — Tels sont les documents concernant la situation de l'Argentine. Nous avons tenu à réunir tant ceux qui soulignent son actuelle prospérité que ceux qui nous montrent les faiblesses qu'un hâtif coup d'œil ne permet pas de créer. Ainsi que l'a écrit M. Emile Levasseur, « il y a des ombres à ce tableau ».

Tout d'abord l'excès des dépenses publiques. On est sur la voie du progrès, mais peut-être y court-on trop vite ; et néglige-t-on de consolider ce que l'on édifie. Nous savons bien que c'est là un fait fréquent chez un peuple jeune qui « réussit » ; il n'en faut pas moins mettre l'Argentine en garde (1).

---

(1) « La spéculation a repris de nouveau un rapide essor. Grâce aux excédents d'exportation, l'or afflue dans le pays ; il n'y a plus d'agio sur l'or et si l'intérêt, qui a baissé, se maintient à environ 6 p. 100, c'est qu'il y a une grande demande de capitaux. Toutefois les budgets grossissent de manière à inquiéter les financiers prudents, malgré l'accroissement des recettes. » (Emile Levasseur).

Il faut également regretter que les mœurs publiques n'aient pas encore pris toute la stabilité désirable. Certes les violences de mise autrefois, et très répandues encore dans plus d'une république sud-américaine, ont passé de mode ; mais que de progrès encore à accomplir ! M. Emile Levasseur retrace en traits fort justes cette situation qui tient à des causes morales !

Il y a toutefois des ombres à ce tableau. Les Indiens ne sont plus qu'une trentaine de mille ; les Gauchos disparaissent peu à peu devant les cultivateurs sédentaires, cependant l'unité morale et politique n'est pas encore pleinement formée.

L'Argentine, à l'exemple de la majorité des républicains américo-latins, s'est donnée une constitution calquée sur celle des États-Unis ; mais la population de ses provinces n'avait pas la même cohésion spirituelle que celle des colonies britanniques, surtout celles de la Nouvelle-Angleterre, qu'avaient scellée la foi religieuse et l'amour de la liberté. Les immigrants européens apportent des éléments composites qui ne sont pas encore fondus. Presque tous sont venus pour gagner de l'argent ; la plupart se désintéressent des affaires publiques, comme on le voit les jours d'élection. D'autres sont trop enclins à entrer dans des coteries de personnes. Entre les gouvernements locaux et le gouvernement central, il y a souvent plutôt subordination des premiers au second qu'harmonie. Les cultivateurs, enivrés de leur fortune, ne sont pas toujours assez prudents pour proportionner leurs entreprises à leurs ressources.

Nous voulons également rappeler ce que nous avons écrit au sujet de la constitution de trop grandes propriétés, véritables *latifundia*, que leurs propriétaires laissent en friche ou à peu près, le temps travaillant pour eux en augmentant la valeur de leurs terres. Il faut, du reste, noter que bon nombre de ces grande propriétés sont mises en culture, et que notamment les instruments et machines agricoles les plus perfectionnés sont en Argentine d'un usage courant.

Au total, c'est donc sur le mode optimiste qu'il faut sans hésiter conclure, car quand bien même un léger mouvement de régression suivrait la période si brillante d'aujourd'hui, la situation n'en resterait pas moins incontestablement fort belle.

On est loin, du reste, d'avoir prospecté toutes les terres aptes à devenir des prairies artificielles : sur les 110 millions d'hectares cultivables que comporte la République Argentine, 20 millions seulement sont ensemencés en céréales, lin, maïs et luzerne. On peut donc s'écrier avec M. Bernot : « Quelle réserve pour l'avenir ! »

B. — URUGUAY

QUELQUES MOTS SUR L'AGRICULTURE. — IMPORTANCE DE L'ÉLEVAGE. — ORIENTATION A LUI DONNER ET MESURES DESTINÉES A FAVORISER L'EXPORTATION DE LA VIANDE : NÉCESSITÉ 1° DE DÉVELOPPER L'EXPORTATION DE VIANDE CONGELÉE, 2° DE PRODUIRE DES ANIMAUX BIEN ALIMENTÉS, 3° D'EMMAGASINER DES QUANTITÉS SUFFISANTES DE FOURRAGE, 4° DE COMBATTRE SYSTÉMATIQUEMENT LA TIQUE, 5° DE PRENDRE CERTAINES DISPOSITIONS SANITAIRES. — EXCELLENTS RÉSULTATS DONNÉS PAR DES IMPORTATIONS DE BÉTAIL FRANÇAIS.

Bien qu'ayant au tome IV (p. 209 à 211) déjà traité de l'Uruguay, en indiquant les principales caractéristiques de sa situation agricole, nous tenons à y revenir. Rappelons que sa superficie est de 18.700.000 hectares, dont moins de 500.000 hectares sont consacrés à la culture des céréales. Du reste les anciens procédés de culture, le défaut de labours profonds, d'assolements, d'engrais, le manque de voies de communications continuent d'empêcher l'Uruguay d'être un pays à exploitations agricoles. La population s'occupant du travail de la terre ne s'élève qu'à 23.000 individus environ ; sur ce nombre, 13.219 seraient Uruguayens ; parmi les colonies européennes, on trouverait 3.902 Espagnols, 3.220 Italiens et 415 Français. La culture des céréales se localise dans les départements voisins de celui de Montevideo, qui est le mieux desservi par les voies ferrées.

Mais ce qui reste la grande affaire, c'est l'élevage. 14.500.000 hectares lui sont consacrés. Le cheptel bovin est évalué à 6.827.428 têtes. La terre à élevage se vend de 110 à 160 francs l'hectare et se loue annuellement de 5 à 15 francs, suivant la qualité du pâturage et la distance de la voie ferrée. La question des débouchés est ici primordiale. L'Uruguay, en effet, ne vend pas, sur les marchés européens, d'animaux sur pied. D'autre part, un établissement frigorifique, fondé en 1905, pour l'exportation des viandes fraîches, n'a pas encore produit, il s'en faut, les résultats qu'en espéraient ses fondateurs. Dans ces conditions, les animaux abattus servent en totalité soit à la fabrication de viande salée et séchée, connue sous le nom de *tasajo*, soit à la production d'extraits de viande. Le nombre de bovidés abattus annuellement approche aujourd'hui de 600.000 ; quant à leur valeur, elle varie à Montevideo entre 75 et 100 francs par tête.

Ces généralités indiquées, voyons quelle est l'orientation à donner à l'élevage ainsi que les mesures destinées à favoriser l'exportation de la viande. Nous trouverons l'étude de ces diverses questions dans un intéressant rapport présenté par M. D.-E. Salmon, au 7ᵉ Congrès agricole annuel de l'Association rurale de l'Uruguay. (Montevideo, 1908).

L'élevage en Uruguay, écrit M. D.-E. Salmon, a besoin avant tout d'une grande exportation de viande congelée pour donner une issue au surplus de sa production et l'écouler sur les différents marchés, de la façon la plus avantageuse pour les éleveurs. Le développement de ce commerce donnerait à ceux-ci la faculté de vendre à un prix rémunérateur leur bétail, et en quantité équivalente à la capacité de production.

La commission vétérinaire de l'Association rurale de l'Uruguay *(Associacion rural del Uruguay)* vient de faire une enquête sur l'exportation actuelle de viande congelée et sur les moyens d'augmenter cette exportation.

Après enquête, il est certain que le bétail qu'on exporte actuellement n'a ni le poids ni l'embonpoint suffisants pour satisfaire aux besoins du marché de Londres, et que, par conséquent, il faut envoyer cette viande au Nord de l'Angleterre et aux districts ruraux, où la demande est assez limitée. La qualité la moins bonne est envoyée dans l'Afrique du Sud, où pour le moment elle peut se vendre, mais où elle sera dans quelques années remplacée par la production locale.

Jusqu'à présent toute la viande exportée en Angleterre a pu être vendue : pourtant le représentant de l'Uruguay dans ce pays est d'avis que pour augmenter considérablement les ventes, et en même temps obtenir des prix rémunérateurs, il est indispensable d'envoyer des bêtes plus grasses et plus pesantes.

Le poids moyen des animaux abattus en 1907 a été de 540 kilogrammes et le poids net moyen a été de 54 p. 100 du poids vif moyen. Or, pour que cette viande trouve un débit facile en grande quantité, le bétail sur pied doit peser de 600 à 640 kilogrammes, et doit être élevé et alimenté de manière que le rendement en viande net atteigne au moins 57 pour 100 du poids vif.

La viande, dans ces conditions, peut se vendre en quantités pratiquement illimitées et à des prix beaucoup plus élevés que ceux que l'on obtient actuellement. Elle pourrait lutter sur les marchés les plus importants avec celle de la Nouvelle-Zélande, de l'Australie, de la République Argentine et des Etats-Unis, et, si l'on tient compte des avantages qu'offrent le climat et le sol de l'Uruguay, les éleveurs de ce pays n'auraient pas à craindre la concurrence. Ils pourraient vendre pendant pas mal d'années sur les marchés anglais toute la viande qu'ils pourront produire.

Qu'il importe d'augmenter l'exportation, c'est un fait hors de doute, puisque l'élevage est l'industrie la plus importante du pays et constitue la source principale de la richesse nationale. De même il est incontestable que, plus la qualité du produit vendu est bonne, plus sont grands les rendements pour le producteur. Pendant les deux dernières années, le prix moyen qu'a payé l'établissement frigorifique a été de 0 fr. 25 par kilogramme de poids vif. Pour les animaux de 540 kilogrammes, le prix moyen a donc été de 27 piastres (135 fr.); si les animaux avaient pesé 640 kilogrammes, la valeur de l'animal au même prix par kilogramme aurait été de 32 piastres (160 fr.). Si ces animaux meilleurs donnent un rendement supérieur de 3 kilogrammes de viande par 100 kilogrammes de poids vif, et si la viande réunit les conditions exigées par le marché consommateur, il est évident que les animaux pourront se vendre plus de 32 piastres.

Il est facile de démontrer que la valeur de l'animal de 640 kilogrammes donnant un rendement en viande net de 57 p. 100 est beaucoup plus grande que celle de l'animal de 540 kilogrammes qui donne un rendement de 54 p. 100. Le premier donne 364 kilogr. 8 de viande qui, au prix courant, vaut à Londres 7 cent. 5/8 (0 fr. 38) la livre, soit 61 piastres 19 (305 fr. 80), tandis que le second donne seulement 291 kilogr. 6 qui, à raison de 7 cent. 5 (0 fr. 375) la livre, valent seulement 48 piastres 11 (240 fr. 55). Les animaux de 640 kilogrammes se vendraient 61 piastres 19, soit une augmentation de 28 p. 100. Ce prix doit être suffisant pour stimuler les efforts du producteur et développer l'exportation de cette qualité supérieure du produit.

D'autre part, comme l'a dit le Président de la République dans son récent message, le *tasajo* (morceau de viande séchée et salée) est un produit d'élaboration inférieure et par suite devra nécessairement disparaître des marchés de consommation, remplacé par les produits d'élaboration supérieure.

Il est donc essentiel de développer le commerce de ces produits, qui seront toujours demandés sur les marchés ; nous éviterons ainsi l'arrêt de l'industrie de l'élevage qui surviendrait à la suite de la baisse des demandes de *tasajo*.

Mais la qualité de viande indiquée pourra-t-elle être produite en quantité suffisante ? Quels changements faut-il apporter aux méthodes de nos éleveurs pour atteindre ce but ? Déjà on produit des taureaux jeunes qui pèsent 600 ou plus, et bien que malheureusement il n'ait pas été possible de les obtenir en grand nombre, ce fait démontre qu'il est possible d'élever de ces animaux. Ce qu'il faut pour cela, c'est en premier lieu une proportion suffisante du sang des principales races productrices de viande et en second une alimentation suffisante. Le bétail créole *(ganado criollo)*, ou le bétail ayant une forte proportion de sang créole, ne donnera pas à la bête préparée un poids suffisant en proportion du poids vivant ; les os sont trop pesants, et la graisse n'est pas suffisamment distribuée dans le tissu musculaire. D'autre part, les animaux d'élevage supérieur ne donneront pas une bonne qualité de viande s'il y a des périodes pendant leur croissance où ils ne reçoivent pas une alimentation suffisante pour continuer à les faire augmenter de poids, et surtout si en certaines périodes la rareté de l'alimentation leur fait perdre du poids.

Les éleveurs du pays peuvent produire parfaitement du bétail de haute qualité, pouvant lutter avec avantage avec celui d'Australie et de la République Argentine, mais il leur faut élever la sorte de bétail appropriée et dans des conditions favorables à son développement. Il ne faut pas oublier que l'animal doit augmenter de poids depuis le jour de sa naissance jusqu'au jour de son abatage, et que plus il croît rapidement, plus le gain de l'éleveur est élevé. Si à un certain moment l'animal cesse d'engraisser, et surtout s'il perd de son poids, la qualité de la viande s'amoindrit, et l'animal ne se rétablit jamais des suites de cette période d'alimentation trop faible. Si ces périodes se répètent trois ou quatre fois, les effets en sont désastreux. Il faut donc éviter avant tout ces périodes d'alimentation insuffisante.

Partant, il importe de modifier la méthode suivie par les éleveurs : sans faire un changement radical et révolutionnaire, il y a à introduire une adaptation graduelle des méthodes nouvelles. La valeur des pâturages où vit le bétail urugayen s'est extraordinairement accrue depuis vingt ans, et comme les frais ont augmenté proportionnellement, un rendement qui aurait alors été tenu pour satisfaisant, est actuellement complètement insuffisant pour justifier le placement du capital. D'autre part, le marché du *tasajo* va diminuant et n'offre plus une issue suffisante à la viande que produit l'Uruguay. Toute la viande ne peut-être convertie en extrait, et c'est pourquoi il faut une certaine adaptation des méthodes appropriées au nouveau milieu ambiant. Ces changements peuvent se formuler ainsi : sang et alimentation, dans le sens indiqué plus haut, c'est-à-dire qu'il faut non seulement placer l'animal au sein de l'abondance, mais aussi veiller à sa santé et à son bien-être.

Pour ce qui est de l'alimentation, il est évident que le sol de l'Uruguay est très fertile, que les pâturages ont une grande puissance nutritive, et que le climat offre de grands avantages sur la majorité des pays d'élevage de l'Amérique du Nord, où la moitié de l'année il n'y a pas de pâturages, où la température atteint parfois 15 ou 25 degrés au-dessous de zéro, et où la neige recouvre souvent tout. Un des inconvénients à éviter pour nous est de surcharger les pâturages ; il faut aussi réserver quelques-uns de ces derniers pour les époques de sécheresse ou de froid, quand l'herbe croît dans des conditions précaires, et emmagasiner une quantité suffisante de fourrage sec, ou de fourrage vert dans les silos. Ces précautions, une fois prises, même quand la sécheresse, le froid ou les sauterelles auront détruit les pâturages, les animaux pourront s'élever cependant dans de bonnes conditions. Ce sera là une amélioration facile à obtenir. En outre, le fait de diminuer le nombre des animaux dans les herbages et de réserver des pâturages pour les temps de disette n'entraîne pas, comme on pourrait le croire à première vue, une diminution du nombre de kilogrammes de viande produits annuellement ; les animaux, augmentant de poids constamment, parviendront à l'état que réclame le marché de bonne heure, pèseront plus et donneront une qualité de viande supérieure. On a parfaitement démontré, dans les fermes expérimentales de l'Amérique du Nord, que là où cinq ou six jeunes bêtes trouvent à peine la nourriture suffisante pour que leur poids ne diminue pas ruineusement, un seul de ces animaux sur la même étendue de terrain profite à souhait et fabrique en peu de temps une viande considérable. Il est donc évident qu'en réduisant le nombre des animaux, dans certaines conditions, on pourra augmenter la quantité de viande et, en définitive, le profit.

Juste au moment où l'éleveur a l'occasion de réaliser ce changement avantageux, il trouve ses pâturages envahis par la terrible tique *(garrapata)* qui ne cause pas seulement la mort de beaucoup d'animaux avec ses premières attaques, en les frappant de langueur *(tristeza)*, mais qui continue encore son œuvre dévastatrice sur les survivants, en leur gâtant le sang, en leur irritant la peau, en un mot en portant une grave atteinte à leur santé.

L'effet causé par la tique varie en intensité suivant le nombre des parasites qui infestent la peau de l'animal et dépend de différents facteurs. Le premier est la quantité de sang que l'insecte, au cours de son développement enlève à l'animal, quantité considérable, bien qu'on ne la connaisse pas exactement. Un insecte femelle en plein développement pèse environ 300 milligrammes, et dans les infections graves 100 à 350 de ces parasites peuvent mûrir journellement sur un animal, ce qui représenterait de 30 à 100 grammes d'insectes. S'il faut la même qualité d'aliment pour produire un gramme de cet insecte que pour produire un gramme de poids vif chez le bétail (et il est raisonnable de supposer que la différence ne doit pas être très grande), il faudra une quantité de sang égale à 75 fois le poids de la tique pour la nutrition de cette dernière. Cela veut dire que pour développer 30 grammes de tiques par jour il faudra au moins 2 kilogr. 500 de sang par jour, et pour 100 grammes 7 kilogr. 500 de sang.

Le deuxième facteur important est l'irritation de la peau causée par les piqûres de la tique. Quand on enlève un de ces parasites de la peau, on voit, surtout là où la peau est mince, une petite tache ronde, parfois sans poils et parfaitement colorée, avec une piqûre minuscule invisible au centre, d'où sort parfois une goutte de sang. Un examen microscopique de cette tache montre le tissu fortement infecté de cellules adventices, indiquant un état inflammatoire. Bien que chacune de ces taches soit petite, et en soi-même de peu d'importance, dans certains cas elles sont si nombreuses que leurs bords se touchent presque et qu'ils se manifeste une irritation générale de la peau, d'un effet très nuisible sur l'état général de l'organisme, et suffisent pour diminuer de beaucoup l'augmentation de poids qui sans cela se produirait.

Le troisième facteur important est l'effet causé sur le système nerveux des animaux par les nombreuses piqûres et la constante irritation causée par la tique. La valeur de ce facteur est difficile à apprécier ; pourtant des gens compétents ont observé que les mouches ou autres parasites de différentes espèces ou toute autre cause d'excitation ou d'énervement réduisent la proportion de l'augmentation de poids et peuvent même l'annuler complètement.

Nous ne discuterons pas la théorie suivant laquelle la tique introduit dans les vaisseaux sanguins de l'animal un liquide qui dissout les corpuscules et altère la qualité du sang, ni celle d'après laquelle l'immunisation de l'animal n'empêcherait pas le pyroplasma ou parasite de la langueur de continuer à exercer son influence délétère : les trois facteurs ci-dessus sont suffisants pour expliquer les graves effets de la tique, effets bien connus du reste. A la Ferme expérimentale de Washington on a fait de nombreuses expériences en plaçant sur des bestiaux des tiques qui n'avaient pas de pyroplasma et qui, par suite, agissaient comme parasites externes. On observa invariablement que lorsque les animaux étaient très infectés par la tique ils perdaient rapidement de leur poids : des veaux d'un an étaient si en retard qu'ils ne pesaient pas plus que ce qu'ils auraient dû peser à six mois, et d'autres animaux moururent sans qu'on put constater d'autre cause de la mort que les lésions causées par la tique.

Les effets de la tique sur les bêtes à cornes, même en laissant de côté son rôle d'agent de transmission de la langueur, sont donc très graves. Malgré la bonne alimentation des animaux, la tique en grande quantité compromet sérieusement leur développement ou cause de la perte de viande, et même peut amener la mort. En d'autres termes, la tique produit les mêmes effets que le manque d'alimentation : il faudra donc la combattre sérieusement et empêcher à tout prix sa multiplication excessive.

La tique est le pire ennemi de l'éleveur urugayen ; elle dissémine le pyroplasma, ce microorganisme qui cause une des maladies du bétail les plus mortelles, et, ce qui est infiniment plus grave, ce microorganisme ne disparaît pas du sang et du corps de l'animal après que la maladie a suivi son cours, mais y reste au contraire pendant des années, pouvant ainsi constituer le point initial d'infections nouvelles. L'infection qu'il occasionne peut être considérée comme ayant un caractère permanent et comme facilement transmissible aux animaux susceptibles de la prendre.

Il est certain que les animaux peuvent être partiellement immunisés contre les attaques du pyroplasma et que l'immunisation dans ce sens rendra de grands services en contribuant dans la mesure du possible à diminuer les pertes causées par la langueur. Mais l'immunisation est toujours onéreuse, sans compter qu'une petite partie des animaux mourra des effets de la vaccination et qu'une autre petite partie succombera aussi à l'infection subséquente, n'ayant pas acquis un degré suffisant d'immunité. Ainsi, tant que la tique et le pyroplasma ne disparaîtront pas d'un domaine, la langueur continuera à y faire un certain nombre de victimes.

L'unique recours que nous ayons contre ce terrible ennemi c'est de combattre la tique comme nous combattons la sauterelle, non pas individuellement et d'une façon sporadique, mais collectivement, d'une façon systématique et avec persistance.

Les fermes qui n'ont pas encore été infestées doivent être protégées par tous les moyens possibles; les animaux porteurs de tiques ne doivent, sous aucun prétexte, être conduits dans des districts non infestés, exception faite pour ceux qui seraient abattus immédiatement. Il est d'impérieuse nécessité d'installer des bains-lavoirs là où il y en aura besoin, pour délivrer de ces parasites non seulement les animaux qui partent d'une ferme, mais aussi ceux qui y restent.

Il faudra préparer et réaliser une campagne d'extermination, et si cela ne se fait pas sous peu d'années, il est évident qu'on aura à le faire par la suite, parce que l'Uruguay ne peut permettre que son industrie la plus importante soit ruinée à ce point pour une cause qu'on peut éloigner.

Il reste encore une autre mesure, d'importance capitale, pour favoriser le développement de l'exportation de viande congelée : c'est la création d'un service national de contrôle des maladies contagieuses, d'inspection et d'estampillage de la viande.

Actuellement, en effet, dans les pays qui sont nos principaux clients, on s'occupe avant tout de la qualité des aliments et notamment de la viande. La viande qui arrive sur les grands marchés est examinée minutieusement par les inspecteurs vétérinaires, et fréquemment on demande des rapports sur les maladies existant dans les pays de provenance et sur la forme d'inspection pratiquée au moment de l'abatage. Presque toute la viande qui s'exporte vers les grands marchés du monde est inspectée par le service vétérinaire du Gouvernement du pays et porte une marque ou sceau qui garantit que la viande provient des animaux sains. La viande exportée d'Uruguay doit être inspectée et porter un certificat analogue pour pouvoir rivaliser avec celle des autres pays. Actuellement notre viande est inspectée et certifiée saine par le service vétérinaire municipal, mais ces inspections ne lui donnent pas la réputation que lui donnerait une inspection du Gouvernement. Aussi félicitons le Ministre de l'Industrie et du Travail d'avoir formulé un projet de loi complet, créant ledit service, et le Président de la République de l'avoir transmis à la Chambre, en l'appuyant d'un message qui en démontre avec clarté l'urgence et l'importance.

Conclusions. — 1º Il est d'une extrême importance pour l'élevage et pour le pays que l'exportation de viande congelée soit développée le plus possible;

2º Les éleveurs doivent viser à produire le plus grand nombre possible d'animaux appropriés à ce commerce, c'est-à-dire des animaux bien alimentés, dont le poids varie entre 600 et 640 kilogrammes avant l'âge de quatre ans ;

3° On doit emmagasiner la quantité suffisante de fourrage, soit comme fourrage sec, soit comme réserve dans les silos, afin de pouvoir alimenter le bétail pendant les périodes de disette, en veillant à ce que les animaux augmentent de poids constamment, depuis leur naissance jusqu'à l'abatage ;

4° La tique constitue une menace grave pour l'élevage urugayen et doit être combattue systématiquement, en entravant les déplacements d'animaux infestés, en installant des bains-lavoirs pour les délivrer des parasites et en employant tout autre moyen efficace ;

5° Certaines dispositions sur le contrôle des maladies contagieuses des animaux et sur l'inspection des animaux et des viandes destinées à l'exportation doivent être prises d'urgence.

Je tiens enfin à signaler, avant d'en finir avec l'Uruguay, un fait tout à l'honneur de l'élevage français et qui montre, après bien d'autres, l'excellence des services qu'il peut rendre à l'étranger. Il s'agit de l'exploitation agricole de *Buena Vista* créée dans l'Uruguay au cours des dernières années par M. Henry Signoret, qui y a introduit avec un succès complet les races françaises de bétail, bovines, ovines et porcines, à peu près inconnues auparavant dans le pays et qui y ont été fort appréciées, à raison non seulement de leurs qualités, mais de leur excellent état sanitaire. Pour les races bovines, il a introduit des animaux reproducteurs mâles et femelles, la plupart de race durham et quelques uns de race normande, qui se sont tous parfaitement adaptés au pays. Le convoi qu'il a expédié au commencement de 1909, par exemple, comptait quarante vaches durham provenant de diverses étables françaises. Les journaux de Montevideo ont proclamé qu'il a réalisé, au point de vue sanitaire, un *record* qui n'avait pas été encore réalisé. En effet, les vaches soumises à la quarantaine de rigueur et tuberculinisées avec précision, se sont montrées absolument saines sous tous les rapports. D'autre part, la valeur de leurs pedigrees a frappé vivement l'attention des agriculteurs de l'Uruguay. Le convoi suivant comprenait, outre des animaux

de race durham, des normands, des moutons mérinos, des
verrats craonnnais, des coqs et poules de races françaises.

C'est sur cette constatation, en faveur de notre élevage, que
nous terminerons notre étude de l'Uruguay.

C. — PARAGUAY

DIVERSES CULTURES ; LEUR EXTENSION. — « CANA » ET ALCOOL DE CANNE A
SUCRE. — ABSENCE DE STATISTIQUE. — AVENIR DE L'AGRICULTURE AU
PARAGUAY ; CE DONT ELLE A BESOIN. — ENSEIGNEMENT AGRICOLE. —
BANQUE AGRICOLE. — ÉLEVAGE : SON IMPORTANCE ; BONNES CONDITIONS
NATURELLES ; PRINCIPAUX CENTRES DE PRODUCTION ; PROGRÈS A RÉALISER ;
PRINCIPALES ESTANCIAS ; FONDATION D'UNE SOCIÉTÉ DE DÉFENSE DES IN-
TÉRÊTS DE L'ÉLEVAGE ; LES SALADEROS ; L'INDUSTRIE BEURRIÈRE ; ÉLE-
VAGE DES ÉQUIDÉS ET DES OVINS.

Nous n'avons au tome IV (p. 207 et 208) que très brièvement parlé du Paraguay. Nous tenons donc à étudier avec plus
de détail ce pays dont le sol fertile et le climat favorisent toutes
les cultures et qui aura certainement un bel avenir agricole,
quand il sera sérieusement entré dans la voie du progrès (1).

Le premier rang parmi les cultures doit être attribué au
manioc, base de l'alimentation de l'indigène. Sa racine, utilisée
partout comme aliment, produit également un excellent amidon.
La récolte faite, la tige de la plante sert à renouveler la plantation et constitue, pendant la saison sèche, un excellent aliment
pour le bétail.

Tout le monde plante du *tabac* au Paraguay, et chaque
famille possédant une parcelle de terrain a sa petite plantation
suffisante pour sa propre consommation. Les plantations les
plus considérables se rencontrent dans les départements du
centre, dits de la « Cordillère », et les produits en sont réunis à
Villa-Rica, qui est la ville la plus importante après Assomption.

(1) Nous nous servons notamment
pour l'étude consacrée au Paraguay
des renseignements consignés dans un
intéressant rapport de M. de Livio,
consul général et chargé d'affaires de
France à Assomption.

C'est dans cette région seulement que l'on a commencé à employer sérieusement des procédés de culture rationnels et modernes. Itangua est aussi un centre de production notable. Le Gouvernement comprenant l'importance que pourrait avoir pour le pays cette branche de l'agriculture a fait, depuis quelques années, des efforts sérieux en vue de favoriser la culture et la préparation du tabac. La Banque agricole, dont nous parlons plus loin, a été fondée surtout dans le but d'aider le planteur par des avances pécuniaires qu'elle lui fait sur ses récoltes. Elle s'engage, par contrat, à fournir au cultivateur, des semences (d'origine havane ou autres), et les fonds nécessaires pour couvrir les frais de sa plantation. En retour le bénéficiaire est tenu de vendre la récolte, sur pied, au Gouvernement. Un grand nombre de cultivateurs travaillent aujourd'hui dans ces mêmes conditions. Le séchage des feuilles peut se faire dans des établissements créés spécialement à cet effet, appelés *secaderos* et que la Banque agricole à fait installer, au nombre de 9, dans les principaux centres de culture. Les directeurs de ces séchoirs sont chargés d'inspecter les plantations et de faire l'achat des récoltes. Le tabac paraguayen est, en général, fort; il a de l'arome, mais une certaine amertume. Les progrès de la culture l'amélioreront. Il serait nécessaire d'en perfectionner la classification. Le climat et le sol du Paraguay conviennent parfaitement, d'ailleurs, à cette plante. On a fait de nombreux essais de semis de tabacs originaires de la Havane, mais les produits de ces semis ne peuvent rivaliser avec ceux de Cuba, et ce genre de culture entraîne des frais qui ne répondent pas aux résultat que l'on croyait devoir en attendre; aussi semble-t-il qu'il faut se borner à améliorer, autant que possible, la culture du seul tabac paraguayen, qui, pouvant se vendre bon marché, trouve un placement beaucoup plus facile à l'étranger, en Europe surtout.

Le *café* du Paraguay, au grain petit, est très apprécié sur place. La production en est minime. Presque tous les cultivateurs aisés possèdent la quantité de caféiers suffisante à leur consommation, mais il n'existe qu'un nombre très limité de plantations dont les propriétaires vendent les produits ; il y a tendance à augmentation de la production.

La culture de la *banane* qui est, d'ailleurs, des plus faciles, prend, de son côté, un certain développement. Le bananier vient parfaitement dans presque toutes les régions ; il en existe plusieurs variétés. La plus estimée est la banane dite brésilienne ; c'est une plante trapue, peu élevée, au fruit petit et très savoureux. Pour le moment on se contente de consommer le fruit sur place, et d'en exporter un peu dans l'Argentine. Quelques essais isolés de la dessiccation de la banane et de sa transformation en farine ont été faits avec succès. Il y a là un champ important à explorer.

La *canne à sucre* vient dans presque toute les régions. Il n'est pas de propriétaire, riche ou pauvre, qui ne se livre à la culture de cette plante, mais sur une si petite échelle que la production ne suffit pas encore à alimenter la consommation intérieure. La fabrication du sucre est appelée à un certain avenir. Il y a actuellement dans le pays deux sucreries importantes, dont la principale, appartenant à un Français, est située sur le bord du Rio Tibicuari, près de Villa-Rica, et produit environ 8.000.000 de kilogrammes de sucre par an. Plusieurs autres fabriques, d'une importance secondaire, sont réparties dans le pays.

Le sol et le climat du Paraguay sont tout à fait appropriés à la culture du *coton*, qui est des plus faciles. Pendant la présidence de Lopez II, le coton constituait une des principales richesses agricoles du pays, puisque la récolte de 1863 a été estimée à 1.800.000 francs. Aujourd'hui, cette branche de l'agriculture est réduite à une proportion insignifiante, faute principalement de main-d'œuvre. Elle se relèverait sérieusement le jour où l'on pourrait établir au Paraguay une manufacture permettant d'utiliser le coton sur place.

Autre culture en régression, le *riz*, qui figurait avant 1865 pour une notable proportion dans les chiffres de l'exportation paraguayenne, est maintenant très peu cultivé. Toute la production est d'ailleurs consommée sur place. Certains terrains bas, situés sur les bords du Rio Tebicuary, lui conviendraient parfaitement.

De même il paraîtrait qu'avant la guerre (1865-1870), le Paraguay produisait des vins estimés. On tente, en ce moment, diverses expériences sur des plants de Californie. Mais d'une façon générale la culture de la *vigne* n'a pas donné les résultats qu'on se croyait en droit d'en espérer. Les raisins n'arrivent pas également à maturité, et les insectes détruisent souvent les grains à mesure qu'ils mûrissent.

La culture de l'*ananas*, au contraire, qui ne remonte guère qu'à l'année 1888, est en progrès ; elle prend aujourd'hui quelque importance. La qualité verte, dite brésilienne, est la plus estimée. Ce fruit, qui

Cliché de la Librairie agricole.

Fig. 615. — Riz.

vient facilement, commence à être exporté vers l'Argentine.

Si l'on en excepte le *mandarinier*, planté avec méthode depuis huit ou neuf ans, les diverses variétés d'aurantiacées que produit le Paraguay ne sont soumises à aucune culture rationnelle. Il existe cependant peu de contrées où les produits de cet arbre pourraient donner d'aussi bons résultats. Le pays est couvert d'orangers qui se reproduisent naturellement; il n'existe, pour ainsi dire, aucune habitation, quelque misérable qu'elle soit, qui n'en soit entourée. Les fruits pourrissent sur place par milliers; ils entrent pour une partie dans l'alimentation du bétail. Toutes les variétés de l'oranger et du citronnier réussissent également ; l'orange amère se trouve partout à l'état sauvage.

Cultures *oléagineuses* : l'arachide, connue dans ces contrées sous le nom de « mani » dont la culture commence à se développer, et dont l'huile tend à remplacer, peu à peu, dans la consommation locale, les huiles comestibles d'importation étrangère (1) ; le *ricin* qui pousse partout avec une vigueur extraordinaire et dont la culture raisonnée, qui pourrait être exploitée avec succès, est complètement négligée.

Soyons plus brefs pour les autres cultures : le *maïs*, qui peut être semé deux fois par an, réussit très bien ; il entre également dans la composition de la nourriture de l'habitant des campagnes et de celle des chevaux. La *luzerne* peut fournir jusqu'à huit coupes par an. La *patate*, les *tomates*, les *piments*, etc., sont exportés, aujourd'hui de plus en plus à Buenos-Ayres. La culture *maraîchère*, inconnue il y a vingt ans, a fait depuis de grands progrès ; elle donne de bons résultats et se trouve presque entièrement entre les mains de jardiniers napolitains. Tous les *fruits* des pays tropicaux et un certain nombre de plantes d'origine européenne peuvent, du reste, réussir ici.

Il existe au Paraguay une grande quantité de plantes *tinctoriales* qui ne sont pas exploitées et mériteraient, cependant,

____

(1) Notons aussi l'extraction et la consommation des huiles de palmiers.

d'attirer l'attention du commerce et de l'industrie, et de nombreuses variétés de plantes *médicinales* qui vivent à l'état sauvage, et malheureusement ne donnent lieu à aucune transaction.

Il nous faut dire ici quelques mots sur la *cana* et sur l'*alcool de canne à sucre*. La cana (tafia) ou rhum du Paraguay s'obtient par la fermentation du jus de canne à sucre, réduit ensuite en sirop par la cuisson, puis distillé. Presque chaque village, presque chaque propriétaire tant soit peu aisé se livre à ce genre d'industrie. Les principales distilleries emploient des appareils de construction française. Cette eau-de-vie est consommée presque entièrement sur place ; vieillie, elle peut rivaliser avec les meilleurs rhums. On peut compter quatre grandes distilleries, dont trois appartiennent à des Français.

L'alcool extrait de la canne à sucre est réputé excellent et son prix de revient est minime ; il n'existe, d'ailleurs, aucun impôt intérieur sur ce produit. Mais peu d'industriels se livrent à sa fabrication. La production annuelle ne dépasse pas 120.000 litres. Il y aurait dans cette industrie une source sérieuse de gain ; on pourrait, entre autres, utiliser l'alcool de canne pour l'éclairage des villes, où il remplacerait avantageusement le pétrole. seul en usage aujourd'hui.

Nous ne donnerons aucun tableau de production, car il n'a été publié, jusqu'à présent, aucune statistique digne de foi sur l'agriculture en général ; aussi est-il difficile de se rendre un compte exact de ce que produit actuellement le sol paraguayen. Il y a encore beaucoup à faire pour l'exploiter. Ce qui manque aujourd'hui, ce sont des capitaux et des bras. Le jour où ceux-ci, aidés par la nature du sol et le climat de ce pays, se décideront à en exploiter avec méthode les richesses naturelles, la situation du Paraguay se transformera rapidement, tout à son avantage.

Une école d'agriculture, notons-le ici, a été créée, depuis peu, dans les environs d'Assomption.

Nous avons parlé plus haut de la Banque agricole du Para-

guay et signalé quelques-uns des services qu'elle rend. Fondée
en 1887, et appartenant au gouvernement, elle est toujours restée au capital des plus variables. C'est la seule institution de
crédit qui ait été créée directement par des pouvoirs publics.
Elle a pour objet de venir en aide aux industriels et aux agriculteurs, prête sur hypothèque et est autorisée à faire toutes
les opérations susceptibles de faciliter l'exploitation des propriétés rurales. C'est surtout, nous l'avons vu, la culture et
l'élaboration des tabacs qu'elle s'efforce de favoriser aujourd'hui.

Comme pour l'Uruguay, l'élevage est pour le Paraguay,
infiniment plus important que l'agriculture proprement dite ; ce
sera, de plus en plus, une de ses principales sources de richesse,
car les vastes prairies, encore si peu peuplées, réparties sur tout
le territoire, ainsi que sur le Chaco (1) paraguayen, et qui sont
entrecoupées de bois et abondamment arrosées, donnent, surtout dans le Nord, une nourriture excellente pour le bétail. En
outre, les moyens de communication sont faciles, les conditions
climatériques excellentes.

L'effectif des animaux de l'espèce bovine a beaucoup augmenté, surtout depuis dix ans (2) ; l'exportation des cuirs suit
une marche ascendante ; la demande des animaux pour la boucherie ou les « saladeros » dépasse la production. Les prix
des terres sont encore très bas, si on les compare à la valeur des
« estancias » (3) argentines. « Tout, en un mot, concorde pour
assurer un grand avenir à l'élevage du Paraguay. On peut
assurer, sans crainte de se tromper, que cette industrie donne,
pour le moment, de 25 à 30 p. 100 de bénéfice par an. » Cette
phrase du rapport de M. de Liero (ainsi que je l'ai dit plus haut,
consul général et chargé de France à Assomption) mérite de
retenir l'attention.

---

(1) Au sujet du Chaco, voir tome IV,
p. 208.

(2) En quinze ans, de 1877 à 1902,
l'effectif bovin a passé de 200.525 à
3.105.000.

(3) Au sujet des estancias, voir tant
la partie de ce chapitre consacré à la
République Argentine qu'au tome IV,
les p. p. 236 et 237.

Les principaux centres de production sont les suivants : départements de Villa-Concepcion, Villa-San-Pedro, Villa-del-Rosario, San-Juan-Bautista-de-las-Missiones, Caapucu, Caazapa, Caraguatay, Villeta, Yuty, Arroyos-y-Esteros, Santiago, San-Estanislao, San-Juan-Bautista-del-Pilar, Tacuaral, Santa-Rosa, Horqueta, Paraguari, San-Jose-de-los-Arroyos, Humaita, Belem.

Si le nombre des bêtes à cornes a augmenté dans des proportions aussi considérables pendant ces dernières années, il reste cependant beaucoup à faire pour améliorer les races. Les animaux reproducteurs sont indigènes ou métis ; il en existe très peu de race pure. La plupart sont achetés dans le Matto Grosso (Brésil) ou dans les provinces de Corrientes et d'Entre-Rios (République Argentine). Très peu proviennent de Buenos-Ayres, et encore hésite-t-on à payer de beaux spécimens.

« Le plus important parmi les établissements d'élevage, dit M. de Liero, est celui de la Société foncière du Paraguay, dont le siège est à Paris. Cette exploitation agricole, située au nord du Paraguay, entre les rios Aquidaban et Apa, occupe une superficie de 200 lieues carrées, dont 140 sont clôturées, et 10 lieues carrées sur le territoire du Chaco. Les principales « estancias » de la Foncière sont : Villa-Sana, Santa-Luisa, Santa-Sofia, San-Lorenzo, Caracol et Suty. Elles ont aujourd'hui environ 55.000 têtes de bétail et occupent un personnel de 200 individus. La moitié des animaux destinés à la boucherie est consommée dans le pays ; le reste alimente le « saladero » Risso, en attendant que la société mette à exécution son projet de créer un de ces établissements. » Deux autres « estancias » possèdent plus de 20.000 têtes, et de nombreux « estancieros », tant paraguayens qu'étrangers, ont des établissements moins importants mais également prospères.

Notons qu'en Septembre 1902, la Sociedad Rural Paraguaya, qui compte parmi ses membres les noms les plus en vue de ce pays, a été fondée en vue de « défendre les intérêts de l'élevage au Paraguay et de favoriser son développement et son amélioration. »

L'industrie des « saladeros », qui a pour but la conservation des viandes et la fabrication d'extraits, marche comme toujours, dans l'Amérique du Sud, parallèlement avec l'élevage du bétail, Par contre l'industrie beurrière est très peu développée.

L'élevage des animaux de l'espèce chevaline présente, pour le moment, un intérêt beaucoup moindre que celui des bêtes à cornes. Cette industrie est cependant en progrès ; mais elle se borne encore à la reproduction des animaux utilisés dans le pays (1). Quand à l'élevage des ovins, il en est encore à ses débuts.

D. BRÉSIL

SUPERFICIE ET POPULATION. — SITUATION GÉOGRAPHIQUE DE CHACUN DES ÉTATS. — CLIMAT DE CHAQUE ZONE. — EXPORTATIONS. — LES PRINCIPAUX PRODUITS DU SOL : RÉPARTITION DES PRODUCTIONS PAR ÉTATS ; PRINCIPALES CULTURES ; SÉRICICULTURE ; CUIRS ; INDUSTRIE LAITIÈRE ; BOIS DE TEINTURE ET DE CONSTRUCTION ; PLANTES MÉDICINALES. — L'AGRICULTURE DANS L'ÉTAT DE SAO PAULO : PRODUCTION VÉGÉTALE ; PRODUCTION ANIMALE. — CRÉATION D'UN MINISTÈRE DE L'AGRICULTURE.

Nous avons déjà parlé du Brésil (tome IV, p. p. 204 à 206), mais nous croyons intéressant de consacrer ici une plus longue étude à cet immense pays auquel semble réservé le plus bel avenir agricole.

SUPERFICIE ET POPULATION. — Voici tout d'abord un tableau ou sont indiqués la superficie de chacun des Etats et sa population, celle-ci d'après le dernier recensement (1906) :

---

(1) Il n'est pas sans intérêt de mentionner ici une importante découverte scientifique due aux recherches du directeur de l'Institut bactériologique du Paraguay. Le docteur Elmassian, élève et ancien préparateur de l'Institut Pasteur, a fait connaître en 1901 l'agent pathogène, jusqu'ici ignoré, du « mal de caderas » ou épizootie des équidés, spéciale à l'Amérique du Sud.

ETATS	CAPITALES	SUPERFICIE	POPULATION EN 1906
Amazonas	Manáos.	1.894.724	240.000
Para	Belem	1.149.712	652.400
Maranhâo	S. Luis.	459.884	660.000
Piauby	Theresina	301.797	425.000
Céara.	Fortaleza.	104.250	1.000.000
Rio-Grande-do-Norte.	Natal	57.485	407.200
Parahyba-do-Norte .	Parahyba.	74.731	596.000
Pernambuco	Recife	128.395	2.089.500
Alagoas	Macció	58.491	781.600
Sergipe.	Aracajú.	39.090	450.000
Bahia.	Salvador	426.427	2.335.000
Espirito Santo. . . .	Victoria	44.839	201.600
Rio de Janeiro	Nictheroy	68.982	1.300.000
S. Paulo	S. Paulo	290.876	2.580.000
Paranó	Curitiba	221.319	360.000
Santa Catharina. . .	Florianopolis. . . .	74.156	405.800
Rio-Grande-do-Sul. .	Porto Alegre. . . .	236.553	1.350.000
Minas Geraes. . . .	Bello Horizonte . . .	574.855	4.277.400
Goyaz	Goyaz.	747.311	340.000
Matto Grosso	Cuyaba.	1.378.783	157.000
District fédéral. . . .	Rio de Janeiro	1.116	811.400
Territoire de Acre. .		191.000	41.200
TOTAL		8.524.776	21.461.100

Notons ici que pour une densité égale à celle de la France le
Brésil aurait une population de 600.000 millions d'habitants.

SITUATION GÉOGRAPHIQUE DE CHACUN DES ÉTATS. — Telle est la
superficie du Brésil qu'il n'est pas inutile — afin de permettre
au lecteur de situer les indications que nous allons donner
ci-dessous — de rappeler brièvement quelle est la situation
géographique de chacun des Etats qui constituent la confédération.

Le long de la côte en partant de la frontière de la Guyane
française on rencontre l'un après l'autre le vaste Etat de Para

dans lequel se trouvent les bouches de l'Amazone ; l'État de
Maranhao ; l'État de Piauby qui ne confine à la mer que
sur un très petit espace ; l'État de Ceara ; l'État de Rio
Grande du Nord ; l'État de Parahyba ; l'État de Pernambuco ;
l'État d'Alagoas ; l'État de Sergipe ; le grand État de Bahia ;
l'État d'Espirito Santo ; l'État de Rio de Janeiro ; l'État de São
Paulo ; l'État de Santa Catharina et enfin l'État de Rio Grande
du Sud.

La frontière terrestre se trouve formée, toujours en partant
du Nord au Sud, par l'immense État des Amazones ; le territoire
de l'Acre et le très grand État de Matto Grosso qui rejoint les
États Maritimes ; enfin au centre se trouve l'État de Goyaz.

Conditions climatériques. — On distingue nettement au
Brésil trois zones : tropicale, sous-tropicale et tempérée. Nous
allons les examiner brièvement :

Zone tropicale : comprend les états de l'Amazone, du Para,
de Maranhâo, de Piauby, de Céara, de Rio-Grande-do-Norte,
de Parahyba et de Pernambuco. Température moyenne 25°.
Il est nécessaire de prendre des précautions spéciales ; cependant,
sauf sur certains points, il ne faut pas accepter intégralement la
mauvaise réputation du climat de l'Amazone et se souvenir
qu'Hubert Smith a écrit : « J'ai parcouru l'Amazone pendant
quatre années, je n'y ai pas eu la moindre fièvre ; il m'a suffi
de trois jours passés à Ohio, aux États-Unis, pour l'attraper. »
Malgré la température, on ne signale pas de cas d'insolation.

Zone sous-tropicale : Subdivisée par le régime des pluies en
deux parties, dont la première comprend les États d'Alagoas,
de Sergipe, le littoral de celui de Bahia, ceux de Espirito Santo,
de Rio de Janeiro, partie du littoral de celui de Sao Paulo et
l'Est de celui de Minas Geraes. Alagoas, Sergipe et le littoral de
Bahia sont très sains. La température de 23° à 26° dans les
basses terres n'est que de 18° à 21° sur les hauteurs. Notamment le littoral de Sergipe et celui de Bahia ont la réputation
méritée de jouir d'un climat doux. Les mois les plus chauds sont

Décembre, Janvier et Février ; les plus frais : Juin, Juillet et Août. Il y pleut beaucoup à l'époque des grandes chaleurs, mais les nuits du moins restent fraîches et constituent ainsi un repos. Certaines localités jouissent d'un climat comparable à celui du Sud de l'Europe ; dans quelques-unes la moyenne ne dépasse pas 16°. Cette zone convient donc aux Européens. A l'intérieur les grandes chaleurs sont rares, et sur les côtes la brise tempère.

Le Sud de Bahia, Espirito-Santo, Rio de Janeiro (1), une partie du littoral de São Paulo, l'Est de Minas Geraes ont une température moyenne de 23° à 24°. Dans la partie Sud de cette région la différence entre l'été et l'hiver est nettement marquée. Dans la ville de Rio de Janeiro même la plus haute température a été de 37°,5 ; le minimum y descend à 10°,2. Sur divers points de l'Etat de Rio de Janeiro le climat est particulièrement doux : Fribourg, situé à 876 mètres d'altitude, a une moyenne de 17°,2.

La chaleur est très vive sur une partie du littoral de São Paulo (littoral plan et bas) ; mais grâce aux vents de l'intérieur la moyenne n'est que de 21°,7. L'intérieur des terres jouit d'un climat agréable : 18°,2. Minas Geraes a un très bon climat ; on a été jusqu'à dire que cette région est un vaste sanatorium. C'est là incontestablement une exagération ; mais qui n'est pas sans avoir un fondement.

Zone tempérée : Sud de São Paulo, Parana, Santa Catharina Rio Grande-do-Sul. C'est là que porte surtout la colonisation d'Europe. La température reste toujours inférieure à 20°, sans pourtant que le froid cesse d'être aisément supportable. Bien entendu la zone littorale est plus chaude et plus humide ; mais la moyenne n'y excède pas 20°,8. Contrairement à ce qui se produit dans les autres régions du Brésil, les pluies dominent en automne et en hiver ; il en résulte une démarcation plus accusée entre la saison sèche et la saison des pluies. Le maximum normal est de 28° ; le minimum de 13° ; la moyenne de 20°,26. Ces chiffres sont les résultats des observations prises

(1) Il s'agit de l'Etat de Rio-de-Janeiro qu'il ne faut pas confondre avec la ville.

durant les dix dernières années. Ceux concernant les quantités
d'eau tombée indiquent qu'il n'y a excès ni d'humidité l'hiver,
ni de sécheresse l'été. Notons qu'au Parana la neige est fré-
quente durant l'hiver. C'est de cette région que Saint-Hilaire
a dit : « Il n'y a pas au monde un endroit où un Européen puisse
s'établir avec plus d'avantages ; il y trouve un climat tempéré,
un excellent air, les fruits de son pays et une terre où ses
efforts pourraient tenter tous les genres de culture. »

Nous avons tenu à nous étendre ainsi sur le climat, car on
sait le rôle primordial qu'il joue dans tout pays situé sur la
même latitude que le Brésil.

EXPORTATIONS. — Voyons maintenant le tableau des exportations ; il nous indique :

	1907
Animaux et leurs produits.	82.000.000 fr.
Minéraux et leurs produits	38.000.000 fr.
Végétaux et leurs produits	1.580.000.000 fr.
Total	1.700.000.000 fr.

On voit de suite l'importance capitale des produits du sol,
surtout des produits végétaux (notamment : café, caoutchouc,
sucre, coton, maté, cacao). La répartition est la suivante :

	1906	1907
Café	664.000.000 fr.	897.000.000 fr.
Caoutchouc	334.000.000 fr.	348.000.000 fr.
Cuirs (salés et secs).	46.500.000 fr.	45.000.000 fr.
Maté.	44.500.000 fr.	41.000.000 fr.
Coton	40.000.000 fr.	45.000.000 fr.
Tabac	23.000.000 fr.	33.000.000 fr.
Cacao	33.000.000 fr.	51.000.000 fr.
Sucre	14.000.000 fr.	4.000.000 fr.
Peaux	13.000.000 fr.	16.000.000 fr.

Il n'est pas sans intérêt d'indiquer la répartition de ces exportations par pays de destination ; la voici :

	1906	1907
Allemagne	233.533.925	231.916.825
Argentine	48.093.950	43.992.475
Autriche-Hongrie	45.548.975	38.199.250
Belgique	27.646.025	72.828.075
Espagne	4.920.950	6.482.725
Etats-Unis	465.688.000	635.808.875
France	162.686.750	180.135.850
Grande-Bretagne	213.622.600	216.448.875
Hollande	46.074.550	53.313.000
Italie	12.752.950	7.878.675
Portugal	7.818.875	9.383.675
Uruguay	20.898.725	18.601.875
Autres pays	37.200.725	40.897.175

Les principaux produits du sol. — On ne saurait vouloir, quand on traite d'un pays aussi vaste que le Brésil, résumer brièvement les caractéristiques de chacune de ses cultures ; les différences de climat et de sol entraînent de telles différences de culture qu'à vouloir généraliser les conditions de celle-ci, on se condamnerait à de nombreuses de grandes erreurs. Ne pouvant toutefois faire une étude de chaque région et culture de l'immense République Sud-Américaine, car cela nous entraînerait trop loin, nous allons résumer dans le tableau suivant les productions de chacun des Etats :

ÉTATS	PRODUCTIONS PRINCIPALES	PRODUCTIONS SECONDAIRES
Amazone	Caoutchouc « seringa », résines, écaille, bois de construction, fibres, pêche, copahu, vanille, salseparcille, indigo, noix du brésil.	Huile de tortue, cacao, tabac, plantes médicinales, plumes, piassave, colle de poisson.

ÉTATS	PRODUCTIONS PRINCIPALES	PRODUCTIONS SECONDAIRES
Parà...............	Caoutchouc « Seringa », résines, bois de construction, fibres, pêche, copahu, vanille, salsepareille, noix du Brésil, bétail, manioc, riz, tabac, or.	Plumes, ivoire végétal, sucre, orchidées, cacao, eaux minérales.
Maranhão	Bétail, riz, coton, tabac, café, sucre, copahu, cire de Carnaüba, pêche.	Plumes, fromages, manioc, bois de teinture.
Piauhy..............	Caoutchouc, bétail, peaux, tabac, copahu, cire de Carnaüba, bois de teinture.	Plumes, caoutchouc « Mangabeira ».
Ceara...............	Chèvres, coton, café, cire de Carnaüba, pêche.	Plumes, céréales, fruits, peaux, caoutchouc « Maniçoba », bétail.
Rio-Grande-do-Norte.	Chèvres, coton, sel, pêche.	Noix de coco, sucre, cire de Carnaüba.
Parahyba-do-Norte ..	Coton, sucre, pêche.	Noix de coco, fibres, cire de Carnaüba.
Pernambuco	Coton, sucre, pêche, sel.	Caoutchouc « Mangabeira », noix de coco, peaux, orchidées, cire de Carnaüba.
Alagoas.............	Sel, pêche.	Coton, peaux, huile de poisson, chiste-bitumineux.
Sergipe	Sel, coton.	Noix de coco, céréales, sucre.
Bahia..............	Or, diamants, résines, sucre, coton, tabac, riz, café, cacao, bétail, pêche.	Caoutchouc « Mangabeira », caoutchouc « Maniçoba », céréales, fibres, huile de poisson, plumes, noix de coco, peaux, orchidées, schiste bitumineux, tourbe, bois, sables monazitiques, manganèse, carbonates, copal, pierres précieuses, ipecacuana, pissave.

ÉTATS	PRODUCTIONS PRINCIPALES	PRODUCTIONS SECONDAIRES
Espirito-Santo.......		Saphirs, café, bois, sables monazitiques, orchidées.
Rio de Janeiro.......	Pêche, sel.	Sucre, sables monazitiques, orchidées.
São Paulo..........	Café, tabac, riz, charbon.	Caoutchouc « Mangabeira », sucre, maté, bétail, coton, fer, zinc, plomb, orchidées, plumes, céréales.
Parana.............	Bois de sapin, maté, pêche.	Céréales, fruits, vins, orchidées, fer.
Santa Catharina	Bois de sapin, maté, pêche.	Céréales, huile de poisson, eaux minérales, orchidées, fruits, bétail, vins.
Rio-Grande-do-Sul ..	Bétail, bois, peaux, riz, maté.	Céréales, cuirs, viandes conservées, plumes, vins, laitage, eaux minérales, charbon, agathe, nickel, laines, végétaux tannifères.
Minas Geraes........	Or, diamants, pierres précieuses, céréales, maté, café, fibres, quartz, bétail.	Cuirs, résines, ipécacuana, tabac, tourbe, bois, eaux minérales, peaux, orchidées, fer, antimoine, platine, plomb, bismuth.
Goyaz	Caoutchouc « Maniçoba », tabac, coton, bétail, bois de construction, quina, or.	Fibres, végétaux tannifères, cuirs, sucre, cuivre, fer, manganèse.
Matto Grosso........	Caoutchouc « Seringa », bois de construction, sucre, maté, quina, bétail, ipécacuana, tabac, salsepareille, cire de Carnaüba, manganèse, diamants, porphyre, agathe, minéraux, ardoises, kaolin.	Caoutchouc « Mangabeira », plumes, plantes médicinales.
Territoire de l'Acre ..	Caoutchouc « seringa ».	

Passons maintenant brièvement en revue les produits agricoles que nous avons notés comme figurant en bonne place au
tableau des exportations ; ensuite nous choisirons, pour l'étudier
de façon moins succincte, le plus riche et le plus important au
point de vue de la production agricole des Etats du Brésil,
c'est-à-dire celui
de Sâo Paulo.

On a vu que le
café tient le pre-
mier rang dans les
produits d'expor-
tation. C'est Sâo
Paulo qui est de
beaucoup le plus
fort producteur de
cette denrée. L'ex-
ploitation du
caoutchouc par
contre, est surtout
pratiquée dans les
États d'Amazone
et du Para et dans
le territoire de
l'Acre ; il com-
mence à être
cultivé dans tous
les Etats du
Nord à partir de
celui de Bahia.

(Cliché de la Librairie agricole.)

Fig. 616. — Tabac.

On n'aura pas été sans remarquer que le café et le caoutchouc forment à peu près les trois quarts du commerce d'exportation du
Brésil. Les autres produits agricoles que nous allons énumérer
n'occupent au tableau qu'un rang beaucoup plus modeste ; il faut
tenir compte qu'ils donnent lieu à une forte consommation
locale.

Nous avons au tome IV donné toutes indications au sujet du *maté*. Rappelons que c'est un arbuste de deux à trois mètres de haut, dont les feuilles séchées et infusées donnent une boisson très appréciée dans le Sud Amérique. Tant pour sa récolte (en pleine forêt) que pour sa préparation dans les fabriques il occupe bon nombre de bras. On le trouve surtout dans les États de Rio Grande-do-Sul, Santa Catharina, Parana, Matto Grosso, Sâo Paulo, Goyaz, Minas Geraes. C'est dans ceux de Maranhao, Céara, Rio Grande-do-Norte, Parahyba, Pernambuco et Bahia qu'on se livre de préférence à la culture du *coton*, culture qui peut être entreprise dans bien d'autres régions du pays et parait appelée à un brillant avenir. Maranhao, Céara, les deux Rio-Grande (Nord et Sud), Parahyba, Pernambuco et Bahia cultivent le *tabac*. Bahia est le principal centre de culture du *cacao*, qui se trouve également dans les états du Nord de celui-ci. Enfin la *canne à sucre* est cultivée dans tout le Brésil ; mais tandis que Pernambuco s'adonne spécialement à la fabrication du sucre, dans les autres états la canne est distillée, et on en tire l'eau-de-vie de canne. Il y aurait encore lieu de noter les cultures de *vanille*, de *salsepareille* ainsi que celles de plantes de nos climats : *riz, blé, maïs, vigne*, etc.

La *sériciculture* pourrait donner de fructueux résultats ; mais le manque de mûriers a jusqu'ici rendu vaines les tentatives faites pour implanter solidement cette industrie agricole dans le pays (1).

(1) Au sujet de la sériciculture au Brésil, nous croyons intéressant de citer l'article suivant paru en 1909 dans le journal *O Paiz*, de Sâo-Paulo :

« S'il existe une production capable de servir à la prospérité du Brésil, c'est sans aucun doute celle de la soie.

« On a fait déjà des lois fédérales (décret n° 6519, du 13 juin 1907) et des lois d'États (loi n° 733, du 26 octobre 1902, dans l'État de Minas) pour accorder des prix d'encouragement aux sériciculteurs. On a créé des écoles de sériciculture (Ecole de sériciculture de Agua Branca, maintenue aux frais du comte Asdrubal de Nascimento, sous-préfet de Sâo Paulo), et des colonies presque exclusivement consacrées au développement de la sériciculture (colonie Rodrigo Silva, à Barbacena, Minas). Malgré tout, les statistiques affirment qu'il n'y a pas de production séricicole au Brésil.

« Et cependant l'élevage des vers est

Les états du Sud, le Rio-Grande notamment, abondent en magnifiques pâturages où il s'élève beaucoup de bétail et où l'industrie des *cuirs* secs et salés a pris une extension dès aujourd'hui considérable et qui va en augmentant. D'autres États : Minas Geraes, Bahia, Pianhy, la grande île de Marajo, située à

facile et ne demande aucun effort, au point qu'on peut en charger les femmes et les enfants, sans compter que c'est une industrie rémunératrice, digne des subsides du gouvernement, qui a le devoir d'aider les petits agriculteurs dans cette voie.

« Les entreprises faites pour vulgariser l'industrie du ver à soie ont été nombreuses cependant, sans qu'aucune d'elles ait atteint un résultat définitif.

« L'unique cause de cet insuccès est le manque de mûriers. Et pourtant le mûrier n'est pas d'une culture difficile au Brésil. Le mûrier blanc *(Morus alba Lin)* croît et se développe au Brésil plus facilement qu'en n'importe quelle partie du vieux continent. N'importe quel terrain au Brésil est bon pour la culture du mûrier blanc.

« Tout le monde est d'accord pour constater que la diffusion de la sériciculture doit être une conséquence de la diffusion de la culture du mûrier, et c'est là un point si important qu'en Europe on a jugé nécessaire de créer une science qui s'appelle en Italie *gelsicoltura*, ce qui sauf erreur pourrait se dire en portugais *moreacicultura*. Mais les efforts pour répandre la culture du mûrier ont été presque toujours inutiles.

« La culture du mûrier dans le district fédéral se réduit à peu près à rien, malgré l'active propagande de M. Antonio A Pereira da Fonseca, qui fournit gratuitement des plants de mûrier à qui en désire.

« Dans l'État de Sao Paulo, les statistiques pour l'année agricole 1904-1905 énumèrent les mûriers existant dans les différentes communes de l'État. Ils sont bien peu ! Sur un territoire comme celui de la commune de Amparo, dont l'étendue est de 23.453 *alqueires* 25, on compte à peine 25 pieds de mûriers.

« Les pouvoirs publics devront se préoccuper de la diffusion de la culture du mûrier avant de s'occuper de la sériciculture, et les primes devront aller d'abord aux planteurs de mûriers plutôt qu'aux éleveurs de vers à soie.

« A part la colonie de Barbacena, déjà citée, il n'existe pas d'instituts agricoles ou agronomiques, ou de jardins chargés de distribuer par milliers ou centaines de mille les plants de mûriers. Pourtant, ce n'est que quand tous les États se couvriront de mûriers que les agriculteurs penseront à en utiliser les feuilles et s'adresseront spontanément à leur gouvernement et même à l'industrie particulière pour obtenir des graines sélectionnées de vers à soie afin d'élever le *bombyx* et de vendre les cocons..

« Il existe actuellement au Brésil beaucoup de tissages de soie : ils reçoivent les fils d'Italie ou de France, et l'on exporte ainsi des capitaux locaux. Les industriels auraient plus d'avantages à se fournir sur place, et pourraient ainsi obtenir les types spéciaux de fils dont ils ont besoin pour les tissus.

« Ces mêmes industriels pourraient acheter les cocons produits par une l'embouchure de l'Amazone se livrent également sur une vaste échelle, à l'élevage. Minas Geraes par exemple compte aujourd'hui plus de cent fabriques de *beurre* et de *fromage* ; aussi les importations de ces produits subissent-elles un fléchissement qui ira s'accentuant, d'autant que plus d'un Etat (São Paulo notamment, outre Minas Geraes) est résolument entré dans la voie d'encourager ces efforts. Voici ce que dit à ce sujet, dans un rapport daté de 1909, M. d'Anthouard, notre ministre plénipotentiaire : « La production des beurres, fromages et laits conservés progresse donc très sensiblement et dans son état actuel subvient à une grande partie des besoins des populations habitant les régions tempérées du Sud et des plateaux de l'intérieur. Mais par suite de défauts de fabrication, elle ne peut lutter avec l'importation étrangère sur les marchés du Nord où le climat est chaud. L'étranger profite donc actuellement de la supériorité de ses procédés ; il ne semble pas sous le coup d'une menace immédiate, mais il l'est néanmoins,

centaine de petits agriculteurs ou éleveurs de vers à soie dans toutes les communes d'un Etat ou dans deux États limitrophes, et prendraient eux-mêmes le soin de distribuer gratuitement la graine de bonnes races de vers à soie. Et alors la grande production et la forte récolte de cocons leur permettraient d'installer et de maintenir des ateliers de filature, et de fournir ainsi la matière première aux tissages locaux.

« Seulement, tout cela ne pourra se réaliser que quand la culture du mûrier aura pris au Brésil l'importance qu'elle doit avoir.

« Un *alqueire* de terrain, a dit le docteur Chimaco Barbosa au Congrès national d'Agriculture de Rio-de-Janeiro, permet une plantation de 1.000 pieds de mûrier, qui, placés à quatre mètres de distance dans toutes les directions, laissent encore le champ libre à n'importe quelle culture intercalaire, ce qui montre que le mûrier ne demande pas un terrain qui lui soit spécialement affecté. Le mûrier peut se planter le long des chemins pour les ombrager, entre les cultures pour les séparer, ou dans les avenues pour les embellir, si nos édiles le veulent bien...

« Cette culture, qui remplacerait avec avantage nos vieux champs de caféiers improductifs, se fait par graine, pousse ou marcotte, aérienne ou souterraine. Ce serait une source de grands avantages pour le pays, et il est du devoir des pouvoirs publics de l'encourager par tous les moyens.

« Que tous ceux qui ont des terres plantent des mûriers, et au bout de trois ans nous serons prêts à l'élevage des vers à soie, qui à son tour amènera au Brésil l'introduction de nouvelles industries. »

car tout dépend de l'énergie avec laquelle les Brésiliens poursuivront leur projet de développer et perfectionner leurs industries agricoles. A cet égard, la
nécessité qui les contraint à se
créer de nouvelles ressources
semble devoir être un stimulant
puissant. »

Le grande richesse du Brésil
en *bois de teinture* comme en
bois de construction est connue ;
nous ne faisons que la rappeler,
de même que nous rappelons
le grand nombre des *plantes
médicinales* que l'on trouve dans
le pays, le *quinquina* notamment.

L'ÉTAT DE SAO PAULO. — Nous
allons maintenant, pour permettre à nos lecteurs de voir
de plus près la situation de
l'agriculture et de l'élevage dans
un État du Brésil — celui de
Sâo Paulo, ainsi que nous
l'avons indiqué plus haut le plus
riche et le plus important à ce
point de vue — reproduire l'intéressant rapport que lui a consacré en 1908 M. Wiener,
ministre plénipotentiaire en mission :

FIG. 617. — Quinquina

Production végétale. — D'après les renseignements que nous avons été
à même de recueillir (1), on pratique la culture de la canne à sucre à Sâo
Paulo depuis le xvie siècle. Les grandes fortunes du pays proviennent de

(1) Confirmés par M. Auguste Ramos, ment dans les congrès internationaux où
professeur à l'école polytechnique de se débattent des intérêts agricoles.
Sâo Paulo, représentant du gouverne-

cette culture. On comprend qu'après l'ouverture du trafic du São Paulo Railway (permettant la facile exploitation des produits nationaux), les planteurs aient délaissé l'industrie sucrière pour les entreprises caféières. La première, en effet, ne pouvait compter que sur la clientèle des villes de l'État avec, en 1860, une population peu nombreuse, tandis que le café avait alors un marché mondial dont la demande était constamment supérieure à l'offre. Mais aujourd'hui, l'ordre des facteurs n'est plus le même ; la fourniture des sucres à São Paulo est plus avantageuse pour le producteur que le marché caféier. São Paulo consomme en effet, par an, 60.000 tonnes, et n'en produit que le quart de cette quantité. Le reste, importé des États du Nord (surtout de Bahia et de Pernambouc), se trouve grevé des commissions d'intermédiaires nombreux et de frets élevés. Cela seul constituerait des avantages appréciables pour la fabrication locale. Mais il y a mieux : les sucres fabriqués sur le territoire de l'État jouissent, pour le transport par chemin de fer, d'une réduction de tarif de 40 p. 100. La main-d'œuvre ne manque pas. Les plantations, jadis soignées par les noirs, sont confiées aujourd'hui aux colons, en majeure partie d'origine italienne. Ces travailleurs peuvent, au terme de contrats qui varient selon les propriétaires, s'engager moyennant une paye déterminée comme ouvriers agricoles, ou planter pour leur compte un lot de terrains de la ferme mis à leur disposition, à la condition de vendre à l'usine le produit de leur travail. La culture, favorisée par le climat comme par le sol, donne de bons résultats : l'hectare produit de 40 à 50 tonnes de cannes, d'une valeur saccharifère de 13 à 15°. Avant de s'épuiser, la canne supporte cinq coupes. La matière première vaut, à pied-d'œuvre, lorsque les champs sont exploités par le fazendeiro, entre 11 francs et 12 fr. 50. La canne, cultivée par de petits planteurs ou par des colons, se vend à un taux légèrement supérieur, mais non exagéré. Les principales cultures se trouvent aujourd'hui dans la région de Piracicaba (grandes fazendas françaises et Monte-Alegre de M. A. de Carvalho), à Porto Feliz, près de la ville d'Itu, à Lorena, à Esther, sur la ligne Funilense non loin de Campinas, à Amalia, etc. Les plantations de Freitas, Indaya, Vassoura, Pimentel sont moins considérables. A citer pour mémoire de petites cultures assez nombreuses, mais sans importance pour la question. En somme, les champs sont fort restreints. Les propriétaires terriens semblent méconnaître les avantages que leur offrirait l'affectation d'une partie de leur domaine à cette culture. Les raisons de cet état de choses sont multiples : 1° les fermiers conservent l'espoir tenace de voir se produire une hausse sur les cafés ; 2° il est difficile de transformer des plantations de café en champs de cannes ; 3° la création d'une usine sucrière moderne nécessite de grands capitaux que les fermiers, débiteurs des Commissarios, ne pourraient guère trouver, même à des taux élevés ; 4° certaines causes d'ordre technique semblent peser sur la fabrication des sucres. Nous aurons à les signaler en traitant la question industrielle.

Il y a quelques années, on ne cultivait pas le *riz* à Sâo Paulo. On en importait annuellement en moyenne un million de sacs. Sous l'aiguillon des besoins économiques, on essaya d'en produire. Le Gouvernement établit près d'une station du chemin de fer central, Pindamanhandaba, un champ d'expérience. L'irrigation y est appliquée selon le système en usage en Louisiane. Les résultats furent surprenants. Aussitôt, on se mit à planter un peu partout, les bénéfices, grâce aux droits protecteurs, étant considérables. Les 60 kilogrammes de riz valent sur le marché des villes environ 25 milreis, et les laboureurs nous ont déclaré qu'à ce prix ils gagnaient 100 p. 100. Aussi, pendant le dernier exercice, le chemin de fer d'Araraquera a chargé, dans cette petite station, une moyenne de mille sacs par jour. A Iguape (région côtière), la production est également considérable. Quant au rendement, il paraît assez inégal, variant, d'après les informations qui nous ont été fournies, de vingt à trente-cinq pour un. Les frais de culture d'un hectare — en y comprenant le défrichement de la forêt — coûteraient en moyenne 90 milreis. Le rendement par demi-alquière (un hectare 1/4) ne serait pas inférieur à 50 sacs de 60 kilogrammes de riz brut, que le décorticage réduirait d'environ un tiers, soit 1.800 à 2.000 kilogrammes, valant sur les marchés entre 750 et 850 milreis. L'année dernière, il s'est vendu de cette denrée, produite sur le territoire de Sâo Paulo, pour plus de 30 millions de francs. Ce chiffre élevé, dû aux droits protecteurs, représente, m'assure-t-on, pour le moins 75 p. 100 de profit net. La proportion sera renversée lorsque les planteurs vendront leurs marchandises au dehors, ce à quoi tendent leurs efforts. Alors leurs procédés de culture rudimentaire se perfectionneront par la force des choses. Ainsi, aujourd'hui, leur mode de défrichement consiste à brûler la forêt, à laisser pourrir sur place les troncs renversés, à ne jamais procéder au dessouchage. Cela empêche l'emploi de la charrue, de la herse et de la faux. Les semailles se font dans des trous à peine creusés au moyen d'un bâton, et on récolte avec une sorte de canif. En certains endroits, on égrène les épis sur place, en recueillant les grains dans le tablier des glaneurs. Et malgré cela, le bénéfice atteint les chiffres mentionnés ci-dessus.

Le maïs, le manioc (1) et les bananes forment, avec une variété de haricots

---

(1) A propos du manioc je ne résiste pas au plaisir de citer ces quelques lignes d'un très pittoresque récit de voyages et d'aventures publié il y a

rougeâtres, la base de la nourriture du « caboclo » (indigène métissé de blanc et d'indien) et des gens de couleur.

Le *haricot* est planté partout et par tous, de sorte que la production suffit à la consommation.

Le *manioc* « mandioca » vient dans les terrains les plus dissemblables ; mais les terrains sablonneux lui conviennent le mieux. Près de Itatiba se trouve la principale fabrique de l'État, où l'on moud et torréfie cette racine « fecularia ». On y fait aussi de l'amidon.

Le *maïs* est cultivé sur toute l'étendue de cet État. Il donne en moyenne quarante pour un. Il n'est attaqué ici par aucune maladie. Son principal ennemi est la fourmi « saiva », qui, dans les plantations jeunes, cause assez souvent de sérieux dégâts. Les grains, cuits ou rôtis, mêlés (réduits à l'état de farine) à d'autres plats, font partie de l'alimentation nationale. Il joue encore un rôle important dans l'élevage : les bestiaux en mangent les épis non égrenés et les feuilles. Les chevaux n'en prennent que les grains. Il sert à engraisser les porcs. Naguère article d'importation argentine, il est aujourd'hui l'une des principales plantes de petite culture. Il pourra sous peu devenir un article d'exportation, si le taux des marchés étrangers en rend l'expédition rémunératrice.

plus d'un demi siècle par M. Emile Carrey sous le titre *Huit jours sous l'Equateur* : « Tout le monde connaît ce blé de l'Amérique du Sud et de tous les pays situés entre les tropiques. C'est une racine assez semblable à un radis noir, quoique plus longue et plus allongée, qui croît en six ou huit mois, poussant un arbrisseau de sept pieds de hauteur environ. Il y en a de quinze à vingt espèces. On le plante entre mai et juillet en général. A maturité, on coupe les arbustes et on arrache les racines, qui se rencontrent en terre par touffes, ainsi que nos pommes de terre. Les Indiens du haut Amazone le font souvent sur les îles du fleuve afin de n'avoir pas à défricher avant de planter. Au moment où les eaux commencent à baisser, ils quittent le village, descendent sur une île dont la plage abandonnée par les flots depuis quelques jours à peine s'étend parfois dans la rivière sur deux ou trois lieues. Champs d'alluvion faits d'un limon le plus fécond du monde, détrempés sous les eaux bourbeuses de l'Amazone, chauffés à des soleils de feu, rafraîchis mais non refroidis par des nuits toujours chaudes, par des pluies plus chaudes encore. Tout y croît, arbres, arbustes, roseaux, à les regarder pousser. Huit jours après la plantation, les feuilles du manioc paraissent, et en six mois les racines sont mûres. Des tribus entières vivent là, chassant et pêchant, attendant l'heure de la récolte. Quand l'eau commence à baigner la plage, chacune arrache ses racines, mûres ou non, et retourne à ses bourgades ou à ses carbets épars : vie d'Indien nomade, insouciante et calme, incomprise en Europe, que la civilisation qui monte relègue déjà vers le centre de l'Amérique, et qui bientôt peut-être disparaîtra de ce monde. »

La *banane* vient bien jusqu'à 700 mètres d'altitude. Les maisons des laboureurs sont généralement ombragées par un bouquet de bananiers qui donnent des régimes suffisants à la consommation de la famille. De nombreuses plantations dans les zones les plus chaudes pourvoient les marchés. A citer les grandes cultures de Cubatao, au pied de la Serra do Mar, au Sud du Sâo Paulo Railway. Le Gouvernement y a établi un champ qui s'étend sur une douzaine de kilomètres. C'est encore, selon l'état de la demande à l'étranger, l'un des produits que Sao Paulo pourra fournir dans de bonnes conditions.

La variété de *pommes de terre* que produit Santo Amaro et Sao Bernardo a réduit progressivement l'importation, grâce à l'activité des colons allemands. La production de la fazenda Dumont peut être considérée comme une des meilleures de l'État. On prévoit le moment où Sâo Paulo nous prendra notre clientèle de Rio et des États du Nord.

Les docteurs Barreto et Vergueira ont tenté la culture de la *vigne*, le premier à Sâo Paulo, l'autre à Sorocaba. Ils ont obtenu de beaux raisins de table. Quant à la vinification, elle reste, je pense, à l'état de problème. Nous avons goûté des vins de ces raisins, et si la saveur en est assez agréable, le prix auxquel ils y reviennent n'est pas en rapport avec leur valeur. On nous cite bien un Italien, du nom de Marengo, qui aurait réussi comme viticulteur. Toutefois, les deux initiateurs ont sacrifié des fortunes, sans obtenir des résultats appréciables au point de vue pratique, à vouloir créer à Sâo Paulo cette industrie, que le climat et la nature du sol ne semblent pas favoriser.

Citons encore des essais qui, dans un avenir non lointain, sont appelés à élargir le système de polyculture préconisé et encouragé par le Gouvernement, tel le *cacao* sur le littoral, diverses *plantes fourragères* sur le haut plateau : l'*ulfalfa* qui donne huit coupes par an, le *jaragua* (graminée), originaire de la zone de Goyaz qui, fraîche ou sèche, engraisse les bestiaux. Le *blé*, le *seigle*, l'*avoine*, l'*orge*, peuvent être cultivés pendant l'hiver. Dans la colonie Nova Odessa, sur la ligne Paulista, à 31 kilomètres de Campinas, les colons plantent le maïs en été, et l'orge, l'avoine, le blé et le seigle en hiver, dans le même terrain. La culture des *abasasci* (ananas) est assez importante dans la zone de Boituva, station du chemin de fer Sorocabana, où s'embranche la ligne qui va se raccorder à la Sâo Paulo-Rio Grande. Près de la Villa Americana (ligne Paulista) s'étendent de vastes champs de *melons*. Près d'Amparo (ligne Mogyana), on s'est mis à produire des quantités considérables de tomates, etc.

La culture du *coton* ne semble pas en faveur en Sâo Paulo. Les plantations sont plutôt rares. On en trouve dans la région du Tiété, dans la zone de la Sorocabana. Près Votorantim, nous avons visité une plantation de 200 hectares d'un seul tenant ; aux environs de Piracicaba, de petites cultures de deux à trois hectares, appartenant à d'anciens colons italiens. La variété connue sous le nom de *Highland Cotton* donne pourtant de bons résultats que n'ont pas compromis jusqu'ici les maladies de l'arbuste, moins nombreuses en Sâo Paulo que dans l'Amérique du Nord et au Mexique. La filature de Santa Rosalia, près de Sorocaba, est à peu près la seule à employer ces produits, alors que, sous le prétexte que la fibre est courte, les autres usines du pays travaillent des cotons de Pernambuco. Cette préférence donnée aux produits du Nord décourage les planteurs et arrête l'essor de cette culture.

Rappelons ici les tentatives faites pour remplacer les jutes par l'*aramine* et par le *pirini*. L'on n'est pas encore d'accord sur la valeur de ce dernier. Quant au premier, il donne des fibres très résistantes lorsqu'il vient à l'état sauvage ; cultivé, il perdrait, dit-on, en partie ses qualités. Il existe toutefois à Sâo Paulo même une filature et un tissage araminiers. Pour encourager la culture de cette plante, qui évidemment, dans des terrains appropriés donnerait de bons résultats, le Gouvernement a décrété une prime d'exportation de 400 reis par sac d'aramine. Notons encore que le commerce des sacs a dépassé l'année dernière une trentaine de millions de francs à Santos seulement.

Parmi les *arbres à caoutchouc*, le *maniçoba* semble devoir s'acclimater sous ces latitudes. Les essais faits à la station agronomique de Campinas ont été satisfaisants. Dans plusieurs fazendas, on a fait d'assez importantes plantations. A citer Dumont, avec 70.000 arbres. Si ces essais réussissent, comme on semble le prévoir, le maniçoba (*Manihot*, donnant les *Ceara scraps*) créera une puissante ressource à Sâo Paulo, car l'ouvrier n'aura pas, comme en Amazonie, à parcourir journellement de longues distances pour en recueillir le latex. Cette récolte sera un supplément relativement léger de sa besogne quotidienne, et pourra constituer un accroissement notable de son revenu.

Le *tabac*, cultivé sur une petite échelle par des paysans et même des fermiers de second rang, vient de façon satisfaisante dans les régions cotonnières. Les plantations actuelles sont loin de suffire à la consommation locale. On importe, pour la fabrication des cigarettes, du tabac d'Orient, que l'on mélange avec le produit indigène. Les cigares viennent en majeure partie de Bahia et de Rio-Grande-do-Sul. A noter la préparation que l'on fait subir aux feuilles. On les place dans de grandes cuves en bois ou en ciment. On les y fait macérer dans de l'eau additionnée de tafia. Imbibées de ce liquide, on les comprime pour leur donner la forme de *cordes* ou de *carottes*, sous laquelle elles apparaissent sur le marché. Comme il n'existe pas ici de grandes plantations de tabac, il est difficile de connaître les bénéfices que donne cette culture en São Paulo.

Production animale. — Tous les fazendeiros ont sur leurs terres des troupeaux de bétail qui, abandonnés à eux-mêmes, dégénèrent peu à peu, par suite d'une reproduction non rationnellement dirigée. Plusieurs fermiers se sont plus spécialement occupés de l'élevage, et n'ont eu qu'à se louer de l'amélioration qu'ils ont obtenue des races bovine, asine, caprine et porcine.

On trouve aujourd'hui les plus beaux bovidés dans les prairies du Nord, dans la zone de Franca et d'Uberaba (1).

On a importé de l'Inde des producteurs *zébus*. On comptait obtenir, par croisement avec le bétail local, des produits de belle taille, à la fois bons pour le trait et pour la boucherie (2). Le zébu, qui a encore de nombreux partisans, aurait, d'après eux, réuni ces conditions. Il paraît pourtant que cet animal demeure plutôt sauvage, et que sa viande est de qualité très inférieure. Ses produits de demi-sang sont bons, mais à partir du quart de sang, le métissage donne des résultats peu satisfaisants. Le docteur Bareto, très compétent en la matière, nous a dit que la race dégénère rapidement et devient stérile à partir de la sixième ou septième génération. Il faudrait donc incessamment introduire des pur sang, ce qui représente des frais considérables, et prouve que le zébu n'est pas fait pour améliorer les races bovines. L'ancien directeur du poste zootechnique de Sao Paulo, M. Hector Raquet, est du même avis que le docteur Bareto. Nous avons eu l'occasion de voir le principal importateur de zébus, le baron de Parana, propriétaire de la ferme-modèle de Lordella. Les nombreux croisements qu'il a faits dans sa fazenda ont donné des résultats rémunérateurs. Aussi ne partage-t-il pas l'avis du docteur Bareto et de M. Raquet. Son procédé consiste à

(1) Les races représentées en São Paulo sont : La *Cuyaba*, importée d'Espagne au xvie siècle; elle est de petite taille ; son poil est ras et brillant, sa robe est uniformément brune, les cornes sont courtes, fines, tournées en avant. Le mufle est noir. Ces animaux se plaisent dans ces marais et nagent fort bien. La *Caracu* et le *Franqueiro* ; ce sont de bonnes vaches laitières, fournissant jusqu'à douze litres par jour. La *Torino* ; dans des étables de São Paulo, elle donne jusqu'à vingt à vingt-cinq litres par jour. Cette race a été importée de Hollande. Sa ressemblance avec le bétail de l'Italie septentrionale lui a fait donner par les Italiens le nom de *Torino*. La *China* ; cette race ne présente que des animaux métissés, sans grande valeur.

(2) Les villes de São Paulo et de Santos en consomment annuellement environ 80.000. Le kilogramme coûte en moyenne 500 reis (0 fr. 80).

croiser un pur sang zébu avec du bétail créole ; il fait saillir ensuite l'animal métissé par un pur sang charolais. Dans ces conditions, les quart-de-sang zébu n'ont plus de bosse ; leur cuir est apprécié, leur viande est bonne ; les vaches sont suffisamment laitières.

L'*espèce ovine* ne compte que d'assez rares représentants à Sâo Paulo.

Quant aux *chèvres*, les colons italiens en possèdent un grand nombre. La viande en est assez appréciée. Il se fait un certain commerce de leur lait dans la ville de Sâo Paulo.

L'*espèce porcine* donne lieu à d'importantes transactions. Les animaux (Berkshire en grande partie, les Yorkshire ne se développent pas bien) s'engraissent à peu de frais avec du maïs.

Peu de chose à dire du *cheval* en Sâo Paulo où son élevage n'est guère pratiqué. Les bêtes descendent en grande partie d'animaux importés de Rio-Grande-do-Sul et de l'Argentine. C'est de ce dernier État que Sâo Paulo tire aussi les quelques centaines de chevaux nécessaires aux effectifs de sa cavalerie. Les chevaux de trait que nous avons vus sont légèrement dégénérés, mais robustes et endurants, malgré leur petite taille.

Sâo Paulo possède quelques très beaux reproducteurs. Toutefois, on n'y rencontre qu'un nombre relativement minime de beaux carrossiers, qui, par leur taille et leur conformation, se rapprochent beaucoup des Cleveland.

Les chevaux de selle sont dressés généralement à marcher l'amble, ce que les Brésiliens apprécient fort pour les longues courses à travers les fazendas.

L'abandon où est tombé l'élevage du cheval s'explique par le développement incessant du réseau ferré et l'avantage qu'on a trouvé à faire traîner les chars plutôt par des bœufs ou par des mules (1).

MINISTÈRE DE L'AGRICULTURE. — Nous ne voulons pas terminer cette étude du Brésil agricole sans signaler la création, en juin 1904, d'un Ministère de l'Agriculture. Nous nous sommes trop longuement étendu au cours de cet ouvrage sur l'utilité d'une telle institution pour un pays pour y revenir ici, mais nous tenons à ne pas passer sous silence ce fait caractéristique et dont l'agriculture brésilienne ne peut que réaliser une très heureuse impulsion.

---

(1) Nous devons une partie des renseignements qui précèdent sur l'agriculture et la zootechnie à M. Joao Tibiriça, fils du président de l'État de Sâo Paulo, ingénieur agronome et diplômé de Cornell University des États-Unis.

E. — PÉROU

CRÉATION D'UNE ÉCOLE D'AGRICULTURE ; EXPLOITATIONS AGRICOLES. — CE QUI
FAIT DÉFAUT : LA MAIN-D'OEUVRE, L'EAU, LES VOIES DE COMMUNICATION. —
LES TROIS RÉGIONS : LA COSTA, LA SIERRA, LA MONTANA ; LEURS CARACTÉRIS-
TIQUES ; COMMENT S'Y FAIT SENTIR L'ABSENCE DES TROIS FACTEURS INDIQUÉS
PLUS HAUT ; DE QUELLE FAÇON ON PEUT TACHER D'Y REMÉDIER. — COUP
D'OEIL SUR QUELQUES CULTURES ET SUR L'AGRICULTURE.

Nous tenons à traiter avec quelques détails du Pérou, non seulement parce que l'étude que dans le tome IV, (pp. 202 et 203), nous avons consacrée à ce pays est assez brève, mais encore parce que la création aux environs de Lima d'une école d'agriculture, confiée en 1902 à une mission belge et celle plus récente d'une ferme modèle ont commencé d'exercer sur l'agriculture péruvienne une heureuse influence. En outre, une suite d'explorations agricoles faites par les membres de la mission dont nous parlons quelques lignes plus haut ont attiré l'attention des pouvoirs publics et des capitalistes sur les régions et les cultures susceptibles de donner satisfaction aux entreprises.

Un intéressant rapport de M. Kiefer Marchand, secrétaire-archiviste de la légation de France à Lima, nous servira de guide, et tout d'abord nous noterons avec lui que malheureusement l'absence de trois facteurs indispensables : main-d'œuvre, eau, voies de communication, entravera pendant longtemps encore les agriculteurs.

Nous avons déjà indiqué (tome IV, p. 203) les principales caractéristiques des trois régions du Pérou : la Costa, la Sierra et la Montana. Revenons-y, et reproduisons ce qu'écrit à leur sujet M. Kiefer Marchand :

La *Costa* s'étend tout le long de la côte du Pacifique sur une largeur variant de 30 à 40 kilomètres, depuis le bord de la mer jusqu'à 1.200 mètres d'altitude. Elle se prête admirablement à la culture du cotonnier, du riz, du tabac, de la vigne, du caféier et même du cacaoyer; l'élevage des bestiaux et des abeilles s'y pratique également sur une assez grande échelle.

La *Sierra* comprend la zone montagneuse située à 1.200 et 4.000 mètres, altitude à laquelle commence la *Puna*, région des neiges éternelles. C'est là surtout qu'on se livre à l'élevage du bétail et que se trouve particulièrement vers le Sud le centre du commerce des cuirs. La pomme de terre et quelques céréales y constituent la culture principale ; une partie des produits de cette région est envoyée vers les centres plus importants de la côte, mais la plupart servent à l'alimentation du nombreux personnel employé dans les mines qui sont la vraie richesse de cette région.

La *Montana* est formée par cette immense territoire boisé qui, composé d'abord de hautes collines, contreforts du versant oriental de la Cordillière des Andes, se continue ensuite par des vallées peu profondes et des pampas jusqu'aux confins de l'Équateur, de la Colombie, du Brésil et de la Bolivie. Les endroits cultivés, relativement rares, si l'on tient compte de l'immense étendue de territoire compris dans cette dernière région, sont occupés par des plantations de canne à sucre, de coca, de caféiers, cacaoyers, de tabac ; le caoutchouc, les plantes médicinales et les bois précieux sont pour cette zone une source inépuisable de richesse.

Pour en revenir aux difficultés qui s'opposent à un développement rapide de l'agriculture, il faut d'abord considérer la grande pénurie de bras.

Dans la région de la *Costa*, la largeur des vallées, qui forment en certains endroits de véritables plateaux de moyenne étendue, permet l'usage de machines agricoles qui viennent avantageusement remplacer la main-d'œuvre. Au surplus, l'immigration japonaise, introduite depuis 1900, mais, somme toute, peu nombreuse, a permis d'utiliser dans un bon nombre de plantations l'activité de cet élément asiatique qui, malgré les difficultés de la première heure, occasionnées par l'acclimatation et l'hostilité des travailleurs indigènes, est venu très avantageusement la suppléer.

Le remède n'est pas aussi facile à trouver dans la région de la *Montana*. Là, les haciendas sont le plus souvent à cheval sur des côtes presque abruptes où l'emploi des machines est pour ainsi dire impossible, sans compter que leur transport y serait difficile et fort onéreux ; l'immigration japonaise n'y pénètre pas, car, comme je viens de le dire, elle est encore très réduite, et, à peine débarqués, les individus qui la composent sont aussitôt distribués dans les centres agricoles les plus rapprochés de la côte ; quant à introduire des Européens sur le versant de l'Amazone, il ne faut pas y songer ; les essais tentés par les Italiens et les Français au Chanchamayo, par les Allemands au Pozuzo et à l'Oxapampa sont venus démontrer que, malgré leur activité, ces hommes n'étaient pas faits pour supporter les rudes travaux des terres incultes, le défrichement d'épaisses forêts dans lesquelles depuis des siècles s'accumulent des couches d'humus et d'où s'échappent des germes de fièvres paludéennes sous un climat où le plus petit effort conduit bien vite à l'anémie. C'est donc à l'élément indigène qu'il faut avoir recours, et c'est de ce côté que l'on rencontre le plus de difficultés. Les centres populeux sont généralement fort éloignés des haciendas ; ils se trouvent dans la *Sierra* parfois à 40, 80 et 100 kilomètres. Pour recruter des ouvriers, les propriétaires payent à des embaucheurs (*enganchadores*) une certaine somme par homme qu'ils leur envoient. Ceux-ci, à leur tour, se mettent en quête d'indigènes ayant besoin d'argent soit pour subvenir à l'entretien de leur famille, soit pour payer quelques dettes, ou pour enterrer l'un des leurs. Ils leur font souscrire un engagement de travailler dans telle ou telle hacienda pour un temps qui varie de deux à six mois et, ceci fait, ils leur paient le plus souvent la moitié de la somme convenue en espèces et l'autre en marchandises. L'ouvrier est alors mis en demeure de se rendre au plus tôt sur le lieu du travail ; c'est là que, pour un modeste salaire de 60 centavos (1 fr. 50), il est occupé aux travaux des champs, dix heures durant, exposé aux rayons brûlants du soleil ou aux pluies torrentielles fréquentes dans la région ; logé sous de vastes abris ouverts à tous les vents, il doit acheter ses aliments au magasin de l'hacienda qui se charge toujours de lui en donner en abondance et lui fait facilement dépasser le montant de son salaire. C'est ainsi qu'arrivé au terme de son contrat d'engagement, le malheureux indigène reste devoir au propriétaire de la plantation un mois et parfois plus de travail. On arrive ainsi à garder certains ouvriers et ordinairement les meilleurs pendant de longs mois, quelquefois même pendant plusieurs années. Rendu à son foyer après une longue absence, souvent en proie à des fièvres intermittentes, on comprend facilement la répulsion qu'éprouve le maheureux ouvrier à retourner travailler dans les plantations.

Si le défaut de bras constitue dans la *Montana* la pierre d'achoppement, l'absence d'eau est sur la *Costa* un obstacle à l'extension de l'agriculture. On sait que sur une bande de terre qui court, parallèlement à la mer, sur une largeur moyenne de 30 kilomètres, il ne pleut pas sur le littoral du Pérou. On en est donc réduit à cultiver les vallées fertilisées naturellement par les déviations de quelques torrents qui, de décembre à mars, se trouvent grossis par la fonte des neiges et les pluies abondantes qui tombent dans les Cordillières. Mais, à côté de cela, d'immenses étendues de terres sur lesquelles croîtraient à merveille le cotonnier, le cacaoyer, restent pour le moment incultes. C'est en vue de les utiliser que des compagnies se sont formées pour construire des canaux d'irrigation dans les départements de Piura et d'Yca. Les travaux entrepris dans le premier de ces départements ont donné jusqu'à ce jour de bons résultats ; dans le second, la création de puits artésiens semble pour le moment devoir donner des résultats plus immédiats. Un ingénieur hydrographe a été engagé dans ce but aux États-Unis.

Le nombre très restreint des voies de communication créera pendant longtemps encore des difficultés sérieuses au développement industriel et commercial du Pérou, et en particulier à l'agriculture. On peut dire, en principe, qu'il n'y a pas de routes et que, depuis la construction par les Incas de la voie pavée qui traversait tout le Pérou, des confins de la Bolivie à la capitale de l'Équateur, et devant laquelle les plus grands travaux de l'époque gallo-romaine représentent une somme de travail bien insignifiante, les routes actuelles, à part celles de Sicuani au Cuzco et de Lima au Callao, de construction récente, ne sont en somme que de véritables sentiers muletiers qui, aux environs des villes, se transforment en chemins poussiéreux semés de pierres et d'ornières et absolument impropres au trafic roulant.

Quant aux chemins de fer, si l'on sait que l'extension du réseau péruvien dépasse à peine 1.500 kilomètres pour un pays cinq fois plus grand que la France, on comprendra facilement combien est préjudiciable pour le Pérou l'absence de voies de communication.

Jetons maintenant un coup d'œil sur quelques productions du sol, renvoyant pour les autres à ce que nous avons écrit au tome IV (p. 203).

La culture du *maïs* augmente chaque année dans des proportions très notables. La récolte annuelle est évaluée à 8 millions de kilogrammes dont 100.000 à peine sont exportés au Chili, en Bolivie et dans l'Équateur.

Les diverses variétés de *pommes de terre* cultivées au Pérou et principalement dans la Sierra servent surtout à l'alimentation locale. Toutefois plus de 150.000 kilogrammes sont exportés actuellement vers quelques ports des régions plus chaudes de la Colombie et de l'Équateur (1).

Le *riz* souffre au Pérou de la sécheresse. Cependant l'extension de la culture de cette céréale, poursuivie principalement dans le département de Lambayèque, ne peut donner que les meilleurs résultats. Elle diminuera ainsi l'importation des riz asiatiques qui atteint actuellement un million de francs, inférieure par suite à l'exportation — qui atteint une valeur supérieure à un million et demi de francs ; elle est dirigée sur le Chili, la Colombie, l'Équateur et la Bolivie.

La baisse qui depuis longtemps frappe les *sucres* sur les marchés anglo-américains a suspendu l'essor pris par l'industrie qui, de 1891 à 1900, s'était relevée de la ruine dans laquelle elle se trouvait depuis la guerre du Pacifique. Cette situation a forcé les propriétaires à ne pas donner plus d'extension à la culture de la canne et, dans beaucoup de cas, à restreindre le nombre de leurs ouvriers. « Bien que cette situation se soit améliorée, écrit M. Kiefer Marchand, il n'y a pas certainement à se faire beaucoup d'illusions, et l'on peut considérer comme probable que dans dix ans il en sera de la canne à sucre comme du café, et que les agriculteurs devraient se tourner de préférence vers la culture du cacao et du coton. » L'exportation qui dépasse 200.000 tonneaux se fait surtout vers le Chili, qui achète la moitié des sucres péruviens. Notons que c'est la vallée de Chicama qui fournit à elle seule près des deux tiers de la production totale.

(1) Notons que bien que producteur de pommes de terre, le Pérou en achète au Chili et en Europe. Celles ayant cette dernière provenance n'ont aucun débouché sur la côte du Pacifique, tant en raison du prix de revient que des influences diverses de température auxquelles les soumettrait un voyage de deux mois par le détroit de Magellan. Leur importation se fait uniquement par le port fluvial d'Iquitos. En effet, les Européens, Portugais pour la plupart, qui vivent dans l'immense bassin de l'Amazone, où ils se livrent au commerce du caoutchouc, ne peuvent que très rarement se procurer du pain et même du maïs et du riz. Ils achètent à des prix assez élevés les pommes de terre, qui constituent, pour eux, avec les oignons, la base indispensable de leur alimentation. Les premières viennent en général du Havre ; les seconds de Porto et de Lisbonne.

Les petits cultivateurs se consacrent plus spécialement à la culture du *tabac* ; ils vendent leur récolte à des négociants qui, à leur tour, expédient le tabac à Lima, où il est transformé principalement en cigarettes et réexpédié dans toutes les villes de l'intérieur. C'est dans le département de Lambayèque, à

(Cliché de la Librairie agricole.)

Fig. 618. — Figuier de Barbarie.

Jaen, que se trouvent les meilleures qualités de tabac. L'exportation augmente dans de grandes proportions.

La *vigne* est cultivée principalement dans la vallée de Chincha, de Pisco, et de Monquegua. Le Gouvernement péruvien s'est tout spécialement occupé ces dernières années d'améliorer la situation des vignobles, malades pour la plupart ; à cet effet, il a engagé en France deux spécialistes dont les travaux commencent déjà à porter leurs fruits. L'exportation de vins en Bolivie, dans l'Équateur et en Colombie ne dépasse pas un demi-million de francs.

Nous signalerons encore le *figuier de Barbarie*, qui dans toute l'Amérique du Sud sert, ainsi que nous l'écrivions au tome IV (p. 191), à des usages nombreux : c'est ainsi qu'on y consomme ses fruits et que l'eau où ont trempé ses feuilles sert à badigeonner les habitations.

Quelques mots pour finir sur l'*apiculture*. Il existe au Pérou près de 15.000 ruches, principalement dans les départements de Piura et de Lambayèque. Elles pourraient produire une assez grande quantité de cire et de miel et augmenter ainsi l'exportation de ces produits vers l'étranger. Malheureusement, le peu de soin que l'on prête à leur entretien fait que l'on est bien loin d'atteindre les résultats que l'on serait en droit d'espérer. L'exportation du miel ne dépasse que de peu 300.000 kilogrammes, et la production de la cire est seulement suffisante pour alimenter la consommation locale.

LIVRE XIV

LES ENGRAIS MINÉRAUX

(COMPLÉMENT AU LIVRE X)

CHAPITRE LXXXI

LES ENGRAIS MINÉRAUX EN 1908

COUP D'ŒIL SUR LA PRODUCTION, LE COMMERCE ET LA CONSOMMATION DES ENGRAIS PHOSPHATÉS, DES ENGRAIS AZOTÉS, DES ENGRAIS POTASSIQUES ET DES AUTRES ENGRAIS.

De même que nous avons tenu à étudier dans le quatrième tome de cet ouvrage (pp. 277 à 327) longuement la question des engrais minéraux, question si intéressante et si importante pour l'avenir de l'agriculture, nous tenons à finir ce volume complémentaire en examinant quelle est actuellement la situation et en indiquant les derniers chiffres connus à l'heure où nous écrivons : ceux de 1908.

Rappelons tout d'abord que les matières fertilisantes, autres que le fumier d'étable, dont il est difficile d'évaluer la consommation avec quelque exactitude, peuvent être classées sous les rubriques suivantes :

1. *Engrais phosphatés*, comprenant :

Phosphates de chaux bruts ;

Superphosphates ;

Scories de déphosphoration (phosphate Thomas) ;

2. *Engrais azotés :*

Nitrate de soude ou nitrate du Chili ;

Sulfate d'ammoniaque ;

Nitrate de chaux ou nitrate de Norvège ;

Cyanamide de calcium (chaux azotée).

3. *Engrais potassiques :*
    Sels de Stassfurt ;
    Chlorure de potassium ;
    Sulfate de potasse.

4. *Engrais divers :*
    Déchets industriels ; noir de raffinerie ;
    Sang desséché, cornes et cuirs, etc.

C'est dans cet ordre que nous les passerons successivement en revue.

A. Engrais phosphatés : 1° *Phosphates de chaux bruts.* — D'après les renseignements recueillis l'an dernier (1908) sur la production, en 1907, des phosphates bruts, le rapport de 1908 l'évaluait à 4 millions de tonnes en chiffres ronds.

Ce chiffre a été rectifié par une enquête plus complète, récemment publiée par un recueil technique (*The mineral Industry*). Il doit être porté à 4.649.000 tonnes se répartissant, d'après les provenances, de la manière suivante :

États-Unis	2.250.000 tonnes
Tunisie	1.040.000 —
France	375.000 —
Algérie	355.000 —
Ile de Christmas	290.000 —
Belgique	180.000 —
Canada	100.000 —
Russie	25.000 —
Indes allemandes	25.000 —
Norvège	4.000 —
Suède	3.000 —
Espagne	2.000 —
Total	4.649.000 tonnes (1)

(1) Dans ce total ne figure pas la production de diverses autres petites exploitations sur lesquelles manquent des indications exactes.

La production, en 1908, est évaluée, d'après le même recueil, au chiffre rond de 5 millions de tonnes. L'extraction du phosphate de chaux qui était de 800.000 tonnes seulement en 1886, de 3 millions de tonnes en 1898, aurait donc quintuplé dans l'espace de vingt-trois ans.

Les exportations de phosphates par la Tunisie et l'Algérie se sont élevées aux chiffres suivants (en 1908) :

1. *Tunisie :*

	Tonnes	Tonnes en France
1° Par le port de Sfax, en provenance de Metlaoui et de Redeyef	919.700 dont	354.850
2° Par le port de Tunis, en provenance de :		
Kalaa Djerda	190.890	9.769
Kalaa Es Senam	177.140	79.716
Salsala (floridium)	10.885	650
Aïn Taga	1.940	»
Totaux	1.300.555	444.985

2. *Algérie :*

	Tonnes	Tonnes en France
1° Par le port de Bône, en provenance :		
Du Dyr	50.000	12.450
Du Kouif et Aïn Kissa .	234.000	37.474
2° Par le port de Bougie, en provenance de :		
Tocqueville	24.720	8.070
Bordj R'dir	38.525	24.043
Totaux	347.245	82.037
Totaux (Algérie et Tunisie) .	1.647.800	527.022

Les importations de phosphates des États-Unis en *Europe*, pendant l'année 1908, se sont élevées à 1.238.000 tonnes.

Les importations de phosphates, en *France*, en 1908, ont atteint le chiffre total de 764.590 tonnes.

2° *Superphosphates*. — La majeure partie des phosphates bruts est transformée en superphosphates par leur traitement par l'acide sulfurique (à 50° Baumé). — La fabrication mondiale des superphosphates dépasse actuellement 7.500.000 tonnes (1).

La production du superphosphate par les usines françaises s'est élevée approximativement, en 1908, à 1.550.000 tonnes. La consommation, dans cette même année, a été de 1.350.000 tonnes.

De là résulte une exportation d'environ 200.000 tonnes.

3° *Scories de déphosphoration (phosphate Thomas)*. — La production mondiale des scories de déphosphoration, qui s'est accrue si prodigieusement par l'extension du procédé Thomas-Gilchrist pour la fabrication de l'acier, atteint aujourd'hui un chiffre voisin de 3 millions de tonnes par an. L'invention de Thomas-Gilchrist date de 1878, mais c'est seulement vers 1884 que la haute valeur fertilisante des scories a été constatée et leur emploi comme engrais n'a commencé à prendre quelque développement qu'à partir de 1890. La consommation des scories était, à cette date, de 400.000 tonnes dans toute l'Europe, l'Allemagne en employant les trois quarts (300.000 tonnes), tandis qu'en France 1.000 tonnes seulement étaient appliquées, par quelques rares cultivateurs, à la fertilisation du sol.

Peu à peu, la vulgarisation par l'enseignement et par la presse agricole des excellents résultats obtenus par l'emploi des scories pour toutes les cultures et notamment sur les prairies, amena l'agriculture française à utiliser plus largement cette précieuse matière fertilisante.

La consommation des scories, qui n'était dans notre pays que de 70.000 tonnes en 1895, a graduellement suivi une marche

(1) Voir le rapport de la Commission permanente des valeurs de douane pour 1908.

ascendante dans la dernière période décennale, comme le montre
le relevé suivant :

1898	135.000 tonnes
1899	145.000 —
1900	135.000 —
1901	151.000 —
1902 (crise)	119.000 —
1903	151.000 —
1904	170.000 —
1905	202.000 —
1906	240,000 —
1907	250.000 —
1908	250.000 —

Depuis dix ans, l'accroissement de la consommation des
scories par l'agriculture française a été de (250.000 — 135.000),
soit de 115.000 tonnes, correspondant à une augmentation de
85,18 p. 100.

Malgré cet accroissement sensible de consommation, le sol
français est loin encore de recevoir les quantités de scories
nécessaires pour porter à ce qu'il pourrait être le rendement
de ses 5 millions d'hectares de prairies.

B. Engrais azotés : 1° *Nitrate de soude.* — En 1831, 880 tonnes
seulement ont été exportées par les gisements de nitrate mis en
exploitation en 1825. Il faut arriver à l'année 1870 pour voir la
consommation mondiale s'élever à 103.000 tonnes ; la plus grande
partie du nitrate allait alors à l'industrie. Depuis cette époque,
la consommation mondiale du nitrate du Chili progresse avec une
grande rapidité, ainsi que le montrent les chiffres suivants :

1880	230.000 tonnes
1890	893.000 —
1900	1.334.000 —
1908	1.748.000 —

Un cinquième environ du nitrate exporté du Chili alimente l'industrie (fabrication de la poudre de mine et de chasse, de l'acide nitrique) ; le reste, 80 p. 100, va à l'agriculture.

Le Chili a exporté, en 1908, 2.018.000 tonnes dans le monde entier. L'exportation de 1907 était seulement de 1.630.000 tonnes ; l'augmentation a donc été, en 1908, de près de 400.000 tonnes comparativement à l'année précédente.

La comparaison des chiffres fournis par les *Documents statistiques* de la Douane pour les années 1901 à 1903 et 1906 à 1908, permet de se rendre compte des accroissements de la consommation du nitrate en France à cinq ans de distance :

Années	Importations en tonnes	Exportations en tonnes	Consommation en tonnes
1901	228.834	5.663	223.171
1902	203.955	9.085	194.870
1903	234.972	5.162	229.810
1906	244.191	9.350	234.841
1907	246.920	4.994	241.926
1908	298.870	5.617	293.253

L'écart entre les consommations de 1901 et de 1908 est donc de 70.000 tonnes. Comme nous l'avons indiqué pour les scories de déphosphoration, la crise de 1902 a eu son retentissement sur la consommation du nitrate de soude qui a été plus faible de 29.000 à 35.000 tonnes que celle des années 1901 et 1903.

Il y a lieu de penser que l'emploi agricole de nitrate de soude qui, actuellement, n'atteint pas la moitié de la consommation allemande (600.000 tonnes), s'accroîtra en France d'année en année, l'expérience ayant démontré l'influence prépondérante de l'acide nitrique dans l'élévation des rendements du sol. L'intelligente propagande scientifique du *Permanent Nitrate Committee* mérite d'être signalée. Cette délégation du Gouvernement chilien en Europe contribue très utilement, et particulièrement en France, par la création de champs d'expériences et de démonstration, par des conférences et des concours, à la propagande et à la vulgarisation dans toutes les régions du rôle capital du nitrate dans le rendement des terres.

2° *Sulfate d'ammoniaque.* — La production du sulfate d'ammoniaque augmente tous les ans par le développement de la captation des gaz ammoniacaux qui se dégagent des fours à coke et des usines à gaz. Elle avait été évaluée à 845.000 tonnes environ en 1907 ; elle a été de 878.000 tonnes en 1908. Elle se répartit approximativement de la manière suivante :

Pays producteurs	Quantités
Angleterre.	314.000 tonnes
Allemagne.	313.000 —
États-Unis.	82.000 —
France.	54.000 —
Belgique et Hollande	35.000 —
Autriche-Hongrie, Espagne, etc. .	80.000 —
Total.	878.000 tonnes

Les 2.018.000 tonnes de nitrate exportées de Chili contiennent à peu près 314.000 tonnes d'azote ; les 878.000 tonnes de sulfate d'ammoniaque, produites en 1908, en renferment environ 178.000 tonnes, soit une quantité correspondant à 57 p. 100 de l'azote contenu dans le nitrate exporté du Chili en 1908.

Au total, c'est donc près de 500.000 tonnes d'azote assimilable que renferment le nitrate de soude et le sulfate d'ammoniaque livrés à la consommation. Si l'on suppose, ce qui paraît admissible, que le cinquième de cet azote est utilisé par l'industrie, c'est donc de ce chef d'environ 400.000 tonnes d'azote que dispose l'agriculture mondiale, chiffre bien faible lorsqu'on le compare à l'énorme quantité d'azote exporté du sol par l'ensemble des cultures.

Cette remarque m'amène à présenter quelques observations sur l'importance respective des découvertes récentes qui ont conduit à la captation de l'azote atmosphérique pour la fabrication de nouveaux engrais azotés.

3° *Nitrate de Norvège (nitrate de chaux).* — La première grande usine de production par voie électrique d'acide nitrique disposant d'une force hydraulique de 40.000 HP, est entrée en pleine activité dans les premiers mois de l'année dernière, à Swælgfos-Notodden (Norvège). Elle a produit 25.000 tonnes de nitrate de chaux dont un sixième environ seulement a pu être livré aux cultivateurs français, la Norvège et l'Allemagne se disputant l'achat des produits nitrés sortis de l'usine de Swælgfos : nitrate de chaux pour l'agriculture, nitrate de soude et acide nitrique pur pour la confection des explosifs et la fabrication des matières colorantes artificielles.

L'an prochain, la seconde grande usine de la Société norvégienne, en construction à Saaheim (Rjukan), entrera en fonction, et d'ici à deux ans la production du nitrate de Norvège sera d'environ 150.000 tonnes par an.

La Société norvégienne est propriétaire de six grandes chutes d'eau dont voici la puissance :

Swælgfos.	40.000 HP	(complètement aménagée) ;
Licufos. .	15.000	(en aménagement) ;
Rjukan. .	226.000	(en aménagement) ;
Vamma. .	55.000	(en aménagement) ;
Tyssé. . .	80.000	(à aménager ultérieurement) ;
Matre. . .	83.000	(à aménager ultérieurement).

La force hydraulique totale applicable à la production de composés nitrés, en Norvège seule, s'élève donc à 500.000 HP.

L'emploi agricole du nitrate de chaux a donné partout, en Norvège, en Allemagne, en France, dans les sols les plus divers et pour les principales cultures (céréales, plantes sarclées), des résultats excellents que les premiers essais (1905-1907) avaient révélés. Les agriculteurs sont unanimes à les proclamer ; tous ont constaté l'influence, au moins égale, du nitrate norvégien à celle du nitrate du Chili.

Beaucoup d'entre eux signalent la supériorité du nitrate norvégien dans nombre de cas, notamment dans les terres dépourvues de calcaire.

4° Cyanamide de calcium (chaux-azote). — Plusieurs usines se sont créées en 1908 pour la transformation du carbure de calcium en cyanamide (en Allemagne, en France et en Norvège). La plus importante de ces usines est celle d'Odda, sur le fjord Hardanger. Cette usine, qui utilise l'admirable chute de Tyssé, a été mise en fonction au cours de l'année dernière ; elle était en construction lorsque je l'ai visitée en 1907.

La cyanamide de calcium, qui contient 20 p. 100 d'azote, présente, au point de vue de son emploi cultural, beaucoup d'analogie avec le sulfate d'ammoniaque ; comme cet engrais, elle doit être introduite dans le sol avant les semailles ou plantations. Sous l'influence de l'humidité, elle se transforme en ammoniaque et en carbonate de chaux. D'après les expériences de plusieurs agronomes, la présence de bactéries dans le sol paraît être une condition essentielle de l'utilisation par les plantes de l'azote qu'elle renferme. Elle ne doit pas être employée en couverture.

Les résultats culturaux de la fumure à la cyanamide ne sont pas encore bien établis : de nouvelles expériences sont nécessaires pour fixer les conditions de son action sur la végétation. De l'ensemble des faits acquis jusqu'ici, il paraît résulter que sa valeur fertilisante est égale à celle du sulfate d'ammoniaque, mais inférieure, suivant les cas, de 5 à 10 p. 100 à celle du nitrate de chaux et du nitrate du Chili.

On peut évaluer, d'après les renseignements assez incomplets qu'il m'a été donné de recueillir, la production totale de la cyanamide, en 1908, de 20.000 à 25.000 tonnes, tant en France qu'à l'étranger.

Le développement de la nouvelle industrie dépendra surtout de l'importance que l'agriculture sera amenée à lui accorder, comparativement aux autres engrais azotés, lorsque des expériences assez multipliées permettront de formuler une appréciation définitive sur la valeur fertilisante de la cyanamide de calcium.

L'avenir de la cyanamide paraît devoir être son utilisation comme matière première pour la fabrication industrielle de l'ammoniaque (1).

5° *Guano*. — Ce produit naturel ne figure plus aujourd'hui à l'importation que pour un faible tonnage (3.600 tonnes environ).

C. Engrais potassiques. — C'est de la mise en exploitation du gisement de Stassfurt, qui remonte à moins d'un demi-siècle (1862), que date l'emploi, sur une grande échelle, des sels de potasse en agriculture. L'extraction des sels de potasse des eaux mères des salants du Midi (procédés Balard et Merle), les salins de betteraves et les cendres des végétaux ont été, jusqu'à la découverte du gisement de Stassfurt, les sources presque uniques et relativement peu abondantes de la potasse employée par l'agriculture.

Aujourd'hui, Stassfurt livre à l'agriculture et à l'industrie plus de 5 millions et demi de tonnes de chlorure et sulfate de potassium. Le Dr Franck, promoteur de l'industrie de Stassfurt, estime que 16 p. 100 de la production annuelle vont à l'industrie, 84 p. 100 servant à la fumure des terres. C'est l'Allemagne qui fait, de beaucoup, la plus forte consommation de sels de potasse qui ont sauvé la culture de la betterave dans la région de Magdebourg.

En 1908, la France a importé 65.292 tonnes de sels de Stassfurt; 54.242 tonnes ont servi à la fumure de nos terres, 11.050 tonnes aux besoins de nos industries chimiques.

Ces chiffres correspondent respectivement à 15.357 tonnes et 5.586 tonnes de potasse réelle.

Ces quantités, ainsi que celles de l'acide phosphorique et de l'azote minéral, sont très faibles encore si on les compare à

---

(1) D'après des renseignements récents, l'usine à carbure d'Odda renoncerait à l'utilisation du carbure de calcium pour la fabrication de la cyanamide-engrais; elle transformerait le nouveau composé azoté en ammoniaque.

l'étendue de nos sols cultivés et aux exigences des végétaux qu'ils produisent. Tous les efforts doivent donc tendre à accroître chaque année l'importation des trois principales matières fertilisantes : phosphore, potasse et azote.

D. ENGRAIS DIVERS. — Des relevés, malheureusement fort incomplets, au point de vue de la spécification des engrais, fournis par la Direction des douanes, il résulte qu'en 1908 l'importation des principaux engrais, autres que ceux dont nous venons de donner la statistique, figurent au commerce spécial pour le chiffre de 58.553 tonnes (résidus d'os, sang desséché, boues de défécation, déchets industriels divers).

A l'exportation, les relevés des douanes indiquent, pour l'année 1908, un chiffre de 238.715 tonnes ; dans ce total, les scories de déphosphoration entrent pour 215.340 tonnes, c'est-à-dire pour un poids presque égal à celui de l'importation (250.000 tonnes) dans la même année. Les scories brutes exportées nous reviennent d'Allemagne, après avoir subi la pulvérisation qui les rend immédiatement applicables à la fumure des terres.

· CHAPITRE LXXXII

L'ACIDE NITRIQUE ET L'AGRICULTURE

SOURCES NATURELLES DE L'AZOTE DES RÉCOLTES ; PART QUI LEUR APPARTIENT DANS LA FERTILITÉ DES TERRES ; EXPÉRIENCES FAITES A LA STATION AGRONOMIQUE DE L'EST ; NÉCESSITÉ ABSOLUE DE RESTITUER AU SOL L'AZOTE ENLEVÉ PAR LES RÉCOLTES. — DEUX SOURCES D'AZOTE : LE NITRATE DU CHILI ET LE SULFATE D'AMMONIAQUE. — LA CHAUX-AZOTE ; PROCÉDÉS DE PRÉPARATION. — LE NITRATE DE CHAUX ; PROCÉDÉ DE PRÉPARATION BIRKELAND ET EYDE ; PRIX DE REVIENT A NOTODDEN ; EXPÉRIENCES FAITES PAR LES SAVANTS ET PAR LES AGRONOMES ; LEURS RÉSULTATS ; QUELQUES OBSERVATIONS SUR L'EMPLOI DU NITRATE DE CHAUX DANS NOS CULTURES.

Nous croyons intéressant de consacrer le dernier chapitre de cet ouvrage à un exposé succinct des récentes découvertes de nouvelles sources d'engrais azotés et des premiers résultats de leur application à la fumure de nos sols. Mais, auparavant, il nous paraît nécessaire de rappeler, en la précisant, l'état de nos connaissances sur les sources naturelles de l'azote des récoltes et sur la part qui leur appartient dans la fertilité des terres.

Il est aujourd'hui clairement établi qu'exception faite de quelques familles de plantes — à leur tête les légumineuses — qui, par un mode de nutrition spécial, empruntent directement à l'air l'azote qui sert à les constituer, la source immédiate de l'azote des végétaux réside dans l'acide citrique combiné aux bases que renferme la terre.

Dans les sols qui ne reçoivent que des fumures organiques (fumier de ferme, engrais verts, etc.), de même dans les champs dont l'unique fumure est due à la décomposition des racines et détritus des végétaux qui ont précédé l'ensemencement ou la plantation des céréales ou de toute autre plante, l'azote laissé dans le sol par les récoltes antérieures ne devient alimentaire pour les végétaux qui leur succèdent qu'après sa transformation en acide nitrique.

Dans les matières azotées végétales ou animales, l'azote existe sous des formes (albumine, fibrine, corps amidés, etc.) impropres à son assimilation par la plante ; il est donc de toute nécessité que les phénomènes qu'on désigne d'un mot — la nitrification — s'accomplissent pour rendre l'azote apte à l'alimentation du végétal. Grâce à de nombreux travaux, au premier rang desquels il faut citer ceux de Schloesing père, d'Ach, Müntz, de Vinogradsky, nous connaissons, dans leurs traits essentiels, les conditions de la nitrification qui sont :

1. La présence dans le sol de microbes nitrifiants ;

2. Celle d'une base (chaux, magnésie, potasse) ;

3. Une certaine température ;

4. Un degré convenable d'humidité ;

5. Enfin une aération suffisante du sol.

Lorsque cet ensemble de conditions est réuni, les matières organiques d'origines végétale ou animale sont profondément modifiées dans leur constitution ; l'azote passe à l'état d'ammoniaque, puis, avec le concours de l'oxygène, se transforme successivement en acide nitreux et en acide nitrique. Mais cet acide nitrique ne saurait demeurer à l'état libre dans le sol. Dès qu'il prend naissance, il s'unit aux bases et passe très rapidement à l'état de nitrate ou, plus exactement, à l'état de nitrate de chaux. En effet, dans tous les sols fertiles, et, pour ainsi dire, dans tous les sols, sauf de rares exceptions, tels les sables (dunes, certains terrains d'alluvions, etc.), il existe de la chaux en quantité beaucoup plus grande que n'en réclame la neutralisation de l'acide nitrique formé, et toujours considérablement supérieure à la teneur du sol en potasse à un état qui permette la fixation de l'acide nitrique. De là, cette conséquence, aujourd'hui démontrée et admise par tous les agronomes, que *le nitrate de chaux, quelle que soit l'origine de son azote, est l'aliment azoté véritable et, pour mieux dire, unique,* des végétaux que nous cultivons. Ce fait est d'une importance capitale, au point de vue de l'utilisation agricole du produit de l'une des industries nouvelles que nous allons traiter dans ce chapitre.

On sait l'importance de l'azote en agriculture et la nécessité de pourvoir abondamment à l'approvisionnement de nos cultures en ce précieux élément. Nous préciserons cette importance, à l'aide de quelques chiffres, en résumant d'une part, les documents les plus sûrs que l'on possède aujourd'hui sur les exigences en azote de nos principales récoltes et en nous appuyant de l'autre sur les résultats d'expériences conduites méthodiquement en vue d'établir comparativement la part qui revient à l'azote et aux engrais phosphatés et potassiques dans l'augmentation des rendements, par rapport au même sol sans fumure.

Les quantités d'azote prélevées, à l'hectare, par une bonne récolte de nos principales céréales sont, environ, les suivantes :

Récoltes	Poids d'azote dans la récolte
30 hectolitres de blé (grain et paille).	66 kilogrammes.
27 — de seigle —	57 —
36 — d'orge —	51 —
54 — d'avoine —	62 —
27 — de sarrasin —	39 —

Ces quantités d'azote correspondent à des poids de nitrate de soude ou de nitrate de chaux, compris entre 3 et 5 quintaux métriques, que les plantes doivent trouver dans un hectare de sol ou qu'il faut leur fournir sous forme d'engrais.

Si les exigences en azote assimilable (acide nitrique) des végétaux cultivés sont satisfaites, soit par la fertilité naturelle ou acquise du sol, soit par l'apport d'engrais azotés, on obtient, par rapport aux terres non fumées, des augmentations de récolte très rémunératrices, comme je le montrerai plus loin. Mais pour qu'il en soit ainsi, il est indispensable que le sol renferme, en quantité proportionnelle à la récolte que peut produire sa teneur en azote assimilable, les autres éléments fertilisants, notamment l'acide phosphorique et la potasse nécessaires à la constitution de cette récolte.

On ne saurait trop insister sur ce fait qu'on n'obtient d'un engrais l'excédent de récolte qu'il peut fournir, comparativement à la récolte du même sol non fumé, qu'à la condition rigoureuse que chacun des principes assimilables, nécessaires pour produire cet excédent, existe en quantité suffisante dans le sol. Le poids d'une récolte est, en effet, forcément limité par l'assimilation de l'aliment mis, *en moindre quantité*, à la disposition du végétal. C'est la *loi du minimum*, formulée par J. de Liebig et confirmée par tous les expérimentateurs qui lui ont succédé.

Un exemple suffira, du reste, à préciser cette condition. Une récolte d'avoine de 20 quintaux à l'hectare, renferme environ (dans le grain et la paille) :

        23 kilogrammes d'acide phosphorique;
        60   —   de potasse;
    et 54   —   d'azote.

Supposons que, par suite d'une insuffisance du sol en acide phosphorique assimilable, ou pour toute autre raison, — sécheresse ou pluie excessives, etc., — l'avoine n'ait employé pour son développement que 14 kilog. d'acide phosphorique, quantité correspondante à une récolte de 12 quintaux de grain avec sa paille; quelles que soient les disponibilités du sol en potasse et en azote, la récolte ne pourra excéder ce chiffre de 12 quintaux et n'utilisera que les quantités d'azote et de potasse correspondant à ce rendement. Le *maximum* de production végétale est donc limité dans ce cas par la quantité *minimum* d'acide phosphorique qui lui a été offerte. Il en serait de même des autres aliments de la plante, d'où résulte la nécessité d'un abondant approvisionnement de la terre en toutes les substances nutritives du végétal qu'on cultive, si l'on veut obtenir la récolte la plus élevée. Par là s'expliquent bien des insuccès dans l'emploi des fumures minérales. Ces insuccès ne se présentent plus si l'on donne à la terre les quantités d'acide phosphorique et de potasse nécessaires pour lui permettre de fournir les rendements maxima qu'on peut attendre des quantités d'engrais azotés qu'elle a reçus.

Voyons maintenant quelle est comparativement la part d'influence des engrais azotés et des engrais dépourvus d'azote sur le rendement du même sol. Pour l'établir j'avais, en 1870, institué à la Station agronomique de l'Est, dont le siège était alors à Nancy (1), un champ d'expériences où des essais comparatifs ont été poursuivis pendant huit années consécutives.

Le sol de ce champ appartenait au diluvium récent ; sa partie superficielle, constituée par un mélange de cailloux roulés et de sable grossier, reposait sur une couche de sable jaunâtre peu perméable. Il était très pauvre en azote et en acide phosphorique : la terre fine ne contenait, en effet, que les quantités centésimales suivantes de principes fertilisants :

Azote.	0,005
Azote phosphorique	0,063
Chaux et magnésie.	0,180
Potasse	0,173

Au double point de vue des qualités chimiques et physiques, il pouvait être rangé dans la classe des terres de très médiocre qualité. Sa surface était d'un hectare, divisé en 18 parcelles de 5 ares chacune, séparées l'une de l'autre par des sentiers de 1 mètre. Neuf parcelles furent consacrées aux essais de culture avec des engrais renfermant, à la fois, azote, acide phosphorique et potasse. Huit autres parcelles reçurent seulement des engrais phosphatés et potassiques, sans azote. Enfin, la dernière parcelle destinée à servir de témoin, ne reçut aucun engrais.

La difficulté qu'on éprouve à se renseigner, par l'analyse seule, sur la valeur agricole présumée d'un sol, surtout s'il s'agit d'une surface de quelque étendue, m'engagea à consacrer la première année des essais (1870) à faire une expérience *à blanc*,

____

(1) Il est actuellement à Paris, 48, rue de Lille.

c'est-à-dire à déterminer les rendements des diverses parcelles
du champ, en l'absence de toute fumure. A cet effet, en 1870,
le champ d'expériences fut ensemencé en orge, sans fumure ;
les récoltes, pesées isolément, ont fourni, pour chacune des
parcelles, des rendements qui ont varié dans les limites assez
étroites que voici :

Kilogr.

		Kilogr.
Récolte maxima	en grain.	32,00
	en paille.	38,00
Récolte minima	en grain.	29,00
	en paille.	33,00
Récolte moyenne par parcelle.	en grain.	30,00
	en paille.	35,05

Ces chiffres montrent, d'une part, que la fertilité naturelle du
sol du champ variait dans des limites assez restreintes et, de
l'autre, que les fumures, antérieurement données, avaient été
utilisées complètement par les récoltes précédentes, le rendement moyen du champ étant très faible relativement à celui
d'un terrain de qualité moyenne (600 kilogrammes de grain et
710 kilogrammes de paille à l'hectare).

Mon but étant, on s'en souvient, de déterminer, par rapport
au rendement d'une parcelle, prise comme témoin et qui ne
recevrait, pendant toute la durée de la rotation aucune espèce
de fumure, les excédents de récolte obtenus : 1° par des engrais
contenant, sous des formes différentes, un taux déterminé et
le même pour toutes les parcelles, d'azote, de potasse et d'acide
phosphorique ; 2° par des engrais renfermant seulement, sous
des formes différentes, mêmes taux d'acide phosphorique et de
potasse, à l'exclusion de l'azote, je pris pour terme de comparaison, dans la première série (fumure azotée), un fumier de
ferme de très bonne qualité, à demi-consommé et préalablement
analysé, et résolus d'introduire dans chacune des neuf parcelles
destinées à cette série, les doses suivantes de principes fertilisants, rapportées à un hectare :

Azote. . . . .   45 kilogrammes
Acide phosphorique . . .   100   —
Potasse.   180   —

L'azote fut donné sous forme de nitrate et de sulfate d'ammoniaque ; l'acide phosphorique, à l'état de superphosphate, de phosphate tribasique et de phosphate précipité ; la potasse, sous forme de chlorure ou de sulfate.

La culture a porté successivement, de 1871 à 1878, sur des plantes de nature très diverse comme exigences chimiques et représentant à peu près toutes les cultures importantes de la région. Voici l'ordre dans lequel se sont succédé les récoltes :

1871.   Pommes de terre (sur fumure).
1872.   Seigle en vert.
1873.   Colza (sur fumure).
1874.   Blé Galland.
1875.   Betteraves (sur fumure).
1876.   Orge Chevalier.
1877.   Maïs géant (sur fumure).
1878.   Avoine dite des salines.

On renouvelait la fumure des parcelles tous les deux ans.

Je n'entrerai ici dans aucun détail sur les récoltes des huit années de culture (1) et je me bornerai à indiquer les résultats comparatifs du rendement total obtenu pendant les huit années :

(1) J'ai donné, avec tous les détails nécessaires, la composition et la quantité des engrais, le poids des récoltes, année par année, dans les *Comptes rendus des travaux du Congrès des Stations agronomiques*, tenu à Versailles, en 1881, sous le patronage de la Société nationale d'encouragement à l'agriculture.

PARCELLES I A IX		PARCELLES X A XVII		PARCELLE XVIII	
Parcelles	Fumures azotées	Parcelles	Fumures sans azote	Parcelles	Sans fumure
—	—	—	—	—	—
	kilogr.		kilogr.		kilogr.
I.	7.396	X	4.366	XVIII . . .	4.202
II	7.495	XI	4.401		
III	7.846	XII	4.384		
IV	6.852	XIII	5.206		
V	7.279	XIV	4.919		
VI	7.811	XV	4.976		
VII . . .	7.331	XVI	4.683		
VIII . . .	5.963	XVII . . .	4.975		
IX	5.759				
	63.732		37.910		

	Fumures azotées	Fumures sans azote	Sans fumure
Pour les huit années :	—	—	—
	kilogr.	kilogr.	kilogr.
Rendement moyen par parcelle en kilog.	7.081	4.739	4.202
A l'hectare	141.600	94.780	84.000

Rendements par an :

A l'hectare	17.700	11.840	10.500
La plus-value du rendement dû à la fumure azotée a été de	17.700 — 10.500 =		7.200
Celle du rendement dû à la fumure sans azote a été de	11.840 — 10.500 =		1.340

La plus-value du rendement de la fumure azotée sur la fumure
phosphatée et potassique, sans azote, à l'hectare et par an,
est de 5.860

La fumure potassique et phosphatée a augmenté le rendement de. 11.3 %

La fumure potassique phosphatée et azotée de . . . . 40.1 %

Ce tableau met en relief, d'une façon saisissante, la nécessité
absolue où se trouve le cultivateur de restituer au sol l'azote
enlevé par les récoltes et la prépondérance de cet élément
nutritif sur la productivité de la terre. Dans un sol médiocre,

pauvre en azote et en phosphates, comme celui de mon champ d'expériences, l'apport d'azote par les fumures a, en effet, joué un rôle *quatre fois* plus important, au point de vue de l'augmentation des rendements, que celui de l'acide phosphorique et de la potasse. D'où l'intérêt qui s'attache à l'emploi des engrais azotés et l'importance capitale des découvertes récentes qui forment le sujet de cette étude.

D'où également l'explication des résultats excellents — parfois même extraordinaires — de l'acide nitrique apporté au sol par le nitrate du Chili. Malgré le prix élevé de cet engrais, son emploi est très rémunérateur, ainsi que nous en donnerons tout à l'heure la preuve, à l'aide de quelques chiffres. Aussi la consommation mondiale du nitrate de soude va-t-elle croissant chaque année, au point d'inspirer depuis quelques années, aux agronomes et aux économistes les plus autorisés de l'Europe et de l'Amérique, la crainte que la limitation des gisements du Chili, dont les conditions climatériques actuelles ne permettent plus la reconstitution, ne prive l'agriculture, dans un temps plus ou moins prochain, de cette précieuse ressource pour l'accroissement de ses rendements. Quoi qu'il en soit, du reste, de ces prévisions au sujet desquelles nous ne saurions nous prononcer; que vingt, trente, quarante ans ou plus nous séparent du jour où se manifestera l'épuisement des gisements (1), la découverte récente de procédés économiques de production industrielle de l'engrais azoté par excellence — le nitrate de chaux — constitue un événement considérable, des plus heureux pour l'agriculture et qui appelle, dès aujourd'hui, l'attention et la reconnaissance du monde agricole.

Il est vrai qu'une autre source d'azote est offerte aujourd'hui à nos cultures par le sulfate d'ammoniaque, obtenu pour la plus grande partie, à l'aide de l'ammoniaque extraite du charbon de terre. La houille renferme, en effet, de un à deux pour cent

(1) D'après une évaluation de 1906 des gisements de nitrates, le gouvernement chilien estime que la consommation mondiale est assurée jusqu'à la fin du siècle.

d'azote qui se transforme dans la fabrication du coke en ammoniaque que l'on recueille aujourd'hui dans de nombreuses usines. Mais, malgré l'importance des gisements de houille, il est à prévoir que, dans l'avenir, ces dépôts s'épuiseront à leur tour (quoique bien après les gisements de nitrate de soude), et qu'un temps viendra où l'agriculture sera privée de cette source d'azote. Par contre, l'immense et inépuisable réservoir d'azote que nous offre gratuitement l'atmosphère assurera à jamais l'approvisionnement de l'agriculture en azote assimilable par nos récoltes.

Presque en même temps, ces dernières années ont vu naître deux industries dont l'une au moins assurera, dans l'avenir, l'alimentation azotée de nos récoltes, lorsque le nitrate naturel viendra à manquer, et qui offrent dès à présent, à l'agriculture une nouvelle source d'azote assimilable. Ces deux industries — qui empruntent à l'air, source gratuite et inépuisable, l'azote qu'elles transforment en combinaisons fournissant aux plantes, par voie directe ou indirecte, leur aliment azoté par excellence, l'acide nitrique — sont la *chaux-azote* et le *nitrate de chaux*. Toutes deux sont obtenues électriquement, mais dans des conditions essentiellement différentes, comme nous allons le voir. L'énergie nécessaire à leur production réside dans l'action de courants électriques intenses que les forces hydrauliques, la *houille blanche*, comme on l'appelle, peuvent seules fournir économiquement.

Examinons sommairement le point de départ de ces nouvelles industries, les procédés qu'elles mettent en œuvre et les produits qu'elles obtiennent :

Ce que par abréviation on désigne sous le nom de *chaux-azote*, c'est la cyanamide de calcium (Ca CA2²) que Franck et Caro préparent en faisant réagir l'azote gazeux sur un mélange de chaux et de charbon, ou sur le carbure de calcium, maintenus en fusion dans un four électrique.

Le procédé consiste essentiellement, d'après les indications fournies par les inventeurs, à faire passer un courant d'azote dans le carbure de calcium réduit en poudre fine, renfermé dans des appareils qui rappellent les cornues à gaz et porté par l'effluve électrique à une température voisine du rouge blanc. L'azote nécessaire à cette fabrication est fourni par l'atmosphère. L'air est dépouillé de son oxygène par son passage au travers d'un cylindre rempli de tournure de cuivre, portée à une température convenable. L'oxygène se fixe sur le cuivre et l'azote est envoyé, sous pression, dans le four électrique. Le cuivre qui a servi est ensuite régénéré, c'est-à-dire ramené à l'état métallique à l'aide d'un courant de gaz de houille qui traverse le tube renfermant l'oxyde de cuivre formé par l'absorption de l'oxygène de l'air. L'azote obtenu par liquéfaction et distillation de l'air atmosphérique (Procédé Linde), est, paraît-il, employé aujourd'hui à Piano d'Orte à la fabrication de la chaux-azote.

Au début, les essais de fabrication ont été faits à l'aide de force électrique produite par des dynamos, actionnées par un foyer ordinaire alimenté à la houille ; à ce procédé, beaucoup trop coûteux, on a substitué la force hydraulique dans l'usine établie l'an dernier, en Italie, à Piano d'Orte (Chietti) (1).

La chaux-azote se présente à l'état d'une poudre brune : elle contient, suivant la marche de la fabrication, de 14 à 22 p. 100 de son poids d'azote : ordinairement, 20 à 21 p. 100, teneur égale à celle du sulfate d'ammoniaque, et renferme 56 à 57 p. 100 de chaux et 17 à 18 de charbon.

La chaux-azote doit être répandue sur le sol et enfouie par un coup de herse, huit à quinze jours avant la semaille ou la plantation, afin d'éviter son action nocive sur la semence. (A l'inverse des nitrates de soude ou de chaux, elle ne peut donc pas être employée en couverture.) Elle se transforme dans le sol, au contact de l'humidité, en ammoniaque et en carbonate de chaux. Expérimentée, comme engrais, depuis plusieurs années et employée par moi au Parc des Princes, elle a, comme dans

(1) Les renseignements me manquent pour faire connaître l'état actuel de la fabrication de la chaux-azote à Piano d'Orte, son importance et ses résultats.

les divers essais faits en Allemagne et dans les pays scandinaves, donné des rendements inférieurs (3 à 5 0/0) à ceux que fournit la même quantité d'azote sous forme de nitrate de soude ou de sulfate d'ammoniaque.

Nous arrivons à la seconde source nouvelle d'engrais azotés (1), le nitrate de chaux, produit par voie électrique. Je me bornerai ici à rappeler le principe de cette fabrication dont l'invention est due à deux savants norvégiens : Birkeland et Eyde (2) :

Dans un four vertical de forme spéciale, dans l'axe duquel sont disposés de forts électro-aimants, on envoie un courant d'air (25 mètres cubes par minute). Sur son passage, l'air est traversé par des effluves produits par des courants de haute fréquence. Dans la flamme ainsi obtenue, se forment des gaz nitrés (bioxyde d'azote, etc.) qui s'échappent par un canal d'adduction périphérique et se rendent, de là, dans un appareil spécial où s'achève leur oxydation. L'acide nitrique ainsi produit est dilué dans une masse énorme d'air : pour le condenser et le recueillir, on fait circuler cette masse d'air dans des tours en maçonnerie (granit) remplies aux deux tiers de fragments de quartz et dans lesquelles circule, en sens inverse des gaz, de l'eau qui retient et dissout l'acide nitrique formé. Lorsque, par les contacts réitérés des gaz et de l'eau, la solution nitrique a atteint une concentration de 50 0/0 (50 kil. d'acide nitrique mono-hydraté pour 100 kil. d'eau), elle est recueillie dans des cuves ouvertes et provisoirement emmagasinée jusqu'au moment où

<hr>

(1) Nous devons plusieurs des renseignements qui suivent à l'obligeance de M. de La Vallée-Poussin, consul honoraire, secrétaire général de la Société Norvégienne de l'Azote, 3, rue d'Antin, à Paris.

(2) Ceux des lecteurs de cet ouvrage désireux de connaître cette découverte dans ses détails, ainsi que son application industrielle à la fabrication de l'acide nitrique et du nitrate de chaux, pourraient se reporter à la description complète que j'en ai donnée dans une précédente publication : *La production de l'acide nitrique avec les éléments de l'air. — La fabrique de nitrate de chaux de Notodden.* Conférence faite le 16 mars 1906, au Conservatoire national des Arts et Métiers. — Voir : *Annales de la Science agronomique française et étrangère*, tome I, 1906. — Tirage à part, en vente aux bureaux du *Temps*, à la Librairie agricole et chez Berger-Levrault et Cie.

on l'emploiera à la fabrication du nitrate. Cette dernière opération se fait en décomposant du calcaire par la dissolution nitrique et concentrant la liqueur ainsi obtenue, à l'aide des chaleurs perdues de l'usine. Le carbonate de chaux est employé en quantité convenable pour neutraliser complètement la solution acide. Par concentration, on amène la solution de nitrate à un état voisin de la saturation. La matière est versée alors dans des tonneaux en tôle d'environ 200 litres de capacité où elle se solidifie. Le nitrate peut être expédié à cet état ou après pulvérisation. La production par kilowatt-an est de 550 kil. environ d'acide nitrique. — 100 kil. d'acide nitrique (A_z O^3 H) donnent 170 kil. de nitrate de chaux à 13 0/0 d'azote.

Quelques indications sur l'origine, le développement et l'avenir de la nouvelle industrie du nitrate seront, nous croyons, de nature à intéresser ici.

La production de l'acide nitrique par voie électrique ne pourrait être réalisée économiquement qu'avec le concours de forces hydrauliques puissantes ; cette fabrication, et partant, celle du nitrate de chaux, n'ayant d'autre limite que les ressources en forces hydrauliques des pays où elle s'installera, les matières premières qu'elle met en jeu (air atmosphérique et calcaire) sont sans valeur (air) ou de valeur extrêmement faible (calcaire), le prix de revient du nitrate de chaux se trouve subordonné au coût de la force hydraulique nécessaire pour le produire. C'est donc en Norvège, pays privilégié par excellence, sous le rapport de l'importance des chutes d'eau et de la dépense qu'entraîne leur emploi, que la nouvelle découverte devait nécessairement recevoir sa première application en Europe (1). L'installation y revient par cheval-électrique disponible, à 200 francs environ et le coût de l'exploitation, par cheval-an,

<hr>

(1) La découverte de Birkeland et Eyde a donné lieu à la formation d'une grande Société industrielle, sous la raison sociale : *Société norvégienne de l'azote et de forces hydro-électriques,* société qui s'est assuré tous les concours financiers nécessaires à l'aménagement d'usines hydro-électriques et d'usines nitratières d'une importance considérable.

varie de 8 à 12 francs (non compris les intérêts des capitaux).

Suivant une évaluation du savant professeur Philippe A. Guye, le prix de revient du nitrate de chaux fabriqué à Notodden (où a été installée la première usine à acide nitrique) (1), s'établirait comme suit :

Énergie électrique à 50 francs par kilowatt-année

    pour production annuelle de 500 kil. . . . .   100 fr.

Réparations . . . .   10 —

Salaires et frais généraux . . . .   55 —

Chaux 0,45 tonne à 15 francs et manutention. . . .   15 —

Emballage . . . .   28 —

Transports, etc., jusqu'à bord. . . . .   20 —

Usure du matériel et intérêts à 5 0/0 sur le capital.   56 —

Prix d'une tonne d'$Az\ H\ O^3$ sous forme de nitrate

    de calcium. . . . .   284 fr.

Prix de revient d'un kilogramme d'azote sous cette même forme 1 fr. 25.

On estime que sous peu la Norvège produira, à elle seule, une quantité de nitrate de chaux équivalente à l'augmentation de la consommation du nitrate du Chili dans le monde, à ce moment.

Il nous reste maintenant à parler des expériences auxquelles l'emploi du nitrate de chaux a donné lieu, et à montrer que son efficacité, pour l'accroissement de la production du sol, égale celle, si remarquable, du nitrate de soude. Quelle augmentation de rendement les cultivateurs peuvent-ils attendre de l'usage de

---

(1) Ouverte le 5 mai 1905, cette usine utilise, à la production de l'acide nitrique, une partie de la chute de Tinfos qui lui fournit 2,500 chevaux électriques. A l'époque où je l'ai visitée, en compagnie de mon ami Th. Schlœsing (juillet 1905) elle était en marche régulière depuis trois mois et produisait, à ses débuts, 520 kilog. d'acide nitrique, par cheval-an, soit environ 1.200 tonnes. Il est à noter que Notodden, située sur la rive du fjord Hitterdal est ainsi mis en communication, par mer, avec tous les ports du Continent, d'Angleterre et d'Amérique.

nitrates, concurremment avec les quantités d'acide phosphorique et de potasse nécessaires ? C'est le premier point que nous allons examiner.

Les praticiens les plus distingués et les agronomes de tous les pays sont unanimes à fixer aux chiffres moyens suivants — qui sont souvent dépassés — les excédents de rendements obtenus avec 100 kil. de nitrate (soit par 15 kil. environ d'azote employé à l'hectare), concurremment avec les fumures phosphatées et potassiques, là où elles sont nécessaires, d'après la composition du sol.

Céréales

Blé et seigle. . . .   3 à 4 quintaux de grain et leur paille.
Avoine et orge . .   4   —   —
Maïs. . . . .   2.8   —   —

Racines

Pommes de terre. . . . .   36 q. m. tubercules.
Betteraves à sucre. . . . .   40 à 50   —
Navets.   39   —
Choux   61   —
Carottes   78   —

De 1898 à 1901, j'ai pu recueillir les résultats obtenus, dans 326 communes de France, par l'emploi du nitrate de soude, sur les céréales, à des doses variant de 100 à 150 kil. à l'hectare ; la moyenne générale des excédents a été de 4 q. m. 4 de grain et 9 q. m. 50 de paille, avec des maxima atteignant 6 q. m. de grain et 15 q. m. de paille. Une année, au Parc des Princes, nous avons obtenu un excédent de 11 q. m. d'avoine, dû à l'emploi de 150 kil. de nitrate à l'hectare. Malgré la cherté actuelle du nitrate du Chili (28 francs les 100 kil.), les excédents de rendement que je viens d'indiquer sont fournis aux prix de revient suivants :

Le quintal de blé ou de seigle avec leur paille à.. .   9 fr. 33
Le quintal d'avoine et d'orge à.   7   »
Le quintal de pommes de terre à.   0   77
Le quintal de betteraves à   0   70
Le quintal de choux à.   0   47

(Le prix de revient du quintal de grain serait encore inférieur à ces chiffres, si l'on retranchait de la valeur des excédents celle de la paille.)

Partant de ces données il est aisé, pour le cultivateur, de se rendre compte du bénéfice argent, que, suivant les lieux et le cours du marché, il peut retirer de l'emploi du nitrate de soude. Les céréales, les betteraves et les pommes de terre sont au premier rang des cultures qui bénéficient largement de l'emploi du nitrate, mais l'action de cet engrais est aussi très profitable aux prairies, à la vigne, au houblon, etc., l'azote nitrique étant, pour tous les végétaux, un aliment de première nécessité.

Dès que les agronomes ont pu se procurer de petites quantités de nitrate de Notodden (1904 à 1905), des expériences ont été instituées dans les laboratoires de recherches agricoles, en Suède, en Norvège, en Danemark, en Allemagne, en Angleterre et en France. Sans entrer dans leur détail, je vais en résumer les résultats, réunis dans un intéressant opuscule dû à M. Isak Bjerknes, secrétaire du Ministère norvégien de l'Agriculture (1).

Norvège. — Le professeur John Sebellen de l'Ecole supérieure d'agriculture a étudié comparativement, dans des cultures en pots, l'action de quatre engrais azotés sur la production de l'avoine, savoir : cyanamide de calcium (chaux-azote) nitrate de soude, sulfate d'ammoniaque, nitrate de chaux. En 1904, il a comparé l'influence du nitrate de chaux et du nitrate de soude sur la végétation de la moutarde (Sinapis alba). En 1905, il a

(1) Birkeland-Eydes Calcium Nitrat   und Feldversuche (1904-1905) — in-4°, (Kalksalpeter) als Düngmittel— Gefäss   89 pages, avec photogravures.

continué ses essais sur l'avoine, l'orge, les carottes et la moutarde. Le résultat général de toutes ses expériences a été que le nitrate de chaux s'est montré égal, au moins, et quelquefois supérieur au nitrate de soude, à dose égale d'azote. La cyanamide de calcium (chaux-azote) a donné des rendements très inférieurs à ceux qu'ont produits le nitrate de chaux et le nitrate de soude.

En 1904 et 1905, le professeur Bastien Larsen a répété les essais comparatifs de John Sebellen sur des parcelles du sol de l'École supérieure de Norvège — parcelles d'un are pour chaque expérience — cultures d'avoine, d'orge, prairies, pommes de terre. Les expériences ont été faites, soit par l'introduction des nitrates de chaux et de soude dans le sol, avant la semaille, soit par leur épandage en couverture sur les céréales.

Le directeur de la station expérimentale de Drontheim, Dr E. Solberg, M. Dösen, professeur ambulant, et Michelet à Lerdal ont fait des essais comparatifs des deux nitrates sur prairie, sur pommes de terre, avoine, turneps.

Tous ces essais ont confirmé la haute valeur du nitrate de chaux comme matière fertilisante ; Isak Bjerknes rapporte à la suite de ces expériences divers témoignages de cultivateurs norvégiens, très favorables à l'emploi du nitrate de chaux.

Suède. — Le professeur H. G. Söderbaum de l'Académie agricole de Suède, de son côté, fait de nombreux essais de culture en pots avec les divers engrais azotés.

Des expériences de culture en plein champ ont été instituées en 1905 par divers agronomes ;

Hjalmas de Feilitzen a fait des expériences en sol tourbeux et sur prairies (en couverture) ;

Pehr Bolin, dans les champs d'expériences de la Société d'agriculture (avoine) ;

Robert Mörner, à l'École supérieure populaire d'As : prairies, betteraves, pommes de terre, avoine, pois, seigle, vesces ;

Le comte Mörner à la station d'essais agricoles de Vaestra (Iaemland) : betteraves et pommes de terre.

Danemark. — K. Hansen à Lyngby : culture d'avoine, d'orge, de betteraves fourragères.

Th. Madsen-Mygdal à Aarhus.

Allemagne. — P. Wagner : essais en pots ;

Dr H. Roemer, station agronomique de Bernbourg ;

Dr Preissler, à la sucrerie de Linden ;

France. — Th. Schlœsing, a constaté, dans des essais de culture en pots, comme nous, en pleine terre, au Parc des Princes, l'efficacité égale des nitrites et nitrates de soude et de chaux à même dose d'azote.

Isak Bjerknes tire de l'ensemble des documents réunis par lui, la conclusion suivante, qui est aussi la nôtre : « *Le nitrate de chaux, comme on devait s'y attendre, s'est, dans la plupart des cas, montré complètement l'équivalent, comme fumure, du nitrate de soude et supérieur à ce dernier dans les sols pauvres en chaux* (1). »

Je veux encore, au sujet de la valeur du nitrate de chaux, signaler ici quelques particularités : au Parc des Princes j'ai étudié son action sur la production du maïs-fourrage et des pommes de terre. Les nitrates ont été donnés à des doses correspondant, à l'hectare, à 45 kil. d'azote. Voici les résultats que j'ai obtenus :

---

(1) En 1906, la Société norvégienne de l'azote put mettre à la disposition de quelques cultivateurs français des quantités de nitrate de chaux suffisantes pour répéter en plein champ, sur des parcelles de terrains de quelque étendue, les expériences de laboratoire de l'année précédente. Il en a été employé 20 tonnes environ. Des praticiens et des agronomes émérites, tels que MM. E. Tisserand à Vaucresson (Seine-et-Oise), Brandin et Bénard, en Seine-et-Marne, Hitier dans la Somme, Garola dans le Loir-et-Cher, Ach. Müntz dans la Dordogne, ont appliqué le nitrate de Notodden, comparativement au nitrate du Chili, à diverses cultures : céréales, betteraves, vignes, etc .., dans différents sols. Les récoltes soigneusement pesées, confirmant les résultats des expériences de laboratoire obtenus l'année précédente, ont permis aux différents observateurs que je viens de citer de conclure unanimement, à l'équivalence, pour ainsi dire absolue, des deux engrais, employés à dose égale d'azote.

Maïs caragua	RÉCOLTE RAPPORTÉE A L'HECTARE — quintaux métriques
Sol sans fumure	113 8
Sol fumé au nitrate de soude	472
Sol fumé au nitrate de chaux.	460

Pommes de terre	RÉCOLTE A L'HECTARE —
Sol sans fumure	6.000
Nitrate de chaux.	15.595
Nitrate de soude.	13.902
Différence en faveur du nitrate de chaux . .	1.693

L'excédent de tubercules produit par le nitrate de chaux m'a surpris au premier abord. Serait-il dû à ce que dans le sol du Parc des Princes, très pauvre en calcaire, l'apport de chaux par le nitrate de Notodden a, en même temps que l'acide nitrique, exercé une action favorable sur la végétation de la pomme de terre ? J'étais tenté de le supposer. Je fus confirmé dans cette supposition lorsque j'eus connaissance des expériences que le professeur Schneidewind a faites à la Station agronomique de Halle. Voici, en effet, ce que ce distingué agronome écrit au sujet des résultats qu'il a constatés: « Le nitrate de chaux de Norvège semble être une forme d'engrais azoté, très bien appropriée à la pomme de terre. Dans les expériences de 1906, le nitrate de chaux l'a emporté, pour cette culture, sur toutes les autres combinaisons azotées. »

Un autre fait intéressant signalé par M. G. Bellenouz, c'est l'augmentation de la teneur en fécule des pommes de terre, fumées au nitrate de chaux, augmentation qui a accru de 1,8 0/0 la richesse en fécule, par rapport aux pommes de terre fumées au nitrate de soude. Le même expérimentateur a constaté dans les betteraves à sucre, fumées comparativement avec les deux nitrates, un excédent en sucre de 1,37 0/0, dans les betteraves récoltées sur nitrate de chaux.

Quoi qu'il en soit de ces différences dans les rendements et dans la richesse en fécule ou en sucre des récoltes, le fait général qui résulte de toutes les expériences venues jusqu'ici à ma connaissance, est — je le répète — qu'on a constaté partout l'égalité de valeur fertilisante des deux nitrates, et, dans certains cas, une supériorité en faveur du nitrate de chaux.

Il ne nous reste plus qu'à présenter quelques observations sur l'emploi du nitrate de chaux dans nos cultures : comme le nitrate de soude, le nitrate de Notodden peut être soit enfoui dans le sol au moment de la semaille ou de la plantation, soit épandu en couverture, à une époque convenable, un peu avant l'épiage pour les céréales, au moment du buttage pour les pommes de terre et du démariage pour les betteraves. A l'ouverture des tonnelets qui le renferment (1), le nitrate de chaux se présente sous forme d'une matière blanche, pulvérulente et sèche ; il se conserve à cet état dans les tonnelets fermés ; mais exposé à l'air, il est plus hygrométrique que le nitrate de soude : en revanche, il ne se prend pas en masse comme ce dernier. Le durcissement de la surface des terres fortes où l'on emploie beaucoup de nitrate de soude et la formation de croûtes superficielles qui en résulte, ne sont pas à craindre avec le nitrate de chaux, à raison même de ses propriétés hygroscopiques. On n'a pas non plus, avec lui, à redouter l'accumulation dans le sol, par l'emploi de hautes doses de nitrate, d'une substance au moins inutile à la végétation — la soude — accumulation dont j'ai entendu souvent se plaindre les cultivateurs de la région du Nord qui la considèrent comme nuisible à la végétation.

Ma conclusion sera celle que j'ai depuis longtemps formulée chaque fois que j'ai eu l'occasion de parler de l'emploi du nitrate de soude, à savoir qu'il faut tendre à le développer. Malgré le

(1) Chaque tonnelet contient 100 kil. (poids net) de nitrate à 13 p. 100.

prix très élevé auquel est parvenu le nitrate de soude du Chili, je ne saurais, en effet, trop insister auprès des cultivateurs pour les engager à continuer à faire *largement* emploi des nitrates pour toutes leurs cultures et pour celles des céréales et des plantes racines en particulier ; je souhaite, d'ailleurs, que la production électrique de l'acide nitrique prenne rapidement le développement auquel elle semble appelée et qui — on peut l'espérer — aura une répercussion favorable sur les prix des engrais azotés en mettant à la disposition des cultivateurs un produit analogue, sinon supérieur au nitrate de soude.

Nous ne devons pas perdre de vue que le progrès que l'agriculture française doit avoir pour objectif, c'est d'élever de plus en plus, les rendements du sol. C'est par là que nous arriverons à abaisser les prix de revient de nos récoltes, à réaliser des bénéfices plus élevés, à nourrir économiquement un bétail plus nombreux, enfin à exporter, sur une échelle chaque année croissante, des denrées alimentaires et des matières premières de plusieurs industries, vers les pays moins favorisés que le nôtre par la fertilité du sol et les conditions climatériques. Ce progrès dépend, avant tout, de l'accroissement, par les fumures, des ressources alimentaires de la plante. L'azote, à ce point de vue, joue le rôle capital que je viens de rappeler. Les savants qui ont créé une source nouvelle de ce précieux agent de la fertilité des terres et les hommes d'action qui ont mis à leur disposition les moyens financiers nécessaires à la réalisation industrielle de leur découverte, se sont donc acquis un titre impérissable à la reconnaissance du monde agricole, et je tenais ici à leur rendre l'hommage qui leur est dû.

TABLE DES FIGURES
DU TOME V

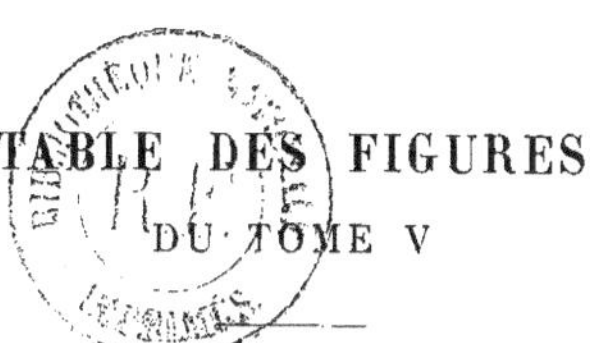

TABLE DES MATIÈRES

DU TOME V

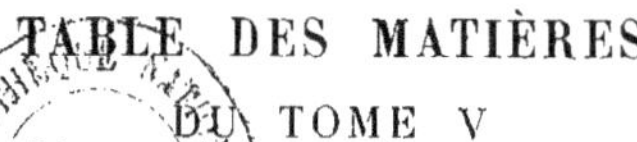

LIVRE XII

LA FRANCE (1900-1910)

L'abandon des campagnes : la situation actuelle ; congrès et associations ; moyens de combattre chez le cultivateur le désir d'émigrer
à la ville ; nécessité du relèvement des industries rurales. — La petite
propriété. — Importance d'un bon service de renseignements agricoles ; attachés agricoles à l'étranger. — La coopération. — Le warrantage. — La mutualité. — La participation aux bénéfices.

Ce que c'est exactement que le crédit agricole ; ses caractéristiques.
— Schultze-Delitzch et Raiffeisen ; application de leurs systèmes en
Allemagne et en Italie. — La législation française : utilisation des
syndicats. — La responsabilité limitée et la responsabilité illimitée. —
Sociétés régies par la loi de 1867 et sociétés régies par la loi de 1894
(caisses locales). — La loi de 1899 : les caisses régionales. — Comment
on fonde une caisse locale, une caisse régionale ; comment on obtient
un prêt. — Le crédit agricole à long terme. — L'œuvre accomplie par
la France. — Le crédit agricole en Algérie.

Développement des sociétés d'assurances mutuelles. — L'assurance
contre la grêle : sociétés d'assurances mutuelles ; compagnies anonymes ; caisses départementales. — L'assurance contre la mortalité
des chevaux ; comparaison avec l'assurance bovine ; conclusions à en
tirer. — Assurances mutuelles agricoles contre l'incendie ; caisse
régionale de l'Est.

Importance de la question. — Les « Kornhaüser » allemands ; excellence des résultats qu'ils donnent. - Ce qui constitue l'avantage du
meunier, acheteur, sur l'agriculteur, vendeur. — L'historique de la
question en France ; l'œuvre de M. Alfred Paisant. — Le comité permanent de la vente du blé et son œuvre. — Le crédit agricole à long
terme. — La participation des syndicats aux achats faits par l'administration militaire.

La loi du 12 mars 1909. — Les compagnies d'assurances et les placements forestiers. — La leçon des faits : les inondations. — Comment il faut reboiser, les terrains incultes notamment. — L'action de l'Etat, active pour le reboisement, est presque nulle contre le déboisement ; tristes exemples de la situation qui en résulte. — L'œuvre du « Touring-Club de France » ; M. Henry Defert ; rudiments d'un enseignement primaire sylvo-pastoral ; le « Manuel de l'Arbre » ; la « Caisse forestière » et le legs Janssen. — La « Société forestière française des Amis des Arbres ». — L' « Association centrale pour l'Aménagement des Montagnes ». — Importance du rôle que peut jouer le développement des petites industries du bois ; l'exemple de la Montagne-Noire.

Intérêt financier du projet ; opinion de M. Risler. — Progrès faits dans l'opinion publique par l'idée forestière. — Raisons qui font que les forêts doivent être par excellence un domaine national. — Mécanisme financier du projet ; diverses solutions possibles. — Importance des travaux que l'on pourrait effectuer chaque année. — Rôle des communes. — La destruction forestière et le « Million sauveur » ; comment empêcher la destruction de nos grandes forêts. — Le rôle des Compagnies d'assurances. — Peu d'importance des aléas d'une spéculation financière.

Leur importance. — Etendue du périmètre dans lequel la forêt est exposée aux pleins-fouets et aux ricochets ; insuffisance des mesures de protection prises. — Où et comment les arbres sont frappés. — Nature des altérations produites dans le chêne, dans le hêtre. — Conséquences des dégâts suivant le régime auquel est soumise la forêt : taillis simple, taillis sous futaie, futaie régulière. — Tableau des dégâts causés ; leur chiffre élevé. — Difficulté d'exploitation des coupes situées dans le voisinage des champs de tir. — Insuffisance de la législation concernant les indemnités.

Quelques mots d'historique ; un opuscule anonyme paru vers 1830 ; remarquables considérations qui y sont exposées ; de 1830 à aujourd'hui. — Généralités sur la composition des végétaux. — Récolte ; rapport entre la teneur en matière azotée et le diamètre des branchettes. — Préparation ; conservation. — Comparaison de la valeur nutritive de la ramille et de celle du foin.

LIVRE · XIII

LE MONDE (MOINS LA FRANCE) DE 1900 A 1909

Méthode suivie pour la rédaction de ce chapitre. — La presqu'île du Jutland : aspect général ; sol ; influence de la période glaciaire sur

Accroissement du nombre des institutions agricoles allemandes. — Chiffres de 1907, de 1908 et de 1909. — Résultats obtenus.

Contrôle officiel et privé sur les produits mis en vente. — Subvention de l'Etat. — Syndicats professionnels agricoles. — Concours et expositions. — Législation relative aux produits agricoles. — Enseignement agricole : l'École polytechnique fédérale de Zurich ; écoles théoriques et pratiques d'agriculture ; écoles agricoles d'hiver ; conférences « itinérantes » et cours spéciaux organisés par les cantons ; écoles spéciales.

Une laiterie coopérative monstre : quelques chiffres ; historique ; résultats pécuniaires ; installation ; personnel ; succursales ; autres produits vendus.

Diffusion de la coopération : crédit mutuel agricole, son historique, sa législation, son fonctionnement, sa situation actuelle ; achat, production, vente en commun ; consommation ; conclusions. — Intervention de l'Etat pour l'amélioration du logement des ouvriers agricoles. — La « Ligue agraire hongroise ».

Répartition du sol ; défaut presque complet de la petite propriété. — Un très intéressant exemple d'étatisme : la loi du 23 décembre 1907. — Autres dispositions législatives prises pour obvier à cette déplorable situation. — Banques rurales. — Coopératives d'exploitation du sol ; de consommation ; de production.

Progrès réalisés par la Haute-Italie. — Densité de la population. — Excellent système d'irrigations. — Qualité des sols. — Caractéristiques des institutions étudiées dans ce chapitre. — L'Italie n'est pas si pauvre qu'elle le dit. — Une réserve d'énergie et d'économie. — Renaissance agricole et industrielle.

L'Italie, après nous avoir emprunté le principe des chaires d'agriculture, en tire un bien meilleur parti que nous. — Les premières chaires italiennes. — Nombre actuel des chaires. — Par qui elles sont fondées. — Leurs rapports avec les autres institutions de la région. — Qui nomme les titulaires. — Ceux-ci occupent une situation en évidence ; il n'en est malheureusement pas ainsi de nos professeurs départementaux d'agriculture. — Comparaison des appointements en France et en Italie ; nos professeurs ne sont pas assez payés. — Comment les professeurs spéciaux devraient être répartis et pourquoi ils rendent moins de services que les chargés de section et les assistants des chaires italiennes ; ceux-ci sont, en outre, parfaitement

préparés à leur rôle futur. — Indépendance des chaires italiennes. —
Rôle de la province (département) à Bologne, à Coni, à Trévise. —
Une action éminemment pratique. — Les chaires spéciales. — Consultations. — Conférences. — Cours. — Examens, diplômes et prix. —
Enseignement dans les écoles normales ; réformes que nous y
pourrions porter en France. — Les chaires ont le tort de négliger
l'enseignement ménager et en général semblent ignorer le rôle
important que joue la femme à la campagne. — Chaque chaire publie
de nombreuses brochures et un excellent bulletin périodique. — Les
chaires et la diffusion des institutions coopératives. — Création d'associations zootechniques. — Viticulture et culture du mûrier. — Augmentation de l'emploi des engrais chimiques. — Pour les pâturages
en montagne ! — Autres efforts en faveur de l'agriculture. — Concours
et expositions. — Champs d'expériences et champs de démonstration.
— Analyses.— Autres travaux.— Comparaison des budgets des chaires
en Italie et en France ; quel devrait en être le minimum ; appel aux
conseils généraux, aux municipalités et aux associations agricoles.

Quelques considérations générales : une œuvre éminemment logique ;
de la prudence dans l'audace ; toutes les pensées vers un même but ;
le Frioul ; un mot des statuts ; une association qui préfère agir que
thésauriser ; à la période de l'apostolat pur a succédé celle du réveil
scientifique, puis l'heure est venue d'entreprendre la diffusion de la
coopération. — La chaire ambulante : l'enseignement nomade ; cours
faits dans diverses institutions ; l'enseignement agricole aux écoles
communales de garçons et à celles de filles ; une assistante de la
chaire ambulante d'agriculture ; ce que nous pourrions faire dans
le même ordre d'idées ; les publications de l'association, le « Bullettino », l' « Amico del Contadino », etc. ; autres services rendus par
la chaire ; ses sections. — Le Comité d'achats et la fabrique de superphosphates : but du Comité d'achats ; quelques mots d'historique ;
une utile œuvre de propagande ; comment sont faits les achats,
l'association n'achète qu'après commandes fermes, où sont faites
les livraisons, quand sont effectués les paiements ; l'association par
ses achats collectifs a pu à diverses reprises empêcher de véritables
désastres ; la section de machines agricoles ; pourquoi la fabrique
de superphosphates fut fondée. — Associations coopératives : réalisation d'une coopération proche du paysan ; les concours entre
coopératives , progrès de l'idée de coopération ; relations entre
l'association et les petites associations locales ; la situation actuelle.
— Amélioration du bétail et apiculture ; moyens mis en œuvre pour
améliorer le bétail ; création d'une race Simmenthal-Frioulaine ;
encouragements à l'industrie laitière ; nombre actuel de laiteries
coopératives ; assurances mutuelles du bétail ; amélioration des pâturages alpestres, défense des montagnes. — Autres services rendus
par l'association : petites industries de l'osier, écoles, cours du soir,
société pour la vente ; travaux d'irrigation ; concours de petits exploitants ; assemblées de propriétaires ; mesures contre le dépeuplement,
puis pour le repeuplement des cours d'eau. — Conclusion.

En quoi elles consistent. — Leur nombre. — Faire-valoir collectif
et faire-valoir individuel. — Nécessité de constituer une réserve. —
Autres caractéristiques. — Comment obtenir du crédit ; quelles

Intérêt qu'il y a à étudier soigneusement la République Argentine. — Climat et sol. — Superficie; population, sa répartition, sa densité. — Immigration; colonisation; inconvénients du système en vigueur; ce qu'il faudrait faire. — Excès de la spéculation. — Voies et moyens de communication : fleuves, chemins de fer, ports. — Régions de culture. — Extension de l'agriculture. — Tableaux statistiques indiquant la valeur des exploitations agricoles et d'élevage ; l'ensemencement, la récolte et l'exportation des principaux produits agricoles. — Valeur de la production de l'agriculture et de l'élevage. — Coup d'œil sur les différentes productions agricoles et sur l'élevage. — Budgets d'exploitation agricole. — Conclusion : à quoi l'agriculture doit veiller ; situation actuelle particulièrement prospère ; certitude d'un avenir brillant.

Quelques mots sur l'agriculture. — Importance de l'élevage. — Orientation à lui donner et mesures destinées à favoriser l'exportation de la viande : nécessité 1° de développer l'exportation de viande congelée, 2° de produire des animaux bien alimentés, 3° d'emmagásiner des quantités suffisantes de fourrage, 4° de combattre systématiquement la tique, 5° de prendre certaines dispositions sanitaires. — Excellents résultats donnés par des importations de bétail français.

Diverses cultures; leur extension. — « Cana » et alcool de canne à sucre. — Absence de statistique. — Avenir de l'agriculture au Paraguay; ce dont elle a besoin. — Enseignement agricole. — Banque agricole. — Elevage : son importance ; bonnes conditions naturelles; principaux centres de production; progrès à réaliser; principales estancias ; fondation d'une société de défense des intérêts de l'élevage ; les saladeros ; l'industrie beurrière ; élevage des équidés et des ovins.

Superficie et population. — Situation géographique de chacun des Etats. — Climat de chaque zone. — Exportations. — Les principaux produits du sol : répartition des productions par Etats; principales cultures; sériciculture; cuirs; industrie laitière; bois de teinture et de construction; plantes médicinales. — L'agriculture dans l'Etat de Sao-Paulo : production végétale, production animale; création d'un Ministère de l'agriculture.

Création d'une Ecole d'agriculture ; exploitations agricoles. — Ce qui fait défaut : la main-d'œuvre, l'eau, les voies de communication. — Les trois régions : la Costa, la Sierra, la Montana; leurs caractéristiques ; comment s'y fait sentir l'absence des trois facteurs indiqués plus haut; de quelle façon on peut tâcher d'y remédier. — Coup d'œil sur quelques cultures et sur l'agriculture.

LIVRE XIV

LES ENGRAIS MINÉRAUX (COMPLÉMENT AU LIVRE X)

IMP. « L'UNION TYPOGRAPHIQUE », VILLENEUVE-SAINT-GEORGES (S.-ET-O.)